# 本书部分实例

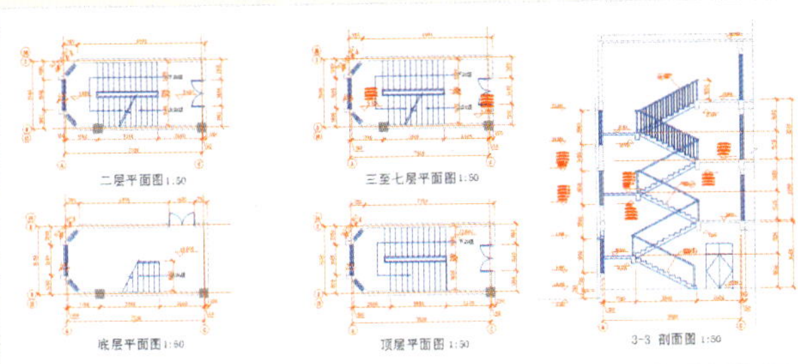


楼梯间详图

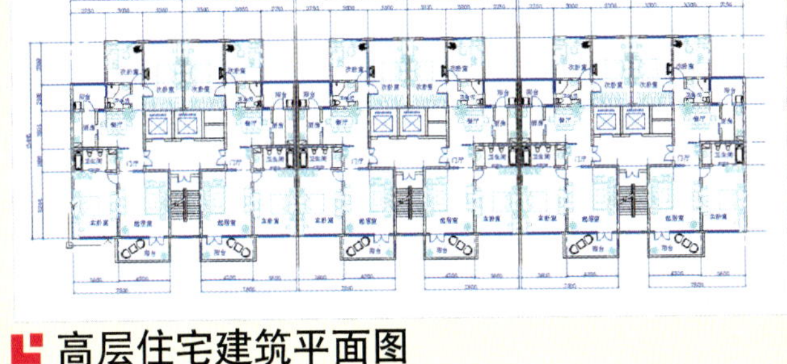

高层住宅建筑平面图

别墅南立面图

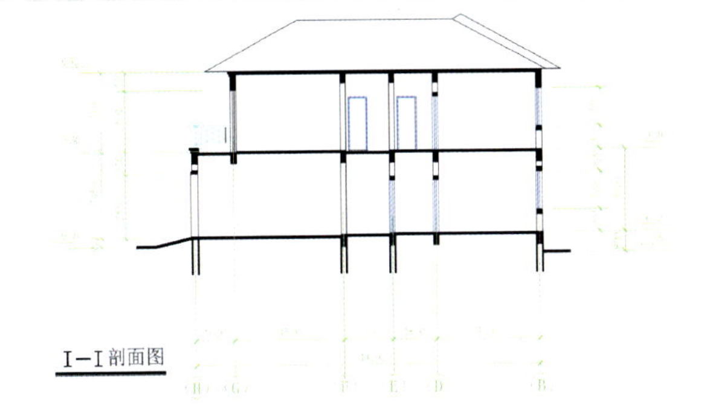


别墅I—I剖面图

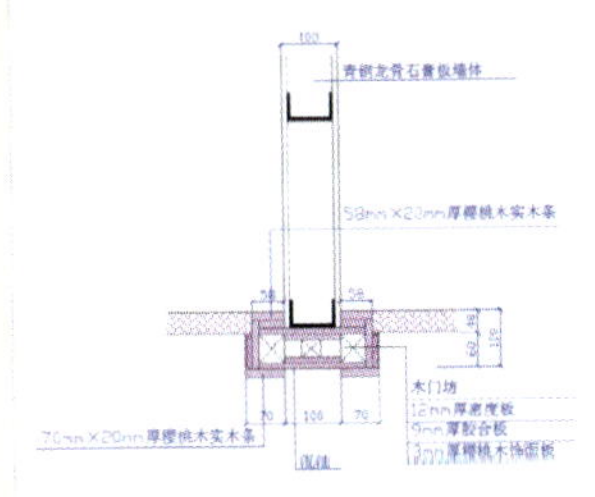

建筑节点详图

高档别墅西立面图

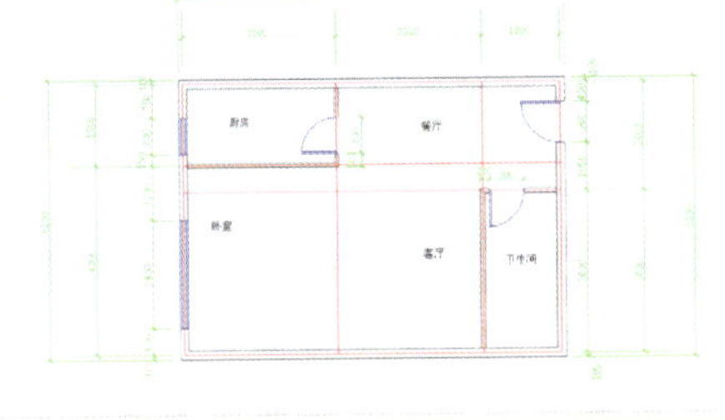

尺寸、文字标注

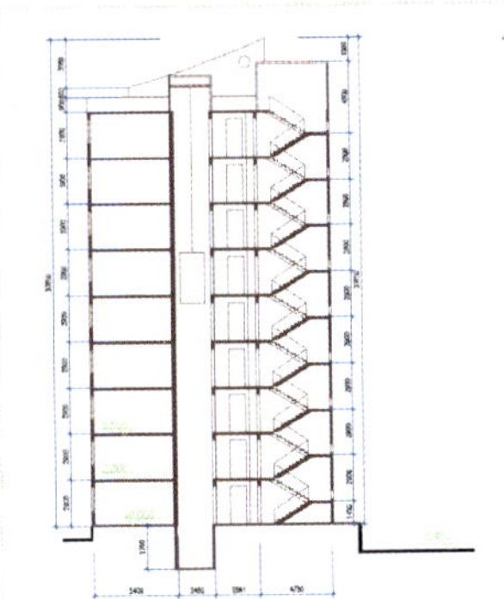

高层住宅建筑剖面图

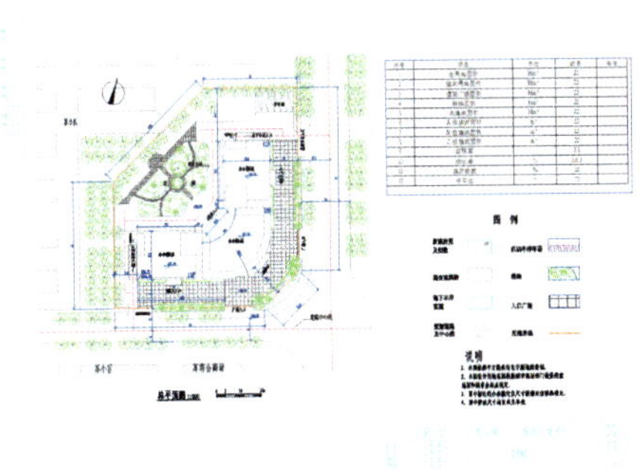

各种标注

楼梯踏步详图

AutoCAD 2012 中文版
建筑设计从入门到精通
# 本书部分实例

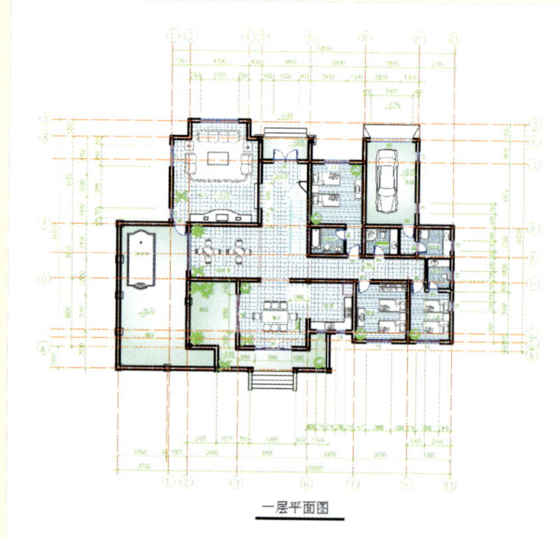


某户型一层平面图

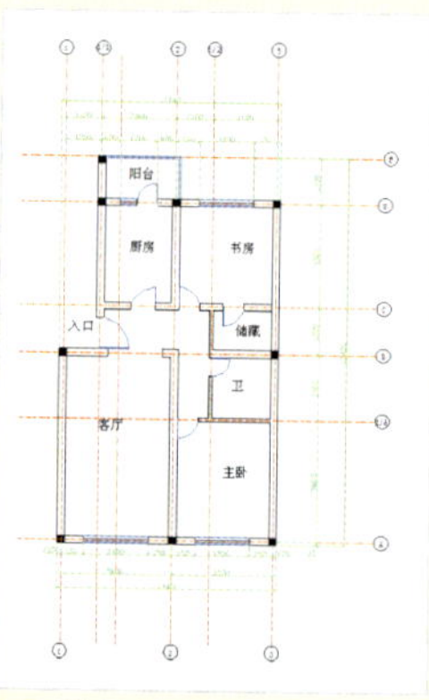


某户型平面图尺寸标注二

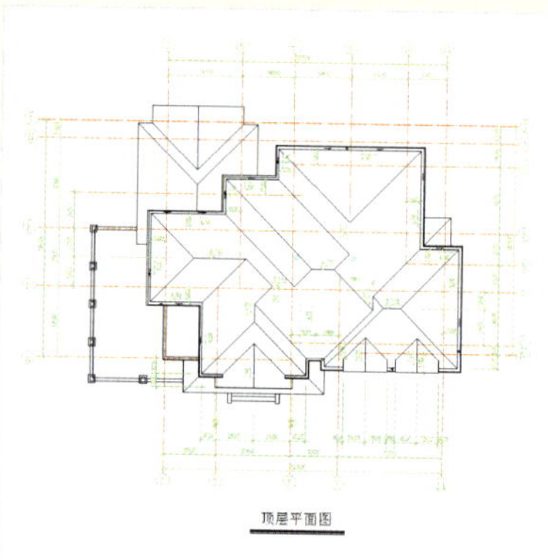


某户型屋顶平面图

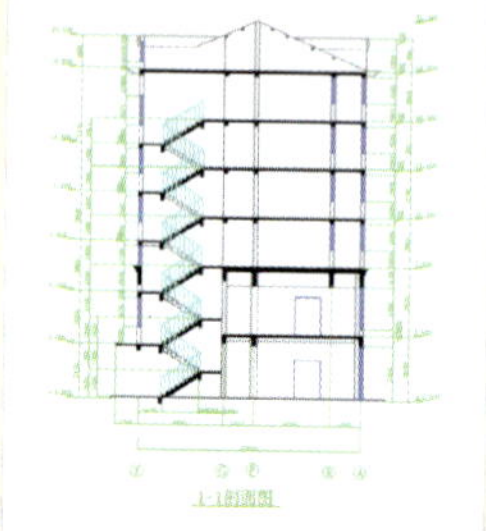


某商住楼1-1剖面图

某户型平面图尺寸标注

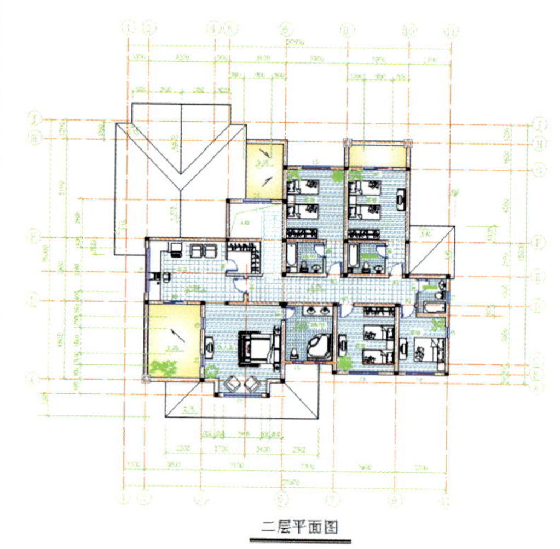


某户型二层平面图

某商住楼北立面图

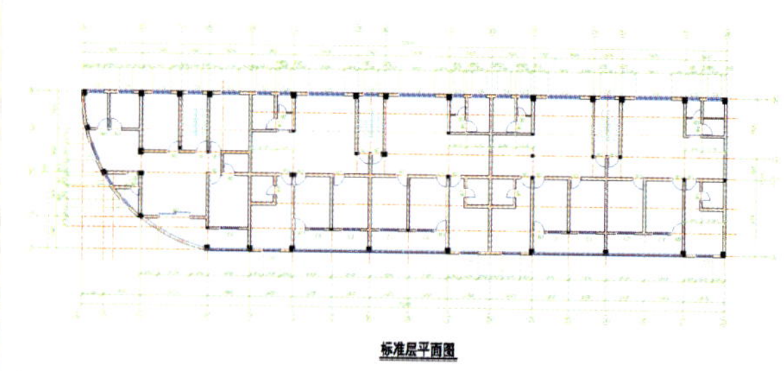


某商住楼标准层平面图

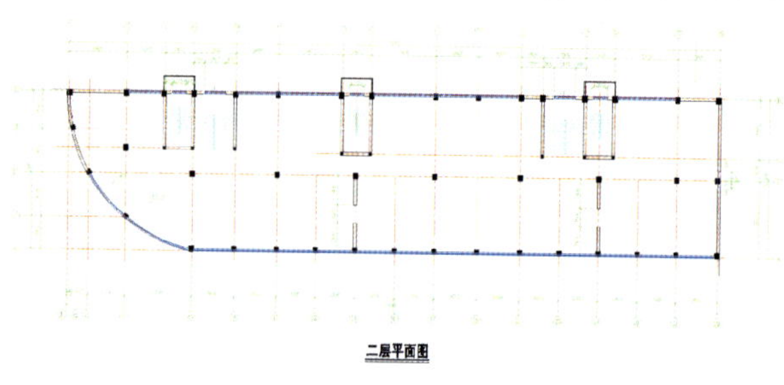


某商住楼二层平面图

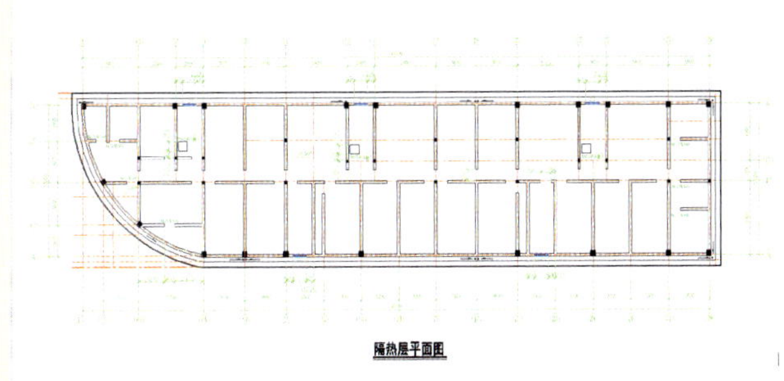


某商住楼隔热层平面图

某商住楼屋顶平面图

高层住宅建筑立面图

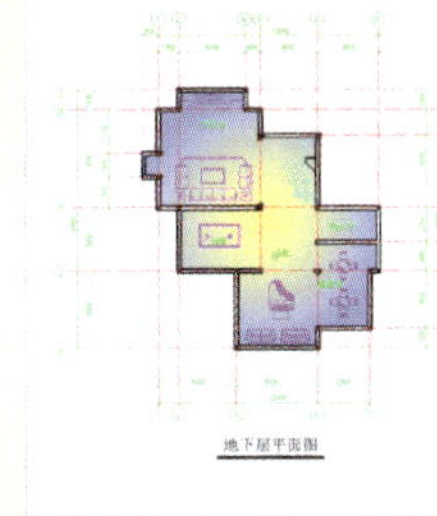


某户型地下层平面图

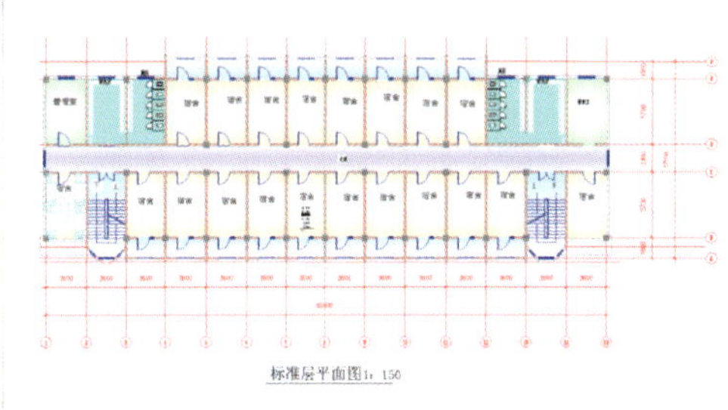

某宿舍楼标准层平面图

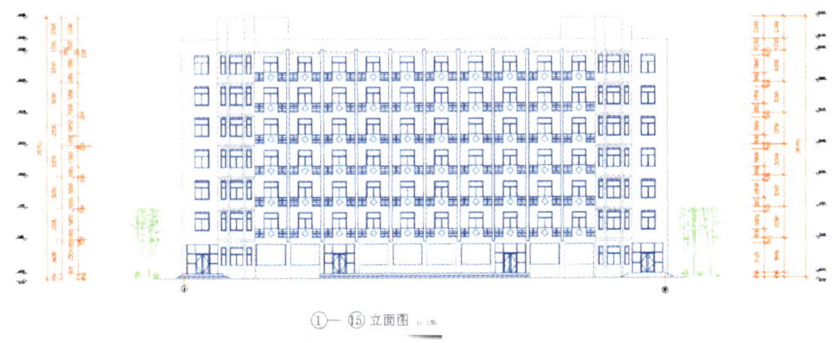

某宿舍楼立面图

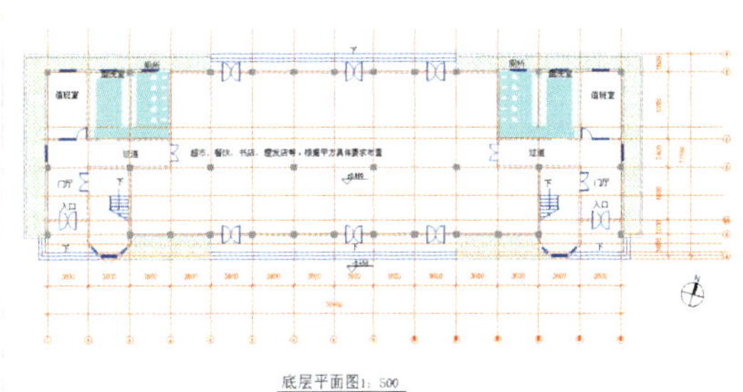


某宿舍楼底层平面图

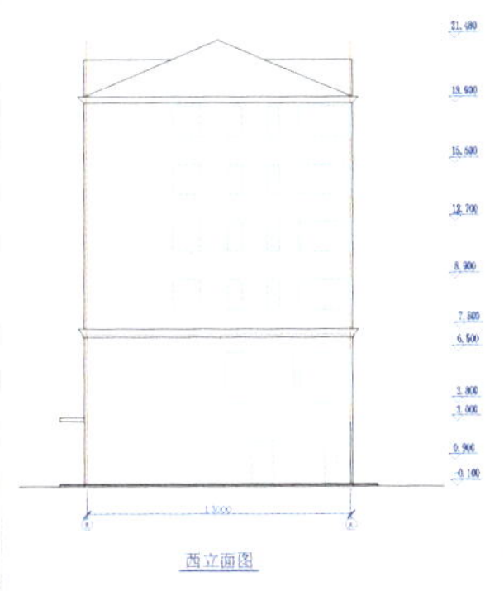


某商住楼西立面图

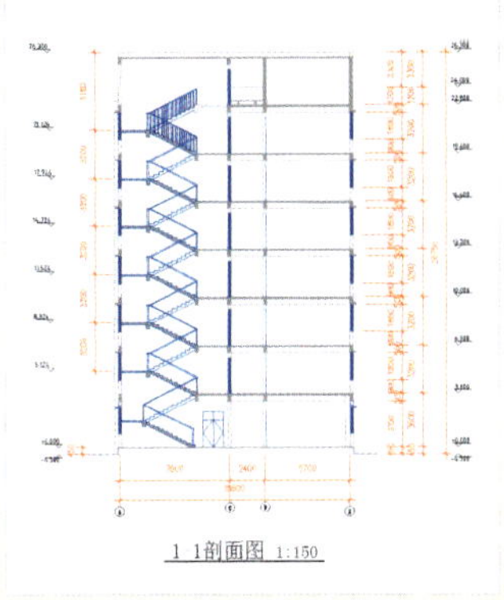


某宿舍楼剖面图

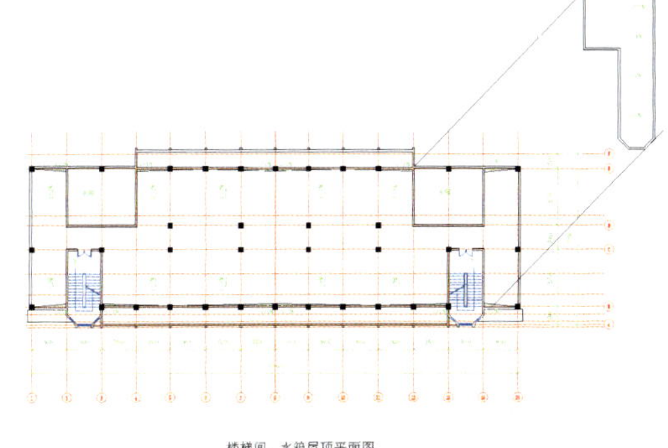


某宿舍楼屋顶平面图

# 本书部分实例

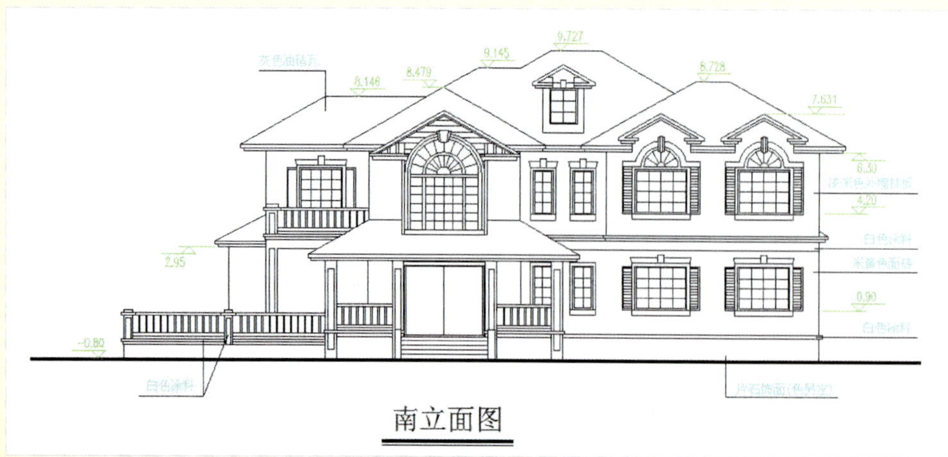


南立面图

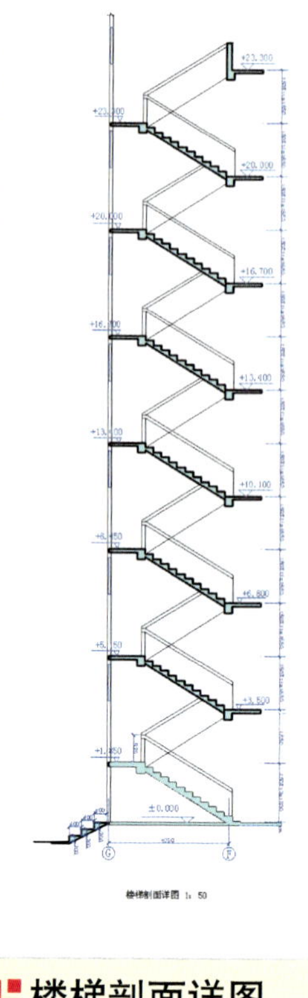

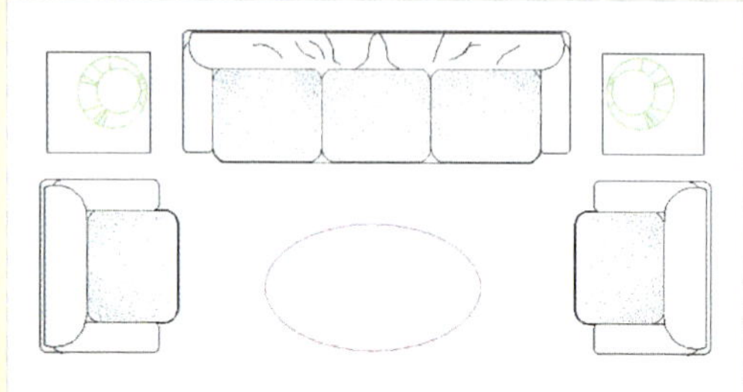

沙发茶几

台球桌

楼梯剖面详图

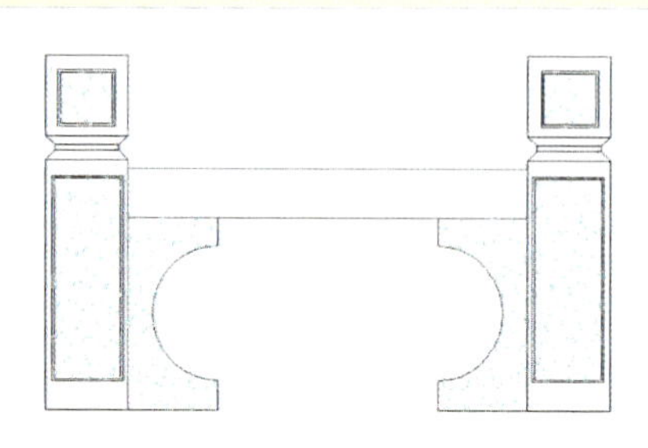

石栏杆

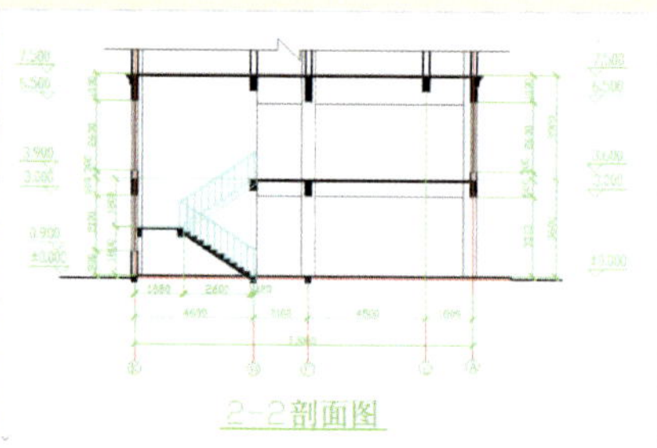


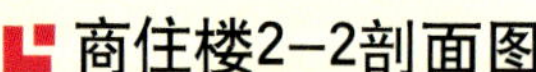

商住楼2-2剖面图

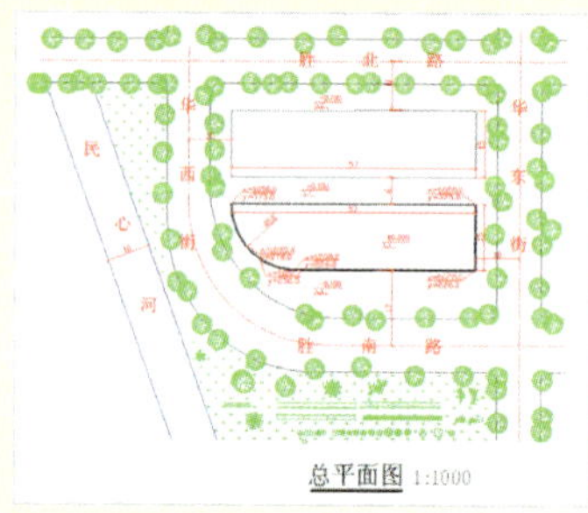


商住楼总平面图

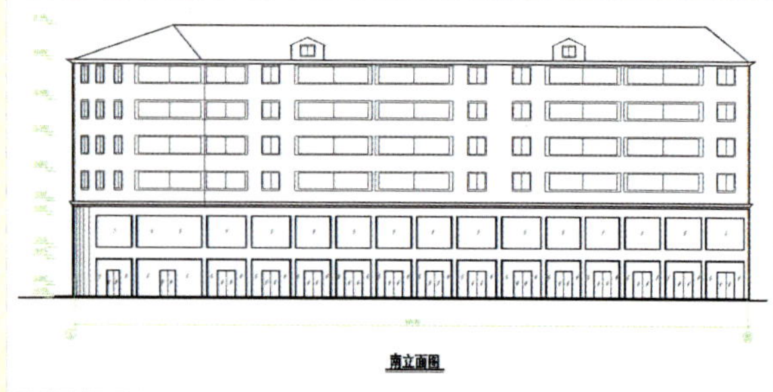


某商住楼南立面图

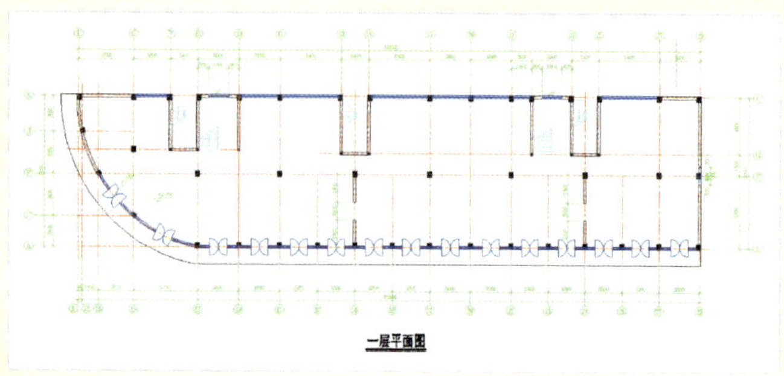


一层平面图

# 本书部分实例

标准间效果图

餐厅最终效果

客厅最终效果

卫生间最终效果

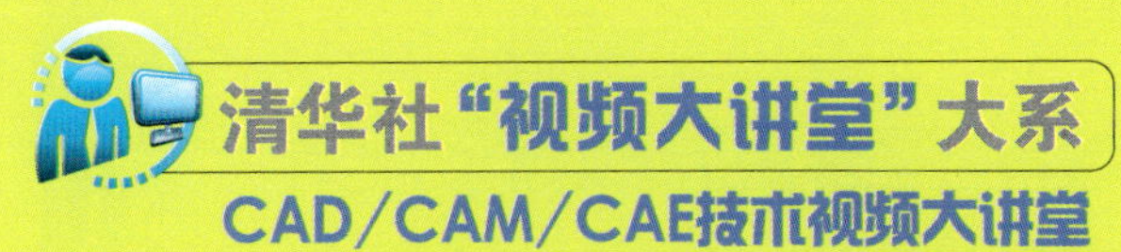


# AutoCAD 2012中文版建筑设计从入门到精通

66集（段）高清多媒体教学视频+168个中小型实例实践+2大建筑工程综合实例

CAD/CAM/CAE技术联盟 编著

清华大学出版社

北 京

## 内容简介

《AutoCAD 2012中文版建筑设计从入门到精通》以最新简体中文版AutoCAD 2012作为设计软件，结合各种建筑工程的特点，除详细介绍基本建筑单元绘制方法外，还以别墅和宿舍楼为例，论述了在建筑设计中如何使用AutoCAD绘制总平面图、平面图、立面图、剖面图以及详图等各种建筑图形，并在本书最后两章详细讲解了商住楼和高层住宅的绘制过程。由于AutoCAD 2012功能强大，同一个图形的绘制往往可以通过多种途径来实现，所以本书介绍的方法不一定是唯一的或最佳的，但希望抛砖引玉，给读者提供一个解决问题的思路。读者在对软件比较熟悉后，即可按照自己的绘图习惯或所在单位的通用惯例总结出一套绘图思路和方法。此外，本书中的各种实例旨在协助讲解AutoCAD在建筑设计方面的应用操作，其中亦存在一些不尽完善的地方，希望读者留意，不可将图纸内容作为实际工程设计、施工的依据。

本书适合入门级读者学习使用，也适合有一定基础的读者参考使用，还可用作职业培训、职业教育的教材。

本书除利用传统的纸面讲解外，随书还配送了多功能学习光盘。光盘具体内容如下：

1. 66段大型高清多媒体教学视频（动画演示）
2. 4套AutoCAD绘图技巧、快捷命令速查手册等辅助学习资料
3. 5套大型建筑图纸设计方案及常用图块文件80个
4. 全书实例的源文件和素材



**图书在版编目（CIP）数据**

AutoCAD 2012中文版建筑设计从入门到精通/CAD/CAM/CAE技术联盟编著. —北京：清华大学出版社，2012.6（2019.3重印）

（清华社“视频大讲堂”大系CAD/CAM/CAE技术视频大讲堂）

ISBN 978-7-302-27137-6

I. ①A… II. ①C… III. ①建筑设计：计算机辅助设计-AutoCAD软件 IV. ①TU201.4

中国版本图书馆CIP数据核字（2011）第214066号

**责任编辑**：赵洛育 刘利民
**封面设计**：李志伟
**版式设计**：文森时代
**责任校对**：王国星
**责任印制**：李红英
**出版发行**：清华大学出版社
网 址：http://www.tup.com.cn，http://www.wqbook.com
地 址：北京清华大学学研大厦A座 邮 编：100084
社 总 机：010-62770175 邮 购：010-62786544
投稿与读者服务：010-62776969，c-service@tup.tsinghua.edu.cn
质量反馈：010-62772015，zhiliang@tup.tsinghua.edu.cn
**印 装 者**：北京九州迅驰传媒文化有限公司
**经 销**：全国新华书店
**开 本**：203mm×260mm **印 张**：26.25 **插 页**：3 **字 数**：761千字
（附DVD视频光盘1张）
**版 次**：2012年6月第1版 **印 次**：2019年3月第15次印刷
**定 价**：59.80元

---

产品编号：044106-01

# 前　言

*Preface*

建筑行业是 AutoCAD 主要使用用户之一。AutoCAD 也是我国建筑设计领域接受最早、应用最广泛的 CAD 软件，它几乎成了建筑绘图的默认软件，在国内拥有强大的用户群体。AutoCAD 的教学还是我国建筑学专业和相关专业 CAD 教学的重要组成部分。就目前的现状来看，AutoCAD 主要用于绘制二维建筑图形（如平面图、立面图、剖面图、详图等），这些图形是建筑设计文件中的主要组成部分。其三维功能也可用于建模、协助方案设计和推敲等，其矢量图形处理功能还可用来进行一些技术参数的求解，如日照分析、地形分析、距离或面积的求解等。而且，其他一些二维或三维效果图制作软件（如 3ds Max、Photoshop 等）也往往有赖于 AutoCAD 的设计成果。此外，AutoCAD 也为用户提供了良好的二次开发平台，便于自行定制适用于本专业的绘图格式和附加功能。由此看来，学好用好 AutoCAD 软件是建筑从业人员的必备业务技能。

## 一、编写目的

鉴于 AutoCAD 强大的功能和深厚的工程应用底蕴，我们力图开发一套全方位介绍 AutoCAD 在各个工程行业应用实际情况的书籍。具体就每本书而言，我们不求事无巨细地将 AutoCAD 知识点全面讲解清楚，而是针对本专业或本行业需要，利用 AutoCAD 大体知识脉络作为线索，以实例作为“抓手”，帮助读者掌握利用 AutoCAD 进行本行业工程设计的基本技能和技巧。

## 二、本书特点

☑　**专业性强**

本书作者有多年的计算机辅助建筑设计领域工作经验和教学经验。本书是作者总结多年的设计经验以及教学的心得体会，历时多年精心编著而成，力求全面细致地展现出 AutoCAD 在建筑设计应用领域的各种功能和使用方法。

☑　**实例丰富**

本书除详细介绍基本建筑单元绘制方法外，同时还以别墅和宿舍楼为例，论述了在建筑设计中如何使用 AutoCAD 绘制总平面图、平面图、立面图、剖面图以及详图等各种建筑图形，并在本书最后两章详细讲解了商住楼和高层住宅的绘制过程。通过实例的演练，能够帮助读者找到一条学习 AutoCAD 建筑设计的终南捷径。

☑　**涵盖面广**

本书在有限的篇幅内，包罗了 AutoCAD 常用的功能以及常见的建筑设计讲解，涵盖了建筑设计基本理论、AutoCAD 绘图基础知识、各种建筑设计图样绘制方法等知识。“秀才不出屋，能知天下事”。读者只要有本书在手，AutoCAD 建筑设计知识全精通。

☑　**突出技能提升**

本书从全面提升建筑设计与 AutoCAD 应用能力的角度出发，结合具体的案例来讲解如何利用 AutoCAD 进行建筑工程设计，让读者在学习案例的过程中潜移默化地掌握 AutoCAD 软件的操作技巧，同时培养工程设计实践能力，从而独立完成各种建筑工程设计。

## 三、本书光盘

**1. 66段大型高清多媒体教学视频（动画演示）**

为了方便读者学习，本书对大多数实例，专门制作了60多段的多媒体图像、语音视频录像（动画演示），读者可以先看视频，像看电影一样轻松愉悦地学习本书内容。

**2. 4套AutoCAD绘图技巧、快捷命令速查手册等辅助学习资料**

本书赠送了AutoCAD绘图技巧大全、快捷命令速查手册、常用工具按钮速查手册、AutoCAD 2012常用快捷键速查手册等多种电子文档，方便读者使用。

**3. 5套大型建筑图纸设计方案及常用图块文件80个**

为了帮助读者拓展视野，本光盘特意赠送多套大型建筑图集，包括平面图、立面图、剖面图及详图和总平面图，以及建筑设计中常用的图块文件80个。

**4. 全书实例的源文件和素材**

本书附带了很多实例，光盘中包含实例和练习实例的源文件和素材，读者可以安装AutoCAD 2012软件，打开并使用它们。

## 四、本书服务

有关本书的最新信息、疑难问题、图书勘误等内容，我们将及时发布到网站上，请读者朋友登录www.thjd.com.cn，找到该书后留言，我们会逐一答复。

## 五、作者团队

本书由CAD/CAM/CAE技术联盟主编。CAD/CAM/CAE技术联盟是一个CAD/CAM/CAE技术研讨、工程开发、培训咨询和图书创作的工程技术人员协作联盟，包含20多位专职和众多兼职CAD/CAM/CAE工程技术专家。

CAD/CAM/CAE技术联盟负责人由Autodesk中国认证考试中心首席专家担任，全面负责Autodesk中国官方认证考试大纲制定、题库建设、技术咨询和师资力量培训工作，成员精通Autodesk系列软件。其创作的很多教材成为国内具有引导性的旗帜作品，在国内相关专业方向图书创作领域具有举足轻重的地位。

赵志超、张辉、赵黎黎、朱玉莲、徐声杰、张琪、卢园、杨雪静、孟培、闫聪聪、万金环等参与了本书的编写，在此，对他们的付出表示真诚的感谢。

由于时间仓促，加之作者水平有限，疏漏之处在所难免，欢迎读者提出宝贵的批评意见。

## 六、致谢

本书在出版过程中，得到了清华大学出版社策划编辑及本丛书项目负责人刘利民先生的大力支持，在此表示衷心感谢。另外，清华大学出版社责任编辑杨静华女士及所有编审人员为本书的出版付出了辛勤劳动，在此一并致谢。

编　者

# 目　录

Contents

## 第 1 篇　基础篇

Note

## 第2篇　提高篇

Note

# 第 3 篇　综合篇

# ▶▶第1篇

# 基础篇

本篇主要介绍了 AutoCAD 的相关基础知识。

通过本篇的学习，读者将掌握 AutoCAD 制图技巧，为学习后面的 AutoCAD 建筑设计打下初步的基础。

☑ 学习 AutoCAD 的相关基础知识

☑ 学习建筑设计的基本理论

# AutoCAD 2012 入门

本章将循序渐进地讲解 AutoCAD 2012 绘图的有关基本知识，了解如何设置图形的系统参数，熟悉建立新的图形文件、打开已有文件的方法等，为后面进入系统学习准备必要的前提知识。

- ☑ 操作界面
- ☑ 配置绘图系统
- ☑ 设置绘图环境
- ☑ 文件管理
- ☑ 基本输入操作
- ☑ 图层设置
- ☑ 绘图辅助工具

## 任务驱动&项目案例

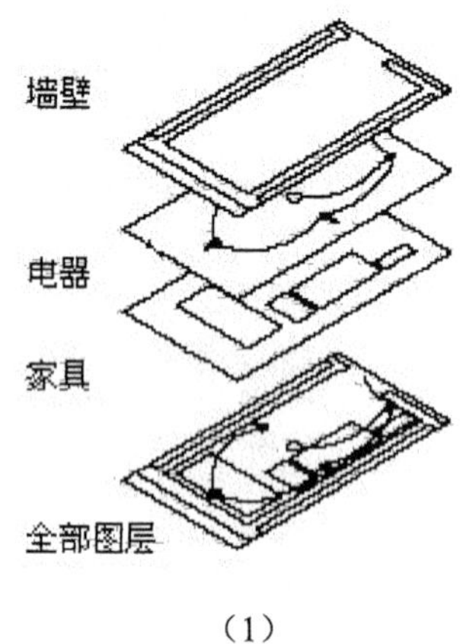


（1）

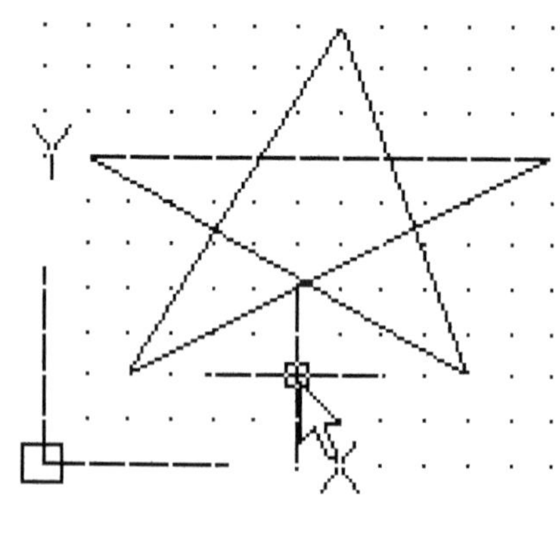


（2）

# 1.1 操作界面

AutoCAD 的操作界面是 AutoCAD 显示、编辑图形的区域。启动 AutoCAD 2012 中文版软件后的默认界面如图 1-1 所示。这个界面是 AutoCAD 2009 以后出现的新界面风格，为了便于学习和使用以前版本的读者学习本书，我们采用 AutoCAD 经典风格的界面介绍。

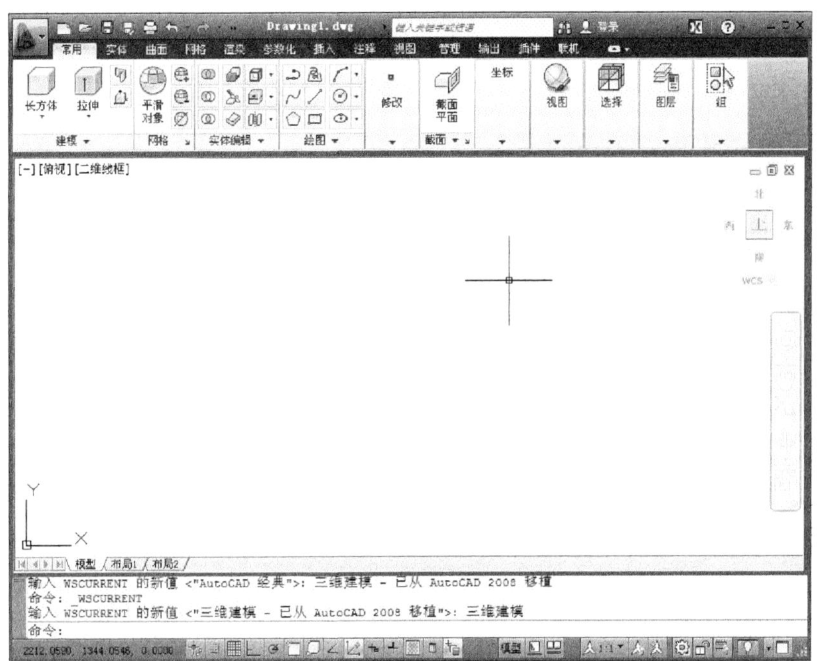

图 1-1　AutoCAD 2012 中文版软件的默认界面

具体的切换方法是：单击界面右下角的“初始设置工作空间”按钮，打开“工作空间”菜单，从中选择“AutoCAD 经典”选项，如图 1-2 所示。系统即可切换到 AutoCAD 经典界面，如图 1-3 所示。

一个完整的 AutoCAD 经典操作界面包括标题栏、绘图区、十字光标、菜单栏、工具栏、坐标系图标、命令行窗口、状态栏、布局标签和滚动条等。

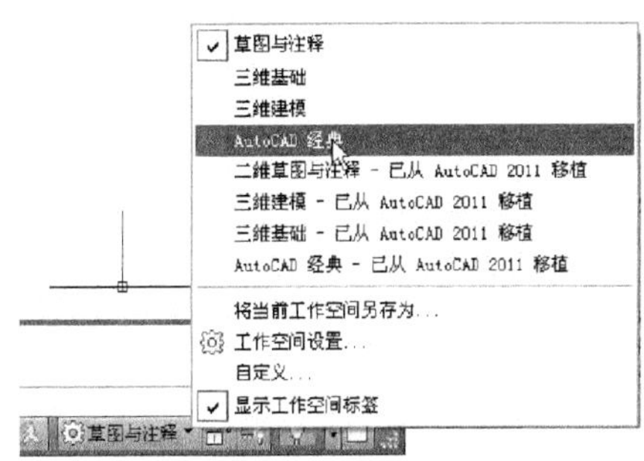


图 1-2　选择“AutoCAD 经典”选项

Note

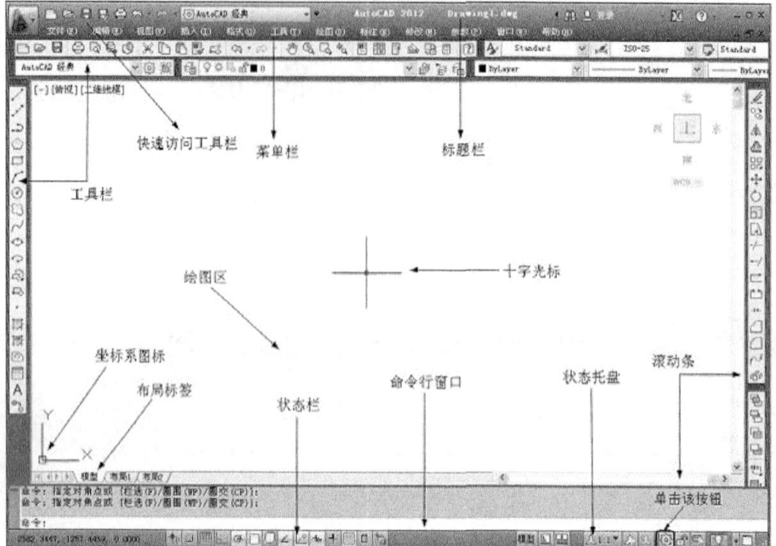


图 1-3　AutoCAD 2012 经典界面

## 1.1.1　标题栏

标题栏位于 AutoCAD 2012 中文版绘图窗口的最上端。在标题栏中，显示了系统当前正在运行的应用程序（AutoCAD 2012 和用户正在使用的图形文件）。在用户第一次启动 AutoCAD 时，在 AutoCAD 2012 绘图窗口的标题栏中，将显示 AutoCAD 2012 启动时创建并打开的图形文件的名称 Drawing1.dwg，如图 1-4 所示。

图 1-4　第一次启动 AutoCAD 2012 时的标题栏

## 1.1.2　绘图区

绘图区是指标题栏下方的大片空白区域，是用户绘制图形的区域，用户完成一幅设计图形的主要工作都是在绘图区中完成的。

在绘图区域中，还有一个类似光标的十字线，其交点反映了光标在当前坐标系中的位置。在 AutoCAD 2012 中，将该十字线称为光标，AutoCAD 通过光标显示当前点的位置。十字线的方向与当前用户坐标系的 X 轴、Y 轴方向平行，十字线的长度系统预设为屏幕大小的 5%，如图 1-5 所示。

1. 修改图形窗口中十字光标的大小

光标的长度系统预设为屏幕大小的 5%，用户可以根据绘图的实际需要更改其大小。改变光标大小的方法如下。

在绘图窗口中选择菜单栏中的“工具”→“选项”命令，屏幕上将弹出“选项”对话框。打开“显示”选项卡，在“十字光标大小”选项组的文本框中直接输入数值，或者拖动文本框后的滑块，即可对十字光标的大小进行调整，如图 1-5 所示。

此外，还可以通过设置系统变量 CURSORSIZE 的值，实现对其大小的更改。方法如下：

```
命令: CURSORSIZE↙
输入 CURSORSIZE 的新值 <5>:
```

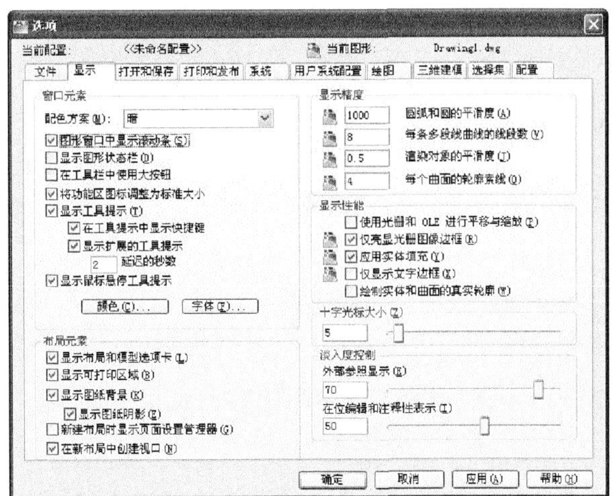

图 1-5 “选项”对话框中的“显示”选项卡

在提示下输入新值即可，默认值为 5%。

2. 修改绘图窗口的颜色

在默认情况下，AutoCAD 2012 的绘图窗口是黑色背景、白色线条，这不符合大多数用户的习惯，因此修改绘图窗口颜色是大多数用户都需要进行的操作。

修改绘图窗口颜色的步骤如下：

（1）在如图 1-5 所示的选项卡中单击“窗口元素”选项组中的“颜色”按钮，将打开如图 1-6 所示的“图形窗口颜色”对话框。

（2）在“颜色”下拉列表框中选择需要的窗口颜色，然后单击“应用并关闭”按钮。通常按视觉习惯选择白色为窗口颜色。

## 1.1.3 坐标系图标

在绘图区域的左下角，有一个箭头指向图标，称为坐标系图标，表示用户绘图时正使用的坐标系形式。如图 1-6 所示中的坐标系图标的作用是为点的坐标确定一个参照系。根据工作需要，用户可以选择将其关闭。方法是选择“视图”→“显示”→“UCS 图标”→“开”命令，如图 1-7 所示。

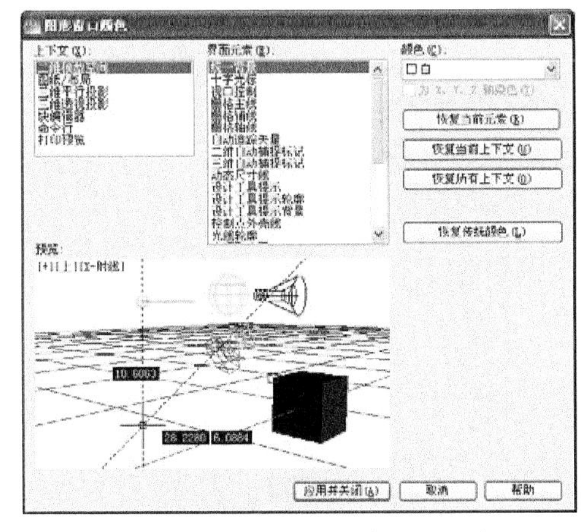

图 1-6 “图形窗口颜色”对话框

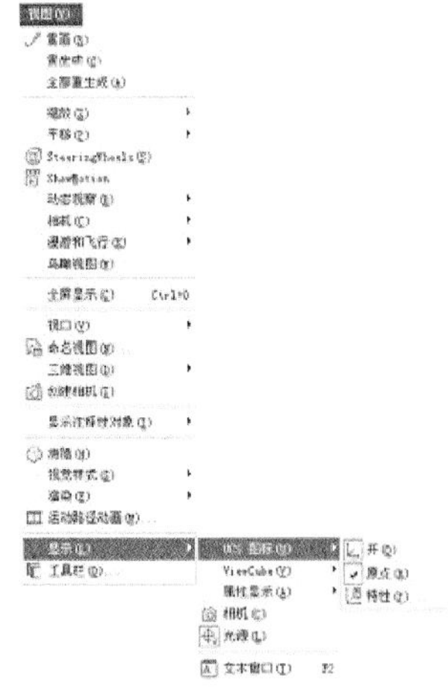

图 1-7 “视图”菜单

Note

## 1.1.4 菜单栏

菜单栏位于 AutoCAD 2012 绘图窗口标题栏的下方。同其他 Windows 程序一样，AutoCAD 2012 的菜单也是下拉形式的，并在菜单中包含子菜单。AutoCAD 2012 的菜单栏中包含 12 个菜单，即“文件”、“编辑”、“视图”、“插入”、“格式”、“工具”、“绘图”、“标注”、“修改”、“参数”、“窗口”和“帮助”。

一般来讲，AutoCAD 2012 下拉菜单中的命令有以下 3 种。

### 1. 带有小三角形的菜单命令

这种类型的命令后面带有子菜单。例如，选择菜单栏中的“绘图”→“圆弧”命令，屏幕上就会下拉出“圆弧”子菜单中所包含的命令，如图 1-8 所示。

### 2. 直接操作的菜单命令

这种类型的命令将直接进行相应的绘图或其他操作。例如，选择菜单栏中的“视图”→“重画”命令，系统将直接对屏幕图形进行重生成，如图 1-9 所示。

### 3. 打开对话框的菜单命令

这种类型的命令，后面带有省略号。例如，选择菜单栏中的“格式”→“表格样式”命令（如图 1-10 所示），屏幕上就会打开对应的“表格样式”对话框，如图 1-11 所示。

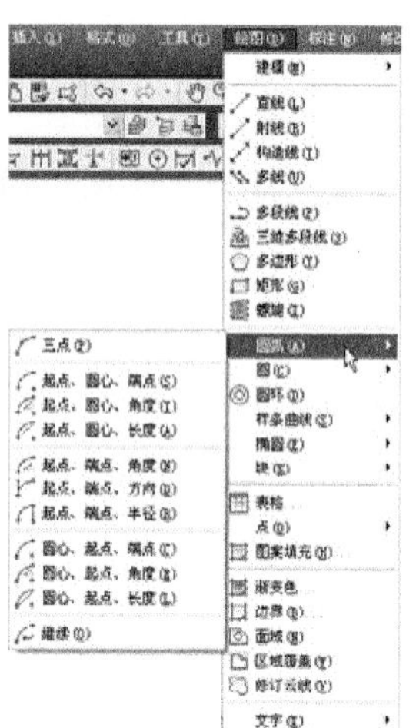


图 1-8 带有子菜单的菜单命令

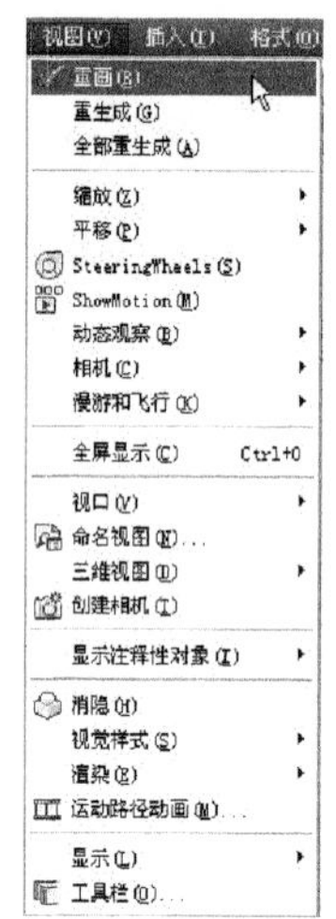


图 1-9 直接执行菜单命令

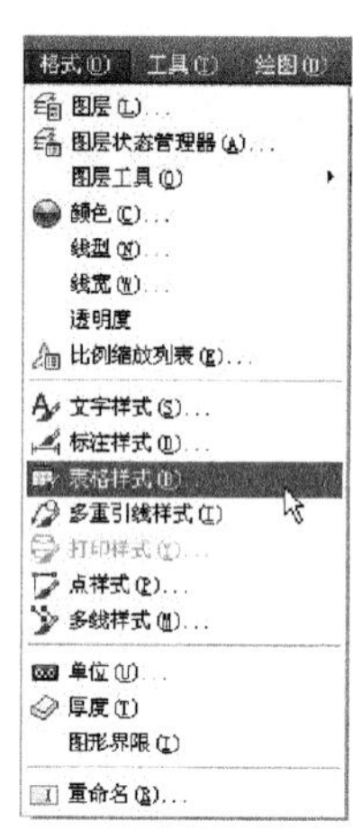


图 1-10 激活相应对话框的菜单命令

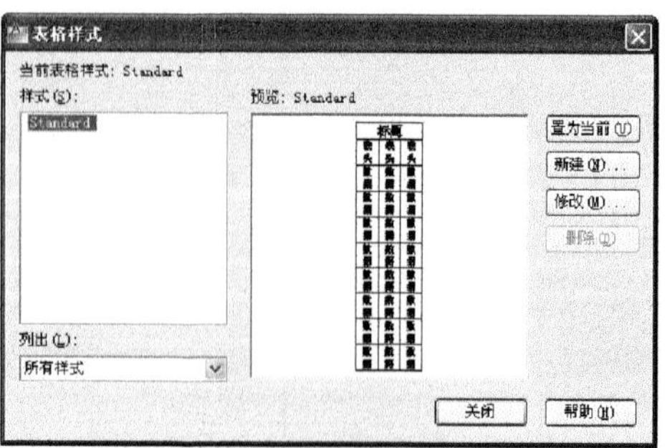


图 1-11 “表格样式”对话框

## 1.1.5 工具栏

工具栏是一组图标型工具的集合，把光标移动到某个图标上，稍停片刻即在该图标一侧显示相应的工具提示，同时在状态栏中显示对应的说明和命令名。此时，单击图标也可以启动相应命令。

在默认情况下，可以看到如图 1-12 所示的绘图区顶部的“标准”工具栏、“样式”工具栏、“特性”工具栏、“图层”工具栏，以及位于如图 1-13 所示的绘图区域左侧的“绘制”工具栏、右侧的“修改”工具栏和“绘图次序”工具栏。

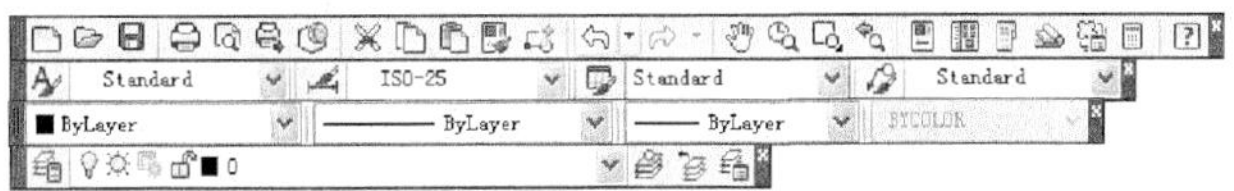

图 1-12 “标准”、“样式”、“特性”和“图层”工具栏

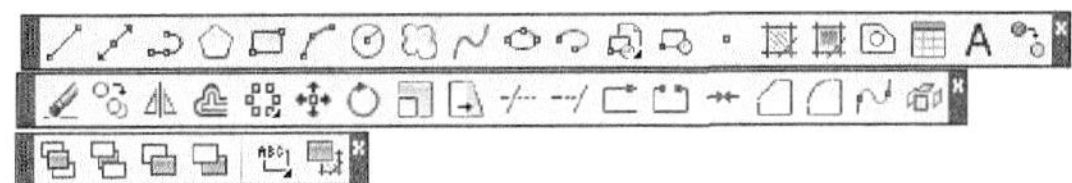

图 1-13 “绘图”、“修改”和“绘图次序”工具栏

将光标放在任一工具栏的非标题区，单击鼠标右键，系统会自动打开单独的工具栏标签，如图 1-14 所示。用鼠标左键单击某一个未在界面显示的工具栏名，系统自动在截面打开该工具栏；反之，关闭工具栏。

工具栏可以在绘图区“浮动”，如图 1-15 所示。此时显示该工具栏标题，并可关闭该工具栏，用鼠标可以拖动浮动工具栏到图形区边界，使它变为固定工具栏，此时该工具栏标题隐藏，也可以把固定工具栏拖出，使它成为浮动工具栏。

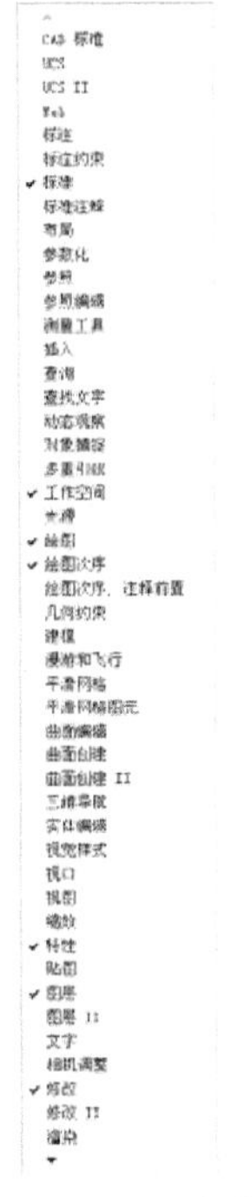

图 1-14 工具栏标签

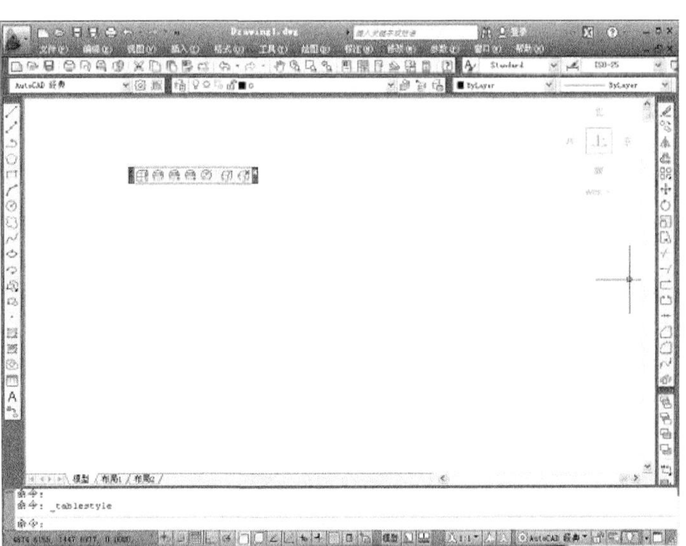

图 1-15 浮动工具栏

Note

在有些图标的右下角带有一个小三角，按住鼠标左键会打开相应的工具栏。按住鼠标左键，将光标移动到某一图标上然后释放，该图标就为当前图标。单击当前图标，执行相应命令，如图 1-16 所示。

## 1.1.6　命令行窗口

命令行窗口是输入命令名和显示命令提示的区域，默认的命令行窗口布置在绘图区下方，是若干文本行，如图 1-17 所示。对命令行窗口，有以下几点需要说明：

（1）移动拆分条，可以扩大和缩小命令行窗口。

（2）可以拖动命令行窗口，布置在屏幕上的其他位置。默认情况下布置在图形窗口的下方。

（3）对当前命令行窗口中输入的内容，可以按 F2 键用文本编辑的方法进行编辑，如图 1-17 所示。AutoCAD 文本窗口和命令行窗口相似，它可以显示当前 AutoCAD 进程中命令的输入和执行过程，在执行 AutoCAD 中的某些命令时，它会自动切换到文本窗口，列出有关信息。

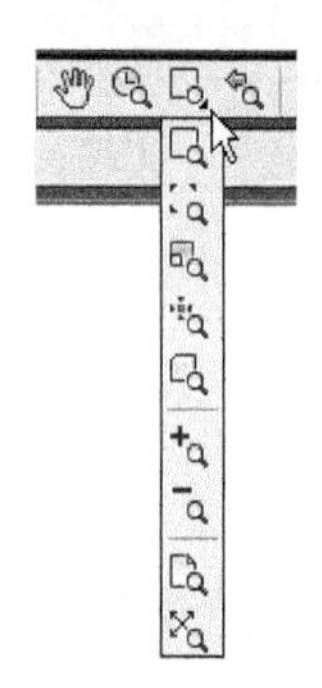

图 1-16　打开工具栏

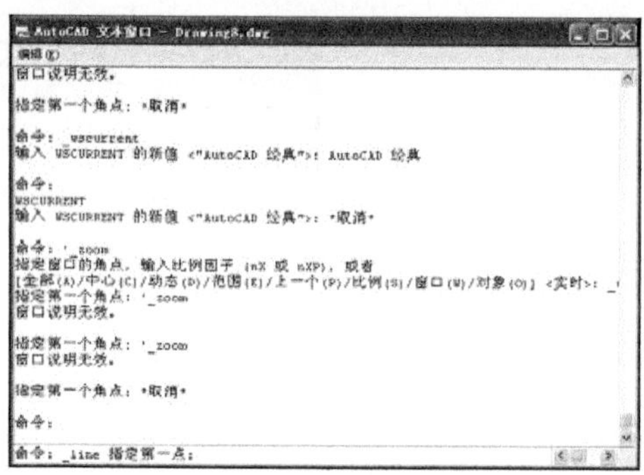


图 1-17　文本窗口

（4）AutoCAD 通过命令行窗口反馈各种信息，包括出错信息。因此，用户要时刻关注在命令行窗口中出现的信息。

## 1.1.7　布局标签

AutoCAD 2012 系统默认设定一个模型空间布局标签和“布局 1”、“布局 2”两个图纸空间布局标签。

### 1. 布局

布局是系统为绘图设置的一种环境，包括图纸大小、尺寸单位、角度设定、数值精确度等，在系统预设的 3 个标签中，这些环境变量都保持默认设置。用户可根据实际需要改变这些变量的值。

### 2. 模型

AutoCAD 的空间分模型空间和图纸空间。模型空间是通常所说的绘图环境，而在图纸空间中，用户可以创建称为“浮动视口”的区域，以不同视图显示所绘图形。用户可以在图纸空间中调整浮动视口并决定所包含视图的缩放比例。如果选择图纸空间，则可打印多个视图，用户可以打印任意布局的视图。

AutoCAD 2012 系统默认打开模型空间，用户可以通过单击鼠标左键选择需要的布局。

## 1.1.8　状态栏

状态栏在屏幕的底部，左端显示绘图区中光标定位点的坐标 X、Y、Z，在右侧依次有“推断约

束”、“捕捉模式”、“栅格显示”、“正交模式”、“极轴追踪”、“对象捕捉”、“三维对象捕捉”、“对象捕捉追踪”、“动态输入”、“允许/禁止动态 UCS”、“隐藏/显示线宽”、“隐藏/显示透明度”、“快捷特性”和“选择循环”14 个功能开关按钮，如图 1-18 所示。单击这些开关按钮，可以实现这些功能的开关。

状态栏的中部是注释比例的显示，如图 1-19 所示。

通过单击状态栏中的图标，可以非常方便地访问注释比例的常用功能。

图 1-18　状态栏

1:1

图 1-19　注释比例状态栏

1. 注释比例

单击注释比例右侧的小三角图标，弹出注释比例列表，如图 1-20 所示，可以根据需要选择适当的注释比例。

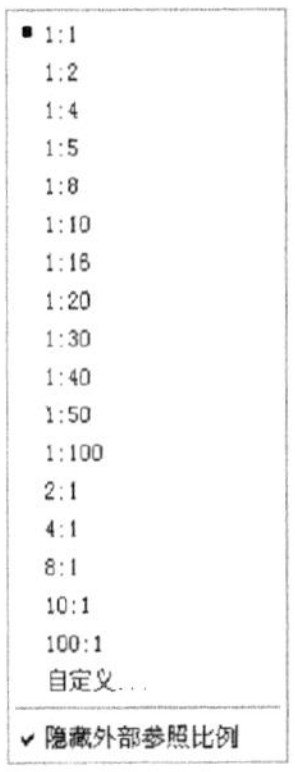

1:1
1:2
1:4
1:5
1:8
1:10
1:16
1:20
1:30
1:40
1:50
1:100
2:1
4:1
8:1
10:1
100:1
自定义...
隐藏外部参照比例

图 1-20　注释比例列

2. 注释可见性

当图标高亮显示时，表示显示所有比例的注释性对象；当图标变暗时，表示仅显示当前比例的注释性对象。

3. 注释比例更改时，自动将比例添加到注释对象

状态栏的右下角是状态栏托盘，如图 1-21 所示。

通过单击状态栏托盘中的图标，可以非常方便地访问常用功能。右键单击状态栏或左键单击右侧的小三角图标，可以控制开关按钮的显示与隐藏或更改托盘设置。图 1-21 是在状态栏托盘中显示的图标。

4. 工具栏/窗口位置锁

可以控制是否锁定工具栏或图形窗口在图形界面上的位置。在位置锁图标上单击鼠标右键，系统弹出工具栏/窗口位置锁右键菜单，如图 1-22 所示。可以选择打开或锁定相关选项位置。

图 1-21　状态栏托盘

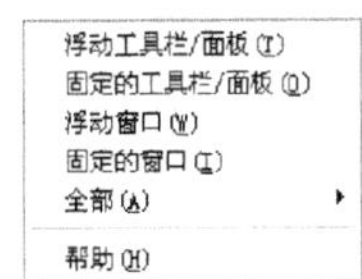


图 1-22　工具栏/窗口位置锁右键菜单

5. 全屏显示

可以清除 Windows 窗口中的标题栏、工具栏和选项板等界面元素，使 AutoCAD 的绘图窗口全屏显示。

## 1.1.9　滚动条

在 AutoCAD 2012 的绘图窗口中，在窗口的下方和右侧还提供了用来浏览图形的水平和竖直方向的滚动条。在滚动条中单击鼠标或拖动滚动条中的滚动块，用户可以在绘图窗口中按水平或竖直两个方向浏览图形。

## 1.1.10　状态托盘

状态托盘包括一些常见的显示工具和注释工具，还包括模型空间与布局空间转换工具，如图 1-23 所示，通过这些按钮可以控制图形或绘图区的状态。

Note

- ☑ 模型与布局空间转换按钮：在模型空间与布局空间之间进行转换。
- ☑ 快速查看布局按钮：快速查看当前图形在布局空间的布局。
- ☑ 快速查看图形按钮：快速查看当前图形在模型空间的图形位置。
- ☑ 注释比例按钮：单击注释比例右侧的小三角图标，弹出注释比例列表，如图 1-24 所示，可以根据需要选择适当的注释比例。
- ☑ 注释可见性按钮：当图标高亮显示时，表示显示所有比例的注释性对象；当图标变暗时，表示仅显示当前比例的注释性对象。
- ☑ 自动添加注释按钮：注释比例更改时，自动将比例添加到注释对象。
- ☑ 切换工作空间按钮：进行工作空间转换。
- ☑ 锁定按钮：控制是否锁定工具栏或图形窗口在图形界面上的位置。
- ☑ “硬件加速”按钮：设定图形卡的驱动程序以及设置硬件加速的选项。
- ☑ “隔离对象”按钮：当选择隔离对象时，在当前视图中显示选定对象，所有其他对象都暂时隐藏；当选择隐藏对象时，在当前视图中暂时隐藏选定对象，所有其他对象都可见。
- ☑ 状态栏菜单下拉按钮：单击该下拉按钮，弹出如图 1-25 所示的状态栏菜单，可以选择打开或锁定相关选项位置。

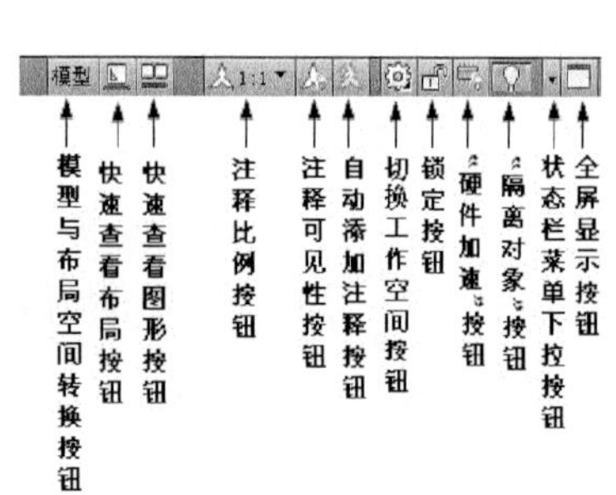


图 1-23　状态托盘工具

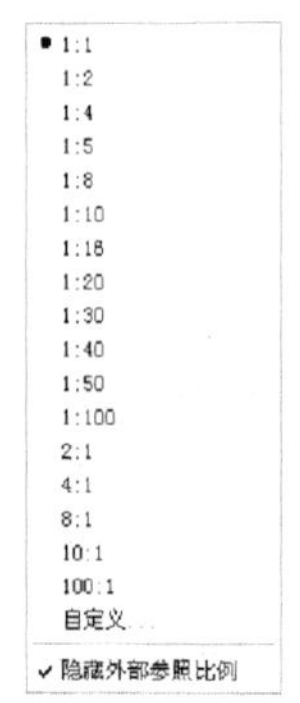


图 1-24　注释比例列表

图 1-25　状态栏菜单

- ☑ 全屏显示按钮：该选项可以清除 Windows 窗口中的标题栏、工具栏和选项板等界面元素，使 AutoCAD 的绘图窗口全屏显示，如图 1-26 所示。

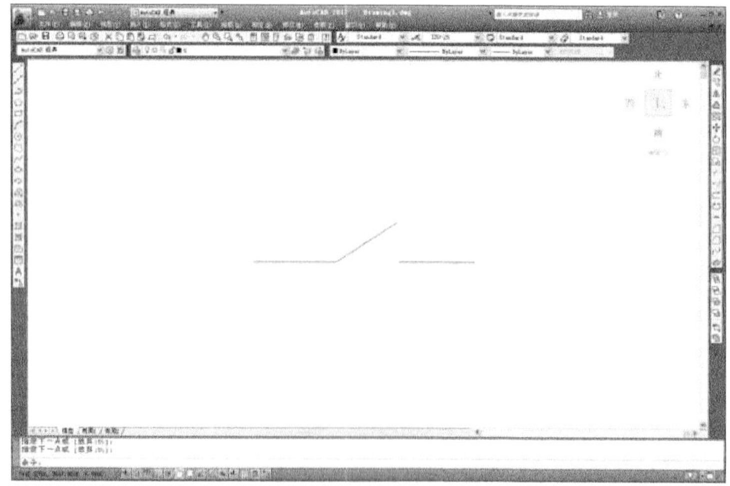

图 1-26　全屏显示

## 1.1.11 快速访问工具栏和交互信息工具栏

1. 快速访问工具栏

该工具栏包括“新建”、“打开”、“保存”、“放弃”、“重做”和“打印”等几个常用的工具。用户也可以单击本工具栏后面的下拉按钮设置需要的常用工具。

2. 交互信息工具栏

该工具栏包括“搜索”、“速博应用中心”、“通讯中心”、“收藏夹”和“帮助”等几个常用的数据交互访问工具。

## 1.1.12 功能区

包括“常用”、“插入”、“注释”、“参数化”、“视图”、“管理”和“输出”等功能区，每个功能区集成了相关的操作工具，方便了用户的使用。用户可以单击功能区选项后面的按钮控制功能的展开与收缩。

打开或关闭功能区的操作方式如下。

☑ 命令行：RIBBON（或 RIBBONCLOSE）。

☑ 菜单栏：“工具”→“选项板”→“功能区”。

# 1.2 配置绘图系统

一般来讲，使用 AutoCAD 2012 的默认配置就可以绘图，但为了使用定点设备或打印机，并提高绘图的效率，AutoCAD 推荐用户在开始作图前进行必要的配置。

1. 执行方式

☑ 命令行：PREFERENCES。

☑ 菜单栏：“工具”→“选项”。

☑ 快捷菜单：在工作区中单击鼠标右键，在弹出的快捷菜单中选择“选项”命令，如图 1-27 所示。

图 1-27 选择“选项”命令

2. 操作步骤

执行上述命令后，系统自动打开“选项”对话框。用户可以在该对话框中选择有关选项，对系统进行配置。下面只对其中主要的选项卡进行说明，其他配置选项在后面用到时再作具体说明。

## 1.2.1 显示配置

“选项”对话框的第二个选项卡为“显示”选项卡，该选项卡控制 AutoCAD 窗口的外观，如图 1-5 所示。该选项卡设定屏幕菜单、滚动条显示与否、固定命令行窗口中的文字行数、AutoCAD 的版面布局设置、各实体的显示分辨率以及 AutoCAD 运行时其他各项性能参数的设定等。

在设置实体显示分辨率时，要务必记住，显示质量越高，分辨率越高，计算机计算的时间越长，

千万不要将其设置得太高。显示质量设定在一个合理的程度上是很重要的。

### 1.2.2 系统配置

Note

“选项”对话框的“系统”选项卡如图 1-28 所示，用于设置 AutoCAD 系统的有关特性。

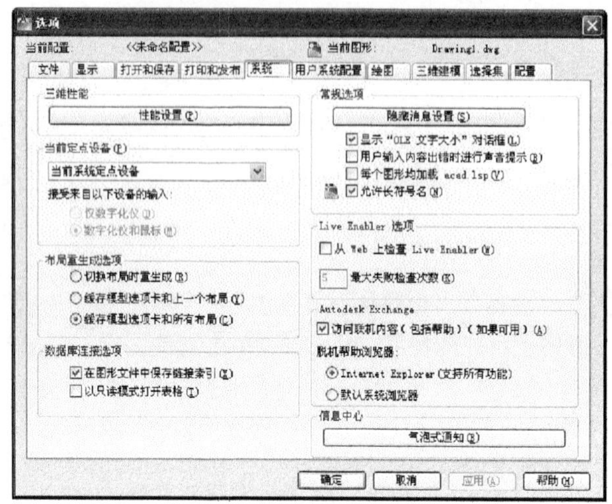


图 1-28 “系统”选项卡

（1）“三维性能”选项组

设定当前 3D 图形的显示特性，可以选择系统提供的 3D 图形显示特性配置，也可以单击“性能设置”按钮自行设置该特性。

（2）“当前定点设备”选项组

安装及配置定点设备，如数字化仪和鼠标。具体如何配置和安装，可参照定点设备的用户手册。

（3）“常规选项”选项组

确定是否选择系统配置的有关基本选项。

（4）“布局重生成选项”选项组

确定切换布局时是否重生成或缓存模型选项卡和布局。

（5）“数据库连接选项”选项组

确定数据库连接的方式。

（6）“Live Enabler 选项”选项组

确定在 Web 上检查 Live Enabler 失败的次数。

## 1.3 设置绘图环境

由于每台计算机所使用的显示器、输入设备和输出设备的类型不同，用户喜好的风格及计算机的目录设置也是不同的，所以每台计算机都是独特的。一般来讲，使用 AutoCAD 2012 的默认配置就可以绘图，但为了使用用户的定点设备或打印机，以及提高绘图的效率，AutoCAD 推荐用户在开始作图前先进行必要的配置。

## 1.3.1 绘图单位设置

1. 执行方式

☑ 命令行：DDUNITS（或 UNITS）。

☑ 菜单栏："格式"→"单位"。

2. 操作步骤

执行上述命令后，系统弹出"图形单位"对话框，如图 1-29 所示。该对话框用于定义单位和角度格式。

3. 选项说明

（1）"长度"选项组

指定测量长度的当前单位及当前单位的精度。

（2）"角度"选项组

指定测量角度的当前单位、精度及旋转方向，默认方向为逆时针。

（3）"插入时的缩放单位"选项组

控制使用工具选项板（如 DesignCenter 或 i-drop）拖入当前图形的块的测量单位。如果块或图形创建时使用的单位与该选项指定的单位不同，则在插入这些块或图形时，将对其按比例缩放。插入比例是源块或图形使用的单位与目标图形使用的单位之比。如果插入块时不按指定单位缩放，可选择"无单位"。

（4）"输出样例"选项组

显示当前输出的样例值。

（5）"光源"选项组

用于指定光源强度的单位。

（6）"方向"按钮

单击该按钮，可以在系统弹出的"方向控制"对话框中进行方向控制设置，如图 1-30 所示。

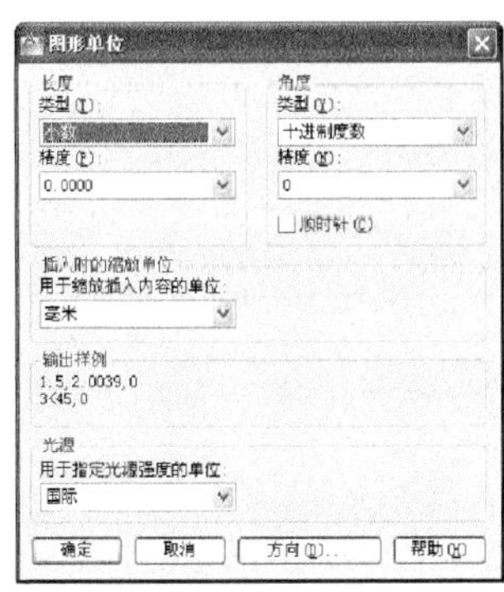


图 1-29 "图形单位"对话框

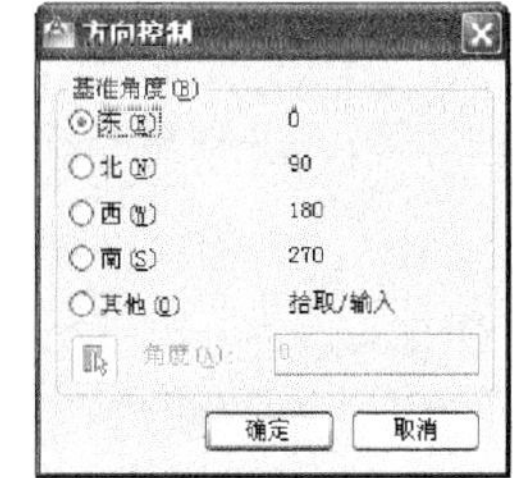


图 1-30 "方向控制"对话框

## 1.3.2 图形边界设置

1. 执行方式

☑ 命令行：LIMITS。

☑ 菜单栏：“格式”→“图形界限”。

2. 操作步骤

```
命令：LIMITS↙
重新设置模型空间界限：
指定左下角点或 [开(ON)/关(OFF)] <0.0000,0.0000>：（输入图形边界左下角的坐标后回车）
指定右上角点 <12.0000,9.0000>：（输入图形边界右上角的坐标后回车）
```

3. 选项说明

☑ 开(ON)：使绘图边界有效。系统将在绘图边界以外拾取的点视为无效。

☑ 关(OFF)：使绘图边界无效。用户可以在绘图边界以外拾取点或实体。

☑ 动态输入角点坐标：动态输入功能可以直接在屏幕上输入角点坐标，输入了横坐标值后，按下“,”键，接着输入纵坐标值，如图 1-31 所示。也可以按光标位置直接按下鼠标左键确定角点位置。

图 1-31　动态输入

# 1.4 文件管理

本节将介绍有关文件管理的一些基本操作方法，包括新建文件、打开已有文件、保存文件、删除文件等，这些都是进行 AutoCAD 2012 操作的基础知识。

另外，本节也将介绍安全口令和数字签名等涉及文件管理操作的知识。

## 1.4.1 新建文件

1. 执行方式

☑ 命令行：NEW。

☑ 菜单栏：“文件”→“新建”。

☑ 工具栏：“标准”→“新建”。

2. 操作步骤

执行上述命令后，系统弹出如图 1-32 所示的“选择样板”对话框，在“文件类型”下拉列表框中有 3 种格式的图形样板，分别是后缀为.dwt、.dwg 和.dws 的 3 种图形样板。

3. 执行方式

☑ 命令行：QNEW。

☑ 工具栏：“标准”→“新建”。

4. 操作步骤

执行上述命令后，系统立即从所选的图形样板创建新图形，而不显示任何对话框或提示。

在运行快速创建图形功能之前必须进行如下设置。

（1）将 FILEDIA 系统变量设置为 1，将 STARTUP 系统变量设置为 0。命令行提示如下：

```
命令：FILEDIA↙
输入 FILEDIA 的新值 <1>:↙
```

```
命令：STARTUP↙
输入 STARTUP 的新值 <0>:↙
```

（2）从“工具”→“选项”菜单中选择默认图形样板文件。方法是在“文件”选项卡下单击标记为“样板设置”的节点，然后选择需要的样板文件路径，如图 1-33 所示。

图 1-32　“选择样板”对话框

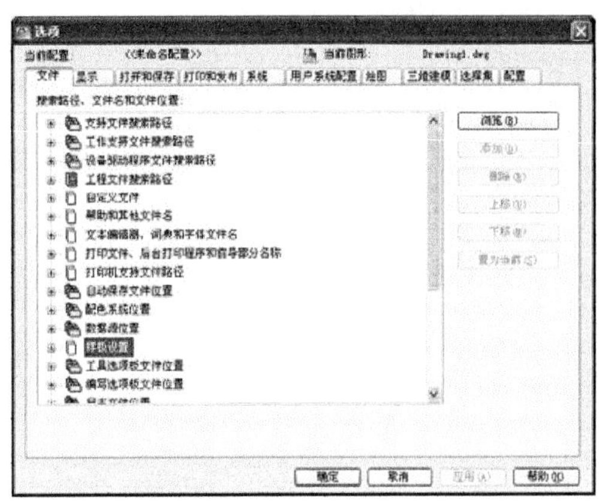

图 1-33　“选项”对话框的“文件”选项卡

## 1.4.2　打开文件

1. 执行方式

☑　命令行：OPEN。

☑　菜单栏：“文件”→“打开”。

☑　工具栏：“标准”→“打开”。

2. 操作步骤

执行上述命令后，系统弹出如图 1-34 所示的“选择文件”对话框，在“文件类型”下拉列表框中可选择.dwg 文件、.dwt 文件、.dxf 文件和.dws 文件。.dxf 文件是用文本形式存储的图形文件，能够被其他程序读取，许多第三方应用软件都支持.dxf 格式。

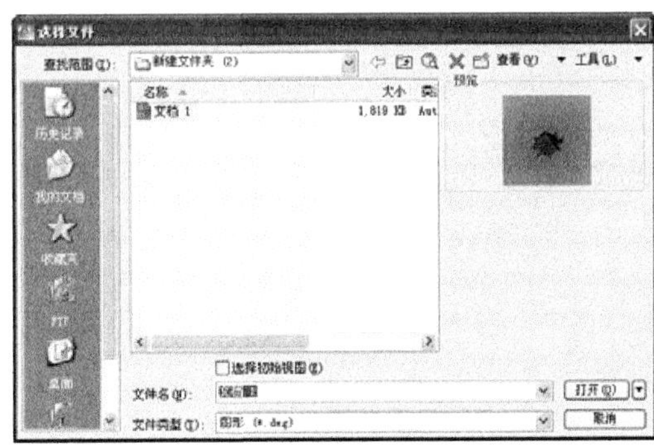

图 1-34　“选择文件”对话框

## 1.4.3　保存文件

1. 执行方式

☑　命令行：QSAVE（或 SAVE）。

Note

☑ 菜单栏："文件"→"保存"。

☑ 工具栏："标准"→"保存"。

2. 操作步骤

执行上述命令后，若文件已命名，则 AutoCAD 自动保存；若文件未命名（即为默认名 Drawing1.dwg），则系统弹出如图 1-35 所示的"图形另存为"对话框，用户可以命名保存。在"保存于"下拉列表框中可以指定保存文件的路径；在"文件类型"下拉列表框中可以指定保存文件的类型。

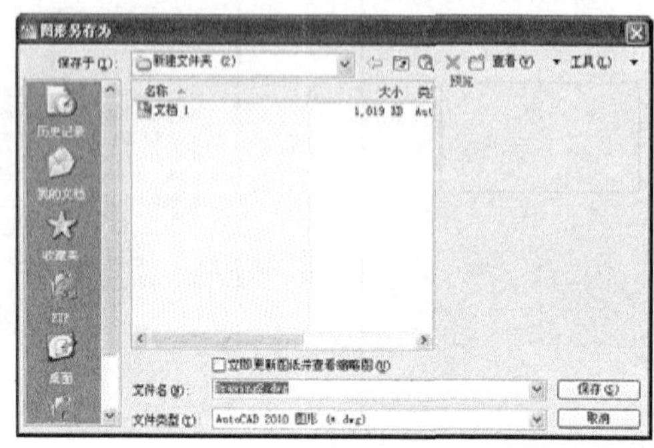

图 1-35 "图形另存为"对话框

为了防止因意外操作或计算机系统故障导致正在绘制的图形文件丢失，可以对当前图形文件设置自动保存。操作步骤如下：

（1）利用系统变量 SAVEFILEPATH 设置所有"自动保存"文件的位置，如 C:\HU\。

（2）利用系统变量 SAVEFILE 存储"自动保存"文件名。该系统变量存储的文件名文件是只读文件，用户可以从中查询自动保存的文件名。

（3）利用系统变量 SAVETIME 指定在使用"自动保存"时多长时间保存一次图形。

## 1.4.4 另存为

1. 执行方式

☑ 命令行：SAVEAS。

☑ 菜单栏："文件"→"另存为"。

2. 操作步骤

执行上述命令后，系统弹出如图 1-35 所示的"图形另存为"对话框，AutoCAD 用另存名保存，并把当前图形更名。

## 1.4.5 退出

1. 执行方式

☑ 命令行：QUIT 或 EXIT。

☑ 菜单栏："文件"→"退出"。

☑ 按钮：AutoCAD 操作界面右上角的"关闭"按钮☒。

2. 操作步骤

```
命令：QUIT↙（或 EXIT↙）
```

执行上述命令后，若用户对图形所作的修改尚未保存，则会出现如图 1-36 所示的系统警告对话框。单击“是”按钮系统将保存文件，然后退出；单击“否”按钮系统将不保存文件。若用户对图形所作的修改已经保存，则直接退出。

## 1.4.6 图形修复

1. 执行方式

☑ 命令行：DRAWINGRECOVERY。

☑ 菜单栏：“文件”→“图形实用工具”→“图形修复管理器”。

2. 操作步骤

```
命令：DRAWINGRECOVERY↙
```

执行上述命令后，系统弹出如图 1-37 所示的“图形修复管理器”对话框，打开“备份文件”列表框中的文件，可以重新保存，从而进行修复。

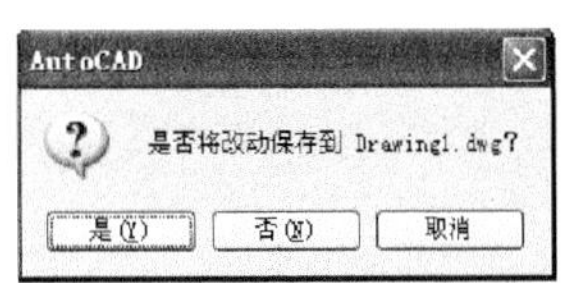


图 1-36 系统警告对话框

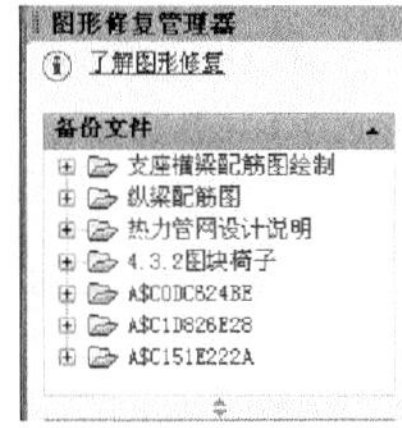


图 1-37 “图形修复管理器”对话框

# 1.5 基本输入操作

在 AutoCAD 中，有一些基本的输入操作方法，这些基本方法是进行 AutoCAD 绘图的必备知识基础，也是深入学习 AutoCAD 功能的前提。

## 1.5.1 命令输入方式

AutoCAD 交互绘图必须输入必要的指令和参数。有多种 AutoCAD 命令输入方式（以画直线为例）。

1. 在命令行窗口输入命令名

命令字符可不区分大小写，如命令 LINE。执行命令时，在命令行提示中经常会出现命令选项。例如，输入绘制直线命令 LINE 后，命令行提示如下：

```
命令：LINE↙
指定第一点：（在屏幕上指定一点或输入一个点的坐标）
指定下一点或 [放弃(U)]:
```

选项中不带括号的提示为默认选项，因此可以直接输入直线段的起点坐标或在屏幕上指定一点，如果要选择其他选项，则应该首先输入该选项的标识字符，如“放弃”选项的标识字符 U，然后按系统提示输入数据即可。命令选项的后面有时候还带有尖括号，尖括号内的数值为默认数值。

2. 在命令行窗口输入命令缩写字

如 L（Line）、C（Circle）、A（Arc）、Z（Zoom）、R（Redraw）、M（More）、CO（Copy）、PL

Note

(Pline)、E(Erase)等。

3. 选择绘图菜单直线选项

选择该选项后，在状态栏中可以看到对应的命令说明及命令名。

4. 单击工具栏中的对应图标

单击对应图标后，在状态栏中也可以看到对应的命令说明及命令名。

5. 在命令行打开右键快捷菜单

如果在前面刚使用过要输入的命令，可以在命令行打开右键快捷菜单，在“近期使用的命令”子菜单中选择需要的命令，如图 1-38 所示。“近期使用的命令”子菜单中存储最近使用的 6 个命令，如果经常重复使用某个 6 次操作以内的命令，这种方法就比较快速简洁。

6. 在绘图区右键单击鼠标

如果用户要重复使用上次使用的命令，可以直接在绘图区单击鼠标右键，系统立即重复执行上次使用的命令，这种方法适用于重复执行某个命令。

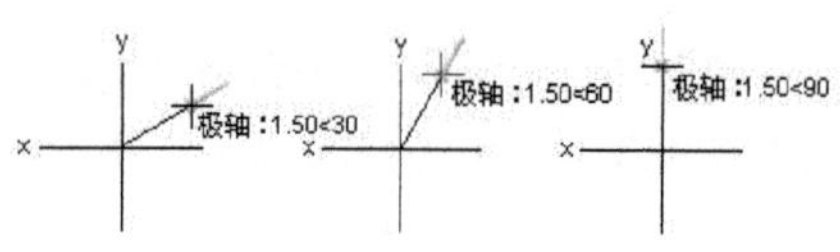


图 1-38　设置极轴角度

## 1.5.2　命令的重复、撤销、重做

1. 命令的重复

在命令行窗口中按回车键可重复调用上一个命令，不管上一个命令是完成了还是被取消了。

2. 命令的撤销

在命令执行的任何时刻都可以取消和终止命令的执行，执行方式如下。

☑ 命令行：UNDO。

☑ 菜单栏：“编辑”→“放弃”。

☑ 快捷键：Esc。

3. 命令的重做

已被撤销的命令还可以恢复重做。要恢复撤销的最后的一个命令，执行方式如下。

☑ 命令行：REDO。

☑ 菜单栏：“编辑”→“重做”。

该命令可以一次执行多重放弃和重做操作。单击 UNDO 或 REDO 列表箭头，可以选择要放弃或重做的操作，如图 1-39 所示。

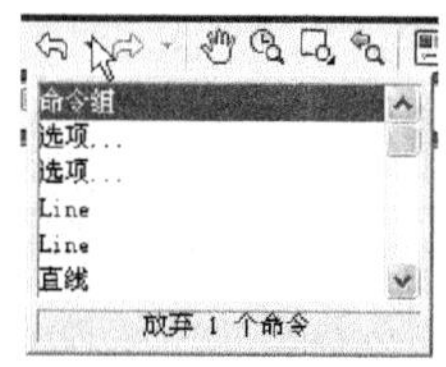


图 1-39　多重放弃或重做

## 1.5.3　透明命令

在 AutoCAD 2012 中有些命令不仅可以直接在命令行中使用，而且还可以在其他命令的执行过程中插入并执行，待该命令执行完毕后，系统继续执行原命令，这种命令称为透明命令。透明命令一般多为修改图形设置或打开辅助绘图工具的命令。

1.5.2 节所述 3 种命令的执行方式同样适用于透明命令的执行。命令行提示如下：

```
命令：ARC↙
指定圆弧的起点或 [圆心(C)]：'ZOOM↙（透明使用显示缩放命令 ZOOM）
```

```
>>（执行 ZOOM 命令）
正在恢复执行 ARC 命令。
指定圆弧的起点或 [圆心(C)]:（继续执行原命令）
```

## 1.5.4　坐标系统与数据的输入方法

### 1. 坐标系

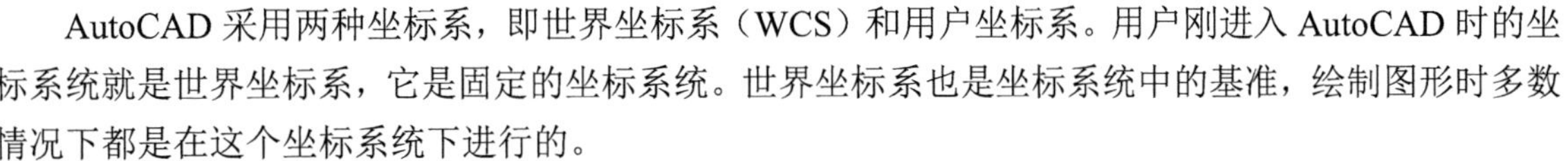

AutoCAD 采用两种坐标系，即世界坐标系（WCS）和用户坐标系。用户刚进入 AutoCAD 时的坐标系统就是世界坐标系，它是固定的坐标系统。世界坐标系也是坐标系统中的基准，绘制图形时多数情况下都是在这个坐标系统下进行的。

☑　命令行：UCS。

☑　菜单栏："工具"→"工具栏"→AutoCAD→UCS。

☑　工具栏：UCS→UCS。

AutoCAD 有两种视图显示方式，即模型空间和图纸空间。模型空间是指单一视图显示法，通常使用的都是这种显示方式；图纸空间是指在绘图区域创建图形的多视图。用户可以对其中每一个视图进行单独操作。在默认情况下，当前 UCS 与 WCS 重合。如图 1-40（a）所示为模型空间下的 UCS 坐标系图标，通常放在绘图区左下角处；如当前 UCS 和 WCS 重合，则出现一个 W 字，如图 1-40（b）所示；也可以指定它放在当前 UCS 的实际坐标原点位置，此时出现一个十字，如图 1-40（c）所示。如图 1-40（d）所示为图纸空间下的坐标系图标。

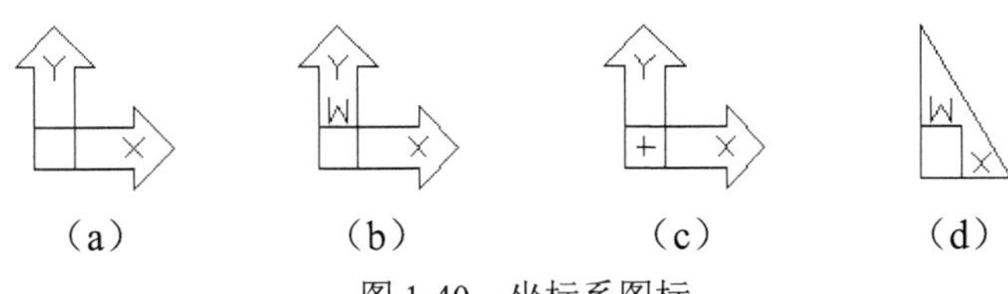


图 1-40　坐标系图标

### 2. 数据输入方法

在 AutoCAD 2012 中，点的坐标可以用直角坐标、极坐标、球面坐标和柱面坐标表示，每一种坐标又分别具有两种坐标输入方式，即绝对坐标和相对坐标。其中直角坐标和极坐标最为常用，下面主要介绍一下它们的输入。

（1）直角坐标法：用点的 X、Y 坐标值表示的坐标。

例如，在命令行中输入点的坐标提示下，输入"15,18"，则表示输入了一个 X、Y 的坐标值分别为 15、18 的点，此为绝对坐标输入方式，表示该点的坐标是相对于当前坐标原点的坐标值，如图 1-41（a）所示。如果输入"@10,20"，则为相对坐标输入方式，表示该点的坐标是相对于前一点的坐标值，如图 1-41（c）所示。

（2）极坐标法：用长度和角度表示的坐标，只能用来表示二维点的坐标。

在绝对坐标输入方式下，表示为"长度<角度"，如"25<50"，其中长度为该点到坐标原点的距离，角度为该点至原点的连线与 X 轴正向的夹角，如图 1-41（b）所示。

在相对坐标输入方式下，表示为"@长度<角度"，如"@25<45"，其中长度为该点到前一点的距离，角度为该点至前一点的连线与 X 轴正向的夹角，如图 1-41（d）所示。

Note

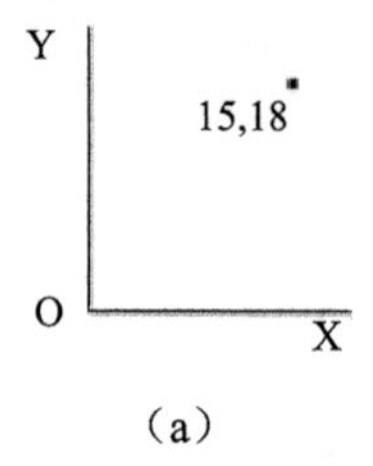

（a）

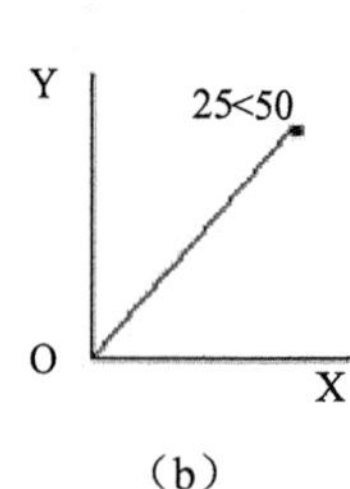

（b）

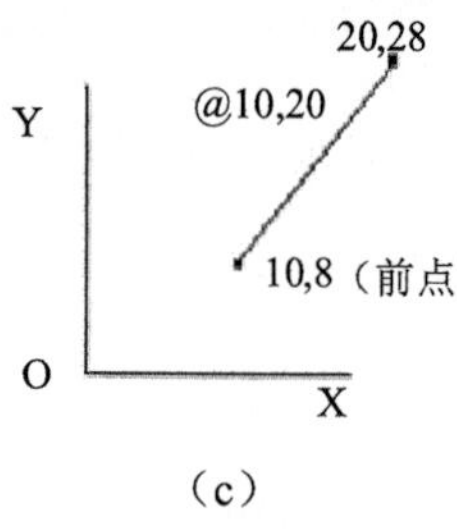

（c）

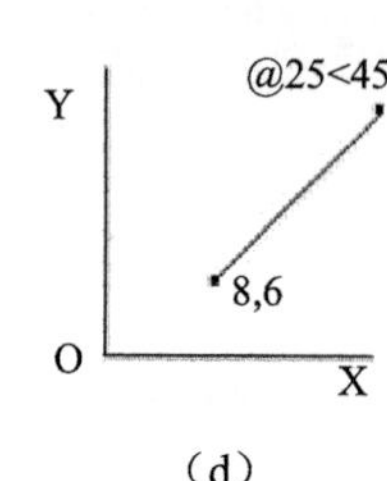

（d）

图 1-41　数据输入方法

3．动态数据输入

单击状态栏上的 DYN 按钮，系统弹出动态输入功能，可以在屏幕上动态地输入某些参数数据。例如，绘制直线时，在光标附近会动态地显示“指定第一点”，以及后面的坐标框，当前显示的是光标所在位置，可以输入数据，两个数据之间以逗号隔开，如图 1-42 所示。指定第一点后，系统动态显示直线的角度，同时要求输入线段长度值，如图 1-43 所示，其输入效果与“@长度<角度”方式相同。

图 1-42　动态输入坐标值

图 1-43　动态输入长度值

下面分别讲述点与距离值的输入方法。

1）点的输入

绘图过程中，常需要输入点的位置，AutoCAD 提供了如下几种输入点的方式。

（1）用键盘直接在命令窗口中输入点的坐标：直角坐标有两种输入方式，即 X,Y（点的绝对坐标值，如“100,50”）和“@ X,Y”（相对于上一点的相对坐标值，如“@ 50,–30”）。坐标值均相对于当前的用户坐标系。

极坐标的输入方式为：“长度<角度”（其中，长度为点到坐标原点的距离，角度为原点至该点连线与 X 轴的正向夹角，如“20<45”）或“@长度<角度”（相对于上一点的相对极坐标，如“@ 50 <–30”）。

（2）用鼠标等定标设备移动光标并单击左键在屏幕上直接取点。

（3）用目标捕捉方式捕捉屏幕上已有图形的特殊点（如端点、中点、中心点、插入点、交点、切点、垂足点等）。

（4）直接距离输入：先用光标拖拉出橡筋线确定方向，然后用键盘输入距离，这样有利于准确控制对象的长度等参数。例如，要绘制一条 10mm 长的线段，命令行提示如下：

```
命令:LINE ↙
指定第一点:(在屏幕上指定一点)
指定下一点或 [放弃(U)]:
```

这时在屏幕上移动鼠标指明线段的方向，但不要单击鼠标左键确认，如图 1-44 所示。然后在命令行中输入“10”，这样就在指定方向上准确地绘制了长度为 10mm 的线段。

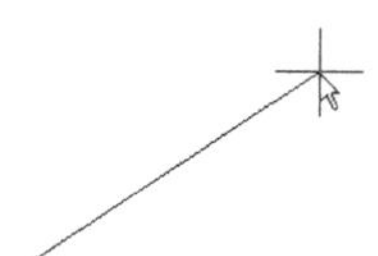

图 1-44　绘制直线

2）距离值的输入

在 AutoCAD 命令中，有时需要提供高度、宽度、半径、长度等距离值。AutoCAD 提供了两种输入距离值的方式：一种是用键盘在命令行窗口中直

接输入数值；另一种是在屏幕上拾取两点，以两点的距离值确定所需数值。

# 1.6 图层设置

AutoCAD 中的图层就如同在手工绘图中使用的重叠透明图纸，如图 1-45 所示，可以使用图层来组织不同类型的信息。在 AutoCAD 中，图形的每个对象都位于一个图层上，所有图形对象都具有图层、颜色、线型和线宽这 4 个基本属性。在绘制时，图形对象将创建在当前的图层上。每个 CAD 文档中图层的数量是不受限制的，每个图层都有自己的名称。

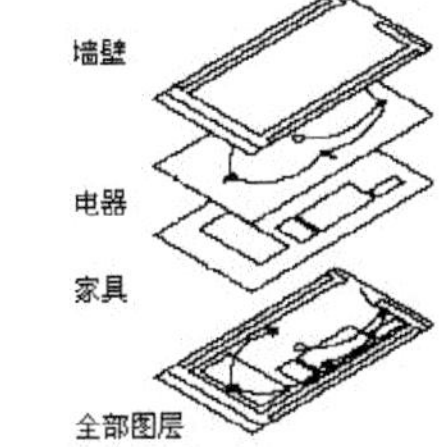


图 1-45 图层示意图

## 1.6.1 建立新图层

新建的 CAD 文档中只能自动创建一个名为 0 的特殊图层。默认情况下，图层 0 将被指定使用 7 号颜色、Continuous 线型、“默认”线宽以及 NORMAL 打印样式。不能删除或重命名图层 0。通过创建新的图层，可以将类型相似的对象指定给同一个图层使其相关联。例如，可以将构造线、文字、标注和标题栏置于不同的图层上，并为这些图层指定通用特性。通过将对象分类放到各自的图层中，可以快速有效地控制对象的显示以及对其进行更改。

1. 执行方式

☑ 命令行：LAYER。

☑ 菜单栏：“格式”→“图层”。

☑ 工具栏：“图层”→“图层特性管理器”，如图 1-46 所示。

图 1-46 “图层”工具栏

2. 操作步骤

执行上述命令后，系统弹出“图层特性管理器”对话框，如图 1-47 所示。

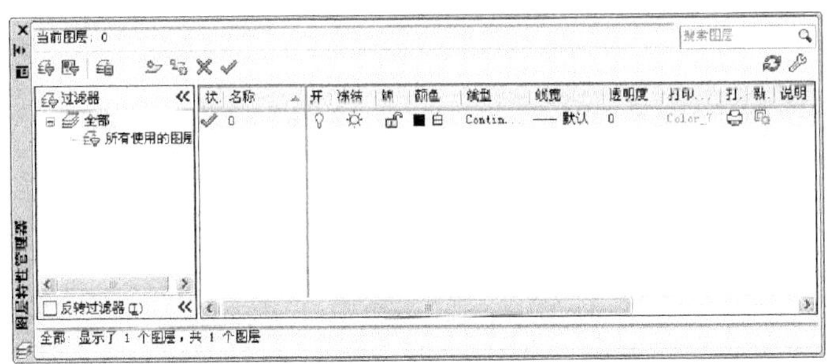

图 1-47 “图层特性管理器”对话框

单击“图层特性管理器”对话框中的“新建”按钮，建立新图层，默认的图层名为“图层 1”。可以根据绘图需要更改图层名，如改为实体层、中心线层或标准层等。

在一个图形中可以创建的图层数以及在每个图层中可以创建的对象数实际上是无限的。图层最长可使用 255 个字符的字母数字命名。图层特性管理器按名称的字母顺序排列图层。

Note

注意：如果要建立不只一个图层，无须重复单击“新建”按钮。更有效的方法是：在建立一个新的图层“图层1”后，改变图层名，在其后输入一个逗号“,”，这样就会又自动建立一个新图层“图层 1”，改变图层名，再输入一个逗号，又一个新的图层建立了，依次建立各个图层。也可以按两次回车键，建立另一个新的图层。图层的名称也可以更改，直接双击图层名称，输入新的名称即可。

在每个图层属性设置中，包括“图层名称”、“关闭/打开图层”、“冻结/解冻图层”、“锁定/解锁图层”、“图层线条颜色”、“图层线条线型”、“图层线条宽度”、“图层打印样式”以及图层“是否打印”9个参数。下面将分别讲述如何设置这些图层参数。

（1）设置图层线条颜色

在工程制图中，整个图形包含多种不同功能的图形对象，如实体、剖面线与尺寸标注等，为了便于直观地区分它们，有必要针对不同的图形对象使用不同的颜色，如实体层使用白色、剖面线层使用青色等。

要改变图层的颜色时，单击图层所对应的颜色图标，弹出“选择颜色”对话框，如图1-48所示。它是一个标准的颜色设置对话框，可以使用“索引颜色”、“真彩色”和“配色系统”3个选项卡来选择颜色。系统显示的RGB配比，即Red（红）、Green（绿）和Blue（蓝）3种颜色。

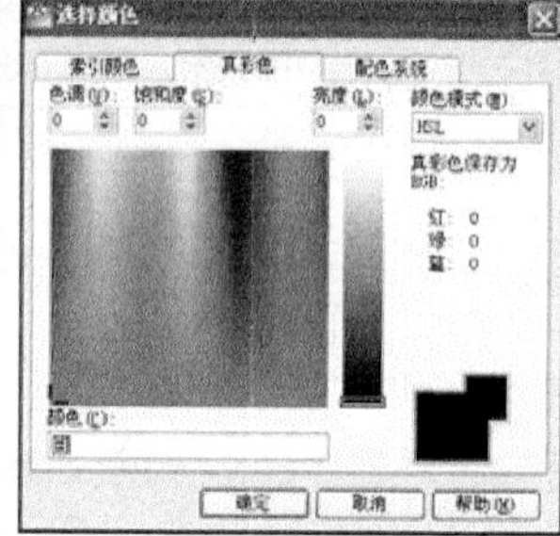
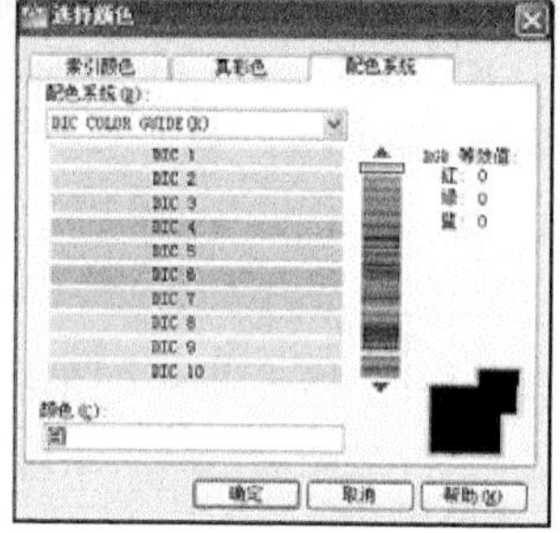

图1-48 “选择颜色”对话框

（2）设置图层线型

单击图层所对应的线型图标，弹出“选择线型”对话框，如图1-49所示。默认情况下，在“已加载的线型”列表框中，系统只添加了Continuous线型。单击“加载”按钮，打开“加载或重载线型”对话框，如图1-50所示。可以看到AutoCAD还提供了许多其他的线型，用鼠标选择所需线型，单击“确定”按钮，即可把该线型加载到“已加载的线型”列表框中，可以按住Ctrl键选择几种线型同时加载。

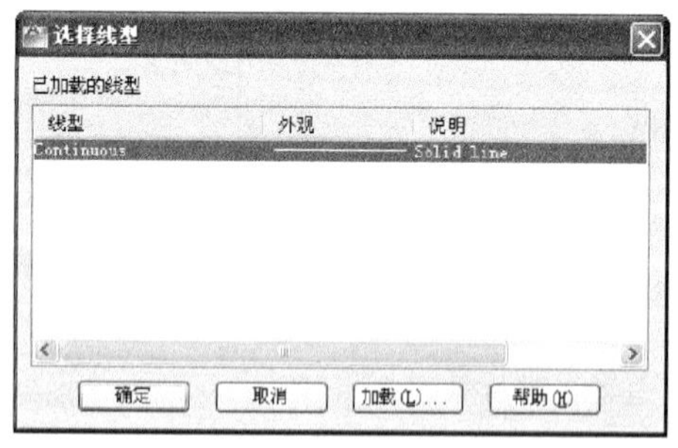


图1-49 “选择线型”对话框

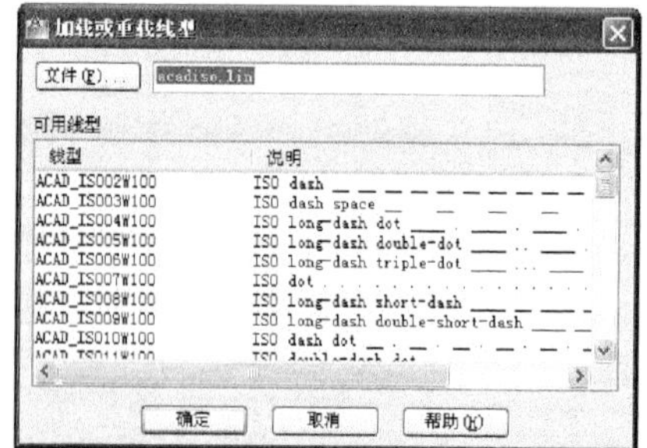


图1-50 “加载或重载线型”对话框

（3）设置图层线宽

单击图层所对应的线宽图标，弹出“线宽”对话框，如图1-51所示。选择一个线宽，单击“确定”按钮完成对图层线宽的设置。

Note

图层线宽的默认值为 0.25mm。在状态栏为“模型”状态时，显示的线宽同计算机的像素有关。线宽为零时，显示为一个像素的线宽。单击状态栏中的“线宽”按钮，屏幕上显示的线宽与实际线宽成比例，如图 1-52 所示，但线宽不随着图形的放大和缩小而变化。“线宽”功能关闭时，不显示图形的线宽，图形的线宽均为默认宽度值显示。可以在“线宽”对话框中选择需要的线宽。

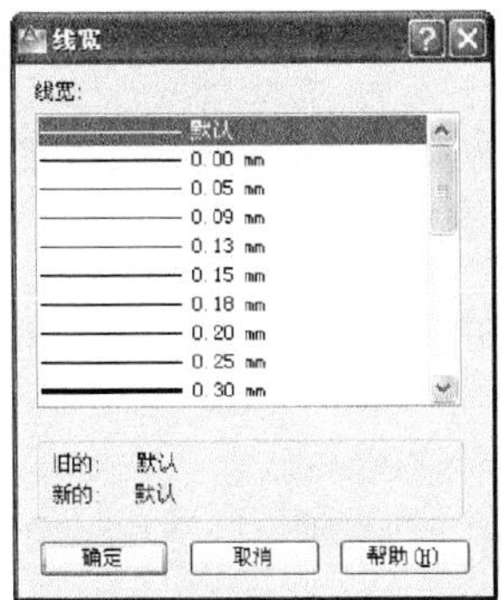


图 1-51 “线宽”对话框

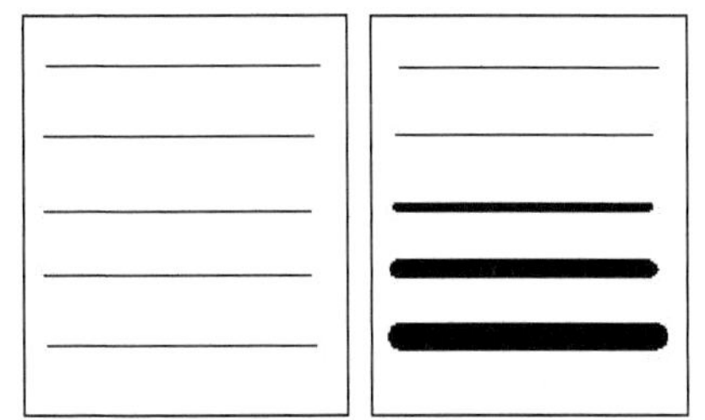

图 1-52 线宽显示效果图

## 1.6.2 设置图层

除了上面讲述的通过图层管理器设置图层的方法外，还有几种其他的简便方法可以设置图层的颜色、线宽、线型等参数。

### 1. 直接设置图层

可以直接通过命令行或菜单设置图层的颜色、线宽、线型。

（1）执行方式

☑ 命令行：COLOR。

☑ 菜单栏：“格式”→“颜色”。

（2）操作步骤

执行上述命令后，系统弹出“选择颜色”对话框，如图 1-48 所示。

（3）执行方式

☑ 命令行：LINETYPE。

☑ 菜单栏：“格式”→“线型”。

（4）操作步骤

执行上述命令后，系统弹出“线型管理器”对话框，如图 1-53 所示。

（5）执行方式

☑ 命令行：LINEWEIGHT 或 LWEIGHT。

☑ 菜单栏：“格式”→“线宽”。

（6）操作步骤

执行上述命令后，系统弹出“线宽设置”对话框，如图 1-54 所示。该对话框的使用方法与图 1-51 所示的“线宽”对话框类似。

### 2. 利用“特性”工具栏设置图层

AutoCAD 提供了一个“特性”工具栏，如图 1-55 所示。用户能够控制和使用工具栏上的“对象特性”快速地查看和改变所选对象的图层、颜色、线型和线宽等特性。“特性”工具栏上的图层颜色、

线型、线宽和打印样式的控制增强了查看和编辑对象属性的命令。在绘图屏幕上选择任何对象都将在工具栏上自动显示它所在图层、颜色、线型等属性。

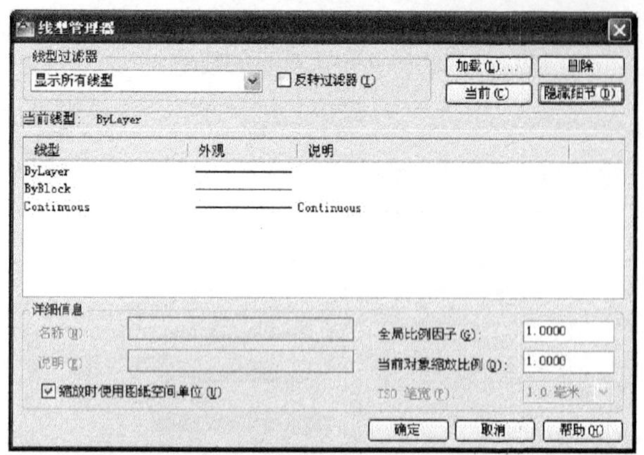


图 1-53 “线型管理器”对话框

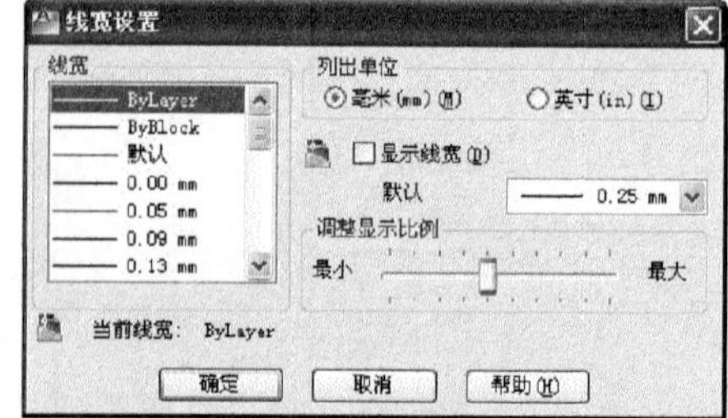


图 1-54 “线宽设置”对话框

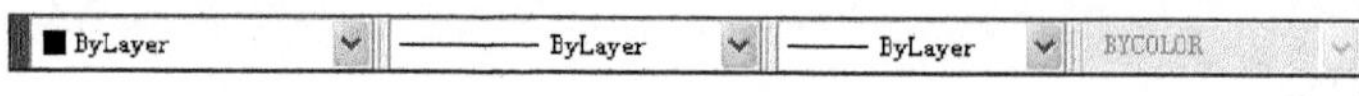


图 1-55 “特性”工具栏

也可以在“特性”工具栏的“颜色”、“线型”、“线宽”和“打印样式”下拉列表框中选择需要的参数值。如果在“颜色”下拉列表框中选择“选择颜色”选项（如图 1-56 所示），系统就会打开“选择颜色”对话框，如图 1-48 所示；同样，如果在“线型”下拉列表框中选择“其他”选项（如图 1-57 所示），系统就会打开“线型管理器”对话框，如图 1-53 所示。

3. 用“特性”对话框设置图层

（1）执行方式

☑ 命令行：DDMODIFY 或 PROPERTIES。

☑ 菜单栏：“修改”→“特性”。

☑ 工具栏：“标准”→“特性” 。

（2）操作步骤

执行上述命令后，系统弹出“特性”对话框，如图 1-58 所示。在其中可以方便地设置或修改图层、颜色、线型、线宽等属性。

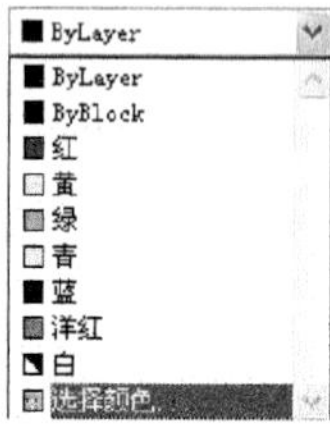


图 1-56 选择“选择颜色”选项

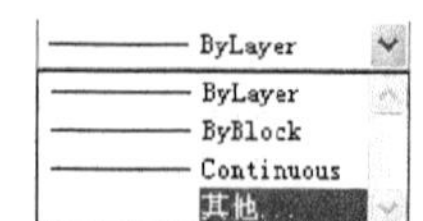


图 1-57 选择“其他”选项

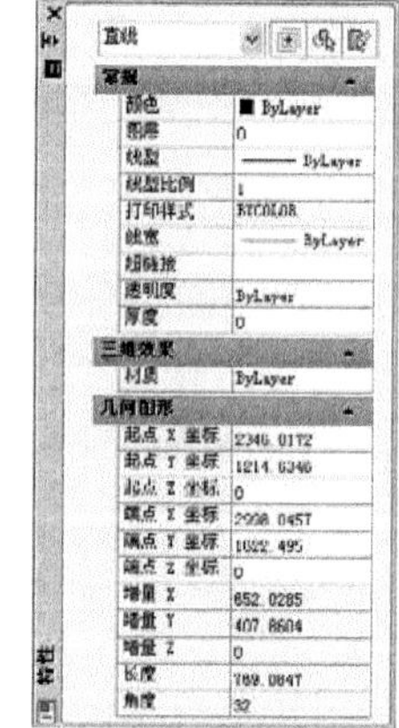


图 1-58 “特性”对话框

# 1.7 绘图辅助工具

要想快速顺利地完成图形绘制工作，有时需要借助一些辅助工具，如用于准确确定绘制位置的精确定位工具和调整图形显示范围与方式的显示工具等。下面将简要介绍这两种非常重要的辅助绘图工具。

## 1.7.1 精确定位工具

在绘制图形时，可以使用直角坐标和极坐标精确定位点，但是有些点（如端点、中心点等）的坐标我们是不知道的，要想精确地指定这些点，可想而知是很难的，有时甚至是不可能的。AutoCAD 提供了辅助定位工具，使用这类工具，可以很容易地在屏幕中捕捉到这些点进行精确的绘图。

### 1. 栅格

AutoCAD 的栅格由有规则的点的矩阵组成，延伸到指定为图形界限的整个区域。使用栅格与在坐标纸上绘图是十分相似的，利用栅格可以对齐对象并直观地显示对象之间的距离。如果放大或缩小图形，可能需要调整栅格间距，使其更适合新的比例。虽然栅格在屏幕上是可见的，但它并不是图形对象，因此它不会被打印成图形中的一部分，也不会影响在何处绘图。

可以单击状态栏上的“栅格显示”按钮或按 F7 键打开或关闭栅格。启用栅格并设置栅格在 X 轴方向和 Y 轴方向上的间距的方法如下。

（1）执行方式

☑ 命令行：DSETTINGS 或 DS，SE 或 DDRMODES。

☑ 菜单栏：“工具”→“草图设置”。

☑ 快捷菜单：右击“栅格”按钮，在弹出的快捷菜单中选择“设置”命令。

（2）操作步骤

执行上述命令，系统弹出“草图设置”对话框，如图 1 59 所示。

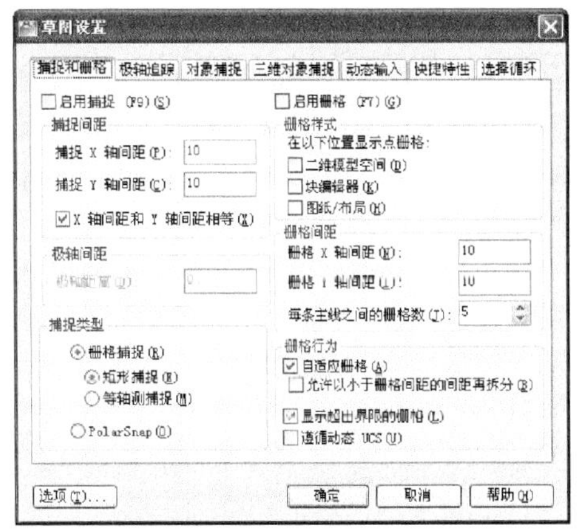


图 1-59 “草图设置”对话框

用户可改变栅格与图形界限的相对位置。默认情况下，栅格以图形界限的左下角为起点，沿着与坐标轴平行的方向填充整个由图形界限所确定的区域。在“捕捉”选项组中的“角度”选项可决定栅格与相应坐标轴之间的夹角；“X 基点”和“Y 基点”选项可决定栅格与图形界限的相对位移。

**注意：** *如果栅格的间距设置得太小，当进行打开栅格操作时，AutoCAD 将在文本窗口中显示“栅格太密，无法显示”信息，而不在屏幕上显示栅格点。或者使用“缩放”命令时，将图形缩放很小，也会出现同样提示，不显示栅格。*

捕捉可以使用户直接使用鼠标快速地定位目标点。捕捉模式有 4 种不同的形式，即栅格捕捉、对

象捕捉、极轴捕捉和自动捕捉。

另外，可以使用 GRID 命令通过命令行方式设置栅格，功能与“草图设置”对话框类似。

2. 捕捉

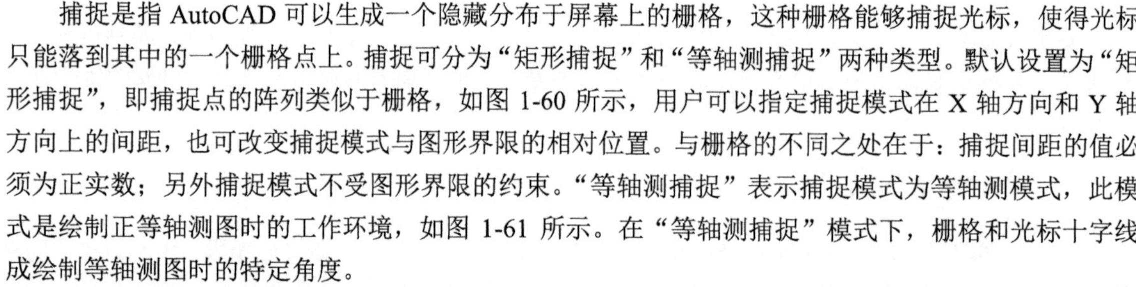

捕捉是指 AutoCAD 可以生成一个隐藏分布于屏幕上的栅格，这种栅格能够捕捉光标，使得光标只能落到其中的一个栅格点上。捕捉可分为“矩形捕捉”和“等轴测捕捉”两种类型。默认设置为“矩形捕捉”，即捕捉点的阵列类似于栅格，如图 1-60 所示，用户可以指定捕捉模式在 X 轴方向和 Y 轴方向上的间距，也可改变捕捉模式与图形界限的相对位置。与栅格的不同之处在于：捕捉间距的值必须为正实数；另外捕捉模式不受图形界限的约束。“等轴测捕捉”表示捕捉模式为等轴测模式，此模式是绘制正等轴测图时的工作环境，如图 1-61 所示。在“等轴测捕捉”模式下，栅格和光标十字线成绘制等轴测图时的特定角度。

在绘制图 1-60 和图 1-61 中的图形且输入参数点时光标只能落在栅格点上。两种模式切换方法是：打开“草图设置”对话框，选择“捕捉和栅格”选项卡，在“捕捉类型”选项组中，通过选中相应单选按钮可在“矩形捕捉”模式与“等轴测捕捉”模式间切换。

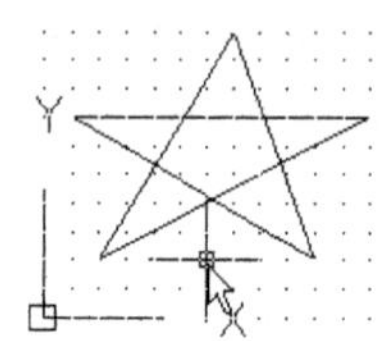


图 1-60 “矩形捕捉”模式

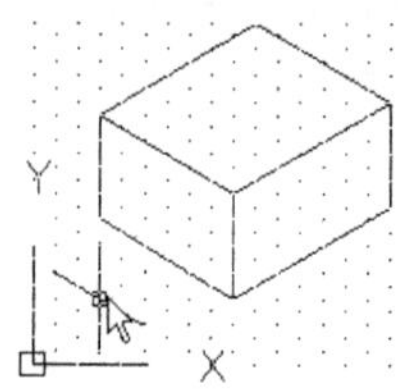


图 1-61 “等轴测捕捉”模式

3. 极轴捕捉

极轴捕捉是在创建或修改对象时，按事先给定的角度增量和距离增量来追踪特征点，即捕捉相对于初始点、且满足指定极轴距离和极轴角的目标点。

极轴追踪设置主要是设置追踪的距离增量和角度增量，以及与其相关联的捕捉模式。这些设置可以通过“草图设置”对话框的“捕捉和栅格”选项卡与“极轴追踪”选项卡来实现，如图 1-62 和图 1-63 所示。

图 1-62 “捕捉和栅格”选项卡

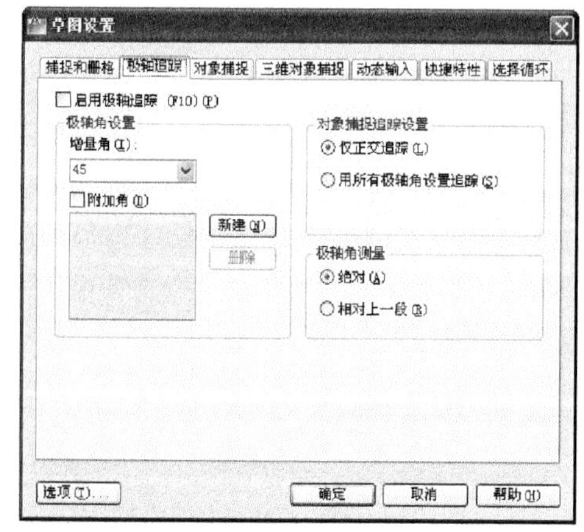


图 1-63 “极轴追踪”选项卡

（1）设置极轴距离

在“草图设置”对话框的“捕捉和栅格”选项卡中，可以设置极轴距离，单位为毫米。绘图时，光标将按指定的极轴距离增量进行移动。

（2）极轴角设置

如图 1-63 所示，在“草图设置”对话框的“极轴追踪”选项卡中，可以设置极轴角增量角度。设置时，可以使用向下箭头所打开的下拉列表框中的 90、45、30、22.5、18、15、10 和 5 的极轴角增量，也可以直接输入指定其他任意角度。光标移动时，如果接近极轴角，将显示对齐路径和工具栏提示。例如，图 1-64 所示为当极轴角增量设置为 30、光标移动 90 时显示的对齐路径。

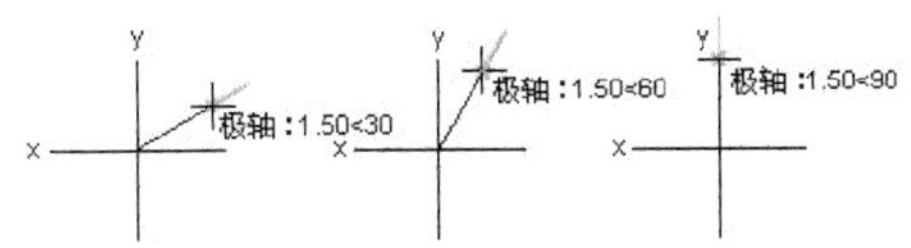


图 1-64　设置极轴角度

“附加角”复选框用于设置极轴追踪时是否采用附加角度追踪。选中该复选框，通过“新建”按钮或者“删除”按钮来增加、删除附加角度值。

（3）对象捕捉追踪设置

用于设置对象捕捉追踪的模式。如果选中“仅正交追踪”单选按钮，则当采用追踪功能时，系统仅在水平和垂直方向上显示追踪数据；如果选中“用所有极轴角设置追踪”单选按钮，则当采用追踪功能时，系统不仅可以在水平和垂直方向显示追踪数据，还可以在设置的极轴追踪角度与附加角度所确定的一系列方向上显示追踪数据。

（4）极轴角测量

用于设置极轴角的角度测量采用的参考基准，“绝对”则是相对水平方向逆时针测量，“相对上一段”则是以上一段对象为基准进行测量。

4. 对象捕捉

AutoCAD 给所有的图形对象都定义了特征点，对象捕捉则是指在绘图过程中，通过捕捉这些特征点，迅速准确地将新的图形对象定位在现有对象的确切位置上，如圆的圆心、线段中点或两个对象的交点等。在 AutoCAD 2012 中，可以通过单击状态栏中的“对象捕捉”按钮，或是在“草图设置”对话框的“对象捕捉”选项卡中选中“启用对象捕捉”复选框，来完成启用对象捕捉功能。在绘图过程中，对象捕捉功能的调用可以通过以下方式完成。

“对象捕捉”工具栏如图 1-65 所示，在绘图过程中，当系统提示需要指定点位置时，可以单击“对象捕捉”工具栏中相应的特征点按钮，再把光标移动到要捕捉的对象上的特征点附近，AutoCAD 会自动提示并捕捉到这些特征点。例如，如果需要用直线连接一系列圆的圆心，可以将“圆心”设置为执行对象捕捉。如果有两个可能的捕捉点落在选择区域，AutoCAD 将捕捉离光标中心最近的符合条件的点。还有可能指定点时需要检查哪一个对象捕捉有效，例如在指定位置有多个对象捕捉符合条件，在指定点之前，按 Tab 键可以遍历所有可能的点。

在需要指定点位置时，还可以按住 Ctrl 键或 Shift 键，单击鼠标右键，弹出“对象捕捉”快捷菜单，如图 1-66 所示。从该菜单中可以选择某一种特征点执行对象捕捉操作，把光标移动到要捕捉对象上的特征点附近，即可捕捉到这些特征点。

图 1-65 “对象捕捉”工具栏

图 1-66 “对象捕捉”快捷菜单

当需要指定点位置时，在命令行中输入相应特征点的关键词把光标移动到要捕捉对象上的特征点附近，即可捕捉到这些特征点。对象捕捉特征点的关键字如表 1-1 所示。

表 1-1 对象捕捉模式

| 模　式 | 关　键　字 | 模　式 | 关　键　字 | 模　式 | 关　键　字 |
|---|---|---|---|---|---|
| 临时追踪点 | TT | 捕捉自 | FROM | 端点 | END |
| 中点 | MID | 交点 | INT | 外观交点 | APP |
| 延长线 | EXT | 圆心 | CEN | 象限点 | QUA |
| 切点 | TAN | 垂足 | PER | 平行线 | PAR |
| 节点 | NOD | 最近点 | NEA | 无捕捉 | NON |

**注意：**（1）对象捕捉不可单独使用，必须配合其他的绘图命令一起使用。仅当 AutoCAD 提示输入点时，对象捕捉才生效。如果试图在命令提示下使用对象捕捉，AutoCAD 将显示错误信息。

（2）对象捕捉只影响屏幕上可见的对象，包括锁定图层、布局视口边界和多段线上的对象。不能捕捉不可见的对象，如未显示的对象、关闭或冻结图层上的对象或虚线的空白部分。

5. 自动对象捕捉

在绘制图形的过程中，使用对象捕捉的频率非常高，如果每次在捕捉时都先选择捕捉模式，将使工作效率大大降低。出于此种考虑，AutoCAD 提供了自动对象捕捉模式。如果启用自动捕捉功能，当光标距指定的捕捉点较近时，系统会自动精确地捕捉这些特征点，并显示出相应的标记以及该捕捉的提示。设置“草图设置”对话框中的“对象捕捉”选项卡，选中“启用对象捕捉追踪”复选框，可以调用自动捕捉，如图 1-67 所示。

**注意：**用户可以设置自己经常要用的捕捉方式。一旦设置了运行捕捉方式后，在每次运行时，所设定的目标捕捉方式就会被激活，而不是仅对一次选择有效；当同时使用多种方式时，系统将捕捉距光标最近、同时又是满足多种目标捕捉方式之一的点。当光标距要获取的点非常近时，按下 Shift 键将暂时不获取对象。

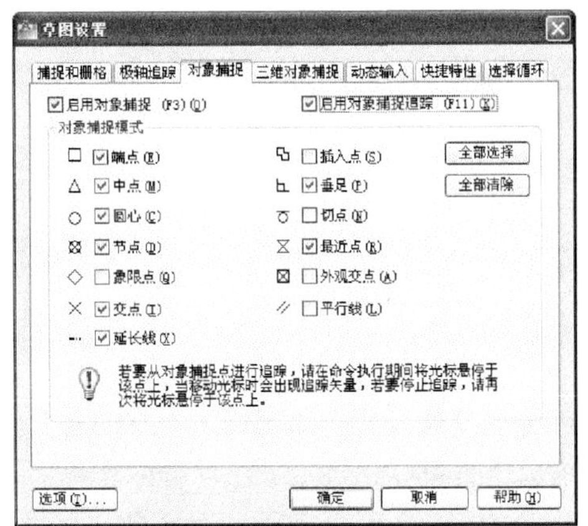


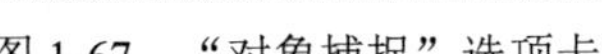
图 1-67 “对象捕捉”选项卡

6. 正交绘图

正交绘图模式，即在命令的执行过程中，光标只能沿 X 轴或者 Y 轴移动。所有绘制的线段和构造线都将平行于 X 轴或 Y 轴，因此它们相互垂直成 90° 相交，即正交。正交绘图对于绘制水平和垂直线非常有用，特别是当绘制构造线时。而且当捕捉模式为等轴测模式时，它还迫使直线平行于 3 个等轴测中的一个。

设置正交绘图可以直接单击状态栏中的“正交模式”按钮或按 F8 键，文本窗口中会显示开/关提示信息；也可以在命令行中输入“ORTHO”，开启或关闭正交绘图。

**注意：**“正交”模式将光标限制在水平或垂直（正交）轴上。因为不能同时打开“正交”模式和极轴追踪，因此当“正交”模式打开时，AutoCAD 会关闭极轴追踪。如果再次打开极轴追踪，AutoCAD 则会关闭“正交”模式。

## 1.7.2 图形显示工具

对于一个较为复杂的图形而言，在观察整幅图形时，通常无法对其局部细节进行查看和操作，而当在屏幕上显示一个细部时又看不到其他部分。为解决这类问题，AutoCAD 提供了缩放、平移、视图、鸟瞰视图和视口等一系列图形显示控制命令，可以用来任意地放大、缩小或移动屏幕上的图形，还可以同时从不同的角度、不同的部位来显示图形。AutoCAD 还提供了重画和重新生成命令来刷新屏幕、重新生成图形。

1. 图形缩放

图形缩放命令类似于照相机的镜头，可以放大或缩小屏幕所显示的范围，只改变视图的比例，但是对象的实际尺寸并不发生变化。当放大图形一部分的显示尺寸时，可以更清楚地查看这个区域的细节；相反，如果缩小图形的显示尺寸，则可以查看更大的区域，如整体浏览。

图形缩放功能在绘制大幅面机械图，尤其是装配图时非常有用，是使用频率最高的命令之一。这个命令可以透明地使用，也就是说，该命令可以在其他命令执行时运行。当用户完成涉及透明命令的操作时，AutoCAD 会自动地返回到在用户调用透明命令前正在运行的命令。执行图形缩放的方法如下。

（1）执行方式

☑ 命令行：ZOOM。

☑ 菜单栏：“视图” → “缩放”。

☑ 工具栏："标准"→"实时缩放"，如图 1-68 所示。

图 1-68 "标准"工具栏

（2）操作步骤

执行上述命令后，系统提示如下：

```
[全部(A)/中心点(C)/动态(D)/范围(E)/上一个(P)/比例(S)/窗口(W)] <实时>:
```

（3）选项说明

☑ 实时：这是"缩放"命令的默认操作，即在输入"ZOOM"后，直接按回车键，将自动执行实时缩放操作。实时缩放就是可以通过上下移动鼠标交替进行放大和缩小操作。在使用实时缩放时，系统会显示一个"+"号或"–"号。当缩放比例接近极限时，AutoCAD 将不再与光标一起显示"+"号或"–"号。当需要从实时缩放操作中退出时，可按回车键、Esc 键或是从菜单中选择 Exit 命令退出。

☑ 全部(A)：执行 ZOOM 命令后，在提示文字后输入"A"，即可执行"全部(A)"缩放操作。不论图形有多大，该操作都将显示图形的边界或范围，即使对象不包括在边界以内，它们也将被显示。因此，使用"全部(A)"缩放选项，可查看当前视口中的整个图形。

☑ 中心点(C)：通过确定一个中心点，该选项可以定义一个新的显示窗口。操作过程中需要指定中心点以及输入比例或高度。默认新的中心点就是视图的中心点，默认的输入高度就是当前视图的高度，直接按回车键后，图形将不会被放大。输入比例，则数值越大，图形放大倍数也将越大，也可以在数值后面紧跟一个 X，如 3X，表示在放大时不是按照绝对值变化，而是按相对于当前视图的相对值缩放。

☑ 动态(D)：通过操作一个表示视口的视图框，可以确定所需显示的区域。选择该选项，在绘图窗口中出现一个小的视图框，按住鼠标左键左右移动可以改变该视图框的大小，定形后释放左键，再按下鼠标左键移动视图框，确定图形中的放大位置，系统将清除当前视口并显示一个特定的视图选择屏幕。这个特定屏幕由有关当前视图及有效视图的信息所构成。

☑ 范围(E)：可以使图形缩放至整个显示范围。图形的范围由图形所在的区域构成，剩余的空白区域将被忽略。应用这个选项，图形中所有的对象都尽可能地被放大。

☑ 上一个(P)：在绘制一幅复杂的图形时，有时需要放大图形的一部分以进行细节的编辑。当编辑完成后，有时希望返回到前一个视图。这个操作可以使用"上一个(P)"选项来实现。当前视口由"缩放"命令的各种选项或移动视图、视图恢复、平行投影或透视命令引起的任何变化，系统都将做保存。每一个视口最多可以保存 10 个视图。连续使用"上一个(P)"选项可以恢复前 10 个视图。

☑ 比例(S)：提供了 3 种使用方法。在提示信息下，直接输入比例系数，AutoCAD 将按照此比例因子放大或缩小图形的尺寸。如果在比例系数后面加一个 X，则表示相对于当前视图计算的比例因子。使用比例因子的第三种方法就是相对于图形空间，例如，可以在图纸空间阵列布排或打印出模型的不同视图。为了使每一张视图都与图纸空间单位成比例，可以使用"比例(S)"选项，每一个视图可以有单独的比例。

☑ 窗口(W)：是最常使用的选项。通过确定一个矩形窗口的两个对角来指定所需缩放的区域，对角点可以由鼠标指定，也可以输入坐标确定。指定窗口的中心点将成为新的显示屏幕的中心点，窗口中的区域将被放大或者缩小。调用 ZOOM 命令时，可以在没有选择任何选项的

情况下，利用鼠标在绘图窗口中直接指定缩放窗口的两个对角点。

注意：这里所提到的诸如放大、缩小或移动的操作，仅仅是对图形在屏幕上的显示进行控制，图形本身并没有任何改变。

Note

2. 图形平移

当图形幅面大于当前视口时，例如使用图形缩放命令将图形放大，如果需要在当前视口之外观察或绘制一个特定区域时，可以使用图形平移命令来实现。平移命令能将在当前视口以外的图形的一部分移动进来查看或编辑，但不会改变图形的缩放比例。执行图形缩放的方法如下。

☑ 命令行：PAN。

☑ 菜单栏："视图"→"平移"。

☑ 工具栏："标准"→"实时平移"。

☑ 快捷菜单：在绘图窗口中单击鼠标右键，在弹出的快捷菜单中选择"平移"命令。

激活"平移"命令之后，光标将变成一只"小手"，可以在绘图窗口中任意移动，表示当前正处于平移模式。单击并按住鼠标左键将光标锁定在当前位置，即"小手"已经抓住图形，然后拖动图形使其移动到所需位置上。释放鼠标左键将停止平移图形。可以反复按下鼠标左键，拖动，松开，将图形平移到其他位置上。

"平移"命令预先定义了一些不同的菜单选项与按钮，它们可用于在特定方向上平移图形，在激活"平移"命令后，这些选项可以从菜单"视图"→"平移"→"*"中调用。

☑ 实时：该选项是平移命令中最常用的选项，也是默认选项，前面提到的平移操作都是指实时平移，通过鼠标的拖动来实现任意方向上的平移。

☑ 点：该选项要求确定位移量，这就需要确定图形移动的方向和距离。可以通过输入点的坐标或用鼠标指定点的坐标来确定位移。

☑ 左：该选项移动图形使屏幕左部的图形进入显示窗口。

☑ 右：该选项移动图形使屏幕右部的图形进入显示窗口。

☑ 上：该选项向底部平移图形后，使屏幕顶部的图形进入显示窗口。

☑ 下：该选项向顶部平移图形后，使屏幕底部的图形进入显示窗口。

# 1.8　上机操作

通过前面的学习，读者对本章知识也有了大体的了解。本节通过几个操作练习使读者进一步掌握本章的知识要点。

## 1.8.1　熟悉操作界面

1. 目的要求

操作界面是用户绘制图形的平台，操作界面的各个部分都有其独特的功能，熟悉操作界面有助于用户方便快速地进行绘图。本实例要求了解操作界面各部分的功能，掌握改变绘图区颜色和光标大小的方法，并能够熟练地打开、移动和关闭工具栏。

2. 操作提示

（1）启动 AutoCAD 2012，进入操作界面。

（2）调整操作界面大小。

（3）设置绘图区颜色与光标大小。

（4）打开、移动、关闭工具栏。

（5）尝试同时利用命令行、菜单命令和工具栏绘制一条线段。

## 1.8.2 设置绘图环境

1. 目的要求

任何一个图形文件都有一个特定的绘图环境，包括图形边界、绘图单位、角度等。设置绘图环境通常有两种方法，即设置向导和单独的命令设置方法。通过学习设置绘图环境，可以促进读者对图形总体环境的认识。

2. 操作提示

（1）选择菜单栏中的“文件”→“新建”命令，系统打开“选择样板”对话框，单击“打开”按钮，进入绘图界面。

（2）选择菜单栏中的“格式”→“图形界限”命令，设置界限为“(0,0)，(297,210)”，在命令行中可以重新设置模型空间界限。

（3）选择菜单栏中的“格式”→“单位”命令，系统打开“图形单位”对话框，设置长度类型为“小数”，精度为 0.00；角度类型为十进制度数，精度为 0；用于缩放插入内容的单位为“毫米”，用于指定光源强度的单位为“国际”；角度方向为“顺时针”。

（4）选择菜单栏中的“工具”→“工作空间”→“AutoCAD 经典”命令，进入工作空间。

## 1.8.3 管理图形文件

1. 目的要求

图形文件管理包括文件的新建、打开、保存、加密、退出等。本例要求读者熟练掌握 DWG 文件的赋名保存、自动保存、加密及打开的方法。

2. 操作提示

（1）启动 AutoCAD 2012，进入操作界面。

（2）打开一幅已经保存过的图形。

（3）进行自动保存设置。

（4）尝试在图形上绘制任意图线。

（5）将图形以新的名称保存。

（6）退出该图形。

# 第2章

# 绘制二维图形

二维图形是指在二维平面空间绘制的图形，主要由一些图形元素组成，如点、直线、圆弧、圆、椭圆、矩形、多边形、多段线、样条曲线、多线等几何元素。AutoCAD 提供了大量的绘图工具，可以帮助用户完成二维图形的绘制。本章主要内容包括直线、圆弧、多边形、点、多段线、样条曲线、多线和图案填充等。

- ☑ 绘制直线类对象
- ☑ 绘制圆弧类对象
- ☑ 绘制多边形和点
- ☑ 多段线
- ☑ 样条曲线
- ☑ 徒手线和云线
- ☑ 多线
- ☑ 图案填充

## 任务驱动&项目案例

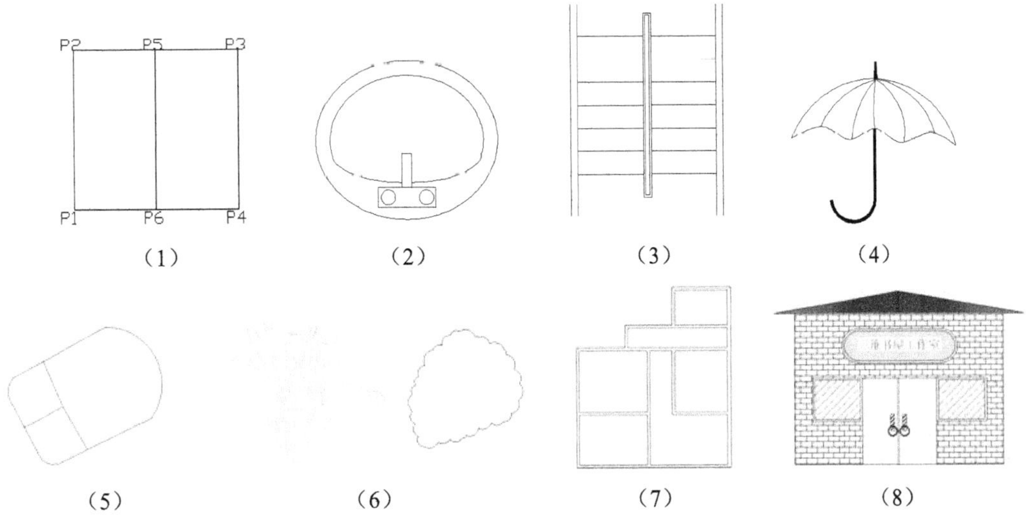

（1） （2） （3） （4）

（5） （6） （7） （8）

# 2.1 绘制直线类对象

AutoCAD 2012 提供了 5 种直线对象，包括直线、射线、构造线、多线和多段线。本节主要介绍它们的画法。

## 2.1.1 直线段

单击“绘图”工具栏上的“直线”按钮后，用户只需给定起点和终点，即可画出一条线段。一条线段即是一个图元。在 AutoCAD 中，图元是最小的图形元素，不能再被分解。一个图形是由若干个图元组成的。

1. 执行方式

☑ 命令行：LINE。

☑ 菜单栏：“绘图”→“直线”，如图 2-1 所示。

☑ 工具栏：“绘图”→“直线”，如图 2-2 所示。

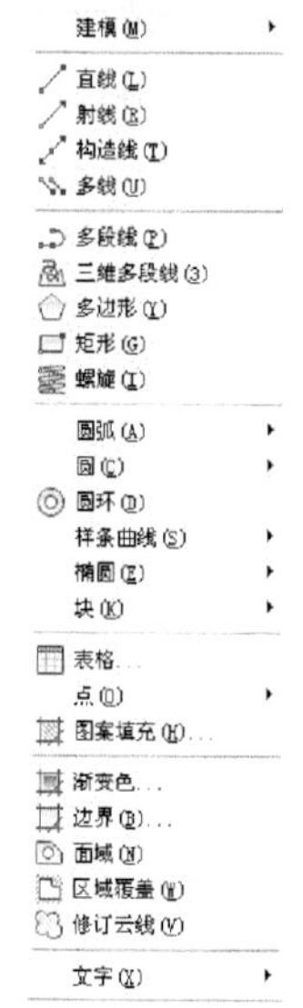


图 2-1 “绘图”菜单

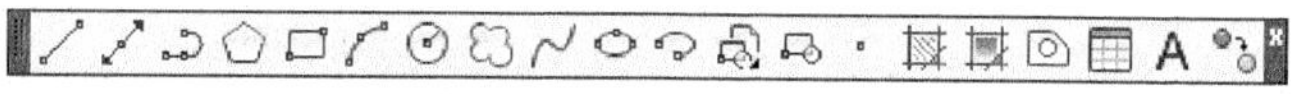

图 2-2 “绘图”工具栏

2. 操作步骤

```
命令：LINE↙
指定第一点：(输入直线段的起点，用鼠标指定点或者指定点的坐标)
指定下一点或 [放弃(U)]：(输入直线段的端点)
指定下一点或 [放弃(U)]：(输入下一条直线段的端点。输入“U”表示放弃前面的输入；右击，在弹出的快捷菜单中选择“确认”命令，或回车结束命令)
指定下一点或 [闭合(C)/放弃(U)]：(输入下一条直线段的端点，或输入“C”使图形闭合，结束命令)
```

3. 选项说明

(1) 在响应“指定下一点：”时，若输入“U”或右击在弹出的快捷菜单中选择“放弃”命令，

则取消刚刚画出的线段。连续输入“U”并回车，即可连续取消相应的线段。

（2）在命令行的“命令:”提示下输入“U”，则取消上次执行的命令。

（3）在响应“指定下一点:”时，若输入“C”或选择快捷菜单中的“闭合”命令，可以使绘制的折线封闭并结束操作，也可以直接输入长度值，绘制定长的直线段。

（4）若要画水平线和铅垂线，可按 F8 键进入正交模式。

（5）若要准确画线到某一特定点，可用对象捕捉工具。

（6）利用 F6 键切换坐标形式，便于确定线段的长度和角度。

（7）从命令行输入命令时，可输入某一命令的大写字母。例如，从键盘输入“L（LINE）”即可执行绘制直线命令，这样执行有关命令更加快捷。

（8）若要绘制带宽度信息的直线，可从“对象特性”工具栏中的“线宽控制”列表框中选择线的宽度。

（9）若设置动态数据输入方式（单击状态栏上的 DYN 按钮），则可以动态输入坐标值或长度值。下面的命令同样可以设置动态数据输入方式，效果与非动态数据输入方式类似。除了特别需要，以后不再强调，而只按非动态数据输入方式输入相关数据。

## 2.1.2　实例——窗户

本实例利用“直线”命令绘制线段，从而绘制出窗户图形。绘制流程图如图 2-3 所示。

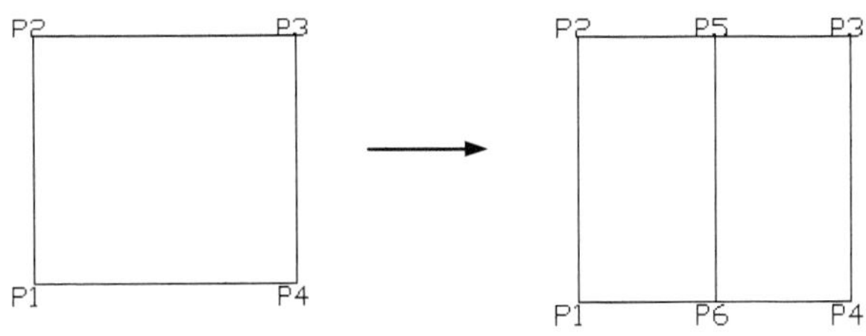


图 2-3　绘制窗户

绘制步骤：（**光盘\动画演示\第 2 章\窗户.avi**）

（1）单击“绘图”工具栏中的“直线”按钮，绘制窗户外框。命令行中的提示与操作如下：

```
命令：L↙（LINE 命令的缩写，AutoCAD 支持这种命令的缩写方式，其效果与完整命令名一样）
LINE 指定第一点：120,120↙（P1）
指定下一点或 [放弃(U)]：120,400↙(P2)
指定下一点或 [放弃(U)]：420,400↙(P3)
指定下一点或 [闭合(C)/放弃(U)]：420,120↙(P4)
指定下一点或 [闭合(C)/放弃(U)]：120,120↙(P1)
指定下一点或 [闭合(C)/放弃(U)]：↙
命令：↙（直接回车表示重复执行上次命令）
```

结果如图 2-4 所示。

（2）单击“绘图”工具栏中的“直线”按钮，绘制窗棱线。命令行中的提示与操作如下：

```
LINE 指定第一点：270,400↙(P5)
指定下一点或 [放弃(U)]：270,120↙(P6)
指定下一点或 [放弃(U)]：↙
```

结果如图 2-5 所示。

Note

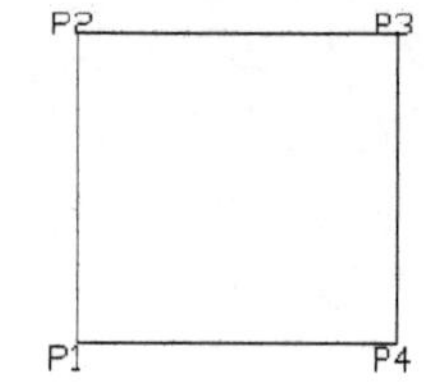


图 2-4　绘制连续线段

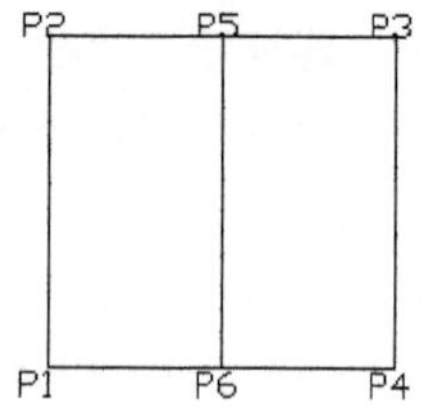


图 2-5　绘制线段

### 2.1.3　构造线

构造线是指在两个方向上无限延长的直线。构造线主要用作绘图时的辅助线。当绘制多视图时，为了保持投影联系，可先画出若干条构造线，再以构造线为基准画图。

1. 执行方式

☑ 命令行：XLINE。

☑ 菜单栏："绘图"→"构造线"。

☑ 工具栏："绘图"→"构造线"。

2. 操作步骤

```
命令：XLINE↙
指定点或 [水平(H)/垂直(V)/角度(A)/二等分(B)/偏移(O)]：(给出点 1)
指定通过点：(给定通过点 2，绘制一条双向无限长直线)
指定通过点：(继续给点并绘制线，如图 2-6(a)所示，回车结束)
```

3. 选项说明

（1）执行选项中有"指定点"、"水平"、"垂直"、"角度"、"二等分"和"偏移"6 种方式可以绘制构造线，分别如图 2-6 所示。

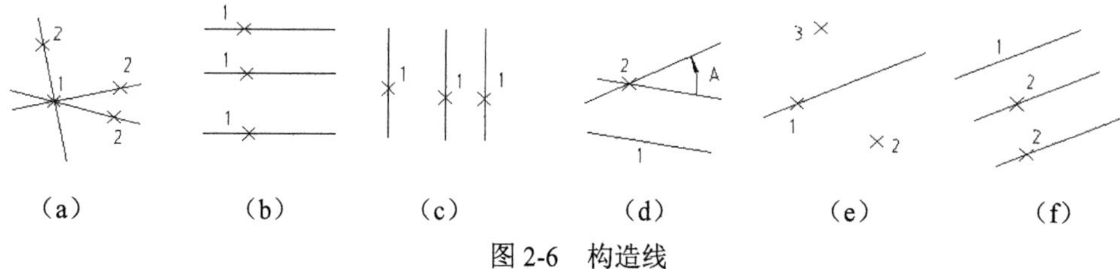


图 2-6　构造线

（2）这种线可以模拟手工作图中的辅助作图线，用特殊的线型显示，在绘图输出时可不作输出。这种线常用于辅助作图的定位线。

## 2.2　绘制圆弧类对象

AutoCAD 2012 提供了圆、圆弧、圆环、椭圆和椭圆弧 5 种圆弧对象。

### 2.2.1　圆

AutoCAD 2012 提供了多种画圆方式，可根据不同需要选择不同的方法。

1. 执行方式

☑ 命令行：CIRCLE。
☑ 菜单栏："绘图" → "圆"。
☑ 工具栏："绘图" → "圆"⊙。

2. 操作步骤

```
命令：CIRCLE↙
指定圆的圆心或 [三点(3P)/两点(2P)/切点、切点、半径(T)]：(指定圆心)
指定圆的半径或 [直径(D)]：(直接输入半径数值或用鼠标指定半径长度)
指定圆的直径 <默认值>：(输入直径数值或用鼠标指定直径长度)
```

3. 选项说明

☑ 三点(3P)：用指定圆周上 3 点的方法画圆。依次输入 3 个点，即可绘制出一个圆。
☑ 两点(2P)：根据直径的两端点画圆。依次输入两个点，即可绘制出一个圆，两点间的距离为圆的直径。
☑ 切点、切点、半径(T)：先指定两个相切对象，然后给出半径画圆。

图 2-7 所示为指定不同相切对象绘制的圆。

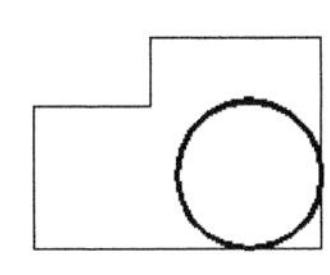

（a）三点(3P)

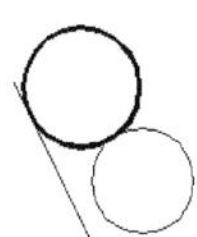

（b）两点(2P)

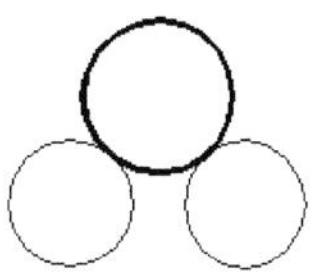

（c）切点、切点、半径(T)

图 2-7　圆与另外两个对象相切

注意：相切对象可以是直线、圆、圆弧、椭圆等，这种绘制圆的方式在圆弧连接中经常使用。

（1）圆与圆相切的 3 种情况分析。绘制一个圆与另外两个圆相切，切圆决定于选择切点的位置和切圆半径的大小。图 2-8 所示是一个圆与另外两个圆相切的 3 种情况，图 2-8（a）为外切时切点的选择情况；图 2-8（b）为与一个圆内切而与另一个圆外切时切点的选择情况；图 2-8（c）为内切时切点的选择情况。假定 3 种情况下的条件相同，后两种情况对切圆半径的大小有限制，半径太小时不能出现内切情况。

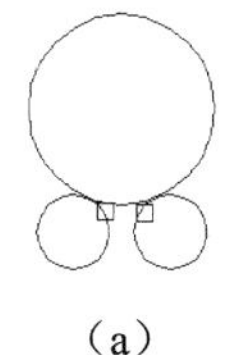

（a）

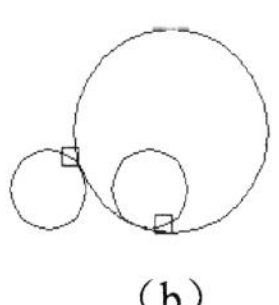

（b）

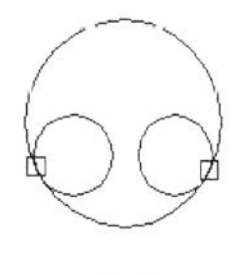

（c）

图 2-8　相切类型

（2）绘制圆。单击"绘图"工具栏中的"圆"按钮⊙，显示出绘制圆的 6 种方法。其中，"相切、相切、相切"是菜单执行途径特有的方法，用于选择 3 个相切对象以绘制圆。

## 2.2.2　实例——连环圆

本实例利用"圆"命令绘制相切圆，从而绘制出连环圆。绘制流程图如图 2-9 所示。

Note

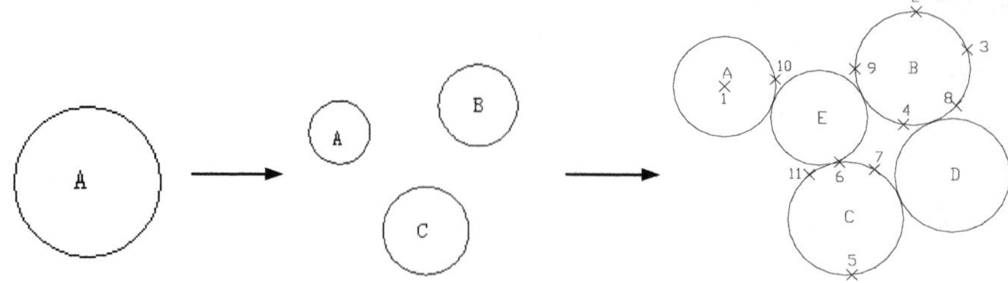

图 2-9　绘制连环圆

绘制步骤：（光盘\动画演示\第 2 章\连环圆.avi）

（1）单击“绘图”工具栏中的“圆”按钮，绘制 A 圆。命令行中的提示与操作如下：

```
命令:circle↙
指定圆的圆心或 [三点(3P)/两点(2P)/切点、切点、半径(T)]: 150,160↙  （即 1 点）
指定圆的半径或 [直径(D)]: 40↙ （画出 A 圆）
```

结果如图 2-10 所示。

（2）单击“绘图”工具栏中的“圆”按钮，绘制 B 圆。命令行中的提示与操作如下：

```
命令: circle↙
指定圆的圆心或 [三点(3P)/两点(2P)/切点、切点、半径(T)]: 3P↙  （三点画圆方式，或在动态输入模式下，按下下拉箭头，打开动态菜单，如图 2-11 所示，选择“三点”选项）
指定圆上的第一个点: 300,220↙ （即 2 点）
指定圆上的第二个点: 340,190↙ （即 3 点）
指定圆上的第三个点: 290,130↙ （即 4 点）（画出 B 圆）
```

图 2-10　绘制 A 圆　　图 2-11　动态菜单

（3）单击“绘图”工具栏中的“圆”按钮，绘制 C 圆。命令行中的提示与操作如下：

```
命令: circle↙
指定圆的圆心或 [三点(3P)/两点(2P)/切点、切点、半径(T)]:2P↙  （两点画圆方式）
指定圆直径的第一个端点: 250,10↙  （即 5 点）
指定圆直径的第二个端点: 240,100↙ （即 6 点）（画出 C 圆）
```

结果如图 2-12 所示。

（4）单击“绘图”工具栏中的“圆”按钮，绘制 D 圆。命令行中的提示与操作如下：

```
命令: circle↙
指定圆的圆心或 [三点(3P)/两点(2P)/切点、切点、半径(T)]: t↙  （切点、切点、半径画圆方式，系统自动打开“切点”捕捉功能）
在对象上指定一点作圆的第一条切线:（在 7 点附近选中 C 圆）
在对象上指定一点作圆的第二条切线:（在 8 点附近选中 B 圆）
指定圆的半径: <45.2769>:45↙ （画出 D 圆）
```

（5）选择菜单栏中的“绘图”→“圆”→“相切、相切、相切”命令，绘制 E 圆。命令行中的提示与操作如下：

```
命令: circle↙
指定圆的圆心或 [三点(3P)/两点(2P)/切点、切点、半径(T)]: 3P↙
```

```
指定圆上的第一个点：(打开状态栏上的"对象捕捉"按钮) _tan 到  (即 9 点)
指定圆上的第二个点：_tan 到  (即 10 点)
指定圆上的第三个点：_tan 到  (即 11 点)(画出 E 圆)
```

最后完成的图形如图 2-13 所示。

（6）单击“标准”工具栏中的“保存”按钮，在打开的“图形另存为”对话框中输入文件名保存即可。

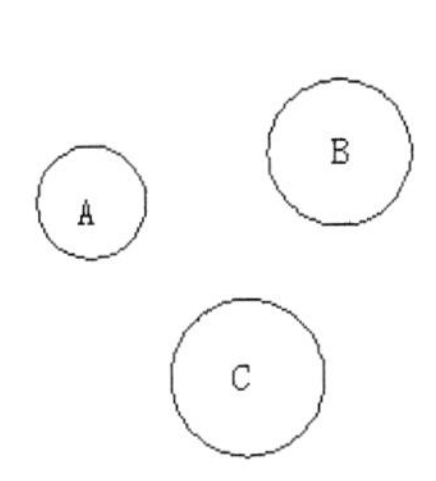


图 2-12　绘制 C 圆

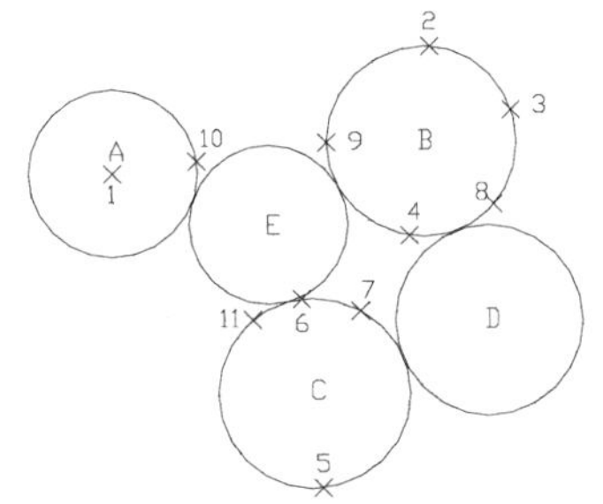


图 2-13　连环圆

## 2.2.3　圆弧

AutoCAD 2012 提供了多种画圆弧的方法，可根据不同的情况选择不同的方式。

1. 执行方式

☑　命令行：ARC（A）。

☑　菜单栏：“绘图”→“圆弧”。

☑　工具栏：“绘图”→“圆弧”。

2. 操作步骤

```
命令：ARC↙
指定圆弧的起点或 [圆心(C)]：(指定起点)
指定圆弧的第二点或 [圆心(C)/端点(E)]：(指定第二点)
指定圆弧的端点：(指定端点)
```

3. 选项说明

（1）用命令行方式画圆弧时可以根据系统提示选择不同的选项，具体功能和使用“绘制”菜单中的“圆弧”子菜单提供的 11 种方式相似，如图 2-14 所示。

（2）需要强调的是“继续”方式，绘制的圆弧与上一线段或圆弧相切，继续画圆弧段，因此提供端点即可。

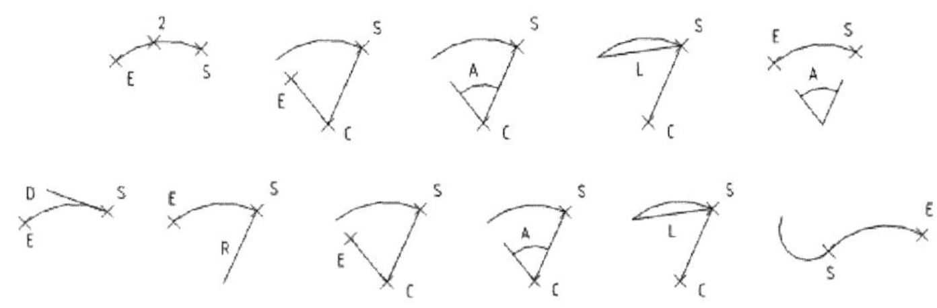

图 2-14　11 种绘制圆弧的方法

Note

### 2.2.4 实例——梅花

本实例利用“圆弧”命令绘制梅花。绘制流程图如图 2-15 所示。

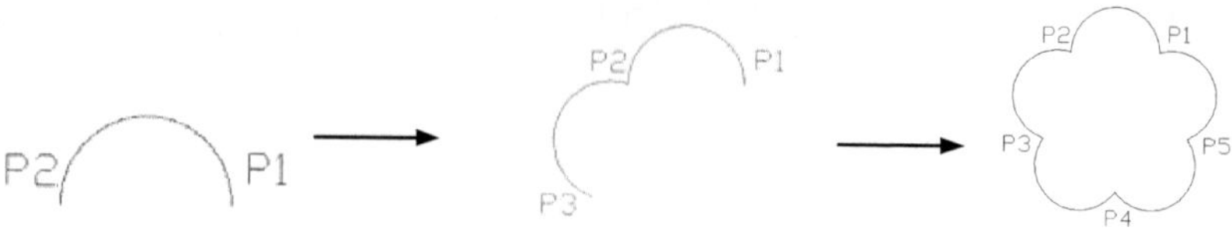


图 2-15　绘制梅花

**绘制步骤：（光盘\动画演示\第 2 章\梅花.avi）**

```
命令：ARC↙（单击“绘图”工具栏中的“圆弧”按钮，下同）
指定圆弧的起点或 [圆心(C)]: 140,110↙
指定圆弧的第二点或 [圆心(C)/端点(E)]: E↙
指定圆弧的端点: @40<180↙
指定圆弧的圆心或 [角度(A)/方向(D)/半径(R)]: R↙
指定圆弧半径: 20↙
```

结果如图 2-16 所示。

```
命令:ARC↙
指定圆弧的起点或 [圆心(C)]:（用鼠标指定刚才绘制圆弧的端点 P2）
指定圆弧的第二点或 [圆心(C)/端点(E)]: E↙
指定圆弧的端点: @40<252↙
指定圆弧的圆心或 [角度(A)/方向(D)/半径(R)]: A↙
指定包含角: 180↙
```

结果如图 2-17 所示。

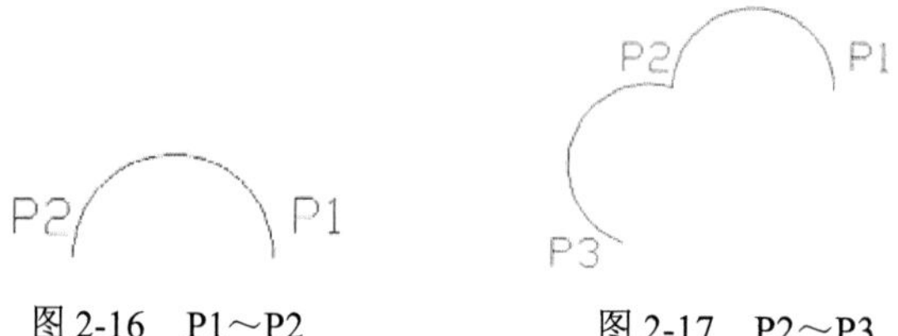


图 2-16　P1～P2　　　图 2-17　P2～P3

```
命令:ARC↙
指定圆弧的起点或 [圆心(C)]:（用鼠标指定刚才绘制圆弧的端点 P3）
指定圆弧的第二点或 [圆心(C)/端点(E)]: C↙
指定圆弧的圆心: @20<324↙
指定圆弧的端点或 [角度(A)/弦长(L)]: A↙
指定包含角: 180↙
```

结果如图 2-18 所示。

```
命令:ARC↙
指定圆弧的起点或 [圆心(C)]:（用鼠标指定刚才绘制圆弧的端点 P4）
指定圆弧的第二点或 [圆心(C)/端点(E)]: C↙
指定圆弧的圆心: @20<36↙
指定圆弧的端点或 [角度(A)/弦长(L)]: L↙
指定弦长: 40↙
```

结果如图 2-19 所示。

```
命令:ARC ↙
指定圆弧的起点或 [圆心(C)]:(用鼠标指定刚才绘制圆弧的端点 P5)
指定圆弧的第二点或 [圆心(C)/端点(E)]: E↙
指定圆弧的端点:(用鼠标指定刚才绘制圆弧的端点 P1)
指定圆弧的圆心或 [角度(A)/方向(D)/半径(R)]: D↙
指定圆弧的起点切向: @20,6↙
```

最后图形如图 2-20 所示。

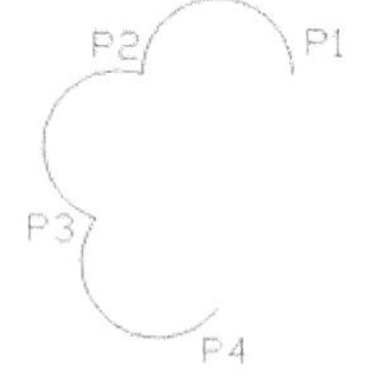

图 2-18 P3～P4

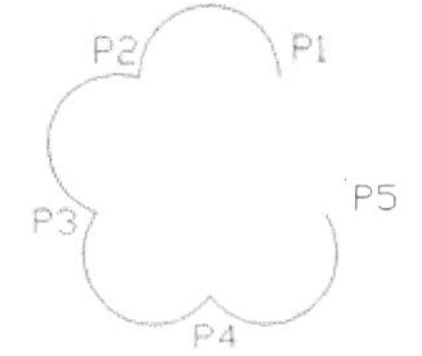


图 2-19 P4～P5

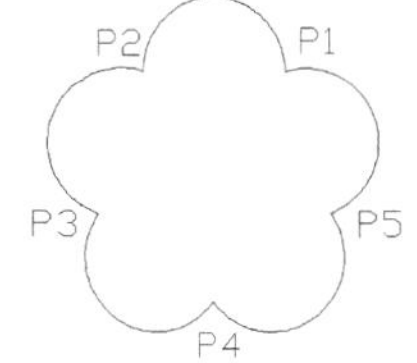


图 2-20 圆弧组成的梅花图案

## 2.2.5 圆环

可以通过指定圆环的内、外直径绘制圆环，也可以绘制填充圆。图 2-21 所示的车轮即是用圆环绘制的。

### 1. 执行方式

☑ 命令行：DONUT。

☑ 菜单栏："绘图" → "圆环"。

图 2-21 车轮

### 2. 操作步骤

```
命令: DONUT↙
指定圆环的内径 <默认值>: (指定圆环内径)
指定圆环的外径 <默认值>:(指定圆环外径)
指定圆环的中心点或 <退出>:(指定圆环的中心点)
指定圆环的中心点或 <退出>:(继续指定圆环的中心点，则继续绘制相同内外径的圆环。用回车、空格键或鼠标右键结束命令，如图 2-22 (a) 所示)
```

### 3. 选项说明

（1）若指定内径为零，则画出实心填充圆（如图 2-22（b）所示）。

（2）用 FILL 命令可以控制圆环是否填充，命令行提示如下：

```
命令: FILL↙
输入模式 [开(ON)/关(OFF)] <开>: (选择"开(ON)"选项表示填充，选择"关(OFF)"选项表示不填充，如图 2-22 (c) 所示)
```

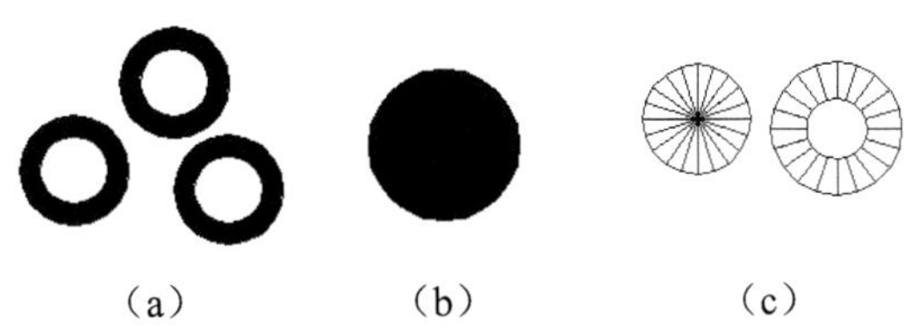

（a）　（b）　（c）

图 2-22 绘制圆环

Note

## 2.2.6 椭圆与椭圆弧

1. 执行方式

☑ 命令行：ELLIPSE。

☑ 菜单栏："绘图"→"椭圆"或"绘图"→"圆弧"。

☑ 工具栏："绘图"→"椭圆"或"绘图"→"椭圆弧"。

2. 操作步骤

```
命令：ELLIPSE↙
指定椭圆的轴端点或 [圆弧(A)/中心点(C)]：(指定轴端点 1，如图 2-23 所示)
指定轴的另一个端点：(指定轴端点 2，如图 2-23 所示)
指定另一条半轴长度或 [旋转(R)]：
```

3. 选项说明

☑ 指定椭圆的轴端点：根据两个端点定义椭圆的第一条轴。第一条轴的角度确定了整个椭圆的角度。第一条轴既可以定义椭圆的长轴，也可以定义椭圆的短轴。

☑ 旋转(R)：通过绕第一条轴旋转圆来创建椭圆。相当于将一个圆绕椭圆轴翻转一个角度后的投影视图，如图 2-24 所示。

☑ 中心点(C)：通过指定的中心点创建椭圆。

☑ 圆弧(A)：用于创建一段椭圆弧。与单击"绘图"工具栏中的"椭圆弧"按钮功能相同。其中，第一条轴的角度确定了椭圆弧的角度。第一条轴既可以定义椭圆弧长轴，也可以定义椭圆弧短轴。选择该项，系统继续提示，具体如下：

```
指定椭圆弧的轴端点或 [中心点(C)]：(指定端点或输入"C")
指定轴的另一个端点：(指定另一端点)
指定另一条半轴长度或 [旋转(R)]：(指定另一条半轴长度或输入"R")
指定起始角度或 [参数(P)]：(指定起始角度或输入"P")
指定终止角度或 [参数(P)/包含角度(I)]：
```

其中，各选项含义介绍如下。

❖ 角度：指定椭圆弧端点的两种方式之一，光标和椭圆中心点连线与水平线的夹角为椭圆端点位置的角度，如图 2-25 所示。

❖ 参数(P)：指定椭圆弧端点的另一种方式，该方式同样是指定椭圆弧端点的角度，但通过以下矢量参数方程式创建椭圆弧。

$$p(u) = c + a\cos(u) + b\sin(u)$$

式中，c 是椭圆的中心点，a 和 b 分别是椭圆的长轴和短轴，u 为光标与椭圆中心点连线的夹角。

❖ 包含角度(I)：定义从起始角度开始的包含角度。

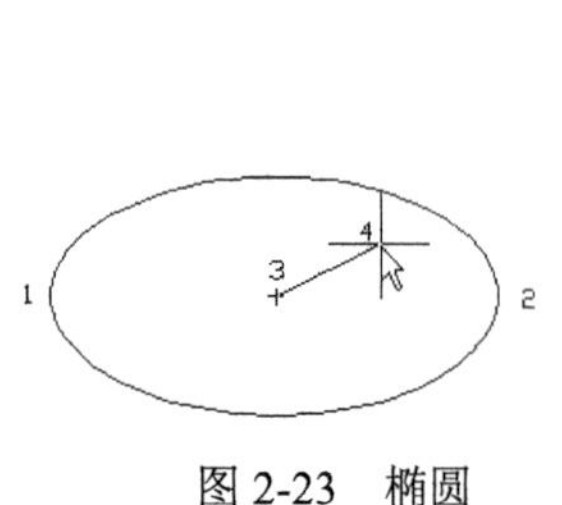

图 2-23　椭圆

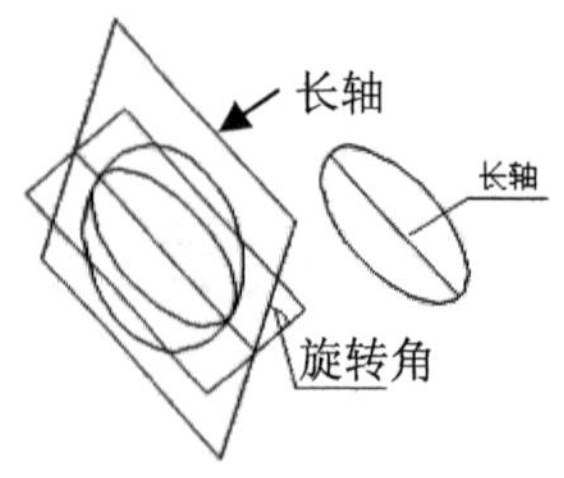

图 2-24　旋转

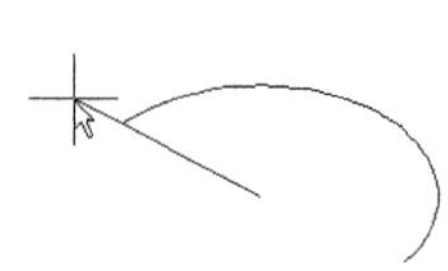
图 2-25　椭圆弧

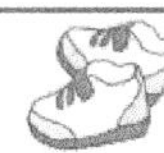

## 2.2.7　实例——洗脸盆

本实例主要介绍椭圆和椭圆弧绘制方法的具体应用。首先利用前面学到的知识绘制水龙头和旋钮，然后利用椭圆和椭圆弧绘制洗脸盆内沿和外沿。绘制流程图如图 2-26 所示。

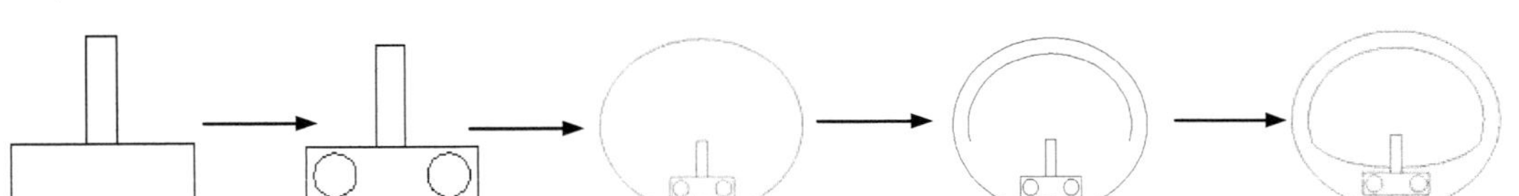

图 2-26　绘制洗脸盆

绘制步骤：（**光盘\动画演示\第 2 章\洗脸盆.avi**）

（1）单击“绘图”工具栏中的“直线”按钮，绘制水龙头图形，结果如图 2-27 所示。

（2）单击“绘图”工具栏中的“圆”按钮，绘制两个水龙头旋钮，结果如图 2-28 所示。

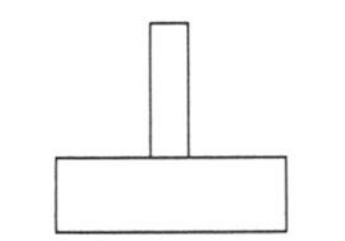

图 2-27　绘制水龙头

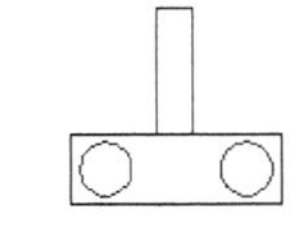

图 2-28　绘制旋钮

（3）单击“绘图”工具栏中的“椭圆”按钮，绘制脸盆外沿。命令行中的提示与操作如下：

```
命令: _ellipse
指定椭圆的轴端点或 [圆弧(A)/中心点(C)]:（用鼠标指定椭圆轴端点）
指定轴的另一个端点:（用鼠标指定另一端点）
指定另一条半轴长度或 [旋转(R)]:（用鼠标在屏幕上拉出另一半轴长度）
```

结果如图 2-29 所示。

（4）单击“绘图”工具栏中的“椭圆弧”按钮，绘制脸盆部分内沿。命令行中的提示与操作如下：

```
命令: _ellipse
指定椭圆的轴端点或 [圆弧(A)/中心点(C)]: a
指定椭圆弧的轴端点或 [中心点(C)]: C↙
指定椭圆弧的中心点:（捕捉上一步绘制的椭圆中心点）
指定轴的端点: (适当指定一点)
指定另一条半轴长度或 [旋转(R)]: R↙
指定绕长轴旋转的角度:（用鼠标指定椭圆轴端点）
指定起始角度或 [参数(P)]:（用鼠标拉出起始角度）
指定终止角度或 [参数(P)/包含角度(I)]:（用鼠标拉出终止角度）
```

结果如图 2-30 所示。

（5）单击“绘图”工具栏中的“圆弧”按钮，绘制脸盆内沿其他部分。最终结果如图 2-31 所示。

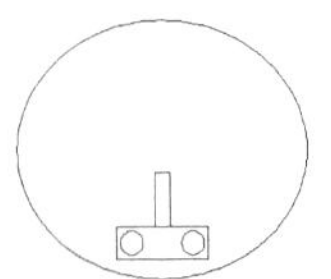

图 2-29　绘制脸盆外沿

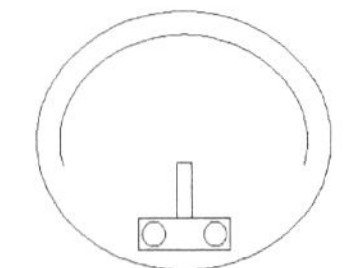

图 2-30　绘制脸盆部分内沿

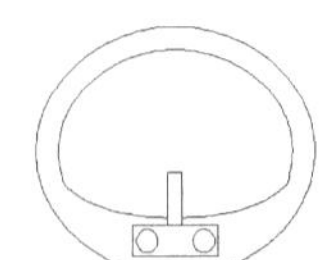

图 2-31　洗脸盆图形

Note

# 2.3 绘制多边形和点

AutoCAD 2012 提供了直接绘制矩形和正多边形的方法，还提供了点、等分点、测量点的绘制方法，可根据需要选择。

## 2.3.1 矩形

用户可以直接绘制矩形，也可以对矩形进行倒角或倒圆角，还可以改变矩形的线宽。

1. 执行方式

☑ 命令行：RECTANG（REC）。
☑ 菜单栏："绘图"→"矩形"。
☑ 工具栏："绘图"→"矩形"▭。

2. 操作步骤

```
命令：RECTANG↙
指定第一个角点或 [倒角(C)/标高(E)/圆角(F)/厚度(T)/宽度(W)]：（指定一点）
指定另一个角点或 [面积(A)/尺寸(D)/旋转(R)]：
```

3. 选项说明

☑ 第一个角点：通过指定两个角点确定矩形，如图 2-32（a）所示。
☑ 倒角(C)：指定倒角距离，绘制带倒角的矩形，如图 2-32（b）所示，每一个角点的逆时针和顺时针方向的倒角可以相同，也可以不同。其中，第一个倒角距离是指角点逆时针方向倒角距离，第二个倒角距离是指角点顺时针方向倒角距离。
☑ 标高(E)：指定矩形标高（Z 坐标），即把矩形画在标高为 Z、和 XOY 坐标面平行的平面上，并作为后续矩形的标高值。
☑ 圆角(F)：指定圆角半径，绘制带圆角的矩形，如图 2-32（c）所示。
☑ 厚度(T)：指定矩形的厚度，如图 2-32（d）所示。
☑ 宽度(W)：指定线宽，如图 2-32（e）所示。

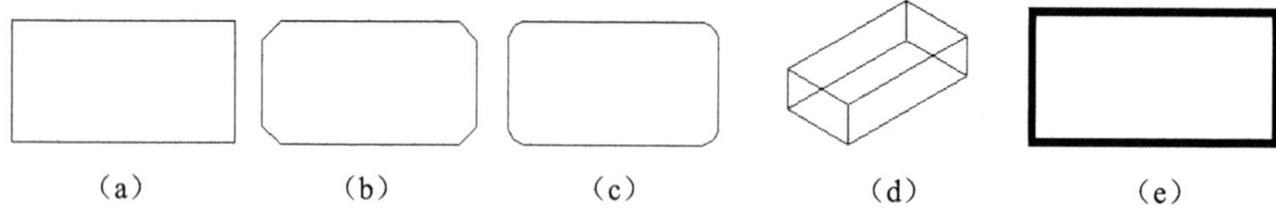


图 2-32　绘制矩形

☑ 面积(A)：指定面积和长或宽创建矩形。选择该项，系统提示如下：

```
输入以当前单位计算的矩形面积 <20.0000>：　（输入面积值）
计算矩形标注时依据 [长度(L)/宽度(W)] <长度>：（回车或输入"W"）
输入矩形长度 <4.0000>：（指定长度或宽度）
```

指定长度或宽度后，系统自动计算出另一个维度后绘制出矩形。如果矩形被倒角或圆角，则在长度或宽度计算中会考虑此设置，如图 2-33 所示。

Note

☑ 尺寸(D)：使用长和宽创建矩形。第二个指定点将矩形定位在与第一角点相关的 4 个位置之一内。

☑ 旋转(R)：旋转所绘制的矩形的角度。选择该项，系统提示如下。

```
指定旋转角度或 [拾取点(P)] <45>: （指定角度）
指定另一个角点或 [面积(A)/尺寸(D)/旋转(R)]: （指定另一个角点或选择其他选项）
```

指定旋转角度后，系统按指定角度创建矩形，如图 2-34 所示。

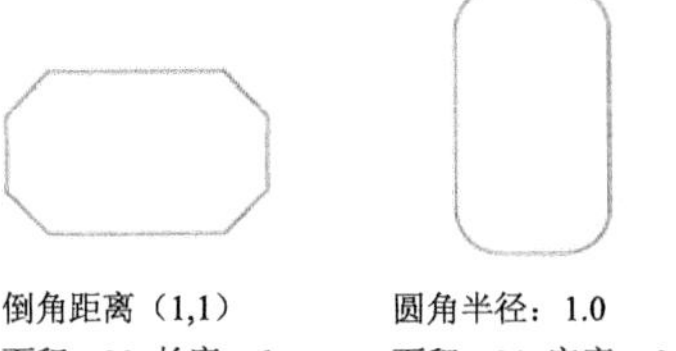


图 2-33　按面积绘制矩形

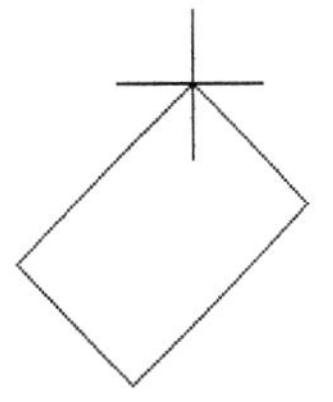

图 2-34　按指定旋转角度创建矩形

## 2.3.2　实例——台阶三视图

本实例利用“矩形”、“直线”命令绘制三视图（俯视图、主视图、左视图）。绘制流程图如图 2-35 所示。

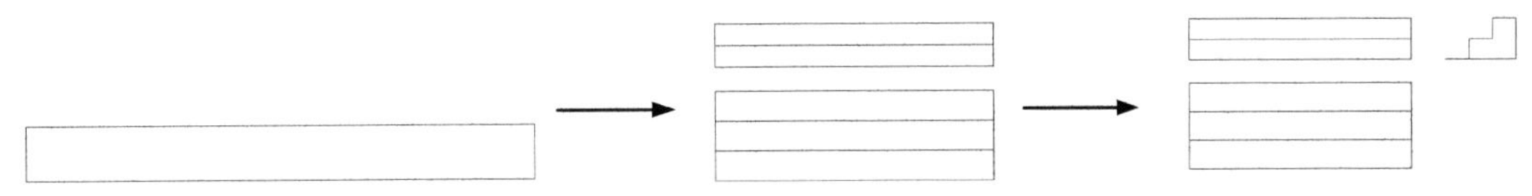

图 2-35　台阶三视图

绘制步骤：（**光盘\动画演示\第 2 章\台阶三视图.avi**）

（1）单击“标准”工具栏中的“实时缩放”按钮，缩放图形至合适的比例。命令行中的提示与操作如下：

```
命令: '_zoom
指定窗口角点，输入比例因子(nX 或 nXP)，或[全部(A)/中心点(C)/动态(D)/范围(E)/上一个(P)/比例(S)/窗口(W)] <实时>: _c
指定中心点: 1400,600 ↙
输入比例或高度 <1549.7885>: 2000 ↙
```

（2）单击“绘图”工具栏中的“矩形”按钮，绘制矩形。命令行中的提示与操作如下：

```
命令: _rectang
指定第一个角点或 [倒角(C)/标高(E)/圆角(F)/厚度(T)/宽度(W)]: 0,0
指定另一个角点或 [面积(A)/尺寸(D)/旋转(R)]: @2000,210
```

绘制结果如图 2-36 所示。

（3）单击“绘图”工具栏中的“矩形”按钮，绘制台阶俯视图。命令行中的提示与操作如下：

```
命令: _rectang
指定第一个角点或 [倒角(C)/标高(E)/圆角(F)/厚度(T)/宽度(W)]: 0,210
指定另一个角点或 [面积(A)/尺寸(D)/旋转(R)]: @2000,210
命令: _rectang
指定第一个角点或 [倒角(C)/标高(E)/圆角(F)/厚度(T)/宽度(W)]: 0,420
指定另一个角点或 [面积(A)/尺寸(D)/旋转(R)]: @2000,210
```

绘制结果如图 2-37 所示。

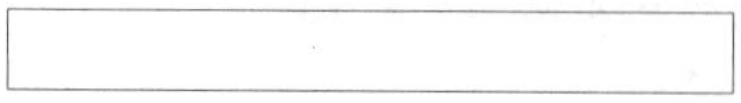

Note

图 2-36　绘制矩形

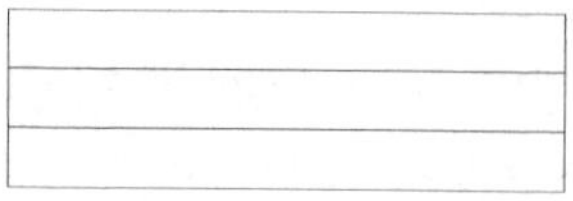

图 2-37　绘制台阶俯视图

（4）单击“绘图”工具栏中的“矩形”按钮，绘制台阶主视图。命令行中的提示与操作如下：

```
命令：_rectang
指定第一个角点或 [倒角(C)/标高(E)/圆角(F)/厚度(T)/宽度(W)]: 0,950 ↙
指定另一个角点或 [面积(A)/尺寸(D)/旋转(R)]:@2000,150 ↙
命令：_rectang ↙
指定第一个角点或 [倒角(C)/标高(E)/圆角(F)/厚度(T)/宽度(W)]: 0,950 ↙
指定另一个角点或 [面积(A)/尺寸(D)/旋转(R)]:@2000,-150 ↙
```

绘制结果如图 2-38 所示。

（5）单击“绘图”工具栏中的“直线”按钮，绘制台阶左视图。命令行中的提示与操作如下：

```
命令：_line
指定第一点：2300,800↙
指定下一点或 [放弃(U)]: @210,0↙
指定下一点或 [放弃(U)]: @0,150↙
指定下一点或 [闭合(C)/放弃(U)]: @210,0↙
指定下一点或 [闭合(C)/放弃(U)]: @0,150↙
指定下一点或 [闭合(C)/放弃(U)]: @210,0↙
指定下一点或 [闭合(C)/放弃(U)]: @0,-300↙
指定下一点或 [闭合(C)/放弃(U)]: c↙
```

绘制结果如图 2-39 所示。

图 2-38　绘制台阶主视图

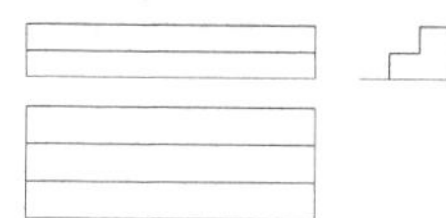

图 2-39　台阶三视图

## 2.3.3　正多边形

在 AutoCAD 2012 中可以绘制边数为 3～1024 的正多边形，非常方便。

1. 执行方式

☑　命令行：POLYGON。

☑　菜单栏：“绘图”→“正多边形”。

☑　工具栏：“绘图”→“正多边形”。

2. 操作步骤

```
命令:POLYGON↙
输入侧边数 <4>:（指定多边形的边数，默认值为 4）
指定正多边形的中心点或 [边(E)]:（指定中心点）
输入选项 [内接于圆(I)/外切于圆(C)] <I>:（指定是内接于圆或外切于圆，I 表示内接于圆，如图 2-40（a）所示，C 表示外切于圆，如图 2-40（b）所示）
指定圆的半径:（指定外切圆或内接圆的半径）
```

Note

3. 选项说明

如果选择“边”选项，则只要指定多边形的一条边，系统就会按逆时针方向创建该正多边形，如图 2-40（c）所示。

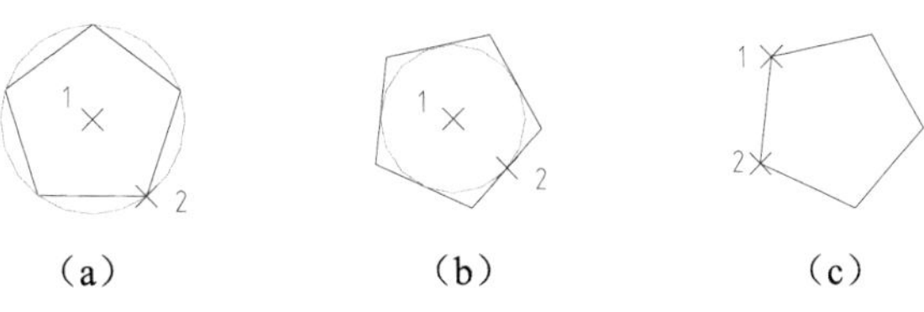


（a）　（b）　（c）

图 2-40　画正多边形

## 2.3.4　点

1. 执行方式

☑ 命令行：POINT。

☑ 菜单栏：“绘图”→“点”→“单点”/“多点”。

☑ 工具栏：“绘图”→“点”。

2. 操作步骤

```
命令：POINT↙
指定点：(指定点所在的位置)
```

3. 选项说明

（1）通过菜单方法操作时如图 2-41 所示，“单点”命令表示只输入一个点，“多点”命令表示可输入多个点。

（2）可以打开状态栏中的“对象捕捉”开关设置点捕捉模式，帮助用户拾取点。

（3）点在图形中的表示样式共有 20 种。可通过单击“绘图”工具栏中的“点”按钮，在打开的“点样式”对话框中进行设置，如图 2-42 所示。

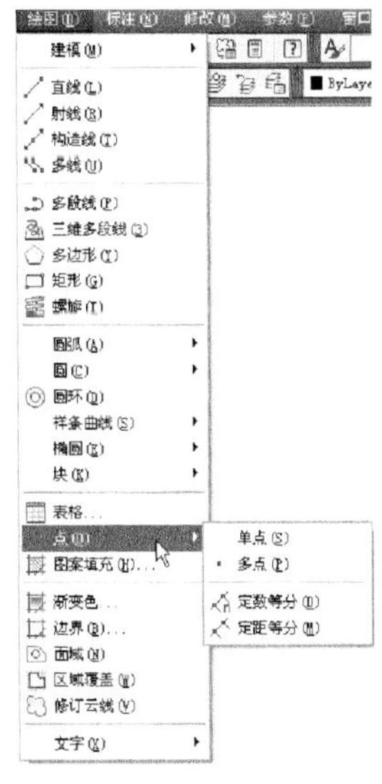

图 2-41　“点”子菜单

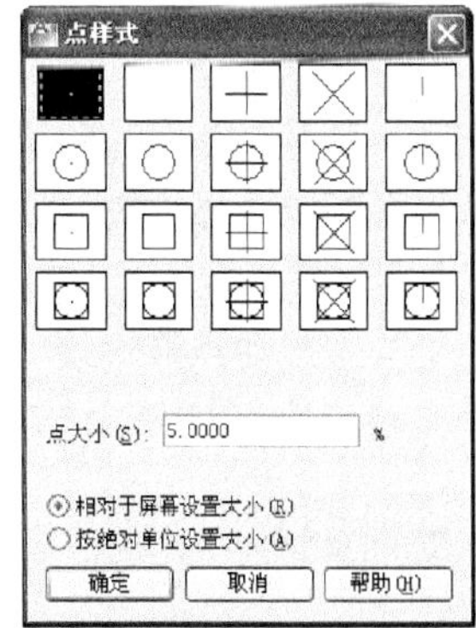


图 2-42　“点样式”对话框

Note

## 2.3.5　定数等分

1. 执行方式

☑ 命令行：DIVIDE（DIV）。
☑ 菜单栏：“绘图”→“点”→“定数等分”。

2. 操作步骤

```
命令：DIVIDE↙
选择要定数等分的对象：(选择要等分的实体)
输入线段数目或 [块(B)]：(指定实体的等分数，绘制结果如图 2-43（a）所示)
```

3. 选项说明

（1）等分数范围为 2～32767。
（2）在等分点处按当前点样式设置画出等分点。
（3）在第二个提示行中选择“块(B)”选项时，表示在等分点处插入指定的块（BLOCK）。

## 2.3.6　定距等分

1. 执行方式

☑ 命令行：MEASURE（ME）。
☑ 菜单栏：“绘图”→“点”→“定距等分”。

2. 操作步骤

```
命令：MEASURE↙
选择要定距等分的对象：(选择要设置测量点的实体)
指定线段长度或 [块(B)]：(指定分段长度，绘制结果如图 2-43（b）所示)
```

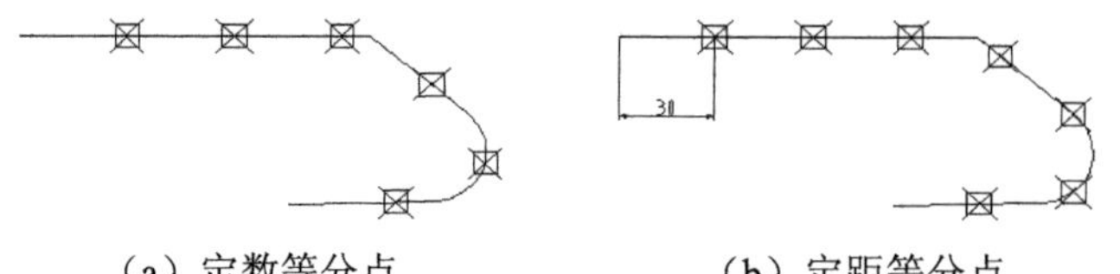

（a）定数等分点　　　　（b）定距等分点

图 2-43　绘制等分点和测量点

3. 选项说明

（1）设置的起点一般是指指定线的绘制起点。
（2）在第二个提示行中选择“块(B)”选项时，表示在测量点处插入指定的块，后续操作与上节等分点类似。
（3）在等分点处，按当前点样式绘制出等分点。
（4）最后一个测量段的长度不一定等于指定分段长度。

## 2.3.7　实例——楼梯

本实例利用“直线”命令绘制墙体与扶手，利用“定数等分”命令将扶手线等分，再利用“直线”

命令根据等分点绘制台阶，从而绘制出楼梯。绘制流程图如图 2-44 所示。

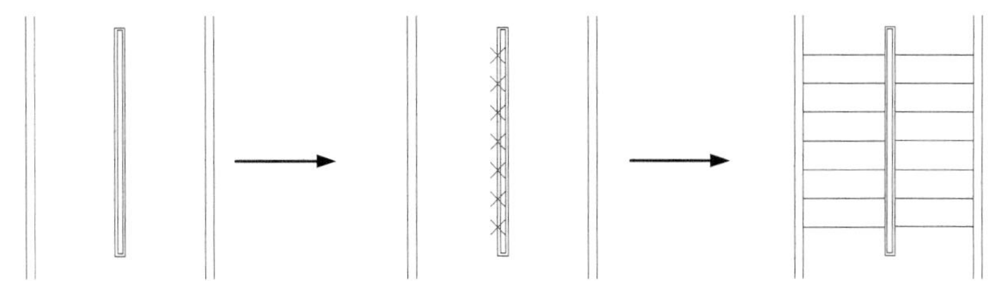

图 2-44　绘制楼梯

**绘制步骤：（光盘\动画演示\第 2 章\楼梯.avi）**

（1）单击“绘图”工具栏中的“直线”按钮，绘制墙体与扶手，如图 2-45 所示。

（2）设置点样式。选择菜单栏中的“格式”→“点样式”命令，在打开的“点样式”对话框中选择 X 样式。

（3）选择菜单栏中的“绘图”→“点”→“定数等分”命令，以左边扶手外面线段为对象，数目为 8 进行等分，如图 2-46 所示。

图 2-45　绘制墙体与扶手　　　　图 2-46　绘制等分点

（4）单击“绘图”工具栏中的“直线”按钮，分别以等分点为起点，左边墙体上的点为终点绘制水平线段，如图 2-47 所示。单击“修改”工具栏中的“删除”按钮，删除绘制的点，如图 2-48 所示。

用相同方法绘制另一侧楼梯，结果如图 2-49 所示。

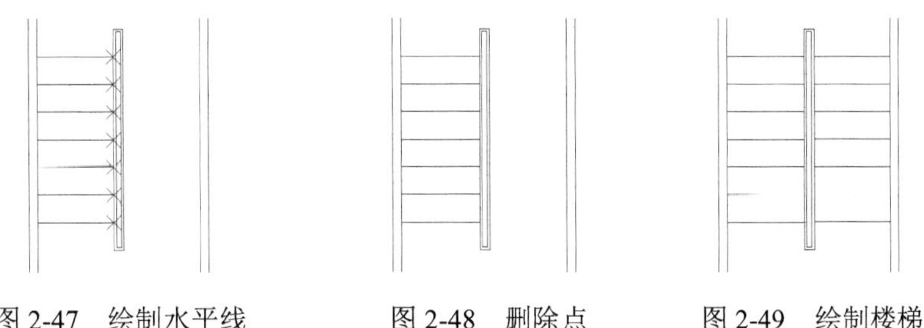

图 2-47　绘制水平线　　　图 2-48　删除点　　　图 2-49　绘制楼梯

## 2.4　多　段　线

多段线是由宽窄相同或不同的线段和圆弧组合而成的。图 2-50 所示是利用多段线绘制的图形。用户可以使用 PEDIT（多段线编辑）命令对多段线进行各种编辑。

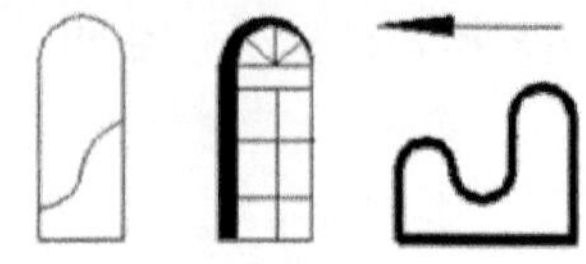
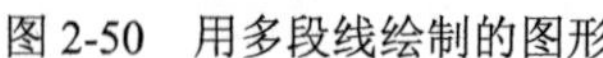

图 2-50 用多段线绘制的图形

Note

## 2.4.1 绘制多段线

1. 执行方式

☑ 命令行：PLINE（PL）。
☑ 菜单栏："绘图"→"多段线"。
☑ 工具栏："绘图"→"多段线"。

2. 操作步骤

```
命令：PLINE↙
指定起点：(指定多段线的起点)
当前线宽为 0.0000
指定下一个点或 [圆弧(A)/半宽(H)/长度(L)/放弃(U)/宽度(W)]：(指定多段线的下一点)
```

3. 选项说明

☑ 圆弧(A)：该选项使 PLINE 命令由绘制直线方式变为绘制圆弧方式，并给出绘制圆弧的提示：

```
指定圆弧的端点或[角度(A)/圆心(CE)/闭合(CL)/方向(D)/半宽(H)/直线(L)/半径(R)/第二个点(S)/放弃(U)/宽度(W)]：
```

其中，闭合(CL)选项是指系统从当前点到多段线的起点以当前宽度画一条直线，构成封闭的多段线，并结束 PLINE 命令的执行。

☑ 半宽(H)：该选项用来确定多段线的半宽度。
☑ 长度(L)：确定多段线的长度。
☑ 放弃(U)：可以删除多段线中刚画出的直线段（或圆弧段）。
☑ 宽度(W)：确定多段线的宽度，操作方法与"半宽"选项类似。

## 2.4.2 编辑多段线

1. 执行方式

☑ 命令行：PEDIT（PE）。
☑ 菜单栏："修改"→"对象"→"多段线"。
☑ 工具栏："修改 II"→"编辑多段线"。
☑ 快捷菜单：编辑多段线。

2. 操作步骤

```
命令：PEDIT↙
选择多段线或 [多条(M)]：(选择一条要编辑的多段线)
输入选项 [闭合(C)/合并(J)/宽度(W)/编辑顶点(E)/拟合(F)/样条曲线(S)/非曲线化(D)/线型生成(L)/放弃(U)]：
```

3. 选项说明

☑ 合并(J)：以选中的多段线为主体，合并其他直线段、圆弧和多段线，使其成为一条多段线。

能合并的条件是各段端点首尾相连，如图 2-51 所示。

☑ 宽度(W)：修改整条多段线的线宽，使其具有同一线宽，如图 2-52 所示。

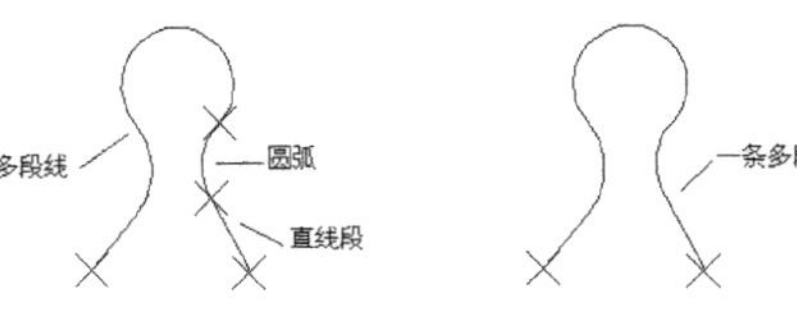


（a）合并前　　（b）合并后

图 2-51　合并多段线

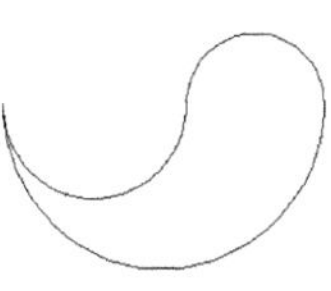

（a）修改前　　（b）修改后

图 2-52　修改整条多段线的线宽

☑ 编辑顶点(E)：选择该选项后，在多段线起点处出现一个斜的十字叉“×”，即当前顶点的标记，并在命令行出现进行后续操作的提示：

[下一个(N)/上一个(P)/打断(B)/插入(I)/移动(M)/重生成(R)/拉直(S)/切向(T)/宽度(W)/退出(X)] <N>:

这些选项允许用户进行移动、插入顶点和修改任意两点间的线宽等操作。

☑ 拟合(F)：将指定的多段线生成由光滑圆弧连接的圆弧拟合曲线，该曲线经过多段线的各顶点，如图 2-53 所示。

☑ 样条曲线(S)：将指定的多段线以各顶点为控制点生成 B 样条曲线，如图 2-54 所示。

☑ 非曲线化(D)：将指定的多段线中的圆弧由直线代替。对于选用“拟合(F)”或“样条曲线(S)”选项后生成的圆弧拟合曲线或样条曲线，则删去生成曲线时新插入的顶点，恢复成由直线段组成的多段线。

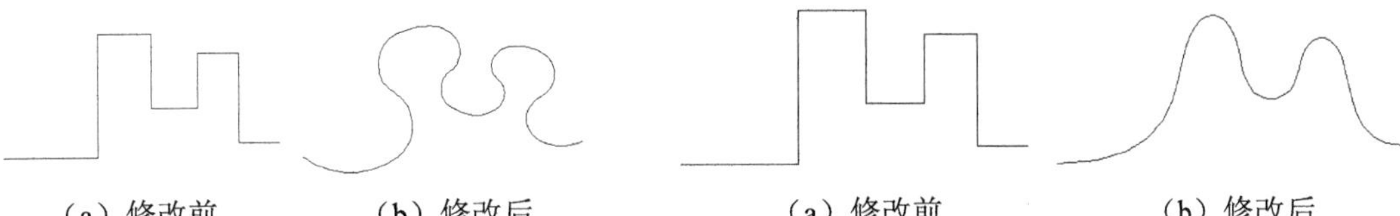

（a）修改前　　（b）修改后

图 2-53　生成圆弧拟合曲线

（a）修改前　　（b）修改后

图 2-54　生成 B 样条曲线

☑ 线型生成(L)：当多段线的线型为点划线时，控制多段线的线型生成方式开关。选择此选项，系统提示如下：

输入多段线线型生成选项 [开(ON)/关(OFF)] <关>:

选择“开(ON)”选项时，将在每个顶点处允许以短划开始和结束生成线型；选择“关(OFF)”选项时，将在每个顶点处以长划开始和结束生成线型。“线型生成”不能用于带变宽线段的多段线，如图 2-55 所示。

（a）关　　（b）开

图 2-55　控制多段线的线型（线型为点划线时）

## 2.4.3　实例——鼠标

本实例利用“多段线”和“直线”命令绘制鼠标。绘制流程图如图 2-56 所示。

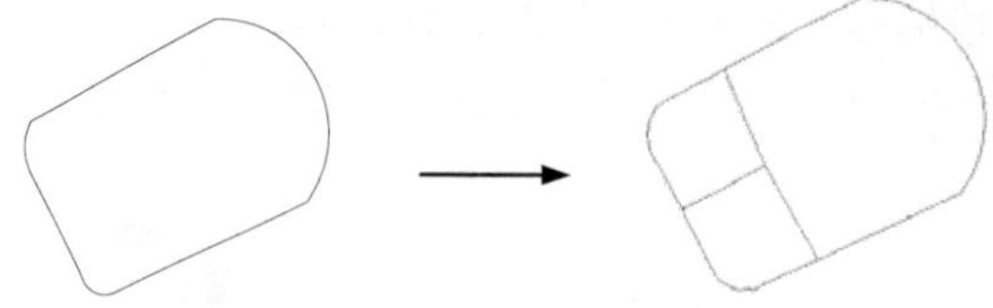

图 2-56　绘制鼠标

Note

绘制步骤：（光盘\动画演示\第 2 章\鼠标.avi）

（1）单击“绘图”工具栏中的“多段线”按钮，绘制鼠标轮廓线。命令行中的提示与操作如下：

```
命令: _pline ↙
指定起点: 2.5,50 ↙
当前线宽为 0.0000
指定下一个点或 [圆弧(A)/半宽(H)/长度(L)/放弃(U)/宽度(W)]: 59,80 ↙
指定下一点或 [圆弧(A)/闭合(C)/半宽(H)/长度(L)/放弃(U)/宽度(W)]: a ↙
指定圆弧的端点或[角度(A)/圆心(CE)/闭合(CL)/方向(D)/半宽(H)/直线(L)/半径(R)/第二个点(S)/放弃(U)/宽度(W)]: s ↙
指定圆弧上的第二个点: 89.5,62 ↙
指定圆弧的端点: 86.6,26.7 ↙
指定圆弧的端点或[角度(A)/圆心(CE)/闭合(CL)/方向(D)/半宽(H)/直线(L)/半径(R)/第二个点(S)/放弃(U)/宽度(W)]: l ↙
指定下一点或 [圆弧(A)/闭合(C)/半宽(H)/长度(L)/放弃(U)/宽度(W)]: 29,0 ↙
指定下一点或 [圆弧(A)/闭合(C)/半宽(H)/长度(L)/放弃(U)/宽度(W)]: a ↙
指定圆弧的端点或[角度(A)/圆心(CE)/闭合(CL)/方向(D)/半宽(H)/直线(L)/半径(R)/第二个点(S)/放弃(U)/宽度(W)]: 18,5.3 ↙
指定圆弧的端点或[角度(A)/圆心(CE)/闭合(CL)/方向(D)/半宽(H)/直线(L)/半径(R)/第二个点(S)/放弃(U)/宽度(W)]: l ↙
指定下一点或 [圆弧(A)/闭合(C)/半宽(H)/长度(L)/放弃(U)/宽度(W)]: 2.5,34.6 ↙
指定下一点或 [圆弧(A)/闭合(C)/半宽(H)/长度(L)/放弃(U)/宽度(W)]: a ↙
指定圆弧的端点或[角度(A)/圆心(CE)/闭合(CL)/方向(D)/半宽(H)/直线(L)/半径(R)/第二个点(S)/放弃(U)/宽度(W)]: cl ↙
```

绘制结果如图 2-57 所示。

（2）单击“绘图”工具栏中的“直线”按钮，绘制鼠标左右键。命令行中的提示与操作如下：

```
命令: _line↙
指定第一点: 47.2,8.5 ↙
指定下一点或 [放弃(U)]: 32.4,33.6 ↙
指定下一点或 [放弃(U)]: 21.3,60.2 ↙
指定下一点或 [闭合(C)/放弃(U)]: ↙
命令: line↙
指定第一点: 32.4,33.6 ↙
指定下一点或 [放弃(U)]: 9,21.7 ↙
指定下一点或 [放弃(U)]: ↙
```

最终结果如图 2-58 所示。

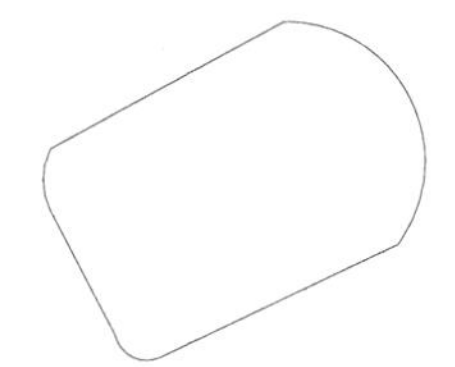

图 2-57 绘制鼠标轮廓线

图 2-58 鼠标

注意：（1）利用 PLINE 命令可以画不同宽度的直线、圆和圆弧。但在实际绘制工程图时，不是利用 PLINE 命令在屏幕上画出具有宽度信息的图形，而是利用 LINE、ARC、CIRCLE 等命令画出不具有（或具有）宽度信息的图形。

（2）多段线是否填充受 FILL 命令的控制。执行该命令，输入“OFF”，即可使填充处于关闭状态。

# 2.5 样条曲线

样条曲线常用于绘制不规则的轮廓，如窗帘的皱褶等。

## 2.5.1 绘制样条曲线

### 1. 执行方式

☑ 命令行：SPLINE。
☑ 菜单栏：“绘图”→“样条曲线”。
☑ 工具栏：“绘图”→“样条曲线”。

### 2. 操作步骤

```
命令：SPLINE↙
当前设置：方式=拟合   节点=弦
指定第一个点或 [方式(M)/节点(K)/对象(O)]：（指定一点或选择“对象(O)”选项）
输入下一个点或 [起点切向(T)/公差(L)]：
输入下一个点或 [端点相切(T)/公差(L)/放弃(U)/闭合(C)]：
```

### 3. 选项说明

☑ 方式(M)：控制是使用拟合点还是使用控制点来创建样条曲线。选项会因用户选择的是使用拟合点创建样条曲线的选项还是使用控制点创建样条曲线的选项而异。
☑ 节点(K)：指定节点参数化，它会影响曲线在通过拟合点时的形状。
☑ 对象(O)：将二维或三维的二次或三次样条曲线的拟合多段线转换为等价的样条曲线，然后（根据 DELOBJ 系统变量的设置）删除该拟合多段线。
☑ 起点切向(T)：基于切向创建样条曲线。
☑ 端点相切(T)：停止基于切向创建曲线。可通过指定拟合点继续创建样条曲线。
☑ 公差(L)：指定距样条曲线必须经过的指定拟合点的距离。公差应用于除起点和端点外的所有拟合点。
☑ 变量控制：系统变量 Splframe 用于控制绘制样条曲线时是否显示样条曲线的线框。将该变量

Note

的值设置为 1 时，会显示出样条曲线的线框。图 2-59（a）中的样条曲线带有线框；图 2-59（b）表明了样条曲线的应用。

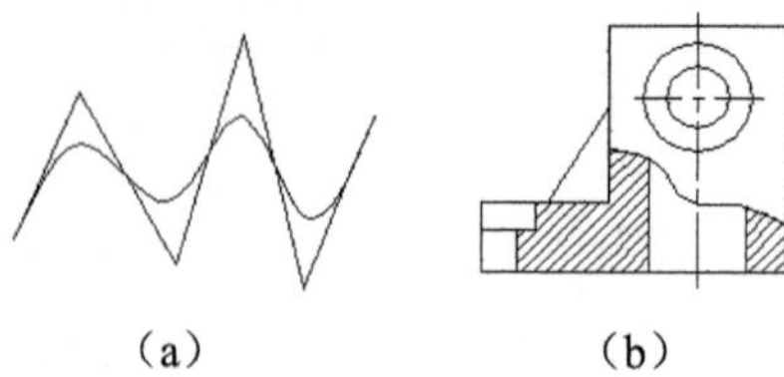
（a）　　（b）

图 2-59　样条曲线

## 2.5.2　编辑样条曲线

### 1. 执行方式

☑ 命令行：SPLINEDIT。
☑ 菜单栏："修改"→"对象"→"样条曲线"。
☑ 工具栏："修改 II"→"编辑样条曲线"。
☑ 快捷菜单：编辑样条曲线。

### 2. 操作步骤

```
命令：SPLINEDIT↙
选择样条曲线：(选择要编辑的样条曲线。若选择的样条曲线是用 SPLINE 命令创建的，其近似点以夹点的颜色显示出来；若选择的样条曲线是用 PLINE 命令创建的，其控制点以夹点的颜色显示出来)
输入选项 [闭合(C)/合并(J)/拟合数据(F)/编辑顶点(E)/转换为多段线(P)/反转(R)/放弃(U)/退出(X)]:
```

### 3. 选项说明

☑ 拟合数据(F)：编辑近似数据。选择该选项后，创建该样条曲线时指定的各点以小方格的形式显示出来。
☑ 编辑顶点(E)：精密调整样条曲线定义。
☑ 转换为多段线(P)：将样条曲线转换为多段线。
☑ 反转(R)：翻转样条曲线的方向。该项操作主要用于应用程序。

## 2.5.3　实例——雨伞

本实例利用"圆弧"与"样条曲线"命令绘制伞的外框与底边，再利用"圆弧"命令绘制伞面，最后利用"多段线"命令绘制伞顶与伞把。绘制流程图如图 2-60 所示。

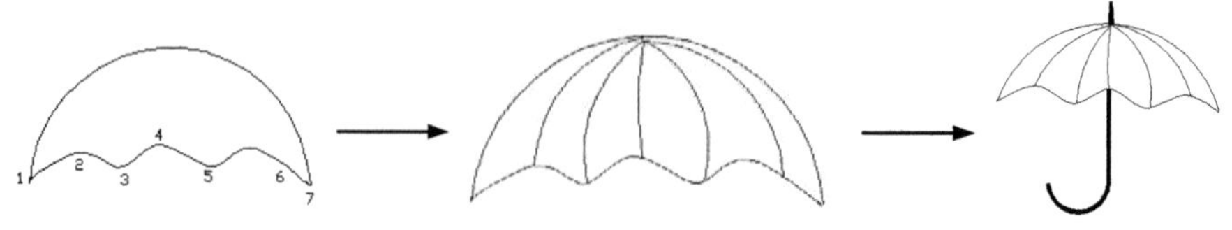


图 2-60　绘制雨伞

**绘制步骤：（光盘\动画演示\第 2 章\雨伞.avi）**

（1）单击"绘图"工具栏中的"圆弧"按钮，绘制伞的外框。命令行中的提示与操作如下：

```
命令：ARC↙
指定圆弧的起点或 [圆心(C)]：C↙
指定圆弧的圆心：(在屏幕上指定圆心)
指定圆弧的起点：(在屏幕上圆心位置右边指定圆弧的起点)
指定圆弧的端点或 [角度(A)/弦长(L)]：A↙
指定包含角：180↙（注意角度的逆时针转向）
```

（2）单击“绘图”工具栏中的“样条曲线”按钮，绘制伞的底边。命令行中的提示与操作如下：

```
命令：SPLINE↙
指定第一个点或 [对象(O)]：(指定样条曲线的第一个点 1，如图 2-61 所示)
指定下一点：（指定样条曲线的下一个点 2）
指定下一点或 [闭合(C)/拟合公差(F)] <起点切向>：(指定样条曲线的下一个点 3)
指定下一点或 [闭合(C)/拟合公差(F)] <起点切向>：(指定样条曲线的下一个点 4)
指定下一点或 [闭合(C)/拟合公差(F)] <起点切向>：(指定样条曲线的下一个点 5)
指定下一点或 [闭合(C)/拟合公差(F)] <起点切向>：(指定样条曲线的下一个点 6)
指定下一点或 [闭合(C)/拟合公差(F)] <起点切向>：(指定样条曲线的下一个点 7)
指定下一点或 [闭合(C)/拟合公差(F)] <起点切向>：↙
指定起点切向：(在 1 点左边顺着曲线往外指定一点并用鼠标右击确认)
指定端点切向：(在 7 点左边顺着曲线往外指定一点并用鼠标右击确认)
```

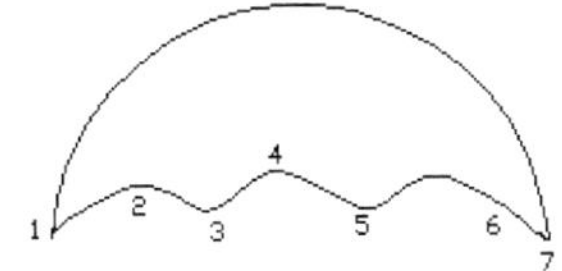



图 2-61 绘制伞边

（3）单击“绘图”工具栏中的“圆弧”按钮，绘制伞面辐条。命令行中的提示与操作如下：

```
命令：ARC↙
指定圆弧的起点或 [圆心(C)]：(在圆弧大约正中点 8 位置指定圆弧的起点，如图 2-62 所示)
指定圆弧的第二个点或 [圆心(C)/端点(E)]：(在点 9 位置指定圆弧的第二个点)
指定圆弧的端点：(在点 2 位置指定圆弧的端点)
```

重复“圆弧”命令绘制其他雨伞辐条，绘制结果如图 2-63 所示。

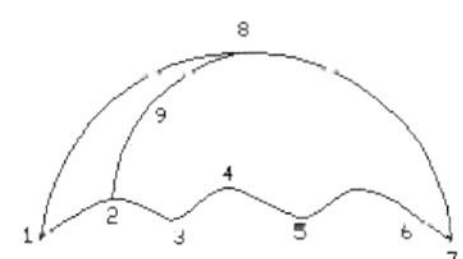



图 2-62 指定圆弧的起点

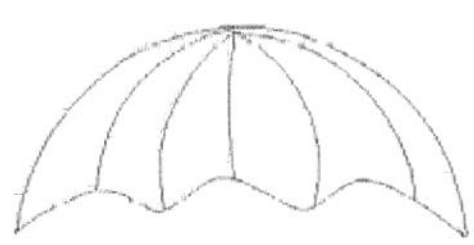

图 2-63 绘制伞面辐条

（4）单击“绘图”工具栏中的“多段线”按钮，绘制伞顶和伞把。命令行中的提示与操作如下：

```
命令：PLINE↙
指定起点：(在图 2-62 点 8 位置指定伞顶起点)
当前线宽为 3.0000
指定下一个点或 [圆弧(A)/半宽(H)/长度(L)/放弃(U)/宽度(W)]：W↙
指定起点宽度 <3.0000>：4↙
指定端点宽度 <4.0000>：2↙
指定下一个点或 [圆弧(A)/半宽(H)/长度(L)/放弃(U)/宽度(W)]：(指定伞顶终点)
```

Note

指定下一点或 [圆弧(A)/闭合(C)/半宽(H)/长度(L)/放弃(U)/宽度(W)]: U↙ （位置不合适，取消）
指定下一个点或 [圆弧(A)/半宽(H)/长度(L)/放弃(U)/宽度(W)]: （重新在往上适当位置指定伞顶终点）
指定下一点或 [圆弧(A)/闭合(C)/半宽(H)/长度(L)/放弃(U)/宽度(W)]: （鼠标右击确认）
命令: PLINE↙
指定起点:（在图 2-62 点 8 正下方点 4 位置附近指定伞把起点）
当前线宽为 2.0000
指定下一个点或 [圆弧(A)/半宽(H)/长度(L)/放弃(U)/宽度(W)]: H↙
指定起点半宽 <1.0000>: 1.5↙
指定端点半宽 <1.5000>: ↙
指定下一个点或 [圆弧(A)/半宽(H)/长度(L)/放弃(U)/宽度(W)]:（往下适当位置指定下一点）
指定下一点或 [圆弧(A)/闭合(C)/半宽(H)/长度(L)/放弃(U)/宽度(W)]:A↙
指定圆弧的端点或[角度(A)/圆心(CE)/闭合(CL)/方向(D)/半宽(H)/直线(L)/半径(R)/第二个点(S)/放弃(U)/宽度(W)]:（指定圆弧的端点）
指定圆弧的端点或[角度(A)/圆心(CE)/闭合(CL)/方向(D)/半宽(H)/直线(L)/半径(R)/第二个点(S)/放弃(U)/宽度(W)]: （鼠标右击确认）

最终绘制的图形如图 2-64 所示。

图 2-64　雨伞图形

# 2.6　徒手线和云线

徒手线和云线是两种不规则的线。这两种线正是由于其不规则和随意性，给刻板规范的工程图绘制带来了很大的灵活性，有利于绘制者个性化和创造性的发挥，更加真实于现实世界，如图 2-65 所示。

（a）徒手线

（b）云线

图 2-65　徒手线与云线

## 2.6.1　绘制徒手线

绘制徒手线主要是通过移动定点设备（如鼠标）来实现，用户可以根据自己的需要绘制任意图形形状，如个性化的签名或印鉴等。

画徒手线时，定点设备就像画笔一样。单击定点设备将把“画笔”放到屏幕上，这时可以进行绘

图，再次单击将提起画笔并停止绘图。徒手线由许多条线段组成。每条线段都可以是独立的对象或多段线。可以设置线段的最小长度或增量。

1. 执行方式

命令行：SKETCH。

2. 操作步骤

```
命令: SKETCH↙ 类型 = 直线  增量 = 1.0000  公差 = 0.5000
指定草图或 [类型(T)/增量(I)/公差(L)]:
指定草图:
```

3. 选项说明

☑ 类型(T)：指定手画线的对象类型。

☑ 增量(I)：定义每条手画直线段的长度。定点设备所移动的距离必须大于增量值，才能生成一条直线。

☑ 公差(L)：对于样条曲线，指定样条曲线的曲线布满手画线草图的紧密程度。

## 2.6.2　绘制修订云线

修订云线是由连续圆弧组成的多段线以构成云线形对象，主要是作为对象标记使用。可以从头开始创建修订云线，也可以将闭合对象（如圆、椭圆、闭合多段线或闭合样条曲线）转换为修订云线。将闭合对象转换为修订云线时，如果系统变量 DELOBJ 设置为 1（默认值），原始对象将被删除。

可以为修订云线的弧长设置默认的最小值和最大值。绘制修订云线时，可以使用拾取点选择较短的弧线段来更改圆弧的大小，也可以通过调整拾取点来编辑修订云线的单个弧长和弦长。

1. 执行方式

☑ 命令行：REVCLOUD。

☑ 菜单栏："绘图"→"修订云线"。

☑ 工具栏："绘图"→"修订云线"。

2. 操作步骤

```
命令: REVCLOUD↙
最小弧长: 2.0000   最大弧长: 2.0000   样式: 普通
指定起点或 [弧长(A)/对象(O)/样式(S)] <对象>:
```

3. 选项说明

☑ 指定起点：在屏幕上指定起点，并拖动鼠标指定云线路径。

☑ 弧长(A)：指定组成云线的圆弧的弧长范围。选择该项，系统继续提示：

```
指定最小弧长 <0.5000>:（指定一个值或回车）
指定最大弧长 <0.5000>:（指定一个值或回车）
```

☑ 对象(O)：将封闭的图形对象转换成云线，包括圆、圆弧、椭圆、矩形、多边形、多段线和样条曲线等。选择该项，系统继续提示：

```
选择对象:（选择对象）
反转方向 [是(Y)/否(N)] <否>:（选择是否反转）
修订云线完成。
```

☑ 样式(S)：指定修订云线的样式。选择该项，系统继续提示：

```
选择圆弧样式 [普通(N)/手绘(C)] <普通>: 选择修订云线的样式
```

# 2.7 多 线

多线是指由多条平行线构成的直线，连续绘制的多线是一个图元。多线内的直线线型可以相同，也可以不同，图 2-66 给出了几种多线形式。多线常用于建筑图的绘制。在绘制多线前应该对多线样式进行定义，然后用定义的样式绘制多线。

## 2.7.1 定义多线样式

1. 执行方式

命令行：MLSTYLE。

2. 操作步骤

```
命令: MLSTYLE↙
```

执行该命令后，打开如图 2-67 所示的“多线样式”对话框。在该对话框中，用户可以对多线样式进行定义、保存和加载等操作。

图 2-66 多线

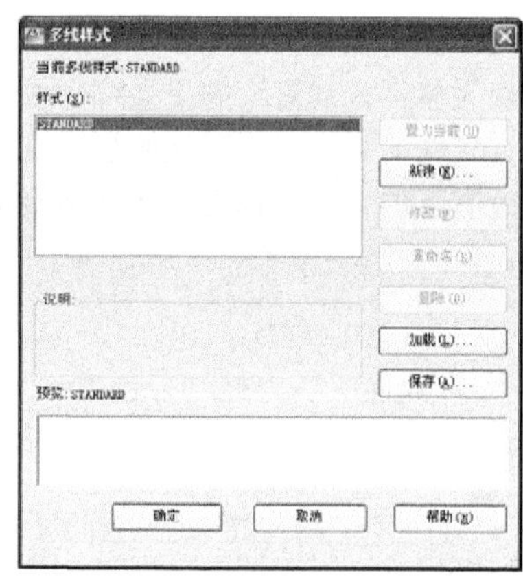


图 2-67 “多线样式”对话框

## 2.7.2 实例——定义多线样式

利用“多线样式”命令打开“多线样式”对话框，设置参数并绘制。过程如图 2-68 所示。

绘制步骤：(**光盘\动画演示\第 2 章\定义多线样式.avi**)

（1）选择菜单栏中的“格式”→“多线样式”命令，打开“多线样式”对话框。

（2）单击“新建”按钮，打开“创建新的多线样式”对话框，如图 2-69 所示。

（3）在“新样式名”文本框中输入“THREE”，单击“继续”按钮。系统打开“新建多线样式：THREE”对话框，如图 2-70 所示。

（4）在“封口”选项组中可以设置多线起点和端点的特性，包括以直线、外弧还是内弧封口，以及封口线段或圆弧的角度。

（5）在“填充颜色”下拉列表框中可以选择多线填充的颜色。

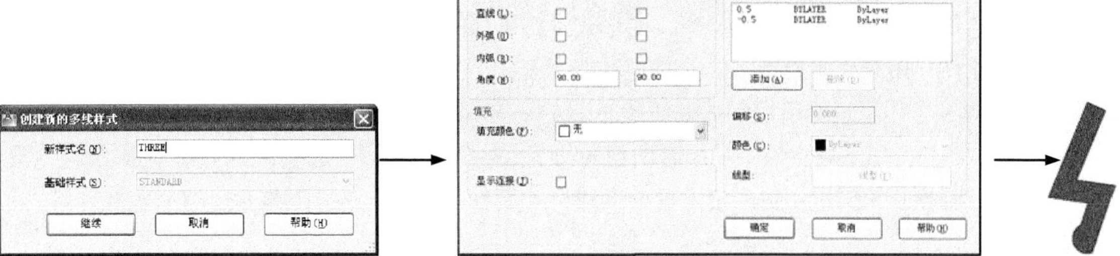

图 2-68 定义多线样式

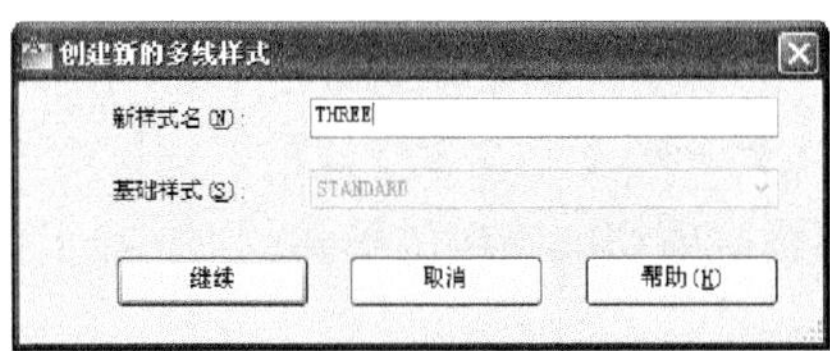


图 2-69 “创建新的多线样式”对话框

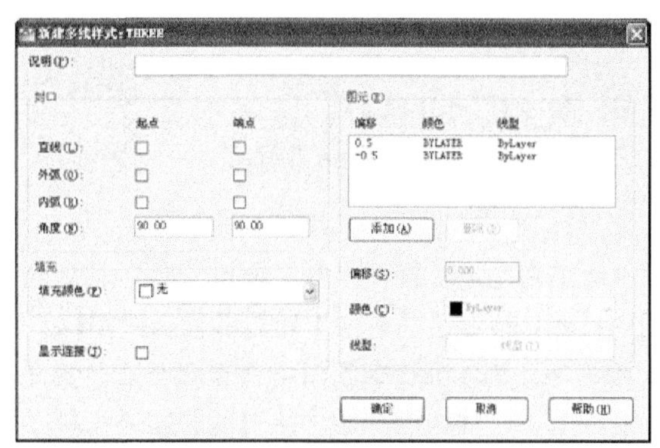

图 2-70 “新建多线样式：THREE”对话框

（6）在“图元”选项组中可以设置组成多线的元素的特性。单击“添加”按钮，可以为多线添加元素；反之，单击“删除”按钮，可以为多线删除元素。在“偏移”文本框中可以设置选中的元素的位置偏移值。在“颜色”下拉列表框中可以为选中元素选择颜色。单击“线型”按钮，可以为选中元素设置线型。

（7）设置完毕后，单击“确定”按钮，系统返回 “多线样式”对话框，在“样式”列表框中会显示刚才设置的多线样式名，选择该样式，单击“置为当前”按钮，则将此多线样式设置为当前样式。下面的预览框中会显示出当前多线样式。

（8）单击“确定”按钮，完成多线样式设置。

## 2.7.3 绘制多线

### 1. 执行方式

☑ 命令行：MLINE。

☑ 菜单栏：“绘图”→“多线”。

### 2. 操作步骤

命令：MLINE↙
当前设置：对正 = 上，比例 = 20.00，样式 = STANDARD
指定起点或 [对正(J)/比例(S)/样式(ST)]：（指定起点）
指定下一点：（给定下一点）
指定下一点或 [放弃(U)]：（继续给定下一点绘制线段。输入“U”，则放弃前一段的绘制；右击或回车，结束命令）

Note

3. 选项说明

☑ 指定起点：执行该选项后（即输入多线的起点），系统会以当前的线型样式、比例和对正方式绘制多线。默认状态下，多线的形式是距离为 1 的平行线。

☑ 对正(J)：用来确定绘制多线的基准（上、无、下）。

☑ 比例(S)：用来确定所绘制的多线相对于定义的多线的比例系数，默认为 1.00。

☑ 样式(ST)：用来确定绘制多线时所使用的多线样式，默认样式为 STANDARD。执行该选项后，根据系统提示，输入定义过的多线样式名称，或输入“？”显示已有的多线样式。

## 2.7.4 编辑多线

1. 执行方式

☑ 命令行：MLEDIT。

☑ 菜单栏：“修改”→“对象”→“多线”。

2. 操作步骤

执行该命令后，打开“多线编辑工具”对话框，如图 2-71 所示。利用该对话框可以创建或修改多线的模式。该对话框中分 4 列显示了示例图形。其中，第 1 列管理十字交叉形式的多线，第 2 列管理 T 形多线，第 3 列管理拐角接合点和节点，第 4 列管理多线被剪切或连接的形式。

选择某个示例图形，即可调用该项编辑功能。

下面以“十字打开”为例介绍多线编辑方法：把选择的两条多线进行打开交叉。选择该选项后，出现如下提示：

```
选择第一条多线：(选择第一条多线)
选择第二条多线：(选择第二条多线)
```

选择完毕后，第二条多线被第一条多线横断交叉。系统继续提示，具体如下：

```
选择第一条多线或[放弃(U)]:
```

可以继续选择多线进行操作（选择“放弃(U)”功能会撤销前次操作）。操作过程和执行结果如图 2-72 所示。

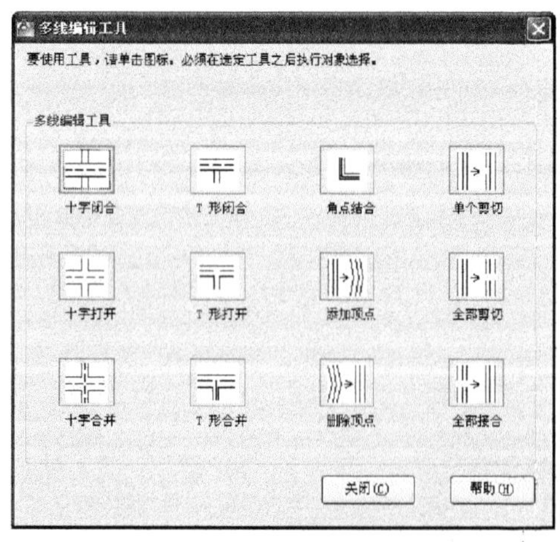


图 2-71 “多线编辑工具”对话框

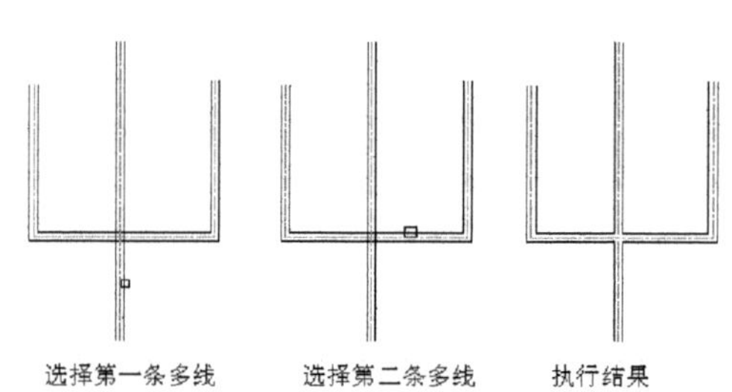


图 2-72 十字打开

## 2.7.5　实例——墙体

本实例利用“构造线”与“偏移”命令绘制辅助线，再利用“多线”命令绘制墙线，最后编辑多线得到所需图形。绘制流程图如图 2-73 所示。

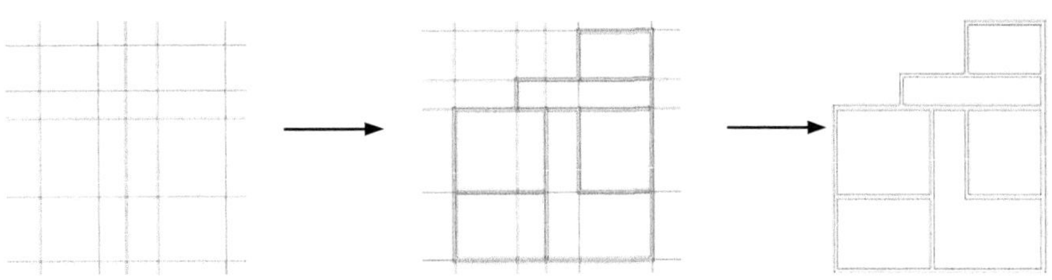

图 2-73　绘制墙体

绘制步骤：（**光盘\动画演示\第 2 章\墙体.avi**）

（1）单击“绘图”工具栏中的“构造线”按钮，绘制出一条水平构造线和一条竖直构造线，组成“十”字辅助线。命令行中的提示与操作如下：

```
命令: _xline
指定点或 [水平(H)/垂直(V)/角度(A)/二等分(B)/偏移(O)]: h↙
指定通过点:（适当指定一点）
指定通过点: ↙
命令: _xline
指定点或 [水平(H)/垂直(V)/角度(A)/二等分(B)/偏移(O)]: v↙
指定通过点: （适当指定一点）
指定通过点: ↙
```

结果如图 2-74 所示。

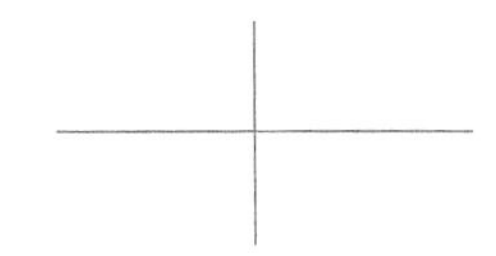

图 2-74　“十”字辅助线

（2）单击“绘图”工具栏中的“构造线”按钮，绘制辅助线。命令行中的提示与操作如下：

```
命令: XLINE↙
指定点或 [水平(H)/垂直(V)/角度(A)/二等分(B)/偏移(O)]: O↙
指定偏移距离或 [通过(T)] <通过>: 4500↙
选择直线对象: （选择刚绘制的水平构造线）
指定向哪侧偏移: （指定右边一点）
选择直线对象: （继续选择刚绘制的水平构造线）
……
```

重复“构造线”命令，将偏移的水平构造线依次向上偏移 5100、1800 和 3000，绘制的水平构造线如图 2-75 所示。重复“构造线”命令，将竖直构造线依次向右偏移 3900、1800、2100 和 4500，结果如图 2-76 所示。

（3）选择菜单栏中的“格式”→“多线样式”命令，系统打开“多线样式”对话框，在该对话框中单击“新建”按钮，系统打开“创建新的多线样式”对话框，在“新样式名”文本框中输入“墙体线”，单击“继续”按钮。

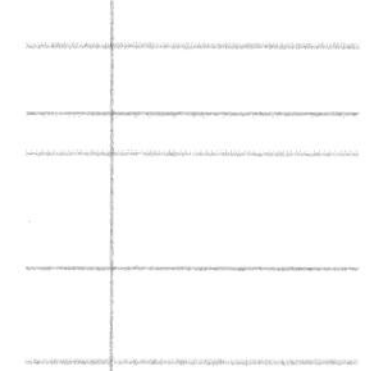

图 2-75　水平方向的主要辅助线

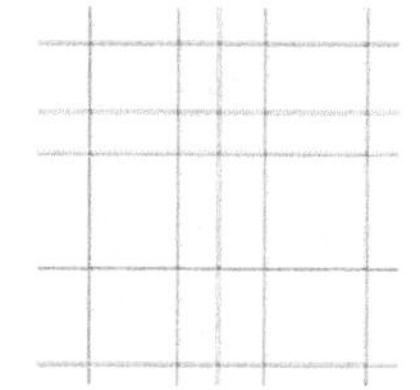

图 2-76　居室的辅助线网格

（4）系统打开“新建多线样式：墙体线”对话框，进行如图 2-77 所示的设置。

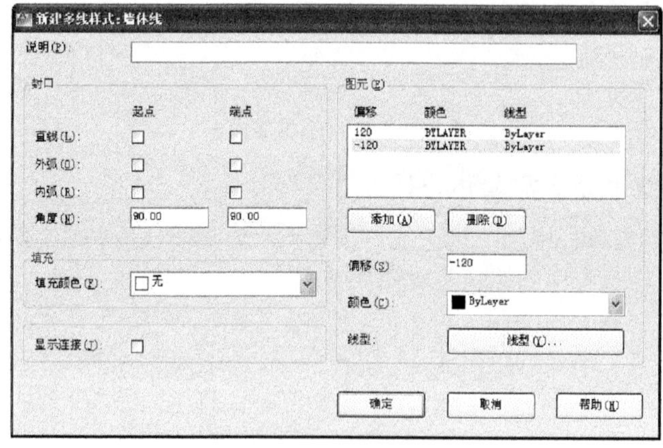


图 2-77　设置多线样式

（5）选择菜单栏中的“绘图”→“多线”命令，绘制多线墙体。命令行中的提示与操作如下：

```
命令: MLINE↙
当前设置: 对正 = 上，比例 = 20.00，样式 = STANDARD
指定起点或 [对正(J)/比例(S)/样式(ST)]:  S↙
输入多线比例 <20.00>:  1↙
当前设置: 对正 = 上，比例 = 1.00，样式 = STANDARD
指定起点或 [对正(J)/比例(S)/样式(ST)]:  J↙
输入对正类型 [上(T)/无(Z)/下(B)] <上>:  Z↙
当前设置: 对正 = 无，比例 = 1.00，样式 = STANDARD
指定起点或 [对正(J)/比例(S)/样式(ST)]:（在绘制的辅助线交点上指定一点）
指定下一点: （在绘制的辅助线交点上指定下一点）
指定下一点或 [放弃(U)]: （在绘制的辅助线交点上指定下一点）
指定下一点或 [闭合(C)/放弃(U)]: （在绘制的辅助线交点上指定下一点）
……
指定下一点或 [闭合(C)/放弃(U)]:C↙
```

重复“多线”命令，根据辅助线网格绘制多线，绘制结果如图 2-78 所示。

（6）选择菜单栏中的“修改”→“对象”→“多线”命令，系统打开“多线编辑工具”对话框，如图 2-79 所示。选择其中的“T 形合并”选项，确认后，命令行中的提示与操作如下：

```
命令: MLEDIT↙
选择第一条多线:（选择多线）
选择第二条多线:（选择多线）
选择第一条多线或 [放弃(U)]:（选择多线）
……
选择第一条多线或 [放弃(U)]: ↙
```

重复“编辑多线”命令，继续进行多线编辑，编辑的最终结果如图 2-80 所示。

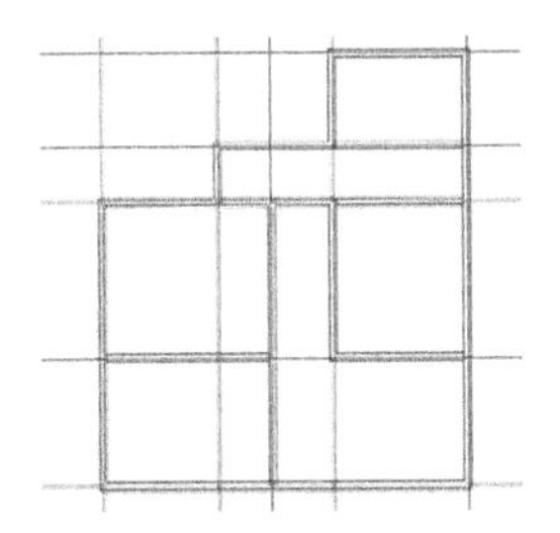
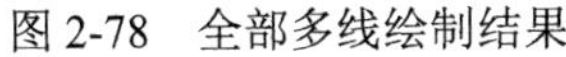

图 2-78　全部多线绘制结果

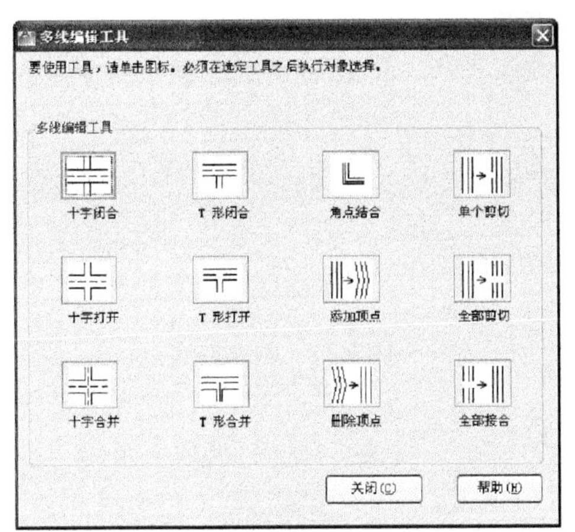


图 2-79　“多线编辑工具”对话框

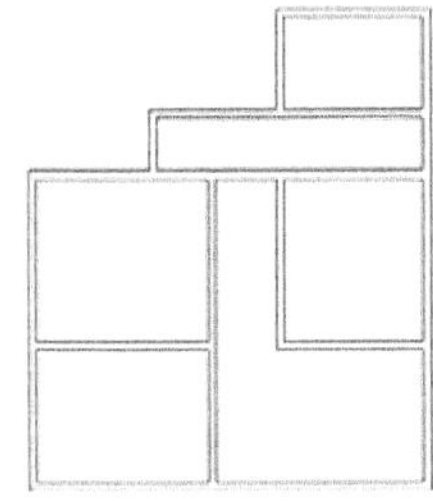

图 2-80　墙体

# 2.8　图案填充

当需要用一个重复的图案（pattern）填充一个区域时，可以使用 BHATCH 命令建立一个相关联的填充阴影对象，即所谓的图案填充。

## 2.8.1　基本概念

### 1. 图案边界

当进行图案填充时，首先要确定填充图案的边界。定义边界的对象只能是直线、双向射线、单向射线、多义线、样条曲线、圆弧、圆、椭圆、椭圆弧、面域等对象或用这些对象定义的块，而且作为边界的对象在当前屏幕上必须全部可见。

### 2. 孤岛

在进行图案填充时，把位于总填充域内的封闭区域称为孤岛，如图 2-81 所示。在用 BHATCH 命令填充时，AutoCAD 允许以拾取点的方式确定填充边界，即在希望填充的区域内任意取一点，AutoCAD 会自动确定出填充边界，同时也确定该边界内的岛。如果用户是以选取对象的方式确定填充边界的，则必须确切地选取这些岛，有关知识将在 2.8.2 节中介绍。

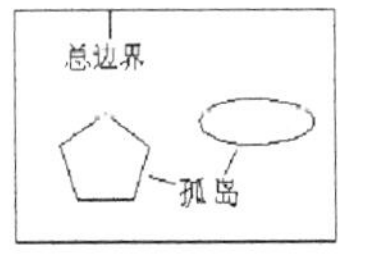

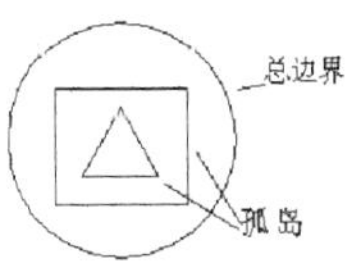


图 2-81　孤岛

### 3. 填充方式

在进行图案填充时，需要控制填充的范围，AutoCAD 系统为用户设置了以下 3 种填充方式实现对填充范围的控制。

☑　普通方式：如图 2-82（a）所示，该方式从边界开始，由每条填充线或每个填充符号的两端向里画，遇到内部对象与之相交时，填充线或符号断开，直到遇到下一次相交时再继续画。采用这种方式时，要避免剖面线或符号与内部对象的相交次数为奇数。该方式为系统内部的默认方式。

☑ 最外层方式：如图 2-82（b）所示，该方式从边界向里画剖面符号，只要在边界内部与对象相交，剖面符号由此断开，而不再继续画。

☑ 忽略方式：如图 2-82（c）所示，该方式忽略边界内的对象，所有内部结构都被剖面符号覆盖。

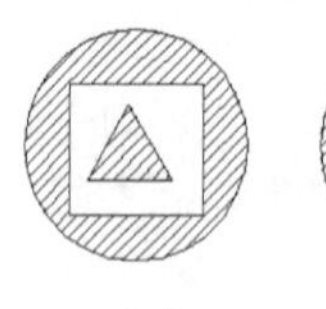
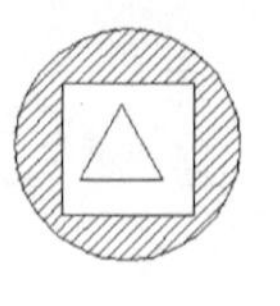
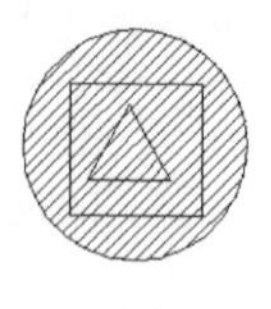

（a）　　（b）　　（c）

图 2-82　填充方式

## 2.8.2　图案填充的操作

### 1. 执行方式

☑ 命令行：BHATCH。

☑ 菜单栏："绘图"→"图案填充"。

☑ 工具栏："绘图"→"图案填充"或"绘图"→"渐变色"。

### 2. 操作步骤

执行上述命令后系统打开图 2-83 所示的"图案填充和渐变色"对话框。

### 3. "图案填充"选项卡

该选项卡中的各选项用来确定图案及其参数，如图 2-83 所示，其中各选项含义介绍如下。

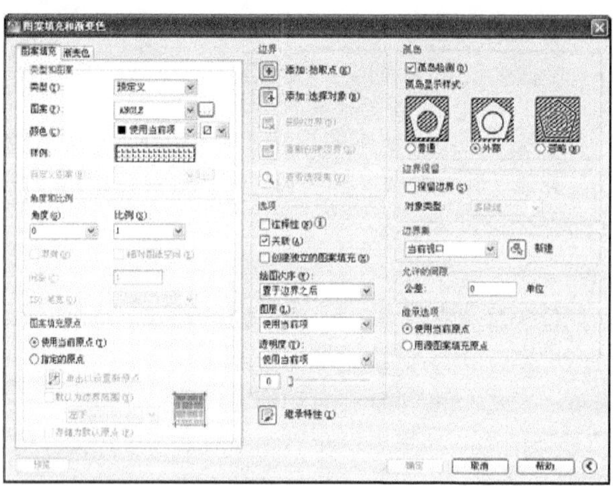

图 2-83　"图案填充和渐变色"对话框

☑ "类型"下拉列表框：该下拉列表框用于确定填充图案的类型及图案。点取设置区中的小箭头，弹出一个下拉列表，在该列表中，"用户定义"选项表示用户要临时定义填充图案，与命令行方式中的 U 选项作用一样；"自定义"选项表示选用 ACAD.PAT 图案文件或其他图案文件（.PAT 文件）中的图案填充；"预定义"选项表示用 AutoCAD 标准图案文件（ACAD.PAT 文件）中的图案填充。

☑ "图案"下拉列表框：该下拉列表框用于确定标准图案文件中的填充图案。在该下拉列表中，用户可从中选取填充图案。选取所需要的填充图案后，"样例"中的图像框内会显示出该图

案。用户只有在“类型”下拉列表框中选择了“预定义”选项，此选项才以正常亮度显示，即允许用户从自己定义的图案文件中选取填充图案。

如果选择的图案类型是“预定义”，单击“图案”下拉列表框右边的□按钮，打开如图 2-84 所示的对话框，该对话框显示出所选类型所具有的图案，可从中确定所需要的图案。

- ☑ 样例：该选项用来给出一个样本图案。在其右面有一方形图像框，显示出当前用户所选用的填充图案。可以单击该图像迅速查看或选取已有的填充图案。
- ☑ “自定义图案”下拉列表框：该下拉列表框用于从用户定义的填充图案中进行选择。只有在“类型”下拉列表框中选用“自定义”选项后，该选项才以正常亮度显示，即允许用户从自己定义的图案文件中选取填充图案。
- ☑ “角度”下拉列表框：该下拉列表框用于确定填充图案时的旋转角度。每种图案在定义时的旋转角度为零，可在该下拉列表框中输入所希望的旋转角度。

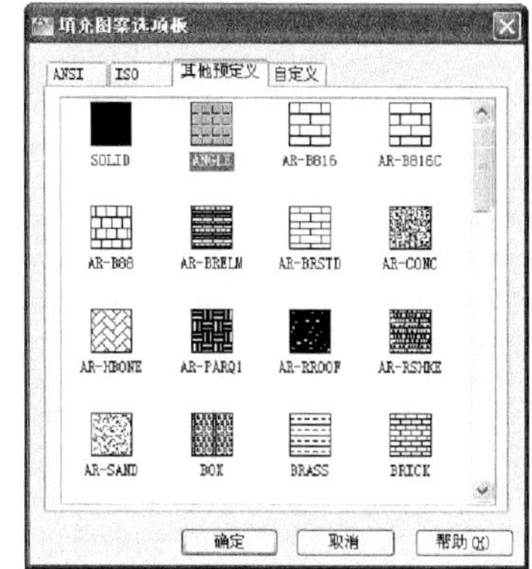


图 2-84　“填充图案选项板”对话框

- ☑ “比例”下拉列表框：该下拉列表框用于确定填充图案的比例值。每种图案在定义时的初始比例为 1，用户可以根据需要放大或缩小，方法是在该下拉列表框中输入相应的比例值。
- ☑ “双向”复选框：用于确定用户临时定义的填充线是一组平行线，还是相互垂直的两组平行线。只有在“类型”下拉列表框中选择“用户定义”选项时，该项才可以使用。
- ☑ “相对图纸空间”复选框：确定是否相对于图纸空间单位确定填充图案的比例值。选中该复选框，可以按适合于版面布局的比例方便地显示填充图案。该项仅仅适用于图形版面编排。
- ☑ “间距”文本框：指定线之间的间距，在该文本框中输入值即可。只有在“类型”下拉列表框中选择“用户定义”选项时，该选项才可以使用。
- ☑ “ISO 笔宽”下拉列表框：该下拉列表框告诉用户根据所选择的笔宽确定与 ISO 有关的图案比例。只有选择了已定义的 ISO 填充图案后，才可确定它的内容。
- ☑ “图案填充原点”选项组：控制填充图案生成的起始位置。填充这些图案（如砖块图案）时需要与图案填充边界上的一点对齐。默认情况下，所有图案填充原点都对应于当前的 UCS 原点。也可以选中“指定的原点”单选按钮及下面一级的选项重新指定原点。

4. “渐变色”选项卡

渐变色是指从一种颜色到另一种颜色的平滑过渡。渐变色能产生光的效果，可为图形添加视觉效果。选择“渐变色”选项卡，AutoCAD 打开图 2-85 所示的对话框，其中各选项含义介绍如下。

- ☑ “单色”单选按钮：应用单色对所选择的对象进行渐变填充。在“图案填充和渐变色”对话框的右上边的显示框中显示用户所选择的真彩色，单击…按钮，系统打开“选择颜色”对话框，如图 2-86 所示。
- ☑ “双色”单选按钮：应用双色对所选择的对象进行渐变填充。填充颜色将从颜色 1 渐变到颜色 2。颜色 1 和颜色 2 的选取与单色选取类似。
- ☑ “渐变方式”样板：在“渐变色”选项卡中有 9 个“渐变方式”样板，分别表示不同的渐变方式，包括线形、球形和抛物线形等方式。
- ☑ “居中”复选框：该复选框决定渐变填充是否居中。

Note

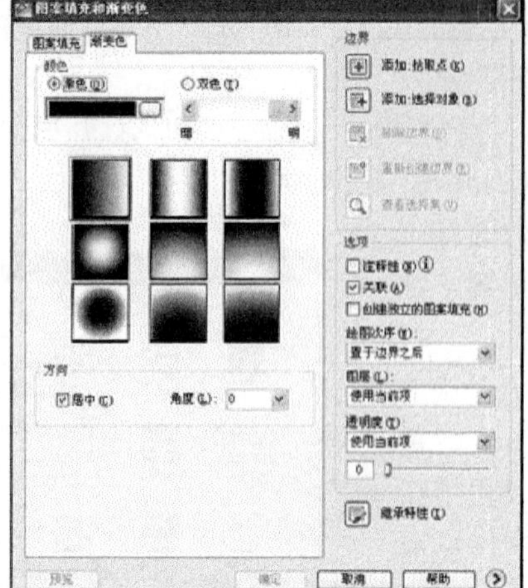


图 2-85 “渐变色”选项卡

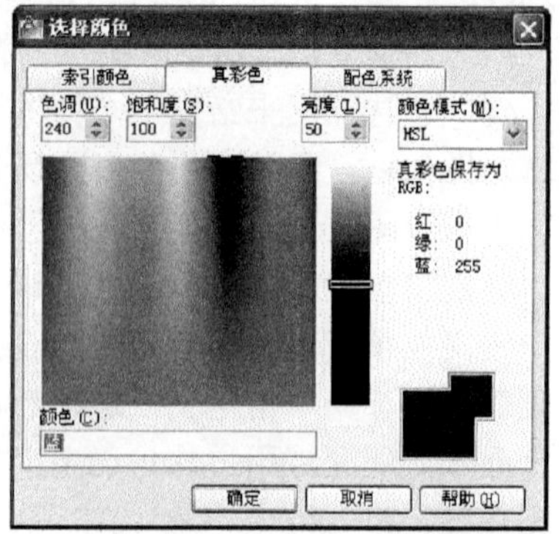


图 2-86 “选择颜色”对话框

☑ “角度”下拉列表框：在该下拉列表框中选择角度，此角度为渐变色倾斜的角度。不同的渐变色填充如图 2-87 所示。

（a）单色线形居中 0° 渐变填充

（b）双色抛物线形居中 0° 渐变填充

（c）单色线形居中 45° 渐变填充

（d）双色球形不居中 0° 渐变填充

图 2-87 不同的渐变色填充

5. “边界”选项组

☑ “添加:拾取点”按钮：以点取点的形式自动确定填充区域的边界。在填充的区域内任意取一点，系统会自动确定包围该点的封闭填充边界，并且高亮度显示（如图 2-88 所示）。

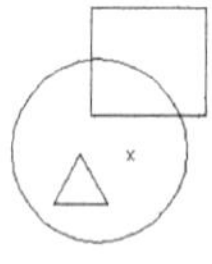

（a）选择一点

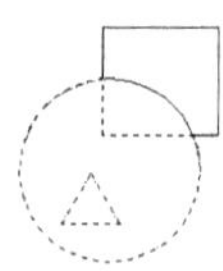

（b）填充区域

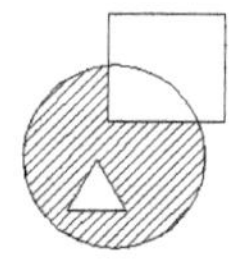

（c）填充结果

图 2-88 拾取点

☑ “添加:选择对象”按钮：以选取对象的方式确定填充区域的边界。可以根据需要选取构成填充区域的边界。同样，被选择的边界也会以高亮度显示（如图 2-89 所示）。

☑ “删除边界”按钮：从边界定义中删除以前添加的任何对象（如图 2-90 所示）。

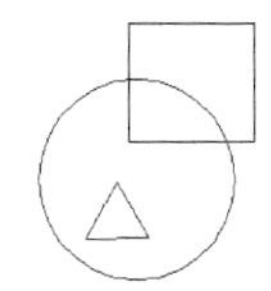

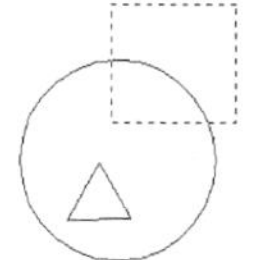

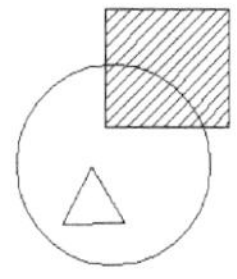

（a）原始图形　（b）选取边界对象　（c）填充结果

图 2-89　选择对象

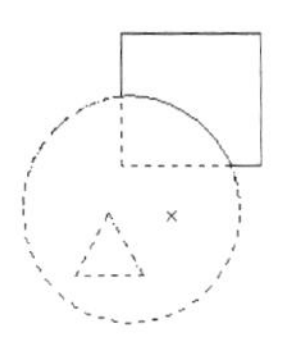

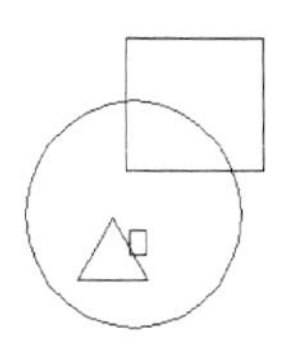

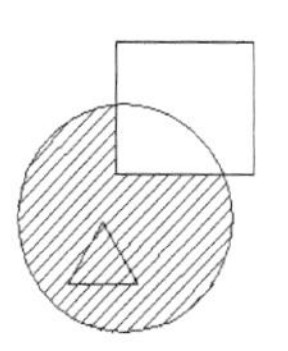

（a）选取边界对象　（b）删除边界　（c）填充结果

图 2-90　删除边界

☑ “重新创建边界”按钮：围绕选定的图案填充或填充对象创建多段线或面域。

☑ “查看选择集”按钮：观看填充区域的边界。单击该按钮，AutoCAD 临时切换到作图屏幕，将所选择的作为填充边界的对象以高亮度方式显示。只有通过“添加:拾取点”按钮或“添加:选择对象”按钮选取了填充边界，“查看选择集”按钮才可以使用。

6.“选项”选项组

☑ “注释性”复选框：指定填充图案为注释性。

☑ “关联”复选框：用于确定填充图案与边界的关系。若选中该复选框，那么填充的图案与填充边界保持着关联关系，即图案填充后，当用钳夹（Grips）功能对边界进行拉伸等编辑操作时，AutoCAD 会根据边界的新位置重新生成填充图案。

☑ “创建独立的图案填充”复选框：控制当指定了几个独立的闭合边界时，是创建单个图案填充对象，还是创建多个图案填充对象，如图 2-91 所示。

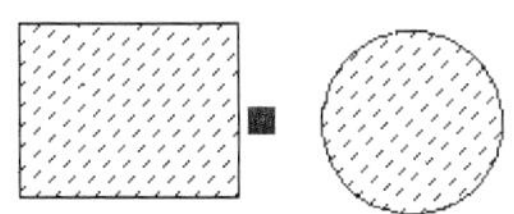

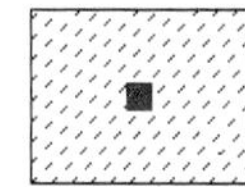

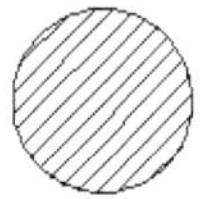

（a）不独立，选中时是一个整体　（b）独立，选中时不是一个整体

图 2-91　独立与不独立

☑ “绘图次序”下拉列表框：指定图案填充的绘图顺序。图案填充可以放在所有其他对象之后、所有其他对象之前、图案填充边界之后或图案填充边界之前。

7.“继承特性”按钮

该按钮的作用是继承特性，即选用图中已有的填充图案作为当前的填充图案。

8.“孤岛”选项组

☑ 孤岛显示样式：该选项用于确定图案的填充方式。用户可以从中选取所要的填充方式。默认的填充方式为“普通”，用户也可以在右键快捷菜单中选择填充方式。

☑ “孤岛检测”复选框：确定是否检测孤岛。

9.“边界保留”选项组

该选项组指定是否将边界保留为对象，并确定应用于这些对象的对象类型是多段线还是面域。

10. “边界集”选项组

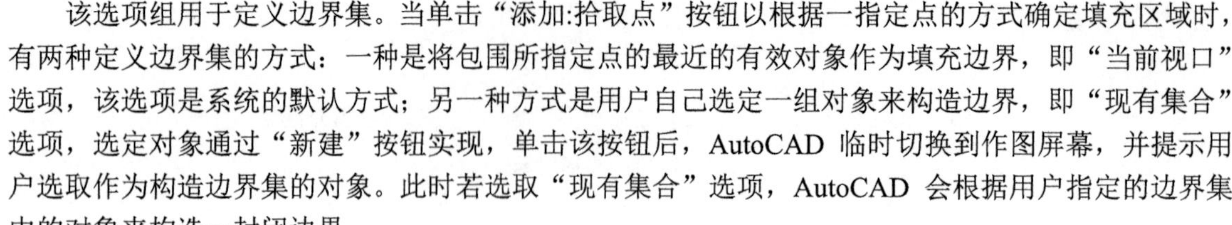

该选项组用于定义边界集。当单击“添加:拾取点”按钮以根据一指定点的方式确定填充区域时，有两种定义边界集的方式：一种是将包围所指定点的最近的有效对象作为填充边界，即“当前视口”选项，该选项是系统的默认方式；另一种方式是用户自己选定一组对象来构造边界，即“现有集合”选项，选定对象通过“新建”按钮实现，单击该按钮后，AutoCAD 临时切换到作图屏幕，并提示用户选取作为构造边界集的对象。此时若选取“现有集合”选项，AutoCAD 会根据用户指定的边界集中的对象来构造一封闭边界。

11. “允许的间隙”选项组

该选项组用于设置将对象用作图案填充边界时可以忽略的最大间隙。默认值为 0，此值指定对象必须封闭区域而没有间隙。

12. “继承选项”选项组

使用“继承特性”创建图案填充时，控制图案填充原点的位置。

## 2.8.3 编辑填充的图案

利用 HATCHEDIT 命令可以编辑已经填充的图案。

1. 执行方式

☑ 命令行：HATCHEDIT。
☑ 菜单栏：“修改”→“对象”→“图案填充”。
☑ 工具栏：“修改 II”→“编辑图案填充”。

2. 操作步骤

执行上述命令后，AutoCAD 会给出下面的提示：

```
选择关联填充对象：
```

选取关联填充物体后，系统打开如图 2-92 所示的“图案填充编辑”对话框。在图 2-92 中，只有正常显示的选项才可以对其进行操作。该对话框中各项的含义与“图案填充和渐变色”对话框中各项的含义相同。利用该对话框，可以对已弹出的图案进行一系列的编辑修改。

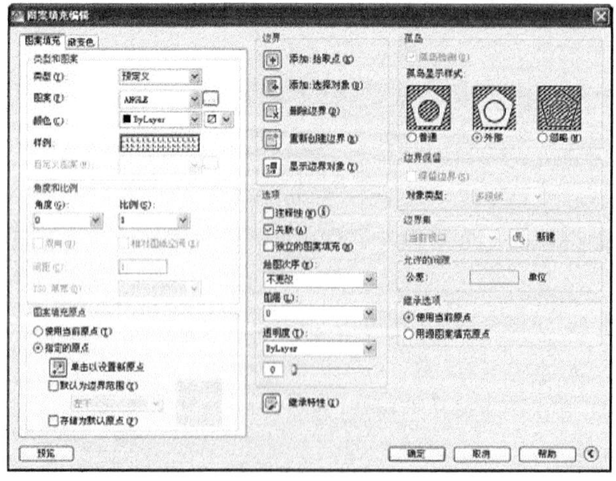


图 2-92 “图案填充编辑”对话框

## 2.8.4　实例——小房子

本实例利用“直线”命令绘制屋顶和外墙轮廓，再利用“矩形”、“圆环”、“多段线”及“多行文字”命令绘制门、把手、窗、牌匾，最后利用“图案填充”命令填充图案。绘制流程图如图 2-93 所示。

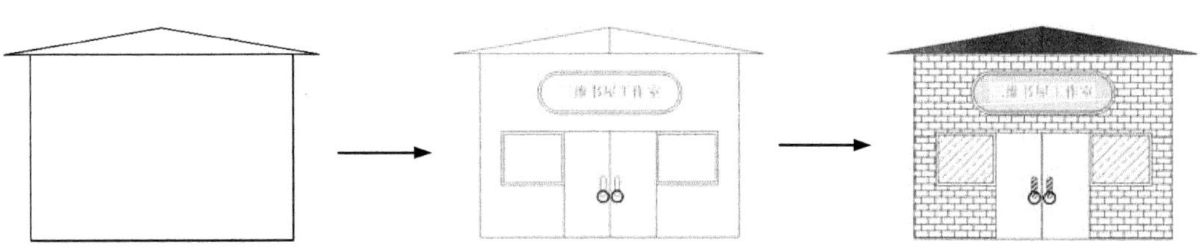

图 2-93　绘制小房子

**绘制步骤：（光盘\动画演示\第 2 章\小房子.avi）**

（1）单击“绘图”工具栏中的“直线”按钮，以{（0,500）、（@600,0）}为端点坐标绘制直线。重复“直线”命令，单击状态栏中的“对象捕捉”按钮，捕捉绘制好的直线的中点为起点，以（@0,50）为第二点坐标绘制直线。连接各端点，完成屋顶轮廓的绘制，结果如图 2-94 所示。

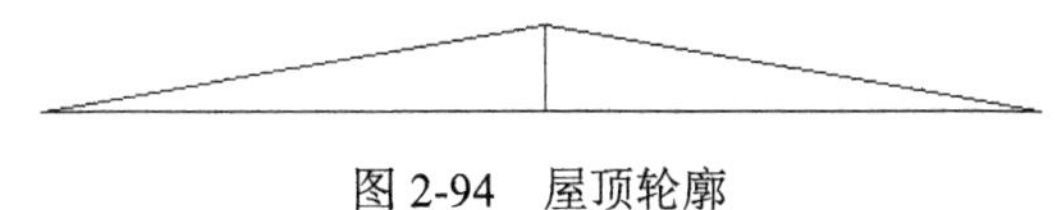

图 2-94　屋顶轮廓

（2）单击“绘图”工具栏中的“矩形”按钮，以（50,500）为第一角点，（@500,-350）为第二角点绘制墙体轮廓，结果如图 2-95 所示。

单击状态栏中的“线宽”按钮，结果如图 2-96 所示。

图 2-95　墙体轮廓　　　　图 2-96　显示线宽

（3）绘制门

❶ 单击“绘图”工具栏中的“矩形”按钮，以墙体底面中点作为第一角点，以（@90,200）为第二角点绘制右边的门，重复“矩形”命令，以墙体底面中点作为第一角点，以（@-90,200）为第二角点绘制左边的门，结果如图 2-97 所示。

❷ 单击“绘图”工具栏中的“矩形”按钮，在适当的位置绘制一个长度为 10、高度为 40、倒圆半径为 5 的矩形作为门把手。命令行中的提示与操作如下：

```
命令：rectang↙
指定第一个角点或 [倒角(C)/标高(E)/圆角(F)/厚度(T)/宽度(W)]：f↙
指定矩形的圆角半径 <0.0000>：5↙
指定第一个角点或 [倒角(C)/标高(E)/圆角(F)/厚度(T)/宽度(W)]：(在图上选取合适的位置)
指定另一个角点或 [面积(A)/尺寸(D)/旋转(R)]：@10,40↙
```

重复“矩形”命令，绘制另一个门把手，结果如图 2-98 所示。

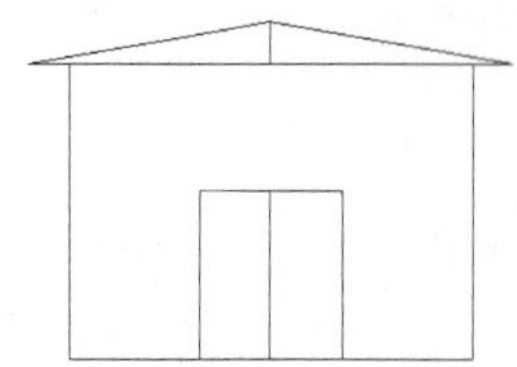

图 2-97　绘制门体

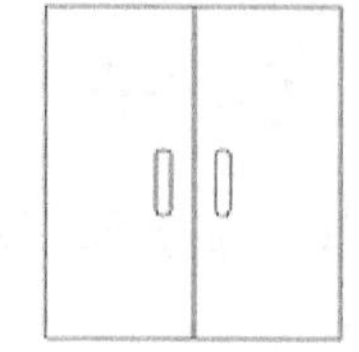

图 2-98　绘制门把手

Note

❸ 选择菜单栏中的“绘图”→“圆环”命令，在适当的位置绘制两个内径为 20、外径为 24 的圆环作为门环。命令行中的提示与操作如下：

```
命令：donut↙
指定圆环的内径 <30.0000>: 20↙
指定圆环的外径 <35.0000>: 24↙
指定圆环的中心点或 <退出>:（适当指定一点）
指定圆环的中心点或 <退出>:（适当指定一点）
指定圆环的中心点或 <退出>:↙
```

结果如图 2-99 所示。

（4）单击“绘图”工具栏中的“矩形”按钮，绘制外玻璃窗，指定门的左上角点为第一个角点，指定第二点为（@-120,-100）；接着指定门的右上角点为第一个角点，指定第二点为（@120, -100）。

重复“矩形”命令，以（205,345）为第一角点、（@-110,-90）为第二角点绘制左边内玻璃窗，以（505,345）为第一角点、（@-110,-90）为第二角点绘制右边的内玻璃窗，结果如图 2-100 所示。

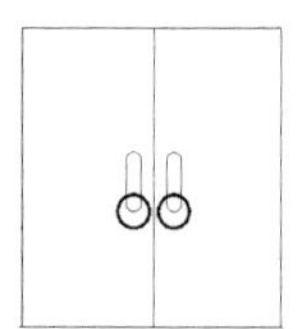

图 2-99　绘制门环

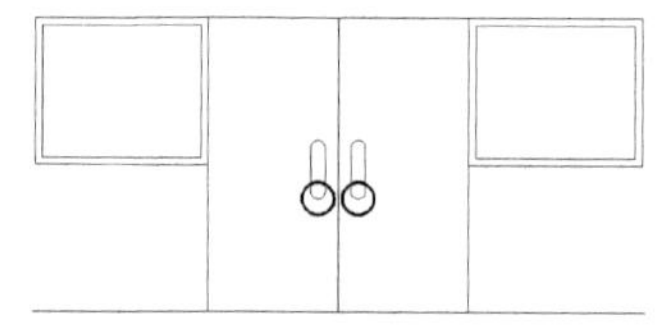

图 2-100　绘制窗户

（5）单击“绘图”工具栏中的“多段线”按钮绘制多段线，绘制牌匾。命令行中的提示与操作如下：

```
命令：_pline
指定起点：（用光标拾取一点作为多段线的起点）
当前线宽为 0.0000
指定下一个点或 [圆弧(A)/半宽(H)/长度(L)/放弃(U)/宽度(W)]: @200,0
指定下一点或 [圆弧(A)/闭合(C)/半宽(H)/长度(L)/放弃(U)/宽度(W)]: a
指定圆弧的端点或[角度(A)/圆心(CE)/闭合(CL)/方向(D)/半宽(H)/直线(L)/半径(R)/第二个点(S)/放弃(U)/宽度(W)]: a
指定包含角: 180
指定圆弧的端点或 [圆心(CE)/半径(R)]: r
指定圆弧的半径: 40
指定圆弧的弦方向 <0>: 90
指定圆弧的端点或[角度(A)/圆心(CE)/闭合(CL)/方向(D)/半宽(H)/直线(L)/半径(R)/第二个点(S)/放弃(U)/宽度(W)]: l
指定下一点或 [圆弧(A)/闭合(C)/半宽(H)/长度(L)/放弃(U)/宽度(W)]: @-200,0
指定下一点或 [圆弧(A)/闭合(C)/半宽(H)/长度(L)/放弃(U)/宽度(W)]: a
指定圆弧的端点或[角度(A)/圆心(CE)/闭合(CL)/方向(D)/半宽(H)/直线(L)/半径(R)/第二个点(S)/放弃(U)/宽度(W)]: a
指定包含角: 180
```

指定圆弧的端点或 [圆心(CE)/半径(R)]: r
指定圆弧的半径: 40
指定圆弧的弦方向 <180>: -90
指定圆弧的端点或[角度(A)/圆心(CE)/闭合(CL)/方向(D)/半宽(H)/直线(L)/半径(R)/第二个点(S)/放弃(U)/宽度(W)]:

（6）单击“修改”工具栏中的“移动”按钮，将绘制好的牌匾移动到适当位置。

（7）单击“修改”工具栏中的“偏移”按钮，将绘制好的牌匾向内偏移 5，结果如图 2-101 所示。

（8）单击“绘图”工具栏中的“多行文字”按钮A，输入牌匾中的文字。命令行中的提示与操作如下：

命令：MTEXT
指定第一角点：(用光标拾取第一点后，屏幕上显示出一个矩形文本框)
指定对角点或 [高度(H)/对正(J)/行距(L)/旋转(R)/样式(S)/宽度(W)]：(拾取另外一点作为对角点)

此时将打开“多行文字编辑器”对话框。在该对话框中输入书店的名称，并设置字体的属性，设置之后的对话框如图 2-102 所示。

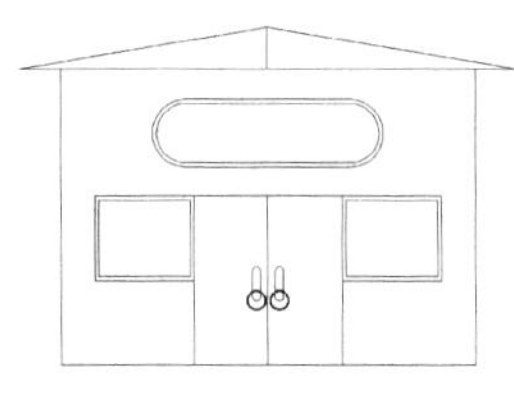

图 2-101　牌匾轮廓

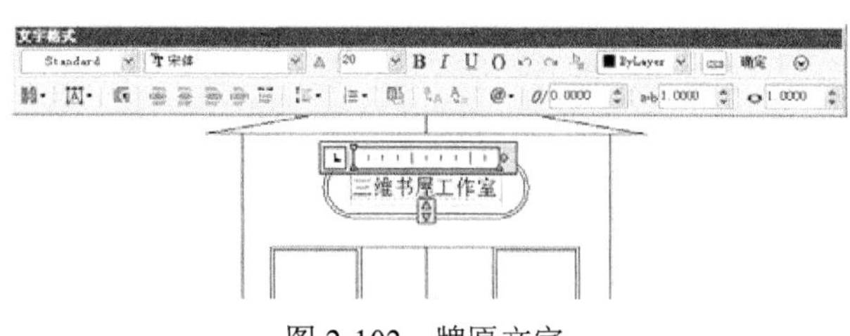


图 2-102　牌匾文字

单击“确定”按钮，即可完成牌匾的绘制，如图 2-103 所示。

（9）图案的填充主要包括 5 部分，即墙面、玻璃窗、门把手、牌匾和屋顶的填充。单击“绘图”工具栏中的“图案填充”按钮，选择适当的图案，即可分别填充完成这 5 部分图形。

❶ 单击“绘图”工具栏中的“图案填充”按钮，系统打开“图案填充和渐变色”对话框，单击对话框右下角的按钮展开对话框，在“孤岛”选项组中选择“外部”孤岛显示样式，如图 2-104 所示。

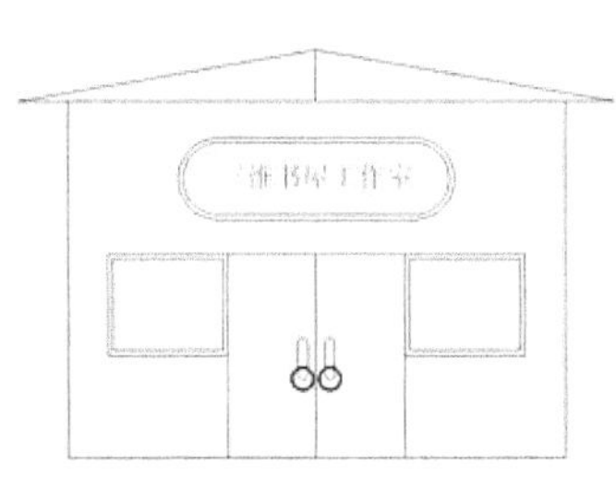

图 2-103　牌匾

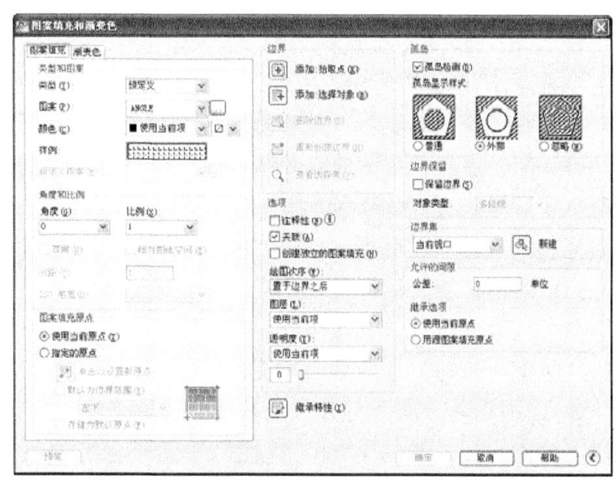

图 2-104　“图案填充和渐变色”对话框

在该对话框中选择“类型”为“预定义”，单击“图案”下拉列表框后面的按钮，打开“填充图案选项板”对话框，选择“其他预定义”选项卡中的BRICK图案，如图2-105所示。

确认后，返回“图案填充和渐变色”对话框，将比例设置为2。单击按钮，需要切换到绘图平面，在墙面区域中选取一点，回车后，返回“图案填充和渐变色”对话框，单击“确定”按钮，完成墙面的填充，如图2-106所示。

Note

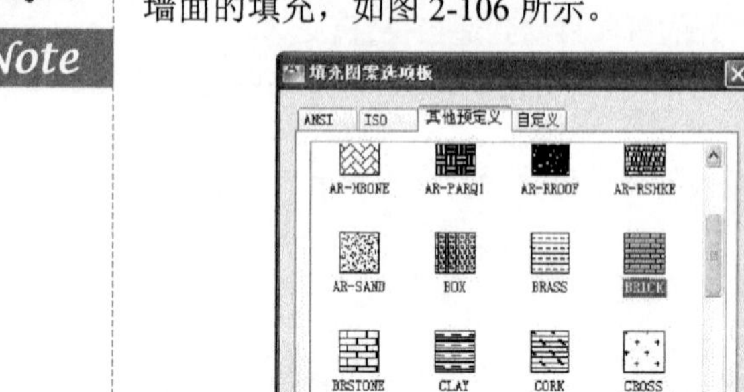


图2-105　选择适当的图案

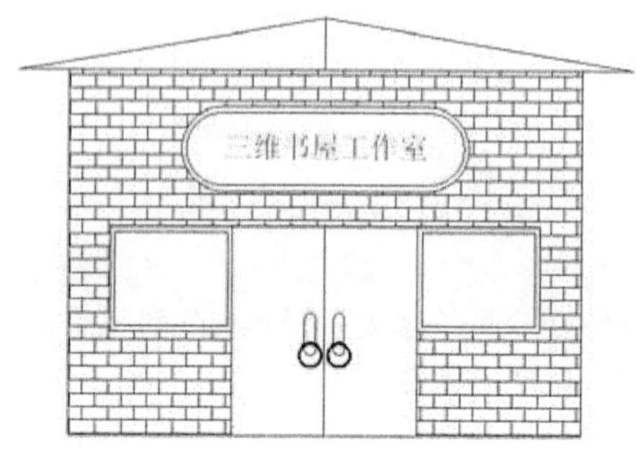


图2-106　完成墙面填充

❷ 用相同方法，选择“其他预定义”选项卡中的STEEL图案，将其比例设置为4，选择窗户区域进行填充，结果如图2-107所示。

❸ 用相同方法，选择ANSI选项卡中的ANSI33图案，将其比例设置为4，选择门把手区域进行填充，结果如图2-108所示。

图2-107　完成窗户填充

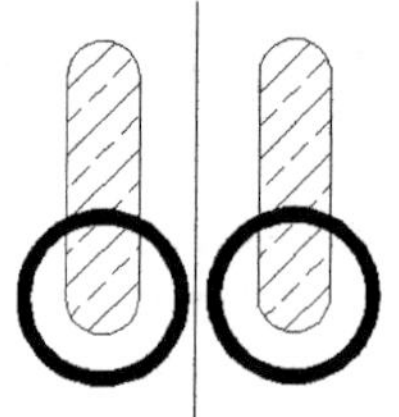

图2-108　完成门把手填充

❹ 单击“绘图”工具栏中的“渐变色”按钮，系统打开“图案填充和渐变色”对话框的“渐变色”选项卡，如图2-109所示。接受默认的“单色”单选按钮，单击颜色显示框后面的按钮，打开“选择颜色”对话框，选择金黄色，如图2-110所示。

确认后，返回“图案填充和渐变色”对话框的“渐变色”选项卡，在颜色过渡方式显示列表中选择左下角的过渡模式。单击按钮，需要切换到绘图平面，在牌匾区域中选取一点，回车后，返回“图案填充和渐变色”对话框，单击“确定”按钮，完成牌匾的填充，如图2-111所示。

完成牌匾的填充后，发现不需要填充金色渐变，选择菜单栏中的“修改”→“对象”→“图案填充”命令，系统打开“图案填充编辑”对话框，将颜色渐变滑块移动到中间位置，如图2-112所示，单击“确定”按钮，完成牌匾填充图案的修改，如图2-113所示。

❺ 采用相同方法，打开“图案填充和渐变色”对话框的“渐变色”选项卡，选中“双色”单选按钮，分别设置“颜色1”和“颜色2”为红色和绿色，选择一种颜色过渡方式，如图2-114所示。确认后，选择屋顶区域进行填充，结果如图2-115所示。

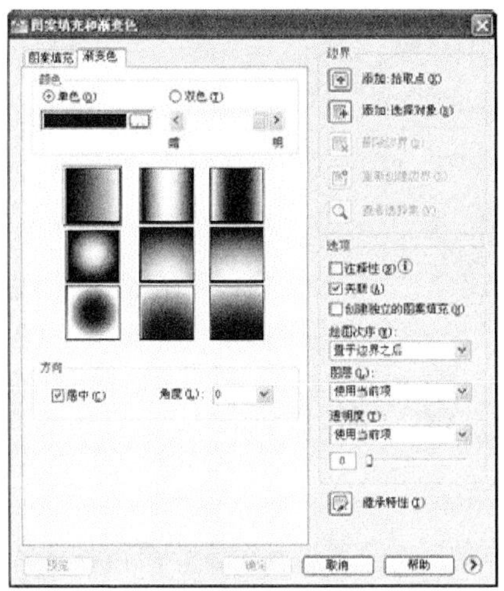

图 2-109　“渐变色”选项卡

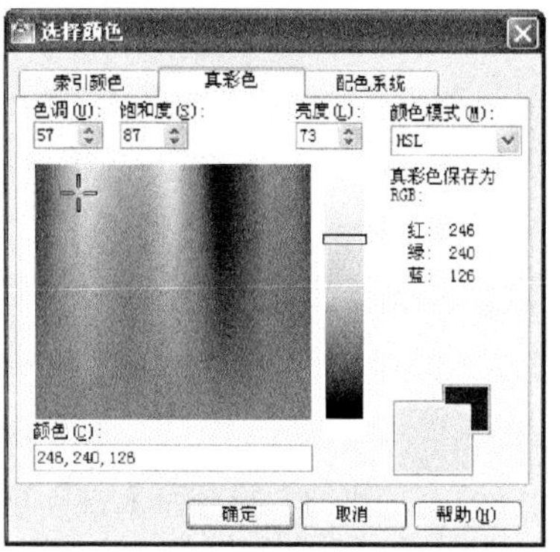

图 2-110　“选择颜色”对话框

图 2-111　完成牌匾填充

图 2-112　“图案填充编辑”对话框

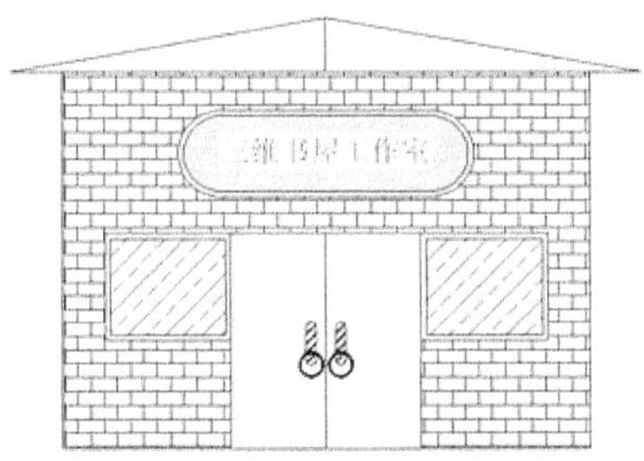

图 2-113　编辑填充图案

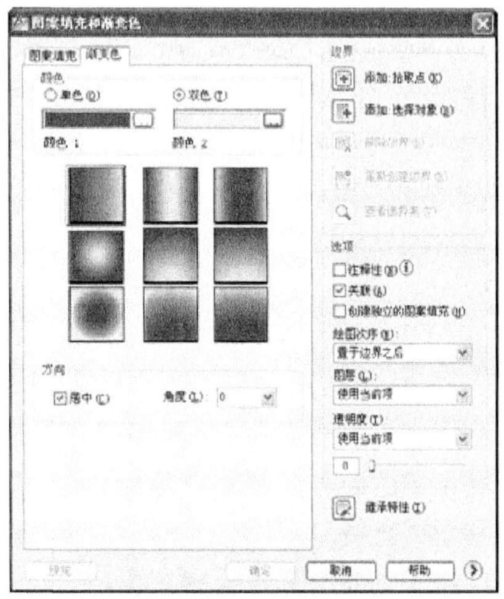

图 2-114　设置屋顶填充颜色

图 2-115　小房子

# 2.9　上 机 操 作

通过前面的学习，读者对本章知识也有了大体的了解。本节通过几个操作练习使读者进一步掌握本章知识要点。

## 2.9.1　绘制椅子

1. 目的要求

本实例反复利用“圆”和“圆弧”命令绘制椅子，从而使读者灵活掌握圆的绘制方法，如图 2-116 所示。

2. 操作提示

（1）绘制圆。
（2）绘制圆弧。
（3）绘制直线。
（4）绘制圆弧。

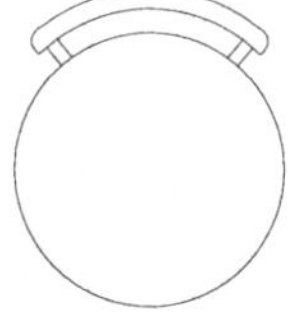

图 2-116　椅子

## 2.9.2　绘制车模

1. 目的要求

本例利用“多段线”命令绘制车壳，再利用“圆”、“直线”、“复制”等命令绘制车轮、车门、车窗，最后细化车身，如图 2-117 所示。本例要求读者掌握相关命令。

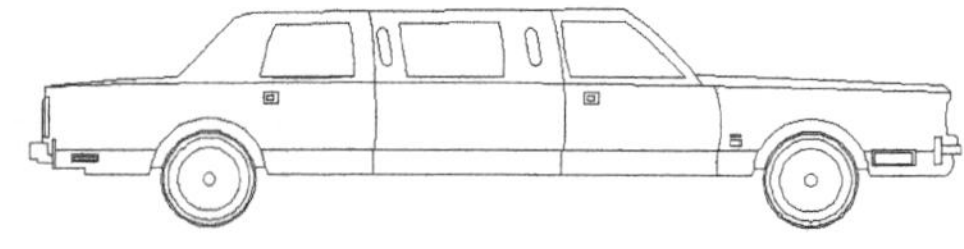

图 2-117　车模

2. 操作提示

（1）利用“多段线”命令绘制车壳。
（2）利用“圆”与“复制”等命令绘制车轮。
（3）利用“直线”、“圆弧”与“复制”等命令绘制车门。
（4）利用“直线”命令绘制车窗。

### 2.9.3 绘制花园一角

1. 目的要求

本例图形涉及各种命令，如图 2-118 所示。为了做到准确无误，读者需要灵活掌握各种命令的绘制方法。

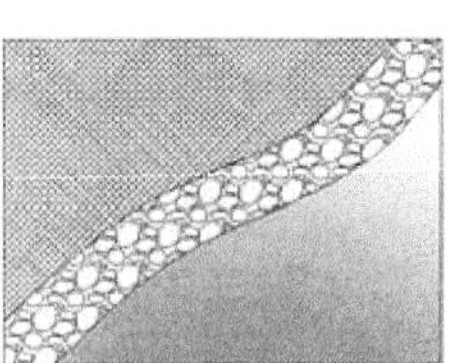

图 2-118 花园一角

2. 操作提示

（1）分别利用“矩形”和“样条曲线”命令绘制花园外形。

（2）图案填充。分别选用不同的填充类型和图案类型进行填充。

# 第3章 二维图形的编辑

二维图形的编辑操作配合绘图命令的使用可以进一步完成复杂图形对象的绘制工作，并可使用户合理安排和组织图形，保证绘图准确，减少重复，因此，对编辑命令的熟练掌握和使用有助于提高设计和绘图的效率。

- ☑ 构造选择集及快速选择对象
- ☑ 删除与恢复
- ☑ 调整对象位置
- ☑ 利用一个对象生成多个对象
- ☑ 调整对象尺寸
- ☑ 圆角及倒角
- ☑ 使用夹点功能进行编辑
- ☑ 特性与特性匹配

## 任务驱动&项目案例

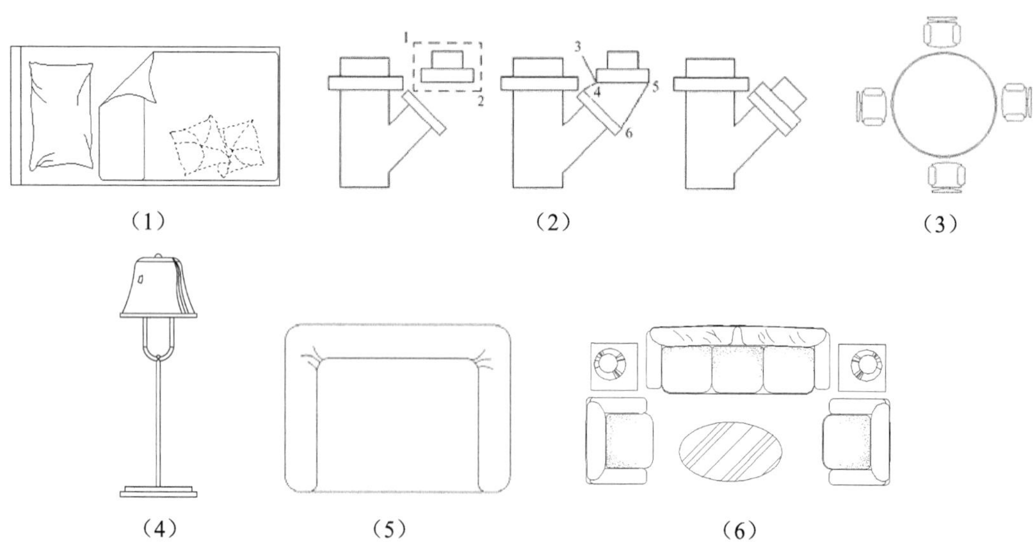

Note

# 3.1　构造选择集及快速选择对象

在绘图过程中常会涉及对象的选择，如何才能更快更好地选择对象。本节主要介绍构造选择集和快速选择对象命令。

## 3.1.1　构造选择集

当用户执行某个编辑命令时，命令行提示如下：

```
选择对象：
```

此时系统要求用户从屏幕上选择要进行编辑的对象，即构造选择集，并且光标的形状由十字光标变成了一个小方框（即拾取框）。编辑对象时需要构造对象的选择集。选择集可以是单个的对象，也可以由多个对象组成。可以在执行编辑命令之前构造选择集，也可以在选择编辑命令之后构造选择集。

可以使用下列任意一种方法构造选择集。

（1）先选择一个编辑命令，然后选择对象并回车，结束操作。

（2）输入“SELECT”，然后选择对象并回车，结束操作。

（3）用定点设备选择对象，然后调用编辑命令。

下面结合 SELECT 命令说明选择对象的方法。

SELECT 命令可以单独使用，也可以在执行其他编辑命令时被自动调用。此时屏幕提示：

```
选择对象：
```

等待用户以某种方式选择对象作为回答。AutoCAD 2012 提供了多种选择方式，可以输入“？”查看这些选择方式。选择该选项后，出现如下提示：

```
需要点或窗口(W)/上一个(L)/窗交(C)/框(BOX)/全部(ALL)/栏选(F)/圈围(WP)/圈交(CP)/编组(G)/添加(A)/删除(R)/多个(M)/前一个(P)/放弃(U)/自动(AU)/单个(SI)/子对象/对象：
选择对象：
```

上面各选项含义介绍如下。

☑ 点：是系统默认的一种对象选择方式，用拾取框直接选择对象，选中的目标以高亮显示。选中一个对象后，命令行提示仍然是“选择对象：”，用户可以继续选择。选完后按回车键，以结束对象的选择。选择模式和拾取框的大小可以通过“选项”对话框进行设置，操作如下。选择菜单栏中的“工具”→“选项”命令，打开“选项”对话框，然后打开“选择集”选项卡，如图 3-1 所示。利用该选项卡可以设置选择模式和拾取框的大小。

☑ 窗口(W)：用由两个对角顶点确定的矩形窗口选取位于其范围内部的所有图形，与边界相交的对象不会被选中。指定对角顶点时应该按照从左向右的顺序，如图 3-2 所示。

☑ 上一个(L)：在“选择对象：”提示下输入“L”后回车，系统会自动选取最后绘出的一个对象。

☑ 窗交(C)：该方式与上述“窗口”方式类似，区别在于：它不但选择矩形窗口内部的对象，也选中与矩形窗口边界相交的对象。选择的对象如图 3-3 所示。

☑ 框(BOX)：使用时，系统根据用户在屏幕上给出的两个对角点的位置而自动引用“窗口”或“窗交”选择方式。若从左向右指定对角点，为“窗口”方式；反之，为“窗交”方式。

☑ 全部(ALL)：选取图面上所有对象。

☑ 栏选(F)：临时绘制一些直线，这些直线不必构成封闭图形，凡是与这些直线相交的对象均被选中。执行结果如图 3-4 所示。

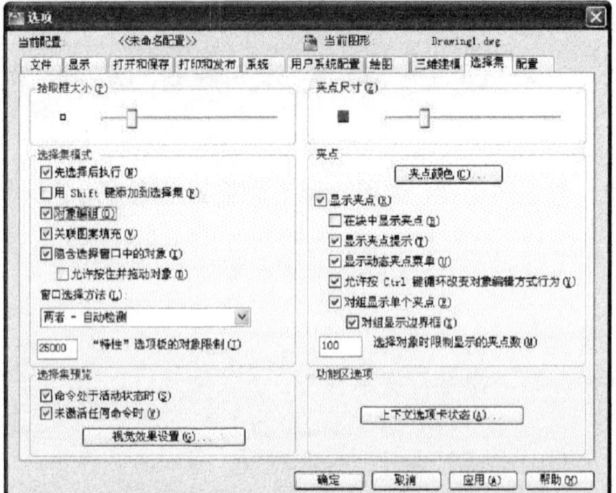


图 3-1 “选择集”选项卡

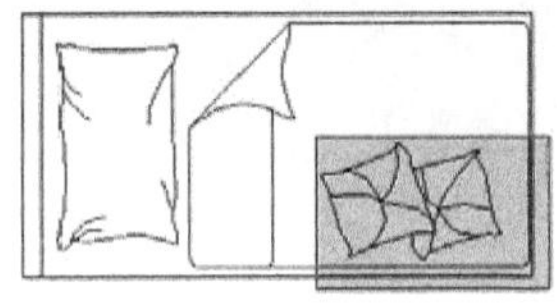

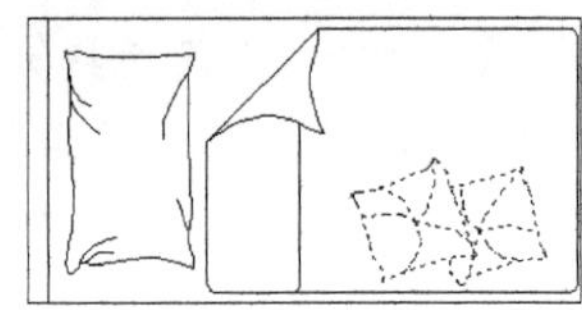

（a）图中深色覆盖部分为选择窗口　　（b）选择后的图形

图 3-2 “窗口”对象选择方式

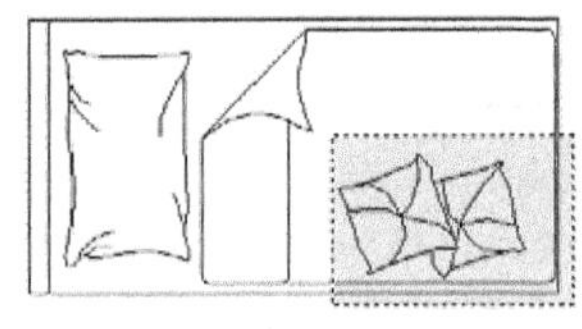

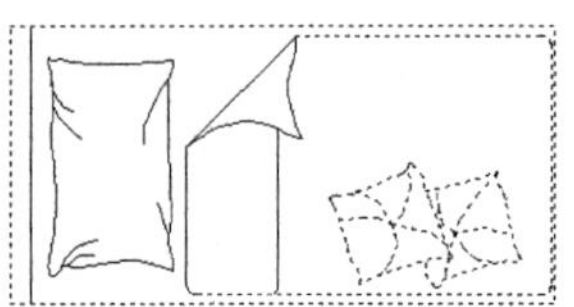

（a）图中深色覆盖部分为选择窗口　　（b）选择后的图形

图 3-3 “窗交”对象选择方式

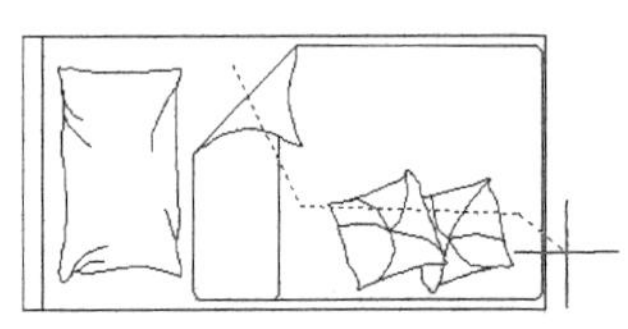

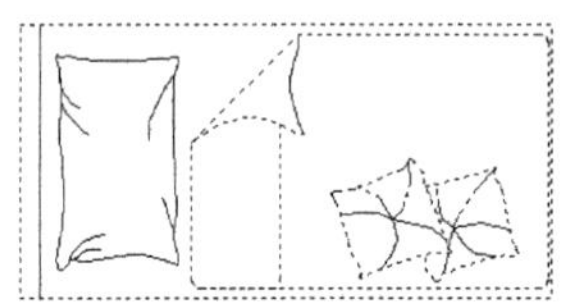

（a）图中虚线为选择栏　　（b）选择后的图形

图 3-4 “栏选”对象选择方式

- ☑ 圈围(WP)：使用一个不规则的多边形来选择对象。根据提示，用户顺次输入构成多边形所有顶点的坐标，直到最后用回车作出空回答结束操作，系统将自动连接第一个顶点与最后一个顶点形成封闭的多边形。凡是被多边形围住的对象均被选中（不包括边界）。执行结果如图 3-5 所示。
- ☑ 圈交(CP)：类似于“圈围”方式，在提示后输入“CP”，后续操作与 WP 方式相同。区别在于：与多边形边界相交的对象也被选中。
- ☑ 编组(G)：使用预先定义的对象组作为选择集。事先将若干个对象组成组，用组名引用。
- ☑ 添加(A)：添加下一个对象到选择集。也可用于从移走模式（Remove）到选择模式的切换。

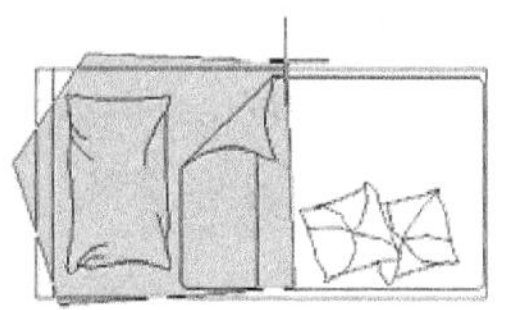

（a）图中十字线所拉出深色多边形为选择窗口

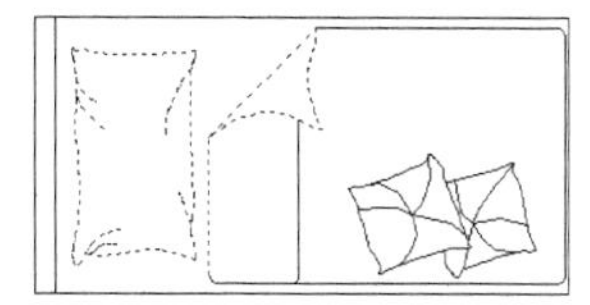

（b）选择后的图形

图 3-5　“圈围”对象选择方式

Note

☑ 删除(R)：按住 Shift 键选择对象可以从当前选择集中移走该对象。对象由高亮显示状态变为正常状态。

☑ 多个(M)：指定多个点，不高亮显示对象。这种方法可以加快在复杂图形上的对象选择过程。若两个对象交叉，指定交叉点两次则可以选中这两个对象。

☑ 上一个(P)：用关键字 P 回答“选择对象：”的提示，则把上次编辑命令最后一次构造的选择集或最后一次使用 SELECT（DDSELECT）命令预置的选择集作为当前选择集。这种方法适用于对同一选择集进行多种编辑操作。

☑ 放弃(U)：用于取消加入选择集的对象。

☑ 自动(AU)：选择结果视用户在屏幕上的选择操作而定。如果选中单个对象，则该对象即为自动选择的结果；如果选择点落在对象内部或外部的空白处，系统会提示：

```
指定对角点：
```

此时，系统会采取一种窗口的选择方式。对象被选中后，变为虚线形式，并高亮显示。

注意：若矩形框从左向右定义，即第一个选择的对角点为左侧的对角点，矩形框内部的对象被选中，框外部及与矩形框边界相交的对象不会被选中。若矩形框从右向左定义，矩形框内部及与矩形框边界相交的对象都会被选中。

☑ 单个(SI)：选择指定的第一个对象或对象集，而不继续提示进行进一步的选择。

## 3.1.2　快速选择对象

快速选择对象可以同时选中具有相同特征的多个对象，如选择具有相同颜色、线型或线宽的对象，并可以在对象特性管理器中建立和修改快速选择参数。

### 1. 执行方式

☑ 命令行：QSELECT。

☑ 菜单栏：“工具”→“快速选择”。

☑ 快捷菜单：快速选择（如图 3-6 所示）。

### 2. 操作步骤

```
命令：QSELECT↙
```

执行上述命令后，打开“快速选择”对话框，如图 3-7 所示。

### 3. 选项说明

在“快速选择”对话框中的选项介绍如下。

☑ “应用到”下拉列表框：确定范围，可以是整张图，也可以是当前的选择集。

☑ “对象类型”下拉列表框：指出要选择的对象类型。

☑ “特性”列表框：在该列表框中列出了作为过滤依据的对象特性。

Note

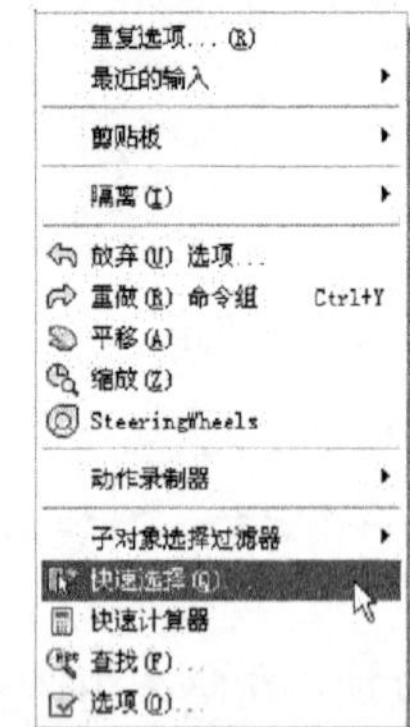
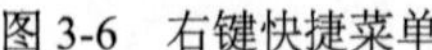

图 3-6　右键快捷菜单

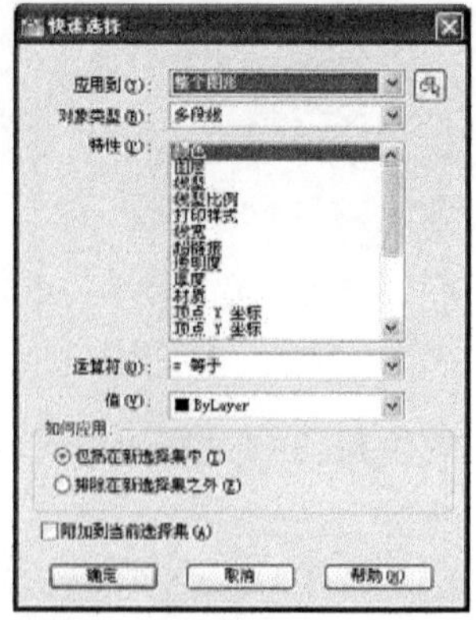

图 3-7　“快速选择”对话框

☑ “运算符”下拉列表框：用 4 种运算符来确定所选择特性与特性值之间的关系，有等于、大于、小于和不等于。
☑ “值”下拉列表框：根据所选特性指定特性的值，也可以从列表中选取。
☑ “如何应用”选项组：选择是“包括在新选择集中”还是“排除在新选择集之外”。
☑ “附加到当前选择集”复选框：该复选框是让用户多次运用不同的快速选择，从而产生累加选择集。

# 3.2　删除与恢复

## 3.2.1　“删除”命令

1. 执行方式

☑ 命令行：ERASE。
☑ 菜单栏：“修改”→“删除”，如图 3-8 所示。
☑ 工具栏：“修改”→“删除”，如图 3-9 所示。
☑ 快捷菜单：删除。

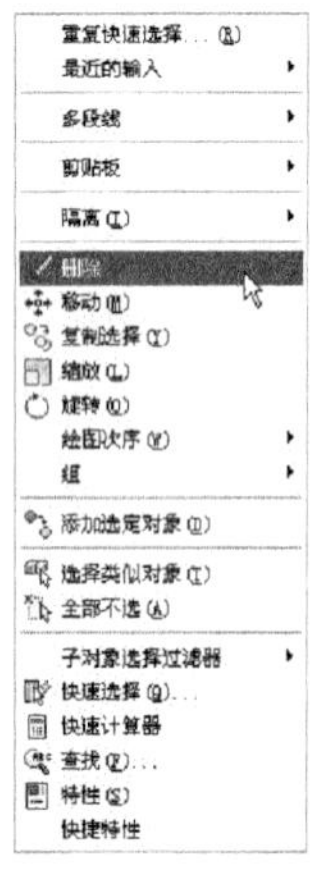

图 3-8　“修改”菜单

图 3-9　“修改”工具栏

2. 操作步骤

可以先选择对象，调用“删除”命令；也可以先调用“删除”命令，再选择对象。选择对象时可以使用前面介绍的各种选择对象的方法。

当选择多个对象时，多个对象都被删除；若选择的对象属于某个对象组，则该对象组的所有对象都被删除。

### 3.2.2 “恢复”命令

若不小心误删除了图形，可以使用“恢复”命令 OOPS 恢复误删除的对象。

1. 执行方式

☑ 命令行：OOPS 或 U。

☑ 工具栏：“标准”→“放弃”。

☑ 快捷键：Ctrl+Z。

2. 操作步骤

```
命令:OOPS↙
```

### 3.2.3 “清除”命令

“清除”命令与“删除”命令功能完全相同。

1. 执行方式

☑ 菜单栏：“编辑”→“清除”。

☑ 快捷键：Del。

2. 操作步骤

执行上述命令后，系统提示如下：

```
选择对象：(选择要清除的对象，按回车键执行“清除”命令)
```

## 3.3 调整对象位置

调整对象位置是指按照指定要求改变当前图形或图形中某部分的位置，主要包括移动、旋转和缩放命令。

### 3.3.1 移动

移动对象是将对象位置平移，而不改变对象的方向和大小。如果要精确地移动对象，需要配合使用捕捉、坐标、夹点和对象捕捉模式。

1. 执行方式

☑ 命令行：MOVE。

☑ 菜单栏：“修改”→“移动”。

☑ 工具栏：“修改”→“移动”。
☑ 快捷菜单：移动。

2. 操作步骤

```
命令：MOVE↙
选择对象：(选择对象)
指定基点或[位移(D)] <位移>：(指定基点或移至点)
指定第二个点或 <使用第一个点作为位移>：
```

3. 选项说明

（1）如果对“指定第二个点或<使用第一个点作为位移>：”提示不输入内容而回车，则第一次输入的值为相对坐标（@X,Y）。选择的对象从它当前的位置以第一次输入的坐标为位移量而移动。

（2）可以使用夹点进行移动。当对所操作的对象选取基点后，按空格键以切换到“移动”模式。

## 3.3.2 对齐

可以通过移动、旋转或倾斜一个对象来使该对象与另一个对象对齐。“对齐”命令既适用于三维对象，也适用于二维对象。

1. 执行方式

☑ 命令行：ALIGN。
☑ 菜单栏：“修改”→“三维操作”→“对齐”。

2. 操作步骤

```
命令：ALIGN↙
选择对象：(选择要对齐的对象)
指定第一个源点：
指定第一个目标点：
指定第二个源点：
指定第二个目标点：
指定第三个源点或 <继续>：
是否基于对齐点缩放对象？[是(Y)/否(N)] <否>：
```

## 3.3.3 实例——管道对齐

利用 ALIGN 命令中的窗口(W)选择框选择要对齐的对象去对齐管道段。绘制流程图如图 3-10 所示。

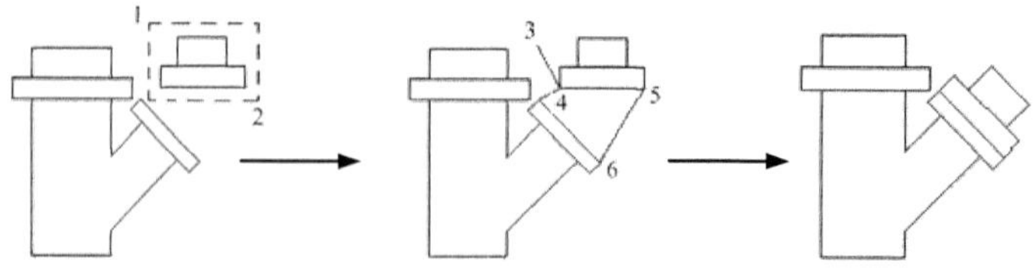


图 3-10 管道对齐

绘制步骤：（光盘\动画演示\第 3 章\管道对齐.avi）

（1）在命令行中输入“ALIGN”。

（2）用窗口(W)选择框选择要对齐的对象，如图 3-11（a）所示。

（3）指定第一个源点，如图 3-11（b）中所示的点 3。然后指定第一个目标点，如图 3-11（b）中所示的点 4。

（4）指定第二个源点，如图 3-11（b）中所示的点 5，然后指定第二个目标点，如图 3-11（b）中所示的点 6。按回车键，此时系统提示如下：

Note

```
是否基于对齐点缩放对象？[是(Y)/否(N)]<N>:
```

（5）输入“Y”并回车，即可缩放对象并使对齐点对齐，如图 3-11（c）所示。

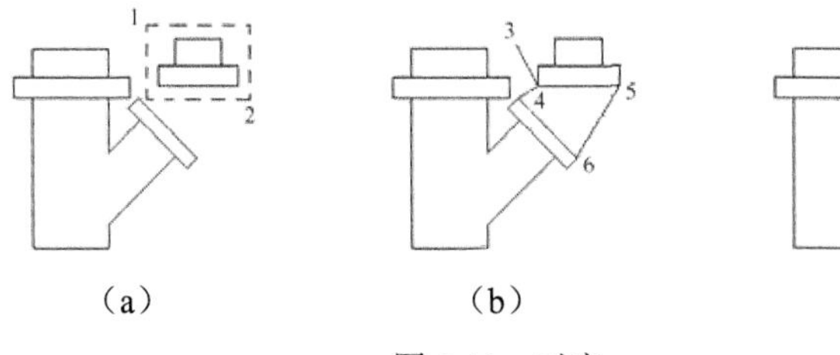


（a）　（b）　（c）

图 3-11　对齐

## 3.3.4　旋转

旋转是将所选对象绕指定点（即基点）旋转至指定的角度，以便调整对象的位置。

1. 执行方式

☑ 命令行：ROTATE。

☑ 菜单栏：“修改”→“旋转”。

☑ 工具栏：“修改”→“旋转”。

☑ 快捷菜单：旋转。

2. 操作步骤

```
命令：ROTATE↙
UCS 当前的正角方向：ANGDIR=逆时针  ANGBASE=0
选择对象：(选择要旋转的对象)
指定基点：(指定旋转的基点，在对象内部指定一个坐标点)
指定旋转角度或 [复制(C)/参照(R)] <0>：(指定旋转角度或其他选项)
```

3. 选项说明

☑ 复制(C)：选择该选项，旋转对象的同时保留原对象，如图 3-12 所示。

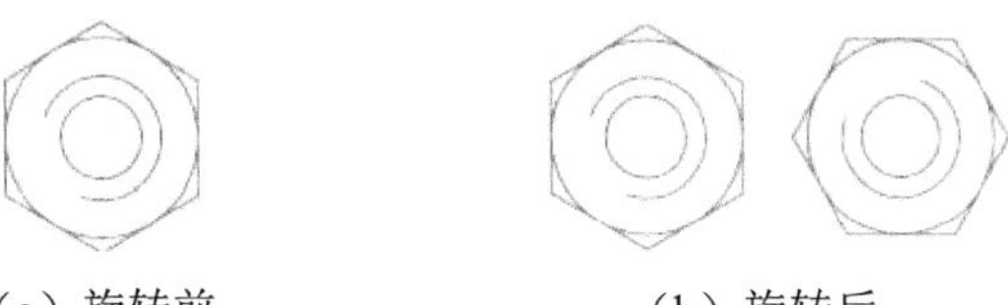

（a）旋转前　（b）旋转后

图 3-12　复制旋转

☑ 参照(R)：采用参考方式旋转对象时，系统提示如下：

```
指定参照角 <0>：(指定要参考的角度，默认值为 0)
指定新角度：(输入旋转后的角度值)
```

操作完毕后，对象被旋转至指定的角度位置。

注意：可以用拖动鼠标的方法旋转对象。选择对象并指定基点后，从基点到当前光标位置会出现一条连线，移动鼠标，选择的对象会动态地随着该连线与水平方向的夹角的变化而旋转，回车确认旋转操作，如图 3-13 所示。

Note

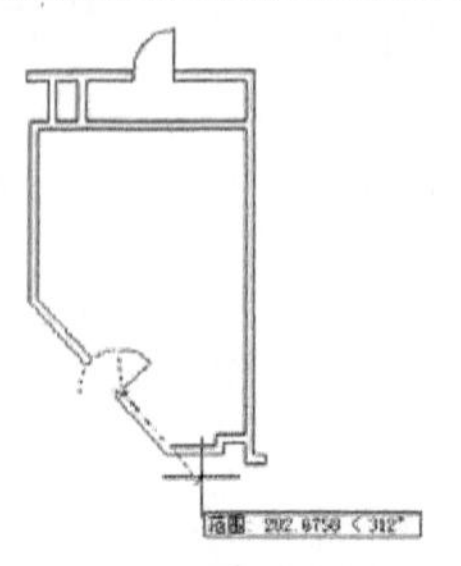

图 3-13　拖动鼠标旋转对象

# 3.4　利用一个对象生成多个对象

本节详细介绍 AutoCAD 2012 的复制类命令，利用这些编辑功能，可以方便地编辑绘制的图形。

## 3.4.1　复制

根据需要，可以将选择的对象复制一次，也可以复制多次（即多重复制）。在复制对象时，需要创建一个选择集并为复制对象指定一个起点和终点，这两点分别称为基点和第二个位移点，可位于图形内的任何位置。

1. 执行方式

☑ 命令行：COPY。
☑ 菜单栏："修改"→"复制"。
☑ 工具栏："修改"→"复制"。
☑ 快捷菜单：复制选择。

2. 操作步骤

```
命令：COPY↙
选择对象：(选择要复制的对象)
```

用前面介绍的对象选择方法选择一个或多个对象，回车结束选择操作，系统继续提示，具体如下：

```
指定基点或 [位移(D)/模式(O)] <位移>：(指定基点或位移)
```

3. 选项说明

☑ 位移(D)：直接输入位移值，表示以选择对象时的拾取点为基准，以拾取点坐标为移动方向纵横比，以移动指定位移后确定的点为基点。例如，选择对象时拾取点坐标为（2,3），输入位移为 5，则表示以（2,3）点为基准，沿纵横比为 3:2 的方向移动 5 个单位所确定的点为基点。
☑ 模式(O)：控制是否自动重复该命令。如图 3-14 所示为将水盆复制后形成的洗手间图形。

使用第一个点作为位移：将第一个点当作相对于 X、Y、Z 的位移。例如，如果指定基点为 2、3 并在下一个提示下按回车键，则该对象从它当前的位置开始在 X 方向上移动 2 个单位，在 Y 方向上移动 3 个单位。

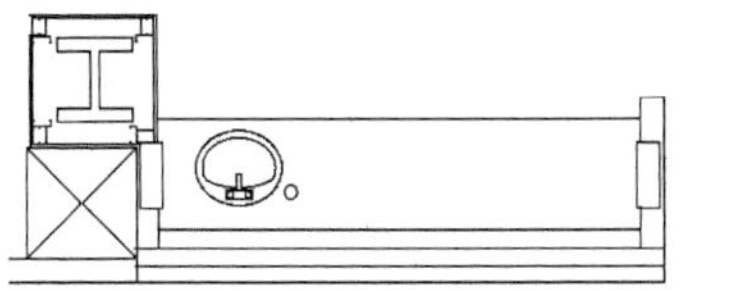

（a）初步图形

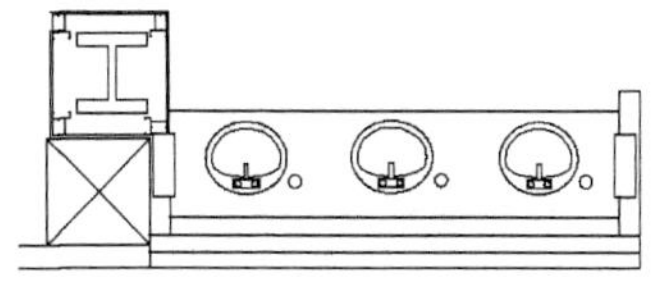

（b）复制结果

图 3-14　洗手间

Note

## 3.4.2　实例——办公桌（一）

本例利用“矩形”命令绘制一侧的桌柜，再利用“矩形”命令绘制桌面，最后利用“复制”命令创建另一侧的桌柜。绘制流程图如图 3-15 所示。

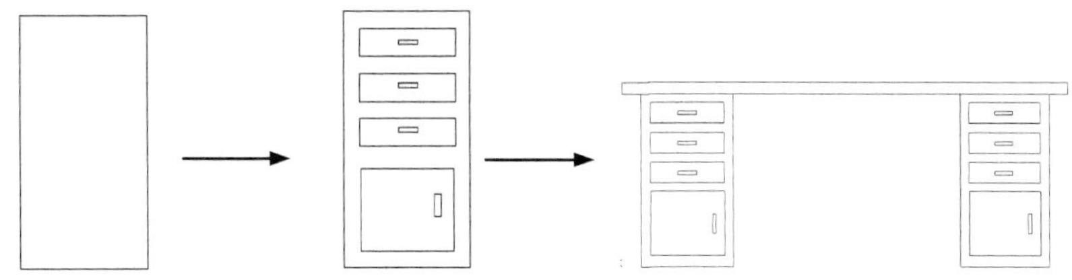

图 3-15　办公桌（一）

**绘制步骤：（光盘\动画演示\第 3 章\办公桌（一）.avi）**

（1）单击“绘图”工具栏中的“矩形”按钮□，在合适的位置绘制矩形，如图 3-16 所示。

（2）单击“绘图”工具栏中的“矩形”按钮□，在合适的位置绘制一系列的矩形，结果如图 3-17 所示。

（3）单击“绘图”工具栏中的“矩形”按钮□，在合适的位置绘制一系列的矩形，结果如图 3-18 所示。

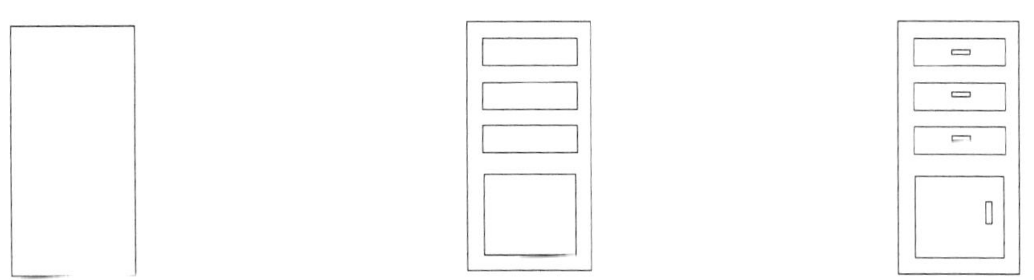

图 3-16　绘制矩形 1　　图 3-17　绘制矩形 2　　图 3-18　绘制矩形 3

（4）单击“绘图”工具栏中的“矩形”按钮□，在合适的位置绘制一矩形，结果如图 3-19 所示。

图 3-19　绘制矩形 4

（5）单击“修改”工具栏中的“复制”按钮，将办公桌左边的一系列矩形复制到右边，完成办公桌的绘制。命令行中的提示与操作如下：

```
命令: copy↙（或选择“修改”→“复制”命令，或者单击“修改”工具栏中的按钮，下同）
选择对象:（选取左边的一系列矩形）
选择对象:↙
当前设置: 复制模式 = 多个
指定基点或 [位移(D)/模式(O)] <位移>:
指定第二个点或 [阵列(A)] <使用第一个点作为位移>:（选取左边的一系列矩形任意指定一点）
指定第二个点或 [阵列(A)/退出(E)/放弃(U)] <退出>:（打开状态栏上的“正交”开关，在右侧适当位置选取一点）
```

结果如图 3-20 所示。

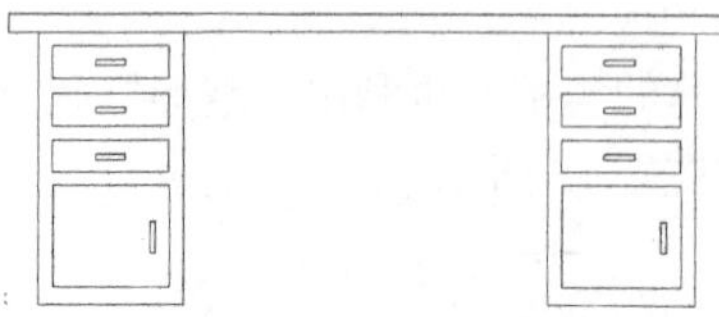

图 3-20　办公桌（一）

## 3.4.3　镜像

将指定的对象按给定的镜像线作反像复制，即镜像。镜像操作适用于对称图形，是一种常用的编辑方法。

1. 执行方式

☑　命令行：MIRROR。

☑　菜单栏：“修改”→“镜像”。

☑　工具栏：“修改”→“镜像”。

2. 操作步骤

```
命令：MIRROR↙
选择对象：（选择要镜像的对象）
指定镜像线的第一点：（指定镜像线的第一个点）
指定镜像线的第二点：（指定镜像线的第二个点）
要删除源对象吗？[是(Y)/否(N)] <N>:（确定是否删除源对象）
```

这两点确定一条镜像线，被选择的对象以该线为对称轴进行镜像。包含该线的镜像平面与用户坐标系统的 XY 平面垂直，即镜像操作工作在与用户坐标系统的 XY 平面平行的平面上。

## 3.4.4　实例——办公桌（二）

本例利用“矩形”命令绘制一侧的桌柜，再利用“矩形”命令绘制桌面，最后利用“镜像”命令创建另一侧的桌柜。绘制流程图如图 3-21 所示。

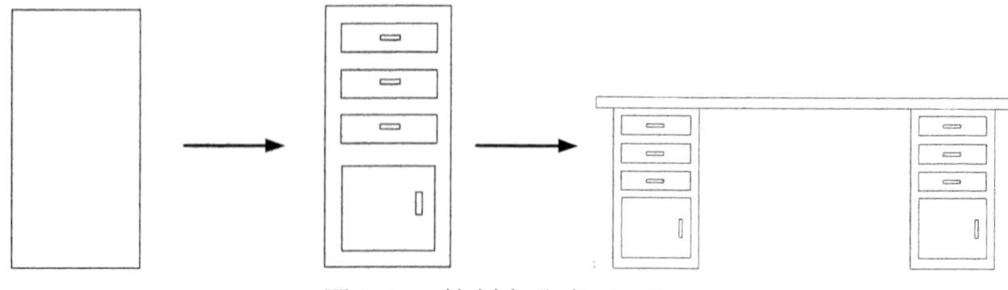

图 3-21　绘制办公桌（二）

Note

**绘制步骤：（光盘\动画演示\第 3 章\办公桌（二）.avi）**

（1）单击“绘图”工具栏中的“矩形”按钮▭，在合适的位置绘制矩形，如图 3-22 所示。

（2）单击“绘图”工具栏中的“矩形”按钮▭，在合适的位置绘制一系列的矩形，结果如图 3-23 所示。

（3）单击“绘图”工具栏中的“矩形”按钮▭，在合适的位置绘制一系列的矩形，结果如图 3-24 所示。

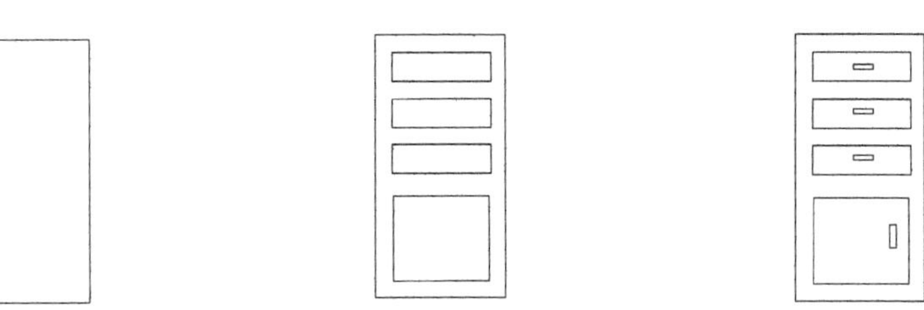

图 3-22 绘制矩形 1　　图 3-23 绘制矩形 2　　图 3-24 绘制矩形 3

（4）单击“绘图”工具栏中的“矩形”按钮▭，在合适的位置绘制一矩形，结果如图 3-25 所示。

（5）单击“修改”工具栏中的“镜像”按钮⚠，将左边的一系列矩形以桌面矩形的顶边中点和底边中点连线为轴镜像。命令行中的提示与操作如下：

```
选择对象：（选取左边的一系列矩形）↙
选择对象：↙
指定镜像线的第一点：选择桌面矩形的底边中点↙
指定镜像线的第二点：选择桌面矩形的顶边中点↙
要删除源对象吗？[是(Y)/否(N)] <N>： ↙
```

结果如图 3-26 所示。读者可以比较用“复制”命令和“镜像”命令绘制的办公桌，如图 3-15 和图 3-21 所示。

图 3-25 绘制矩形 4

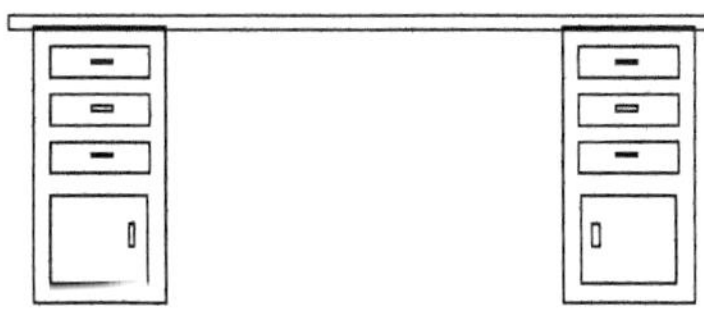

图 3-26 办公桌（二）

## 3.4.5 阵列

阵列是按环形或矩形排列形式复制对象或选择集。对于环形阵列，可以控制复制对象的数目和是否旋转对象。对于矩形阵列，可以控制行和列的数目以及间距。图 3-27 分别是矩形阵列和环形阵列的示例。

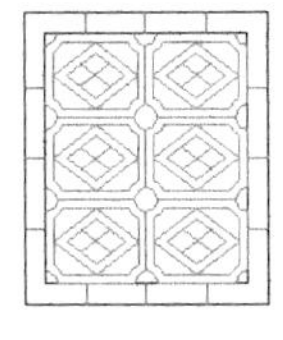

（a）矩形阵列

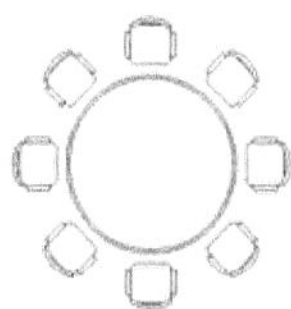

（b）环形阵列

图 3-27 阵列

Note

1. 执行方式

☑ 命令行：ARRAY。

☑ 菜单栏："修改"→"阵列"。

☑ 工具栏："修改"→"矩形阵列"（或"环形阵列"或"路径阵列"）。

2. 操作步骤

```
命令：ARRAY↙
选择对象：（使用对象选择方法）
输入阵列类型[矩形(R)/路径(PA)/极轴(PO)]<矩形>:PA↙
类型=路径 关联=是
选择路径曲线：（使用一种对象选择方法）
输入沿路径的项数或 [方向(O)/表达式(E)] <方向>：（指定项目数或输入选项）
指定基点或 [关键点(K)] <路径曲线的终点>：（指定基点或输入选项）
指定与路径一致的方向或 [两点(2P)/法线(N)] <当前>：（按回车键或选择选项）
指定沿路径的项目间的距离或 [定数等分(D)/全部(T)/表达式(E)] <沿路径平均定数等分(D)>：（指定距离或输入选项）
按 Enter 键接受或 [关联(AS)/基点(B)/项目(I)/行数(R)/层级(L)/对齐项目(A)/Z 方向(Z)/退出(X)] <退出>：按回车键或选择选项
```

3. 选项说明

☑ 方向(O)：控制选定对象是否将相对于路径的起始方向重定向（旋转），然后再移动到路径的起点。

☑ 表达式(E)：使用数学公式或方程式获取值。

☑ 基点(B)：指定阵列的基点。

☑ 关键点(K)：对于关联阵列，在源对象上指定有效的约束点（或关键点）以用作基点。如果编辑生成阵列的源对象，则阵列的基点保持与源对象的关键点重合。

☑ 定数等分(D)：沿整个路径长度的平均定数等分项目。

☑ 全部(T)：指定第一个和最后一个项目之间的总距离。

☑ 关联(AS)：指定是否在阵列中创建项目作为关联阵列对象，或作为独立对象。

☑ 项目(I)：编辑阵列中的项目数。

☑ 行数(R)：指定阵列中的行数和行间距，以及它们之间的增量标高。

☑ 层级(L)：指定阵列中的层数和层间距。

☑ 对齐项目(A)：指定是否对齐每个项目以与路径的方向相切。对齐相对于第一个项目的方向（Z 方向(Z)选项）。

☑ Z 方向(Z)：控制是否保持项目的原始 Z 方向或沿三维路径自然倾斜项目。

☑ 退出(X)：退出命令。

## 3.4.6 实例——餐桌

本例利用"直线"、"圆弧"命令绘制椅子，再利用"圆"命令绘制餐桌，最后利用"环形阵列"命令创建其余椅子。绘制流程图如图 3-28 所示。

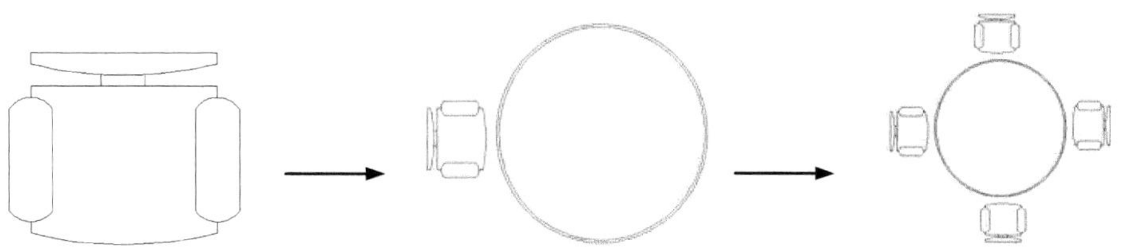

图 3-28　绘制餐桌

绘制步骤：（**光盘\动画演示\第 3 章\餐桌.avi**）

（1）设置绘图环境。选择菜单栏中的“格式”→“图形界限”命令，设置图幅为 297mm×210mm。

（2）绘制椅子。单击“绘图”工具栏中的“直线”按钮，绘制直线，结果如图 3-29 所示。

单击“修改”工具栏中的“复制”按钮，复制直线。命令行中的提示与操作如下：

```
命令：COPY↙选择对象：（选择左边短竖线）
找到 1 个
选择对象：↙
当前设置： 复制模式 = 多个
指定基点或 [位移(D)/模式(O)] <位移>：（捕捉横线段左端点）
指定第二个点或 [阵列(A)] <使用第一个点作为位移>：（捕捉横线段右端点）
```

结果如图 3-30 所示。

（3）单击“绘图”工具栏中的“直线”按钮和“圆弧”按钮，绘制靠背，结果如图 3-31 所示。

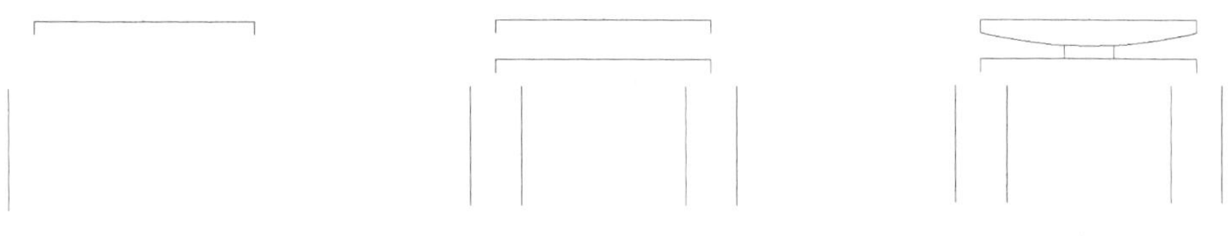

图 3-29　绘制直线　　图 3-30　复制直线　　图 3-31　绘制靠背

（4）单击“绘图”工具栏中的“直线”按钮和“圆弧”按钮，绘制扶手，结果如图 3-32 所示。

（5）细化图形。完成椅子轮廓的绘制，结果如图 3-33 所示。

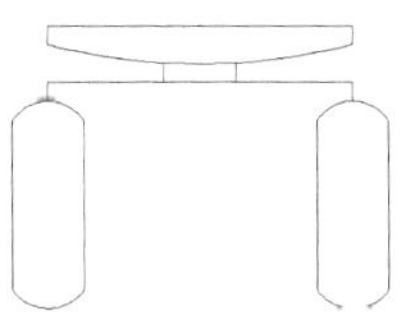

图 3-32　绘制扶手

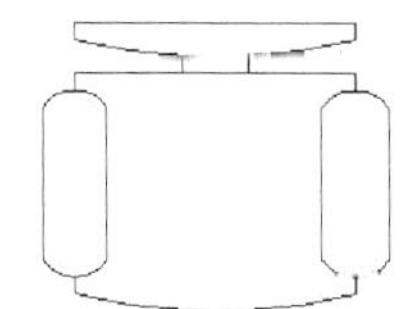

图 3-33　细化图形

（6）单击“绘图”工具栏中的“圆”按钮和单击“修改”工具栏中的“偏移”按钮，绘制两个同心圆，结果如图 3-34 所示。

（7）单击“修改”工具栏中的“旋转”按钮，旋转椅子，完成桌椅的布置。命令行中的提示与操作如下：

```
命令：rotate↙
UCS 当前的正角方向：ANGDIR=逆时针  ANGBASE=0
选择对象：(框选椅子)
指定对角点：
找到 21 个
选择对象：↙
```

```
指定基点:(指定椅背中心点)
指定旋转角度或 [参照(R)]: 90↙
```

单击“修改”工具栏中的“移动”按钮✥，将椅子移动到合适的位置，结果如图3-35所示。

Note

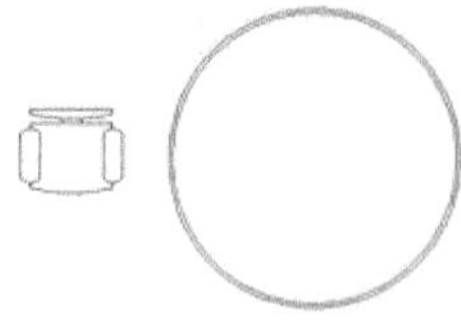
图3-34　绘制桌子

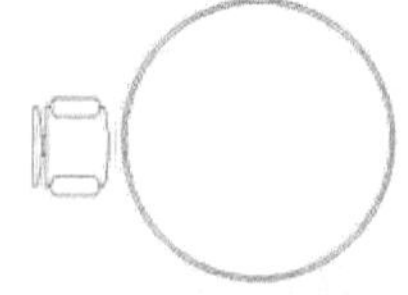
图3-35　布置桌椅

（8）单击“修改”工具栏中的“环形阵列”按钮，命令行中的提示与操作如下：

```
命令: _arraypolar
选择对象:(框选椅子图形)
选择对象: ↙
类型 = 极轴  关联 = 是
指定阵列的中心点或 [基点(B)/旋转轴(A)]: (选择桌面圆心)
输入项目数或 [项目间角度(A)/表达式(E)] <4>:4
指定填充角度(+=逆时针、-=顺时针)或 [表达式(EX)] <360>:360
按 Enter 键接受或 [关联(AS)/基点(B)/项目(I)/项目间角度(A)/填充角度(F)/行(ROW)/层(L)/旋转项目(ROT)/退出(X)] ↙
```

（9）选择菜单栏中的“文件”→“另存为”命令，将图形命名并保存。命令行中的提示与操作如下：

```
命令: saveas↙  (将绘制完成的图形以“会议室桌椅.dwg”为文件名保存在指定的路径中)
```

## 3.4.7　偏移

偏移是根据确定的距离和方向，在不同的位置创建一个与选择的对象相似的新对象。可以偏移的对象包括直线、圆弧、圆、二维多段线、椭圆、椭圆弧、参照线、射线和平面样条曲线等。

1. 执行方式

☑ 命令行：OFFSET。
☑ 菜单栏：“修改”→“偏移”。
☑ 工具栏：“修改”→“偏移”。

2. 操作步骤

```
命令: OFFSET↙
当前设置: 删除源=否  图层=源  OFFSETGAPTYPE=0
指定偏移距离或 [通过(T)/删除(E)/图层(L)] <通过>: (指定距离值)
选择要偏移的对象，或 [退出(E)/放弃(U)] <退出>:(选择要偏移的对象，回车结束操作)
指定要偏移的那一侧上的点，或 [退出(E)/多个(M)/放弃(U)] <退出>:(指定偏移方向)
```

3. 选项说明

☑ 指定偏移距离：输入一个距离值，或回车使用当前的距离值，系统把该距离值作为偏移距离，如图3-36所示。
☑ 通过(T)：指定偏移的通过点，选择该选项后会出现如下提示：

```
选择要偏移的对象，或 [退出(E)/放弃(U)] < 退出>:(选择要偏移的对象，回车结束操作)
指定通过点或 [退出(E)/多个(M)/放弃(U)] < 退出>:(指定偏移对象的一个通过点)
```

操作完毕后系统根据指定的通过点绘出偏移对象，如图 3-37 所示。

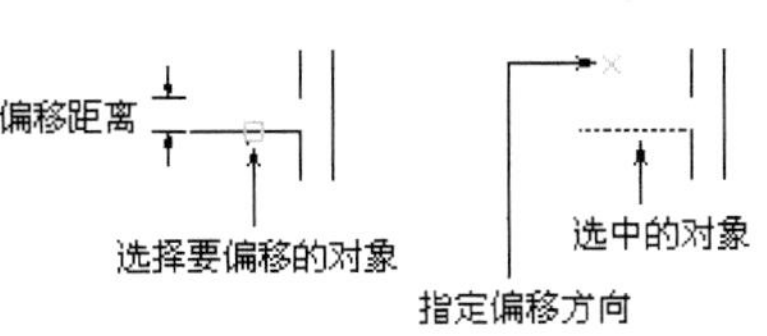


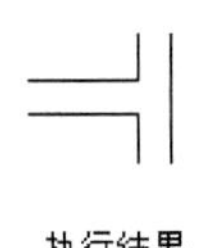


图 3-36　指定距离偏移对象

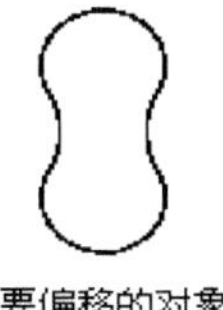


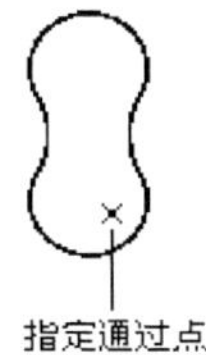

图 3-37　指定通过点偏移对象

## 3.4.8　实例——门

本实例利用“矩形”命令绘制外框，利用“偏移”命令创建内框，再利用“直线”、“偏移”、“矩形”命令绘制窗口。绘制流程图如图 3-38 所示。

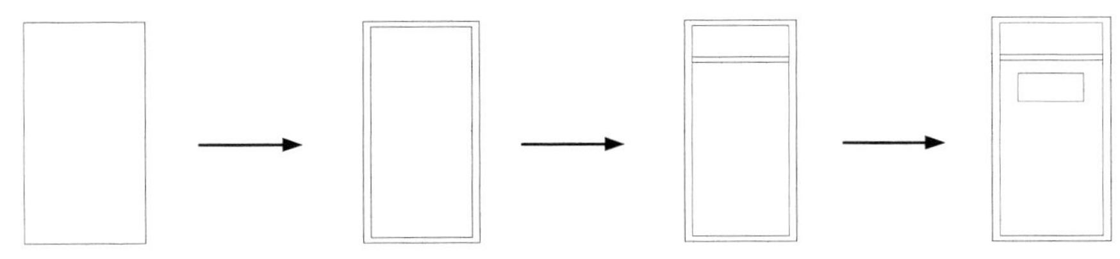

图 3-38　绘制门

绘制步骤：（**光盘\动画演示\第 3 章\门.avi**）

（1）将图形界面缩放至适当大小。

（2）单击“绘图”工具栏中的“矩形”按钮□，绘制矩形。命令行中的提示与操作如下：

```
命令：_rectang
指定第一个角点或 [倒角(C)/标高(E)/圆角(F)/厚度(T)/宽度(W)]: 0,0↙
指定另一个角点或 [面积(A)/尺寸(D)/旋转(R)]:@900,2400↙
```

绘制结果如图 3-39 所示。

（3）单击“修改”工具栏中的“偏移”按钮，将步骤（2）绘制的矩形向内偏移。命令行中的提示与操作如下：

```
命令：_offset
当前设置：删除源=否　图层=源　OFFSETGAPTYPE=0
指定偏移距离或 [通过(T)/删除(E)/图层(L)] <通过>: 60↙
选择要偏移的对象，或 [退出(E)/放弃(U)] <退出>:（选择上述矩形）
指定要偏移的那一侧上的点，或 [退出(E)/多个(M)/放弃(U)] <退出>:（选择矩形内侧）
选择要偏移的对象，或 [退出(E)/放弃(U)] <退出>:
```

绘制结果如图 3-40 所示。

（4）单击“绘图”工具栏中的“直线”按钮，绘制直线。命令行中的提示与操作如下：

```
命令：_line
指定第一点：60,2000↙
指定下一点或 [放弃(U)]: @780,0↙
指定下一点或 [放弃(U)]: ↙
```

绘制结果如图 3-41 所示。

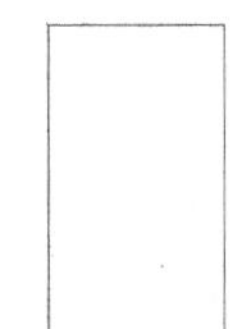
图 3-39　绘制矩形

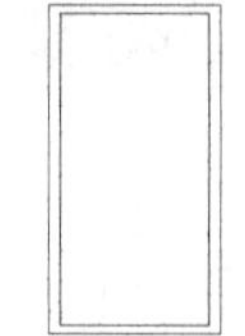
图 3-40　偏移操作

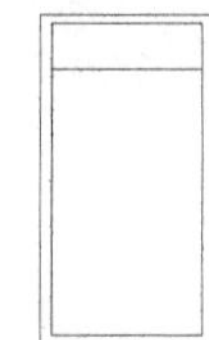
图 3-41　绘制直线

Note

（5）单击“修改”工具栏中的“偏移”按钮，将步骤（4）绘制的直线向下偏移。命令行中的提示与操作如下：

```
命令：_offset
指定偏移距离或 [通过(T)/删除(E)/图层(L)] <通过>:60↙
选择要偏移的对象，或 [退出(E)/放弃(U)] <退出>:（选择上述绘制的直线）
指定要偏移的那一侧上的点，或 [退出(E)/多个(M)/放弃(U)] <退出>:（选择直线下方）
选择要偏移的对象，或 [退出(E)/放弃(U)] <退出>: ↙
```

绘制结果如图 3-42 所示。

（6）单击“绘图”工具栏中的“矩形”按钮，绘制矩形。命令行中的提示与操作如下：

```
命令：_rectang
指定第一个角点或 [倒角(C)/标高(E)/圆角(F)/厚度(T)/宽度(W)]: 200,1500↙
指定另一个角点或 [面积(A)/尺寸(D)/旋转(R)]: 700,1800↙
```

绘制结果如图 3-43 所示。

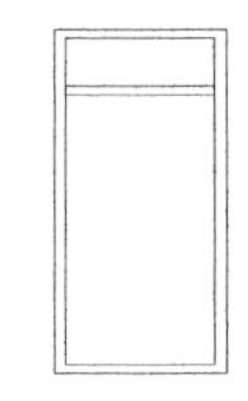
图 3-42　偏移操作

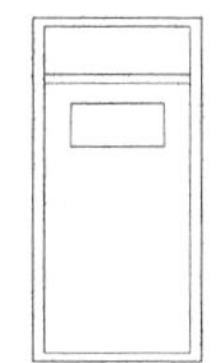
图 3-43　门

# 3.5　调整对象尺寸

调整对象尺寸是在对指定对象进行编辑后，使编辑对象的几何尺寸发生改变，包括修剪、延伸、拉伸、拉长、打断等命令。

## 3.5.1　缩放

缩放是使对象整体放大或缩小，通过指定一个基点和比例因子来缩放对象。

1. 执行方式

☑　命令行：SCALE。
☑　菜单栏：“修改”→“缩放”。
☑　工具栏：“修改”→“缩放”。
☑　快捷菜单：缩放。

2. 操作步骤

```
命令：SCALE↙
选择对象：（选择要缩放的对象）
```

```
指定基点：(指定缩放操作的基点)
指定比例因子或 [复制(C)/参照(R)] <1.0000>:
```

3. 选项说明

（1）采用参考方式缩放对象时，系统提示如下：

```
指定参照长度 <1.0000>:(指定参考长度值)
指定新长度或[点(P)]<1.0000>:(指定新长度值)
```

若新长度值大于参考长度值，则放大对象；否则缩小对象。操作完毕后，系统以指定的点为基点、按指定的比例因子缩放对象。如果选择“点(p)”选项，则指定两点来定义新的长度。

（2）可以用拖动鼠标的方法缩放对象。选择对象并指定基点后，从基点到当前光标位置会出现一条连线，线段的长度即为比例大小。移动鼠标，选择的对象会动态地随着连线长度的变化而缩放，回车会确认缩放操作。

（3）选择“复制(C)”选项时，可以复制缩放对象，即缩放对象时保留原对象，如图 3-44 所示。

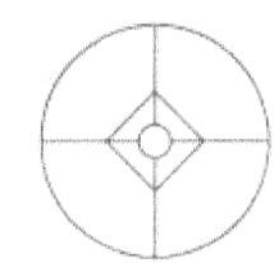

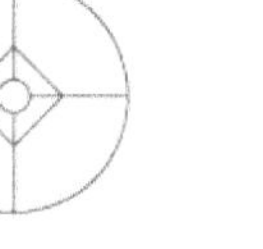

（a）缩放前

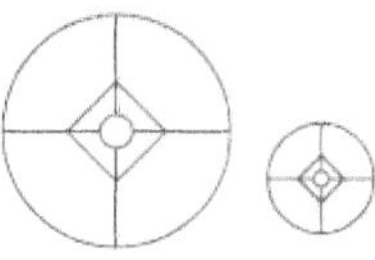

（b）缩放后

图 3-44　复制缩放

## 3.5.2　修剪

用指定的边界（由一个或多个对象定义的剪切边）修剪指定的对象。剪切边可以是直线、圆弧、圆、多段线、椭圆、样条曲线、构造线、射线和图纸空间中的视口。

1. 执行方式

☑ 命令行：TRIM。

☑ 菜单栏：“修改”→“修剪”。

☑ 工具栏：“修改”→“修剪” 。

2. 操作步骤

```
命令：TRIM↙
当前设置：投影=UCS，边=无
选择剪切边...
选择对象或 <全部选择>:(选择用作修剪边界的对象)
选择要修剪的对象，或按住 Shift 键选择要延伸的对象，或[栏选(F)/窗交(C)/投影(P)/边(E)/删除(R)/放弃(U)]:
```

3. 选项说明

（1）在选择对象时，如果按住 Shift 键，系统就自动将“修剪”命令转换成“延伸”命令，“延伸”命令将在 3.5.4 小节介绍。

（2）选择“边(E)”选项时，可以选择对象的修剪方式。

☑ 延伸(E)：延伸边界进行修剪，在此方式下，如果剪切边没有与要修剪的对象相交，系统会延伸剪切边直至与对象相交，然后再修剪，如图 3-45 所示。

☑ 不延伸(N)：不延伸边界修剪对象，只修剪与剪切边相交的对象。

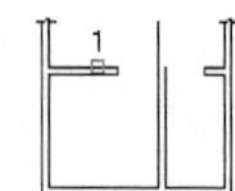

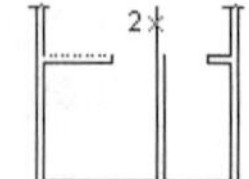

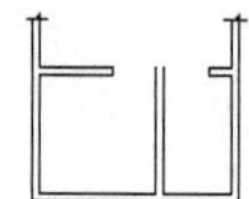

（a）选择剪切边　（b）选择要修剪的对象　（c）修剪后的结果

图 3-45　延伸方式修剪对象

Note

（3）选择“栏选(F)”选项时，系统以栏选的方式选择被修剪对象，如图 3-46 所示。

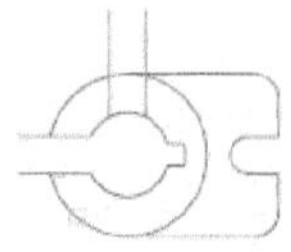
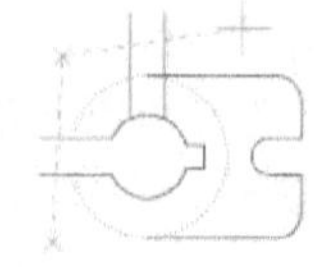
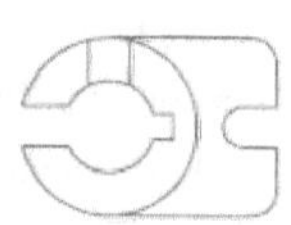

（a）选择剪切边　（b）选择要修剪的对象　（c）修剪后的结果

图 3-46　栏选方式修剪对象

（4）选择“窗交(C)”选项时，系统以窗交方式选择被修剪对象，如图 3-47 所示。

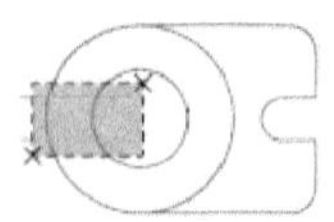
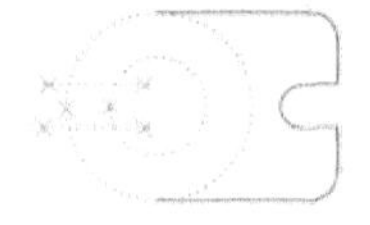
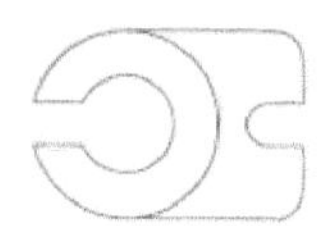

（a）选择剪切边　（b）选择要修剪的对象　（c）修剪后的结果

图 3-47　窗交方式修剪对象

（5）被选择的对象可以互为边界和被修剪对象，此时系统会在选择的对象中自动判断边界。

## 3.5.3　实例——落地灯

绘制如图 3-48 所示的落地灯。

本例利用“矩形”、“镜像”、“圆弧”命令绘制灯架，再利用“圆弧”、“直线”、“剪切”等命令绘制连接处，最后利用“样条曲线”、“直线”、“圆弧”命令创建灯罩。绘制流程图如图 3-48 所示。

图 3-48　绘制落地灯

**绘制步骤：（光盘\动画演示\第 3 章\落地灯.avi）**

（1）单击“绘图”工具栏中的“矩形”按钮▭，绘制轮廓线。单击“修改”工具栏中的“镜像”按钮⚠，使轮廓线左右对称，如图 3-49 所示。

（2）单击“绘图”工具栏中的“圆弧”按钮⌒和单击“修改”工具栏中的“偏移”按钮⊆，绘制两条圆弧，端点分别捕捉到矩形的角点，其中绘制的下面的圆弧中间一点捕捉到中间矩形上边的中点，如图 3-50 所示。

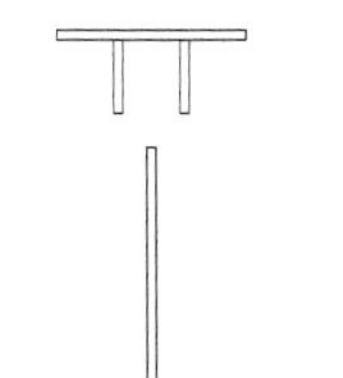

图 3-49 绘制矩形

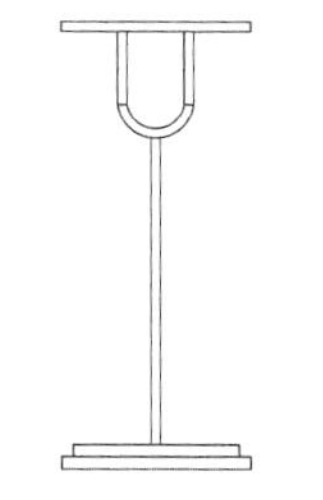

图 3-50 绘制圆弧

Note

（3）单击“绘图”工具栏中的“直线”按钮和“圆弧”按钮，绘制灯柱上的结合点，如图 3-51 所示的轮廓线。

（4）单击“修改”工具栏中的“修剪”按钮，修剪多余图线。命令行中的提示与操作如下：

```
命令：_trim↙
当前设置:投影=UCS，边=延伸
选择修剪边...
选择对象或<全部选择>：（选择修剪边界对象，如图 3-51 所示）↙
选择对象：（选择修剪边界对象）↙
选择对象：↙
选择要修剪的对象，或按住 Shift 键选择要延伸的对象，或 [投影(P)/边(E)/放弃(U)]：（选择修剪对象，如图 3-51 所示）↙
```

修剪结果如图 3-52 所示。

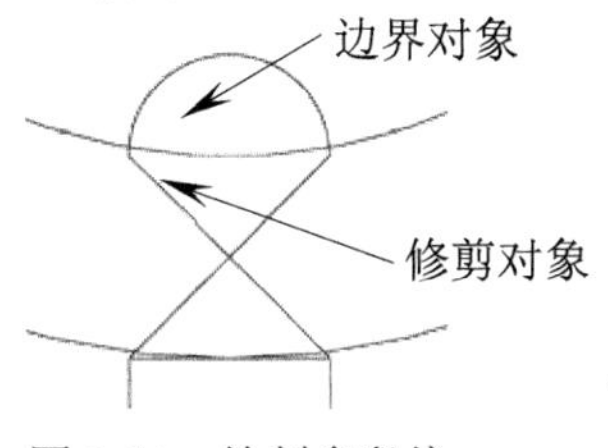


图 3-51 绘制多段线

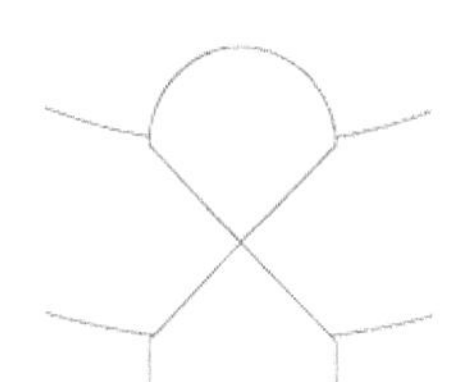

图 3-52 修剪图形

（5）单击“绘图”工具栏中的“样条曲线”按钮和单击“修改”工具栏中的“镜像”按钮，绘制灯罩轮廓线，如图 3-53 所示。

（6）单击“绘图”工具栏中的“直线”按钮，补齐灯罩轮廓线，直线端点捕捉对应样条曲线端点，如图 3-54 所示。

（7）单击“绘图”工具栏中的“圆弧”按钮，绘制灯罩顶端的突起，如图 3-55 所示。

（8）单击“绘图”工具栏中的“样条曲线”按钮，绘制灯罩上的装饰线，最终结果如图 3-56 所示。

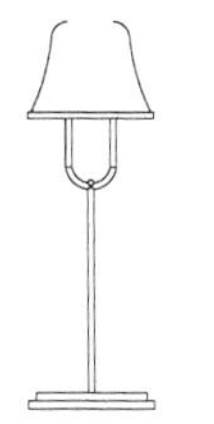

图 3-53 绘制样条曲线

图 3-54 绘制直线

图 3-55 绘制圆弧

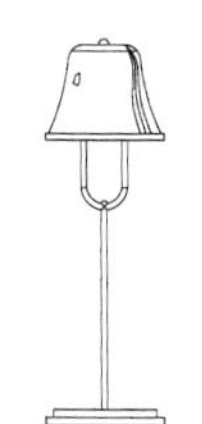

图 3-56 灯具

Note

### 3.5.4 延伸

延伸是将对象延伸至另一个对象的边界线（或隐含边界线）。

1. 执行方式

☑ 命令行：EXTEND。

☑ 菜单栏："修改"→"延伸"。

☑ 工具栏："修改"→"延伸"。

2. 操作步骤

```
命令：EXTEND↙
当前设置:投影=UCS，边=无
选择边界的边...
选择对象或 <全部选择>:（选择边界对象，若直接回车，则选择所有对象作为可能的边界对象）
选择要延伸的对象，或按住 Shift 键选择要修剪的对象，或[栏选(F)/窗交(C)/投影(P)/边(E)/放弃(U)]:
```

3. 选项说明

（1）如果要延伸的对象是适配样条多段线，则延伸后会在多段线的控制框上增加新节点。如果要延伸的对象是锥形的多段线，AutoCAD 2012 会修正延伸端的宽度，使多段线从起始端平滑地延伸至新的终止端。如果延伸操作导致终止端的宽度可能为负值，则取宽度值为 0，如图 3-57 所示。

（a）选择边界对象

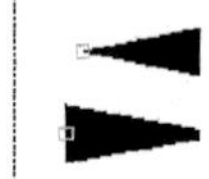

（b）选择要延伸的多义线

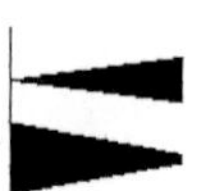

（c）延伸后的结果

图 3-57 延伸对象

（2）切点也可以作为延伸边界。

（3）选择对象时，如果按住 Shift 键，系统就自动将"延伸"命令转换成"修剪"命令。

### 3.5.5 实例——车轮

利用"延伸"命令将轮辐直线延伸到一个车轮的边界。绘制流程图如图 3-58 所示。

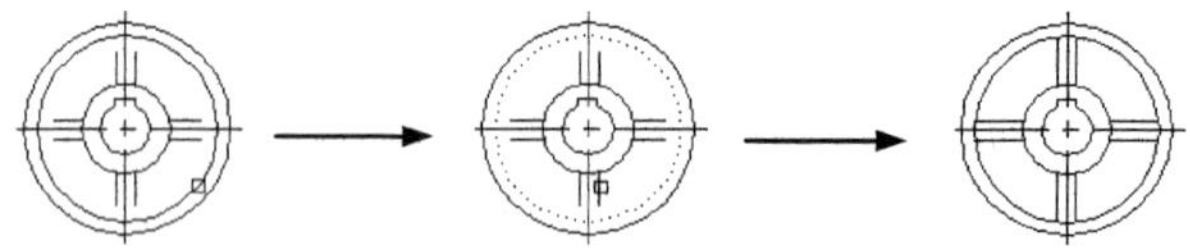

图 3-58 绘制车轮

绘制步骤：（**光盘\动画演示\第 3 章\车轮.avi**）

单击"修改"工具栏中的"延伸"按钮，命令行中的提示与操作如下：

```
命令：_extend↙
当前设置:投影=UCS，边=无
选择边界的边...
选择对象或 <全部选择>：（选择小圆作为延伸边界对象，如图 3-59（a）所示）找到 1 个↙
```

```
选择对象:
选择要延伸的对象，或按住 Shift 键选择要修剪的对象，或
[栏选(F)/窗交(C)/投影(P)/边(E)/放弃(U)]: {选择要延伸的对象（8 条直线），如图 3-59（b）所示}
选择要延伸的对象，或按住 Shift 键选择要修剪的对象，或
[栏选(F)/窗交(C)/投影(P)/边(E)/放弃(U)]: ↙
```

延伸结果如图 3-59（c）所示。

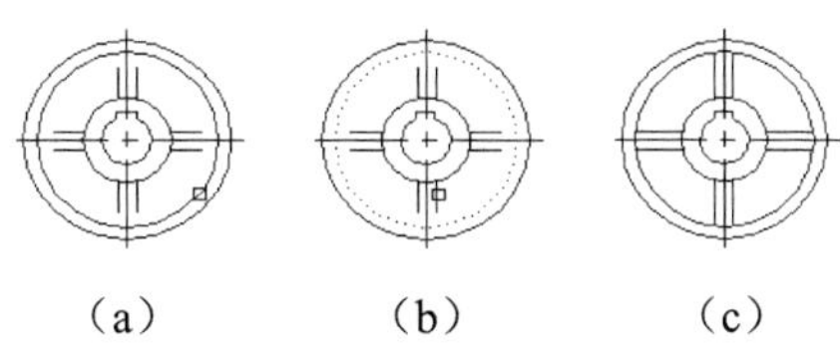

（a）　（b）　（c）

图 3-59　延伸对象

## 3.5.6　拉伸

拉伸是指拖拉选择的对象，使对象的形状发生改变。要拉伸对象，首先要用交叉窗口或交叉多边形选择要拉伸的对象，然后指定拉伸的基点和位移量。

1. 执行方式

☑ 命令行：STRETCH。
☑ 菜单栏："修改"→"拉伸"。
☑ 工具栏："修改"→"拉伸"。

2. 操作步骤

```
命令: STRETCH↙
以 C 交叉窗口或 CP 交叉多边形选择要拉伸的对象...
选择对象: C↙
指定第一个角点: 指定对角点: 找到 2 个（采用交叉窗口的方式选择要拉伸的对象）
指定基点或 [位移(D)] <位移>:（指定拉伸的基点）
指定第二个点或 <使用第一个点作为位移>:（指定拉伸的移至点）
```

此时，若指定第二个点，系统将根据这两点决定矢量拉伸对象。若直接回车，系统会把第一个点作为 X 轴和 Y 轴的分量值。拉伸（STRETCH）移动完全包含在交叉窗口内的顶点和端点。部分包含在交叉窗口内的对象将被拉伸。

## 3.5.7　拉长

非闭合的直线、圆弧、多段线、椭圆弧和样条曲线的长度可以通过拉长改变，也可以改变圆弧的角度。

1. 执行方式

☑ 命令行：LENGTHEN。
☑ 菜单栏："修改"→"拉长"。

2. 操作步骤

```
命令: LENGTHEN↙
选择对象或 [增量(DE)/百分数(P)/全部(T)/动态(DY)]:（选定对象）
```

Note

```
当前长度：30.5001（给出选定对象的长度，如果选择圆弧，则还将给出圆弧的包含角）
选择对象或 [增量(DE)/百分数(P)/全部(T)/动态(DY)]：DE↙（选择拉长或缩短的方式，如选择“增量(DE)”方式）
输入长度增量或 [角度(A)] <0.0000>：10↙（输入长度增量数值。如果选择圆弧段，则可输入“A”给定角度增量）
选择要修改的对象或 [放弃(U)]：（选定要修改的对象，进行拉长操作）
选择要修改的对象或 [放弃(U)]：（继续选择，回车结束命令）
```

3. 选项说明

☑ 增量(DE)：用来指定一个增加的长度或角度。

☑ 百分数(P)：按对象总长的百分比来改变对象的长度。

☑ 全部(T)：指定对象总的绝对长度或包含的角度。

☑ 动态(DY)：用拖动鼠标的方法来动态地改变对象的长度。

## 3.5.8 打断

打断是通过指定点删除对象的一部分或将对象分段。

1. 执行方式

☑ 命令行：BREAK。

☑ 菜单栏：“修改”→“打断”。

☑ 工具栏：“修改”→“打断”。

2. 操作步骤

```
命令：BREAK↙
选择对象：（选择要打断的对象）
指定第二个打断点或 [第一点(F)]：（指定第二个断开点或输入“F”）
```

3. 选项说明

（1）如果选择“第一点(F)”，AutoCAD 2012将丢弃前面的第一个选择点，重新提示用户指定两个断开点。

（2）打断对象时，需要确定两个断点。可以将选择对象处作为第一个断点，然后指定第二个断点；还可以先选择整个对象，然后指定两个断点。

（3）如果仅想将对象在某点打断，则可直接应用“修改”工具栏中的“打断于点”按钮。

（4）“打断”命令主要用于删除断点之间的对象，因为某些删除操作是不能由ERASE和TRIM命令完成的。例如，圆的中心线和对称中心线过长时可利用打断操作进行删除。

## 3.5.9 分解

1. 执行方式

☑ 命令行：EXPLODE。

☑ 菜单栏：“修改”→“分解”。

☑ 工具栏：“修改”→“分解”。

2. 操作步骤

```
命令: EXPLODE↙
选择对象:(选择要分解的对象)
```

选择一个对象后，该对象会被分解。系统将继续提示该行信息，允许分解多个对象。

该命令可以对块、二维多段线、宽多段线、三维多段线、复合线、多文本、区域等进行分解。选择的对象不同，分解的结果就不同。

## 3.5.10 合并

合并功能可以将直线、圆、椭圆弧和样条曲线等独立的线段合并为一个对象，如图 3-60 所示。

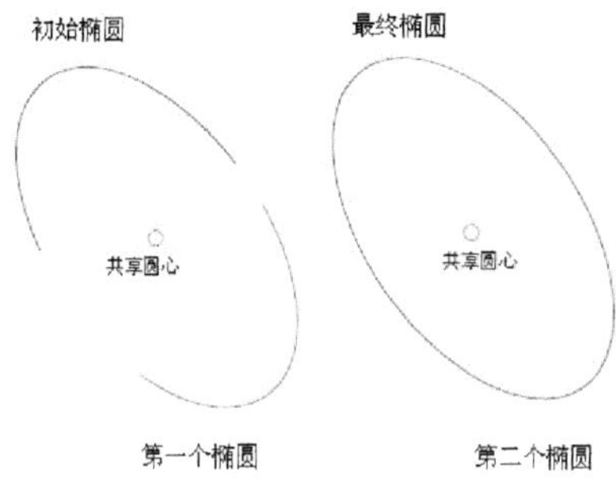


图 3-60　合并对象

1. 执行方式

☑ 命令行：JOIN。
☑ 菜单栏：“修改”→“合并”。
☑ 工具栏：“修改”→“合并”。

2. 操作步骤

```
命令: JOIN↙
选择源对象:(选择一个对象)
选择要合并到源的直线: (选择另一个对象)
找到 1 个
选择要合并到源的直线: ↙
已将 1 条直线合并到源
```

# 3.6　圆角及倒角

本节主要介绍圆角和倒角命令。

## 3.6.1 圆角

圆角是通过一个指定半径的圆弧光滑地连接两个对象，可以进行圆角的对象有直线、非圆弧的多段线、样条曲线、构造线、射线、圆、圆弧和椭圆。圆角半径由 AutoCAD 自动计算。

1. 执行方式

☑ 命令行：FILLET。
☑ 菜单栏：“修改”→“圆角”。
☑ 工具栏：“修改”→“圆角”。

2. 操作步骤

```
命令: FILLET↙
当前设置: 模式 = 修剪, 半径 = 0.0000
选择第一个对象或 [放弃(U)/多段线(P)/半径(R)/修剪(T)/多个(M)]:(选择第一个对象或其他选项)
选择第二个对象, 或按住 Shift 键选择要应用角点的对象:(选择第二个对象)
```

Note

3. 选项说明

☑ 多段线(P)：在一条二维多段线的两段直线段的节点处插入圆滑的弧。选择多段线后，系统会根据指定的圆弧半径把多段线各顶点用圆滑的弧连接起来。

☑ 半径(R)：确定圆角半径。

☑ 修剪(T)：确定在圆滑连接两条边时，是否修剪这两条边，如图 3-61 所示。

（a）修剪方式　　（b）不修剪方式

图 3-61　圆角连接

☑ 多个(M)：同时对多个对象进行圆角编辑，而不必重新启用命令。按住 Shift 键并选择两条直线，可以快速创建零距离倒角或零半径圆角。

## 3.6.2　实例——沙发

本例利用“矩形”、“直线”、“分解”、“圆角”、“延伸”、“剪切”等命令绘制沙发，其中着重介绍“延伸”命令。绘制流程图如图 3-62 所示。

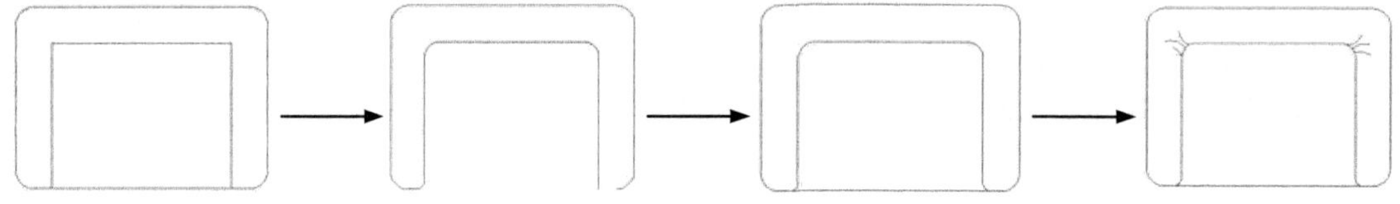

图 3-62　绘制沙发

绘制步骤：（光盘\动画演示\第 3 章\沙发.avi）

（1）单击“绘图”工具栏中的“矩形”按钮，绘制圆角为 10，第一角点坐标为（20,20），长度、宽度分别为 140、100 的矩形沙发的外框。

（2）单击“绘图”工具栏中的“直线”按钮，绘制连续线段，坐标分别为（40,20）、（@0,80）、（@100,0）、（@0,-80），绘制结果如图 3-63 所示。

（3）单击“修改”工具栏中的“分解”按钮、“圆角”按钮、“延伸”按钮和“修剪”按钮，绘制沙发的大体轮廓。命令行中的提示与操作如下：

```
命令: explode↙
选择对象:（选择外部倒圆矩形）
选择对象:↙
命令: fillet↙
当前设置: 模式 = 修剪, 半径 = 6.0000
选择第一个对象或 [放弃(U)/多段线(P)/半径(R)/修剪(T)/多个(M)]:（选择内部四边形左边的竖直线）
选择第二个对象，或按住 Shift 键选择要应用角点的对象:（选择内部四边形上边的水平线）
选择第一个对象或 [放弃(U)/多段线(P)/半径(R)/修剪(T)/多个(M)]:（选择内部四边形右边的竖直线）
选择第二个对象，或按住 Shift 键选择要应用角点的对象:（选择内部四边形下边的水平线）
```

```
选择第一个对象或 [放弃(U)/多段线(P)/半径(R)/修剪(T)/多个(M)]: ↙
命令: extend↙
当前设置: 投影=UCS, 边=无
选择边界的边...
选择对象或 <全部选择>:(选择右下角的圆弧)
选择对象: ↙
选择要延伸的对象，或按住 Shift 键选择要修剪的对象，或[栏选(F)/窗交(C)/投影(P)/边(E)/放弃(U)]:(选择图 3-62 左端的短水平线)
选择要延伸的对象，或按住 Shift 键选择要修剪的对象，或[栏选(F)/窗交(C)/投影(P)/边(E)/放弃(U)]: ↙
```

（4）单击“修改”工具栏中的“圆角”按钮，对内部四边形的左下角进行倒角，如图 3-64 所示，进行圆角处理。

（5）单击“修改”工具栏中的“圆角”按钮，对内部四边形的右下端进行圆角处理。

（6）单击“修改”工具栏中的“修剪”按钮，以刚倒出的圆角圆弧为边界，对内部四边形的右下端进行修剪；单击“绘图”工具栏中的“直线”按钮，绘制沙发底边。绘制结果如图 3-65 所示。

（7）单击“绘图”工具栏中的“圆弧”按钮，绘制沙发皱纹。在沙发拐角位置绘制 6 条圆弧，结果如图 3-66 所示。

图 3-63　绘制初步轮廓

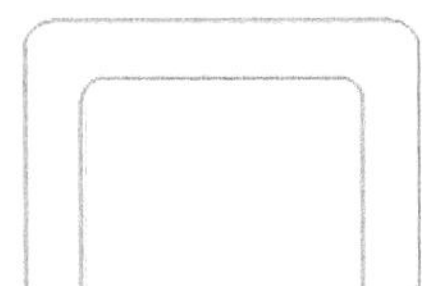

图 3-64　绘制倒圆

图 3-65　完成倒圆角

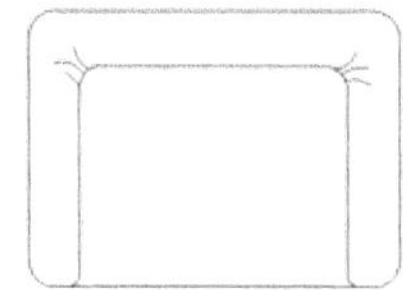

图 3-66　沙发

### 3.6.3　倒角

倒角是通过延伸（或修剪）使两个不平行的线型对象相交或利用斜线连接。例如，对由直线、多段线、参照线和射线等构成的图形对象进行倒角。AutoCAD 采用两种方法确定连接两个线型对象的斜线。

1. 指定斜线距离

斜线距离是指从被连接的对象与斜线的交点到被连接的两个对象可能的交点之间的距离，如图 3-67 所示。

2. 指定斜线角度和一个斜线距离

采用这种方法用斜线连接对象时，需要输入两个参数：斜线与一个对象的斜线距离和斜线与另一个对象的夹角，如图 3-68 所示。

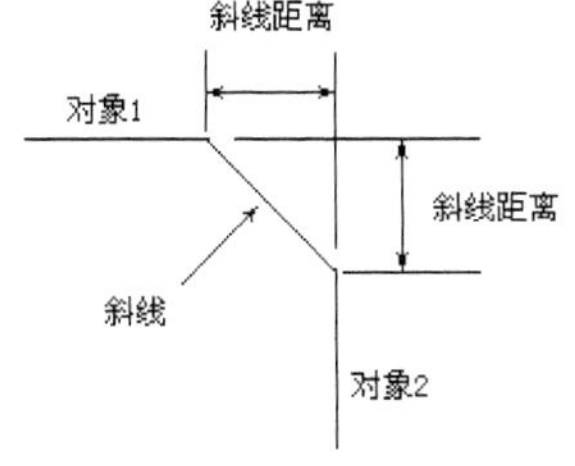


图 3-67　斜线距离

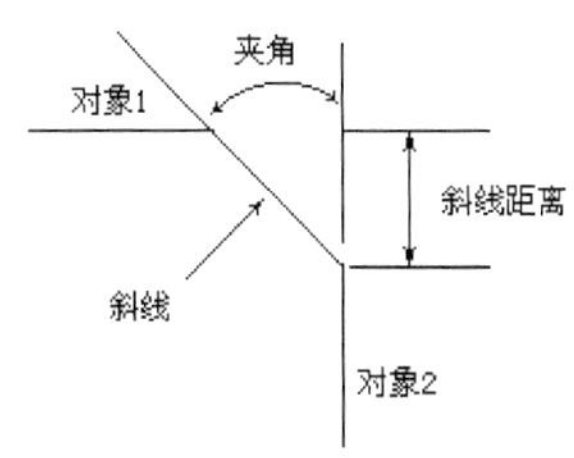


图 3-68　斜线距离与夹角

Note

1）执行方式

☑ 命令行：CHAMFER。

☑ 菜单栏："修改"→"倒角"。

☑ 工具栏："修改"→"倒角"。

2）操作步骤

```
命令：CHAMFER↙
（"修剪"模式）当前倒角距离 1 = 0.0000，距离 2 = 0.0000
选择第一条直线或 [放弃(U)/多段线(P)/距离(D)/角度(A)/修剪(T)/方式(E)/多个(M)]：（选择第一条直线或其他选项）
选择第二条直线，或按住 Shift 键选择要应用角点的直线：（选择第二条直线）
```

3）选项说明

（1）若设置的倒角距离太大或倒角角度无效，系统会给出错误提示信息。

（2）当两个倒角距离均为零时，CHAMFER 命令会使选定的两条直线相交，但不产生倒角。

（3）执行"倒角"命令后，系统提示中各选项的含义如下。

☑ 多段线(P)：对多段线的各个交叉点进行倒角。

☑ 距离(D)：确定倒角的两个斜线距离。

☑ 角度(A)：选择第一条直线的斜线距离和第一条直线的倒角角度。

☑ 修剪(T)：用来确定倒角时是否对相应的倒角边进行修剪。

☑ 方式(E)：用来确定是按距离(D)方式还是按角度(A)方式进行倒角。

☑ 多个(M)：同时对多个对象进行倒角编辑。

## 3.6.4 实例——吧台

首先利用"直线"、"偏移"命令绘制吧台轮廓，然后利用"倒角"、"镜像"命令细化吧台轮廓，再利用"圆"、"圆弧"、"矩形阵列"命令绘制椅子。绘制流程图如图 3-69 所示。

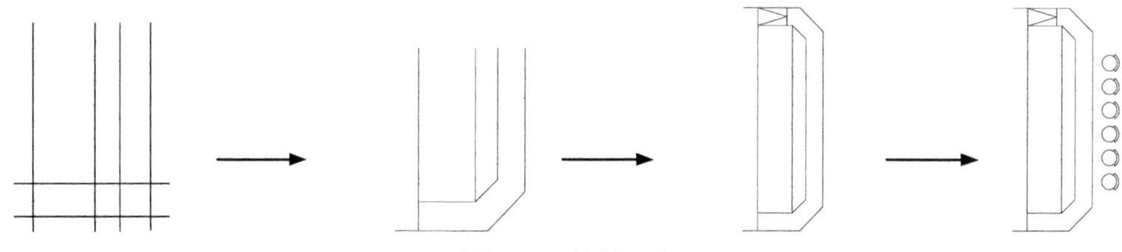

图 3-69 绘制吧台

绘制步骤：（**光盘\动画演示\第 3 章\吧台.avi**）

（1）选择菜单栏中的"格式"→"图形界限"命令，设置图幅为 297×210。

（2）单击"绘图"工具栏中的"直线"按钮，绘制一条长度为 25 的水平直线和一条长度为 30 的竖直直线，结果如图 3-70 所示。单击"修改"工具栏中的"偏移"按钮，将竖直直线分别向右偏移 8、4、6，将水平直线向上偏移 6，结果如图 3-71 所示。

（3）单击"修改"工具栏中的"倒角"按钮，将图形进行倒角处理。命令行中的提示与操作如下：

```
命令：chamfer↙
（"修剪"模式）当前倒角距离 1 = 0.0000，距离 2 = 0.0000
选择第一条直线或 [放弃(U)/多段线(P)/距离(D)/角度(A)/修剪(T)/方式(E)/多个(M)]:d↙
```

指定第一个倒角距离 <0.0000>: 6↙

指定第二个倒角距离 <6.0000>:↙

选择第一条直线或 [放弃(U)/多段线(P)/距离(D)/角度(A)/修剪(T)/方式(E)/多个(M)]:（选择最右侧的线）

选择第二条直线，或按住 Shift 键选择要应用角点的直线:（选择最下侧的水平线）

重复“倒角”命令，将其他交线进行倒角处理，结果如图 3-72 所示。

图 3-70　绘制直线　　图 3-71　偏移处理

（4）单击“修改”工具栏中的“镜像”按钮，将图形进行镜像处理，结果如图 3-73 所示。

图 3-72　倒角处理　　图 3-73　镜像处理

（5）单击“绘图”工具栏中的“直线”按钮，绘制门，结果如图 3-74 所示。

（6）单击“绘图”工具栏中的“圆”按钮、“圆弧”按钮和“多段线”按钮，绘制座椅，结果如图 3-75 所示。

（7）单击“修改”工具栏中的“矩形阵列”按钮，选择矩形阵列方式，选择座椅为阵列对象，设置阵列行数为 6，列数为 1，行间距为-6，结果如图 3-76 所示。

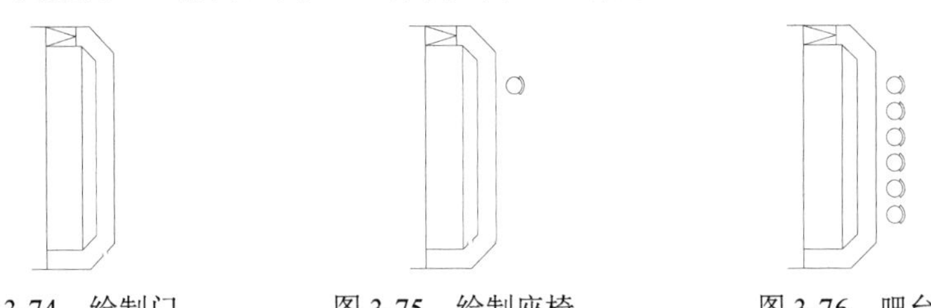

图 3-74　绘制门　　图 3-75　绘制座椅　　图 3-76　吧台

（8）选择菜单栏中的“文件”→“另存为”命令，保存图形。命令行中的提示与操作如下：

命令：saveas↙　（将绘制完成的图形以“吧台.dwg”为文件名保存在指定的路径中）

# 3.7　使用夹点功能进行编辑

使用夹点功能可以方便地进行移动、旋转、缩放、拉伸等编辑操作，这是编辑对象非常方便和快捷的方法。

## 3.7.1　夹点概述

在使用“先选择后编辑”方式选择对象时，可选取欲编辑的对象，或按住鼠标左键拖出一个矩形

Note

框，框住欲编辑的对象。松开后，所选择的对象上出现若干个小正方形，同时对象高亮显示。这些小正方形称为夹点，如图 3-77 所示。夹点表示了对象的控制位置。夹点的大小及颜色可以在图 3-1 所示的“选项”对话框中调整。若要移去夹点，可按 Esc 键。要从夹点选择集中移去指定对象，在选择对象时按住 Shift 键。

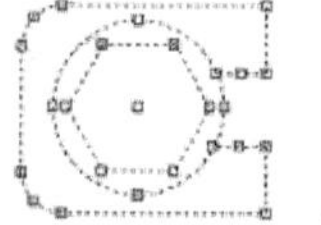

图 3-77　夹点

## 3.7.2　使用夹点进行编辑

使用夹点功能编辑对象需要选择一个夹点作为基点，方法是：将十字光标的中心对准夹点，单击鼠标左键，此时夹点即成为基点，并且显示为红色小方块。利用夹点进行编辑的模式有“拉伸”、“移动”、“旋转”、“比例”或“镜像”。可以用空格键、回车键或快捷菜单（单击鼠标右键弹出的快捷菜单）循环切换这些模式。

下面以图 3-78 所示的图形为例说明使用夹点进行编辑的方法，操作步骤如下：

（1）选择图形，显示夹点，如图 3-78（a）所示。

（2）选取图形右下角夹点，命令行提示如下：

```
指定拉伸点或[基点(B)/复制(C)/放弃(U)/退出(X)]:
```

移动鼠标拉伸图形，如图 3-78（b）所示。

（3）右击，在弹出的快捷菜单中选择“旋转”命令，将编辑模式从“拉伸”切换到“旋转”，如图 3-78（c）所示。

（4）单击鼠标并回车，即可使图形旋转。

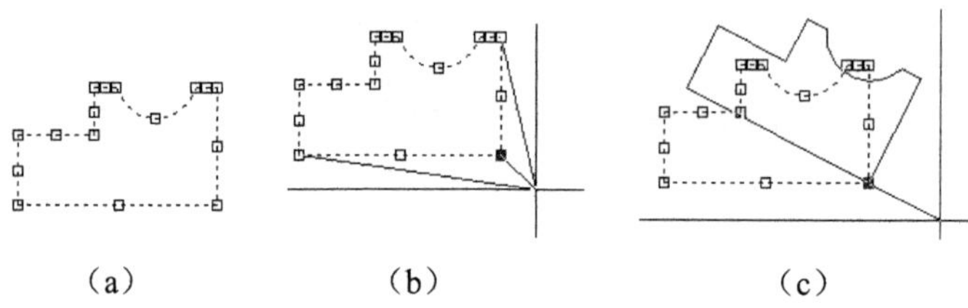

（a）　　（b）　　（c）

图 3-78　利用夹点编辑图形

有关拉伸、移动、旋转、比例和镜像的编辑功能以及利用夹点进行编辑的详细内容可以参见下面相应的章节。

## 3.7.3　实例——花瓣

本例利用“椭圆”命令绘制花瓣，在夹点的旋转模式下进行花瓣的多重复制操作。绘制流程图如图 3-79 所示。

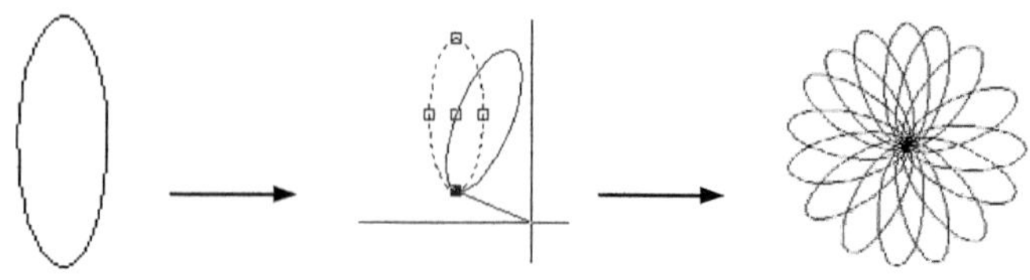

图 3-79　绘制花瓣

**绘制步骤：（光盘\动画演示\第 3 章\花瓣.avi）**

（1）单击“绘图”工具栏中的“椭圆”按钮，绘制一个椭圆形，如图 3-80（a）所示。

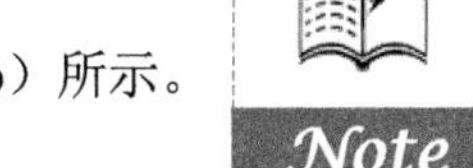


（2）选择要旋转的椭圆。

（3）将椭圆最下端的夹点作为基点。

（4）按空格键，切换到旋转模式。

（5）输入“C”并回车。

（6）将对象旋转到一个新位置并单击。该对象被复制，并围绕基点旋转，如图3-80（b）所示。

（7）旋转并单击以便复制多个对象，回车结束操作，结果如图3-80（c）所示。

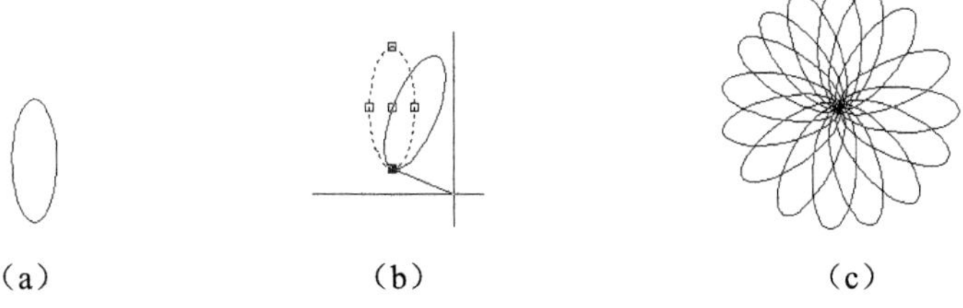

（a）　　（b）　　（c）

图3-80　夹点状态下的旋转复制

# 3.8　特性与特性匹配

在对图形进行编辑时，还可以对图形对象本身的某些特性进行编辑，从而方便地进行图形绘制。

## 3.8.1　修改对象属性

1. 执行方式

☑　命令行：DDMODIFY或PROPERTIES。

☑　菜单栏：“修改”→“特性”。

☑　工具栏：“标准”→“特性”。

2. 操作步骤

```
命令：DDMODIFY↙
```

打开“特性”对话框，如图3-81所示。利用它可以方便地设置或修改对象的各种属性。

不同的对象属性种类和值不同，修改属性值后，对象将被赋予新的属性。

图3-81　“特性”对话框

## 3.8.2　特性匹配

特性匹配是将一个对象的某些或所有特性复制到另一个或多个对象上。可以复制的特性包括颜色、图层、线型、线型比例、厚度以及标注、文字和图案填充特性。特性匹配的命令是Matchprop。

1. 执行方式

☑　命令行：MATCHPROP。

☑　菜单栏：“修改”→“特性匹配”。

Note

2. 操作步骤

```
命令：MATCHPROP↙
选择源对象：（选择源对象）
选择目标对象或 [设置(S)]：（选择目标对象）
```

图 3-82（a）为两个不同属性的对象，以左边的圆为源对象，对右边的矩形进行属性匹配，结果如图 3-82（b）所示。

（a）原图　　（b）结果

图 3-82　特性匹配

# 3.9　综合实例——沙发茶几

在前面学习的基础上，为了使读者能综合运用“绘图”、“编辑”命令绘制出复杂图形，本节给出一个综合实例，以提高读者的绘图水平。绘制流程图如图 3-83 所示。

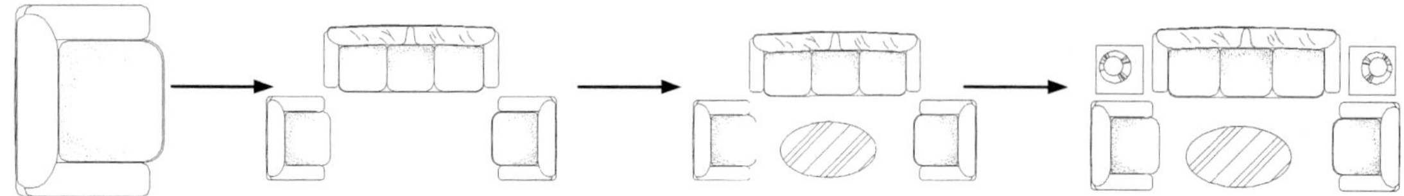

图 3-83　绘制沙发茶几

绘制步骤：**（光盘\动画演示\第 3 章\沙发茶几.avi）**

（1）单击“绘图”工具栏中的“直线”按钮，绘制其中单个沙发面的 4 边，如图 3-84 所示。

（2）单击“绘图”工具栏中的“圆弧”按钮，将沙发面 4 边连接起来，得到完整的沙发面，如图 3-85 所示。

（3）单击“绘图”工具栏中的“直线”按钮，绘制侧面扶手，如图 3-86 所示。

图 3-84　创建沙发面 4 边　　图 3-85　连接边角　　图 3-86　绘制扶手

（4）单击“绘图”工具栏中的“圆弧”按钮，绘制侧面扶手弧边线，如图 3-87 所示。

（5）单击“修改”工具栏中的“镜像”按钮，镜像绘制另外一个方向的扶手轮廓，如图 3-88 所示。

图 3-87　绘制扶手弧边线

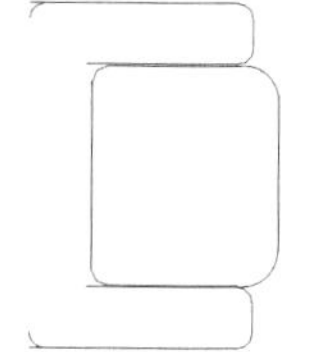

图 3-88　创建另外一侧扶手

（6）单击“绘图”工具栏中的“圆弧”按钮和单击“修改”工具栏中的“镜像”按钮，绘制沙发背部扶手轮廓，如图 3-89 所示。

（7）单击“绘图”工具栏中的“圆弧”按钮、“直线”按钮和单击“修改”工具栏中的“镜像”按钮，继续完善沙发背部扶手轮廓，如图 3-90 所示。

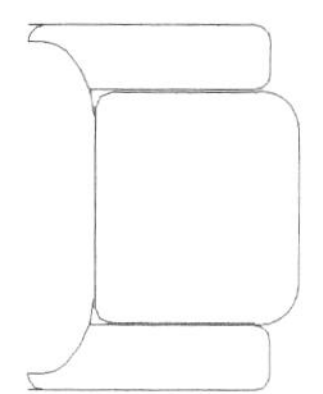

图 3-89　创建背部扶手

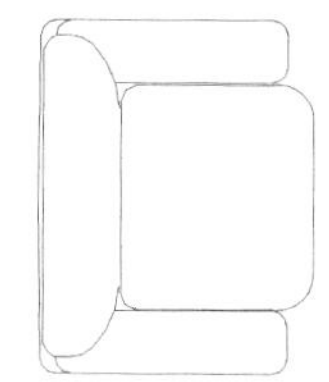

图 3-90　完善背部扶手

（8）单击“修改”工具栏中的“偏移”按钮，对沙发面造型进行修改，使其更为形象，如图 3-91 所示。

（9）单击“绘图”工具栏中的“点”按钮，在沙发座面上绘制点，细化沙发面造型，如图 3-92 所示。命令行中的提示与操作如下：

```
命令：POINT（输入画点命令）
当前点模式： PDMODE=99  PDSIZE=25.0000（系统变量的 PDMODE、PDSIZE 设置数值）
指定点：（使用鼠标在屏幕上直接指定点的位置，或直接输入点的坐标）
```

图 3-91　修改沙发面

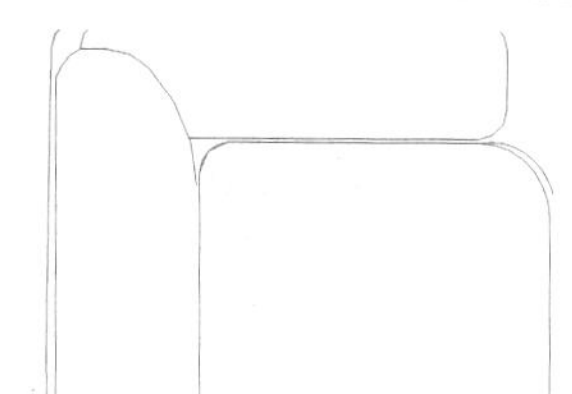

图 3-92　细化沙发面

（10）单击“修改”工具栏中的“镜像”按钮，进一步细化沙发面造型，使其更为形象，如图 3-93 所示。

（11）采用相同的方法，绘制 3 人座的沙发造型，如图 3-94 所示。

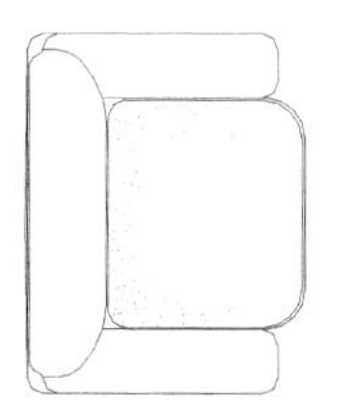

图 3-93　完善沙发面

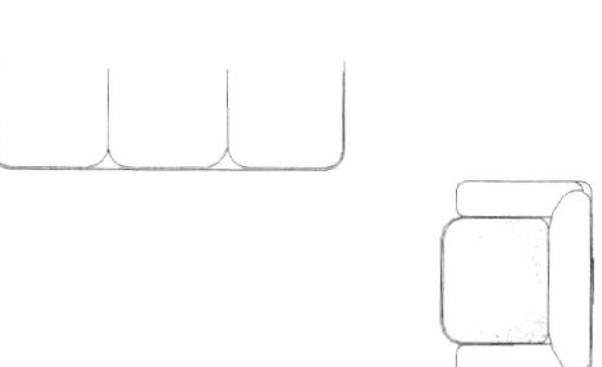

图 3-94　绘制 3 座沙发

（12）单击“绘图”工具栏中的“直线”按钮、“圆弧”按钮和单击“修改”工具栏中的“镜像”按钮，绘制扶手造型，如图3-95所示。

（13）单击“绘图”工具栏中的“圆弧”按钮和“直线”按钮，绘制3人座沙发背部造型，如图3-96所示。

Note

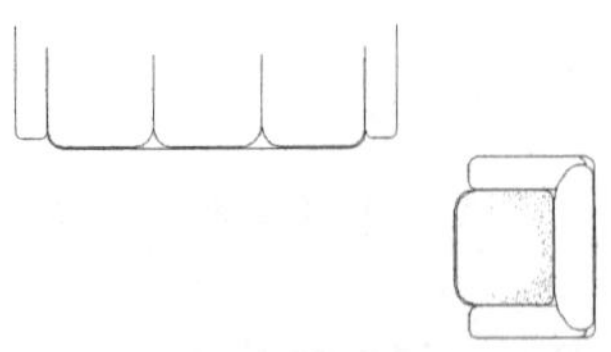

图3-95　绘制沙发扶手

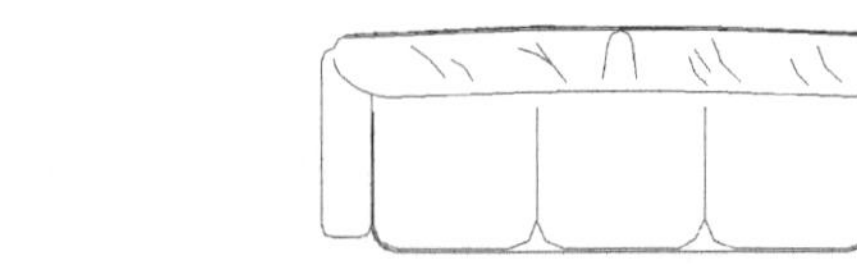

图3-96　建立3人座背部造型

（14）单击“绘图”工具栏中的“点”按钮，对3人座沙发面造型进行细化，如图3-97所示。

（15）单击“修改”工具栏中的“移动”按钮，调整两个沙发造型的位置，结果如图3-98所示。

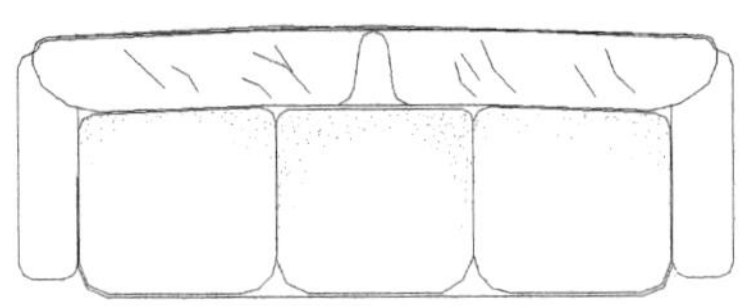

图3-97　细化3人座沙发面

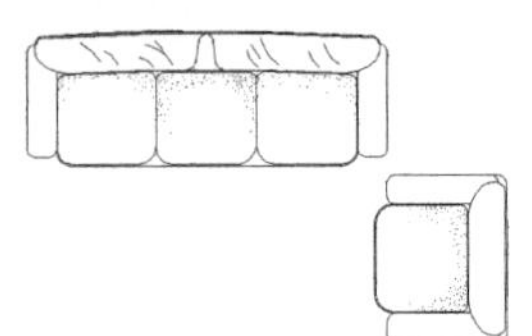

图3-98　调整沙发位置

（16）单击“修改”工具栏中的“镜像”按钮，对单个沙发进行镜像，得到沙发组造型，如图3-99所示。

（17）单击“绘图”工具栏中的“椭圆”按钮，绘制一个椭圆建立椭圆型的茶几造型，如图3-100所示。

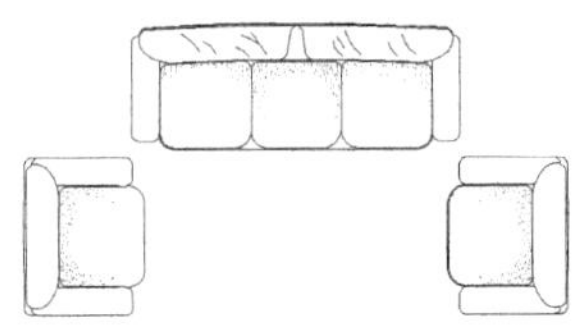

图3-99　沙发组

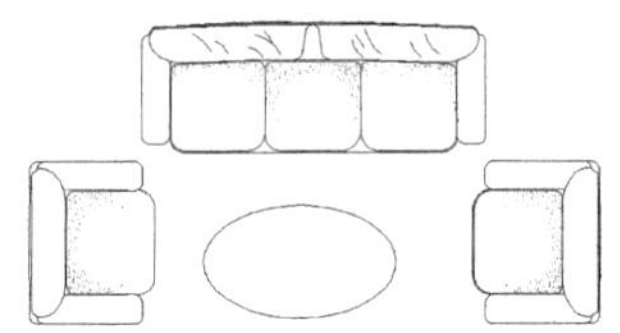

图3-100　建立椭圆型茶几

（18）单击“绘图”工具栏中的“图案填充”按钮，对茶几进行图案填充，如图3-101所示。

（19）单击“绘图”工具栏中的“正多边形”按钮，绘制沙发之间的桌面灯造型，如图3-102所示。

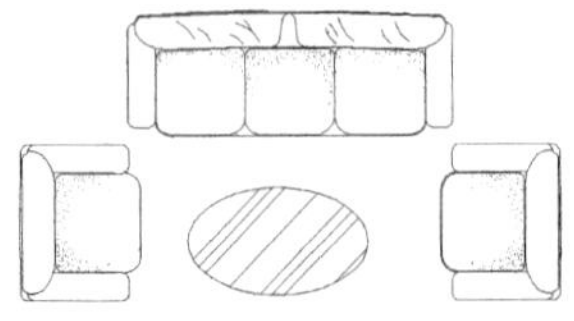

图3-101　填充茶几图案

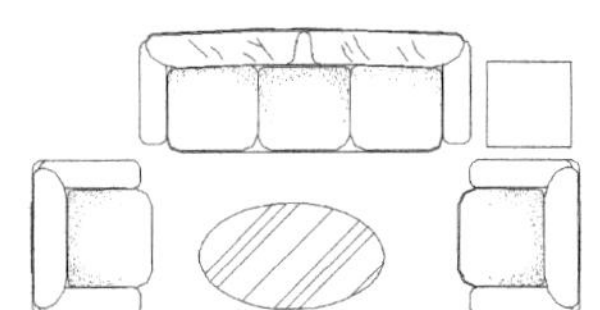

图3-102　绘制一个正方形

（20）单击“绘图”工具栏中的“圆”按钮，绘制两个大小和圆心位置不同的圆形，如图3-103所示。

Note

（21）单击“绘图”工具栏中的“直线”按钮，绘制随机斜线形成灯罩效果，如图 3-104 所示。

（22）单击“修改”工具栏中的“镜像”按钮进行镜像，得到两个沙发桌面灯造型，如图 3-105 所示。

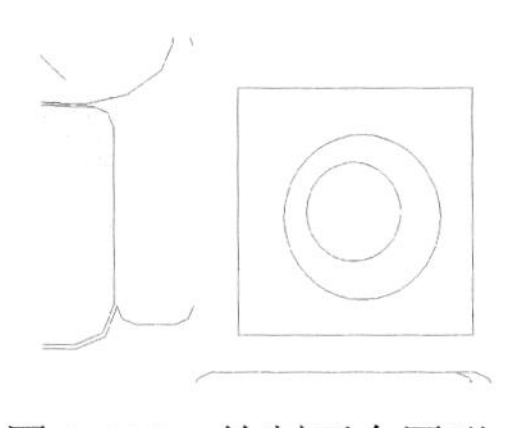

图 3-103 绘制两个圆形

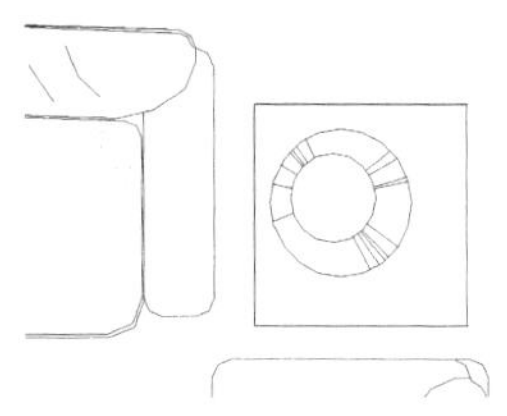

图 3-104 创建灯罩

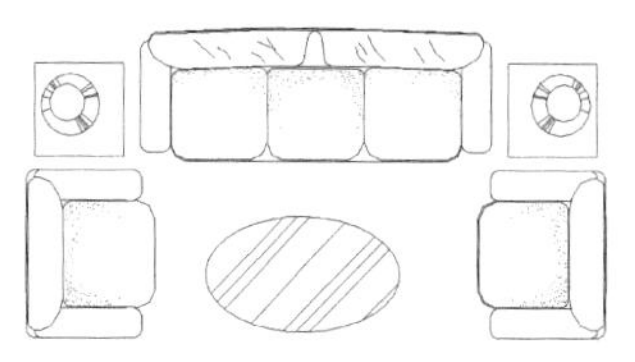

图 3-105 创建另外一侧造型

# 3.10 上机操作

通过前面的学习，读者对本章知识也有了大体的了解，本节通过几个操作练习使读者进一步掌握本章知识要点。

## 3.10.1 绘制酒店餐桌椅

1. 目的要求

本例主要用到了“直线”、“偏移”、“圆角”、“修剪”和“阵列”命令绘制餐桌椅，如图 3-106 所示。本例要求读者掌握相关命令。

2. 操作提示

（1）绘制椅子。

（2）绘制桌子。

（3）对椅子使用“阵列”等命令进行摆放。

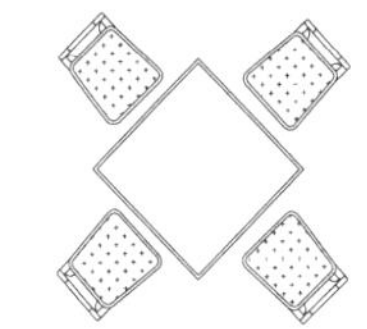

图 3-106 酒店餐桌椅

## 3.10.2 绘制台球桌

1. 目的要求

本例主要用到了“矩形”、“圆”、“圆角”命令绘制台球桌，如图 3-107 所示。本例要求读者掌握相关命令。

2. 操作提示

（1）绘制矩形。

（2）绘制圆。

（3）圆角处理。

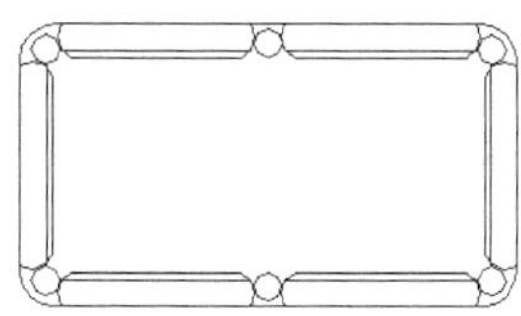

图 3-107 台球桌

## 3.10.3 绘制石栏杆

1. 目的要求

本例主要用到了“矩形”、“直线”、“多线段”、“图案填充”、“镜像”等命令绘制石栏杆，如

图 3-108 所示。本例要求读者掌握相关命令。

2. 操作提示

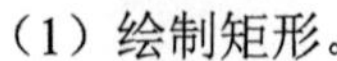

（1）绘制矩形。

（2）偏移处理。

（3）绘制直线。

（4）绘制多线段。

（5）绘制直线。

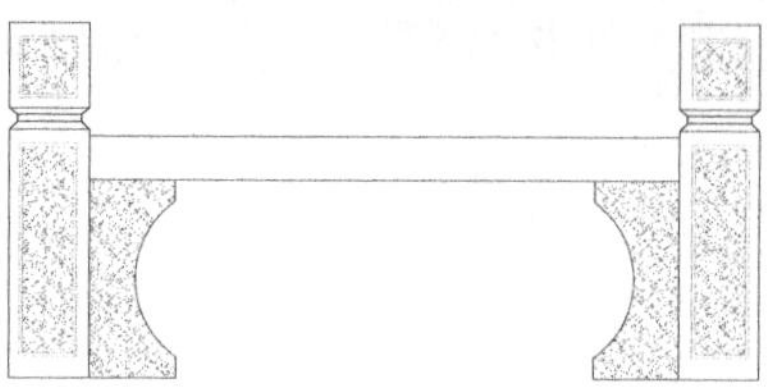

图 3-108　石栏杆

# 第4章

# 辅助工具

文字注释是图形中很重要的一部分内容，在进行各种设计时，通常不仅要绘出图形，还要在图形中标注一些文字。图表在AutoCAD图形中也有大量的应用，如明细表、参数表和标题栏等。尺寸标注是绘图设计过程当中相当重要的一个环节。

在绘图设计过程中，经常会遇到一些重复出现的图形（如建筑设计中的桌椅、门窗等），如果每次都重新绘制这些图形，不仅会造成大量的重复工作，而且存储这些图形及其信息也会占据相当大的磁盘空间。

- ☑ 文本标注
- ☑ 表格
- ☑ 尺寸标注
- ☑ 查询工具
- ☑ 图块及其属性
- ☑ 设计中心与工具选项板

## 任务驱动&项目案例

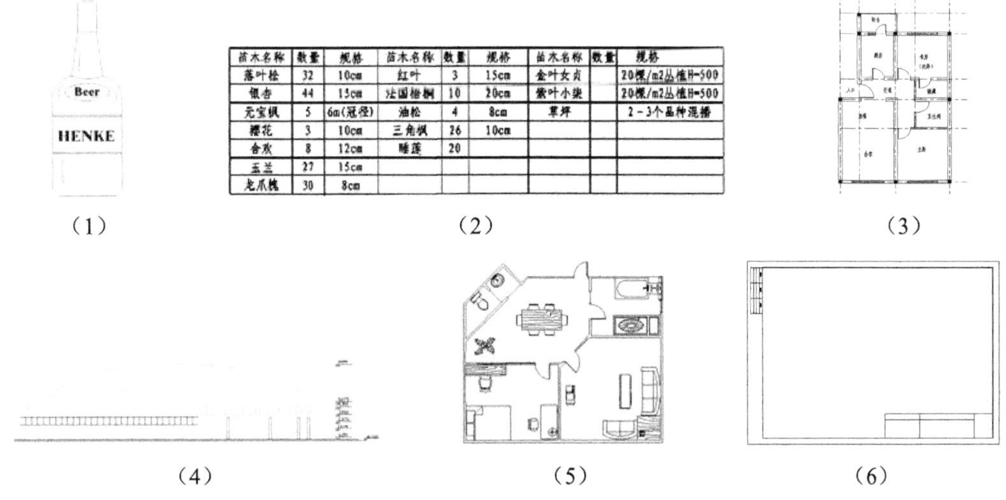


| 苗木名称 | 数量 | 规格 | 苗木名称 | 数量 | 规格 | 苗木名称 | 数量 | 规格 |
|---|---|---|---|---|---|---|---|---|
| 落叶松 | 32 | 10cm | 红叶 | 3 | 15cm | 金叶女贞 | | 20棵/m2丛植H=500 |
| 银杏 | 44 | 15cm | 法国梧桐 | 10 | 20cm | 紫叶小檗 | | 20棵/m2丛植H=500 |
| 元宝枫 | 5 | 6m(冠径) | 油松 | 4 | 8cm | 草坪 | | 2-3个品种混播 |
| 樱花 | 3 | 10cm | 三角枫 | 26 | 10cm | | | |
| 合欢 | 8 | 12cm | 睡莲 | 20 | | | | |
| 玉兰 | 27 | 15cm | | | | | | |
| 龙爪槐 | 30 | 8cm | | | | | | |

（1）（2）（3）

（4）（5）（6）

# 4.1 文 本 标 注

文本是建筑图形的基本组成部分，在图签、说明、图纸目录等地方都要用到文本。本节讲述文本标注的基本方法。

## 4.1.1 设置文本样式

### 1. 执行方式

☑ 命令行：STYLE 或 DDSTYLE。

☑ 菜单栏："格式"→"文字样式"。

☑ 工具栏："文字"→"文字样式" 。

### 2. 操作步骤

执行上述命令，系统打开"文字样式"对话框，如图 4-1 所示。

利用该对话框可以新建文字样式或修改当前文字样式。图 4-2～图 4-4 所示为各种文字样式。

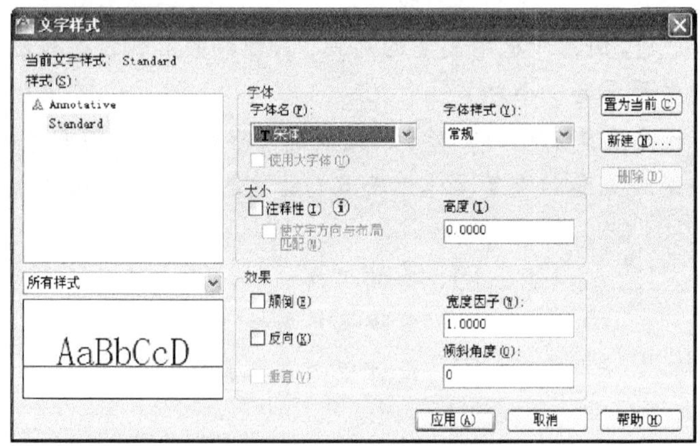


图 4-1 "文字样式"对话框

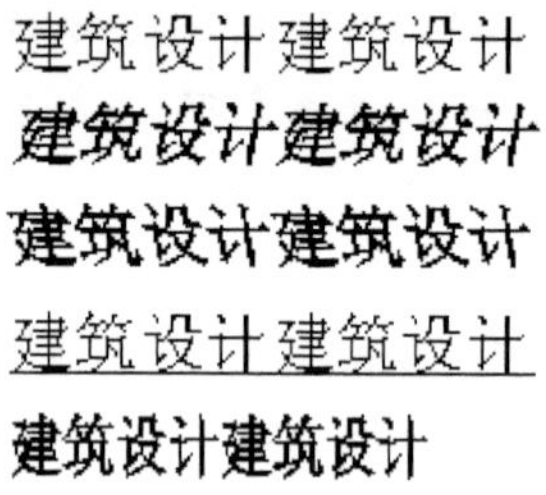

建筑设计建筑设计

*建筑设计建筑设计*

**建筑设计建筑设计**

建筑设计建筑设计

**建筑设计建筑设计**

图 4-2 同一字体的不同样式

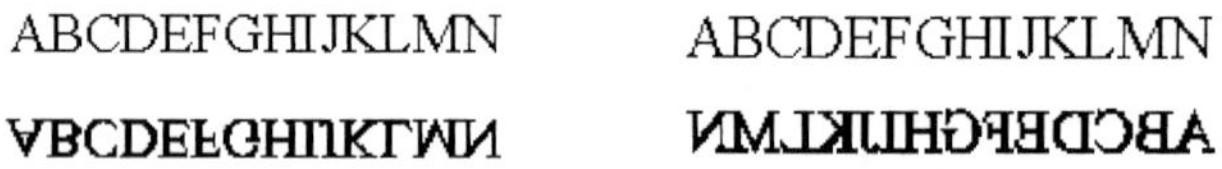

ABCDEFGHIJKLMN

ABCDEFGHIJKLMN

（a）

ABCDEFGHIJKLMN

NMLKJIHGFEDCBA

（b）

图 4-3 文字倒置标注与反向标注

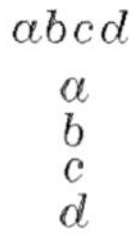

*abcd*

*a*
*b*
*c*
*d*

图 4-4 垂直标注文字

## 4.1.2 单行文本标注

### 1. 执行方式

☑ 命令行：TEXT 或 DTEXT。

☑ 菜单栏："绘图"→"文字"→"单行文字"。

☑ 工具栏："文字"→"单行文字" AI。

Note

2. 操作步骤

```
命令: TEXT↙
当前文字样式: Standard 当前文字高度: 0.2000
指定文字的起点或 [对正(J)/样式(S)]:
```

3. 选项说明

（1）指定文字的起点

在此提示下直接在作图屏幕上选取一点作为文本的起始点。命令行提示如下：

```
指定高度 <0.2000>:（确定字符的高度）
指定文字的旋转角度 <0>:（确定文本行的倾斜角度）
输入文字: （输入文本）
输入文字: （输入文本或回车）
```

（2）对正(J)

在上面的提示下输入“J”，用来确定文本的对齐方式，对齐方式决定文本的哪一部分与所选的插入点对齐。执行此选项，AutoCAD 提示：

```
输入选项 [对齐(A)/调整(F)/中心(C)/中间(M)/右®/左上(TL)/中上(TC)/右上(TR)/左中(ML)/正中(MC)/右中(MR)/左下(BL)/中下(BC)/右下(BR)]:
```

在此提示下选择一个选项作为文本的对齐方式。当文本串水平排列时，AutoCAD 为标注文本串定义了如图 4-5 所示的顶线、中线、基线和底线；各种对齐方式如图 4-6 所示，图中大写字母对应上述提示中各命令。下面以“对齐”为例进行简要说明。

图 4-5 文本行的底线、基线、中线和顶线

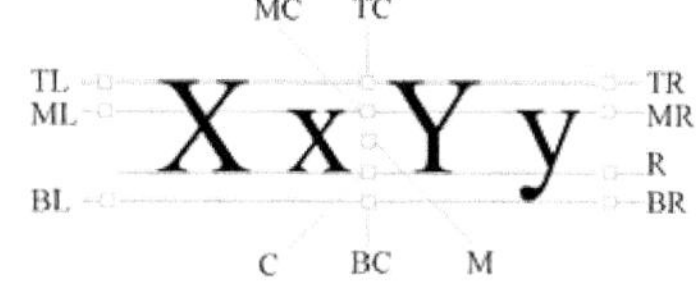


图 4-6 文本的对齐方式

在实际绘图时，有时需要标注一些特殊字符，如直径符号、上划线或下划线、温度符号等，由于这些符号不能直接从键盘上输入，AutoCAD 提供了一些控制码，用来实现这些要求。控制码用两个百分号（%%）加一个字符构成，常用的控制码如表 4-1 所示。

表 4-1 AutoCAD 常用控制码

| 符 号 | 功 能 | 符 号 | 功 能 |
|---|---|---|---|
| %%o | 上划线 | \U+0278 | 电相位 |
| %%u | 下划线 | \U+E101 | 流线 |
| %%d | “度数”符号 | \U+2261 | 标识 |
| %%p | “正/负”符号 | \U+E102 | 界碑线 |
| %%c | “直径”符号 | \U+2260 | 不相等 |
| %%% | 百分号% | \U+2126 | 欧姆 |
| \U+2248 | 几乎相等 | \U+03A9 | 欧米加 |
| \U+2220 | 角度 | \U+214A | 地界线 |
| \U+E100 | 边界线 | \U+2082 | 下标 2 |
| \U+2104 | 中心线 | \U+00B2 | 平方 |
| \U+0394 | 差值 | | |

Note

## 4.1.3 多行文本标注

1. 执行方式

☑ 命令行：MTEXT。

☑ 菜单栏："绘图"→"文字"→"多行文字"。

☑ 工具栏："绘图"→"多行文字" A 或"文字"→"多行文字" A。

2. 操作步骤

```
命令:MTEXT↙
当前文字样式:"Standard"  当前文字高度:1.9122
指定第一角点:(指定矩形框的第一个角点)
指定对角点或 [高度(H)/对正(J)/行距(L)/旋转(R)/样式(S)/宽度(W)]:
```

3. 选项说明

（1）指定对角点

指定对角点后，系统打开图4-7所示的多行文字编辑器，可利用此对话框与编辑器输入多行文本并对其格式进行设置。该对话框与Word软件界面类似，这里不再赘述。

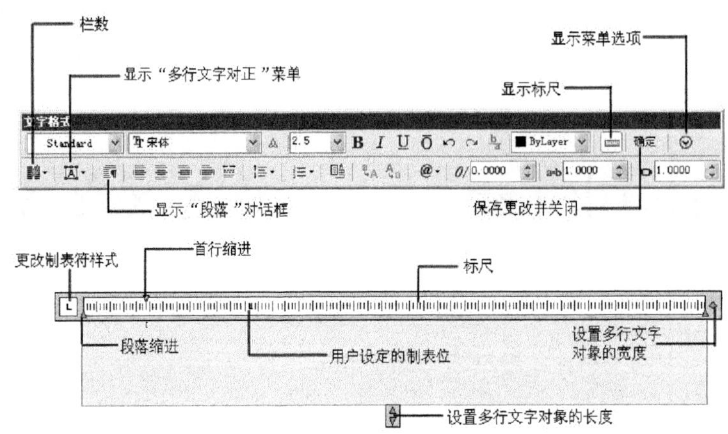


图4-7 "文字格式"对话框和多行文字编辑器

（2）其他选项

☑ 对正(J)：确定所标注文本的对齐方式。

☑ 行距(L)：确定多行文本的行间距，这里所说的行间距是指相邻两文本行的基线之间的垂直距离。

☑ 旋转(R)：确定文本行的倾斜角度。

☑ 样式(S)：确定当前的文本样式。

☑ 宽度(W)：指定多行文本的宽度。

（3）在多行文字绘制区域单击鼠标右键，弹出如图4-8所示的快捷菜单，其中提供了标准编辑选项和多行文字特有的选项。在多行文字编辑器中单击鼠标右键，在弹出的快捷菜单的顶层选项是基本编辑选项，即放弃、重做、剪切、复制和粘贴，后面的选项是多行文字编辑器特有的选项。

☑ 插入字段：显示"字段"对话框如图4-9所示，从中可以选择要插入到文字中的字段。关闭该对话框后，字段的当前值将显示在文字中。

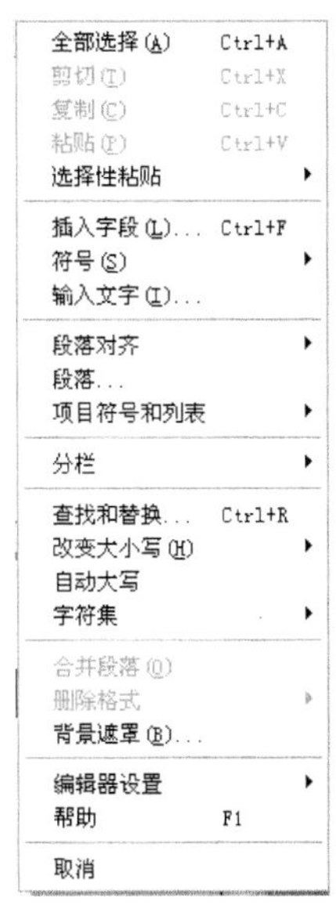


图 4-8 右键快捷菜单

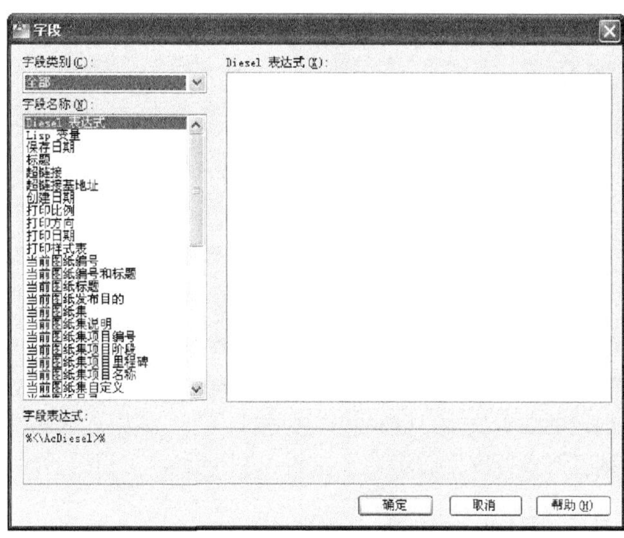


图 4-9 “字段”对话框

☑ 符号：在光标位置插入符号或不间断空格，也可以手动插入符号。

☑ 输入文字：显示“选择文件”对话框（标准文件选择对话框）。选择任意 ASCII 或 RTF 格式的文件。

☑ 段落对齐：设置多行文字对象的对正和对齐方式。“左上”选项是默认设置。在一行的末尾输入的空格也是文字的一部分，并会影响该行文字的对正。文字根据其左右边界进行置中对正、左对正或右对正。文字根据其上下边界进行中央对齐、顶对齐或底对齐。各种对齐方式与前面所述类似，这里不再赘述。

☑ 段落：为段落和段落的第一行设置缩进。指定制表位和缩进，控制段落对齐方式、段落间距和段落行距。

☑ 项目符号和列表：显示用于编号列表的选项。

☑ 分栏：显示栏的选项（此选项不适用于单行文字）。

☑ 改变大小写：改变选定文字的大小写。可以选择“大写”或“小写”。

☑ 自动大写：将所有新输入的文字转换成大写。自动大写不影响已有的文字。要改变已有文字的大小写，可选择文字，单击鼠标右键，然后在弹出的快捷菜单中选择“改变大小写”命令。

☑ 字符集：显示代码页菜单。选择一个代码页并将其应用到选定的文字。

☑ 段落对齐：选择多行文字对象中的所有文字。

☑ 合并段落：将选定的段落合并为一段并用空格替换每段的回车。

☑ 背景遮罩：用设定的背景对标注的文字进行遮罩。选择该命令，系统打开“背景遮罩”对话框，如图 4-10 所示。

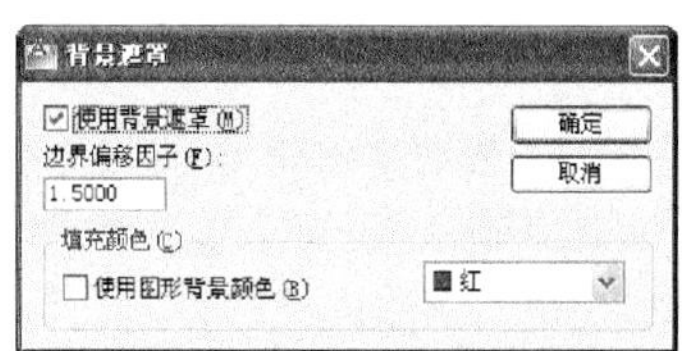


图 4-10 “背景遮罩”对话框

☑ 删除格式：清除选定文字的粗体、斜体或下划线格式。

☑ 编辑器设置：显示“文字格式”工具栏的选项列表。有关详细信息可参见编辑器设置。

Note

Note

### 4.1.4 多行文本编辑

1. 执行方式

☑ 命令行：DDEDIT。

☑ 菜单栏："修改"→"对象"→"文字"→"编辑"。

☑ 工具栏："文字"→"编辑"A。

2. 操作步骤

```
命令：DDEDIT↙
选择注释对象或 [放弃(U)]：
```

要求选择想要修改的文本，同时光标变为拾取框。用拾取框单击对象，如果选取的文本是用 TEXT 命令创建的单行文本，可对其直接进行修改。如果选取的文本是用 MTEXT 命令创建的多行文本，选取后则打开多行文字编辑器（如图 4-7 所示），可根据前面的介绍对各项设置或内容进行修改。

### 4.1.5 实例—酒瓶

本例利用"多段线"命令绘制一侧的轮廓，再利用"镜像"命令得到另一侧的轮廓，最后利用"直线"、"椭圆"、"多行文字"等命令完善图形。绘制流程图如图 4-11 所示。

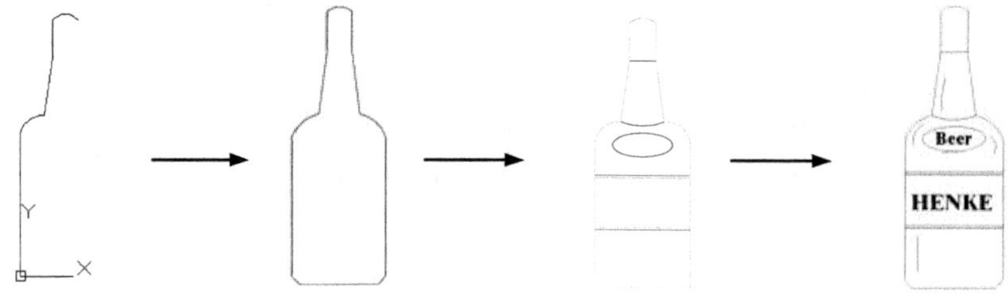


图 4-11 绘制酒瓶

绘制步骤：（**光盘\动画演示\第 4 章\酒瓶.avi**）

（1）选择菜单栏中的"格式"→"图层"命令，打开"图层特性管理器"对话框，新建 3 个图层。

❶ "1"图层，颜色为绿色，其余属性默认。

❷ "2"图层，颜色为黑色，其余属性默认。

❸ "3"图层，颜色为蓝色，其余属性默认。

（2）选择菜单栏中的"视图"→"缩放"→"圆心"命令，将图形界面缩放至适当大小。

（3）将当前图层设为"3"图层，选择菜单栏中的"绘图"→"多段线"命令。命令行中的提示与操作如下：

```
命令：_pline
指定起点：40,0
当前线宽为 0.0000
指定下一个点或 [圆弧(A)/半宽(H)/长度(L)/放弃(U)/宽度(W)]：@-40,0
指定下一点或 [圆弧(A)/闭合(C)/半宽(H)/长度(L)/ 放弃(U)/宽度(W)]：@0,119.8
指定下一点或 [圆弧(A)/闭合(C)/半宽(H)/长度(L)/放弃(U)/宽度(W)]：a
指定圆弧的端点或[角度(A)/圆心(CE)/闭合(CL)/方向(D)/半宽(H)/直线(L)/半径(R)/第二个点(S)/放弃
```

```
(U)/宽度(W)]: 22,139.6
指定圆弧的端点或[角度(A)/圆心(CE)/闭合(CL)/方向(D)/半宽(H)/直线(L)/半径(R)/第二个点(S)/放弃(U)/宽度(W)]: l
指定下一点或 [圆弧(A)/闭合(C)/半宽(H)/长度(L)/放弃(U)/宽度(W)]: 29,190.7
指定下一点或 [圆弧(A)/闭合(C)/半宽(H)/长度(L)/放弃(U)/宽度(W)]: 29,222.5
指定下一点或 [圆弧(A)/闭合(C)/半宽(H)/长度(L)/放弃(U)/宽度(W)]: a
指定圆弧的端点或[角度(A)/圆心(CE)/闭合(CL)/方向(D)/半宽(H)/直线(L)/半径(R)/第二个点(S)/放弃(U)/宽度(W)]: s
指定圆弧上的第二个点: 40,227.6
指定圆弧的端点: 51.2,223.3
指定圆弧的端点或[角度(A)/圆心(CE)/闭合(CL)/方向(D)/半宽(H)/直线(L)/半径(R)/第二个点(S)/放弃(U)/宽度(W)]:
```

绘制结果如图 4-12 所示。

（4）选择菜单栏中的“修改”→“镜像”命令，镜像绘制的多段线，指定镜像点为（40,0），（40,10），绘制结果如图 4-13 所示。

（5）选择菜单栏中的“绘图”→“直线”命令，绘制坐标点为{（0,94.5）（@80,0）}{（0,48.6），（@80,0）}、{（29,190.7），（@22,0）}{（0,50.6），（@80,0）}的直线，绘制结果如图 4-14 所示。

图 4-12 绘制多段线　　图 4-13 镜像处理　　图 4-14 绘制直线

（6）选择菜单栏中的“绘图”→“椭圆”命令，指定中心点为（40,120），轴端点为（@25,0），轴长度为（@0,10）。

选择菜单栏中的“绘图”→“圆弧”命令，以三点方式绘制坐标为（22,139.6）（40,136）（58,139.6）的圆弧，绘制结果如图 4-15 所示。

（7）选择菜单栏中的“绘图”→“文字”→“多行文字”命令，指定文字高度为 5，输入文字，结果如图 4-16 所示。

图 4-15 绘制椭圆　　图 4-16 输入文字

# 4.2 表　格

在以前的版本中，要绘制表格必须采用绘制图线或者图线结合偏移或复制等编辑命令来完成，这样的操作过程繁琐而复杂，不利于提高绘图效率。从 AutoCAD 2005 开始，新增加了一个“表格”绘图功能，有了该功能，创建表格就变得非常容易，用户可以直接插入设置好样式的表格，而无须绘制由单独的图线组成的栅格。

Note

## 4.2.1 设置表格样式

### 1. 执行方式

☑ 命令行：TABLESTYLE。

☑ 菜单栏：“格式”→“表格样式”。

☑ 工具栏：“样式”→“表格样式管理器”。

### 2. 操作步骤

执行上述命令，系统打开“表格样式”对话框，如图 4-17 所示。

### 3. 选项说明

（1）“新建”按钮

单击该按钮，系统打开“创建新的表格样式”对话框，如图 4-18 所示。输入新的表格样式名后，单击“继续”按钮，系统打开“新建表格样式：Standard 副本”对话框，如图 4-19 所示。从中可以定义新的表样式，分别控制表格中数据、列标题和总标题的有关参数，如图 4-20 所示。

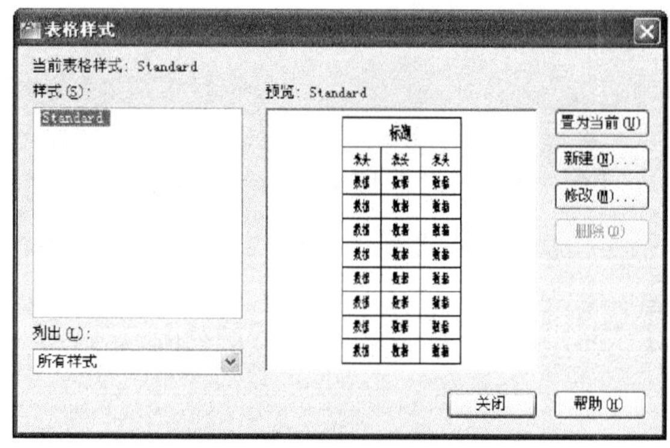


图 4-17 “表格样式”对话框

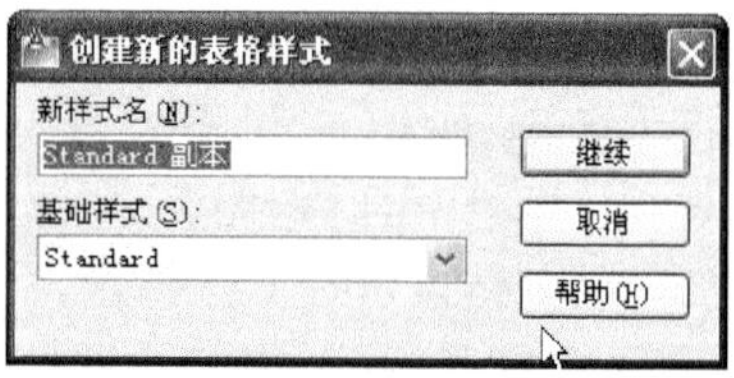


图 4-18 “创建新的表格样式”对话框

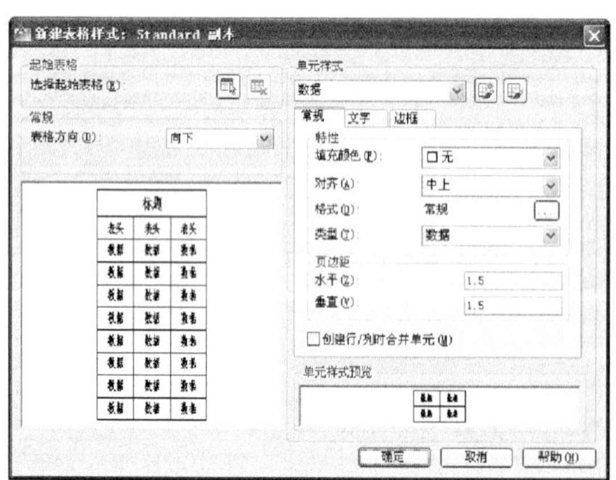


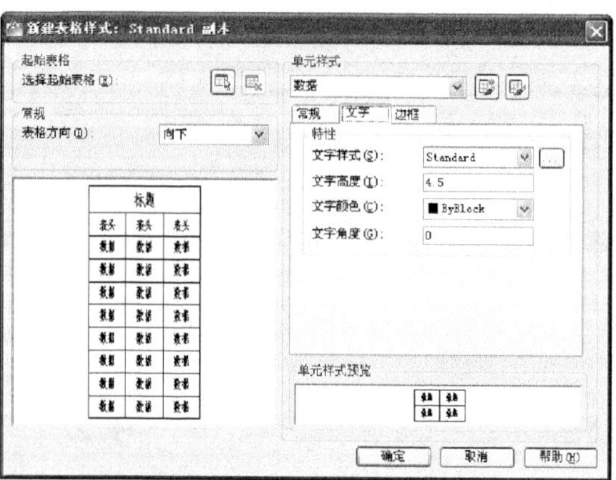


图 4-19 “新建表格样式：Standard 副本”对话框

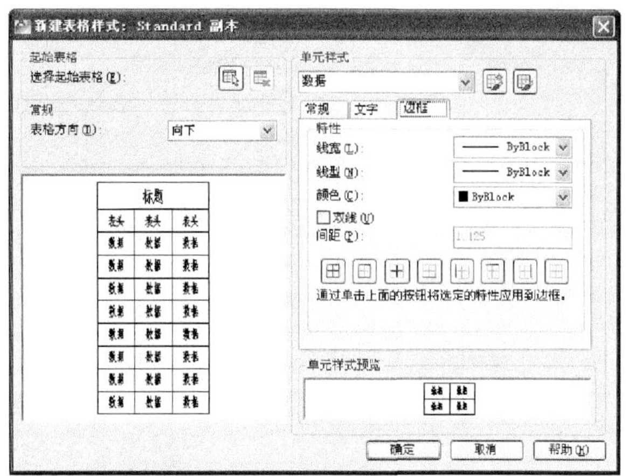


图 4-19 “新建表格样式：Standard 副本”对话框（续）

图 4-21 所示的数据文字样式为 standard，文字高度为 4.5，文字颜色为“红色”，填充颜色为“黄色”，对齐方式为“右下”；没有列标题行，标题文字样式为 standard，文字高度为 6，文字颜色为“蓝色”，填充颜色为“无”，对齐方式为“正中”；表格方向为“上”，水平单元边距和垂直单元边距都为 1.5 的表格样式。

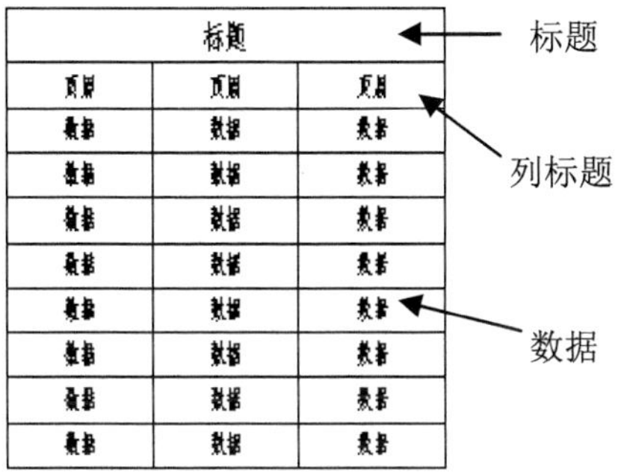

| 标题 | | |
|---|---|---|
| 页眉 | 页眉 | 页眉 |
| 数据 | 数据 | 数据 |
| 数据 | 数据 | 数据 |
| 数据 | 数据 | 数据 |
| 数据 | 数据 | 数据 |
| 数据 | 数据 | 数据 |
| 数据 | 数据 | 数据 |
| 数据 | 数据 | 数据 |
| 数据 | 数据 | 数据 |
| 数据 | 数据 | 数据 |

标题

列标题

数据

图 4-20 表格样式

| 数据 | 数据 | 数据 |
|---|---|---|
| 数据 | 数据 | 数据 |
| 数据 | 数据 | 数据 |
| 数据 | 数据 | 数据 |
| 数据 | 数据 | 数据 |
| 数据 | 数据 | 数据 |
| 数据 | 数据 | 数据 |
| 数据 | 数据 | 数据 |
| 数据 | 数据 | 数据 |
| 标题 | | |

图 4-21 表格示例

（2）“修改”按钮

对当前表格样式进行修改，方式与新建表格样式相同。

## 4.2.2 创建表格

1. 执行方式

☑ 命令行：TABLE。

☑ 菜单栏：“绘图”→“表格”。

☑ 工具栏：“绘图”→“表格”。

2. 操作步骤

执行上述命令，系统打开“插入表格”对话框，如图 4-22 所示。

3. 选项说明

（1）“表格样式”选项组：在要从中创建表格的当前图形中选择表格样式。通过单击下拉列表框旁边的按钮，用户可以创建新的表格样式。

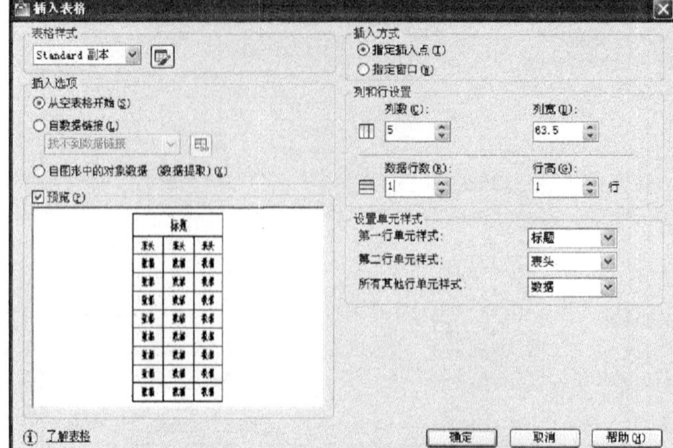

图 4-22 “插入表格”对话框

（2）“插入选项”选项组：指定插入表格的方式。

☑ “从空表格开始”单选按钮：创建可以手动填充数据的空表格。

☑ “自数据链接”单选按钮：从外部电子表格中的数据创建表格。

☑ “自图形中的对象数据（数据提取）”单选按钮：启动“数据提取”向导。

（3）“预览”选项组：显示当前表格样式的样例。

（4）“插入方式”选项组：指定表格位置。

☑ “指定插入点”单选按钮：指定表格左上角的位置。可以使用定点设备，也可以在命令提示下输入坐标值。如果表格样式将表格的方向设置为由下而上读取，则插入点位于表格的左下角。

☑ “指定窗口”单选按钮：指定表格的大小和位置。可以使用定点设备，也可以在命令提示下输入坐标值。选定此选项时，行数、列数、列宽和行高取决于窗口的大小以及列和行设置。

（5）“列和行设置”选项组：设置列和行的数目和大小。

☑ “列数”数值框：选中“指定窗口”单选按钮并指定列宽时，“自动”选项将被选定，且列数由表格的宽度控制。如果已指定包含起始表格的表格样式，则可以选择要添加到此起始表格的其他列的数量。

☑ “列宽”数值框：指定列的宽度。当选中“指定窗口”单选按钮并指定列数时，则选定“自动”选项，且列宽由表格的宽度控制。最小列宽为一个字符。

☑ “数据行数”数值框：指定行数。选中“指定窗口”单选按钮并指定行高时，则选定“自动”选项，且行数由表格的高度控制。带有标题行和表格头行的表格样式最少应有 3 行。最小行高为一个文字行。如果已指定包含起始表格的表格样式，则可以选择要添加到此起始表格的其他数据行的数量。

☑ “行高”数值框：按照行数指定行高。文字行高基于文字高度和单元边距，这两项均在表格样式中设置。选中“指定窗口”单选按钮并指定行数时，则选定“自动”选项，且行高由表格的高度控制。

（6）“设置单元样式”选项组：对于那些不包含起始表格的表格样式，可指定新表格中行的单元格式。

☑ “第一行单元样式”下拉列表框：指定表格中第一行的单元样式。默认情况下，使用标题单元样式。

☑ “第二行单元样式”下拉列表框：指定表格中第二行的单元样式。默认情况下，使用表头单

元样式。

☑ “所有其他行单元样式”下拉列表框：指定表格中所有其他行的单元样式。默认情况下，使用数据单元样式。

在上面的“插入表格”对话框中进行相应设置后，单击“确定”按钮，系统在指定的插入点或窗口自动插入一个空表格，并显示多行文字编辑器，用户可以逐行逐列输入相应的文字或数据，如图 4-23 所示。

图 4-23　多行文字编辑器

## 4.2.3　编辑表格文字

1. 执行方式

☑ 命令行：TABLEDIT。

☑ 定点设备：表格内双击。

☑ 快捷菜单：编辑单元文字。

2. 操作步骤

执行上述命令，系统打开如图 4-7 所示的多行文字编辑器，用户可以对指定表格单元的文字进行编辑。

## 4.2.4　实例——公园设计植物明细表

通过对表格样式的设置确定表格样式，再将表格插入图形中并输入相关文字，最后调整表格宽度。绘制流程图如图 4-24 所示。

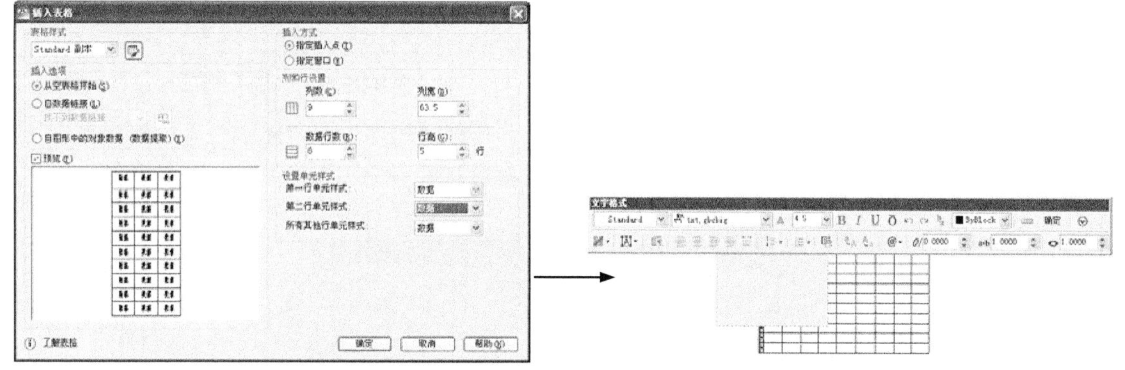

| 苗木名称 | 数量 | 规格 | 苗木名称 | 数量 | 规格 | 苗木名称 | 数量 | 规格 |
|---|---|---|---|---|---|---|---|---|
| 落叶松 | 32 | 10cm | 红叶 | 3 | 15cm | 金叶女贞 |  | 20棵/m2丛植H=500 |
| 银杏 | 44 | 15cm | 法国梧桐 | 10 | 20cm | 紫叶小柒 |  | 20棵/m2丛植H=500 |
| 元宝枫 | 5 | 6m(冠径) | 油松 | 4 | 8cm | 草坪 |  | 2－3个品种混播 |
| 樱花 | 3 | 10cm | 三角枫 | 26 | 10cm |  |  |  |
| 合欢 | 8 | 12cm | 睡莲 | 20 |  |  |  |  |
| 玉兰 | 27 | 15cm |  |  |  |  |  |  |
| 龙爪槐 | 30 | 8cm |  |  |  |  |  |  |

图 4-24　绘制植物明细表

**绘制步骤：（光盘\动画演示\第 4 章\植物明细表.avi）**

（1）选择菜单栏中的“格式”→“表格样式”命令，系统打开“表格样式”对话框，如图 4-25 所示。

（2）单击“新建”按钮，系统打开“创建新的表格样式”对话框，如图 4-26 所示。输入新的表格名称后，单击“继续”按钮，系统打开“新建表格样式：Standard 副本”对话框，“数据”选项卡的设置如图 4-27 所示。“标题”选项卡按照如图 4-28 所示设置。创建好表格样式后，确定并关闭退出“表格样式”对话框。

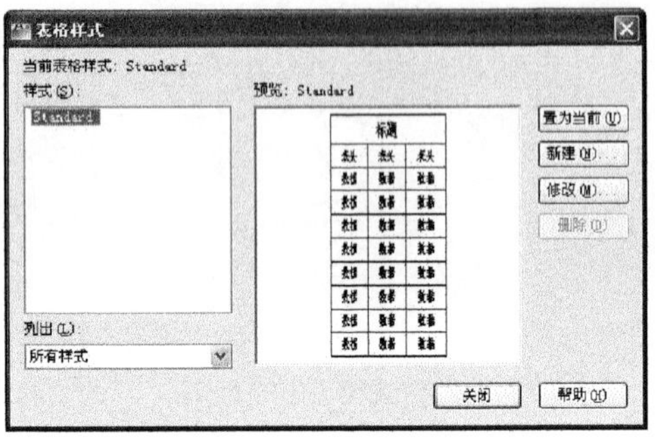


图 4-25 “表格样式”对话框

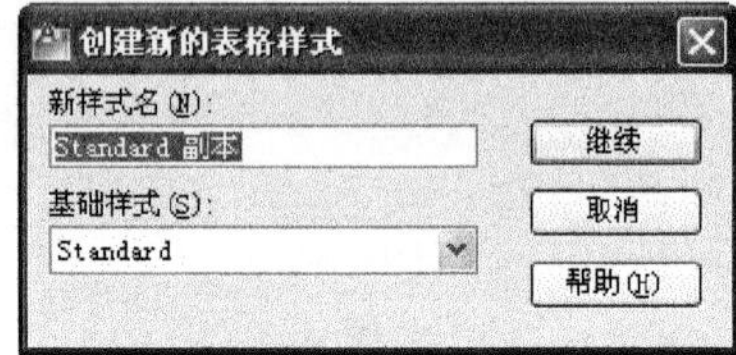


图 4-26 “创建新的表格样式”对话框

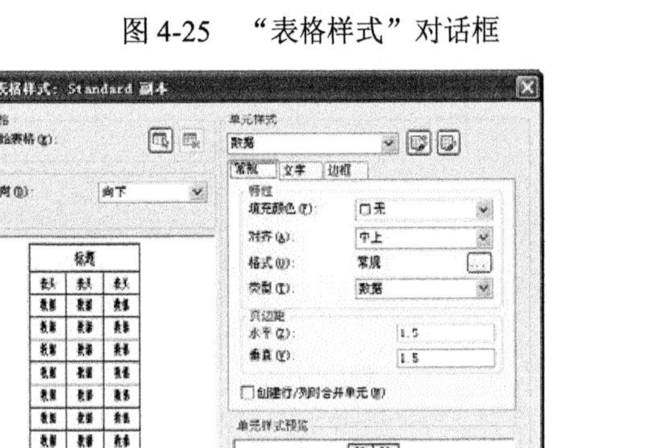


图 4-27 “数据”选项卡设置

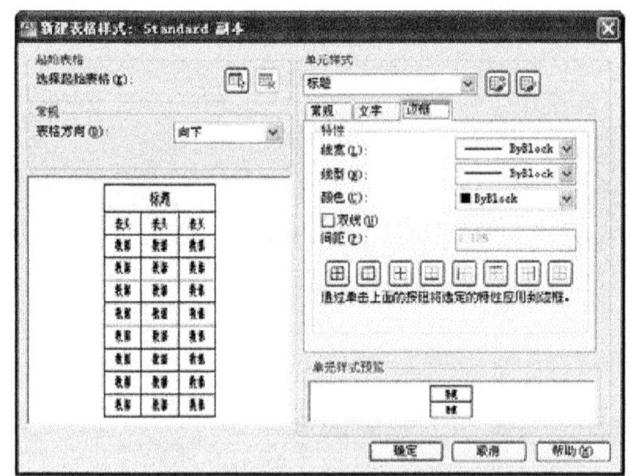


图 4-28 “标题”选项卡设置

（3）创建表格。在设置好表格样式后，选择菜单栏中的“绘图”→“表格”命令创建表格。

（4）选择菜单栏中的“绘图”→“表格”命令，系统打开“插入表格”对话框，设置如图 4-29 所示。

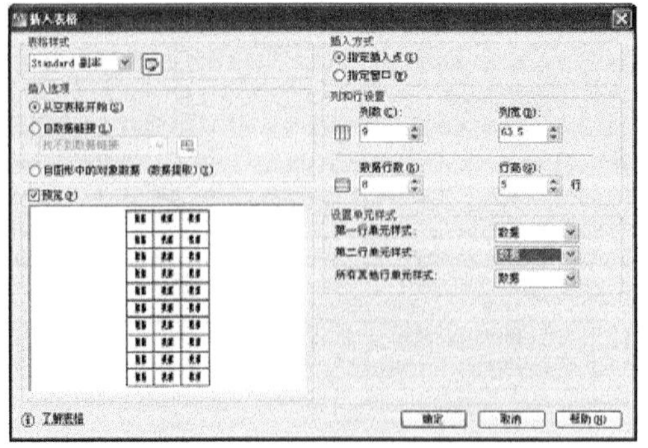


图 4-29 “插入表格”对话框

（5）单击“确定”按钮，系统在指定的插入点或窗口自动插入一个空表格，并显示多行文字编辑器，用户可以逐行逐列输入相应的文字或数据，如图 4-30 所示。

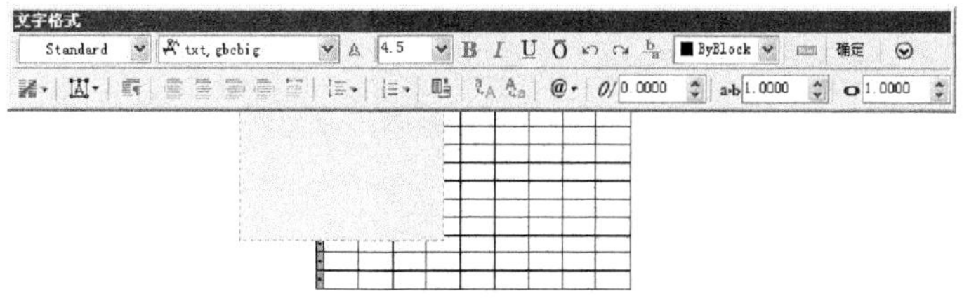

图 4-30　多行文字编辑器

（6）当编辑完成的表格有需要修改的地方时，可用 TABLEDIT 命令来完成（也可在要修改的表格上右击，在弹出的快捷菜单中选择“编辑文字”命令，如图 4-31 所示，同样可以达到修改文本的目的）。命令行提示如下：

```
命令：tabledit↙
拾取表格单元：（鼠标选取需要修改文本的表格单元）
```

多行文字编辑器会再次出现，用户可以进行修改。

**注意：** 在插入后的表格中选择某一个单元格，单击后出现钳夹点，通过移动钳夹点可以改变单元格的大小，如图 4-32 所示。

最后完成的植物明细表如图 4-33 所示。

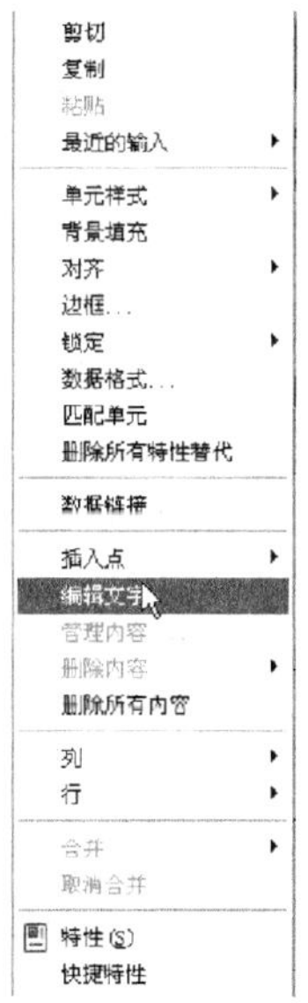


图 4-31　快捷菜单

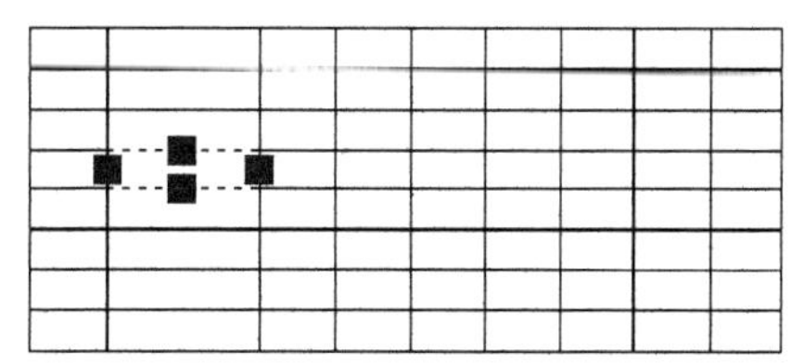

图 4-32　改变单元格大小

| 苗木名称 | 数量 | 规格 | 苗木名称 | 数量 | 规格 | 苗木名称 | 数量 | 规格 |
|---|---|---|---|---|---|---|---|---|
| 落叶松 | 32 | 10cm | 红叶 | 3 | 15cm | 金叶女贞 | | 20棵/m2丛植H=500 |
| 银杏 | 44 | 15cm | 法国梧桐 | 10 | 20cm | 紫叶小檗 | | 20棵/m2丛植H=500 |
| 元宝枫 | 5 | 6m(冠径) | 油松 | 4 | 8cm | 草坪 | | 2－3个品种混播 |
| 樱花 | 3 | 10cm | 三角枫 | 26 | 10cm | | | |
| 合欢 | 8 | 12cm | 睡莲 | 20 | | | | |
| 玉兰 | 27 | 15cm | | | | | | |
| 龙爪槐 | 30 | 8cm | | | | | | |

图 4-33　植物明细表

# 4.3 尺寸标注

本节中尺寸标注相关命令的菜单方式集中在“标注”菜单中，工具栏方式集中在“标注”工具栏中。

## 4.3.1 设置尺寸样式

### 1. 执行方式

☑ 命令行：DIMSTYLE。

☑ 菜单栏：“格式”→“标注样式”或“标注”→“样式”。

☑ 工具栏：“标注”→“标注样式”。

### 2. 操作步骤

执行上述命令，系统打开“标注样式管理器”对话框，如图 4-34 所示。利用此对话框可方便直观地定制和浏览尺寸标注样式，包括产生新的标注样式、修改已存在的样式、设置当前尺寸标注样式、样式重命名以及删除一个已有样式等。

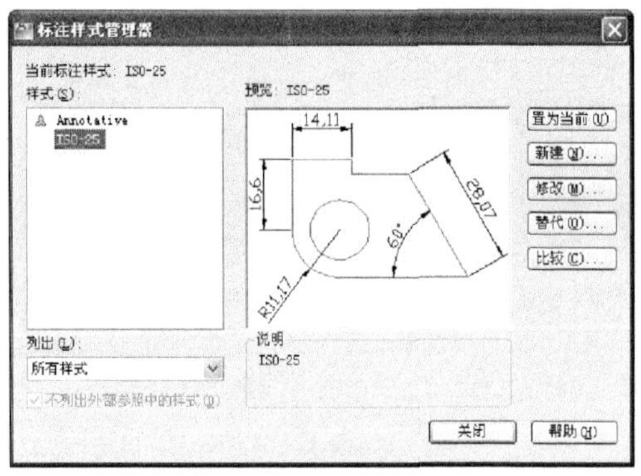


图 4-34 “标注样式管理器”对话框

### 3. 选项说明

（1）“置为当前”按钮

单击该按钮，把在“样式”列表框中选中的样式设置为当前样式。

（2）“新建”按钮

定义一个新的尺寸标注样式。单击该按钮，AutoCAD 打开“创建新标注样式”对话框，如图 4-35 所示。利用该对话框可创建一个新的尺寸标注样式，单击“继续”按钮，可利用打开的如图 4-36 所示的“新建标注样式：副本 ISO-25”对话框对新样式的各项特性进行设置。

在图 4-36 所示的“新建标注样式：副本 ISO-25”对话框中有 7 个选项卡，分别如下。

☑ “线”选项卡：该选项卡对尺寸线、尺寸界线的形式和特性各个参数进行设置。包括尺寸线的颜色、线宽、超出标记、基线间距、隐藏等参数，尺寸界线的颜色、线宽、超出尺寸线、起点偏移量、隐藏等参数。

☑ “符号和箭头”选项卡：该选项卡主要对箭头、圆心标记、弧长符号和半径折弯标注的形式和特性进行设置，如图 4-37 所示。包括箭头的大小、引线、形状等参数以及圆心标记的类

型和大小等参数。

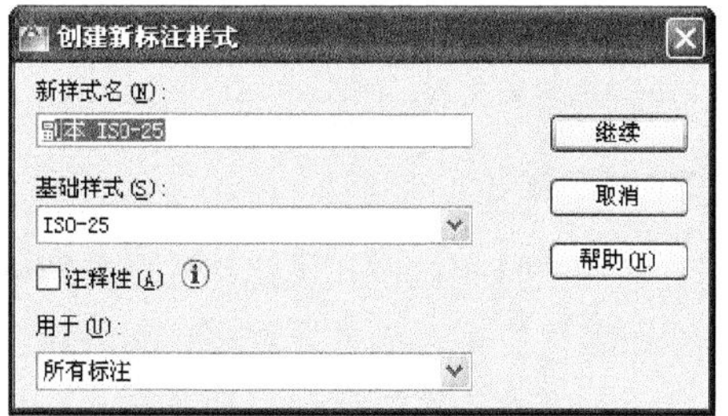


图 4-35　“创建新标注样式”对话框

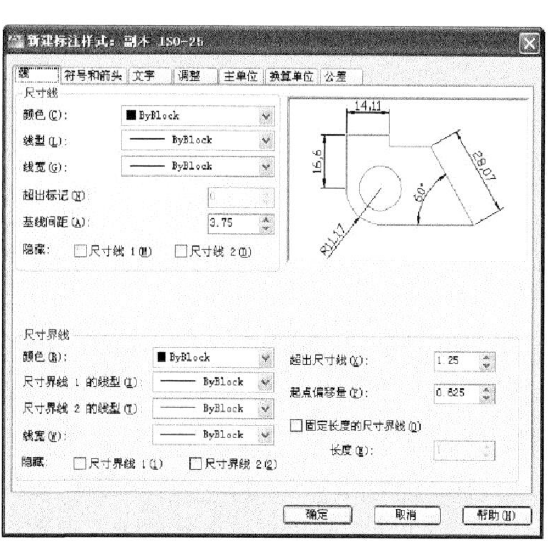


图 4-36　“新建标注样式：副本 ISO-25”对话框

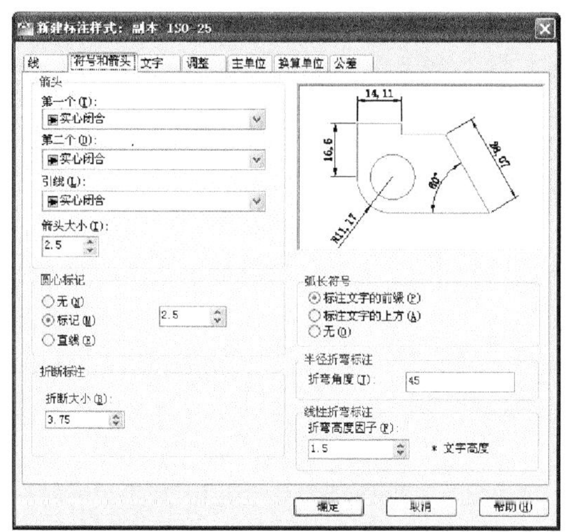


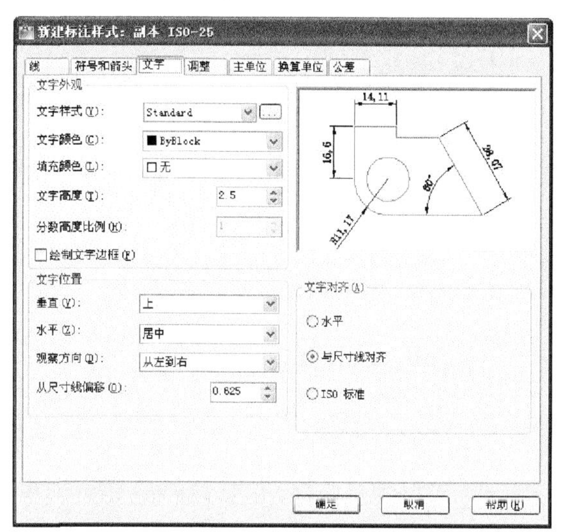


图 4-37　“符号和箭头”选项卡　　　　图 4-38　“文字”选项卡

☑　“文字”选项卡：该选项卡对文字的外观、位置、对齐方式等各个参数进行设置，如图 4-38 所示。包括文字外观的文字样式、颜色、填充颜色、文字高度、分数高度比例和是否绘制文字边框等参数，文字位置的垂直、水平和从尺寸线偏移量等参数。对齐方式有水平、与尺寸线对齐、ISO 标准 3 种方式。图 4-39 所示为尺寸在垂直方向上放置的 4 种不同情形。图 4-40 所示为尺寸在水平方向上放置的 5 种不同情形。

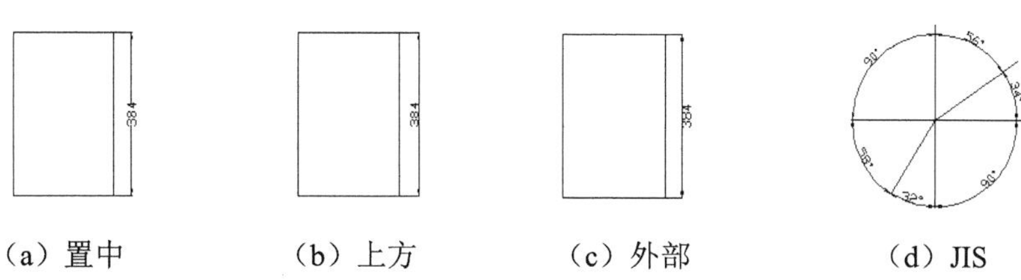


图 4-39　尺寸文本在垂直方向的放置

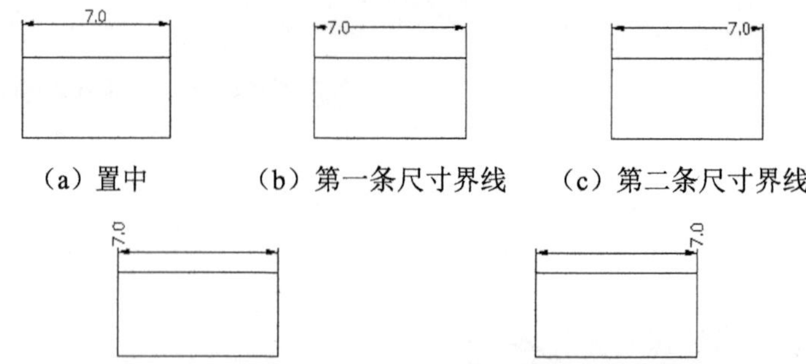


（a）置中　（b）第一条尺寸界线　（c）第二条尺寸界线

（d）第一条尺寸界线上方　（e）第二条尺寸界线上方

图 4-40　尺寸文本在水平方向的放置

Note

☑　“调整”选项卡：该选项卡对调整选项、文字位置、标注特征比例、优化等各个参数进行设置，如图 4-41 所示。包括调整选项选择、文字不在默认位置时的放置位置、标注特征比例选择，以及调整尺寸要素位置等参数。图 4-42 所示为文字不在默认位置时的放置位置的 3 种不同情形。

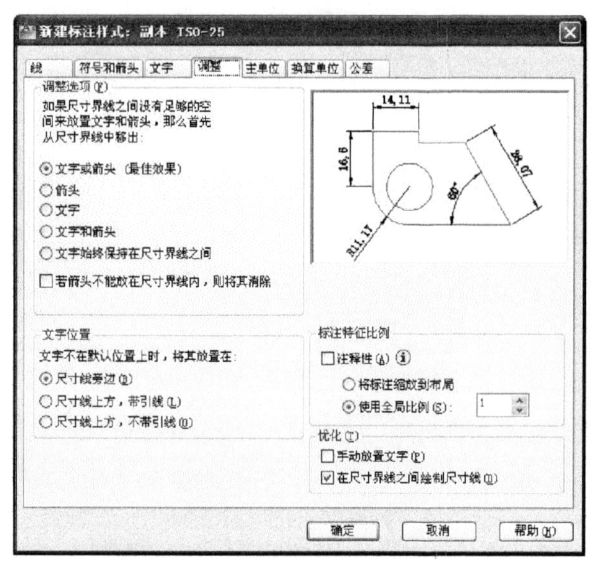


图 4-41　“调整”选项卡

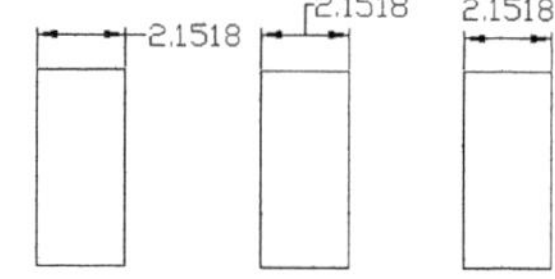


图 4-42　尺寸文本的位置

☑　“主单位”选项卡：该选项卡用于设置尺寸标注的主单位和精度，以及给尺寸文本添加固定的前缀或后缀。本选项卡含有两个选项组，分别对长度型标注和角度型标注进行设置，如图 4-43 所示。

☑　“换算单位”选项卡：该选项卡用于对替换单位进行设置，如图 4-44 所示。

☑　“公差”选项卡：该选项卡用于对尺寸公差进行设置，如图 4-45 所示。其中“方式”下拉列表框中列出了 AutoCAD 提供的 5 种标注公差的形式，用户可从中选择。这 5 种形式分别是“无”、“对称”、“极限偏差”、“极限尺寸”和“基本尺寸”，其中“无”表示不标注公差。其余 4 种标注情况如图 4-46 所示。在“精度”下拉列表框、“上偏差”数值框、“下偏差”数值框、“高度比例”数值框、“垂直位置”下拉列表框等中输入或选择相应的参数值。

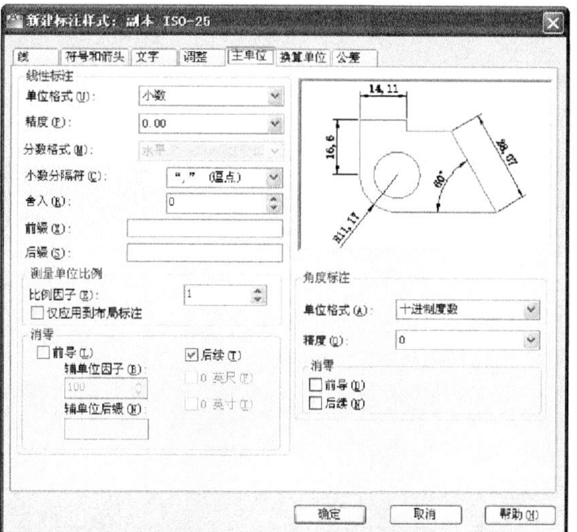


图 4-43　“主单位”选项卡

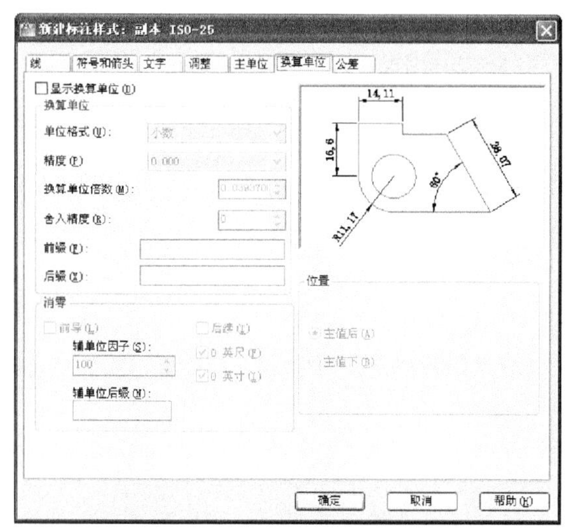


图 4-44　“换算单位”选项卡

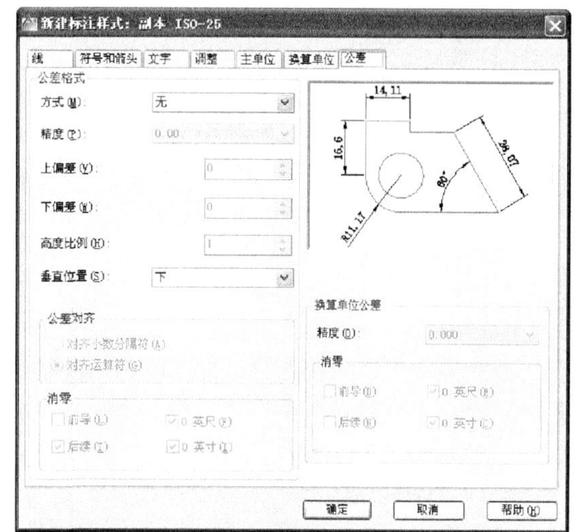


图 4-45　“公差”选项卡

**注意**：系统自动在上偏差数值前加一个“+”号，在下偏差数值前加一个“–”号。如果上偏差是负值或下偏差是正值，就需要在输入的偏差值前加负号。如下偏差是+0.005，则需要在“下偏差”数值框中输入“–0.005”。

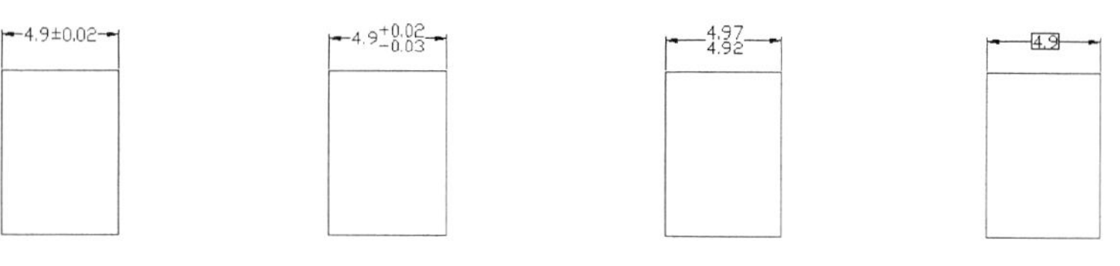


（a）对称　（b）极限偏差　（c）极限尺寸　（d）基本尺寸

图 4-46　公差标注的形式

（3）“修改”按钮

修改一个已存在的尺寸标注样式。单击该按钮，AutoCAD 弹出“修改标注样式”对话框，该对

话框中的各选项与“新建标注样式”对话框中完全相同，可以对已有标注样式进行修改。

（4）“替代”按钮

设置临时覆盖尺寸标注样式。单击该按钮，AutoCAD 打开“替代当前样式”对话框，该对话框中各选项与“新建标注样式”对话框完全相同，用户可改变选项的设置覆盖原来的设置，但这种修改只对指定的尺寸标注起作用，而不影响当前尺寸变量的设置。

Note

（5）“比较”按钮

比较两个尺寸标注样式在参数上的区别或浏览一个尺寸标注样式的参数设置。单击该按钮，AutoCAD 打开“比较标注样式”对话框，如图 4-47 所示。可以把比较结果复制到剪贴板上，然后再粘贴到其他的 Windows 应用软件上。

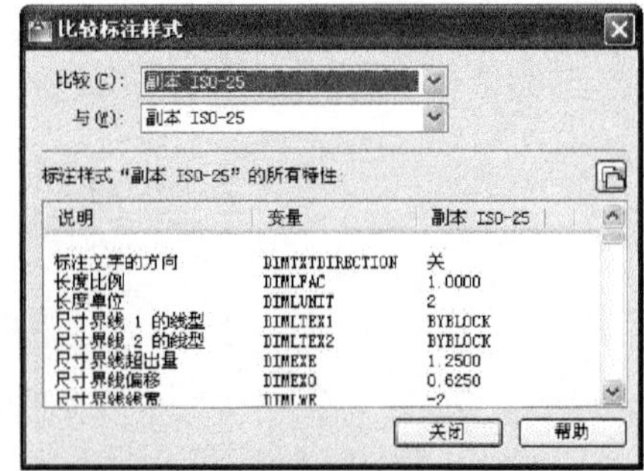


图 4-47　“比较标注样式”对话框

## 4.3.2　尺寸标注

### 1. 线性标注

（1）执行方式

☑ 命令行：DIMLINEAR。

☑ 菜单栏：“标注”→“线性”。

☑ 工具栏：“标注”→“线性”。

（2）操作步骤

```
命令：DIMLINEAR↙
指定第一条尺寸界线原点或 <选择对象>:
```

在此提示下有两种选择，直接按回车键选择要标注的对象或确定尺寸界线的起始点，回车并选择要标注的对象或指定两条尺寸界线的起始点后，系统继续提示：

```
指定尺寸线位置或[多行文字(M)/文字(T)/角度(A)/水平(H)/垂直(V)/旋转(R)]:
```

（3）选项说明

☑ 指定尺寸线位置：确定尺寸线的位置。用户可移动鼠标选择合适的尺寸线位置，然后回车或单击鼠标左键，AutoCAD 则自动测量所标注线段的长度并标注出相应的尺寸。

☑ 多行文字(M)：用多行文本编辑器确定尺寸文本。

☑ 文字(T)：在命令行提示下输入或编辑尺寸文本。选择此选项后，AutoCAD 提示：

```
输入标注文字 <默认值>:
```

其中的默认值是 AutoCAD 自动测量得到的被标注线段的长度，直接按回车键即可采用此长度值，也可输入其他数值代替默认值。当尺寸文本中包含默认值时，可使用尖括号“<>”表示默认值。

☑ 角度(A)：确定尺寸文本的倾斜角度。

☑ 水平(H)：水平标注尺寸，不论标注什么方向的线段，尺寸线均水平放置。

☑ 垂直(V)：垂直标注尺寸，不论被标注线段沿什么方向，尺寸线总保持垂直。

☑ 旋转(R)：输入尺寸线旋转的角度值，旋转标注尺寸。

对齐标注的尺寸线与所标注的轮廓线平行；坐标尺寸标注点的纵坐标或横坐标；角度标注两个对象之间的角度；直径或半径标注圆或圆弧的直径或半径；圆心标记则标注圆或圆弧的中心或中心线，具体由“新建（修改）标注样式”对话框中“尺寸与箭头”选项卡的“圆心标记”选项组决定。上面

所述的几种尺寸标注与线性标注类似。

2. 基线标注

基线标注用于产生一系列基于同一条尺寸界线的尺寸标注，适用于长度尺寸标注、角度标注和坐标标注等。在使用基线标注方式之前，应该先标注出一个相关的尺寸，如图 4-48 所示。基线标注两平行尺寸线间距由“新建（修改）标注样式”对话框的“线”选项卡中的“尺寸线”选项组中“基线间距”数值框中的值决定。

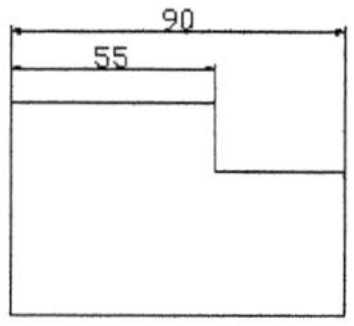

图 4-48　基线标注

（1）执行方式

☑ 命令行：DIMBASELINE。

☑ 菜单栏：“标注”→“基线”。

☑ 工具栏：“标注”→“基线”。

（2）操作步骤

```
命令：DIMBASELINE↙
指定第二条尺寸界线原点或 [放弃(U)/选择(S)] <选择>:
```

直接确定另一个尺寸的第二条尺寸界线的起点，AutoCAD 以上次标注的尺寸为基准标注，标注出相应尺寸。

直接按回车键，系统提示：

```
选择基准标注：（选取作为基准的尺寸标注）
```

连续标注又叫尺寸链标注，用于产生一系列连续的尺寸标注，后一个尺寸标注均把前一个标注的第二条尺寸界线作为它的第一条尺寸界线。与基线标注一样，在使用连续标注方式之前，应该先标注出一个相关的尺寸。其标注过程与基线标注类似，如图 4-49 所示。

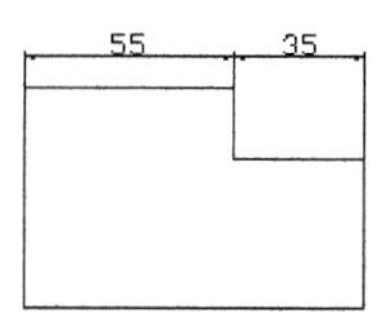


图 4-49　连续标注

3. 快速标注

快速尺寸标注命令 QDIM 使用户可以交互地、动态地、自动化地进行尺寸标注。在 QDIM 命令中可以同时选择多个圆或圆弧标注直径或半径，也可同时选择多个对象进行基线标注和连续标注，选择一次即可完成多个标注，因此可节省时间，提高工作效率。

（1）执行方式

☑ 命令行：QDIM。

☑ 菜单栏：“标注”→“快速标注”。

☑ 工具栏：“标注”→“快速标注”。

（2）操作步骤

```
命令：QDIM↙
选择要标注的几何图形：（选择要标注尺寸的多个对象后回车）
指定尺寸线位置或 [连续(C)/并列(S)/基线(B)/坐标(O)/半径(R)/直径(D)/基准点(P)/编辑(E)/设置(T)] <连续>:
```

（3）选项说明

☑ 指定尺寸线位置：直接确定尺寸线的位置，按默认尺寸标注类型标注出相应尺寸。

☑ 连续(C)：产生一系列连续标注的尺寸。

☑ 并列(S)：产生一系列交错的尺寸标注，如图 4-50 所示。

☑ 基线(B)：产生一系列基线标注的尺寸。后面的“坐标(O)”、“半径(R)”、“直径(D)”选项的

含义与此类同。

☑ 基准点(P)：为基线标注和连续标注指定一个新的基准点。

☑ 编辑(E)：对多个尺寸标注进行编辑。系统允许对已存在的尺寸标注添加或移去尺寸点。选择此选项，AutoCAD 作如下提示：

```
指定要删除的标注点或 [添加(A)/退出(X)] <退出>:
```

在此提示下确定要移去的点之后按回车键，AutoCAD 对尺寸标注进行更新。如图 4-51 所示为图 4-50 删除中间 4 个标注点后的尺寸标注。

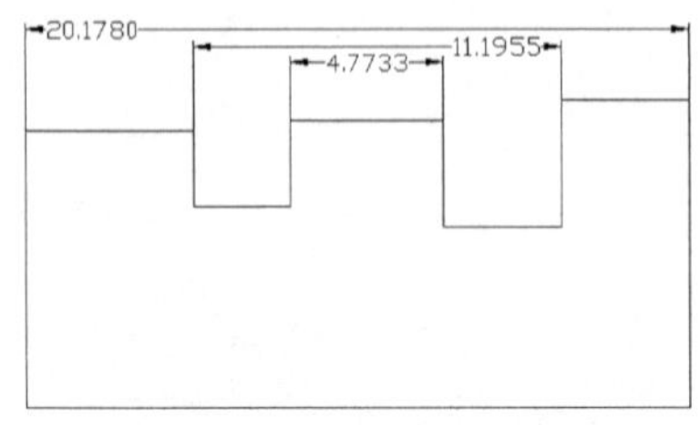


图 4-50　交错尺寸标注

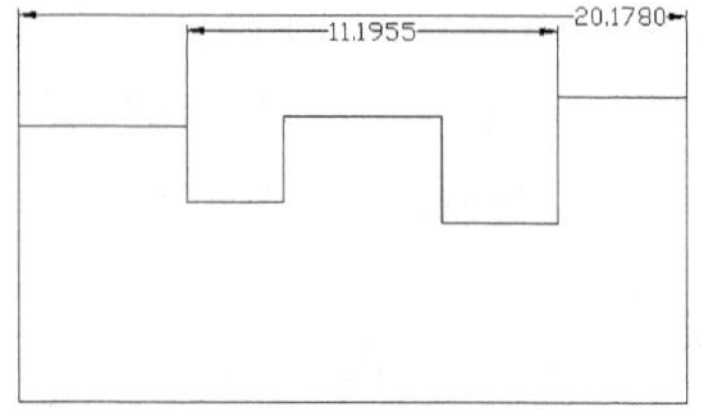


图 4-51　删除标注点

4. 引线标注

（1）执行方式

命令行：QLEADER。

（2）操作步骤

```
命令：QLEADER↙
指定第一个引线点或 [设置(S)] <设置>:
指定下一点：（输入指引线的第二点）
指定下一点：（输入指引线的第三点）
指定文字宽度 <0.0000>:（输入多行文本的宽度）
输入注释文字的第一行 <多行文字(M)>:（输入单行文本或回车打开多行文字编辑器输入多行文本）
输入注释文字的下一行：（输入另一行文本）
输入注释文字的下一行：（输入另一行文本或回车）
```

也可以在上面的操作过程中选择“设置(S)”选项打开“引线设置”对话框（如图 4-52 所示）进行相关参数设置。“形位公差”对话框如图 4-53 所示。

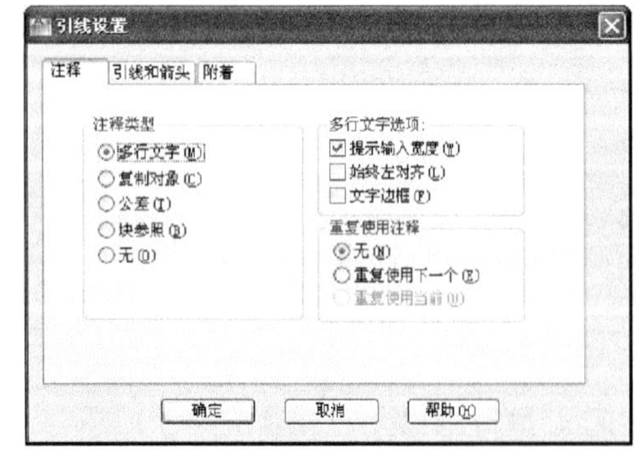


图 4-52　“引线设置”对话框

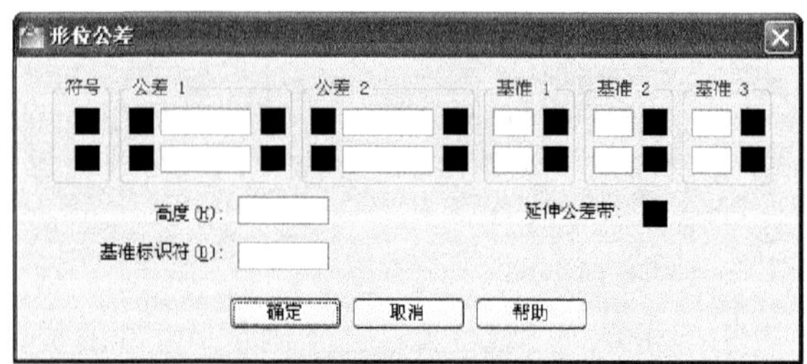


图 4-53　“形位公差”对话框

另外，还有一个名为 LEADER 的命令也可以进行引线标注，与 QLEADER 命令类似，这里不再赘述。

## 4.3.3 实例——给户型平面图标注尺寸

本例利用“直线”、“矩形”、“偏移”等命令绘制居室平面图，再利用“线性标注”命令进行尺寸标注。绘制流程图如图 4-54 所示。

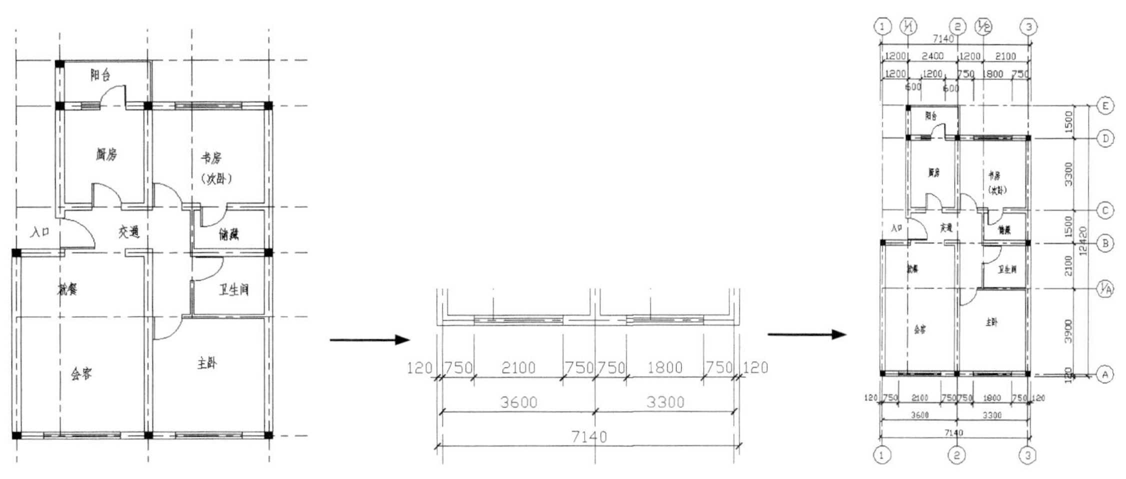

图 4-54 给户型平面图标注尺寸

**绘制步骤：（光盘\动画演示\第 4 章\给户型平面图标注尺寸.avi）**

（1）打开随书光盘中的“源文件\4\户型平面图.dwg”文件，如图 4-55 所示。

（2）选择菜单栏中的“格式”→“图层”命令，建立“尺寸”图层，尺寸图层参数如图 4-56 所示，并将其置为当前层。

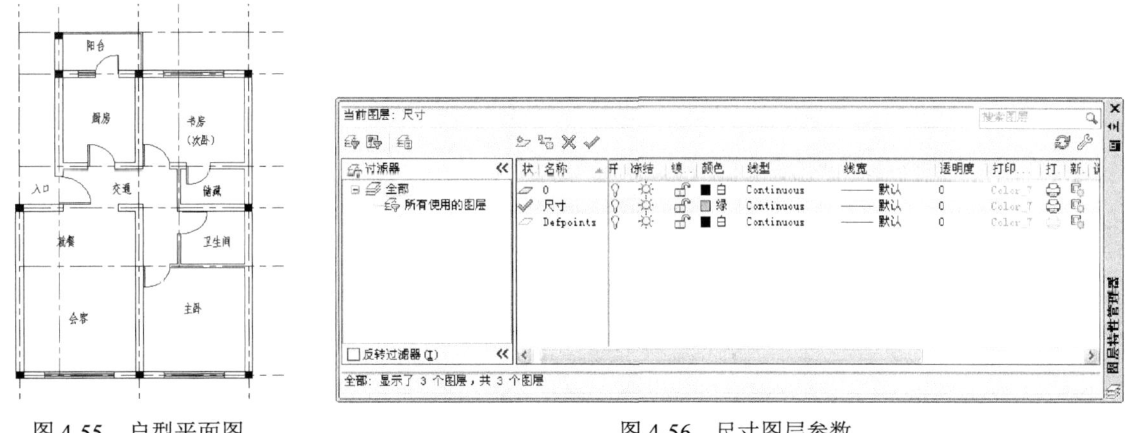

图 4-55 户型平面图　　图 4-56 尺寸图层参数

（3）标注样式设置。标注样式的设置应该与绘图比例相匹配。如前面所述，该平面图以实际尺寸绘制，并以 1:100 的比例输出，现在对标注样式进行如下设置。

❶ 选择菜单栏中的“格式”→“标注样式”命令，系统打开“标注样式管理器”对话框，新建一个标注样式，并将其命名为“建筑”，单击“继续”按钮，如图 4-57 所示。

❷ 将“建筑”样式中的参数按如图 4-58～图 4-61 所示逐项进行设置。单击“确定”按钮后返回“标注样式管理器”对话框，将“建筑”样式置为当前，如图 4-62 所示。

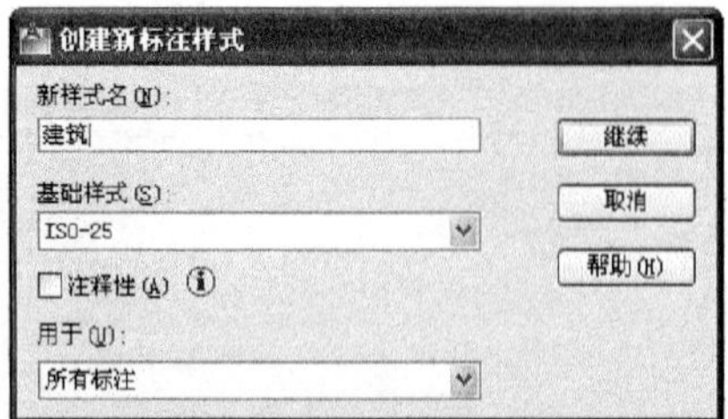


图 4-57　新建标注样式

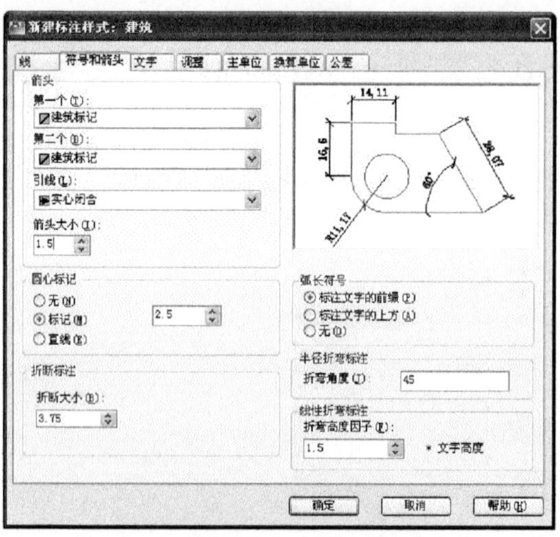


图 4-58　设置参数 1

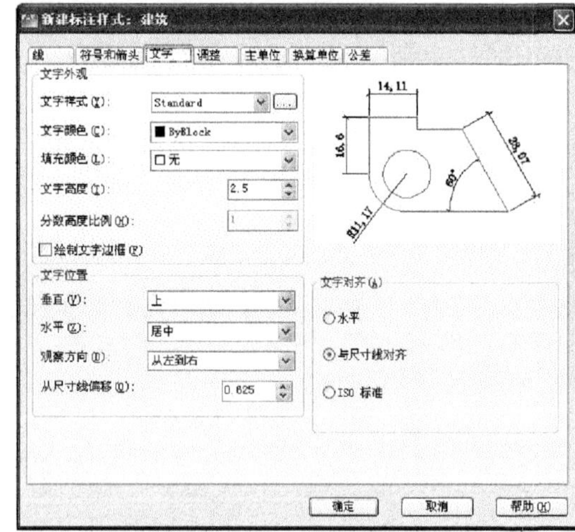


图 4-59　设置参数 2

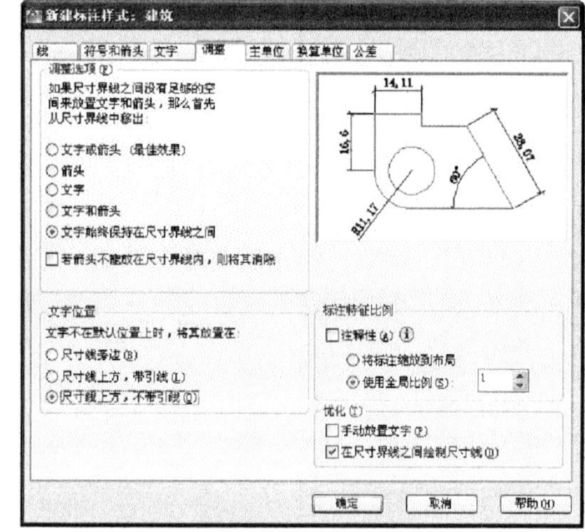


图 4-60　设置参数 3

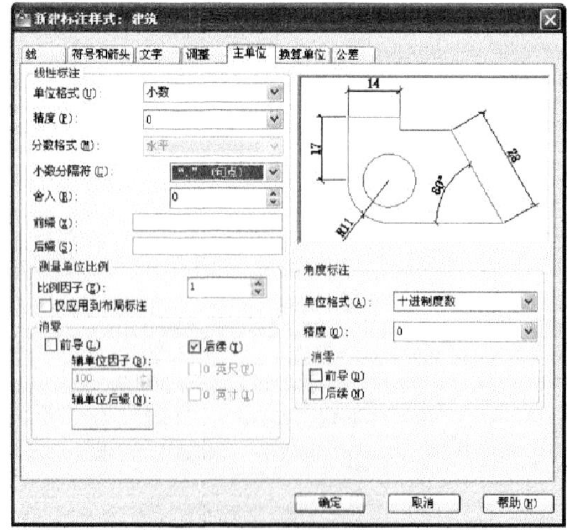


图 4-61　设置参数 4

Note

（4）尺寸标注。以图 4-63 所示的底部的尺寸标注为例。该部分尺寸分为 3 道，第一道为墙体宽度及门窗宽度，第二道为轴线间距，第三道为总尺寸。

❶ 在任意工具栏的空白处右击，在弹出的快捷菜单中选择“标注”命令，如图 4-64 所示，将“标注”工具栏显示在屏幕上。

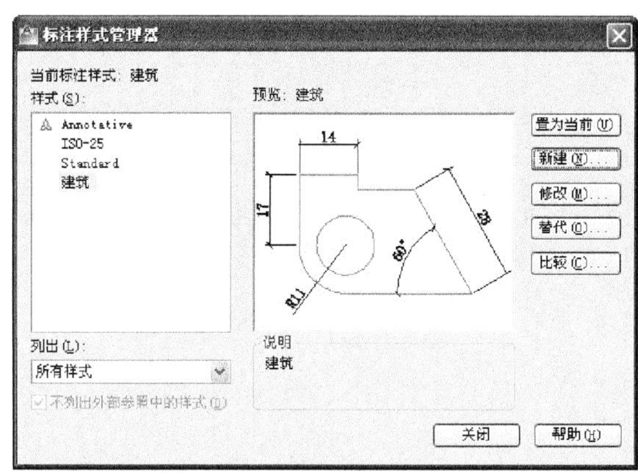


图 4-62　将“建筑”样式置为当前

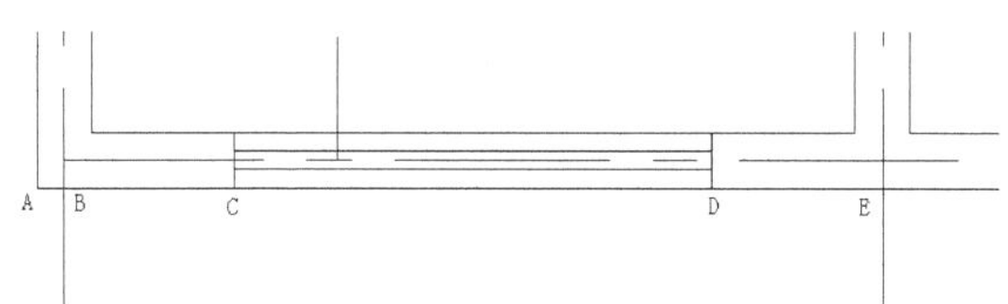


图 4-63　捕捉点示意

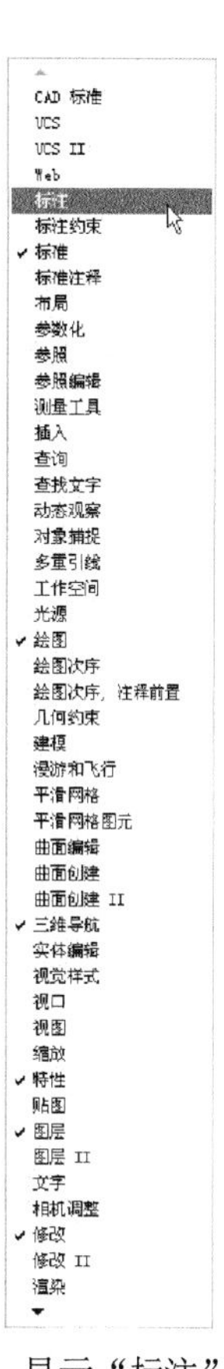


图 4-64　显示“标注”工具栏

❷ 第一道尺寸线的绘制。

☑ 选择菜单栏中的“标注”→“线性”命令，如图 4-65 所示。命令行中的提示与操作如下：

```
命令：_dimlinear
指定第一条尺寸界线原点或 <选择对象>:（利用“对象捕捉”单击图 4-63 中的 A 点）
指定第二条尺寸界线原点：（捕捉 B 点）
指定尺寸线位置或[多行文字(M)/文字(T)/角度(A)/水平(H)/垂直(V)/旋转(R)]:@0,-1200（按回车键）
```

图 4-65　“标注”工具栏

结果如图 4-66 所示。上述操作也可以在捕捉 A、B 两点后，通过直接向外拖动来确定尺寸线的放置位置。

☑ 重复“线性”命令，命令行中的提示与操作如下：

```
命令：_dimlinear
指定第一条尺寸界线原点或 <选择对象>:（单击图 4-63 中的 B 点）
```

Note

```
指定第二条尺寸界线原点：（捕捉 C 点）
指定尺寸线位置或[多行文字(M)/文字(T)/角度(A)/水平(H)/垂直(V)/旋转(R)]：@0,-1200
（按回车键。也可以直接捕捉上一道尺寸线位置）
```

结果如图 4-67 所示。

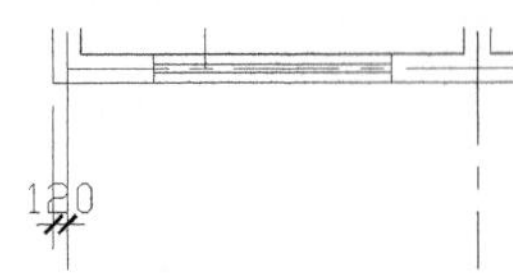


图 4-66　尺寸 1

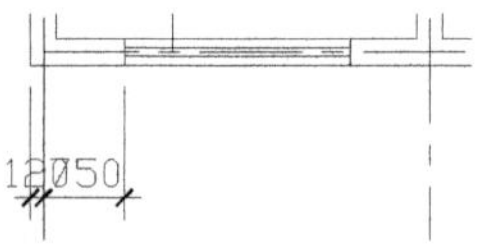


图 4-67　尺寸 2

☑　采用同样的方法依次绘出第一道尺寸的全部，结果如图 4-68 所示。

此时发现，图 4-68 中的尺寸“120”跟“750”字样出现重叠，现在将它移开。单击“120”，则该尺寸处于选中状态；再用鼠标单击中间的蓝色方块标记，将“120”字样移至外侧适当位置后，单击“确定”按钮。采用同样的办法处理右侧的“120”字样，结果如图 4-69 所示。

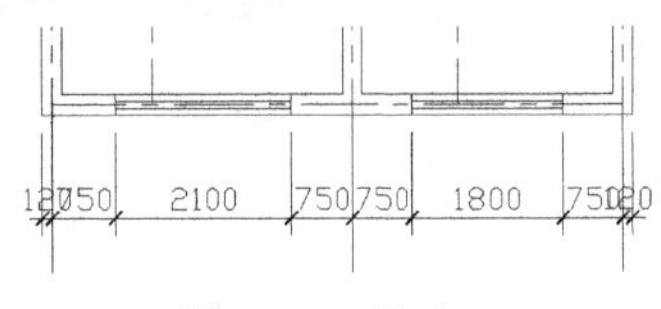


图 4-68　尺寸 3

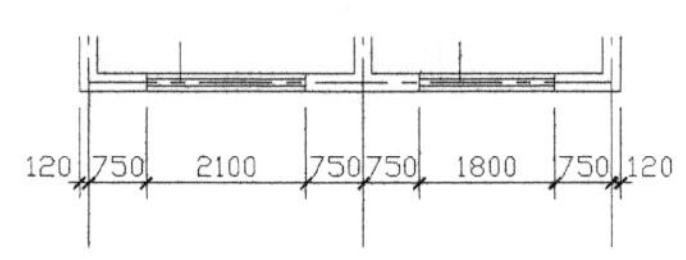


图 4-69　第一道尺寸

**注意：** 处理字样重叠的问题，亦可以在标注样式中进行相关设置，这样计算机会自动处理，但处理效果有时不太理想，也可以通过单击“标注”工具栏中的“编辑标注文字”按钮来调整文字位置，读者可以尝试一下。

❸ 第二道尺寸绘制。选择菜单栏中的“标注”→“线性”命令，命令行中的提示与操作如下：

```
命令：_dimlinear
指定第一条尺寸界线原点或 <选择对象>：（捕捉如图 4-63 所示中的 A 点）
指定第二条尺寸界线原点：（捕捉 B 点）
指定尺寸线位置或
[多行文字(M)/文字(T)/角度(A)/水平(H)/垂直(V)/旋转(R)]：@0,-800 （按回车键）
```

结果如图 4-70 所示。

重复上述命令，分别捕捉 B 点、C 点，完成第二道尺寸的绘制，结果如图 4-71 所示。

❹ 第三道尺寸绘制。选择菜单栏中的“标注”→“线性”命令，命令行中的提示与操作如下：

```
命令：_dimlinear
指定第一条尺寸界线原点或 <选择对象>：（捕捉左下角的外墙角点）
指定第二条尺寸界线原点：（捕捉右下角的外墙角点）
指定尺寸线位置或
[多行文字(M)/文字(T)/角度(A)/水平(H)/垂直(V)/旋转(R)]：@0,-2800 （按回车键）
```

结果如图 4-72 所示。

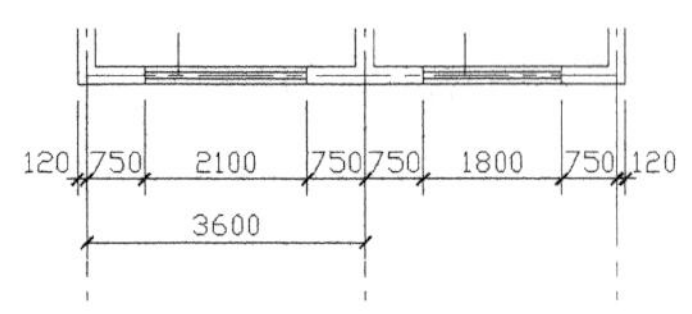


图 4-70　轴线尺寸 1

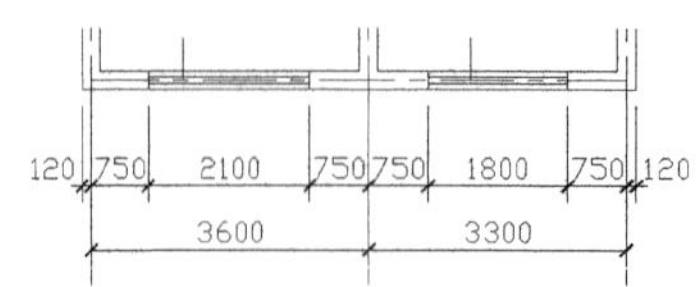


图 4-71　第二道尺寸

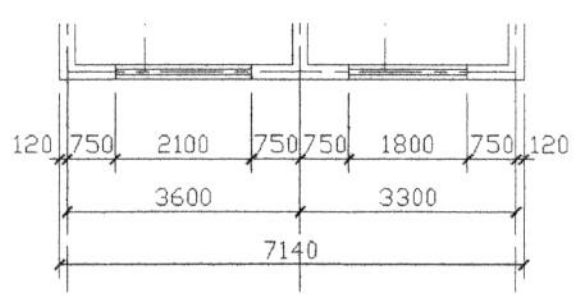


图 4-72　第三道尺寸

（5）轴号标注。根据规范要求，横向轴号一般用阿拉伯数字 1、2、3……标注，纵向轴号一般用字母 A、B、C……标注。

在轴线端绘制一个直径为 800 的圆，在图的中央标注一个数字“1”，字高为 300，如图 4-73 所示。将该轴号图例复制到其他轴线端，并修改圈内的数字。

双击数字，打开“文字编辑器”对话框，如图 4-74 所示，输入修改的数字后，单击“确定”按钮。

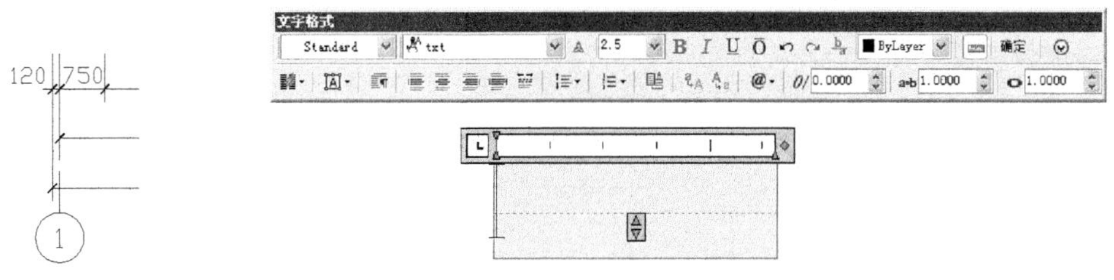


图 4-73　轴号 1　　　　图 4-74　“文字编辑器”对话框

轴号标注结束后，下方尺寸标注结果如图 4-75 所示。

采用上述整套的尺寸标注方法，将其他方向的尺寸标注完成，结果如图 4-76 所示。

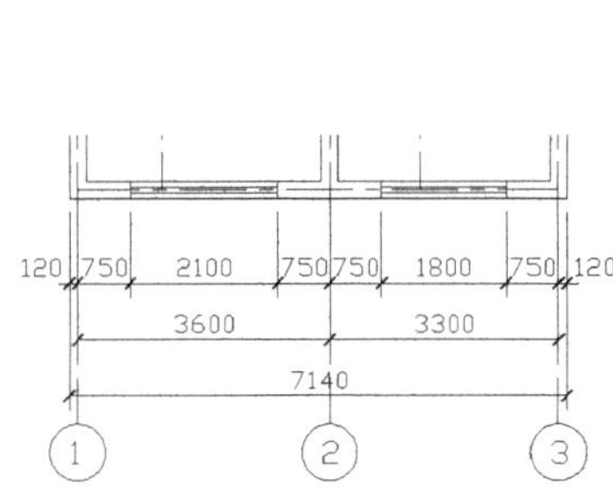


图 4-75　下方尺寸标注结果

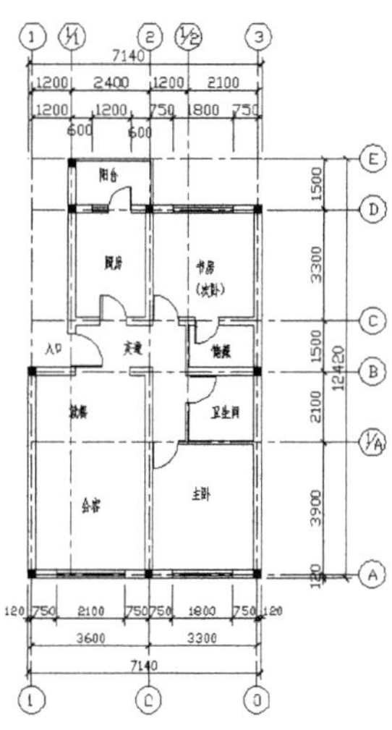

图 4-76　尺寸标注结束

# 4.4　查询工具

为方便用户及时了解图形信息，AutoCAD 提供了很多查询工具，这里进行简要说明。

## 4.4.1　距离查询

1. 执行方式

☑　命令行：MEASUREGEOM。

☑　菜单栏：“工具”→“查询”→“距离”。

☑　工具栏：“查询”→“距离”。

2. 操作步骤

Note

```
命令：MEASUREGEOM
输入选项 [距离(D)/半径(R)/角度(A)/面积(AR)/体积(V)] <距离>：距离
指定第一点：指定点
指定第二点或 [多点]：指定第二点或输入 m 表示多个点
输入选项 [距离(D)/半径(R)/角度(A)/面积(AR)/体积(V)/退出(X)] <距离>：退出
```

3. 选项说明

多点：如果使用此选项，将基于现有直线段和当前橡皮线即时计算总距离。

### 4.4.2 面积查询

1. 执行方式

☑ 命令行：MEASUREGEOM。

☑ 菜单栏："工具"→"查询"→"面积"。

☑ 工具栏："查询"→"面积"。

2. 操作步骤

```
命令：MEASUREGEOM
输入选项 [距离(D)/半径(R)/角度(A)/面积(AR)/体积(V)] <距离>：面积
指定第一个角点或 [对象(O)/增加面积(A)/减少面积(S)/退出(X)] <对象>：选择选项
```

3. 选项说明

在工具选项板中，系统设置了一些常用图形的选项卡，这些选项卡可以方便用户绘图。

☑ 指定角点：计算由指定点所定义的面积和周长。

☑ 增加面积：打开"加"模式，并在定义区域时即时保持总面积。

☑ 减少面积：从总面积中减去指定的面积。

## 4.5 图块及其属性

把一组图形对象组合成图块加以保存，需要时可以把图块作为一个整体以任意比例和旋转角度插入到图中任意位置，这样不仅避免了大量的重复工作，提高了绘图速度和工作效率，而且大大节省了磁盘空间。

### 4.5.1 图块操作

1. 图块定义

（1）执行方式

☑ 命令行：BLOCK。

☑ 菜单栏："绘图"→"块"→"创建命令"。

☑ 工具栏："绘图"→"创建块"。

Note

（2）操作步骤

执行上述命令，系统打开图 4-77 所示的“块定义”对话框。利用该对话框指定定义对象和基点以及其他参数，可定义图块并命名。

2. 图块保存

（1）执行方式

命令行：WBLOCK。

（2）操作步骤

执行上述命令，系统打开如图 4-78 所示的“写块”对话框。利用该对话框可把图形对象保存为图块或把图块转换成图形文件。

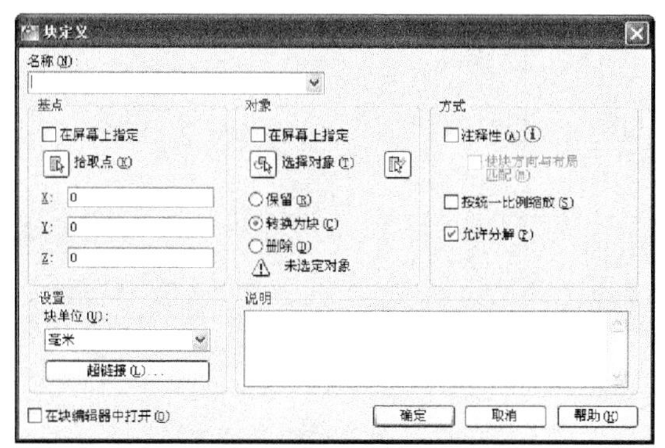


图 4-77　“块定义”对话框

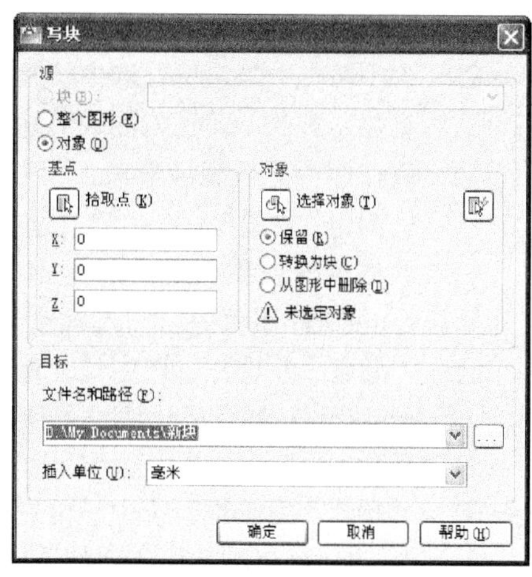


图 4-78　“写块”对话框

3. 图块插入

（1）执行方式

☑　命令行：INSERT。

☑　菜单栏：“插入”→“块”。

☑　工具栏：“插入”→“插入块”或“绘图”→“插入块”。

（2）操作步骤

执行上述命令，系统打开“插入”对话框，如图 4-79 所示。利用该对话框设置插入点位置、插入比例以及旋转角度可以指定要插入的图块及插入位置。

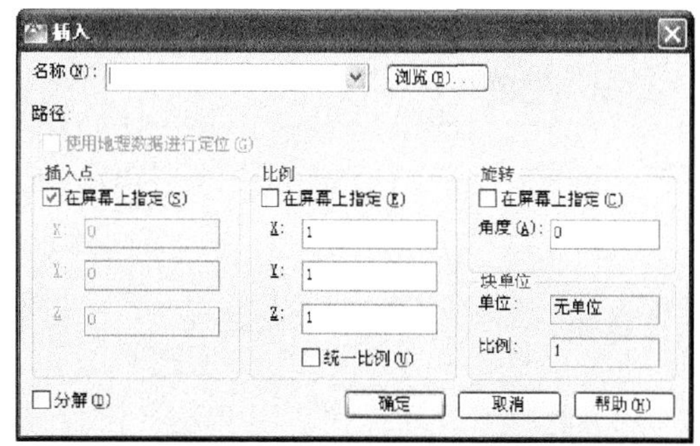


图 4-79　“插入”对话框

Note

## 4.5.2 图块的属性

### 1. 属性定义

1）执行方式

☑ 命令行：ATTDEF。

☑ 菜单栏："绘图"→"块"→"定义属性"。

2）操作步骤

执行上述命令，系统打开"属性定义"对话框，如图 4-80 所示。

3）选项说明

（1）"模式"选项组

☑ "不可见"复选框：选中该复选框，属性为不可见显示方式，即插入图块并输入属性值后，属性值在图中并不显示出来。

☑ "固定"复选框：选中该复选框，属性值为常量，即属性值在属性定义时给定，在插入图块时，AutoCAD 不再提示输入属性值。

☑ "验证"复选框：选中该复选框，当插入图块时 AutoCAD 重新显示属性值让用户验证该值是否正确。

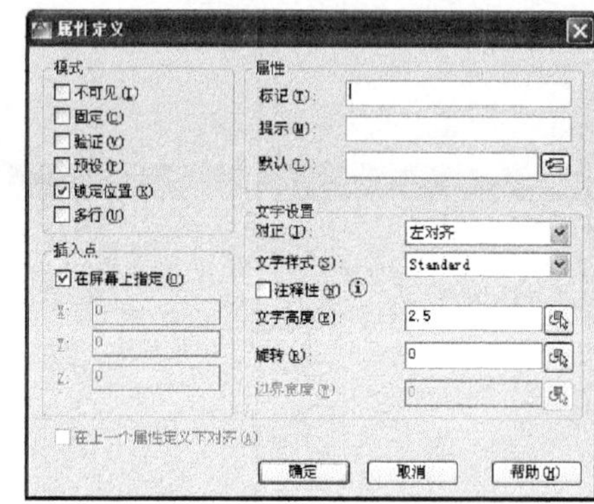

图 4-80 "属性定义"对话框

☑ "预设"复选框：选中该复选框，当插入图块时 AutoCAD 自动把事先设置好的默认值赋予属性，而不再提示输入属性值。

☑ "锁定位置"复选框：选中该复选框，当插入图块时 AutoCAD 锁定块参照中属性的位置。解锁后，属性可以相对于使用夹点编辑的块的其他部分移动，并且可以调整多行属性的大小。

☑ "多行"复选框：指定属性值可以包含多行文字。

（2）"属性"选项组

☑ "标记"文本框：输入属性标签。属性标签可由除空格和感叹号以外的所有字符组成。AutoCAD 自动把小写字母改为大写字母。

☑ "提示"文本框：输入属性提示。属性提示是插入图块时 AutoCAD 要求输入属性值的提示。如果不在此文本框中输入文本，则以属性标签作为提示。如果在"模式"选项组中选中"固定"复选框，即设置属性为常量，则不需设置属性提示。

☑ "默认"文本框：设置默认的属性值。可把使用次数较多的属性值作为默认值，也可不设默认值。

其他各选项组比较简单，这里不再赘述。

### 2. 修改属性定义

（1）执行方式

☑ 命令行：DDEDIT。

☑ 菜单栏："修改"→"对象"→"文字"→"编辑"。

（2）操作步骤

```
命令：DDEDIT↙
选择注释对象或[放弃(U)]：
```

在此提示下选择要修改的属性定义，AutoCAD 打开“编辑属性定义”对话框，如图 4-81 所示。可以在该对话框中修改属性定义。

3. 图块属性编辑

（1）执行方式

☑ 命令行：EATTEDIT。

☑ 菜单栏：“修改”→“对象”→“属性”→“单个”。

☑ 工具栏：“修改 II”→“编辑属性”。

（2）操作步骤

```
命令：EATTEDIT↙
选择块：
```

选择块后，系统打开“增强属性编辑器”对话框，如图 4-82 所示。该对话框不仅可以编辑属性值，还可以编辑属性的文字选项、图层、线型、颜色等特性值。

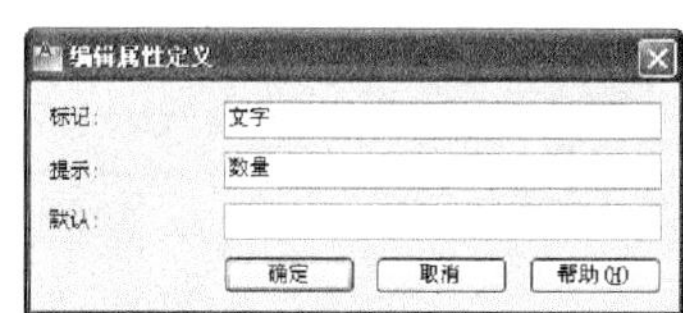


图 4-81 “编辑属性定义”对话框

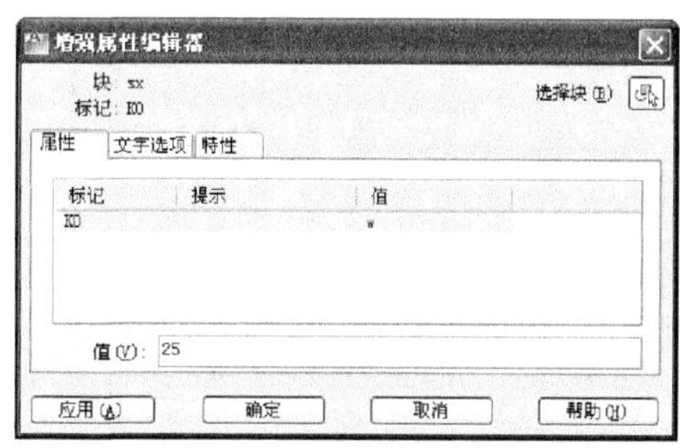


图 4-82 “增强属性编辑器”对话框

## 4.5.3 实例——标注标高符号

本例利用“直线”命令绘制标高符号，再利用“定义属性”和“写块”命令创建标高符号图块，最后将标高符号插入到打开的图形中。绘制流程图如图 4-83 所示。

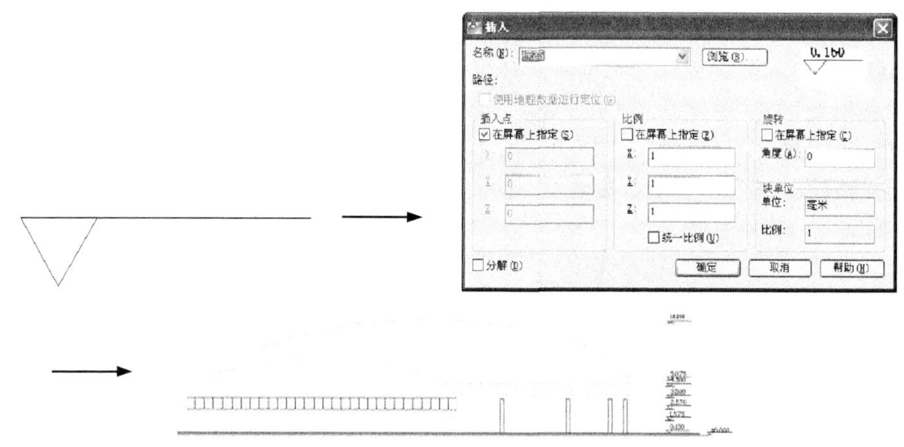


图 4-83 标注标高符号

绘制步骤：（**光盘\动画演示\第 4 章\标注标高符号.avi**）

（1）选择菜单栏中的“绘图”→“直线”命令，绘制如图 4-84 所示的标高符号图形。

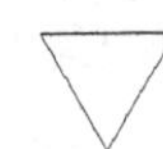

图 4-84　绘制标高符号

Note

（2）选择菜单栏中的“绘图”→“块”→“定义属性”命令，系统打开“属性定义”对话框，进行如图 4-85 所示的设置，其中模式为“验证”，插入点为粗糙度符号水平线中点，确认退出。

（3）在命令行中输入“WBLOCK”打开“写块”对话框，如图 4-86 所示。拾取图 4-84 图形下的尖点为基点，以此图形为对象，输入图块名称并指定路径，确认退出。

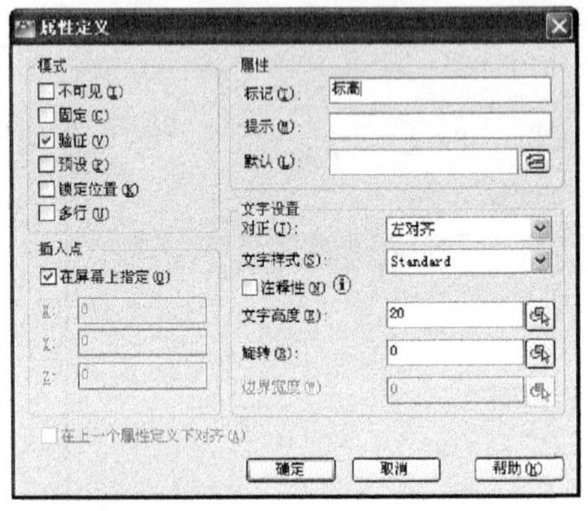


图 4-85　“属性定义”对话框

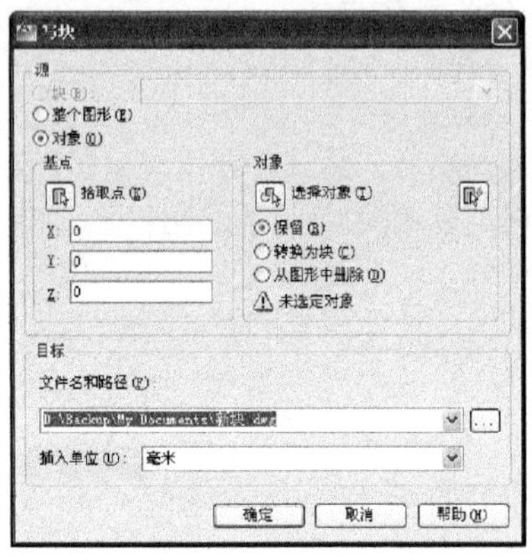


图 4-86　“写块”对话框

（4）选择菜单栏中的“绘图”→“插入块”命令，打开“插入”对话框，如图 4-87 所示。单击“浏览”按钮找到刚才保存的图块，在屏幕上指定插入点和旋转角度，将该图块插入到如图 4-88 所示的图形中，这时，命令行会提示输入属性，并要求验证属性值，此时设置标高数值 0.150，就完成了一个标高的标注。命令行中的提示与操作如下：

```
命令: INSERT↙
指定插入点或[基点(b)/比例(S)/X/Y/Z/旋转(R)/
预览比例(PS)/PX/PY/PZ/预览旋转(PR)]:（在对话框中指定相关参数，如图 4-86 所示）
输入属性值
数值: 0.150↙
验证属性值
数值 <0.150>:↙
```

（5）继续插入标高符号图块，并输入不同的属性值作为标高数值，直到完成所有标高符号标注，如图 4-88 所示。

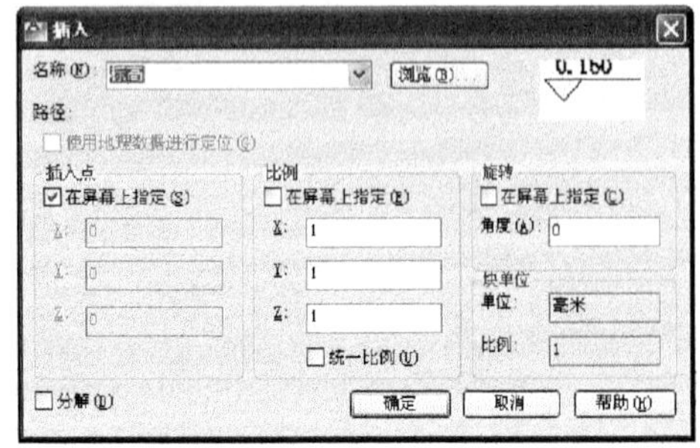


图 4-87　“插入”对话框

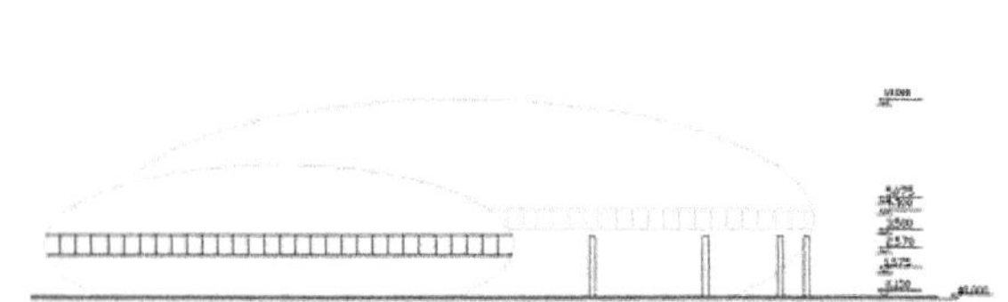

图 4-88　标注标高

# 4.6 设计中心及工具选项板

使用 AutoCAD 2012 设计中心可以很容易地组织设计内容，并把它们拖动到当前图形中。工具选项板是“工具选项板”窗口中选项卡形式的区域，提供组织、共享和放置块及填充图案的有效方法。工具选项板还可以包含由第三方开发人员提供的自定义工具。也可以利用设置中的组织内容，并将其创建为工具选项板。设计中心与工具选项板的使用大大方便了绘图，同时也加快了绘图的效率。

## 4.6.1 设计中心

### 1. 启动设计中心

（1）执行方式

☑ 命令行：ADCENTER。

☑ 菜单栏：“工具”→“设计中心”。

☑ 工具栏：“标准”→“设计中心” 。

☑ 快捷键：Ctrl+2。

（2）操作步骤

执行上述命令，系统打开设计中心。第一次启动设计中心时，它默认打开的选项卡为“文件夹”。内容显示区采用大图标显示，左边的资源管理器采用 tree view 显示方式显示系统的树形结构，浏览资源的同时，在内容显示区显示所浏览资源的有关细目或内容，如图 4-89 所示。也可以搜索资源，方法与 Windows 资源管理器类似。

### 2. 利用设计中心插入图形

设计中心一个最大的优点是可以将系统文件夹中的 DWG 图形当成图块插入到当前图形中去。

（1）从查找结果列表框中选择要插入的对象，双击对象。

（2）弹出“插入”对话框，如图 4-90 所示。

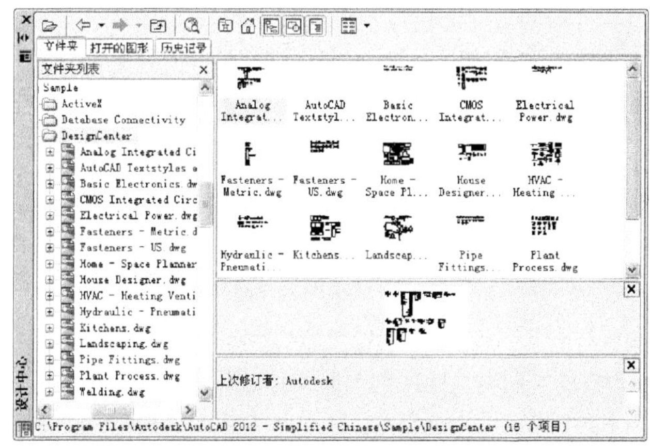


图 4-89 AutoCAD 2012 设计中心的资源管理器和内容显示区

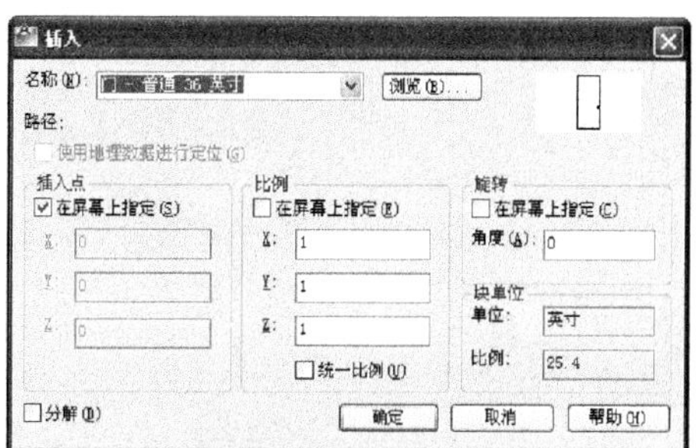


图 4-90 “插入”对话框

（3）在对话框中插入点、比例和旋转角度等数值。被选择的对象根据指定的参数插入到图形当中。

## 4.6.2　工具选项板

### 1. 打开工具选项板

（1）执行方式

☑　命令行：TOOLPALETTES。

☑　菜单栏：“工具”→“选项板”→“工具选项板”。

☑　工具栏：“标准”→“工具选项板”。

☑　快捷键：Ctrl+3。

（2）操作步骤

执行上述操作后，系统自动打开工具选项板窗口，如图 4-91 所示。单击鼠标右键，在弹出的快捷菜单中选择“新建选项板”命令，如图 4-92 所示。系统新建一个空白选项卡，可以命名该选项卡，如图 4-93 所示。

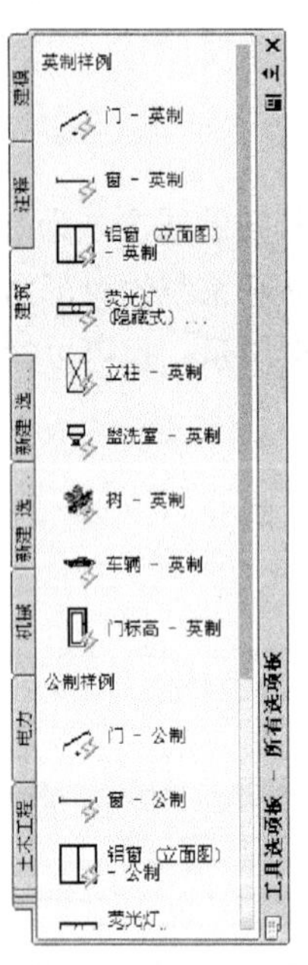

图 4-91　工具选项板窗口

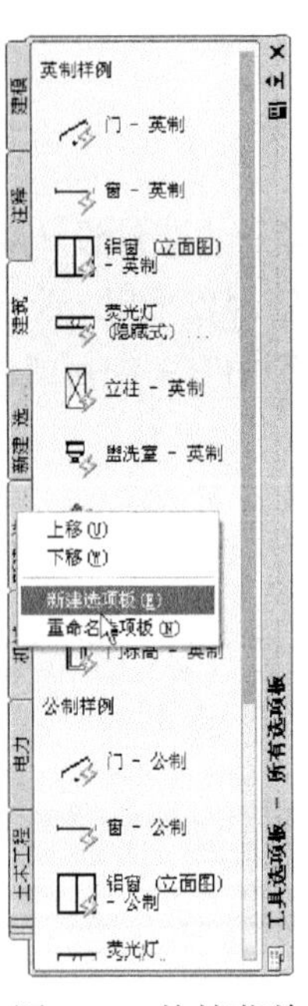


图 4-92　快捷菜单

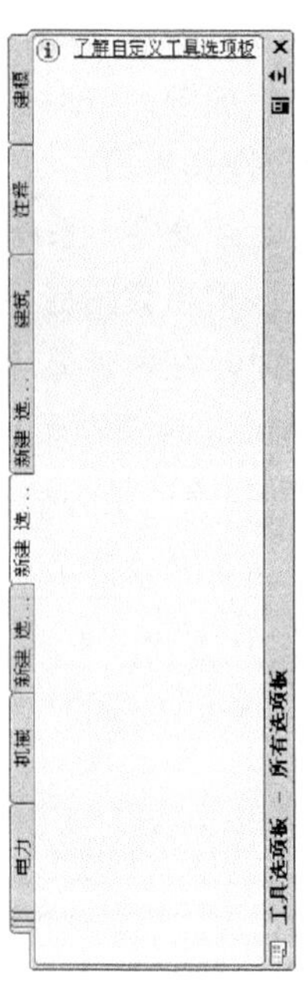


图 4-93　新建选项板

### 2. 将设计中心内容添加到工具选项板

在 Designcenter 文件夹上单击鼠标右键，在弹出的快捷菜单中选择“创建块的工具选项板”命令，如图 4-94 所示。设计中心中储存的图元出现在工具选项板中新建的 DesignCenter 选项卡上，如图 4-95 所示。这样就可以将设计中心与工具选项板结合起来，建立一个快捷方便的工具选项板。

### 3. 利用工具选项板绘图

只需要将工具选项板中的图形单元拖动到当前图形，该图形单元就以图块的形式插入到当前图形中。如图 4-96 所示是将工具选项板中“建筑”选项卡中的“床-双人床”图形单元拖到当前图形。

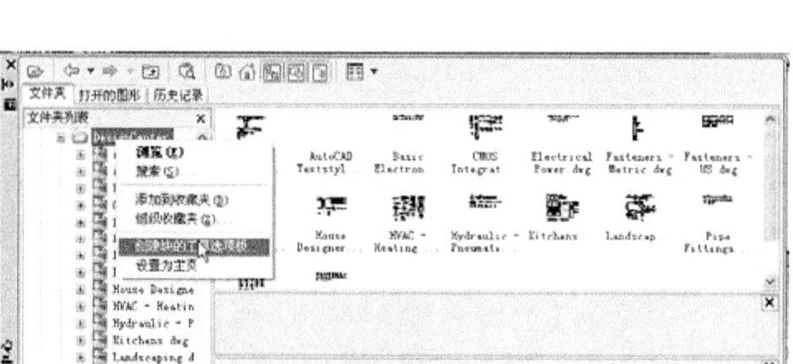

图 4-94 快捷菜单

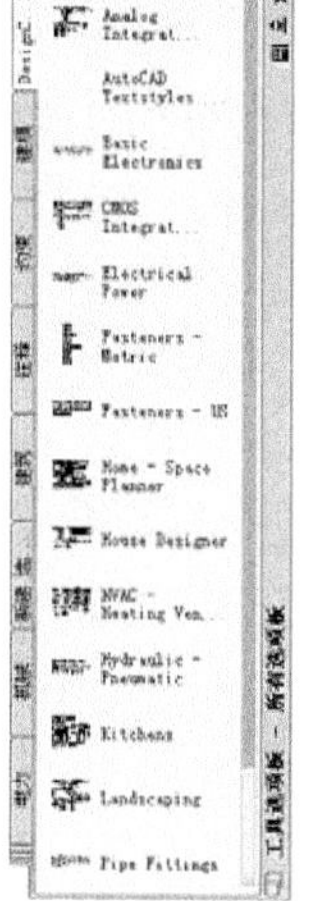

图 4-95 创建工具选项板

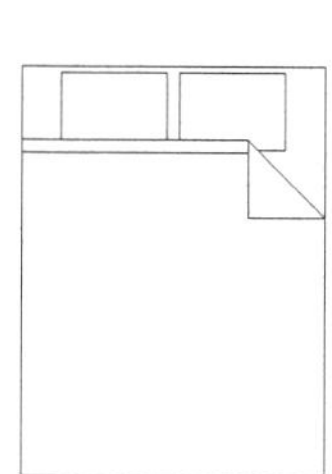

图 4-96 双人床

Note

## 4.6.3 实例——居室布置平面图

本例利用“直线”、“圆弧”等命令绘制主图平面图，再利用设计中心和工具选项板辅助绘制居室室内布置平面图。绘制流程图如图 4-97 所示。

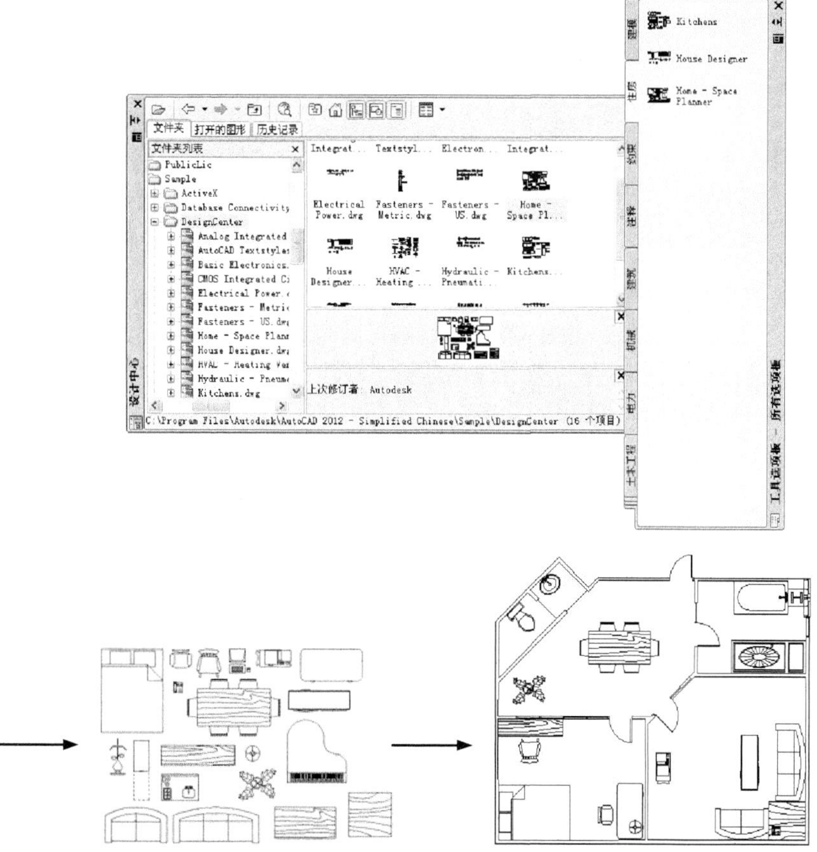

图 4-97 绘制居室布置平面图

Note

绘制步骤：（光盘\动画演示\第 4 章\居室布置平面图.avi）

（1）利用学过的绘图命令与编辑命令，绘制住房结构截面图。其中进门为餐厅，左手为厨房，右手为卫生间，正对为客厅，客厅左边为寝室。

（2）选择菜单栏中的“标准”→“工具选项板”命令，打开工具选项板。在工具选项板菜单中选择“新建工具选项板”命令，建立新的工具选项板选项卡。在“新建工具选项板”对话框的名称栏中输入“住房”，按回车键，新建“住房”选项卡。

（3）选择菜单栏中的“标准”→“设计中心”命令，打开设计中心，将设计中心中储存的 Kitchens、House Designer、Home-Space Planner 图块拖动到工具选项板的“住房”选项卡上，如图 4-98 所示。

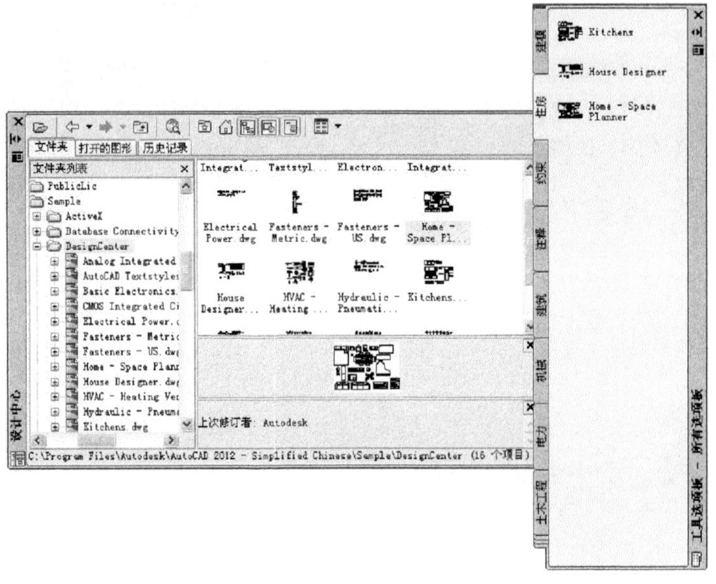

图 4-98　向工具选项板插入设计中心中储存的图块

（4）布置餐厅。将工具选项板中的 Home-Space Planner 图块拖动到当前图形中，选择菜单栏中的“修改”→“缩放”命令调整所插入的图块与当前图形的相对大小，如图 4-99 所示。对该图块进行分解操作，将 Home-Space Planner 图块分解成单独的小图块集。将图块集中的“饭桌”图块和“植物”图块拖动到餐厅的适当位置，如图 4-100 所示。

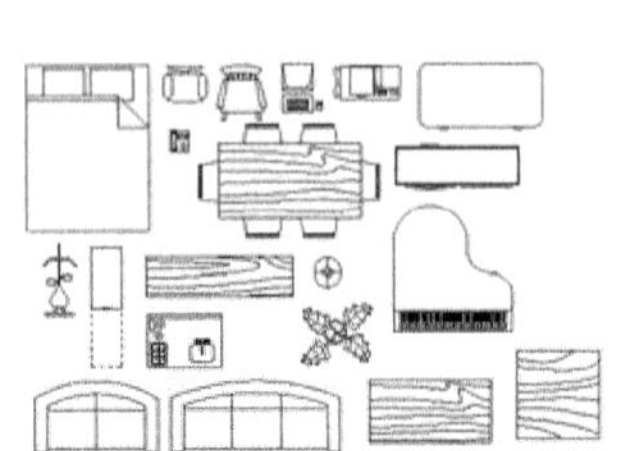

图 4-99　将 Home-Space Planner 图块拖动到当前图形

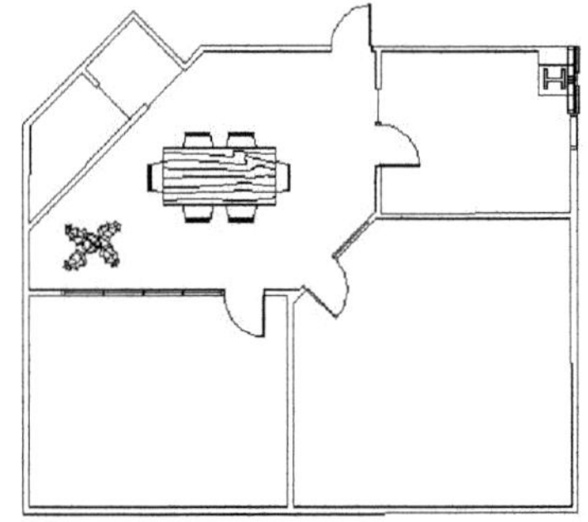

图 4-100　布置餐厅

（5）重复步骤（4）的方法布置居室其他房间。最终绘制的结果如图 4-101 所示。

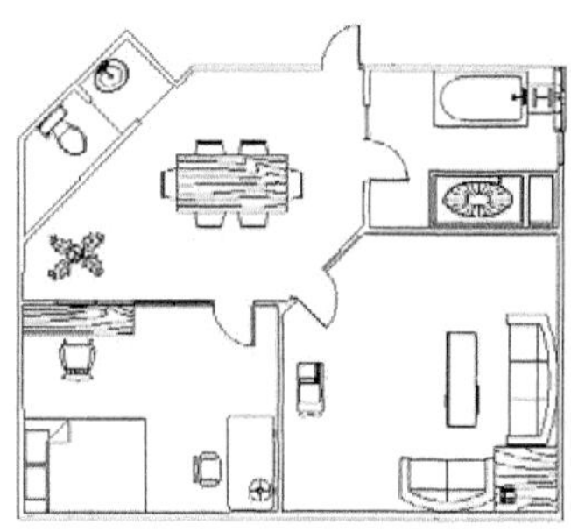

图 4-101　居室布置平面图

## 4.7　综合实例——绘制 A3 图纸样板图形

在创建前应设置图幅后利用“矩形”命令绘制图框，再利用“表格”命令绘制标题栏和会签栏，最后利用“多行文字”命令输入文字并调整。绘制流程图如图 4-102 所示。

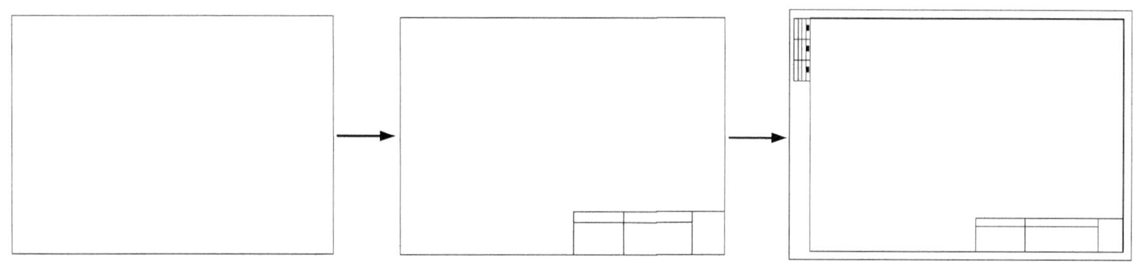

图 4-102　绘制 A3 图纸样板图形

绘制步骤：（**光盘\动画演示\第 4 章\绘制 A3 图纸样板图形.avi**）

（1）设置单位和图形边界。

❶ 打开 AutoCAD 程序，则系统自动建立新图形文件。

❷ 设置单位。选择菜单栏中的“格式”→“单位”命令，系统打开“图形单位”对话框，如图 4-103 所示。设置长度的类型为“小数”，精度为 0，角度的类型为“十进制度数”，精度为 0，系统默认逆时针方向为正，单击“确定”按钮。

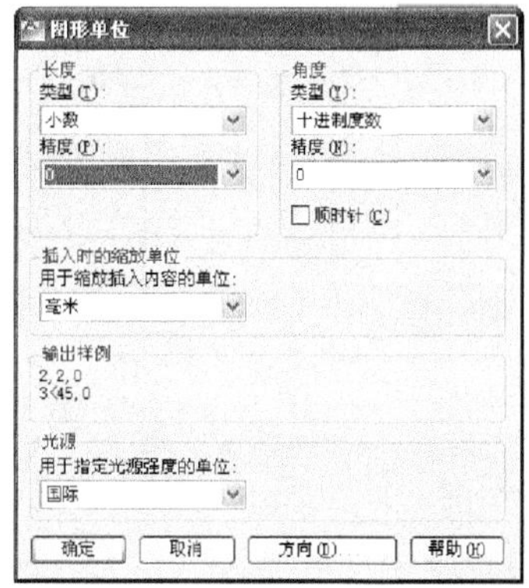


图 4-103　“图形单位”对话框

Note

❸ 设置图形边界。国标对图纸的幅面大小作了严格规定，在这里，不妨按国标 A3 图纸幅面设置图形边界。A3 图纸的幅面为 420mm×297mm，命令行中的提示与操作如下：

```
命令：LIMITS↙
重新设置模型空间界限：
指定左下角点或 [开(ON)/关(OFF)] <0.0000,0.0000>：↙
指定右上角点 <12.0000,9.0000>：420,297↙
```

（2）设置图层。

❶ 设置层名。选择菜单栏中的“格式”→“图层”命令，系统打开“图层特性管理器”对话框，如图 4-104 所示。单击“新建”按钮，建立不同名称的新图层，分别存放不同的图线或图形的不同部分。

❷ 设置图层颜色。为了区分不同图层上的图线，增加图形不同部分的对比性，可以在“图层特性管理器”对话框中单击相应图层“颜色”栏下的颜色色块，在打开的如图 4-105 所示的“选择颜色”对话框中选择需要的颜色。

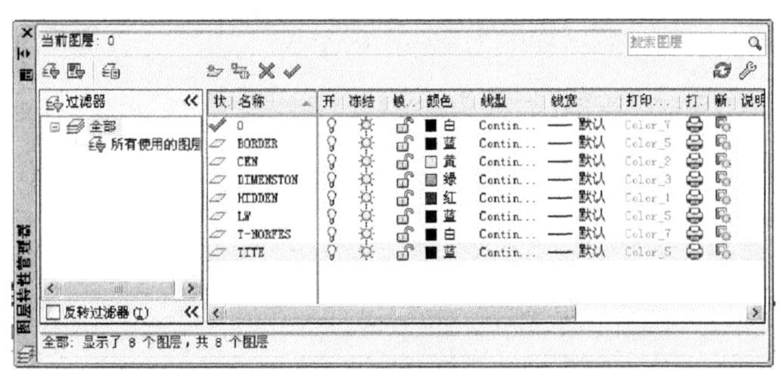

图 4-104 “图层特性管理器”对话框

图 4-105 “选择颜色”对话框

❸ 设置线型。在常用的工程图样中，通常要用到不同的线型，这是因为不同的线型表示不同的含义。在“图层特性管理器”对话框中单击“线型”栏下的线型选项，打开“选择线型”对话框，如图 4-106 所示。在该对话框中选择对应的线型，如果在“已加载的线型”列表框中没有需要的线型，可以单击“加载”按钮，打开“加载或重载线型”对话框加载线型，如图 4-107 所示。

图 4-106 “选择线型”对话框

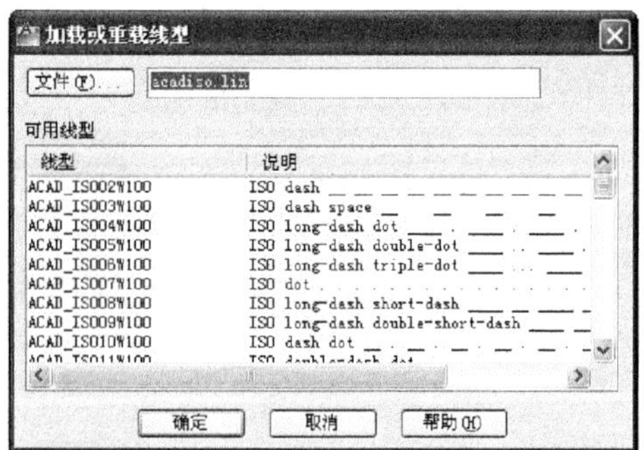

图 4-107 “加载或重载线型”对话框

❹ 设置线宽。在工程图纸中，不同的线宽表示不同的含义，因此也要对不同图层的线宽界线进行设置，单击“图层特性管理器”对话框中“线宽”栏下的选项，在打开的“线宽”对话框中选择适当的线宽，如图 4-108 所示。需要注意的是，应尽量保持细线与粗线之间的比例大约为 1:2。

（3）设置文本样式。

下面列出一些本练习中的格式，可按如下约定进行设置：文本高度一般注释为 7mm，零件名称为 10mm，图标栏和会签栏中其他文字为 5mm，尺寸文字为 5mm，线型比例为 1，图纸空间线型比例为 1，单位为十进制，小数点后 0 位，角度小数点后 0 位。

可以生成 4 种文字样式，分别用于一般注释、标题块中零件名、标题块注释及尺寸标注。

❶ 选择菜单栏中的“格式”→“文字样式”命令，系统打开“文字样式”对话框，单击“新建”按钮，系统打开“新建文字样式”对话框，如图 4-109 所示。接受默认的“样式 1”文字样式名，确认退出。

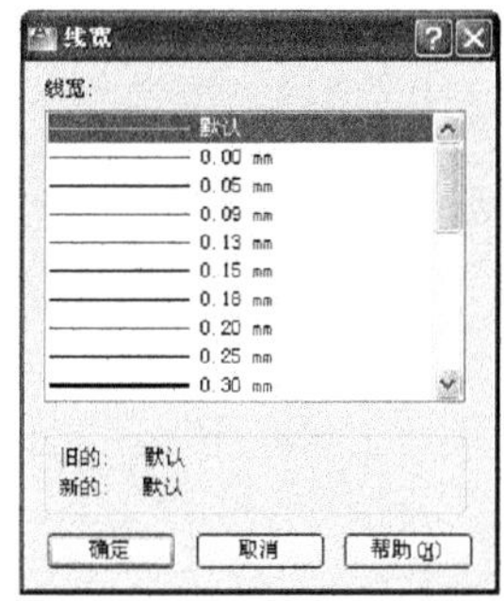

图 4-108　“线宽”对话框

图 4-109　“新建文字样式”对话框

❷ 系统返回“文字样式”对话框，在“字体名”下拉列表框中选择“宋体”选项；将“高度”设置为 0.7；将“宽度因子”设置为 5，如图 4-110 所示。单击“应用”按钮，再单击“关闭”按钮。其他文字样式设置类似。

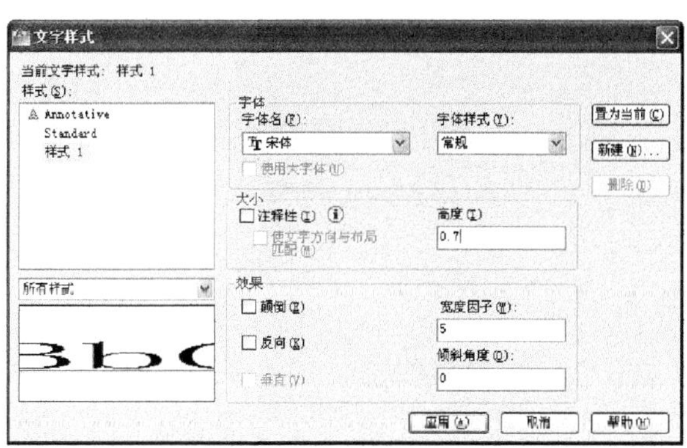

图 4-110　“文字样式”对话框

（4）设置尺寸标注样式。

❶ 选择菜单栏中的“格式”→“标注样式”命令，系统打开“标注样式管理器”对话框，如图 4-111 所示。在“预览”显示框中显示出标注样式的预览图形。

❷ 单击“修改”按钮，在打开的“修改标注样式：ISO-25”对话框中对标注样式的选项按照需要进行修改，如图 4-112 所示。

❸ 在“线”选项卡中设置“颜色”和“线宽”为 ByLayer，“基线间距”为 6。在“箭头和符号”选项卡中设置“箭头大小”为 1。在“文字”选项卡中设置“颜色”为 ByBlock，“文字高度”为 5，其他不变。在“主单位”选项卡中设置“精度”为 0。其他选项卡保持不变。

Note

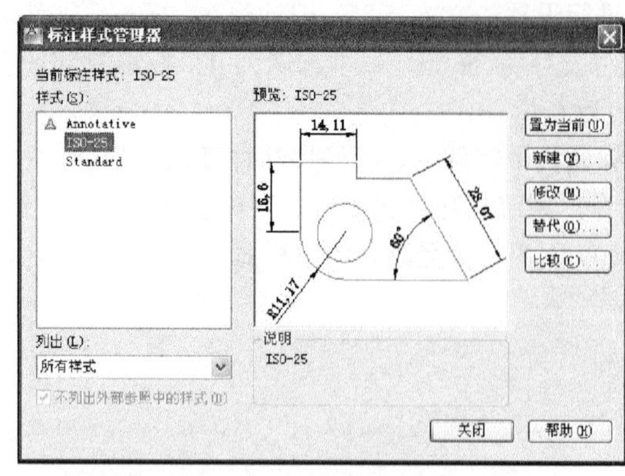

图 4-111 “标注样式管理器”对话框

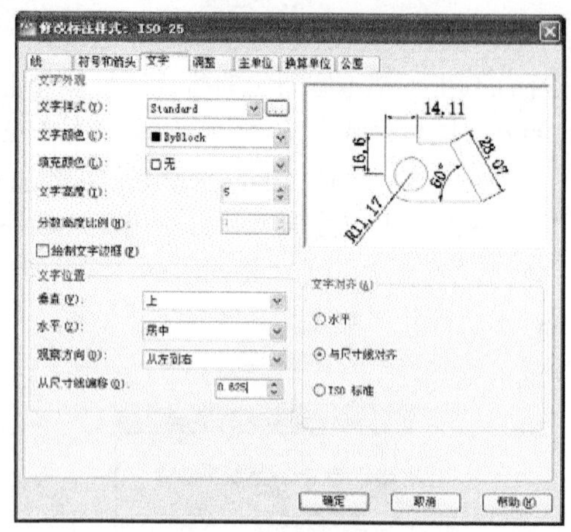

图 4-112 “修改标注样式：ISO-25”对话框

（5）绘制图框。

选择菜单栏中的“绘图”→“矩形”命令，绘制角点坐标为（25,10）和（410,287）的矩形，如图 4-113 所示。

注意：国家标准规定 A3 图纸的幅面大小是 420mm×297mm，这里留出了带装订边的图框到图纸边界的距离。

（6）绘制标题栏。

标题栏示意图如图 4-114 所示，由于分隔线不整齐，所以可以先绘制一个 9×4（每个单元格的尺寸是 0×10）的标准表格，然后在此基础上编辑或合并单元格。

图 4-113 绘制矩形

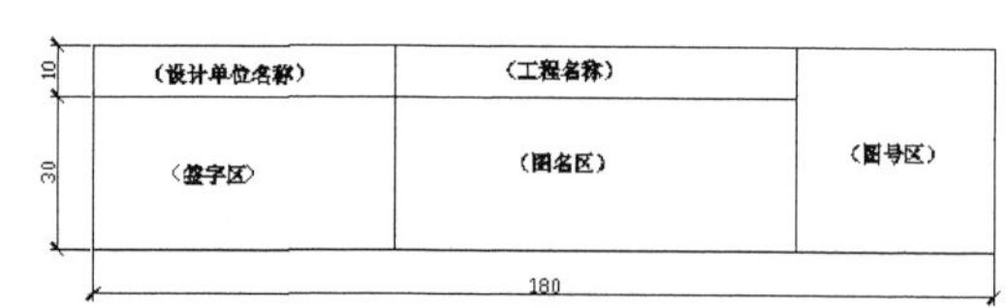


图 4-114 标题栏示意图

❶ 选择菜单栏中的“格式”→“表格样式”命令，系统打开“表格样式”对话框，如图 4-115 所示。

❷ 单击“修改”按钮，系统打开“修改表格样式：Standard”对话框，在“单元样式”下拉列表框中选择“数据”选项，在下面的“文字”选项卡中将“文字高度”设置为 8，如图 4-116 所示。再打开“常规”选项卡，将“页边距”选项组中的“水平”和“垂直”都设置为 1，如图 4-117 所示。

注意：表格的行高=文字高度+2×垂直页边距，此处设置为 8+2×1=10。

❸ 系统回到“表格样式”对话框，单击“关闭”按钮退出。

❹ 选择菜单栏中的“绘图”→“表格”命令，系统打开“插入表格”对话框。在“列和行设置”选项组中将“列数”设置为 9，将“列宽”设置为 20，将“数据行数”设置为 2（加上标题行和表头行共 4 行），将“行高”设置为 1 行（即为 10）；在“设置单元样式”选项组中，将“第一行单元样式”、“第二行单元样式”和“所有其他行单元样式”都设置为“数据”，如图 4-118 所示。

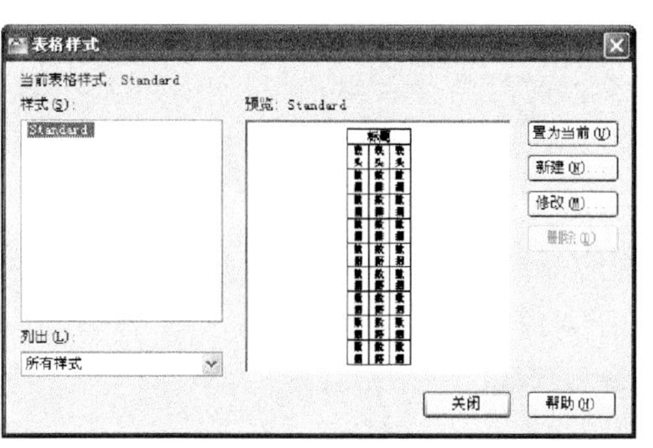

图 4-115　“表格样式”对话框

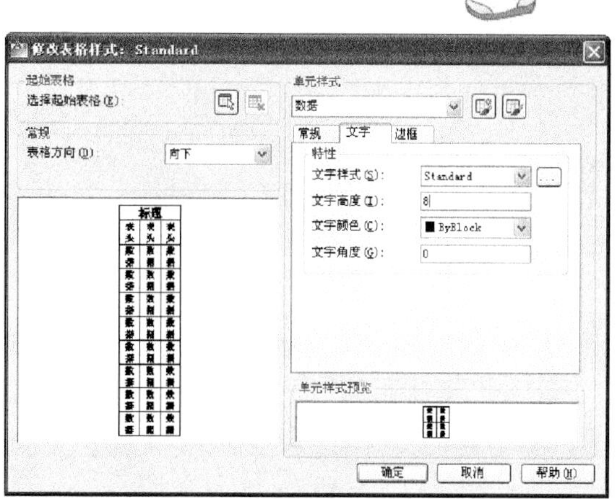

图 4-116　“修改表格样式：Standard”对话框

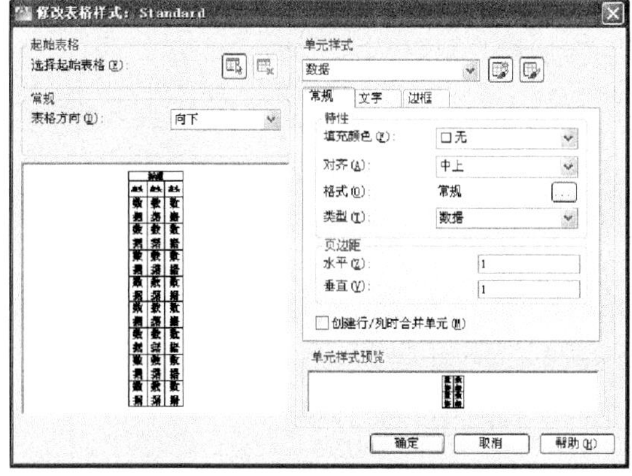

图 4-117　设置“常规”选项卡

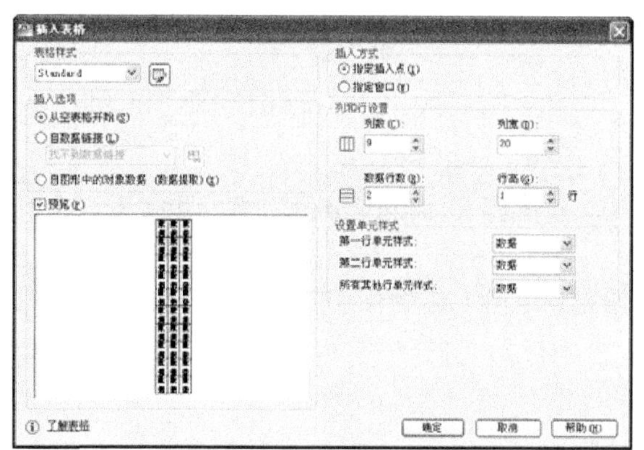

图 4-118　“插入表格”对话框

❺ 在图框线右下角附近指定表格位置，系统生成表格，同时打开表格和文字编辑器，如图 4-119 所示。直接按回车键，不输入文字，生成表格，如图 4-120 所示。

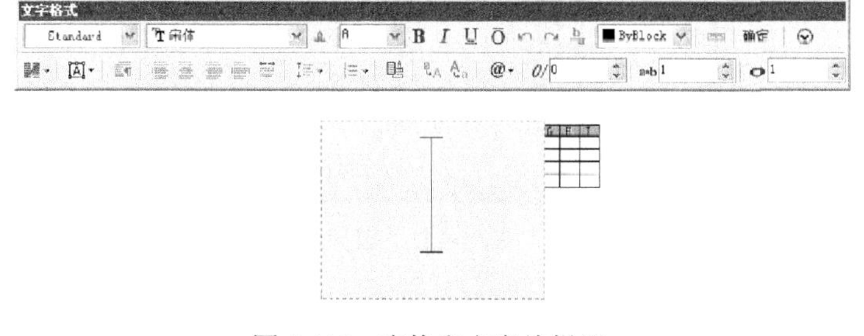

图 4-119　表格和文字编辑器

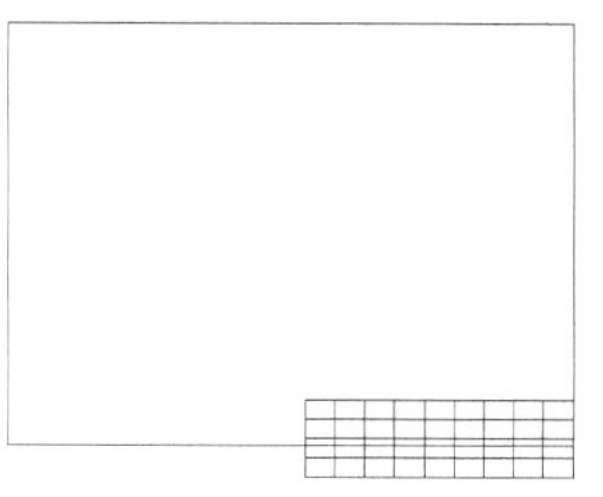

图 4-120　生成表格

（7）移动标题栏。

由于无法确定刚生成的标题栏与图框的相对位置，因此需要移动标题栏。选择菜单栏中的“修改”→“移动”命令，将刚绘制的表格准确放置在图框的右下角，如图 4-121 所示。

（8）编辑标题栏表格。

❶ 单击标题栏表格 A 单元格，按住 Shift 键，同时选择 B 和 C 单元格，在“表格”编辑器中单击“合并单元格”按钮右侧的下拉按钮，在弹出的下拉菜单中选择“全部”命令，如图 4-122 所示。

Note

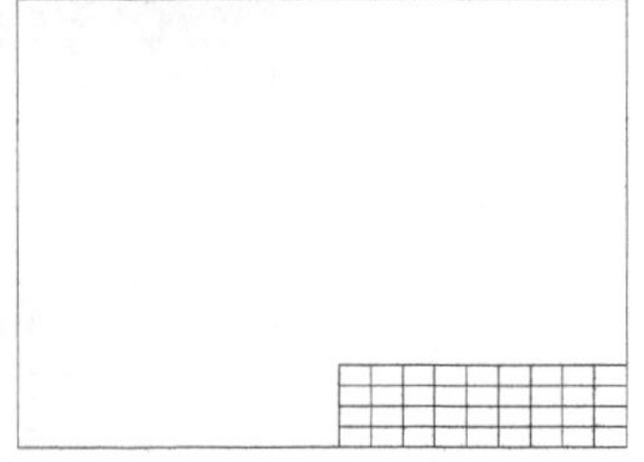

图 4-121　移动表格

❷ 重复上述方法，对其他单元格进行合并，结果如图 4-123 所示。

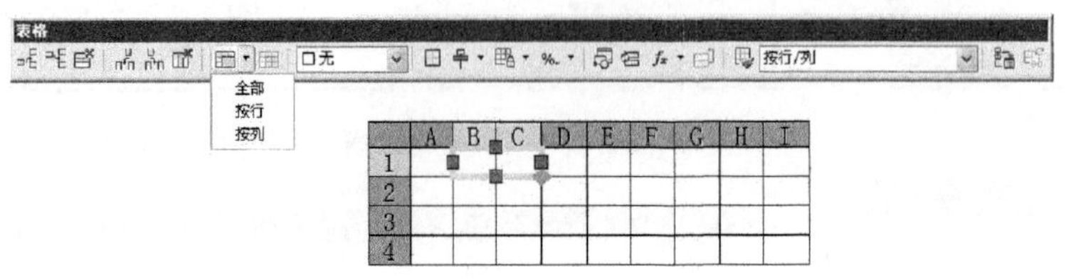


图 4-122　合并单元格

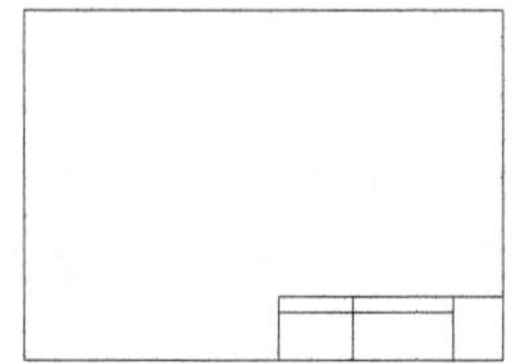

图 4-123　完成标题栏单元格编辑

（9）绘制会签栏。

会签栏具体大小和样式如图 4-124 所示。用户可以采取和标题栏相同的绘制方法来绘制会签栏。

❶ 在“修改表格样式”对话框的“文字”选项卡中，将“文字高度”设置为 4，如图 4-125 所示；再把“常规”选项卡中的“页边距”选项组中的“水平”和“垂直”都设置为 0.5。

图 4-124　会签栏示意图

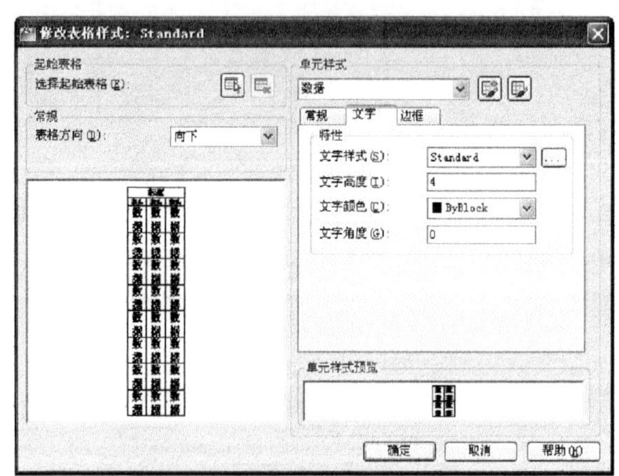


图 4-125　设置表格样式

❷ 选择菜单栏中的“绘图”→“表格”命令，系统打开“插入表格”对话框，在“列和行设置”选项组中，将“列数”设置为 3，“列宽”设置为 25，“数据行数”设置为 2，“行高”设置为 1 行；在“设置单元样式”选项组中，将“第一行单元样式”、“第二行单元样式”和“所有其他行单元样式”都设置为“数据”，如图 4-126 所示。

❸ 在表格中输入文字，结果如图 4-127 所示。

（10）旋转和移动会签栏。

❶ 选择菜单栏中的“修改”→“旋转”命令，旋转会签栏，结果如图 4-128 所示。

❷ 用步骤（3）中的方法将会签栏移动到图框的左上角，结果如图 4-129 所示。

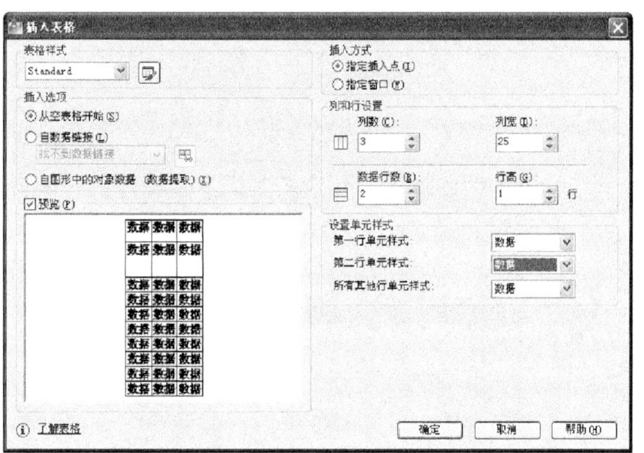

图 4-126 设置表格行和列

图 4-127 会签栏的绘制

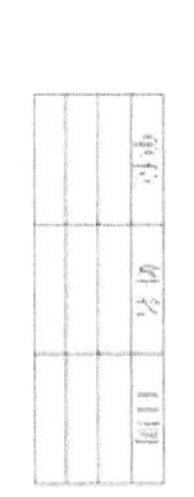

图 4-128 旋转会签栏

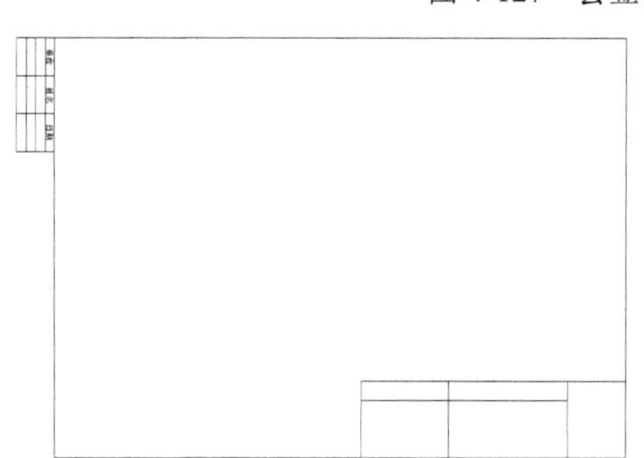

图 4-129 绘制完成的样板图

（11）保存样板图。

选择菜单栏中的“文件”→“另存为”命令，打开“图形另存为”对话框，将图形保存为.dwt 格式的文件即可，如图 4-130 所示。

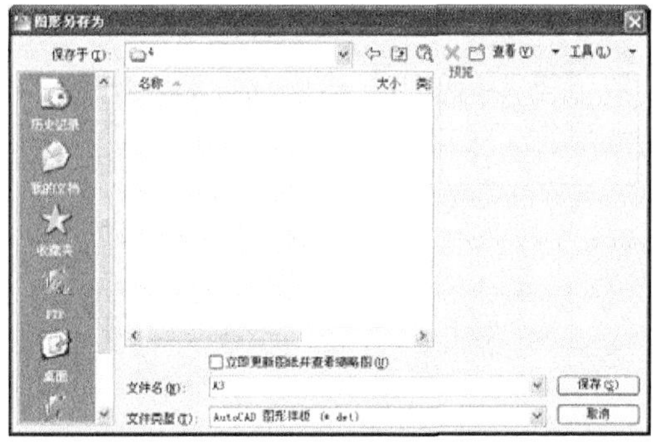

图 4-130 “图形另存为”对话框

# 4.8 上机操作

通过前面的学习，读者对本章知识也有了大体的了解，本节通过几个操作练习使读者进一步掌握本章知识要点。

Note

## 4.8.1 创建施工说明

1. 目的要求

调用文字命令写入文字，如图 4-131 所示。通过本例的练习，读者应掌握文字标注的一般方法。

施工说明

1. 冷水管采用镀锌管，管径均为DN15；热水管采用PPR管，管径均为DN15。
2. 管道铺设在墙内（或地坪下）50米处。
3. 施工时注意与土建的配合。

图 4-131　施工说明

2. 操作提示

（1）输入文字内容。

（2）编辑文字。

## 4.8.2 创建灯具规格表

1. 目的要求

本例在定义了表格样式后再利用“表格”命令绘制表格，最后将表格内容添加完整，如图 4-132 所示。通过本例的练习，读者应掌握表格的创建方法。

| 主要灯具表 | | | | | | |
|---|---|---|---|---|---|---|
| 序号 | 图例 | 名称 | 型号规格 | 单位 | 数量 | 备注 |
| 1 | | 地埋灯 | 70WX1 | 套 | 120 | |
| 2 | | 投光灯 | 120WX1 | 套 | 26 | 照树投光灯 |
| 3 | | 投光灯 | 150WX1 | 套 | 58 | 照雕塑投光灯 |
| 4 | | 路灯 | 250WX1 | 套 | 36 | H=12.0m |
| 5 | | 广场灯 | 250WX1 | 套 | 4 | H=12.0m |
| 6 | | 庭院灯 | 1400WX1 | 套 | 66 | H=4.0m |
| 7 | | 草坪灯 | 50WX1 | 套 | 130 | H=1.0m |
| 8 | | 定制台式工艺灯 | 方钢表面黑色喷漆1600X1600X900　节能灯　27WX2 | 套 | 32 | |
| 9 | | 水中灯 | J12V100WX1 | 套 | 75 | |
| 10 | | | | | | |
| 11 | | | | | | |

图 4-132　灯具规格表

2. 操作提示

（1）定义表格样式。

（2）创建表格。

（3）添加表格内容。

## 4.8.3 创建居室平面图

1. 目的要求

利用“直线”、“圆弧”、“修剪”和“偏移”等绘图命令绘制居室平面图，再利用设计中心和工具选项板辅助绘制居室室内布置平面图，如图 4-133 所示。读者应掌握设计中心和工具选项板的使用方法及尺寸标注的方法。

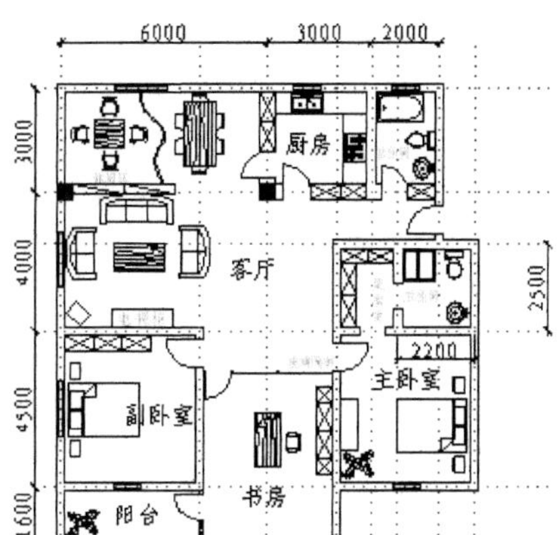


图 4-133　居室平面图

2. 操作提示

（1）绘制居室平面图。

（2）利用设计中心和工具选项板插入布置图块。

（3）标注尺寸。

## 4.8.4 创建 A4 样板图

1. 目的要求

利用“矩形”、“直线”、“修剪”和“偏移”等绘图命令绘制 A4 样板图，然后调用文字命令写入文字，如图 4-134 所示。通过本例的练习，读者应掌握样板图的创建方法。

图 4-134　A4 样板图

2. 操作提示

（1）绘制样板图图框。

（2）绘制标题栏。

（3）添加文字内容。

# 建筑理论基础

在国内，AutoCAD 软件在建筑设计中的应用是最广泛的，掌握好该软件，是每个建筑学子必不可少的技能。为了让读者能够顺利地学习和把握这些知识和技能，在正式讲解之前有必要对建筑设计工作的特点、建筑设计过程以及 AutoCAD 在此过程中大致充当的角色作一个初步了解。此外，不管是手工绘图还是计算机绘图，都要运用常用的建筑制图知识，遵照国家有关制图标准、规范来进行。因此，在正式讲解 AutoCAD 绘图之前，也有必要对这部分知识和要点作一个简要回顾。

- ☑ 概述
- ☑ 建筑制图基本知识
- ☑ 室内建筑设计基本知识

## 任务驱动&项目案例

# 5.1 概　　述

首先，本节从分析建筑要素的复杂性和特殊性入手，进而说明建筑设计工作的特点和复杂性。其次，简要介绍设计过程中个阶段的特点和主要任务，使读者对建筑设计业务有一个大概的了解。最后，着重说明 CAD 及 AutoCAD 软件在建筑设计过程中的应用情况，旨在让读者把握好 CAD 软件在建筑设计中所扮演的角色，从而找准方向，有的放矢地学习。

## 5.1.1 建筑设计概述

人们一般所认为的建筑，是指人类通过物质、技术手段建造起来，在适应自然条件的基础上，力图满足自身活动需求的各种空间环境。小到住宅、村舍，大到宫殿、寺庙，以及现代各种公共空间，如政府、学校、医院、商场等，都可以归到建筑之列。建设活动是人类生产活动中的一个重要组成部分，而建筑设计又是建设活动中的一个重要环节。广义上的建筑设计包括建筑专业设计、结构专业设计、设备专业设计以及概预算的设计工作。狭义上的建筑设计仅仅指其中的建筑专业设计部分，在本书中提到的建筑设计也基本上指这方面。

建筑包括功能、物质技术条件、形象和历史文化内涵等基本要素，其类型及特征受物质技术条件、经济条件、社会生产关系和文化发展状况等因素影响很大。有人说，建筑是技术和艺术的完美结合；有人说，建筑是凝固的音乐；有人说，建筑是历史文化的载体；有人说，建筑是一种羁绊的艺术。古罗马著名建筑师维特鲁维把经济、适用、美观定为建筑作品普遍追求的目标。我国 50 年代曾制定“实用、经济、在可能条件下注意美观”的建筑方针；前不久，业界又开展了经济、适用、美观的相关讨论。不管怎样，建筑作品的产生，体现着多学科、多层次的交叉融合。相应地，建筑设计既体现技术设计特征，也表现着艺术创作的特点；既要满足经济适用的要求，又要不逊于思想文化的传达。

不同历史时期，建筑类型及特点不尽相同。由于社会的发展、工业文明的不断推进，世界建筑业从 20 世纪至今表现出了前所未有的蓬勃势头。各种各样的建筑类型日益增多，人们对建筑功能的需求日益增强，各种建筑功能日益复杂化。在这样的形势下，建筑设计的难度和复杂程度已不是一个人或一个专业能够总揽全部，也不是过去凭借个人经验和意识、绘绘图纸就能实现。建筑设计往往需要综合考虑建筑功能、形式、造价、自然条件、社会环境、历史文化等因素，系统分析各因素之间的必然联系及其对建筑作品的贡献程度等。目前的建筑设计一般都要在本专业团队共同协作和不同专业之间协同配合的条件下才能最终完成。

尽管计算机不可能全部代替人脑，但借助计算机进行辅助设计已经是必由之路。尽管目前计算机技术在建筑设计领域的应用普遍停留在制图和方案表现上，但各种辅助设计软件已是设计人员不可或缺的工具，它们为设计人员减轻了工作量，提高了设计速度。在这一点上，辅助设计软件是功不可没的。因此，对于建筑学子来说，掌握一门计算机绘图技能是非常有必要的。

## 5.1.2 建筑设计过程简介

建筑设计过程一般分为方案设计、初步设计、施工图设计 3 个阶段。对于技术要求简单的民用建筑工程，经有关主管部门同意，并且合同中有不作初步设计的约定，可在方案审批后直接进入施工图设计。国家出台的《建筑工程设计文件编制深度规定》（2008 年版）对各阶段设计文件的深度作了具体的规定。

1. 方案设计阶段

方案设计是在明确设计任务书和建设方要求的前提下，遵照国家有关设计标准和规范，综合考虑建筑的功能、空间、造型、环境、材料、技术等因素，做出一个设计方案，形成一定形式的方案设计文件。方案设计文件总体上包括设计说明书、总图、建筑设计图纸以及设计委托或合同规定的透视图、鸟瞰图、模型或模拟动画等方面。方案设计文件一方面要向建设方展示设计思想和方案成果，最大限度地突出方案的优势；另一方面，还要满足下一步编制初步设计的需要。

2. 初步设计阶段

初步设计是方案设计和施工图设计之间承前启后的阶段。它在方案设计的基础上，吸取各方面的意见和建议，推敲、完善、优化设计方案，初步考虑结构布置、设备系统和工程概算，进一步解决各工种之间的技术协调问题，最终形成初步设计文件。初步设计文件总体上包括设计说明书、设计图纸和工程概算书3个部分，其中包括设备表、材料表内容。

3. 施工图设计阶段

施工图设计是在方案设计和初步设计的基础上，综合建筑、结构、设备各个工种的具体要求，将它们反映在图纸上，完成建筑、结构、设备全套图纸，目的在于满足设备材料采购、非标准设备制作和施工的要求。施工图设计文件总体上包括所有专业设计图纸和合同要求的工程预算书。建筑专业设计文件应包括图纸目录、施工图设计说明、设计图纸（包括总图、平面图、立面图、剖面图、大样图、节点详图）、计算书。计算书由设计单位存档。

## 5.1.3 CAD技术在建筑设计中的应用简介

1. CAD技术及AutoCAD软件

CAD即“计算机辅助设计”（Computer Aided Design），是指发挥计算机的潜力，使它在各类工程设计中起辅助设计作用的技术总称，不单指哪一个软件。CAD技术一方面可以在工程设计中协助完成计算、分析、综合、优化、决策等工作，另一方面可以协助技术人员绘制设计图纸，完成一些归纳、统计工作。在此基础上，还有一个CAAD技术，即“计算机辅助建筑设计”（Computer Aided Architectural Design），它是专门开发用于建筑设计的计算机技术。由于建筑设计工作的复杂性和特殊性（不象结构设计属于纯技术工作），就国内目前建筑设计实践状况来看，CAAD技术的大量应用主要还是在图纸的绘制上面，但也有一些具有三维功能的软件，在方案设计阶段用来协助推敲。

AutoCAD软件是美国AutoDesk公司开发研制的计算机辅助软件，它在世界工程设计领域使用相当广泛，目前已成功应用到建筑、机械、服装、气象、地理等领域。自1982年推出第一个版本以后，目前已升级至第19个版本，最新版本为AutoCAD 2012，如图5-1所示。AutoCAD是为我国建筑设计领域最早接受的CAD软件，几乎成了默认绘图软件，主要用于绘制二维建筑图形。此外，AutoCAD为客户提供了良好的二次开发平台，便于用户自行定制适于本专业的绘图格式和附加功能。目前，国内专门研制开发基于AutoCAD的建筑设计软件的公司就有几家。

2. CAD软件在建筑设计各阶段的应用情况

建筑设计应用到的CAD软件较多，主要包括二维矢量图形绘制软件、设计推敲软件、建模及渲染软件、效果图后期制作软件等。

（1）二维矢量图形绘制

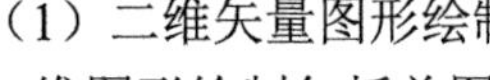

二维图形绘制包括总图、平面图、立面图、剖面图、大样图、节点详图等。AutoCAD因其优越

的矢量绘图功能，被广泛用于方案设计、初步设计和施工图设计全过程的二维图形绘制。方案阶段，它生成扩展名为.dwg 的矢量图形文件，可以将它导入 3ds Max、3D VIZ 等软件（如图 5-2 和图 5-3 所示）协助建模。可以输出为位图文件，导入 Photoshop 等图像处理软件进一步制作平面表现图。

图 5-1　AutoCAD 2012

图 5-2　3ds Max 2012

（2）方案设计推敲

AutoCAD、3ds Max、3D VIZ 的三维功能可以用来协助体块分析和空间组合分析。此外，一些能够较为方便快捷地建立三维模型，便于在方案推敲时快速处理平、立、剖及空间之间关系的 CAD 软件正逐渐被设计者了解和接受，如 SketchUp、ArchiCAD 等（如图 5-4 和图 5-5 所示），它们兼具二维、三维和渲染功能。

图 5-3　3D VIZ 2008

图 5-4　SketchUp 8.0

（3）建模及渲染

这里所说的建模指为制作效果图准备的精确模型。常见的建模软件有 AutoCAD、3ds Max、3D VIZ 等。应用 AutoCAD 可以进行准确建模，但是它的渲染效果较差，一般需要导入 3ds Max、3D VIZ 等软件中附材质、设置灯光，而后渲染，而且需要处理好导入前后的接口问题。3ds Max 和 3D VIZ 都是功能强大的三维建模软件，两者的界面基本相同。不同的是，3ds Max 面向普遍的三维动画制作，而 3D VIZ 是 AutoDesk 公司专门为建筑、机械等行业定制的三维建模及渲染软件，取消了建筑、机械行业不必要的功能，增加了门窗、楼梯、栏杆、树木等造型模块和环境生成器，3D VIZ 4.2 以上的版本还集成了 Lightscape 的灯光技术，弥补了 3ds Max 的灯光技术的欠缺。3ds Max、3D VIZ 具有良好的渲染功能，是建筑效果图制作的首选软件。

就目前的状况来看，3ds Max、3D VIZ 建模仍然需要借助 AutoCAD 绘制的二维平、立、剖面图为参照来完成。

图 5-5　ArchiCAD 13

（4）后期制作

☑ 效果图后期处理：模型渲染以后图像一般都不十分完美，需要进行后期处理，包括修改、调色、配景、添加文字等。在此环节上，Adobe 公司开发的 Photoshop 是一个首选的图像后期处理软件，如图 5-6 所示。

图 5-6　Photoshop CS5

此外，方案阶段用 AutoCAD 绘制的总图和平面图、立面图、剖面图及各种分析图也常在 Photoshop 中作套色处理。

☑ 方案文档排版：为了满足设计深度要求，满足建设方或标书的要求，同时也希望突出自己方案的特点，使自己的方案能够脱颖而出，方案文档排版工作是相当重要的。它包括封面、目录、设计说明制作以及方案设计图所在各页的制作。在此环节上可以用 Adobe PageMaker，也可以直接用 Photoshop 或其他平面设计软件。

☑ 演示文稿制作：若需将设计方案做成演示文稿进行汇报，比较简单的软件是 PowerPoint，其次可以使用 Flash、Authorware 等。

（5）其他软件

在建筑设计过程中还可能用到其他软件，如文字处理软件 Microsoft Word，数据统计分析软件 Excel 等。至于一些计算程序，如节能计算、日照分析等，则根据具体需要采用。

## 5.1.4　学习应用软件的几点建议

（1）无论学习何种应用软件，都应该注意两点：一是熟悉计算机的思维方式，即大致了解计算机系统是如何运作的；二是学会跟计算机交流，即在操作软件的过程中，学会阅读屏幕上不断显示的内容，并作出相应的回应。把握这两点，有利于快速地学会一个新软件，有利于在操作中独立解决问题。

（2）在看教材的同时，一定要多上机实践。在上机中发现问题，再结合书本解决问题，不要一个劲地埋在书本里。书本里的描述始终不可能全部涵盖软件的所有环节。

（3）同一个功能的实现，往往有多种操作途径，刚开始学习时，可以对它们作适当的了解。之后，选择适合自己、方便快捷的途径进行操作。本书后面介绍的一些绘图操作方法，不一定是最好的，但希望给读者提供一个解决问题的思路。

（4）像 AutoCAD、3ds Max、3D VIZ 这样的复杂软件，难度比较大，但无论多复杂的软件，都是由基本操作、简单操作组合而成的。如果读者下决心学好它，那就要沉住气，循序渐进、由简到难、熟而生巧。

（5）学会用 F1 帮助功能。帮助功能中的描述往往比较生硬拗口，但适应了也就没什么。

# 5.2 建筑制图基本知识

建筑设计图纸是交流设计思想、传达设计意图的技术文件。尽管 AutoCAD 功能强大，但它毕竟不是专门为建筑设计定制的软件，一方面需要在用户的正确操作下才能实现其绘图功能，另一方面需要用户在遵循统一制图规范，在正确的制图理论及方法的指导下来操作，才能生成合格的图纸。因此，即使在当今大量采用计算机绘图的形势下，仍然有必要掌握基本绘图知识。因此，笔者在本节中将必备的制图知识作一个简单介绍，已掌握该部分内容的读者可跳过此部分。

## 5.2.1 建筑制图概述

### 1. 建筑制图的概念

建筑图纸是建筑设计人员用来表达设计思想、传达设计意图的技术文件，是方案投标、技术交流和建筑施工的要件。建筑制图是根据正确的制图理论及方法，按照国家统一的建筑制图规范将设计思想和技术特征清晰、准确地表现出来。建筑图纸包括方案图、初设图、施工图等类型。国家标准《房屋建筑制图统一标准》（GB/T 50005-2001）、《总图制图标准》（GB/T 50103-2001）、《建筑制图标准》（GB/T 50104-2001）是建筑专业手工制图和计算机制图的依据。

### 2. 建筑制图的方式

建筑制图有手工制图和计算机制图两种方式。手工制图又分为徒手绘制和工具绘制两种。

手工制图应该是建筑师必须掌握的技能，也是学习 AutoCAD 软件或其他绘图软件的基础。手工制图体现出一种绘图素养，直接影响计算机图面的质量，而其中的徒手绘画，则往往是建筑师职场上的闪光点和敲门砖，不可偏废。采用手工绘图的方式可以绘制全部的图纸文件，但是需要花费大量的精力和时间。计算机制图是指操作计算机绘图软件画出所需图形，并形成相应的图形电子文件，可以进一步通过绘图仪或打印机将图形文件输出，形成具体的图纸过程。它快速、便捷，便于文档存储，便于图纸的重复利用，可以大大提高设计效率。因此，目前手绘主要用在方案设计的前期，而后期成品方案图以及初设图、施工图都采用计算机绘制完成。

总之，这两种技能同等重要，不可偏废。本书将重点讲解应用 AutoCAD 2012 绘制建筑图的方法和技巧，对于手绘不做具体介绍。读者若需要加强这项技能，可以参看其他有关书籍。

### 3. 建筑制图程序

建筑制图的程序与建筑设计的程序相对应。从整个设计过程来看，遵循方案图、初设图、施工图的顺序来进行。后面阶段的图纸在前一阶段的基础上作深化、修改和完善。就每个阶段来看，一般遵循平面、立面、剖面、详图的过程来绘制。至于每种图样的制图程序，将在后面章节结合 AutoCAD

操作来讲解。

## 5.2.2 建筑制图的要求及规范

1. 图幅、标题栏及会签栏

图幅即图面的大小，分为横式和立式两种。根据国家标准的规定，按图面的长和宽的大小确定图幅的等级。建筑常用的图幅有 A0（也称 0 号图幅，其余类推）、A1、A2、A3 及 A4，每种图幅的长宽尺寸如表 5-1 所示，表中的尺寸代号意义如图 5-7 和图 5-8 所示。

表 5-1 图幅标准（mm）

| 图幅代号<br>尺寸代号 | A0 | A1 | A2 | A3 | A4 |
|---|---|---|---|---|---|
| b×1 | 841×1189 | 594×841 | 420×594 | 297×420 | 210×297 |
| c | 10 | | | 5 | |
| a | 25 | | | | |

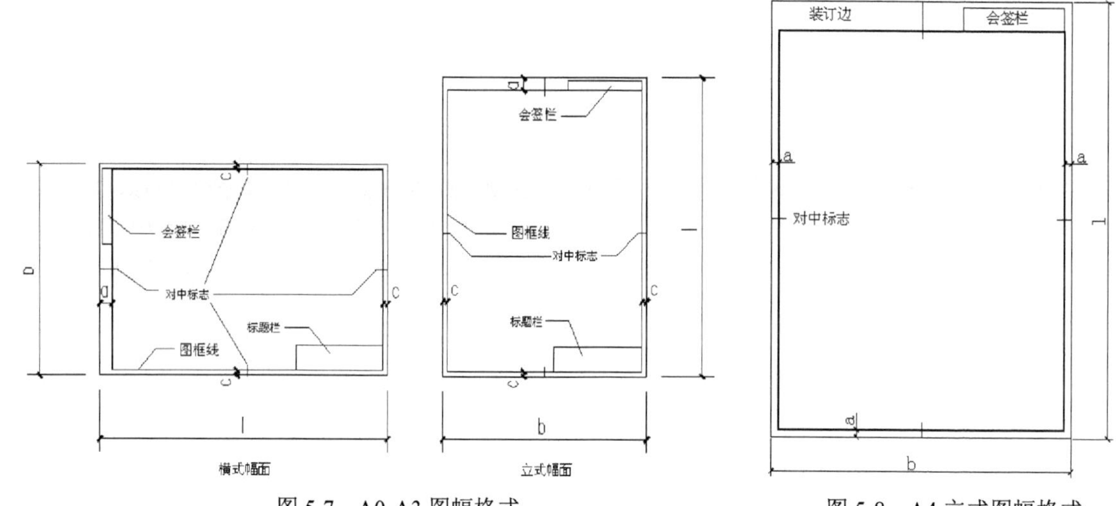


图 5-7 A0-A3 图幅格式

图 5-8 A4 立式图幅格式

A0～A3 图纸可以在长边加长，但短边一般不应加长，加长尺寸如表 5-2 所示。如有特殊需要，可采用 b×l=841×891 或 1189×1261 的幅面。

表 5-2 图纸长边加长尺寸（mm）

| 图　　幅 | 长 边 尺 寸 | 长边加长后尺寸 |
|---|---|---|
| A0 | 1189 | 1486　1635　1783　1932　2080　2230　2378 |
| A1 | 841 | 1051　1261　1471　1682　1892　2102 |
| A2 | 594 | 743　891　1041　1189　1338　1486　1635　1783　1932　2080 |
| A3 | 420 | 630　841　1051　1261　1471　1682　1892 |

标题栏包括设计单位名称、工程名称、签字区、图名区及图号区等内容。一般图标格式如图 5-9 所示，如今不少设计单位采用自己个性化的图标格式，但是仍必须包括这几项内容。

会签栏是为各工种负责人审核后签名用的表格，它包括专业、姓名、日期等内容，如图 5-10 所示。对于不需要会签的图纸，可以不设此栏。

| 设计单位名称 | 工程名称区 | 图号区 |
| --- | --- | --- |
| 签字区 | 图名区 | |

40(30,50)　180

图 5-9　标题栏格式

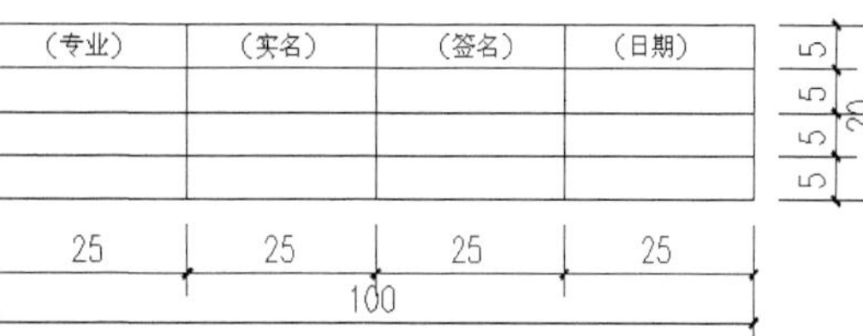


图 5-10　会签栏格式

此外，需要微缩复制的图纸，其一个边上应附有一段准确米制尺度，4 个边上均附有对中标志。米制尺度的总长应为 100mm，分格应为 10mm。对中标志应画在图纸各边长的中点处，线宽应为 0.35mm，输入框内应为 5mm。

2. 线型要求

建筑图纸主要由各种线条构成，不同的线型表示不同的对象和不同的部位，代表着不同的含义。为了使图面能够清晰、准确、美观地表达设计思想，工程实践中采用了一套常用的线型，并规定了它们的使用范围，现统计如表 5-3 所示。

表 5-3　常用线型统计表

| 名　　称 | 线　　型 | | 线　　宽 | 适 用 范 围 |
| --- | --- | --- | --- | --- |
| 实线 | 粗 | | b | 建筑平面图、剖面图、构造详图的被剖切主要构件截面轮廓线；建筑立面图外轮廓线；图框线；剖切线。总图中的新建建筑物轮廓 |
| | 中 | | 0.5b | 建筑平、剖面中被剖切的次要构件的轮廓线；建筑平、立、剖面图构配件的轮廓线；详图中的一般轮廓线 |
| | 细 | | 0.25b | 尺寸线、图例线、索引符号、材料线及其他细部刻画用线等 |
| 虚线 | 中 | | 0.5b | 主要用于构造详图中不可见的实物轮廓；平面图中的起重机轮廓；拟扩建的建筑物轮廓 |
| | 细 | | 0.25b | 其他不可见的次要实物轮廓线 |
| 点划线 | 细 | | 0.25b | 轴线、构配件的中心线、对称线等 |
| 折断线 | 细 | | 0.25b | 省画图样时的断开界限 |
| 波浪线 | 细 | | 0.25b | 构造层次的断开界线，有时也表示省略画出的是断开界限 |

图线宽度 b，宜从下列线宽中选取 2.0mm、1.4mm、1.0mm、0.7mm、0.5mm、0.35mm。不同的 b 值，产生不同的线宽组。在同一张图纸内，各不同线宽组中的细线，可以统一采用较细的线宽组中的细线。对于需要微缩的图纸，线宽不宜小于等于 0.18mm。

3. 尺寸标注

尺寸标注的一般原则如下：

（1）尺寸标注应力求准确、清晰、美观大方。同一张图纸中，标注风格应保持一致。

Note

（2）尺寸线应尽量标注在图样轮廓线以外，从内到外依次标注从小到大的尺寸，不能将大尺寸标在内，而小尺寸标在外，如图 5-11 所示。

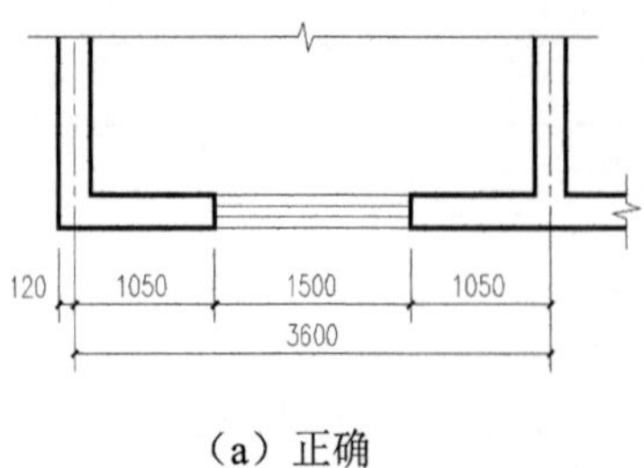


（a）正确

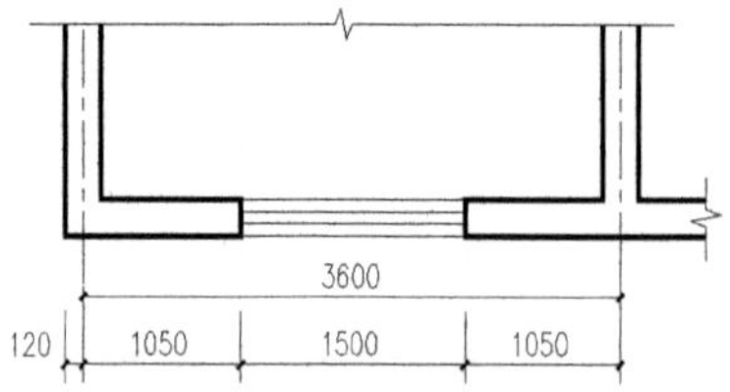

（b）错误

图 5-11　尺寸标注正误对比

（3）最内一道尺寸线与图样轮廓线之间的距离不应小于 10mm，两道尺寸线之间的距离一般为 7～10mm。

（4）尺寸界线朝向图样的端头距图样轮廓的距离应大于等于 2mm，不宜直接与之相连。

（5）在图线拥挤的地方，应合理安排尺寸线的位置，但不宜与图线、文字及符号相交；可以考虑将轮廓线用作尺寸界线，但不能作为尺寸线。

（6）室内设计图中连续重复的构配件等，当不易标明定位尺寸时，可在总尺寸的控制下，定位尺寸不用数值而用“均分”或“EQ”字样表示，如图 5-12 所示。

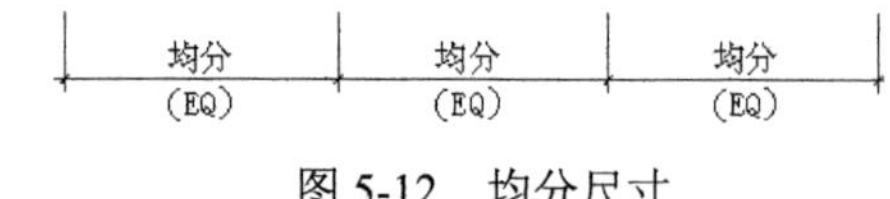


图 5-12　均分尺寸

4. 文字说明

在一幅完整的图纸中用图线方式表现得不充分和无法用图线表示的地方，就需要进行文字说明，如设计说明、材料名称、构配件名称、构造做法、统计表及图名等。文字说明是图纸内容的重要组成部分，制图规范对文字标注中的字体、字的大小、字体字号搭配等方面作了一些具体规定。

（1）一般原则。字体端正，排列整齐，清晰准确，美观大方，避免过于个性化的文字标注。

（2）字体。一般标注推荐采用仿宋字，大标题、图册封面、地形图等的汉字，也可书写成其他字体，但应易于辨认。

字型示例如下：

仿宋：建筑（小四）建筑（四号）建筑（二号）

黑体：**建筑（四号）建筑（小二）**

楷体：建筑 建筑（二号）

字母、数字及符号：0123456789abcdefghijk% @ 或 *0123456789abcdefghijk%@*

（3）字的大小。标注的文字高度要适中。同一类型的文字采用同一大小的字。较大的字用于较概括性的说明内容，较小的字用于较细致的说明内容。文字的字高，应从 3.5mm、5mm、7mm、10mm、14mm、20mm 系列中选用。如需书写更大的字，其高度应按 $\sqrt{2}$ 的比值递增。注意字体及大小搭配的层次感。

5. 常用图示标志

（1）详图索引符号及详图符号

平面图、立面图、剖面图中，在需要另设详图表示的部位标注一个索引符号，以表明该详图的位置，这个索引符号即详图索引符号。详图索引符号采用细实线绘制，圆圈直径为 10mm。图 5-13（d）～图 5-13（g）用于索引剖面详图，当详图就在本张图纸时，采用图 5-13（a），详图不在本张图纸时，采用 5-13（b）～图 5-13（g）所示的形式。

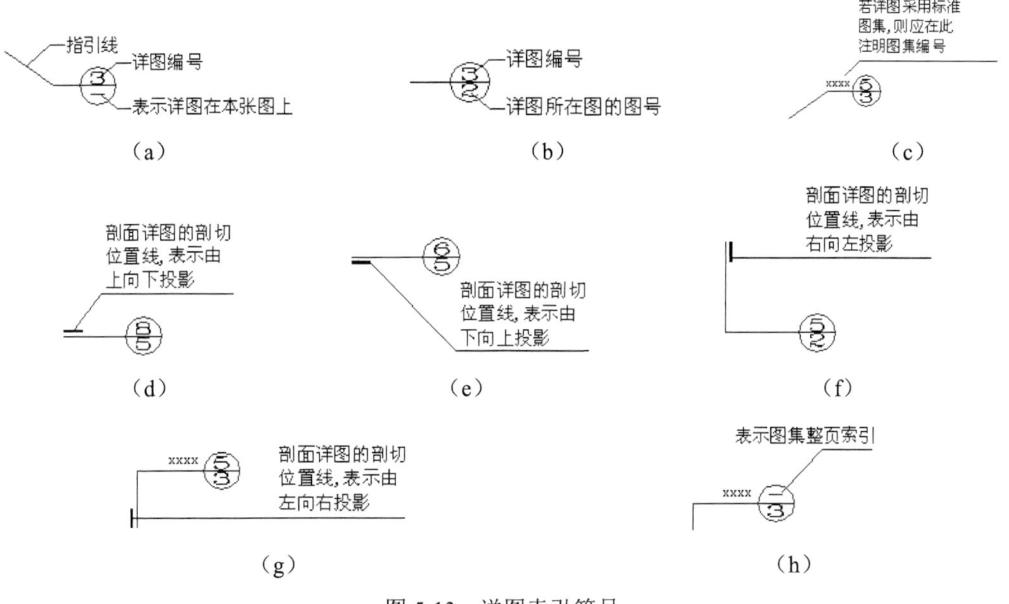


（a） （b） （c）

（d） （e） （f）

（g） （h）

图 5-13　详图索引符号

详图符号即详图的编号，用粗实线绘制，圆圈直径为 14mm，如图 5-14 所示。

（a） （b）

图 5-14　详图符号

（2）引出线

由图样引出一条或多条线段指向文字说明，该线段就是引出线。引出线与水平方向的夹角一般采用 0°、30°、45°、60°、90°，常见的引出线形式如图 5-15 所示。图中 5-15（a）～图 5-15（d）为普通引出线，图 5-15（e）～图 5-15（h）为多层构造引出线。使用多层构造引出线时，注意构造分层的顺序应与文字说明的分层顺序一致。文字说明可以放在引出线的端头（如图 5-15（a）～图 5-15（h）所示），也可放在引出线水平段之上（如图 5-15（i）所示）。

（3）内视符号

内视符号标注在平面图中，用于表示室内立面图的位置及编号，建立平面图和室内立面图之间的联系。内视符号的形式如图 5-16 所示。其中立面图编号可用英文字母或阿拉伯数字表示，黑色的箭头指向表示立面方向；图 5-16（a）为单向内视符号，图 5-16（b）为双向内视符号，图 5-16（c）为

Note

四向内视符号，A、B、C、D顺时针标注。

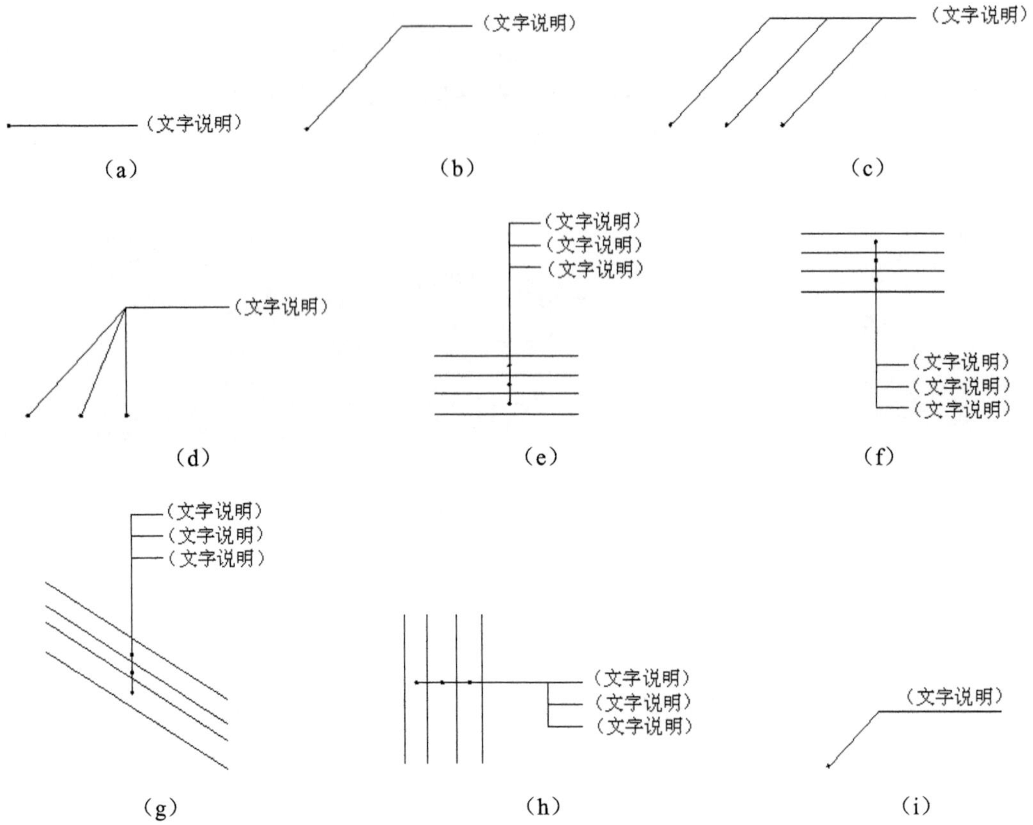

图5-15　引出线形式

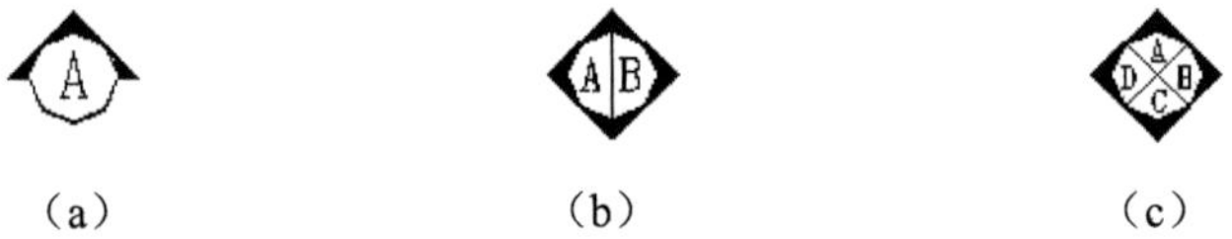

图5-16　内视符号

其他符号图例统计如表5-4和表5-5所示。

表5-4　建筑常用符号图例

| 符　号 | 说　明 | 符　号 | 说　明 |
|---|---|---|---|
| 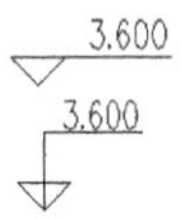 3.600<br>3.600 | 标高符号，线上数字为标高值，单位为m<br>下面一个是在标注位置比较拥挤时采用 | 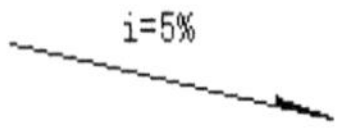 i=5% | 表示坡度 |
|  1　A | 轴线号 | 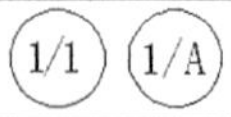 1/1　1/A | 附加轴线号 |
|  1　1 | 标注剖切位置的符号，标数字的方向为投影方向，“1”与剖面图的编号“5-1”对应 | 2　2 | 标注绘制断面图的位置，标数字的方向为投影放向，“2”与断面图的编号“5-2”对应 |

续表

| 符　号 | 说　明 | 符　号 | 说　明 |
|---|---|---|---|
| | 对称符号。在对称图形的中轴位置画此符号，可以省画另一半图形 | | 指北针 |
| | 方形坑槽 | | 圆形坑槽 |
| | 方形孔洞 | | 圆形孔洞 |
| @ | 表示重复出现的固定间隔，如“双向木格栅@500” | Ø | 表示直径，如 Ø30 |
| 平面图 1:100 | 图名及比例 | 1 1：5 | 索引详图名及比例 |
| 宽X高或Φ 底(顶或中心)标高 | 墙体预留洞 | 宽X高或Φ 底(顶或中心)标高 | 墙体预留槽 |
| | 烟道 | | 通风道 |

**表 5-5　总图常用图例**

| 符　号 | 说　明 | 符　号 | 说　明 |
|---|---|---|---|
| X | 新建建筑物。粗线绘制。<br>需要时，表示出入口位置▲及层数 X。<br>轮廓线以±0.00 处外墙定位轴线或外墙皮线为准。<br>需要时，地上建筑用中实线绘制，地下建筑用细虚线绘制 | | 原有建筑。细线绘制 |
| | 拟扩建的预留地或建筑物。中虚线绘制 | | 新建地下建筑或构筑物。粗虚线绘制 |
| | 拆除的建筑物。用细实线表示 | | 建筑物下面的通道 |
| | 广场铺地 | | 台阶，箭头指向表示向上 |
| | 烟囱。实线为下部直径，虚线为基础。必要时，可注写烟囱高度和上下口直径 | | 实体性围墙 |
| | 通透性围墙 | | 挡土墙。被挡土在“突出”的一侧 |
| | 填挖边坡。边坡较长时，可在一端或两端局部表示 | | 护坡。边坡较长时，可在一端或两端局部表示 |
| X323.38<br>Y586.32 | 测量坐标 | A123.21<br>B789.32 | 建筑坐标 |
| 32.36(±0.00) | 室内标高 | 32.36 | 室外标高 |

Note

6. 常用材料符号

建筑图中经常应用材料图例来表示材料，在无法用图例表示的地方，也采用文字说明。为了方便读者，将常用的图例汇集在表 5-6 中。

表 5-6 常用材料图例

| 材料图例 | 说明 | 材料图例 | 说明 |
| --- | --- | --- | --- |
| | 自然土壤 | | 夯实土壤 |
| | 毛石砌体 | | 普通转 |
| | 石材 | | 砂、灰土 |
| | 空心砖 | | 松散材料 |
| | 混凝土 | | 钢筋混凝土 |
| | 多孔材料 | | 金属 |
| | 矿渣、炉渣 | | 玻璃 |
| | 纤维材料 | | 防水材料<br>上下两种根据绘图比例大小选用 |
| | 木材 | | 液体，须注明液体名称 |

7. 常用绘图比例

下面列出常用绘图比例，读者根据实际情况灵活使用。

（1）总图：1:500，1:1000，1:2000。

（2）平面图：1:50，1:100，1:150，1:200，1:300。

（3）立面图：1:50，1:100，1:150，1:200，1:300。

（4）剖面图：1:50，1:100，1:150，1:200，1:300。

（5）局部放大图：1:10，1:20，1:25，1:30，1:50。

（6）配件及构造详图：1:1，1:2，1:5，1:10，1:15，1:20，1:25，1:30，1:50。

## 5.2.3 建筑制图的内容及编排顺序

1. 建筑制图内容

建筑制图的内容包括总图、平面图、立面图、剖面图、构造详图和透视图、设计说明、图纸封面、图纸目录等方面。

2. 图纸编排顺序

图纸编排顺序一般应为图纸目录、总图、建筑图、结构图、给水排水图、暖通空调图、电气图等。对于建筑专业，一般顺序为目录、施工图设计说明、附表（装修做法表、门窗表等）、平面图、立面

图、剖面图、详图等。

# 5.3 室内建筑设计基本知识

室内设计属于建筑设计的一个分支，一般建筑设计同时又包含室内设计。为了让初学者对室内设计有一个初步的了解，本节中介绍室内设计的基本知识。由于它不是本书的主要内容，所以这里只做简明扼要的介绍。对于室内设计的知识，初学者仅仅阅读这一部分是远远不够的，还应该参看其他专门的相关书籍，在此特别说明。

## 5.3.1 室内建筑设计概述

室内设计（Interior Design），也称作室内环境设计。

随着社会的不断发展，建筑功能逐渐多样化，室内设计已作为一个相对独立的行业从建筑设计中分离出来，“它既包括视觉环境和工程技术方面的问题，也包括声、光、热等物理环境以及气氛、意境等心理环境和文化内涵等内容”（来增祥，陆震纬．室内设计原理．上．北京：中国建筑工业出版社，1996，2）。室内设计与一般建筑设计、景观设计相区别又相联系，其重点在于建筑室内环境的综合设计，目的是为了创造良好的室内环境。

室内设计根据对象的不同可分为居住建筑室内设计、公共建筑室内设计、工业建筑室内设计和农业建筑室内设计。室内设计与一般建筑设计一样需经过 3 个阶段，即设计准备阶段、方案设计阶段、施工图设计阶段及实施阶段。

一般来说，室内设计工作可能出现在整个工程建设过程的以下 3 个时期：

（1）与建筑设计、景观设计同期进行。这种方式有利于室内设计师与建筑师、景观设计师配合，从而使建筑室内环境和室外环境风格协调统一，为生产出良好的建筑作品提供了条件。

（2）在建筑设计完成后、建筑施工未结束之前进行。室内设计师在参照建筑、结构及水暖电等设计图纸资料的同时，也需要和各部门、各工种交流设计思想，同时注意施工中难以避免更改部位，并作出相应的调整。

（3）在主体工程施工结束后进行。这种情况，室内设计师对建筑空间的规划设计参与性最小，基本上是在建筑师设计成果的基础上来完成室内环境设计。当然，在一些大跨度、大空间结构体系中，设计师的自由度还是比较大的。

以上说法，是针对普遍意义上的室内设计而言，对于个别小型工程，工作没有这么复杂，但设计师认真的态度是必须的。由于室内设计工作涉及艺术修养、工程技术、政治、经济、文化等诸多方面，所以室内设计师在掌握专业知识和技能的基础上，还应具有良好的综合素质。

## 5.3.2 室内建筑设计中的几个要素

### 1. 设计前的准备工作

设计前的准备工作，一般涉及以下几个方面：

（1）明确设计任务及要求。包括功能要求、工程规模、装修等级标准、总造价、设计期限及进度、室内风格特征及室内氛围趋向、文化内涵等。

（2）现场踏勘收集实际第一手资料，收集必要的相关工程图纸，查阅同类工程的设计资料或现

场参观学习同类工程，获取设计素材。

（3）熟悉相关标准、规范和法规的要求，熟悉定额标准，熟悉市场的设计取费惯例。

（4）与业主签订设计合同，明确双方责任、权利及义务。

（5）考虑与各工种协调配合的问题。

Note

2. 两个出发点和一个归宿

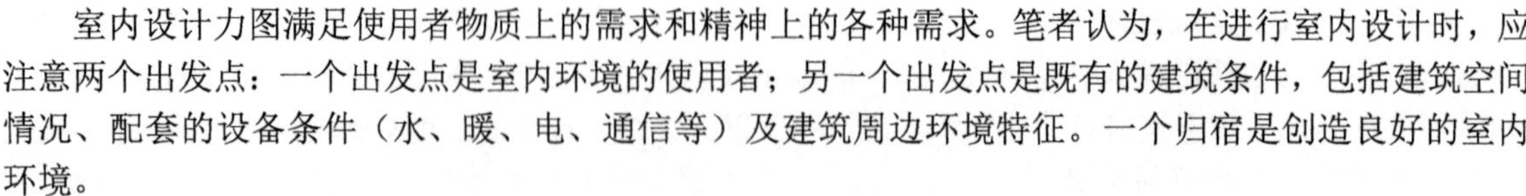

室内设计力图满足使用者物质上的需求和精神上的各种需求。笔者认为，在进行室内设计时，应注意两个出发点：一个出发点是室内环境的使用者；另一个出发点是既有的建筑条件，包括建筑空间情况、配套的设备条件（水、暖、电、通信等）及建筑周边环境特征。一个归宿是创造良好的室内环境。

第一个出发点是基于以人为本的设计理念提出的。对于装修工程，小到个人、家庭，大到一个集团的全体职员，都是设计师服务的对象。有的设计师比较倾向于表现个人艺术风格，而忽略了这一点。从使用者的角度考察，我们应注意以下几个方面：

（1）人体尺度。考察人体尺度，可以获得人在室内空间里完成各种活动时所需的动作范围，作为确定构成室内空间的各部分尺度的依据。在很多设计手册中都有各种人体尺度的参数，读者在需要时可以查阅。然而，仅仅满足人体活动的空间是不够的，确定空间尺度时还需考虑人的心理需求空间，它的范围比活动空间大。此外，在特意塑造某种空间意象时（如高大、空旷、肃穆等），空间尺度还要作相应的调整。

（2）室内功能要求、装修等级标准、室内风格特征及室内氛围趋向、文化内涵要求等。一方面设计师可以直接从业主那里获得这些信息，另一方面设计师也可以就这些问题给业主提出建议或者与业主协商解决。

（3）造价控制及设计进度。室内设计要考虑客户的经济承受能力，否则无法实施。如今生活工作的节奏比较快，把握设计期限和进度，有利于按时完成设计任务、保证设计质量。

第二个出发点的目的在于仔细把握现有的建筑客观条件，充分利用它的有利因素，局部纠正或回避不利因素。

所谓“两个出发点和一个归宿”是笔者提出来引起读者重视的，如何设计出好的室内作品，这中间还有一个设计过程，需要考虑空间布局、室内色彩、装饰材料、室内物理环境、室内家具陈设、室内绿化因素、设计方法和表现技能等。

3. 空间布局

人们在室内空间里进行生活、学习、工作等各种活动时，每一种相对独立的活动都需要一个相对独立的空间，如会议室、商店、卧室等；一个相对独立的活动过渡到另一个相对独立的活动，这中间就需要一个交通空间，如走道。人的室内行为模式和规范影响着空间的布置，反过来，空间的布置又有利于引导和规范人的行为模式。此外，人在室内活动时，对空间除了物质上的需求，还有精神上的需求。物质需求包括空间大小及形状、家具陈设、人流交通、消防安全、声光热物理环境等；精神需求是指空间形式和特征能否反映业主的情趣和美的享受、能否对人的心理情绪进行良性的诱导。从这个角度来看，我们不难理解各种室内空间的形成、功能及布置特点。

在进行空间布局时，一般要注意动静分区、洁污分区、公私分区等问题。动静分区就是指相对安静的空间和相对嘈杂的空间应有一定程度的分离，以免互相干扰。例如在住宅里，餐厅、厨房、客厅与卧室相互分离；在宾馆里，客房部与餐饮部相互分离等。洁污分区，也叫干湿分区，指的是诸如卫生间、厨房这种潮湿环境应该跟其他清洁、干燥的空间分离。公私分区是针对空间的私密性问题提出来的，空间要体现私密、半私密、公开的层次特征。另外，还有主要空间和辅助空间之分。主要空间

应争取布置在具有多个有利因素的位置上，辅助空间布置在次要位置上。这些是对空间布置上的普遍看法，在实际操作中则应具体问题具体分析，做到有理有据、灵活处理。

室内设计师直接参与建筑空间的布局和划分的机会较小。大多情况下，室内设计师面对的是已经布局好了的空间。例如在一套住宅里，起居室、卧室、厨房等空间和它们之间的连接方式基本上已经确定；再如写字楼里办公区、卫生间、电梯间等空间及相对位置也已确定了。于是，室内设计师在把握建筑师空间布局特征的基础上，需要亲自处理的是更微观的空间布局。例如住宅里，应如何布置沙发、茶几、家庭影视设备，如何处理地面、墙面、顶棚等构成要素以完善室内空间；再如将一个建筑空间布置成快餐店，应考虑哪个区域布置就餐区、哪个区域布置服务台、哪个区域布置厨房、流线如何引导等。

4. 室内色彩和材料

我们视觉感受到的颜色来源于可见光波。可见光的波长范围为 380～780nm，依波长由大到小呈现出红、澄、黄、绿、青、蓝、紫等颜色及中间颜色。当可见光照射到物体上时，一部分波长的光线被吸收，而另一部分波长的光线被反射，反射光线在人的视网膜上呈现的颜色，就被认为是物体的颜色。颜色具有 3 个要素，即色相、明度和彩度。色相，指一种颜色与其他颜色想区别的特征，如红与绿相区别，它由光的波长决定。明度，指颜色的明暗程度，它取决于光波的振幅。彩度，指某一纯色在颜色中所占的比例，有的也将它称为纯度或饱和度。进行室内色彩设计时，应注意以下几个方面：

（1）室内环境的色彩主要反映为空间各部件的表面颜色，以及各种颜色相互影响后的视觉感受，它们还受光源（天然光、人工光）的照度、光色和显色性等因素的影响。

（2）仔细结合材质、光线研究色彩的选用和搭配，使之协调统一，有情趣、有特色，能突出主题。

（3）考虑室内环境使用者的心理需求、文化倾向和要求等因素。

材料的选择，须注意材料的质地、性能、色彩、经济性、健康环保等问题。

5. 室内物理环境

室内物理环境是室内光环境、声环境、热工环境的总称。这 3 个方面直接影响着人的学习和工作效率、人的生活质量、身心健康等方面，是提高室内环境的质量不可忽视的因素。

（1）室内光环境

室内的光线来源于两个方面，一方面是天然光，另一方面是人工光。天然光由直射太阳光和阳光穿过地球大气层时扩散而成的天空光组成。当今社会，人工光主要是指各种电光源发出的光线。

我们尽量争取利用自然光满足室内的照度要求，在不能满足照度要求的地方辅助人工照明。我国大部分地区处在北半球，一般情况下，一定量的直射阳光照射到室内，有利于室内杀菌和人的身体健康，特别是在冬天；在夏天，炙热的阳光射到室内会使室内迅速升温，长时间会使室内陈设物品退色、变质等，所以应注意遮阳、隔热问题。

现在用的照明电光源可分为两大类。一类是白炽灯，一类是气体放电灯。白炽灯是靠灯丝通电加热到高温而放出热辐射光，如普通白炽灯、卤钨灯等；气体放电灯是靠气体激发而发光，属冷光源，如荧光灯、高压钠灯、低压钠灯、高压汞灯等。

照明设计应注意以下几个因素：❶ 合适的照度；❷ 适当的亮度对比；❸ 宜人的光色；❹ 良好的显色性；❺ 避免眩光；❻ 正确的投光方向。除此之外，在选择灯具时，应注意其发光效率、寿命及是否便于安装等因素。目前国家出台的相关照明设计标准中规定有各种室内空间的平均照度标准值，许多设计手册中也提供了各种灯具的性能参数，读者可以参阅。

（2）室内声环境

室内声环境的处理，主要包括两个方面。一方面是室内音质的设计，如音乐厅、电影院、录音室

等，目的是提高室内音质，满足应有的听觉效果；另一方面是隔声与降噪，旨在隔绝和降低各种噪声对室内环境的干扰。

（3）室内热工环境

室内热工环境由室内热辐射、温度、湿度、空气流速等因素综合影响。为了满足人们舒适、健康的要求，在进行室内设计时，应结合空间布局、材料构造、家具陈设、色彩、绿化等方面综合考虑。

6. 室内家具陈设

家具是室内环境的重要组成部分，也是室内设计需要处理的重点之一。就目前我国的实际情况来看，室内家具多半是到市场、工厂购买或定做，也有少部分家具由室内设计师直接进行设计。在选购和设计家具时，应该注意以下几个方面：

（1）家具的功能、尺度、材料及做工等。

（2）形式美的要求，宜与室内风格、主题协调。

（3）业主的经济承受能力。

（4）充分利用室内空间。

室内陈设一般包括各种家用电器、运动器材、器皿、书籍、化妆品、艺术品及其他个人收藏等。处理这些陈设物品，宜适度、得体，避免庸俗化。

此外，室内各种织物的功能、色彩、材质的选择和搭配也是不容忽视的。

7. 室内绿化

绿色植物常常是生意盎然的象征，把绿化引进室内，帮助塑造室内环境，自古以来都受到人们的青睐。常见的室内绿化有盆栽、盆景、插花等形式，一些公共室内空间和一些居住空间也综合运用花木、山石、水景等园林手法来达到绿化目的，如宾馆的中庭设计等。

绿化能够改善和美化室内环境，可以在一定程度上改善空气质量、改善人的心情，也可以利用它来分隔空间、引导空间、突出或遮掩局部位置，它的功能灵活多样。

进行室内绿化时，应该注意以下因素：

（1）植物是否对人体有害。注意植物散发的气味是否有害健康，或者使用者对植物的气味是否过敏，有刺的植物不应让儿童接近等。

（2）植物的生长习性。注意植物喜阴还是喜阳、喜潮湿还是喜干燥、常绿还是落叶等习性，以及土壤需求、花期、生长速度等。

（3）植物的形状、大小和叶子的形状、大小、颜色等。注意选择合适的植物和合适的搭配。

（4）与环境协调，突出主题。

（5）精心设计、精心施工。

8. 室内设计制图

不管多么优秀的设计思想都要通过图纸来传达。准确、清晰、美观的制图是室内设计不可缺少的部分，对赢得中标和指导施工起着重要的作用，是设计师必备的技能。

## 5.3.3 室内建筑设计制图概述

1. 室内设计制图的概念

室内设计图是室内设计人员用来表达设计思想、传达设计意图的技术文件，是室内装饰施工的依据。室内设计制图就是根据正确的制图理论及方法，按照国家统一的室内制图规范将室内空间 6 个面上的设计情况在二维图面上表现出来，它包括室内平面图、室内顶棚平面图、室内立面图、室内细部

节点详图等。国家建设部出台的《房屋建筑制图统一标准》（GB/T50005-2001）和《建筑制图标准》（GB/T50104-2001）是室内设计中手工制图和计算机制图的依据。

2. 室内设计制图的方式

室内设计制图有手工制图和电脑制图两种方式。手工制图又分为徒手绘制和工具绘制两种。

手工制图应该是设计师必须掌握的技能，也是学习 AutoCAD 2012 软件或其他电脑绘图软件的基础。尤其是徒手绘画，往往是体现设计师素养和职场上的闪光点。采用手工绘图的方式可以绘制全部的图纸文件，但是需要花费大量的精力和时间。电脑制图是指操作绘图软件在电脑上画出所需图形，并形成相应的图形文件，通过绘图仪或打印机将图形文件输出，形成具体的图纸。一般情况下，手绘方式多用于设计的方案构思、设计阶段，电脑制图多用于施工图设计阶段。这两种方式同等重要，不可偏废。本书重点讲解应用 AutoCAD 2012 绘制室内设计图，对于手绘不做具体介绍，读者若需要加强这项技能，可以参看其他相关书籍。

3. 室内设计制图程序

室内设计制图的程序是与室内设计的程序相对应的。室内设计一般分为方案设计阶段和施工图设计阶段。方案设计阶段形成方案图（有的书籍将该阶段细分为构思分析阶段和方案图阶段），施工图设计阶段形成施工图。方案图包括平面图、顶棚图、立面图、剖面图及透视图等，一般要进行色彩表现，它主要用于向业主或招标单位进行方案展示和汇报，所以其重点在于形象地表现设计构思。施工图包括平面图、顶棚图、立面图、剖面图、节点构造详图及透视图，它是施工的主要依据，因此它需要详细、准确地表示出室内布置、各部分大小形状、大小、材料、构造做法及相互关系等各项内容。

### 5.3.4 室内建筑设计制图的内容

如前所述，一套完整的室内设计图一般包括平面图、顶棚图、立面图、构造详图和透视图。下面简述各种图纸的概念及内容。

1. 室内平面图

室内平面图是以平行于地面的切面在距地面 1.5mm 左右的位置将上部切去而形成的正投影图。室内平面图中应表达的内容如下：

（1）墙体、隔断及门窗、各空间大小及布局、家具陈设、人流交通路线、室内绿化等；若不单独绘制地面材料平面图，则应该在平面图中表示地面材料。

（2）标注各房间尺寸、家具陈设尺寸及布局尺寸，对于复杂的公共建筑，则应标注轴线编号。

（3）注明地面材料名称及规格。

（4）注明房间名称、家具名称。

（5）注明室内地坪标高。

（6）注明详图索引符号、图例及立面内视符号。

（7）注明图名和比例。

（8）若需要辅助文字说明的平面图，还要注明文字说明、统计表格等。

2. 室内顶棚图

室内设计顶棚图是根据顶棚在其下方假想的水平镜面上的正投影绘制而成的镜像投影图。顶棚图中应表达的内容如下：

（1）顶棚的造型及材料说明。

（2）顶棚灯具和电器的图例、名称规格等说明。

（3）顶棚造型尺寸标注、灯具、电器的安装位置标注。

（4）顶棚标高标注。

Note

（5）顶棚细部做法的说明。

（6）详图索引符号、图名、比例等。

3. 室内立面图

以平行于室内墙面的切面将前面部分切去后，剩余部分的正投影图即室内立面图。立面图的主要内容如下：

（1）墙面造型、材质及家具陈设在立面上的正投影图。

（2）门窗立面及其他装饰元素立面。

（3）立面各组成部分尺寸、地坪吊顶标高。

（4）材料名称及细部做法说明。

（5）详图索引符号、图名、比例等。

4. 构造详图

为了放大个别反映设计内容和细部做法，多以剖面图的方式表达局部剖开后的情况，这就是构造详图。表达的内容如下：

（1）以剖面图的绘制方法绘制出各材料断面、构配件断面及其相互关系。

（2）用细线表示出剖视方向上的部分轮廓及相互关系。

（3）标出材料断面图例。

（4）用指引线标出构造层次的材料名称及做法。

（5）标出其他构造做法。

（6）标注各部分尺寸。

（7）标注详图编号和比例。

5. 透视图

透视图是根据透视原理在平面上绘制出能够反映三维空间效果的图形，它与人的视觉空间感受相似。室内设计常用的绘制方法有一点透视、两点透视（成角透视）和鸟瞰图 3 种。

透视图可以通过人工绘制，也可以应用计算机绘制，它能直观表达设计思想和效果，故也称作效果图或表现图，是一个完整的设计方案不可缺少的部分。

▶▶第 2 篇

# 提高篇

本篇将介绍建筑设计中总平面图、平面图、立面图、剖面图和详图的设计思路、理论依据和完整的 AutoCAD 实现过程。通过本篇的学习，读者将掌握建筑设计方法、理论及其相应的 AutoCAD 制图技巧。

☑ 了解建筑设计的方法和特点

☑ 掌握建筑设计 CAD 制图操作技巧

# 第6章

# 绘制建筑基本图元

在前面的学习中，已经大致讲解了AutoCAD 2012绘图环境的基本设置、常用绘制命令和编辑命令，想必读者对这些操作已有一个基本性的掌握。本章将通过讲解一些建筑基本图元（如平面墙、门、窗、家具、简单标注等）的绘制，一方面使读者逐渐从纯粹的AutoCAD绘图操作的学习转入到建筑制图和设计上来，另一方面也强化了绘图命令的使用。本章介绍的方法一般都是最基本的、最常用的。在介绍绘图方法的同时，我们更注重对读者绘图思路和绘图习惯的培养。

- ☑ 平面图墙线绘制
- ☑ 家具平面图绘制
- ☑ 平面图门窗绘制
- ☑ 尺寸、文字标注

## 任务驱动&项目案例

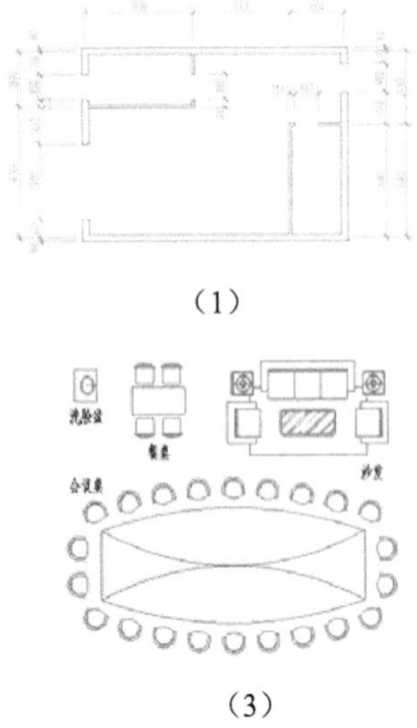


（1）

（3）

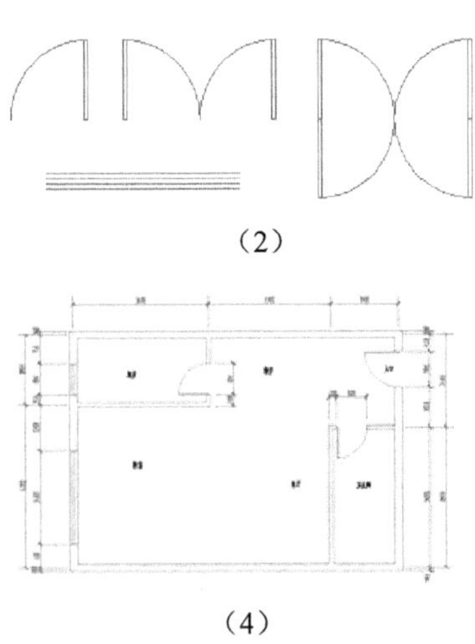

（2）

（4）

# 6.1 平面图墙线绘制

本节包括两个部分，一是绘图环境配置，二是平面图墙线绘制。为了养成随时管理图层的习惯，墙线绘制结合图层管理来说明。根据绘图惯例，墙体位置依据定位轴线来确定，因此，在墙线绘制之前首先应将定位轴线绘制出来。本节以一个简单而规整的居室平面图为例来讲解。绘制流程图如图 6-1 所示。

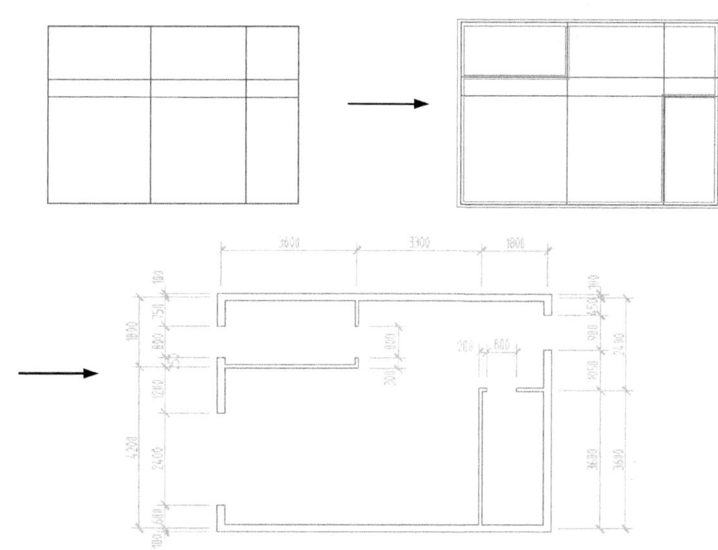

图 6-1 绘制平面图墙线

操作步骤：（**光盘\动画演示\第 6 章\平面图墙线绘制.avi**）

## 6.1.1 绘图环境配置

1. 新建文件

（1）新建文件。打开 AutoCAD 2012 应用程序，读者可看到程序自动新建了一个名为 Drawing1 .dwg 的文件。单击“标准”工具栏中的“保存”按钮，给出一个具体的文件名，将文件存到指定的文件夹中。不妨将它取名为“建筑基本图元.dwg”。

（2）屏幕工具栏调整。打开程序时，界面上自动加载了许多诸如“图纸集管理器”、“选项工具板”、“工作空间”等菜单或工具栏，这些功能目前用不着，可以把它关闭。留下“标准”、“图层”、“特性”、“绘图”、“修改”、“绘图次序”这 6 个工具栏，并将它们移动到绘图窗口中的适当位置，形成一个整洁的绘图界面，如图 6-2 所示。

**说明：** 一定要养成随时存盘和不乱存放文件的习惯。而且，在编写文件名时可以采用英文、汉语拼音或汉字，这可根据自己的习惯或工作单位惯例规定来确定。不管怎样，都需要注意文件名的可识别性和命名规律性，以便于文件管理，提高工作效率。

AutoCAD 2012 默认自动存盘位置是 C:\Documents and Settings\（用户）\Local Settings\Temp。

Note

2. 系统设置

（1）单位设置。建筑制图中主要以毫米（mm）为单位，只有在总图中采用米（m）作为单位。在 AutoCAD 中，为了便于后续操作，习惯以 1:1 的比例来绘制图形。例如，建筑实际尺寸为 1.8m，在绘图时输入的距离值为 1800。因此，将其长度单位设置为毫米（mm）、精度为 0。至于角度单位，选取“十进制度数”，精度设置为 0.0。具体操作是：选择“格式”→“单位”命令，在弹出的如图 6-3 所示的对话框中进行设置，然后单击“确定”按钮完成设置。

图 6-2　屏幕工具栏调整结果

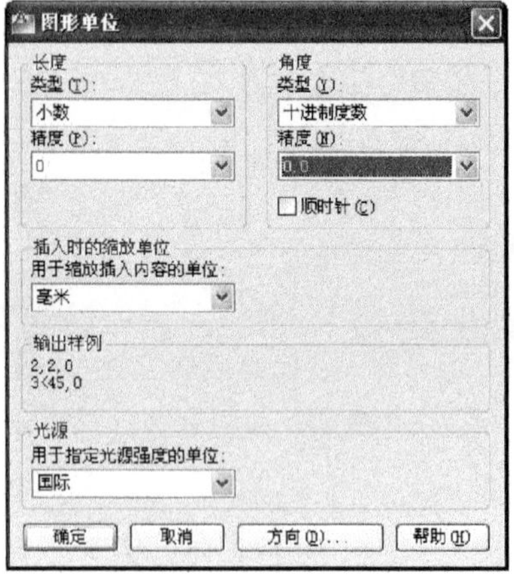


图 6-3　图形单位设置

（2）图形界限设置。为了便于操作，图形界限一般需要略大于所绘图形占据空间的大小。现将图形界限设置为横式 A2 图幅的大小，鉴于以 1:1 的比例绘制，而图面比例暂取 1:100，于是 A2 图幅相应的界限大小为 59400×42000。命令行中的提示与操作如下：

```
命令:LIMITS ↙
重新设置模型空间界限:
指定左下角点或 [开(ON)/关(OFF)] <0,0>: ↙
指定右上角点 <420,297>: 59400,42000 ↙
```

（3）坐标系设置。选择“工具”→“命名 UCS”命令，打开 UCS 对话框，将世界坐标系设为当前，如图 6-4 所示。

（4）选择“设置”选项卡，按图 6-5 所示进行设置，并单击“确定”按钮完成。这样，UCS 标志总位于左下角。如果不需要 UCS 标志，就取消选中“开”复选框。

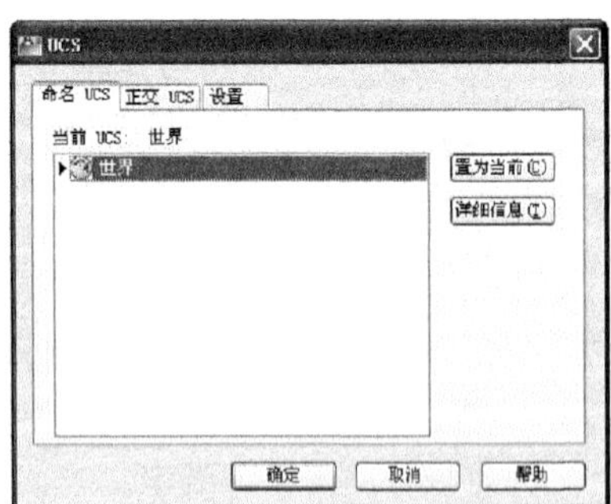


图 6-4　坐标系设置 1

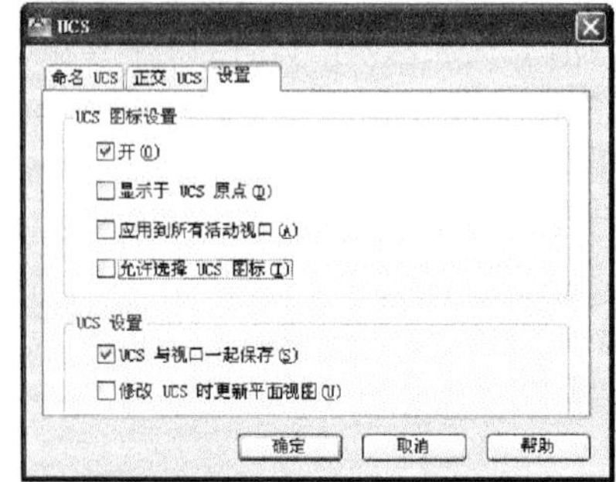


图 6-5　坐标系设置 2

（5）对象捕捉设置。将鼠标箭头移到状态栏“对象捕捉”按钮□上，单击鼠标右键，弹出一个快捷菜单，如图 6-6 所示。

（6）选择“设置”命令，弹出“草图设置”对话框，在“对象捕捉”选项卡中捕捉模式按如图 6-7 所示进行设置，然后单击“确定”按钮。

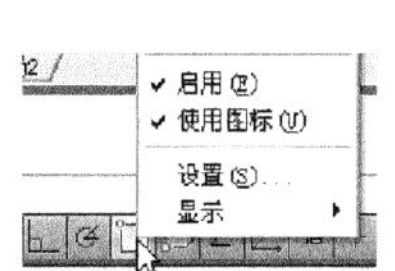


图 6-6　打开对象捕捉设置

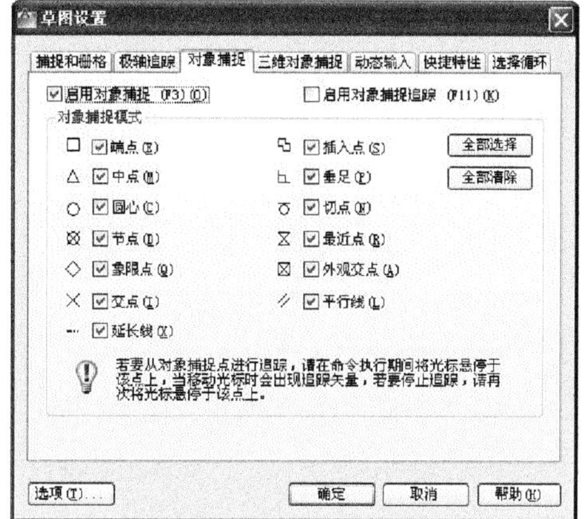


图 6-7　对象捕捉设置

## 6.1.2　平面图墙线绘制

### 1. 图层设置

为了方便图线管理，建立“轴线”和“墙线”两个图层。单击“图层”工具栏中的“图层特性管理器”按钮，打开“图层特性管理器”对话框，建立一个新图层，并将其命名为“轴线”，颜色选取红色，线型为 CENTER，线宽为“默认”，并设置为当前层，如图 6-8 所示。

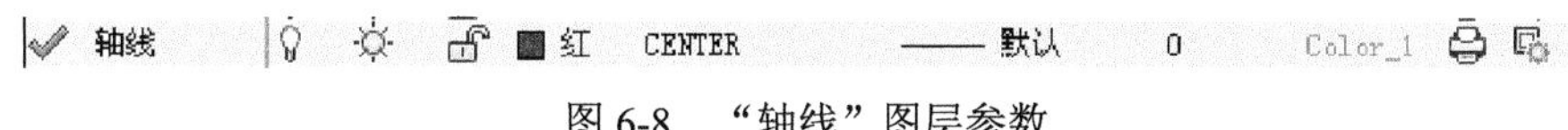


图 6-8　“轴线”图层参数

用同样的方法建立“墙线”图层，参数如图 6-9 所示。确定后回到绘图状态。

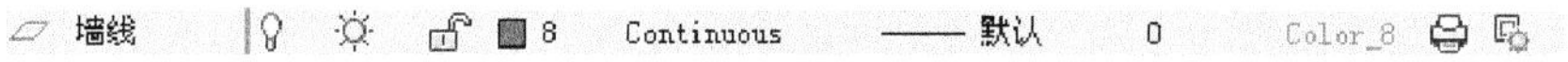

墙线　8　Continuous　默认　0　Color_8

图 6-9　“墙线”图层参数

### 2. 绘制定位轴线

（1）水平轴线。在“轴线”图层为当前层状态下绘制。单击“绘图”工具栏中的“直线”按钮，在绘图区左下角适当位置选取直线的初始点，然后输入第二点的相对坐标“@8700,0”，回车后画出第一条 8700 长的轴线。进行“实时缩放”处理后如图 6-10 所示。

图 6-10　第一条水平轴线

**说明：** 可以采用鼠标的滚轮进行实时缩放。此外，读者可以采取命令行输入命令的方式绘图，熟练后速度会比较快。最好养成左手操作键盘，右手操作鼠标的习惯，这样对以后的大量作图有利。

（2）单击“修改”工具栏中的“偏移”按钮，向上复制其他3条水平轴线，偏移量依次为3600、600、1800。结果如图6-11所示。命令行中的提示与操作如下：

```
命令: _offset ↙
当前设置: 删除源=否  图层=源  OFFSETGAPTYPE=0
指定偏移距离或 [通过(T)/删除(E)/图层(L)] <通过>: 3600 ↙
选择要偏移的对象，或 [退出(E)/放弃(U)] <退出>: （鼠标单击第一条直线）
指定要偏移的那一侧上的点，或 [退出(E)/多个(M)/放弃(U)] <退出>: （在直线上方任意单击一点）
选择要偏移的对象，或 [退出(E)/放弃(U)] <退出>: ↙
命令: OFFSET ↙ （重复“偏移”命令）
当前设置: 删除源=否  图层=源  OFFSETGAPTYPE=0
指定偏移距离或 [通过(T)/删除(E)/图层(L)] <3600>: 600 ↙
选择要偏移的对象，或 [退出(E)/放弃(U)] <退出>: （鼠标单击第二条直线）
指定要偏移的那一侧上的点，或[退出(E)/多个(M)/放弃(U)] <退出>: （在直线上方任意单击一点）
选择要偏移的对象，或 [退出(E)/放弃(U)] <退出>: ↙
命令: OFFSET ↙ （重复“偏移”命令）
当前设置: 删除源=否  图层=源  OFFSETGAPTYPE=0
指定偏移距离或 [通过(T)/删除(E)/图层(L)] <600>: 1800 ↙
选择要偏移的对象，或 [退出(E)/放弃(U)] <退出>: （鼠标单击第三条直线）
指定要偏移的那一侧上的点，或[退出(E)/多个(M)/放弃(U)]<退出>: （在直线上方任意单击一点）
选择要偏移的对象，或 [退出(E)/放弃(U)] <退出>: ↙
```

（3）竖向轴线。单击“绘图”工具栏中的“直线”按钮，用鼠标捕捉第一条水平轴线左端点作为第一条竖向轴线的起点，如图6-12所示。

图6-11　全部水平轴线　　　　图6-12　选取起点

（4）移动鼠标单击最后一条水平轴线左端点作为终点（如图6-13所示），然后按回车键完成。

（5）单击“修改”工具栏中的“偏移”按钮，向右复制其他3条竖向轴线，偏移量依次为3600、3300、1800。这样就完成了整个轴线绘制，结果如图6-14所示。

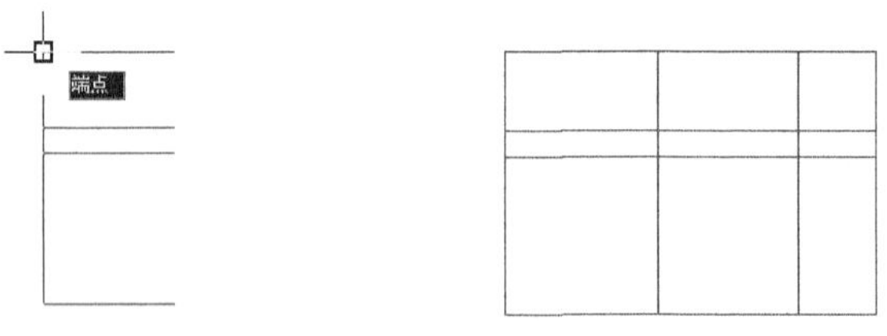


图6-13　选取终点　　　　图6-14　完成轴线绘制

3. 绘制墙线

本实例外墙厚200mm，内墙厚100mm。一般地，绘制墙线的方法有两种：一种是应用“多线”（MLINE）命令绘制，另一种是通过整体复制定位轴线来形成墙线。下面分别介绍。

（1）用多线绘制墙线。

❶ 单击“图层”工具栏中的“应用的过滤器”，如图 6-15 所示。

❷ 将“墙线”图层置为当前层，如图 6-16 所示。

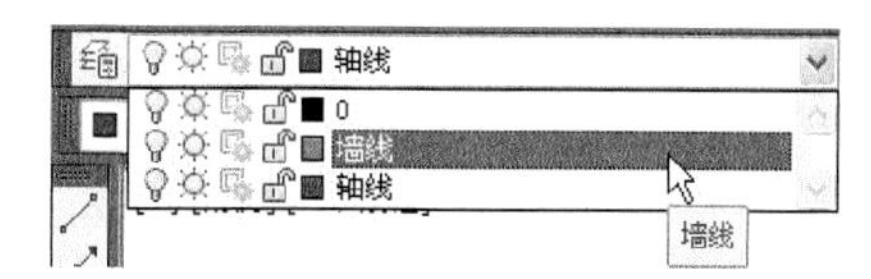

图 6-15 图层“应用的过滤器”

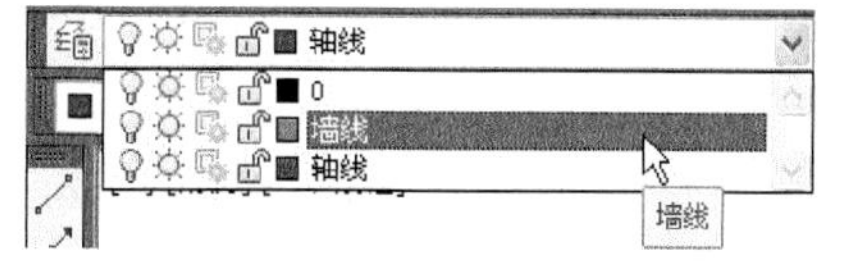

图 6-16 “墙线”图层置为当前层

❸ 设置“多线”的参数。选择“绘图”→“多线”命令，命令行中的提示与操作如下：

```
命令: _mline ↙
当前设置: 对正 = 上，比例 = 20.00，样式 = STANDARD （初始参数）
指定起点或 [对正(J)/比例(S)/样式(ST)]: j ↙ （选择对正设置）
输入对正类型 [上(T)/无(Z)/下(B)] <上>: z ↙（选择两线之间的中点作为控制点）
当前设置: 对正 = 无，比例 = 20.00，样式 = STANDARD
指定起点或 [对正(J)/比例(S)/样式(ST)]: s ↙（选择比例设置）
输入多线比例 <20.00>: 200 ↙ （输入墙厚）
当前设置: 对正 = 无，比例 = 200.00，样式 = STANDARD
指定起点或 [对正(J)/比例(S)/样式(ST)]: ↙ （回车完成设置）
```

❹ 重复“多线”命令，当命令行提示“指定起点或 [对正(J)/比例(S)/样式(ST)]:”时，用鼠标选取左下角轴线交点为多线起点，参照图 6-1 画出周边墙线，如图 6-17 所示。

❺ 重复“多线”命令，仿照前面“多线”参数设置方法将墙体的厚度定义为 100，也就是将多线的比例设为 100，然后绘出剩下墙线。结果如图 6-18 所示。

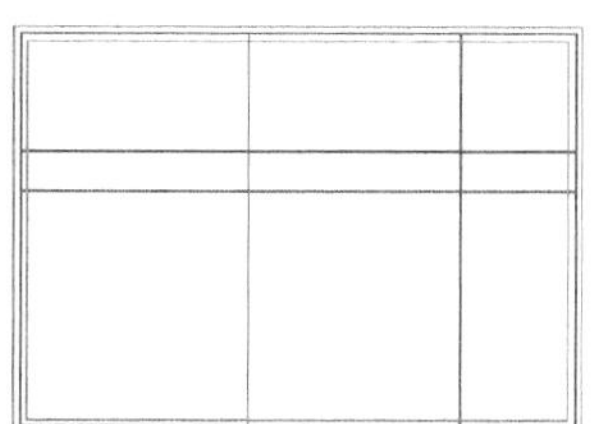

图 6-17 200 厚周边墙线

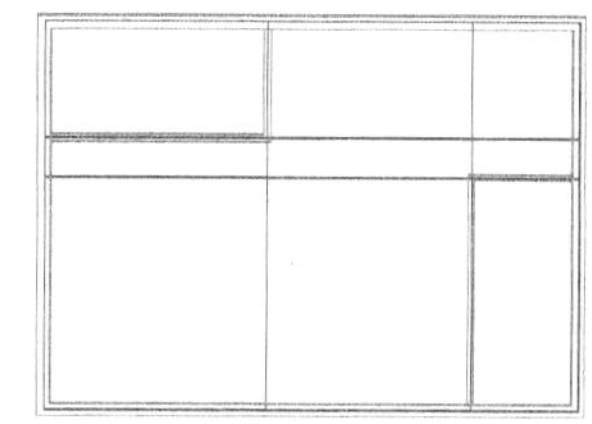

图 6-18 100 厚内部墙线

❻ 应用“分解”命令先将周边墙线分解开，接着应用“修剪”命令将每个节点进行处理，使其内部连通，搭接正确。

❼ 参照图 6-1 所示的门洞位置尺寸绘制出门洞边界线。由轴线偏移出门洞边界线，如图 6-19 所示。

❽ 将这些线条全部选中，置换到“墙线”层中（如图 6-20 所示），按 Esc 键退出。

❾ 用“修剪”命令将多余的线条修剪掉，结果如图 6-21 所示。

❿ 采用同样的方法，在左侧墙线上绘制出窗洞。这样，整个墙线就绘制结束了，如图 6-22 所示。

（2）由轴线绘制墙线。鉴于内外墙厚度不一样，内外墙分两步进行。

❶ 绘制外墙。单击“修改”工具栏中的“复制”按钮，选中周边 4 条轴线，先后输入相对坐标“@100,100”和“@-100,-100”，在轴线两侧复制出新的线条作为墙线。将这些线条置换到“墙线”

层，如图 6-23 所示。

Note

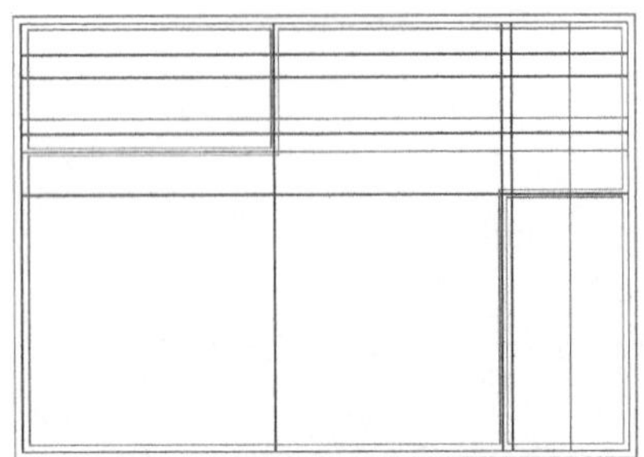

图 6-19　由轴线偏移出门洞边界线

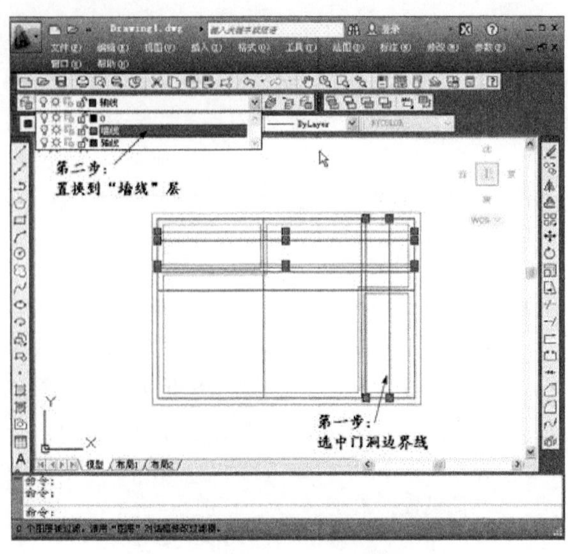


图 6-20　置换到“墙线”层中

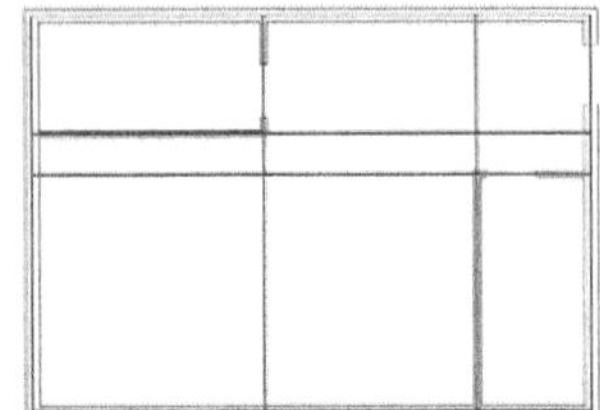

图 6-21　完成门洞绘制

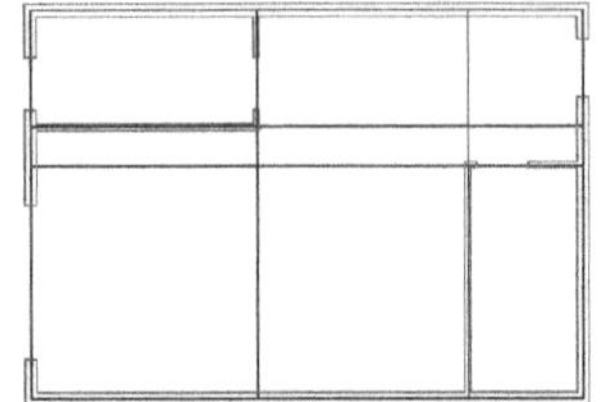

图 6-22　完成墙线绘制

❷ 应用“倒角”命令依次将四角进行倒角处理，结果如图 6-24 所示。

❸ 绘制内墙。采用上述方法来绘制。余下的门洞口操作与前面讲解的内容相同，这里不再赘述。

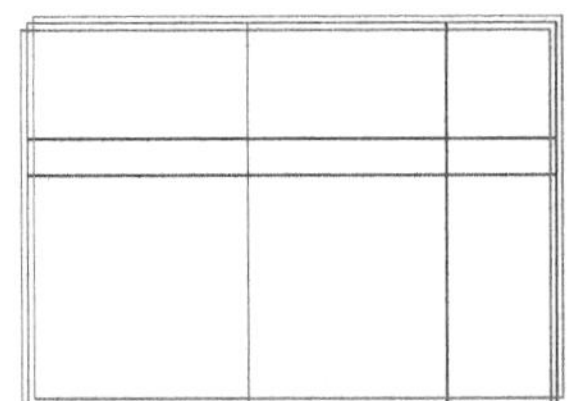

图 6-23　由轴线复制出墙线

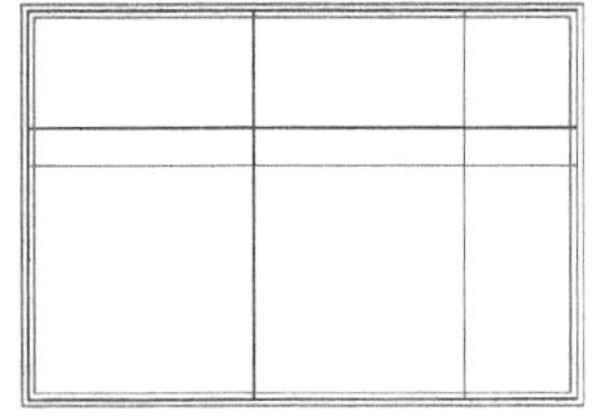

图 6-24　连通外墙线

**说明：**确定操作和重复命令都可以用回车键或空格键完成，但空格键更方便左手操作。也可以用鼠标右键来实现，但需要设置。设置方法如下：选择“工具”→“选项”命令，打开“选项”对话框，选择“用户系统配置”选项卡；接着，单击左上角的“自定义右键单击”按钮，弹出“自定义右键单击”对话框，选中“打开计时右键单击”复选框，然后逐级确定完成设置。这样，在快速单击鼠标右键时，相当于回车键或空格键；慢速单击时，弹出右键快捷菜单，时间期限为 250 毫秒，如图 6-25 所示。用户也可以自己尝试其他选项的效果。至于采取哪种方法确定命令，则看个人的习惯了。

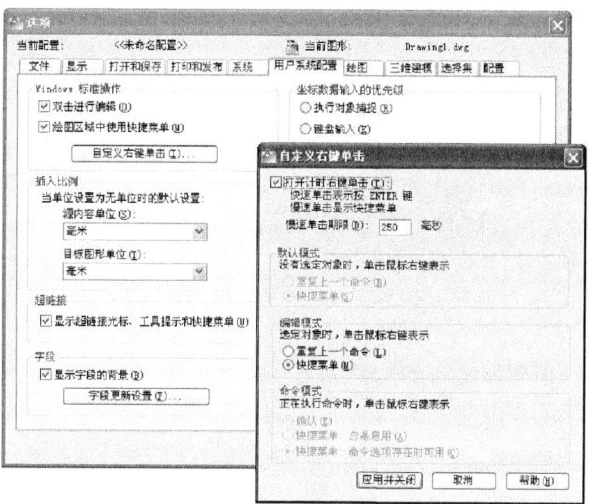


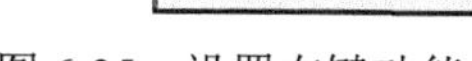

图 6-25　设置右键功能

# 6.2　平面图门窗绘制

平面图门窗也是建筑制图中的常见图元，它们由直线、弧线或矩形等简单的几何元素组成。只要将图形分析清楚了，调用相应的绘图命令即可绘出。在建筑设计中，平开门使用最多，习惯用全开或半开带圆弧线的图案表示；平面窗一般用四条一束的平行线表示，称为四线窗，也有用三线表示的。本节首先讲解单扇门绘制，然后由单扇门镜像生成双扇门和弹簧门。对于窗，重点在于说明“多线”命令的使用。绘制流程图如图 6-26 所示。

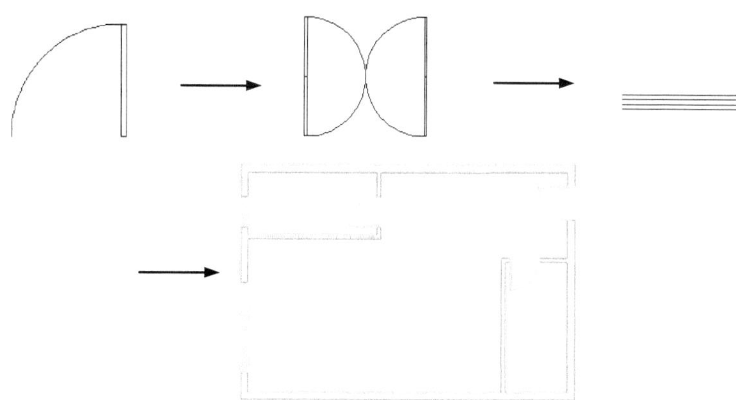

图 6-26　绘制平面图门窗

操作步骤：（**光盘\动画演示\第 6 章\平面图门窗绘制.avi**）

## 6.2.1　平面门

1. 图层设置

新建“门窗”图层，参数如图 6-27 所示，并置为当前层。

门窗 蓝 Continuous —— 默认 0 Normal

图 6-27 “门窗”图层参数

Note

2. 平面门绘制

（1）门扇绘制。单击“绘图”工具栏中的“矩形”按钮，输入相对坐标“@50,1000”，在绘图区域的适当位置绘制一个 50×1000 的矩形作为门扇，如图 6-28 所示。

（2）开取弧线绘制。单击“绘图”工具栏中的“圆弧”按钮，命令行中的提示与操作如下：

```
命令: _arc 指定圆弧的起点或 [圆心(C)]: C ↙
指定圆弧的圆心: (鼠标捕捉矩形右下角点)
指定圆弧的起点: (鼠标捕捉矩形右上角点)
指定圆弧的端点或 [角度(A)/弦长(L)]: (鼠标向左在水平线上单击一点，绘制完毕)
```

结果如图 6-29 所示。

图 6-28 绘制矩形 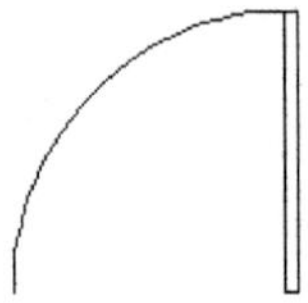　　　图 6-29 单扇平面门绘制

（3）双扇门绘制。单击“修改”工具栏中的“镜像”按钮，选中复制出的单扇门，单击图中弧线的端点为镜像线的第一点，然后在垂直方向上单击第二点，单击鼠标右键确定退出，即可完成绘制。命令行中的提示与操作如下：

```
命令: _mirror ↙
选择对象: 指定对角点: 找到 2 个　　(框选单扇门)
选择对象: ↙
指定镜像线的第一点: (捕捉 A 点) 指定镜像线的第二点: (捕捉 B 点)
要删除源对象吗? [是(Y)/否(N)] <N>: ↙
```

结果如图 6-30 所示。

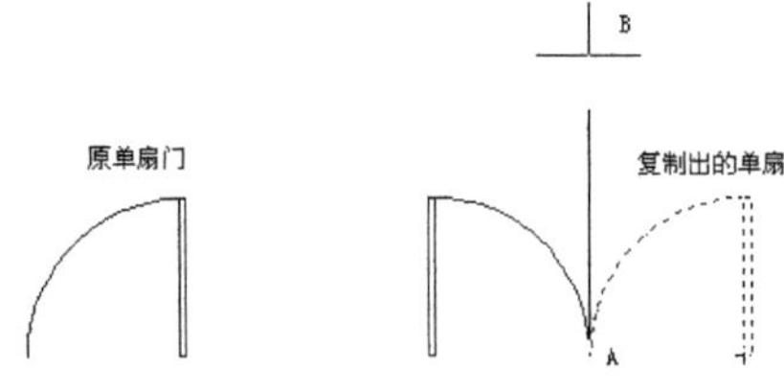


图 6-30 双扇门操作示意图

（4）采用类似的方法还可以绘出双扇弹簧门，如图 6-31 所示，读者可自己完成。

**说明：** 在装配时，要充分利用鼠标的捕捉功能，以达到准确定位。要养成准确绘图习惯，需要定位准确的地方不能用鼠标随意乱点，否则后患很大。

（5）将门装配到门洞处。前面绘制的墙体有 900mm 和 800mm 两种规格的门洞，现在只要将单扇门复制出来分别“比例缩放”0.9 和 0.8 倍，移动到门洞位置，利用“旋转”、“镜像”等命令即可完成装配，结果如图 6-32 所示。

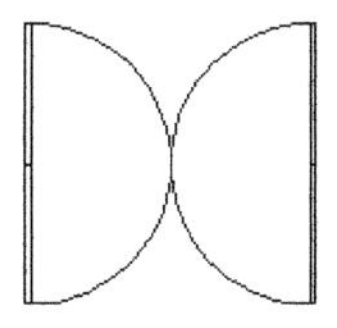

图 6-31　双扇弹簧门

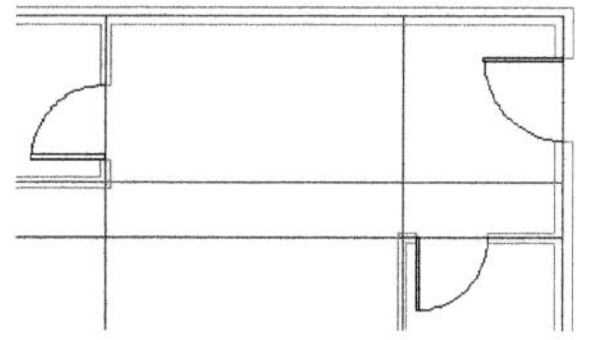

图 6-32　门装配

## 6.2.2　平面窗

平面窗绘制的方法大致有两种：一种是绘制一条直线，然后用“偏移”命令完成其他线条，该方法较麻烦，且不便于窗的尺寸修改；另一种方法是通过“多线”（MLINE）命令来实现。下面重点介绍后一种方法。

多线的应用实际上包括两个方面：一是多线样式的设置（mlstyle），它控制着当前所绘多线的样式；二是多线绘图命令的执行，它自动调用当前多线样式，用户输入“对正(J)”、“比例(S)”以及线条控制点后即可完成绘制。

1. 设置多线样式

（1）选择“格式”→“多线样式”命令，弹出“多线样式”对话框，如图 6-33 所示。

（2）新建一个多线样式，即单击“新建”按钮，进一步弹出“创建新的多线样式”对话框，新样式称为“四线窗”，然后单击“继续”按钮，如图 6-34 所示。

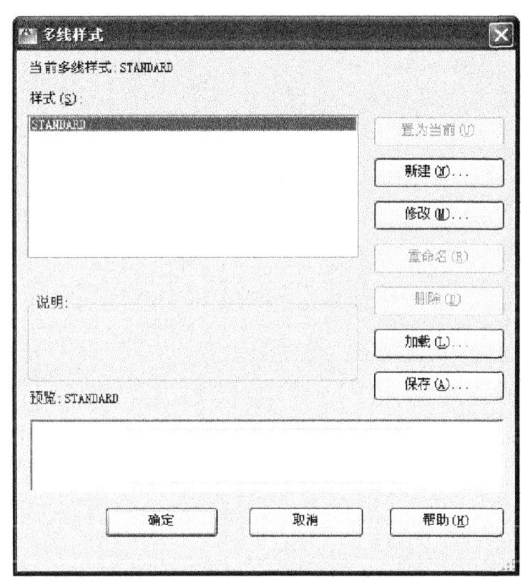


图 6-33　“多线样式”对话框

图 6-34　“创建新的多线样式”对话框

（3）弹出如图 6-35 所示的对话框，现在主要修改多线元素。图 6-35 中可见默认值为两条元素“0.5”和“-0.5”，代表该多线由两条线元素构成，每条线由中心（0,0）位置偏移 0.5，两个偏移值之和为 1。这样，在绘制多线时，如果输入线条比例“200”，则两线宽度为 200，这是 200×1 的结果；如果多线偏移值为 0.25 和-0.25，那么绘出的双线间距就为 100。明白了这个原理，下面四线窗的设置就非常容易理解了。

（4）如图 6-36 所示，单击“添加”按钮新增两个元素，值分别设置为 0.166 和-0.167，表示中间两根线之间的距离为0.33。另外两个元素不必修改，这样四线间的距离均为0.33，总数仍为1。

设置好后，单击“确定”按钮回到上一级窗口，再单击该窗口右上角的“置为当前”按钮，将四线窗样式置为当前状态，确定后设置完毕。

Note

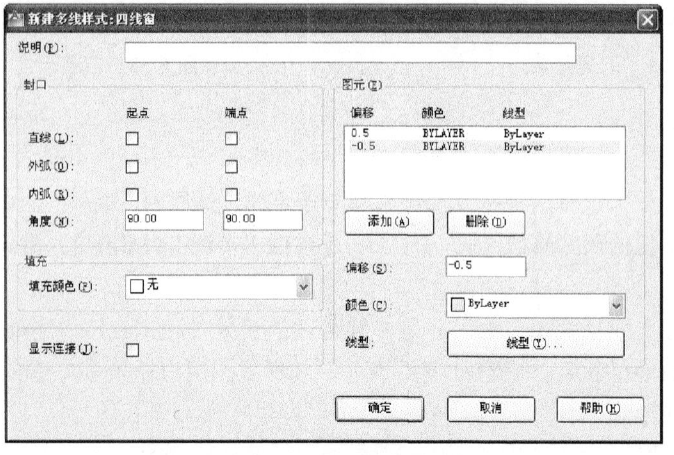


图 6-35　四线窗样式初始值

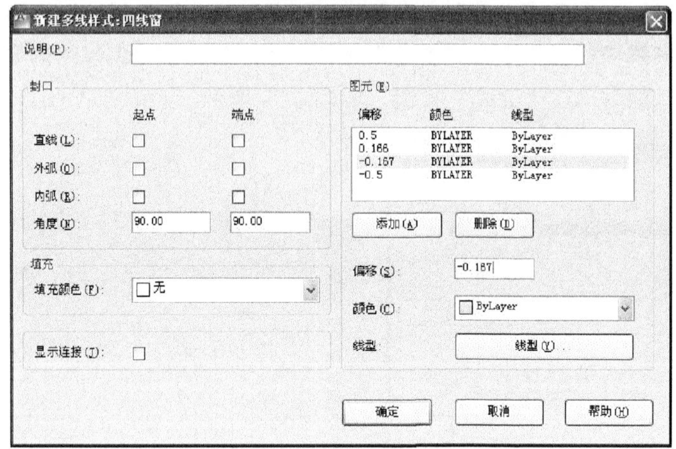


图 6-36　四线窗样式修改值

2. 绘制四线窗

（1）调用“多线”（MLINE）命令，输入“对正”、“比例”等参数，在屏幕上单击起点和终点，即可绘出四线窗。在选中状态下，拖动端点可改变其长度，如图6-37所示。

图 6-37　四线窗图形及操作

**说明：** “比例”值根据窗所在的墙厚来确定，如墙厚为240，即输入“240”，如为200，即为200。本例为200，以适应前面墙体厚度。

（2）采用同样的方法直接在墙体窗洞口绘出窗线，结果如图6-38所示（“轴线”层已冻结）。三线窗也可如法炮制，有兴趣的读者可自行尝试。

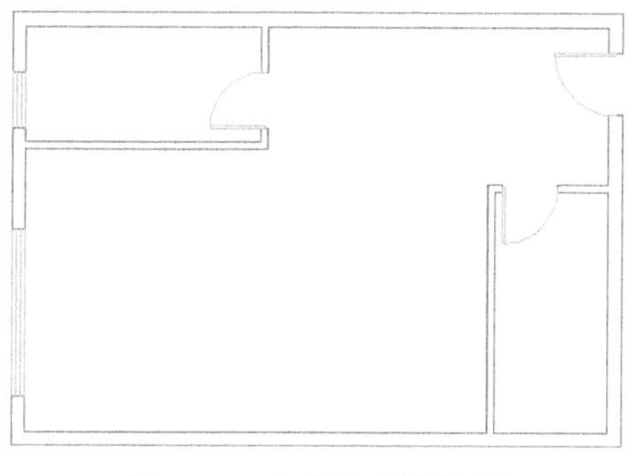

Note

图 6-38　完成门窗线绘制

# 6.3　家具平面图绘制

对于家具，可以自己动手绘制，也可以调用现成的家具图块，AutoCAD 2012 中自带有少量这样的图块（路径：X:\Program Files\AutoCAD 2012\Sample\DesignCenter）。但是，学会绘制这些图形仍然是一项基本技能。为了节约篇幅，这里挑选洗脸盆、餐桌、沙发和会议桌这几个典型的实例来讲解。绘制流程图如图 6-39 所示。

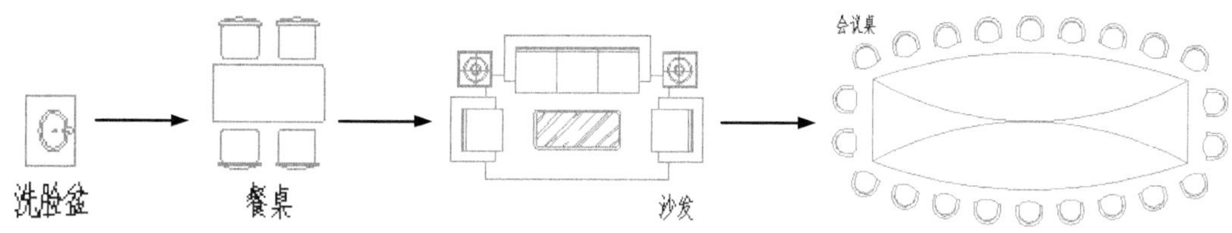


图 6-39　绘制家具平面图

操作步骤：（**光盘\动画演示\第 6 章\家具平面图绘制.avi**）

## 6.3.1　洗脸盆绘制

分析洗脸盆的几何构成，它分为矩形台面和椭圆形的洗脸盆两部分，下面分别绘制。

1. 建立“家具”图层

新建“家具”图层，参数设置如图 6-40 所示，并置为当前层。

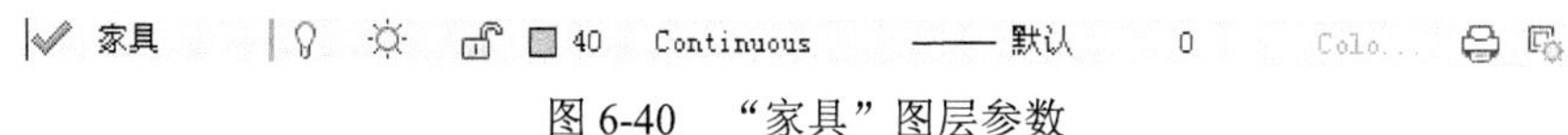


图 6-40　“家具”图层参数

2. 绘制矩形台面

单击“绘图”工具栏中的“矩形”按钮，在适当位置单击一点为第一点，输入相对坐标“@500,700”，确定后完成矩形绘制。

3. 绘制椭圆形的洗脸盆

首先分别捕捉矩形的四边中点绘出十字形交叉辅助线，如图 6-41 所示。单击“绘图”工具栏中的“椭圆”按钮，命令行中的提示与操作如下：

```
命令: _ellipse  ↙
指定椭圆的轴端点或 [圆弧(A)/中心点(C)]: c ↙
指定椭圆的中心点: (鼠标捕捉十字交点为中心点)
指定轴的端点: @0,200 ↙ (输入长轴)
指定另一条半轴长度或 [旋转(R)]: @150,0  ↙(输入短轴)
```

Note

4. 偏移椭圆边缘线

单击“修改”工具栏中的“偏移”按钮，将椭圆向内偏移 30，复制出内边缘，如图 6-42 所示。

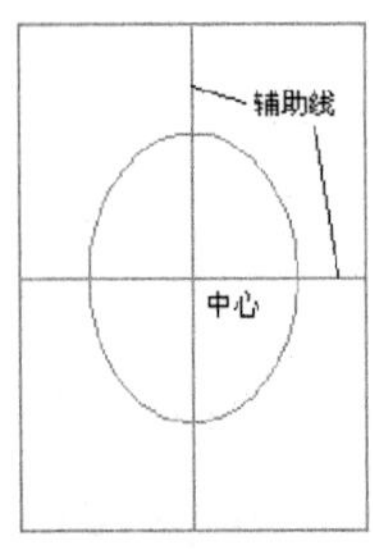

图 6-41 椭圆绘制示意图

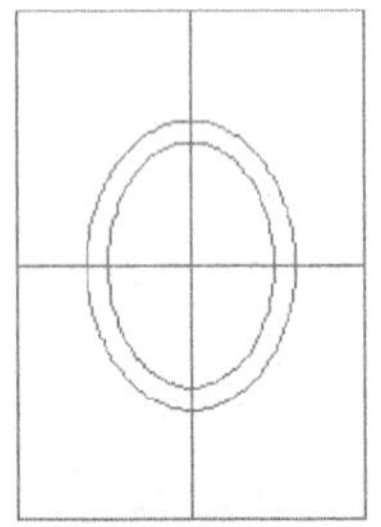
图 6-42 椭圆内边缘

5. 调整洗脸盆

单击“修改”工具栏中的“移动”按钮，将两个椭圆适当向一侧移动；并单击“绘图”工具栏中的“圆”按钮，在中心绘制一个直径为 20 的小圆，结果如图 6-43 所示。

6. 绘制水龙头

首先在右侧水平辅助线上方绘制一条倾斜直线 1，然后用“镜像”命令复制到另一侧为直线 2，再将两端封口为直线 3、4，如图 6-44 所示。

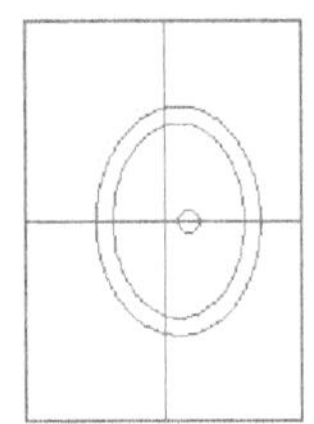
图 6-43 调整洗脸盆

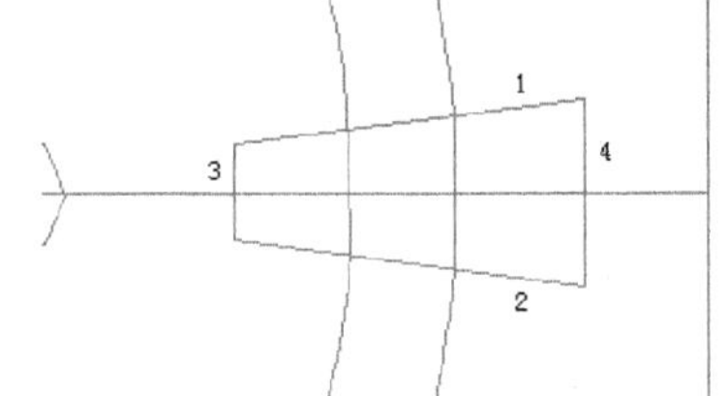

图 6-44 绘制水龙头

7. 完成绘制

对 4 个角作适当的圆角处理，将水龙头下面的椭圆线修剪掉，并删除辅助线，完成绘制，结果如图 6-39 所示。

## 6.3.2 餐桌绘制

即将绘制的餐桌如图 6-45 所示，它主要由矩形组成。

（1）应用“矩形”命令绘制 3 个矩形，将四角作适当的圆角处理。其中，矩形尺寸是 1：1200×600；2：400×350；3：460×30。结果如图 6-45 所示。

（2）应用“移动”命令，将矩形 3 移动到矩形 2 上，再应用“圆弧”命令，在矩形 3 上画一条弧线，绘制好椅子，结果如图 6-46 所示。

（3）综合应用“复制”、“移动”、“镜像”等命令将椅子布置好，绘制完毕，结果如图 6-47 所示。

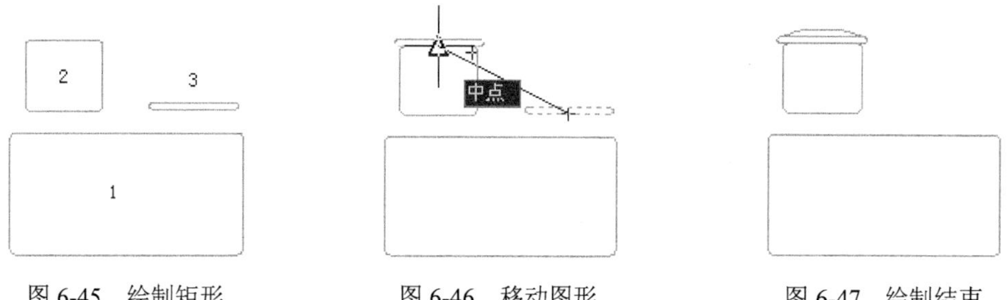


图 6-45　绘制矩形　　图 6-46　移动图形　　图 6-47　绘制结束

## 6.3.3　组合沙发绘制

即将绘制的组合沙发如图 6-39 所示，它主要由矩形、圆、直线组成，但较复杂。

（1）单击“绘图”工具栏中的“矩形”按钮，绘制并排的 3 个矩形，大小均为 600×640，结果如图 6-48 所示。

（2）单击“绘图”工具栏中的“直线”按钮，以 A、B 为端点绘制一条直线，应用“偏移”命令，将这条直线向下依次偏移 30、30，复制出另外两条直线，绘制好沙发座垫，结果如图 6-49 所示。

图 6-48　绘制矩形　　图 6-49　绘制并偏移直线

（3）单击“绘图”工具栏中的“直线”按钮，在沙发座垫下部画一条辅助线，如图 6-50 所示。

（4）单击“绘图”工具栏中的“多段线”按钮，捕捉 C、D、E、F 4 个点并绘制出一条多段线作为沙发靠背内边缘，如图 6-51 所示。

图 6-50　绘制辅助线　　图 6-51　绘制沙发靠背内边缘

（5）单击“修改”工具栏中的“偏移”按钮，将沙发靠背内边缘向外偏移 160，复制出外边缘；最后将扶手端部的多余线条修剪掉。

采用同样的方法，绘制出两侧的单座沙发，按如图 6-52 所示布置好。

（6）如图 6-53 所示，在沙发左上角绘制一个 500×500 的矩形，向内偏移 20，复制出另一个矩形，即绘制好小茶几。

（7）如图 6-54 所示，确定矩形的中心线，捕捉中点绘制出 4 个圆，表示茶几上面的台灯。最后，用“镜像”命令将小茶几和台灯复制到另一端。

（8）单击“绘图”工具栏中的“矩形”按钮，绘制出 1260×560 的矩形作为大茶几；单击“修改”工具栏中的“偏移”按钮，向内偏移 30 复制出另一矩形；单击“修改”工具栏中的“圆角”按钮，再对四角作圆角处理，如图 6-55 所示。

图 6-52　绘制沙发

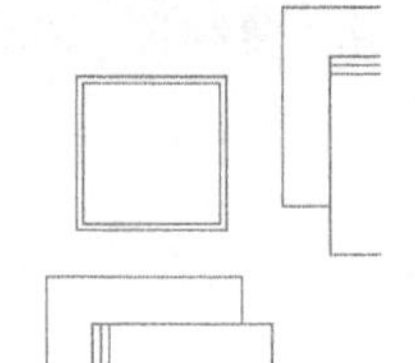

图 6-53　绘制小茶几台面

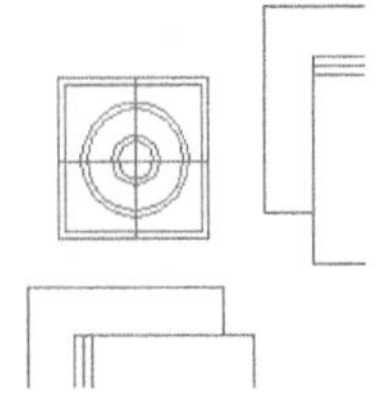

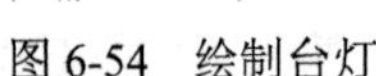

图 6-54　绘制台灯

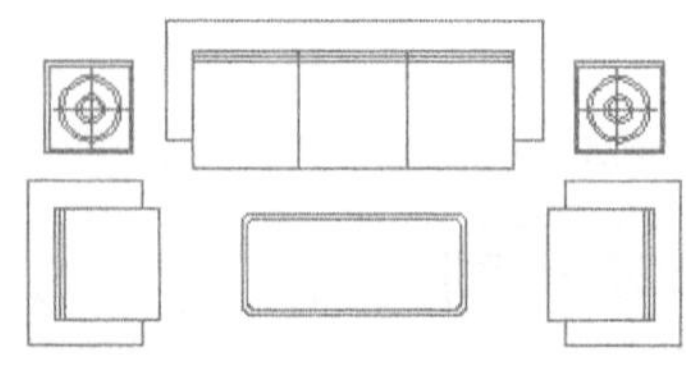

图 6-55　绘制大茶几

（9）单击“绘图”工具栏中的“图案填充”按钮，弹出“图案填充和渐变色”对话框，如图 6-56 所示设置参数，单击右上方的“添加:拾取点”按钮，拾取桌面上一点确定填充区域，最后确定完成，如图 6-57 所示。

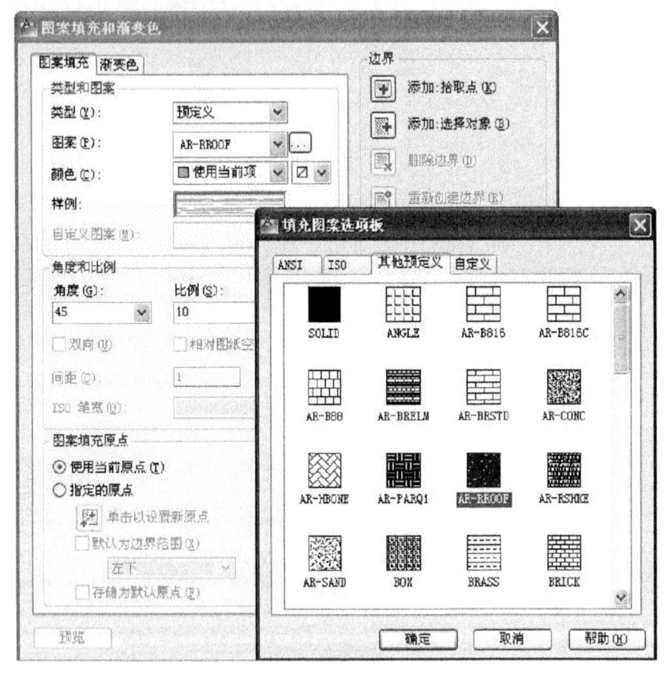


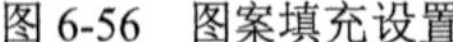

图 6-56　图案填充设置

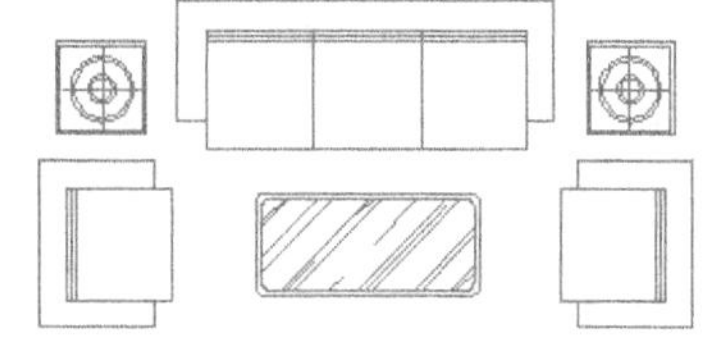

图 6-57　填充图案

（10）地毯绘制。绘制一个矩形作为地毯，再将被沙发盖住的部分修剪掉，结果如图 6-39 所示。

## 6.3.4　会议桌绘制

本实例会议桌如图 6-58 所示，它包括椅子和桌子两部分，图形较复杂，含有大量的弧线条，而且还涉及沿弧线阵列的问题。

Note

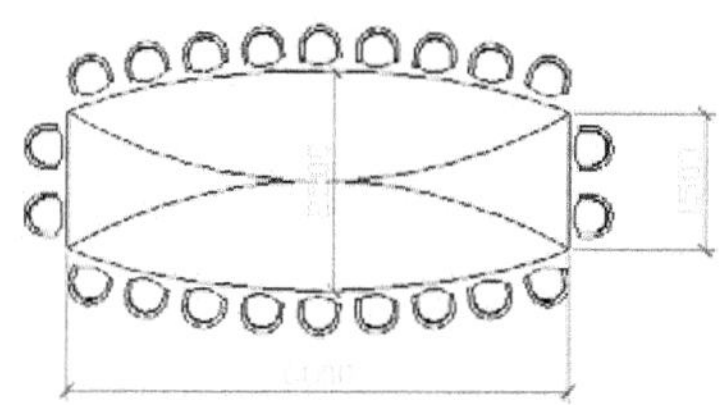

图 6-58 会议桌尺寸

（1）单击“绘图”工具栏中的“直线”按钮，绘制出两条长度为 1500 的竖直直线 1、2，它们之间的距离为 6000，如图 6-59 所示。

（2）单击“绘图”工具栏中的“直线”按钮，绘制直线 3 连接它们的中点，如图 6-60 所示。

图 6-59 绘制两竖直线　　图 6-60 绘制直线

（3）单击“修改”工具栏中的“偏移”按钮，由直线 3 分别偏移 1500 绘制出直线 4、5，如图 6-61 所示。

（4）单击“绘图”工具栏中的“圆弧”按钮，依次捕捉 ABC、DEF 绘制出两条弧线，如图 6-62 所示。

图 6-61 偏移直线　　图 6-62 绘制外圆弧

（5）单击“绘图”工具栏中的“圆弧”按钮，绘制出内部的两条弧线，如图 6-63 所示。

（6）单击“修改”工具栏中的“删除”按钮，将辅助线删除，完成桌面的绘制，如图 6-64 所示。

图 6-63 绘制内弧线　　图 6-64 删除辅助线

（7）单击“绘图”工具栏中的“多段线”按钮，在适当位置单击一点为起点，命令行中的提示与操作如下：

```
命令: _pline ↙
指定起点: （鼠标指定）
当前线宽为 0
指定下一个点或 [圆弧(A)/半宽(H)/长度(L)/放弃(U)/宽度(W)]: @0,-140 ↙
指定下一点或 [圆弧(A)/闭合(C)/半宽(H)/长度(L)/放弃(U)/宽度(W)]: A ↙ （选取圆弧）
指定圆弧的端点或
[角度(A)/圆心(CE)/闭合(CL)/方向(D)/半宽(H)/直线(L)/半径(R)/第二个点(S)/放弃(U)/
```

Note

宽度(W)]: S ↙
指定圆弧上的第二个点: @250,-250 ↙
指定圆弧的端点: @250,250 ↙
指定圆弧的端点或[角度(A)/圆心(CE)/闭合(CL)/方向(D)/半宽(H)/直线(L)/半径(R)/第二个点(S)/放弃(U)/宽度(W)]: L ↙ (选取直线)
指定下一点或 [圆弧(A)/闭合(C)/半宽(H)/长度(L)/放弃(U)/宽度(W)]: @0,140 ↙
指定下一点或 [圆弧(A)/闭合(C)/半宽(H)/长度(L)/放弃(U)/宽度(W)]: ↙

结果如图 6-65 所示。

（8）单击“修改”工具栏中的“偏移”按钮，将多段线向内偏移 50 得到内边缘，结果如图 6-66 所示。

（9）单击“绘图”工具栏中的“圆弧”按钮，分别绘制出座垫的外边缘和内边缘，结果如图 6-67 所示。

图 6-65　绘制椅子轮廓

图 6-66　椅子绘制

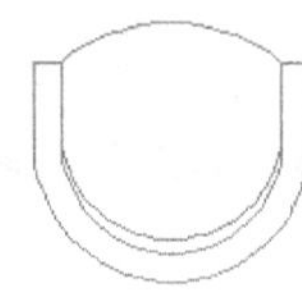

图 6-67　椅子座垫

（10）对齐椅子。依次选择菜单栏中的“修改”→“三维操作”→“对齐”命令，当命令行提示“选择对象”时，在屏幕上拉出矩形选框将椅子图形全部选中。命令行中的提示与操作如下：

命令: ALIGN ↙
选择对象: 指定对角点: 找到 6 个
选择对象: ↙
指定第一个源点: (选择椅子边缘弧线中点为第一个源点，如图 6-68 所示)
指定第一个目标点: (选择桌子边缘弧线中点为第一个目标点，然后按回车键，结果如图 6-69 所示)

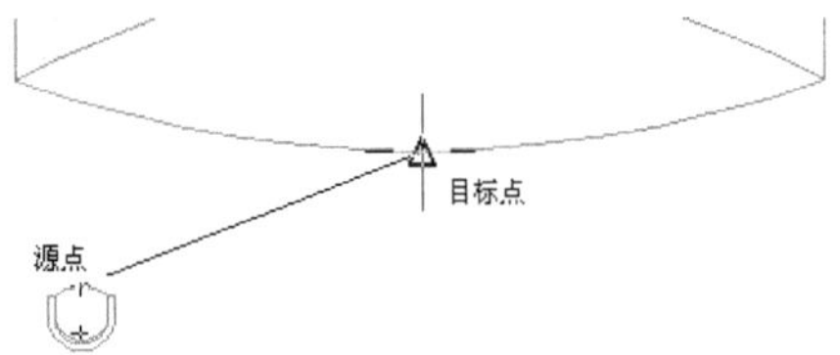

图 6-68　过程图

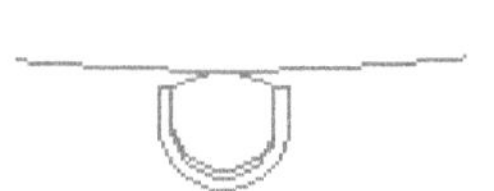

图 6-69　对齐后的椅子

（11）将椅子竖直向下移出一定距离，使它不紧贴桌子边缘；然后用鼠标双击桌子边缘圆弧，弹出其特性窗口，记下其圆心坐标和总角度，如图 6-70 所示。

**说明：**记下圆心坐标和总角度以备阵列时用，读者绘图的位置不可能和笔者完全一样，所以圆心坐标不会与图中相同。

（12）单击“修改”工具栏中的“环形阵列”按钮，阵列对象为上述选中椅子图形。设置参数：阵列中心点为刚才记下的圆心坐标；数量为 5；填充角度 25。

（13）阵列后的椅子如图 6-71 所示。其余的周边椅子可以继续用“阵列”命令来完成，但需注意阵列角度的正负取值；也可以用“镜像”命令来实现，这里不再赘述。

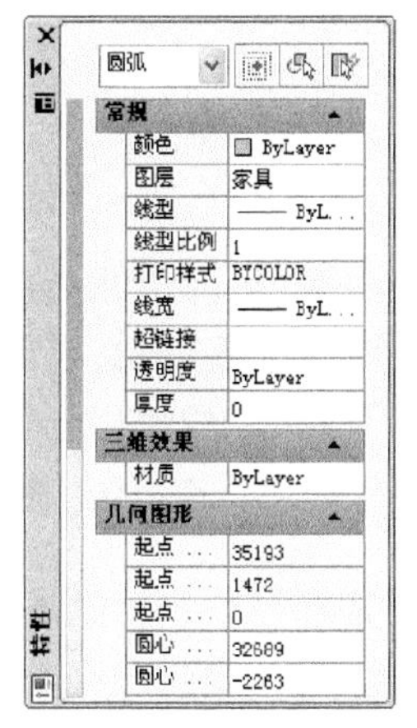

图 6-70 桌子边缘圆弧特性

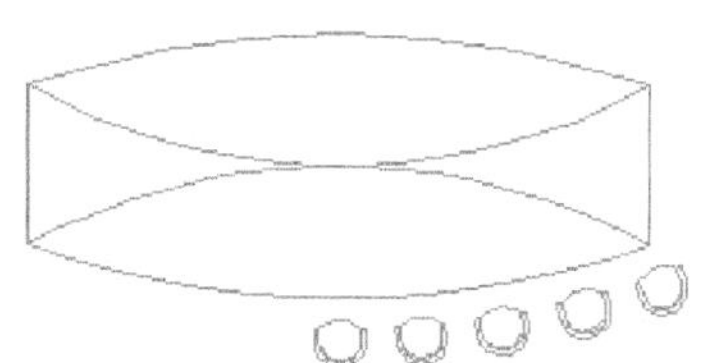

图 6-71 阵列结果

# 6.4 尺寸、文字标注

尺寸和文字标注是建筑制图中的重要环节，在具体操作中，包括尺寸样式、文字样式设置和尺寸标注两个方面。本节着重讲解平面图轴线尺寸、门窗洞口尺寸的标注及简单的文字标注，首先介绍文字、尺寸样式的设置，这一部分是难点，读者要仔细理解。其次介绍“快速标注”、“线性”、“编辑标注”、“多行文字”、“单行文字”等操作。绘制流程图如图 6-72 所示。

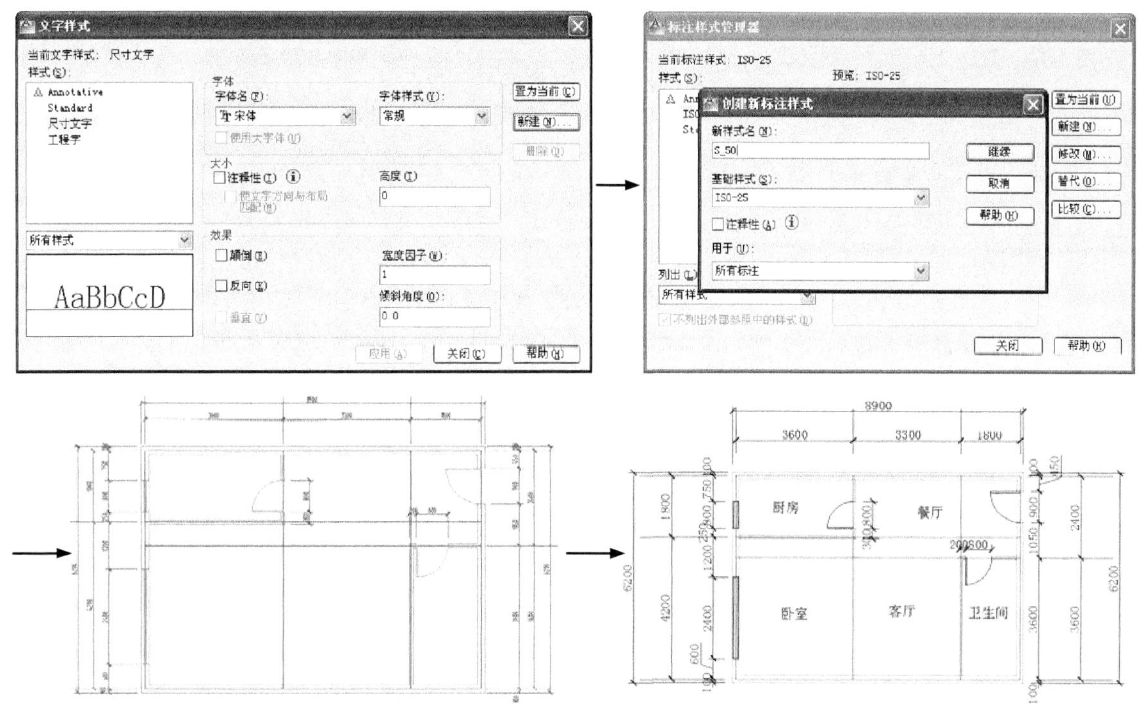


图 6-72 尺寸、文字标注

操作步骤：（光盘\动画演示\第 6 章\尺寸、文字标注.avi）

## 6.4.1 文字样式设置

Note

默认的文字样式为 Standard，在具体绘图时可以不用它，而是根据图面的要求新建文字样式。鉴于本例比较简单，现新建两个文字样式。一个取名为“工程字”，用于图面上的文字说明；另一个为“尺寸文字”，主要用于尺寸标注中的文字。将两种文字分开有利于文字的修改和管理。

（1）选择“格式”→“文字样式”命令，弹出“新建文字样式”对话框，在“样式名”文本框中输入“工程字”，如图 6-73 所示，单击“确定”按钮。

（2）弹出“文字样式”对话框，设置其中的参数，如图 6-74 所示。

图 6-73　新建“工程字”样式

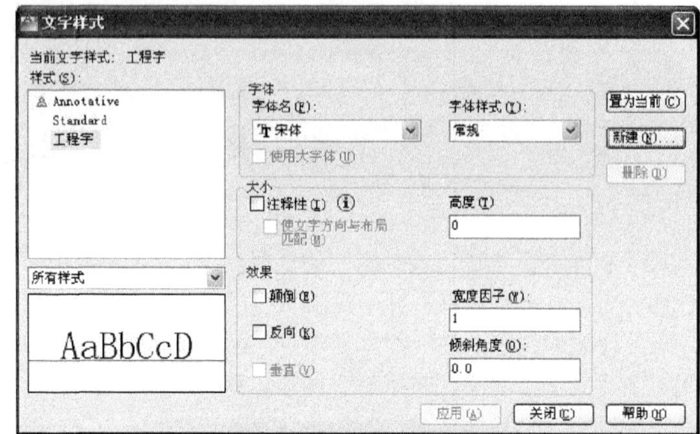


图 6-74　“工程字”样式设置

（3）在“文字样式”对话框中新建“尺寸文字”样式，对其中的参数进行设置，如图 6-75 所示。

**说明：** 对于文字样式设置，需要说明的是：

❶ AutoCAD 2012 可以调用两种字体文件。一种是自带的字体文件，位于“安装目录：\AutoCAD 2012Fonts”下，扩展名均为.shx。一般情况下，优先使用这些字体，因为它占用磁盘空间较小。另一种是 Windows 的字库（位于 C:\WINDOWS\FONTS 下），只要事先取消选中“使用大字体”复选框，即可调用这些字体，如图 6-76 所示。但这类字体占用空间较大，不宜多用。

❷ 大字体 gbcbig.shx 为汉字字体，选用其他文件，则无法正确显示汉字，除非事先在“安装目录：\AutoCAD 2012\Fonts”下增加其他大字体汉字文件，如国内有关单位开发的 hztxt.shx 等。

❸ 汉字高度的取值与出图比例相关。基于以 1:1 的实际尺寸绘图，当在“模型空间”内标注汉字时，若出图比例为 1:100，则汉字高度值需在实际高度的基础上扩大 100 倍，如 3.5mm 的汉字输入“350”，依此类推。

❹ “尺寸文字”样式中的“宽度比例”设为 0.75，是为了缩小文字的宽度，因为有时图面空间较小，数字太松散则放不下。如果不存在这个问题，也没有必要设为 0.75。

❺ 读者可以反复对比多种设置，就会增加理解。

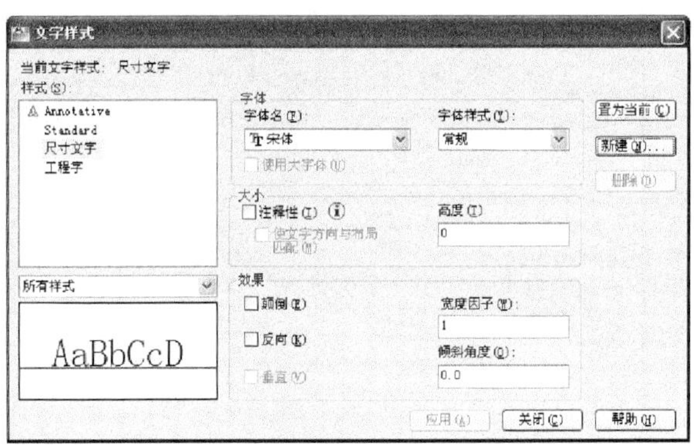


图 6-75　“尺寸文字”样式设置

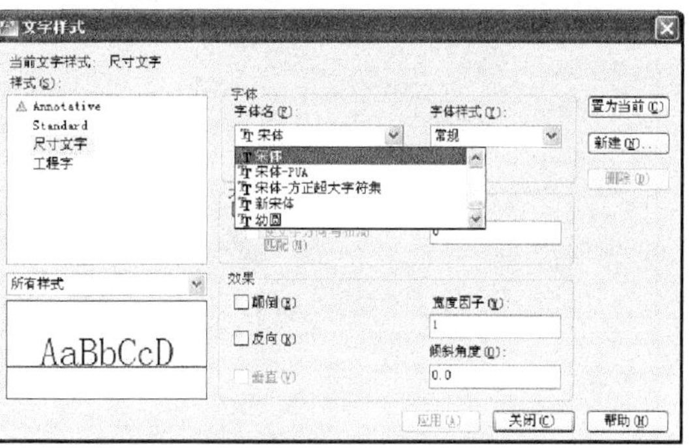


图 6-76　调用 Windows 字体

## 6.4.2　标注样式设置

对于标注样式设置，笔者也建议采用新建样式，不要在默认的样式上直接修改。其参数设置也与出图比例有关，在此假设出图比例为 1:50。

### 1. 一般尺寸样式

（1）选择“格式”→“标注样式”命令或者单击“标准”工具栏中的“标注样式”按钮，弹出“标注样式管理器”对话框，单击“新建”按钮，新建名为 S_50 的样式，单击“继续”按钮，如图 6-77 所示。

（2）弹出“新建标注样式：S_50”对话框，选择“线”选项卡，设置如图 6-78 所示。

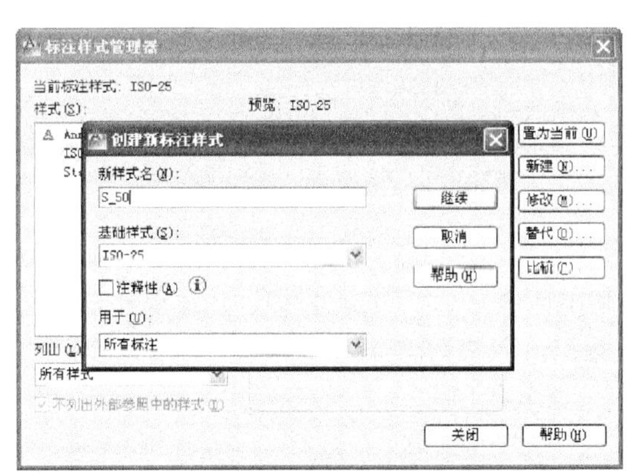


图 6-77　新建 S_50 样式

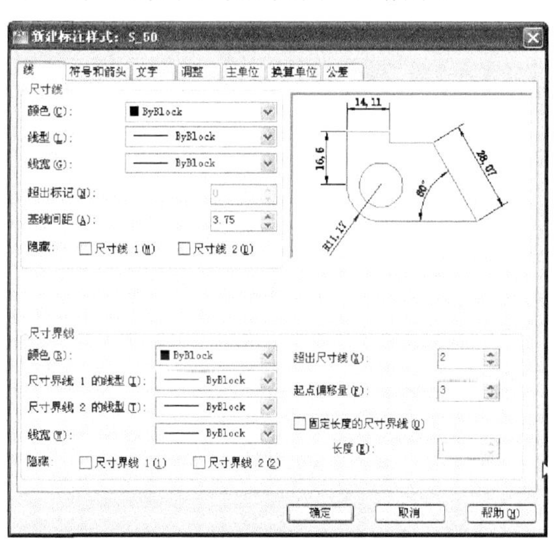


图 6-78　“线”选项卡设置

（3）选择“符号和箭头”选项卡，设置如图 6-79 所示。

（4）选择“文字”选项卡，设置如图 6-80 所示。

（5）选择“调整”选项卡，设置如图 6-81 所示。

（6）选择“主单位”选项卡，设置如图 6-82 所示；其余选项卡取默认值。回到上一级窗口，单击“确定”按钮完成设置。

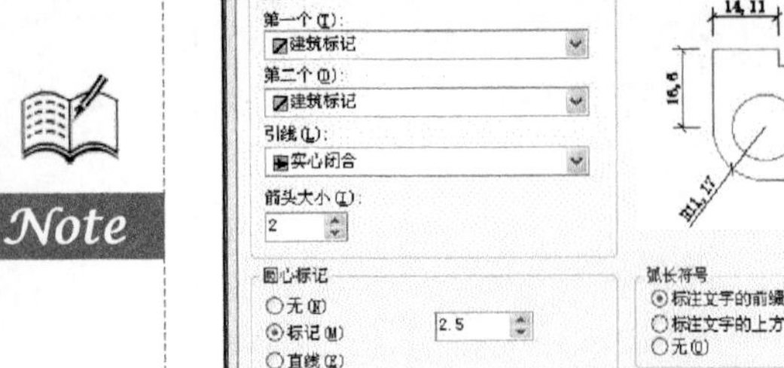

Note

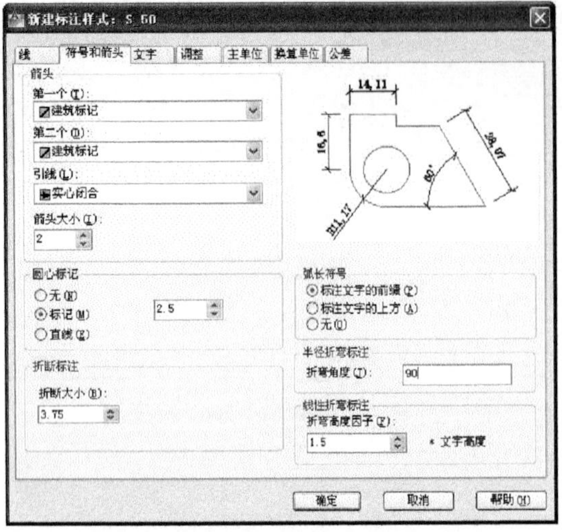

图 6-79 “符号和箭头”选项卡设置

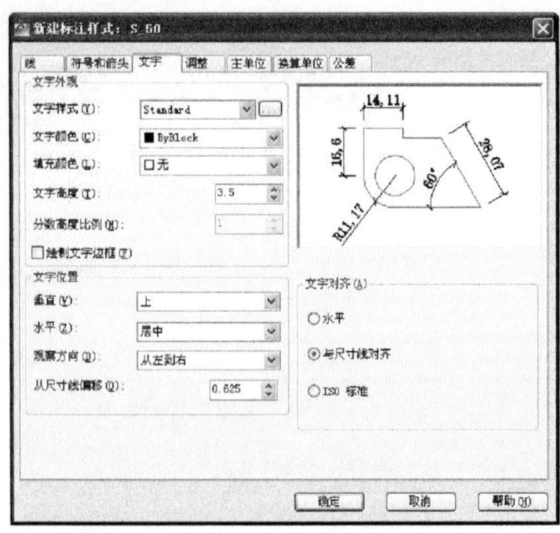

图 6-80 “文字”选项卡设置

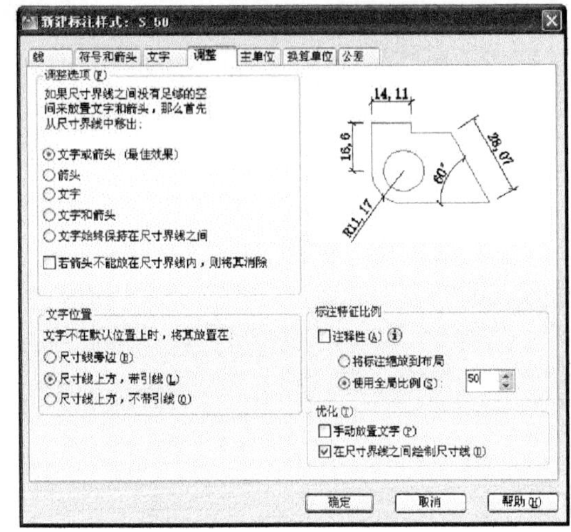

图 6-81 “调整”选项卡设置

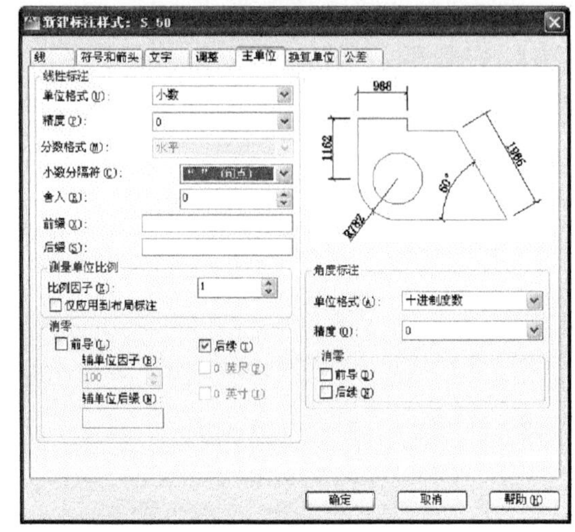

图 6-82 “主单位”选项卡设置

2. 轴线尺寸样式

如果轴线尺寸界线的端部需要添加轴号，应将其超出值由 2 改为 12，以保证轴线尺寸与总尺寸线之间有 8mm 左右的距离。现在 S_50 样式的基础上新建一个“S_50_轴线”样式，除了修改尺寸界线超出值外，其他参数不变，如图 6-83 所示。

说明：对于标注样式设置，需要说明的是：

（1）本样式中的尺寸线规格遵照国家制图标注设置，其中的长度单位为毫米，通过“调整”选项卡中的“使用全局比例”（50）来整体调整尺寸比例，这也正是将该样式取名为 S_50 的原因。如果出图比例为 1:100，则应将全局比例调为 100，依此类推。对于不同比例的尺寸，最好建立不同的样式，以便于修改和管理。

（2）在“文字”选项卡中，注意将文字样式调整为前面设置好的“尺寸文字”。

（3）在一定范围内，读者可以根据自己的情况对尺寸规格作微调，图中的参数不是固定的。

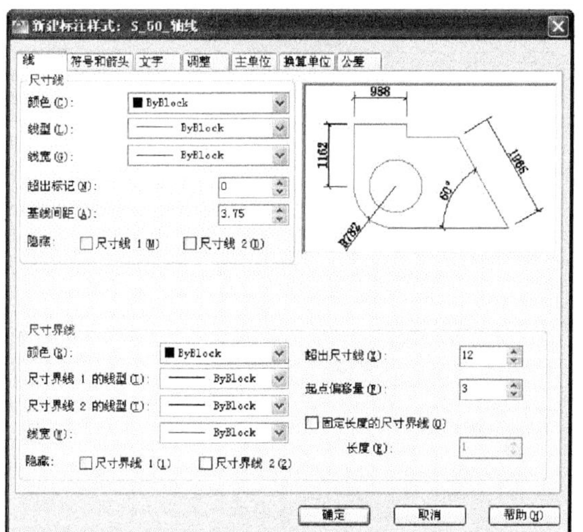


图 6-83　“S_50_轴线”样式修改

## 6.4.3　尺寸标注

（1）建立图层。建立“尺寸”图层，参数如图 6-84 所示，将它置为当前层。

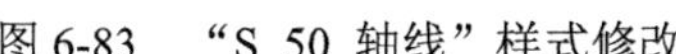


图 6-84　“尺寸”图层参数

（2）选择任一工具栏。将鼠标移到任一屏幕工具栏上，单击鼠标右键，弹出右键菜单，如图 6-85 所示。

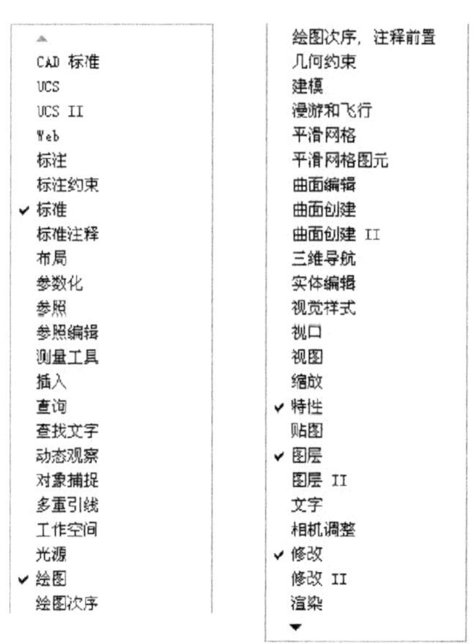


图 6-85　右键快捷菜单

（3）调出“标注”工具栏。观察菜单发现，凡打勾的工具栏都已显示在屏幕上，现单击“标注”选项，即可调出“标注”工具栏，如图 6-86 所示，并将它移动到合适的位置。

Note

图 6-86 “标注”工具栏

（4）水平轴线尺寸。将“S_50_轴线”样式置为当前状态，并将墙体和轴线的上侧放大显示，如图 6-87 所示。

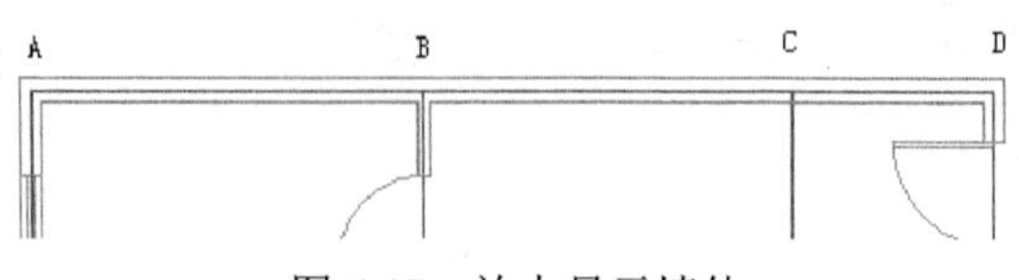

图 6-87 放大显示墙体

（5）单击“标注”工具栏中的“快速标注”按钮，当命令行提示“选择要标注的几何图形”时，依次选中竖向 4 条轴线，单击鼠标右键确定选择，向外拖动鼠标到适当位置确定，该尺寸就标准好了，如图 6-88 所示。

（6）竖向轴线尺寸。采用同样的方法完成竖向轴线尺寸的标准，结果如图 6-89 所示。

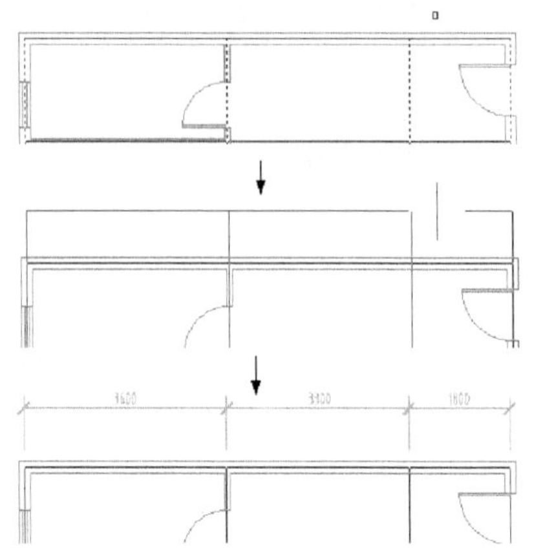
图 6-88 水平标注操作过程示意图

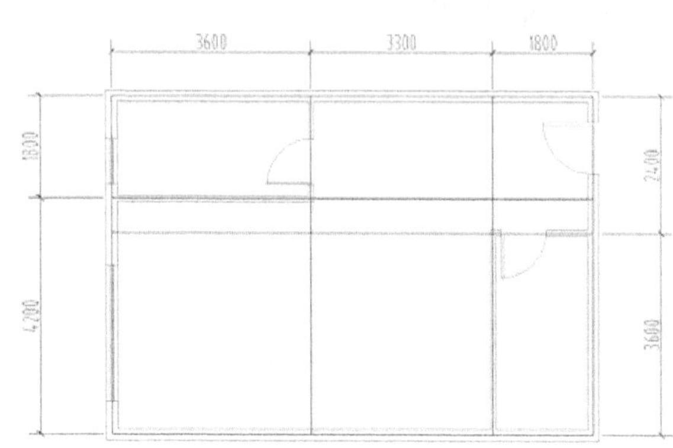

图 6-89 完成轴线标注

（7）门窗洞口尺寸。首先将 S_50 样式置为当前状态。对于门窗洞口尺寸，有的地方用“快速标注”不太方便，现改用“线性标注”。单击“标注”工具栏中的“线性”按钮，依次单击尺寸的两个界线源点，完成每一个需要标注的尺寸，结果如图 6-90 所示。

（8）标注编辑。对于其中自动生成指引线标注的尺寸值，单击“标注”工具栏中的“编辑标注文字”按钮，然后选中尺寸值，将它们逐个调整到适当位置，结果如图 6-91 所示。为了便于操作，在调整时，可暂时将“对象捕捉”关闭。

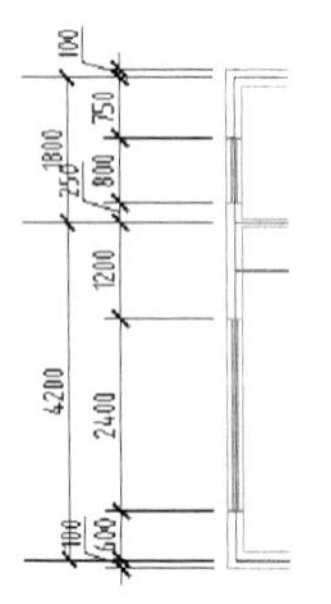
图 6-90 门窗尺寸标注

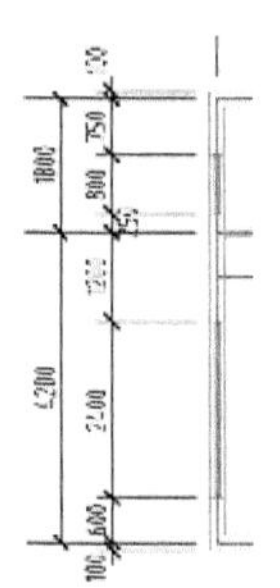
图 6-91 门窗尺寸调整

（9）其他细部尺寸和总尺寸。采用同样的方法完成其他细部尺寸和总尺寸，结果如图 6-92 所示。注意总尺寸的标注位置。

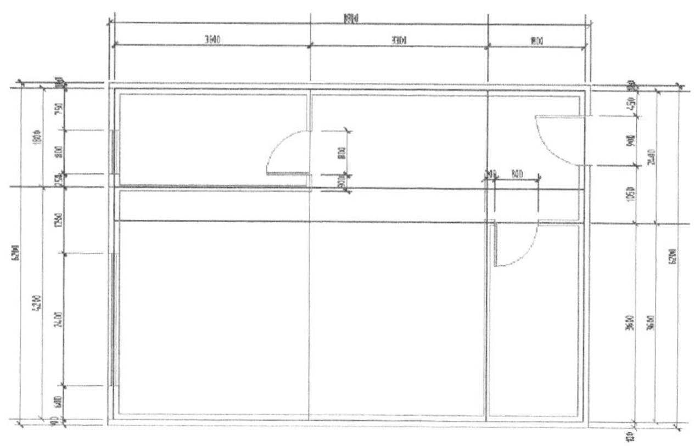

图 6-92　完成尺寸标注

## 6.4.4　文字标注

标注的文字主要是各房间的名称，可以用“单行文字”或“多行文字”标注。

（1）建立图层。建立“文字”图层，参数如图 6-93 所示，将它置为当前层。

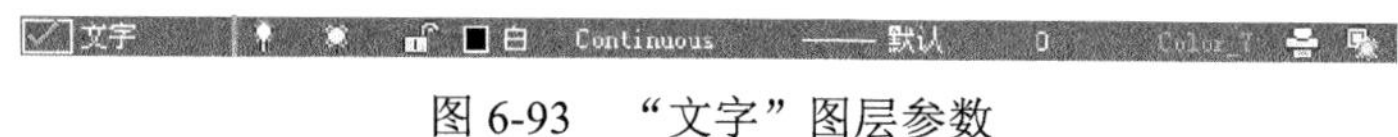


图 6-93　“文字”图层参数

（2）多行文字标注。单击“绘图”工具栏中的“多行文字”按钮A，用鼠标在房间中部拉出一个矩形框，弹出文字输入窗口，将文字样式设为“工程字”，字高为 175，在文本框中输入“卧室”，单击“确定”按钮，如图 6-94 所示。

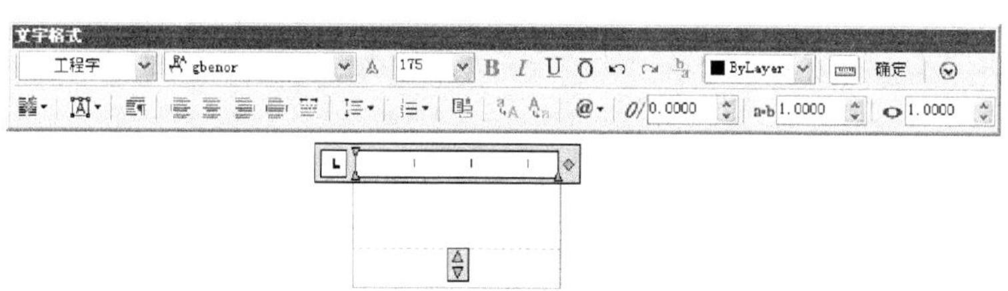


图 6-94　输入文字示意图

（3）单行文字标注。若采用单行文字标注，则选择“绘图”→“文字”→“单行文字”命令，当命令行提示“指定文字的起点或 [对正(J)/样式(S)]：”时，用鼠标在客厅位置单击文字起点。命令行中的提示与操作如下：

```
命令：_dtext ↙
当前文字样式： 工程字　当前文字高度： 0
指定文字的起点或 [对正(J)/样式(S)]：（用鼠标在客厅位置单击文字起点）
指定高度 <0>：175 ↙
指定文字的旋转角度 <0.0>：↙（在屏幕上显示的文本框中输入“客厅”）
```

（4）完成文字标注。同理，采用“单行或多行文字”完成其他文字标注，也可以复制已标注的

Note

文字到其他位置，然后双击打开进行修改。结果如图 6-95 所示。

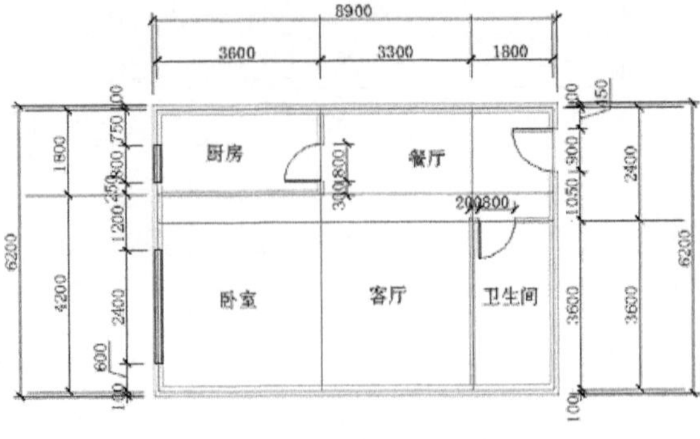


图 6-95 完成文字标注

# 6.5 上机操作

通过前面的学习，读者对本章知识也有了大体的了解，本节通过几个操作练习使读者进一步掌握本章知识要点。

## 6.5.1 绘制商品房平面图

1. 目的要求

本实验主要要求读者通过练习进一步熟悉和掌握平面图的绘制方法，如图 6-96 所示。通过本实验，可以帮助读者学会完成整个平面图绘制的全过程。

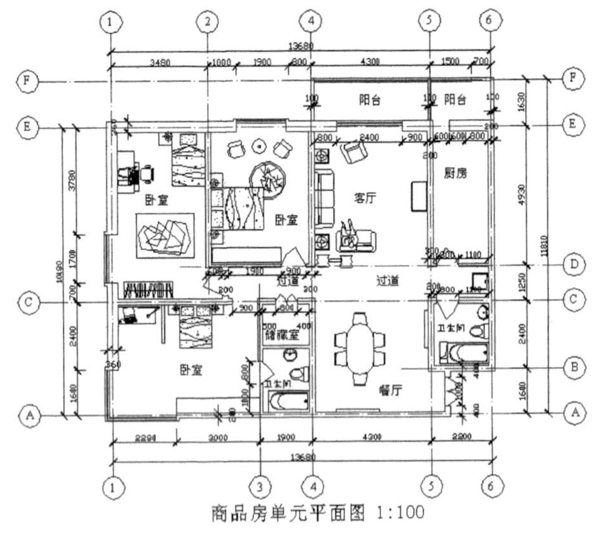


图 6-96 商品房平面图

2. 操作提示

（1）绘图前准备。

（2）绘制定位辅助线。
（3）绘制柱子。
（4）绘制墙线、门窗、洞口。
（5）插入家具图块。
（6）标注尺寸、文字及轴号。

## 6.5.2　绘制某剧院接待室平面图

### 1. 目的要求

本实验主要要求读者通过练习进一步熟悉和掌握平面图的绘制方法，如图 6-97 所示。通过本实验，可以帮助读者学会完成整个平面图绘制的全过程。

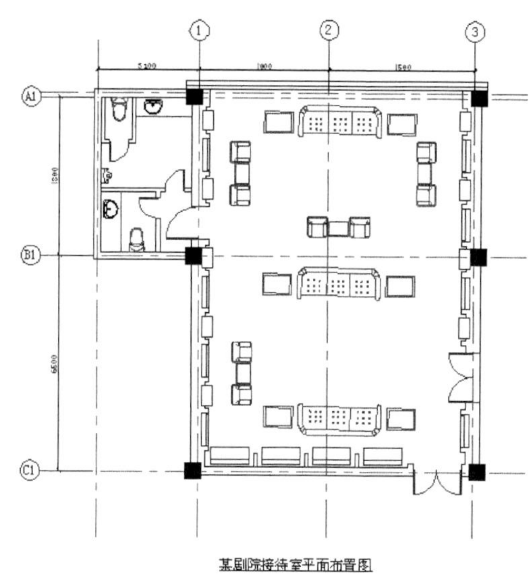


图 6-97　某剧院接待室平面图

### 2. 操作提示

（1）绘图前准备。
（2）绘制定位辅助线。
（3）绘制柱子。
（4）绘制墙线、门洞。
（5）插入家具图块。
（6）标注尺寸、文字及轴号。

# 绘制总平面图

无论是方案图、初设图还是施工图，总平面图都是必不可少的要件。由于总平面图设计涉及的专业知识较多，内容繁杂，因而常为初学者所忽视或回避。本章重点介绍应用 AutoCAD 2012 制作建筑总平面图的一些常用操作方法。至于相关的设计知识，特别是场地设计的知识，读者可以参看有关书籍。

☑ 总平面图绘制概述

☑ 总平面布置图

☑ 地形图的处理及应用

☑ 各种标注

## 任务驱动&项目案例

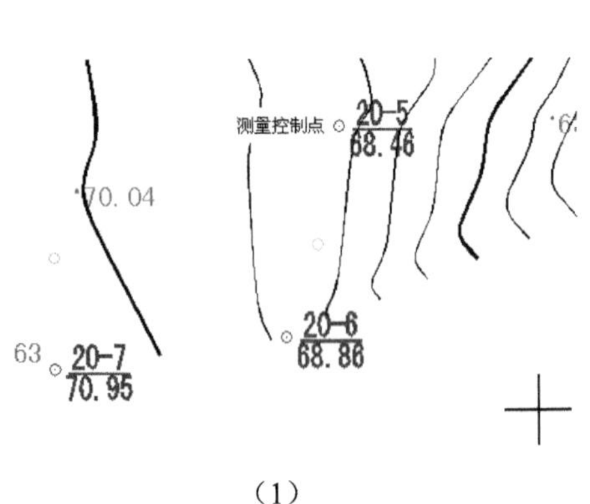


（1）

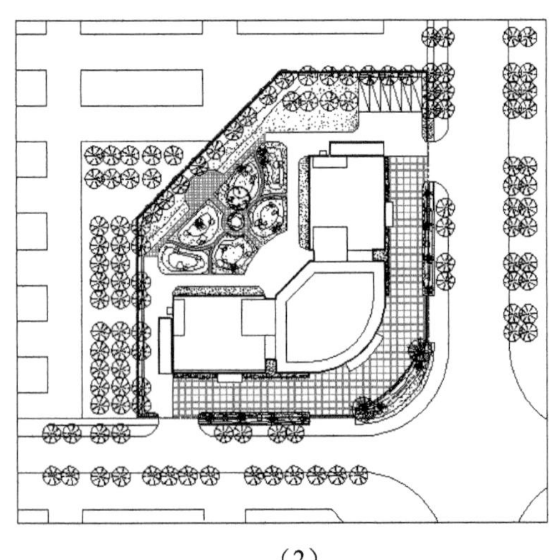

（2）

# 7.1 总平面图绘制概述

在正式讲解总平面图绘制之前，本节简要介绍总平面图表达的内容和绘制总平面图的一般步骤。

## 7.1.1 总平面图内容概括

总平面图用来表达整个建筑基地的总体布局，表达新建建筑物及构筑物位置、朝向及周边环境关系。这也是总平面图的基本功能。总平面图专业设计成果包括设计说明书、设计图纸以及根据合同规定的鸟瞰图、模型等。总平面图只是其中设计图纸部分。在不同设计阶段，总平面图除了具备其基本功能外，表达设计意图的深度和倾向有所不同。

在方案设计阶段，总平面图着重体现新建建筑物的体量大小、形状及与周边道路、房屋、绿地、广场和红线之间的空间关系，同时传达室外空间设计效果。因此，方案图在具有必要的技术性的基础上，还强调艺术性的体现。就目前的情况来看，除了绘制 CAD 线条图，还需对线条图进行套色、渲染处理或制作鸟瞰图、模型等。总之，设计者总在不遗余力地展现自己设计方案的优点及魅力，以在竞争中胜出。

在初步设计阶段，进一步推敲总平面图设计中涉及的各种因素和环节（如道路红线、建筑红线或用地界线、建筑控制高度、容积率、建筑密度、绿地率、停车位数以及总平面布局、周围环境、空间处理、交通组织、环境保护、文物保护、分期建设等），推敲方案的合理性、科学性和可实施性，进一步准确落实各种技术指标，深化竖向设计，为施工图设计作准备。

在施工图设计阶段，总平面专业成果包括图纸目录、设计说明、设计图纸和计算书。其中设计图纸包括总平面图、竖向布置图、土方图、管道综合图、景观布置图及详图等。总平面图是新建房屋定位、放线的以及布置施工现场的依据。因此必需要详细、准确、清楚地表达。

## 7.1.2 总平面图绘制步骤

一般情况下，在 AutoCAD 中总平面图的绘制步骤如下：

（1）地形图的处理。包括地形图的插入、描绘、整理、应用等。

（2）总平面图布置。包括建筑物、道路、广场、停车场、绿地、场地出入口布置等内容。

（3）各种文字及标注。包括文字、尺寸、标高、坐标、图表、图例等内容。

（4）布图。包括插入图框、调整图面等。

# 7.2 地形图的处理及应用

建筑设计的展开与建筑基地状况息息相关。建筑师一般通过以下两个方面来了解基地状况：一方面是地形图（或称地段图）及相关文献资料，二是实地考察。地形图是总平面图设计的主要依据之一，是总图绘制的基础。科学、合理、熟练地应用地形图是建筑师必备的技能。本节首先介绍地形图识图的常识，然后介绍在 AutoCAD 2012 中应用和处理地形图的方法和技巧。

## 7.2.1 地形图识读

建筑师需要能够熟练地识读反映基地状况的地形图，并在脑海里建立起基地状况的空间形象。地形图识读内容大致分为3个方面：一是图廓处的各种注记，二是地物和地貌，三是用地范围。下面简要介绍。

1. 各种注记

这些注记包括测绘单位、测绘时间、坐标系、高程系、等高距、比例、图名、图号等信息，如图7-1和图7-2所示。

图7-1 注记1　　图7-2 注记2

一般情况下，地形图的纵坐标为X轴，指向正北方向，横坐标为Y轴，指向正东方向。地形图上的坐标称为测量坐标，常以50m×50m或100m×100m的方格网表示。地形图中标有测量控制点，如图7-3所示。施工图中需要借助测量控制点来定位房屋的坐标及高程。

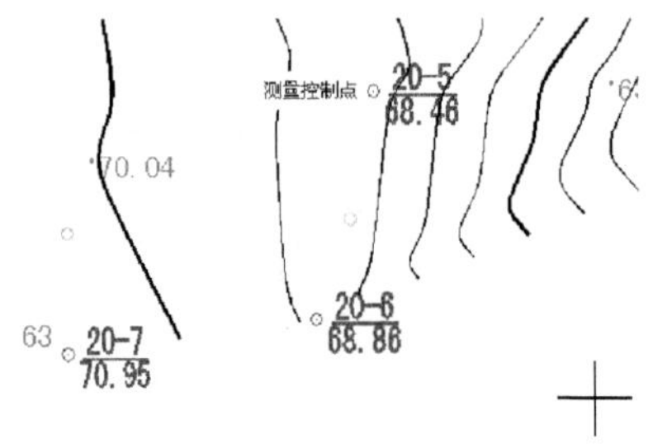


图7-3 测量控制点

2. 地物和地貌

（1）地物

地物是指地面上人工建造或自然形成的固定性物体，如房屋、道路、水库、水塔、湖泊、河流、林木、文物古迹等。在地形图上，地物通过各种符号来表示。这些符号有比例符号、半比例符号和非比例符号之别。比例符号是将地物轮廓按地形图比例缩小绘制而成，如房屋、湖泊、轮廓等。半比例符号是指对于电线、管线、围墙等线状地物，忽略其横向尺寸，而纵向按比例绘制。非比例符号是指较小地物，无法按比例绘制，而用符号在相应位置标注，如单棵树木、烟囱、水塔等。各种地物表示方法示意图如图7-4所示。认识这些地物情况，便于在进行总图设计时综合考虑这些因素，合理处理好新建房屋与地物之间的关系。

（2）地貌

地貌是指地面上的高低起伏变化。地形图上用等高线来表示地貌特征。因此，识读等高线是重点。对于等高线，有以下几个概念需要明确。

☑ 等高距：指相邻两条等高线之间的高差。

☑ 等高线平距：指相邻两条等高线之间的水平距离。距离越大，则坡度越平缓；反之，则越陡峭。

☑ 等高线种类：等高线在地形图中一般可细分为 4 种类型，即首曲线、计曲线、间曲线和助曲线。首曲线为基本等高线，每两条首曲线之间相差一个等高距，用细线表示。计曲线是指每隔 4 条首曲线加粗的一条首曲线。间曲线是指两条首曲线之间的半距等高线。助曲线是指四分之一等高距的等高线。等高线种类如图 7-5 所示。

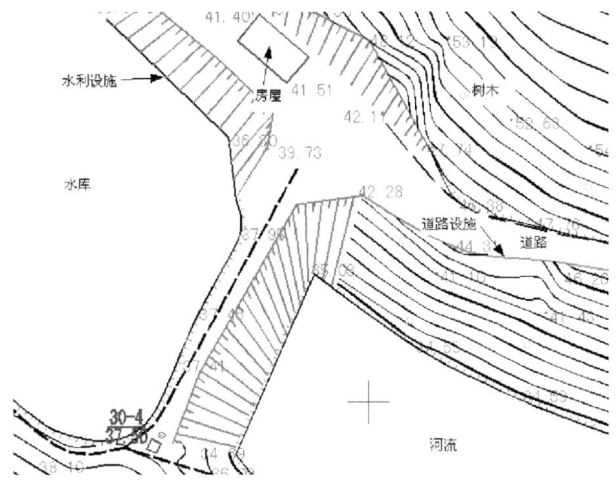


图 7-4 各种地物表示方法示意图

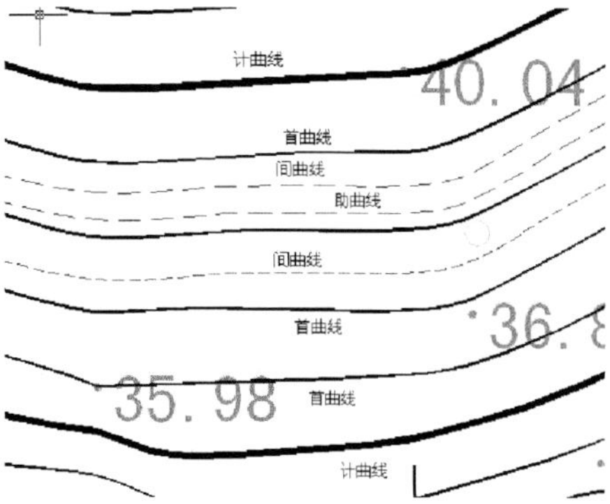

图 7-5 等高线种类

常见地貌类型有山谷、山脊、山丘、盆地、台地、边坡、悬崖、峭壁等。山谷与山脊的区别是，山脊处等高线向低处凸出，山谷处等高线向高处凸出。山丘与盆地的区别是，山丘逐渐缩小的闭合等高线海拔越来越高，而盆地逐渐缩小的闭合等高线海拔越来越低，如图 7-6～图 7-9 所示。

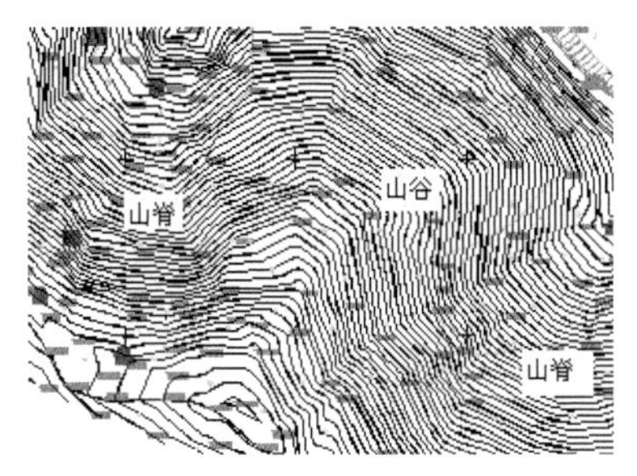


图 7-6 山脊、山谷地貌类型

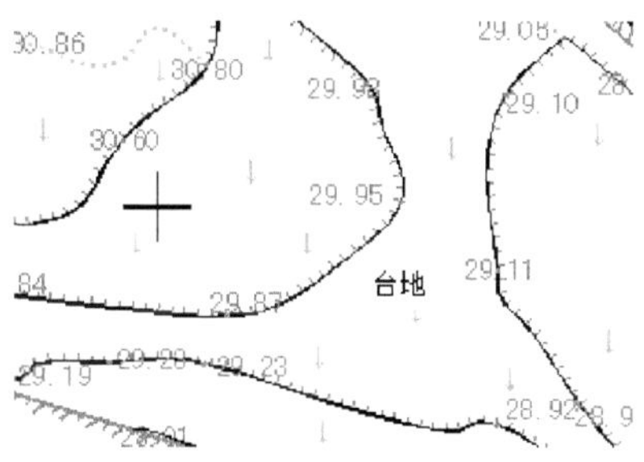


图 7-7 台地地貌类型

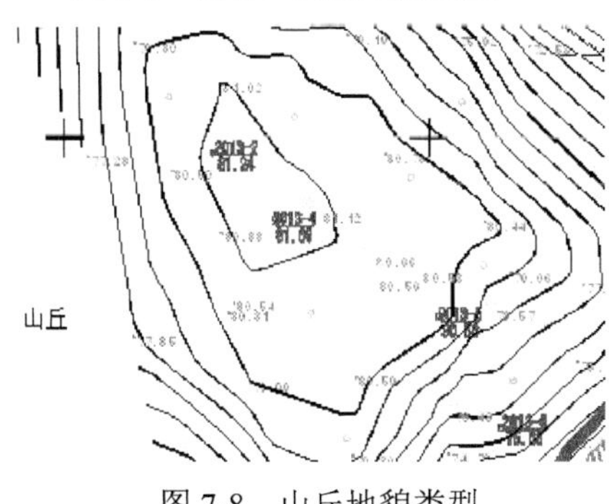


图 7-8 山丘地貌类型

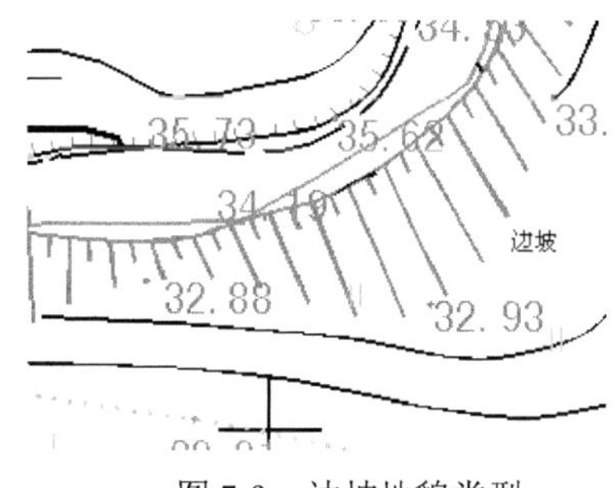


图 7-9 边坡地貌类型

3. 用地范围

建筑师手中得到的地形图（或基地图）中一般都标明了本建设项目的用地范围。实际上，并不是

所有用地范围内都可以布置建筑物。在这里，关于场地界限的几个概念及其关系需要明确，也就是常说的红线及退红线问题。

（1）建设用地边界线

建设用地边界线指业主获得土地使用权的土地边界线，也称为地产线、征地线，如图 7-10 所示的 ABCD 范围。用地边界线范围表明地产权所属，是法律上权利和义务关系界定的范围。但并不是所有用地面积都可以用来开发建设。如果其中包括城市道路或其他公共设施，则要保证它们的正常使用（图 7-10 中的用地界限内就包括了城市道路）。

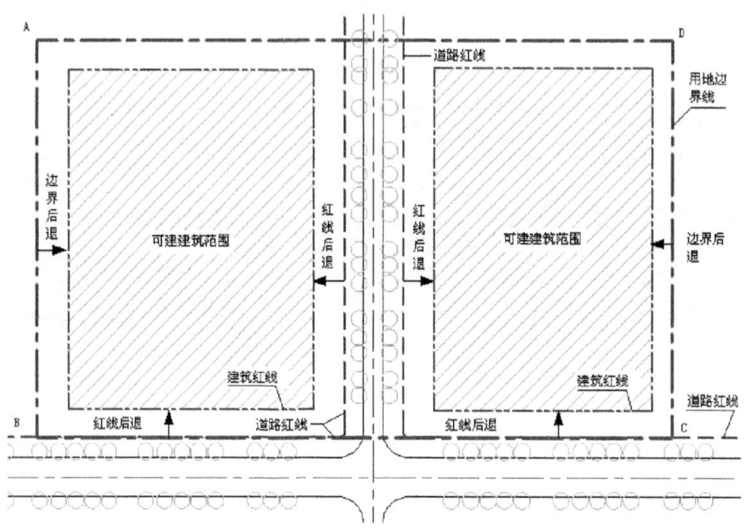


图 7-10　各用地控制线之间的关系

（2）道路红线

道路红线是指规划的城市道路路幅的边界线。也就是说，两条平行的道路红线之间为城市道路（包括居住区级道路）用地。建筑物及其附属设施的地下、地表部分（如基础、地下室、台阶）等不允许突出道路红线。地上部分主体结构不允许突入道路红线，在满足当地城市规划部门的要求下，允许窗罩、遮阳、雨篷等构件突入，具体规定详见《民用建筑设计通则》（GB50352-2005）。

（3）建筑红线

建筑红线是指城市道路两侧控制沿街建筑物或构筑物（如外墙、台阶等）靠临街面的界线，又称建筑控制线。建筑控制线划定可建造建筑物的范围。由于城市规划要求，在用地界线内需要由道路红线后退一定距离确定建筑控制线，这就叫做红线后退。如果考虑到在相邻建筑之间按规定留出防火间距、消防通道和日照间距时，也需要由用地边界后退一定的距离，这叫做后退边界。在后退的范围内可以修建广场、停车场、绿化、道路等，但不可以修建建筑物。至于建筑突出物的相关规定，与道路红线相同。

在拿到基地图时，除了明确地物、地貌外，还要搞清楚其中对用地范围的具体限定，为建筑设计作准备。

## 7.2.2　地形图的插入及处理

### 1. 地形图的格式简介

建筑师得到的地形图有可能是纸质地形图、光栅图像或 AutoCAD 的矢量图形电子文件。对于不

Note

同来源的地形图，计算机操作有所不同。

（1）纸质地形图

纸质地形图是指测绘形成的图纸，首先需要将它扫描到计算机里形成图像文件（.tif、.jpg、.bmp 等光栅图像）。扫描时注意分辨率的设置，如果分辨率太小，那么在图纸放大打印时不能满足精度要求，出现马赛克现象。一般地，如果仅在电脑屏幕上显示，图像分辨率在 72 像素/厘米以上就能清晰显示，但如果用于打印，分辨率则需要 100 像素/厘米以上才能保证打印清晰度要求。在满足这个最低要求的基础上，则根据具体情况选择分辨率的设置。如果分辨率设置太高，图像文件太大，也不便于操作。扫描前后图像分辨率和图纸尺寸之间存在如下计算关系：

扫描分辨率（像素/厘米或英寸）×扫描区域图纸尺寸（厘米或英寸）=图像分辨率（像素/厘米或英寸）×图像尺寸（厘米或英寸）

事先搞清楚扫描到计算机里的图像尺寸需要多大，相应的分辨率多高，反过来即可求出扫描分辨率。

**说明：** 操作中须注意分辨率单位“像素/厘米”与“像素/英寸”的区别，其本质是“1 厘米=0.3937 英寸”的换算关系。如在慌乱中搞错，则会带来不必要的麻烦。

（2）电子文件地形图

如果得到的地形图是电子文件，不论是光栅图像还是 DWG 文件，在 AutoCAD 中使用起来都比较方便。因特网上有一些小程序可以将光栅图像转为 DWG 文件，在某些情况下的确更方便一点，但也要看具体情况，如没有必要，也不必费工夫。

2．插入地形图

如前所述，AutoCAD 中使用的地形图文件有光栅图像和 DWG 文件两种，下面分别介绍操作要点。

（1）建立一个新图层来专门放置地形图。

（2）光栅图像插入。通过“插入”菜单中的“光栅图像参照”命令来实现，如图 7-11 所示。

❶ 执行“光栅图像参照”命令，弹出“选择参照文件”对话框，找到需要插入的图形，单击“打开”按钮。要注意可以插入的文件类型，如图 7-12 所示。

图 7-11　“光栅图像参照”命令

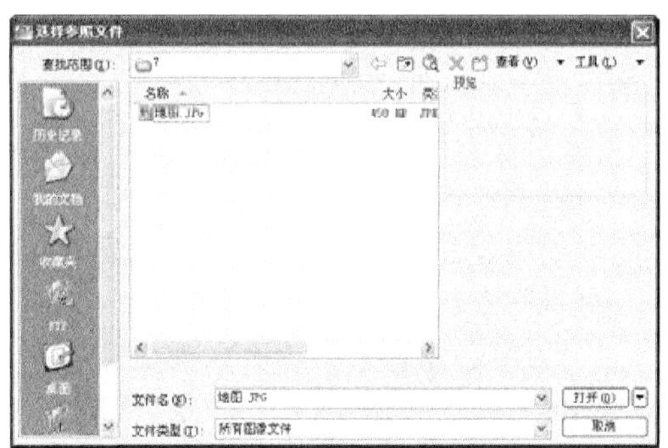


图 7-12　选择地形图文件

❷ 弹出“附着图像”对话框，给出相应的插入点、缩放比例和旋转角度等参数，确定后插入图像，如图 7-13 所示。

❸ 选择在屏幕上点取插入点；如果缩放比例暂无法确定，可以先以原有大小插入，最后再调整

Note

比例，结果如图 7-14 所示。

图 7-13　图像文件参数设置

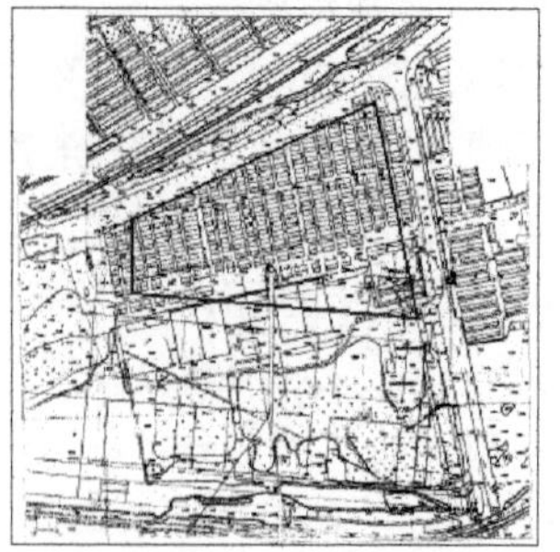
图 7-14　插入后的地形图

❹ 比例调整。首先测定图片中的尺寸比例与 AutoCAD 中的长度单位比例相差多少，然后将它进行比例缩放，使得比例协调一致。建议将图片的比例调为 1:1 比例，也就是地形图上表示的长度为多少毫米，在 AutoCAD 中测量出的长度也就是多少毫米。

这样，就完成了地形图片的插入。

**说明：**可以借助"测量距离"命令来测定图片的尺寸大小。菜单栏中"测量距离"命令位于"工具→查询→距离"菜单下，命令别名为 DI。可以选中图片按 Ctrl+1 键在特性中修改比例，还可以借助特性窗口中"比例"文本框右侧的快捷计算功能进行辅助计算。

（3）DWG 文件插入。对于 DWG 文件，一般有以下两种方式来处理。

☑ 直接打开地形图文件，另存为一个新的文件，然后在这个文件上进行后续操作。注意不要直接在原图上操作，以免修改后无法还原。

☑ 以"外部参照"的方式插入。这种方式的优点是暂用空间小，缺点是不能对插入的"参照"进行图形修改。插入"外部参照"命令位于"插入"菜单下，操作类似插入"光栅图像"，这里不再赘述，读者可自己尝试。

3. 地形图的处理

插入地形图后，在正式进行总平面图布置之前，往往需要对地形图做适当的处理，以适应下一步工作。根据地形图的文件格式和工程地段的复杂程度的不同，具体的处理操作存在一些差异。下面介绍一般的处理方法，供读者参考。

（1）地形图为光栅图像。综合使用"直线"、"样条曲线"或"多段线"等绘图命令，以地形图为底图，将以下内容准确描绘出来。

☑ 地段周边主要的地貌、地物（如道路、房屋、河流、等高线等），与工程相关性较小的部分可以略去。

☑ 用地红线的范围，以及有关规划控制要求。

☑ 场地内需要保留的文物、古建、房屋、古树等地物，以及需保留的一些地貌特征。

接下来，可以将地形图所在图层关闭，留下简洁明了的地段图（如图 7-15 所示），需要参看时再打开。如果地形图片用途不大，也可以将它删除。

（2）地形图为 DWG 文件。可以直接将不必要的地物、地貌图形综合应用"删除"、"修剪"等命令删除掉，留下简洁明了的地段图。如果地形特征比较复杂，修改工作量较大，也可以将红线和必要的地物、地貌特征提取出来，如同前面光栅图像描绘结果一样，完成总图布置后再考虑重合到原来

位置上去。

**说明：** 插入光栅图像后，不能将原来的图片文件删除或移动位置，否则下次打开图形文件时，将无法加载图片，如图 7-16 显示。这一点，特别是在复制文件到其他地方时注意，需要将图片一同复制走。

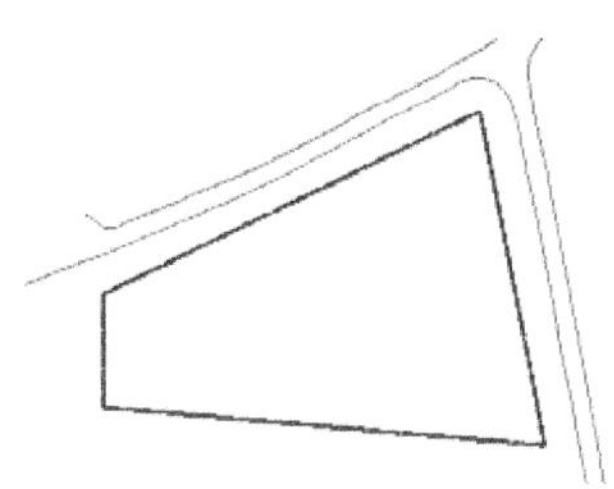

图 7-15　处理后的地段图

图 7-16　无法加载图片

## 7.2.3　地形图应用操作举例

在总图设计时，有可能遇到利用地形图求出某点的坐标、高程、两点距离、用地面积、坡度、绘制地形断面图和选择路线等操作。这些操作在图纸上操作较为麻烦，但在 AutoCAD 中却变得非常简单。

### 1. 求坐标和高程

（1）坐标

为了便于坐标查询，事先在插入地形图后，将地形图中的坐标原点或者地段附近具有确定坐标值的控制点移动到原点位置。这样，将图上任意点在 AutoCAD 图形中的坐标加上地形图原点或控制点的测量坐标，就是该点在地形图上的测量坐标。具体操作如下：

❶ 移动地形图。选择“移动”命令，选中整个地形图，以地形图坐标原点或控制点作为移动的“基点”，在命令行中输入“0,0”，按回车键完成，如图 7-17 所示。

❷ 查询坐标。首先用“点”命令在打算求取坐标的点上绘一个点；然后选中该点，按 Ctrl+1 键调出特性窗口，从中查到点的坐标（如图 7-18 所示）；最后，将该坐标值加上原点的初始坐标便是待求点的测量坐标。

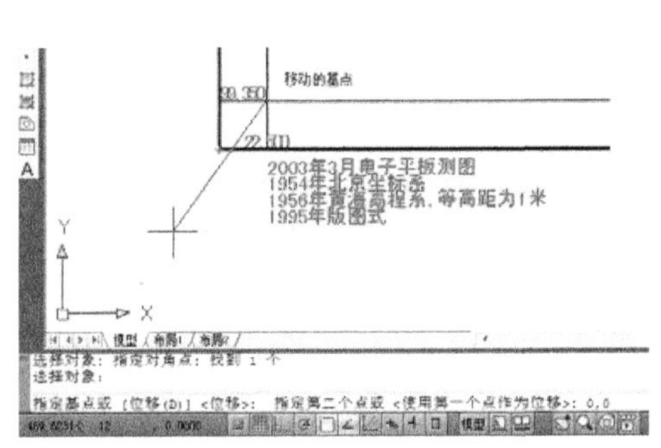


图 7-17　移动地形图

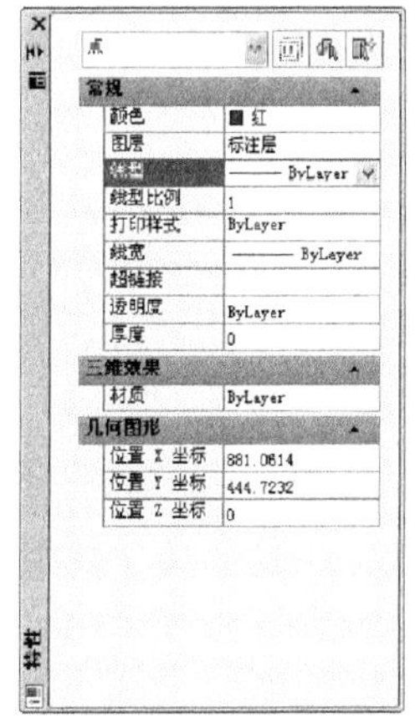


图 7-18　点坐标

（2）高程

等高线上的高程可以直接读出，而不在等高线上的点则需通过内插法求得。在 AutoCAD 中可以根据内插法原理通过作图方法求高程。例如，求图 7-19 中 A 点的高程（等高距为 1m），操作步骤如下：

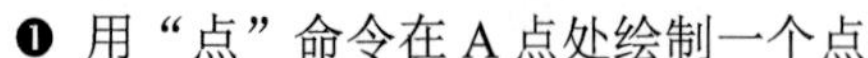

❶ 用“点”命令在 A 点处绘制一个点。

❷ 单击“绘图”工具栏中的“构造线”按钮，捕捉 A 点为第一点，然后拖动鼠标捕捉相邻等高线上的“垂足”点 B 为通过点，绘制出一条过 A 点并垂直于相邻等高线的构造线 1，交另一侧等高线于 C，如图 7-20 所示。

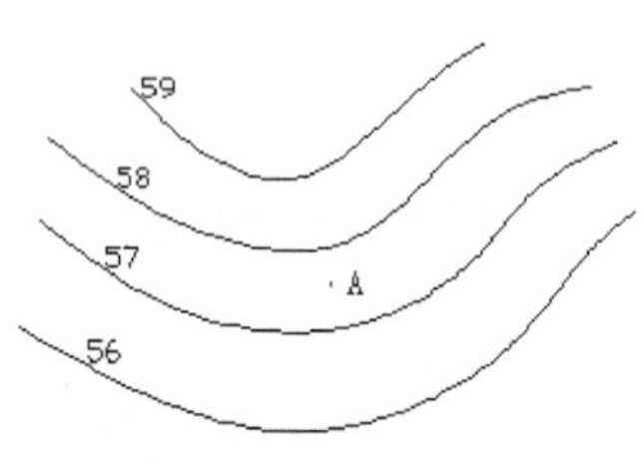


图 7-19　待求高程点 A

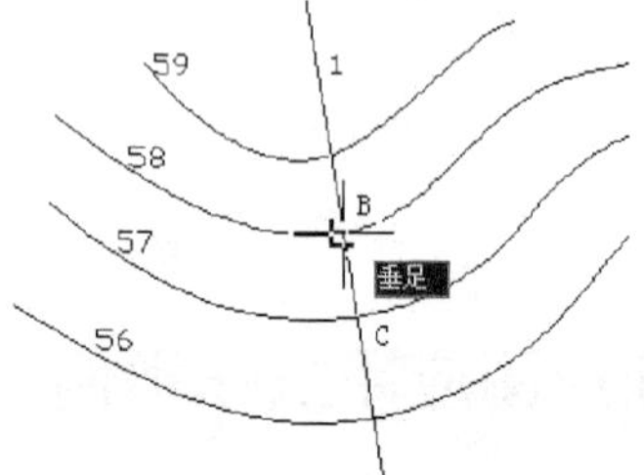


图 7-20　绘制构造线 1

❸ 由构造线 1 偏移 1（等高距）复制出另一条构造线 2；过点 B 作线段 BD 垂直于该构造线 2，如图 7-21 所示。

❹ 连接 CD；以 B 点为基点复制 BD 到 A 点，交 CD 于 E 点，如图 7-22 所示。用“距离查询”命令查出 AE 长度为 0.71，则 A 点高程为 57+0.71=57.71m。

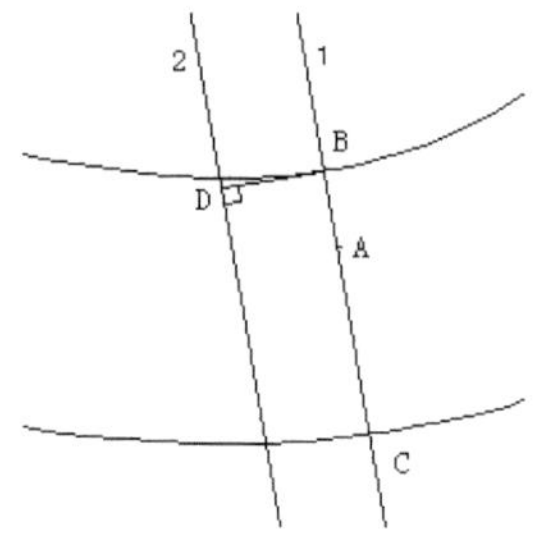


图 7-21　构造线 2 及线段 BD

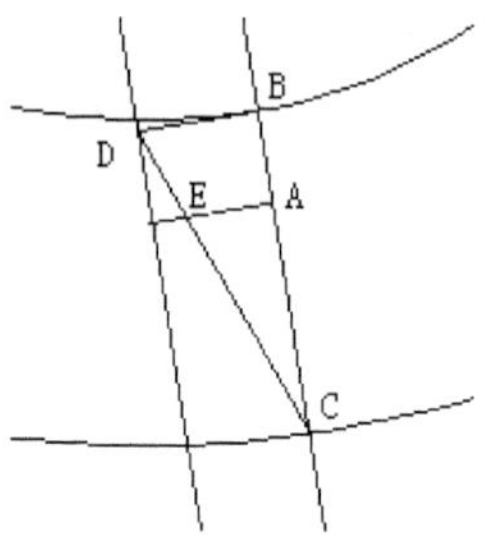


图 7-22　作出线段 AE

### 2. 求距离和面积

（1）求距离

用“距离查询”命令 DIST（DI）查询。

（2）求面积

用“面积查询”命令 AREA（AA）查询。

### 3. 绘制地形断面图

地形断面图可用于建筑剖面设计及分析。在 AutoCAD 中借助等高线来绘制地形断面图的方法如下（如图 7-23 所示，确定剖切线 AB）：

（1）由 AB 复制出 CD。

（2）由 CD 依次偏移 1 个等高距，复制出一系列平行线。

（3）依次由剖切线 AB 与等高线的交点向平行线上做垂线。

（4）用样条曲线依次连接每个垂足，形成一条光滑曲线，即为所求断面。

总之，只要明白等高线的原理和 AutoCAD 的相关功能，即可活学活用，不拘一格。其他方面的应用这里不再赘述，读者可自行尝试。

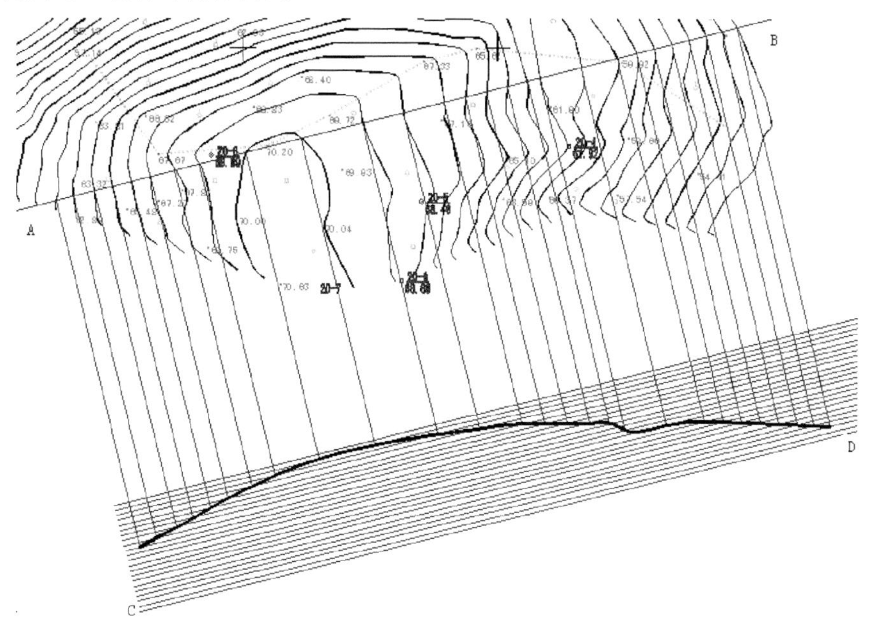


图 7-23　地形断面绘制示意

# 7.3　总平面布置图

就绘图工作而言，整理完地形图后，接下来就可以进行总平面图的布置了。总平面布置包括建筑物、道路、广场、绿地、停车场等内容，着重处理好它们之间的空间关系，及其与四邻、古树、文物古迹、水体、地形之间的关系。本节介绍在 AutoCAD 2012 中布置这些内容的操作方法和注意事项。在讲解中，主要以某综合办公楼方案设计总平面图为例。绘制流程图如图 7-24 所示。

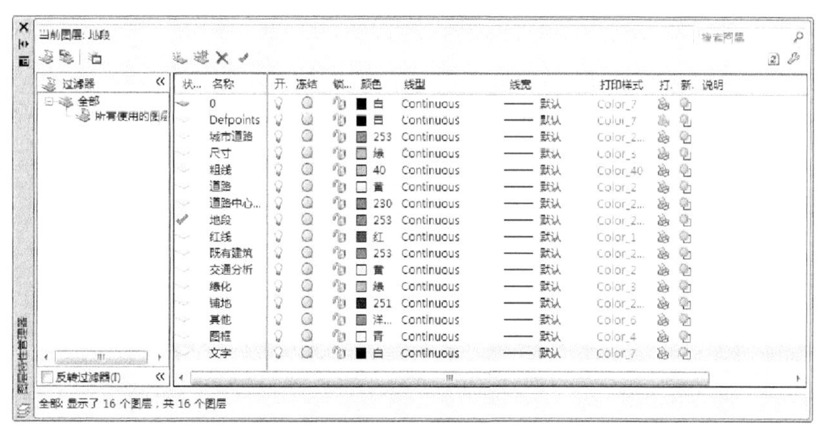


图 7-24　绘制总平面布置图

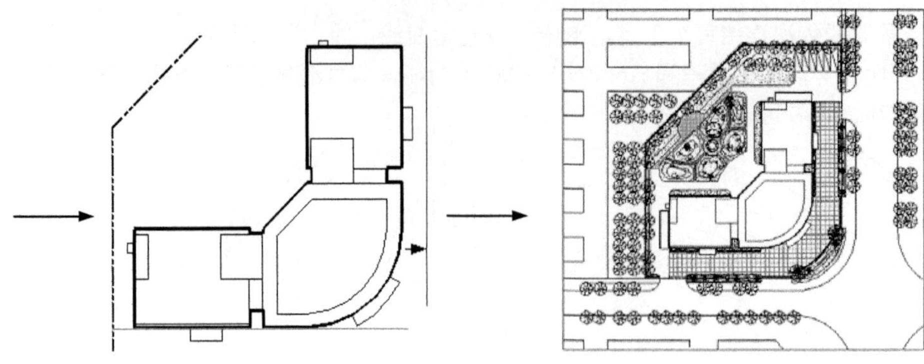

图 7-24　绘制总平面布置图（续）

操作步骤：（**光盘\动画演示\第 7 章\总平面布置图.avi**）

## 7.3.1　单位及图层设置说明

鉴于总图中的图样内容与其他建筑图纸（平面图、立面图、剖面图）存在一些差异，在此有必要对绘图单位及图层设置作一个简单说明。

1. 单位

虽然总图一般以 m 为单位标注尺寸，仍然将单位设置为 mm。以 mm 为单位的实际尺寸绘制。

2. 图层

由于图样内容不一样，所以图层划分的内容也不一样。总体上仍然按照不同图样对象划分到不同的图层中去的原则，其中酌情考虑线型、颜色的搭配和协调，如图 7-25 所示。

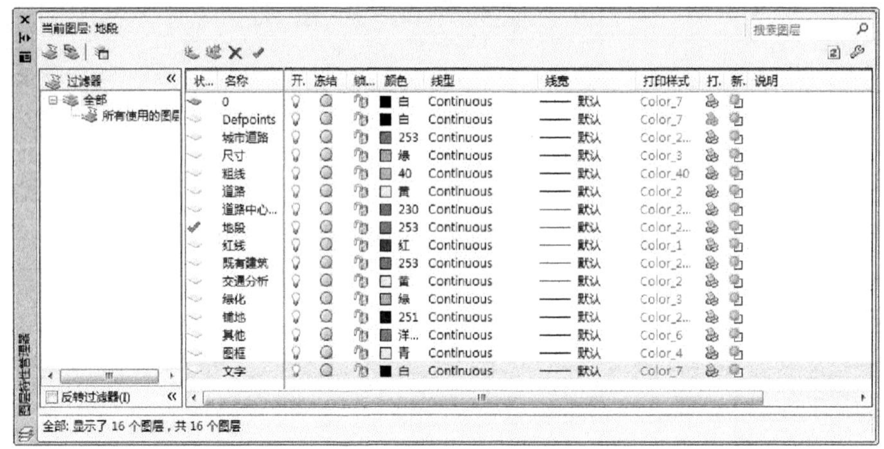


图 7-25　总图图层设置示例

## 7.3.2　建筑物布置

1. 整理建筑物图样

为了便捷绘图，可以将屋顶平面图复制过来，适当增绘一些平面正投影下看得到的建筑附属设施（如地面台阶、雨蓬等）后，作为总图建筑图样的底稿。然后，将它做成一个图块，如图 7-26 所示。

### 2. 绘制建筑物轮廓

（1）绘制轮廓线。单击“绘图”工具栏中的“多段线”按钮，沿建筑周边将建筑物±0.00 标高处的可见轮廓线描绘出来，如图 7-27 所示。注意用地面积最后用多段线闭合，便于用它来查询建筑。

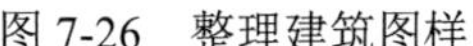

图 7-26　整理建筑图样

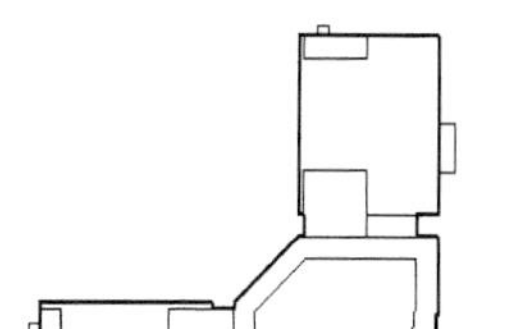

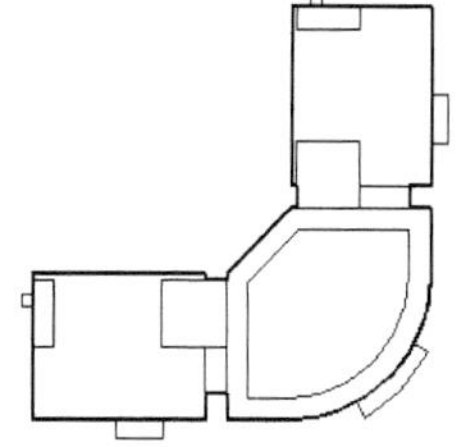

图 7-27　绘制轮廓线

（2）多段线加粗。单独把轮廓线加粗，加粗的方法有以下两个：

☑ 调整全局宽度，操作是，选中多段线，按 Ctrl+1 键打开特性窗口，调整其全局宽度，如图 7-28 所示。由于其宽度值随出图比例的变化而变化，因此，需要将它放大出图比例所缩小的倍数。例如，出图比例为 1:500，则 1mm 的线宽为 500。

☑ 为对象指定线宽，操作是将“特性”窗口中的线宽值设为需要宽度，如图 7-29 所示。该线宽值不会随比例变化。

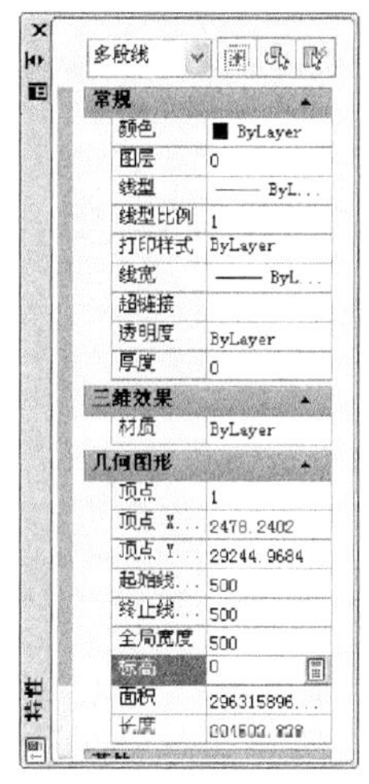


图 7-28　“多段线”特性

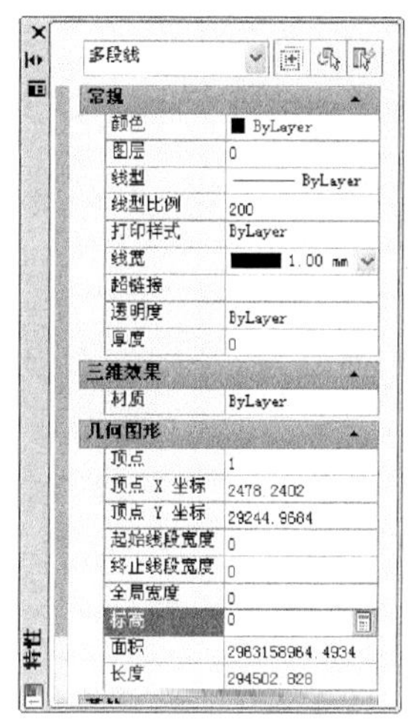


图 7-29　绘制轮廓线

**说明：** 对于特殊的个别线条可以采用这种单独指定线宽的方式，一般情况下，线宽、线型、颜色等还是“随层”（ByLayer）比较好。否则，修改起来非常麻烦。

### 3. 建筑物定位

常用的定位方式有两种：一种是相对距离法，另一种是坐标定位法。相对距离法是参照现有建筑物和构筑物、场地边界或围墙、道路中心线或边缘的位置，以纵横相对距离来确定新建筑的设计位置。这种方式比较简便，但精度较坐标定位法低，在方案设计阶段使用较多。坐标定位法是指依据国家大地坐标系或测量坐标系引出定位坐标的方法。对于建筑定位，一般至少应给出 3 个角点的坐标；当平面形式和位置关系简单、外墙与坐标轴线平行时，也可以标注其对角坐标。为了便于施工测量及放线而设立的相对场地施工坐标系统，必须给出与国家坐标系之间的换算关系。

Note

本节办公楼实例临街外墙面与街道平行，采用相对距离法定位，并以外墙定位轴线为定位的基准。操作步骤如下：

（1）分别由临街两侧的用地界线向场地内偏移 15000（外墙轴线到退红线的距离），得出两条辅助线，如图 7-30 所示。

（2）移动整理好的建筑图样，使它先与一条辅助线对齐，然后再沿直线平移到另一条直线处，完成定位，如图 7-31 所示。

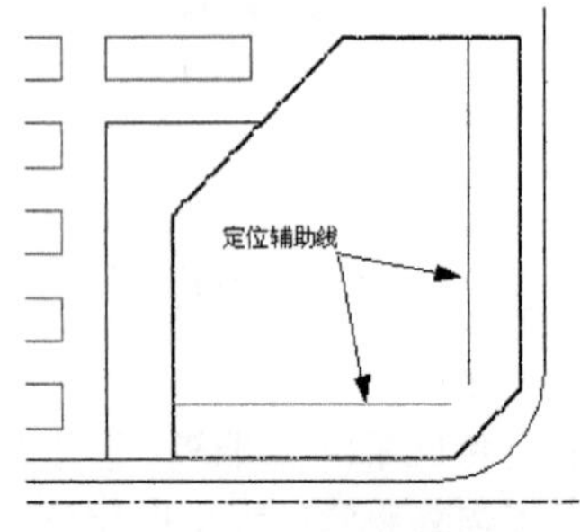


图 7-30　定位辅助线

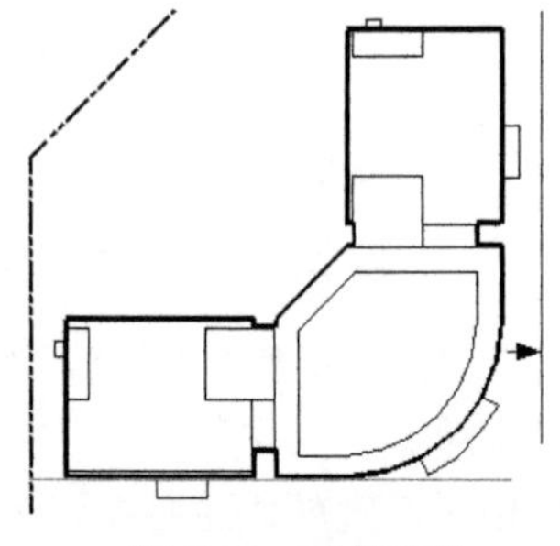

图 7-31　建筑定位

**说明：** 将“对象捕捉”和“正交模式”打开，便于操作。

建筑轮廓线尺寸可以根据外墙轴线绘出，也可以根据外墙外轮廓绘出。在方案阶段，如果尚不能准确确定外墙的大小，可以外墙轴线为准表示轮廓的大小。具体绘图时，以哪个位置（轴线或墙面）来定位建筑物，需在说明中注明。

## 7.3.3　场地道路、广场、停车场、出入口、绿地等布置

完成建筑布置后，其余的道路、广场、出入口、停车场、绿地等内容都可以在此基础上进行布置。布置时不妨抓住 3 个要点：一是找准对场地布置起控制作用的因素；二是注意布置对象的必要尺寸及其相对距离关系；三是注意布置对象的几何构成特征，充分利用绘图功能。

本例布置结果如图 7-32 所示，起控制作用的因素是地下车库出入口、道路、广场和停车场，在此基础上再考虑绿地布置。只要场地设计充分，利用好辅助线，结合“移动”、“复制”、“镜像”、“阵列”等命令来实施，难度是不大的。下面叙述其操作要点。

### 1. 地下停车库出入口布置

本例地下停车库位置如图 7-32 中粗虚线所示范围，综合考虑机动车流线要求、场地特征及出入口坡道的宽度和长度等因素，将停车库出入口分开设置于办公楼 B、C 座的两端。

### 2. 广场、道路布置

（1）广场。本例沿街面空地设置为广场，其内外两侧适当设置绿化带，广场上考虑机动车行走。

（2）道路布置。本例打算沿建筑后侧周边布置机动车行车道路，在道路与建筑外墙之间考虑设置一定宽度的绿地隔离带。基于此打算，不妨先确定绿地隔离带的宽度，然后确定道路的宽度，完成车道的大致布置，如图 7-33 所示。

（3）场地出入口布置。综合考虑人流、车流特点布置场地人流、车流出入口。结合一部分绿地的布置完成道路、广场边沿的绘制，如图 7-34 所示。

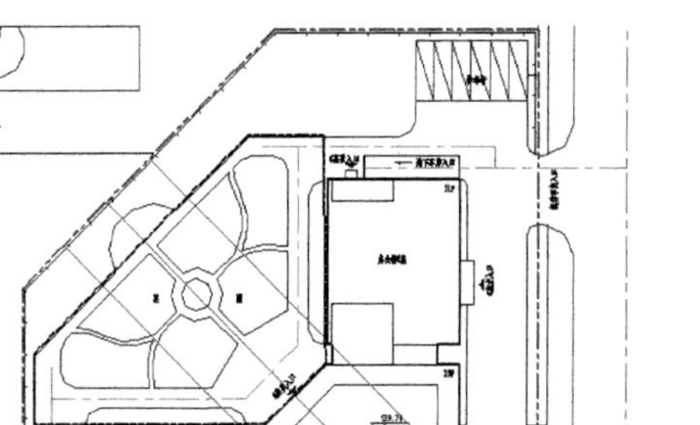

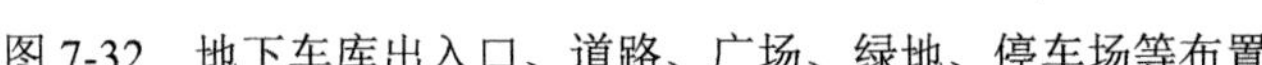

图 7-32　地下车库出入口、道路、广场、绿地、停车场等布置

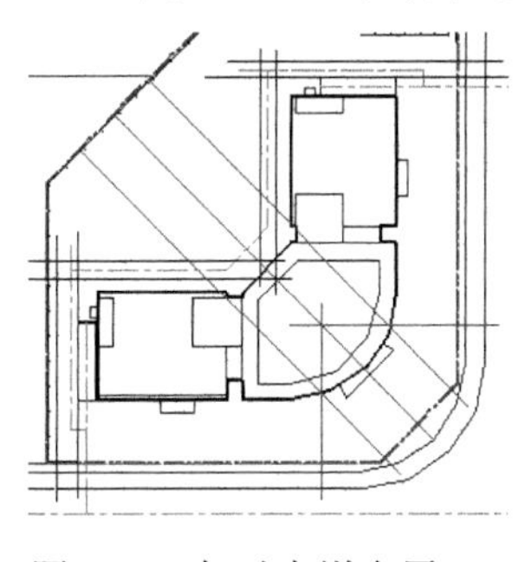

图 7-33　机动车道布置

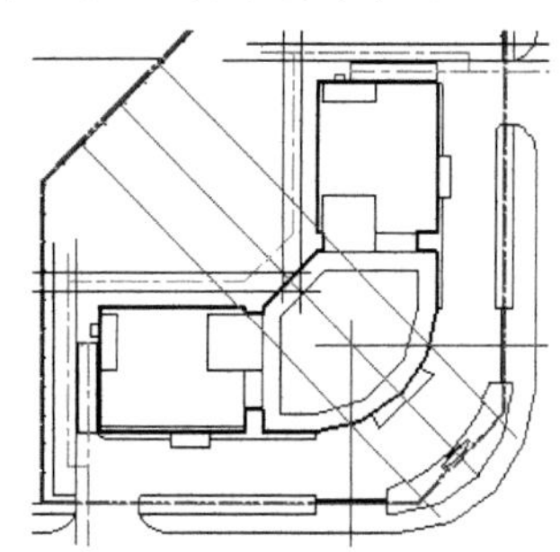

图 7-34　入口及广场

3. 停车场布置

在临近机动车上入口右侧布置地面停车场，主要供大车使用。

4. 绿地布置

以 45° 倾斜的平面对称轴线为中轴线，布置后院绿地花园。首先确定花园四周轮廓，再进行内部规划，最后进行倒角处理，完成绿地轮廓，同时也完成道路边沿的绘制。

5. 围墙布置

沿后侧用地界线后退 0.5m 布置围墙，如图 7-35 所示。围墙图例长线为粗实线，短线为细线。可以由用地界线偏移 500 复制出来后再修改，短线用“阵列”、“偏移”等命令处理，最后建议将它做成图块。

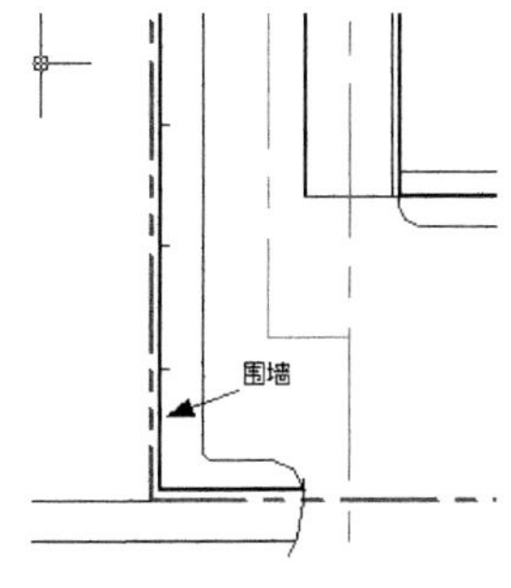


图 7-35　围墙布置

Note

6. 绿化

在道路两侧、绿地上面布置各种绿化，注意乔木、灌木、花卉、草坪、小品之间的搭配。

（1）乔木和灌木

从设计中心找到“光盘:\图库\建筑图库.dwg”，打开图块内容，里面有一部分绿化图块。找到所需的树种，单击鼠标右键，在弹出的快捷菜单中选择“插入块”命令，弹出“插入”对话框，给出相应比例，确定完成插入，如图 7-36 所示。同类树种可以通过“复制”、“阵列”等操作来实现。

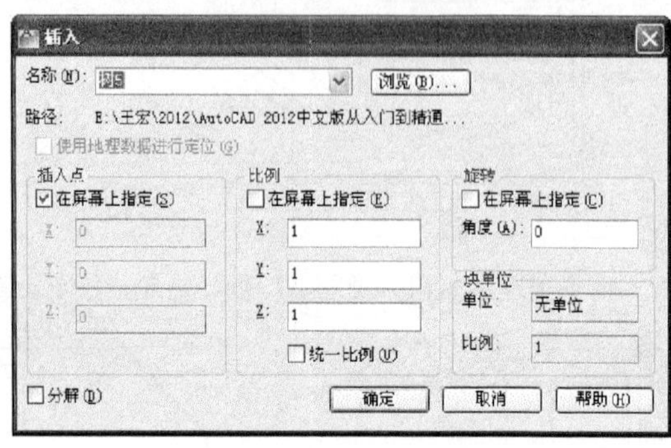


图 7-36 “插入”对话框设置

**说明**：工作中收集到的图块，由于来源不一样，其单位设置有可能也不一样。所以，需注意“插入”对话框中显示的图块单位，换算出缩放比例。如本例，图块单位为“英寸”，比“毫米”大 25 倍，故输入比例为 0.04，如图 7-37 所示。

（2）绿篱

如没有现成的绿篱图块，则可以用“修订云线”命令或“样条曲线”命令绘制，如图 7-37 所示。

（3）草坪

草坪可以用“点”命令打点表示，也可以填充 GRASS 图案来完成，如图 7-38 所示。

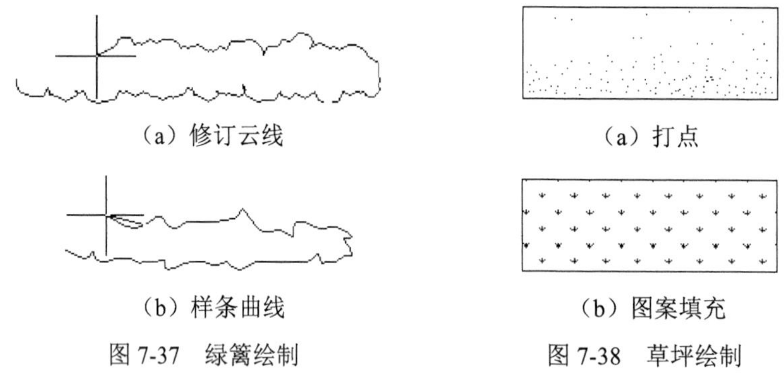

（a）修订云线　（a）打点

（b）样条曲线　（b）图案填充

图 7-37 绿篱绘制　图 7-38 草坪绘制

7. 铺地

铺地一般采用图案填充来实现。本例铺地包括 3 个部分，即广场花岗岩铺地、人行道水泥砖铺地和人行道卵石铺地。

（1）广场花岗岩铺地。

❶ 将填充区域的边界不全的地方补全，如图 7-39 所示。

❷ 执行“图案填充”命令，网格纵横线条分两次完成，结果如图 7-40 所示。

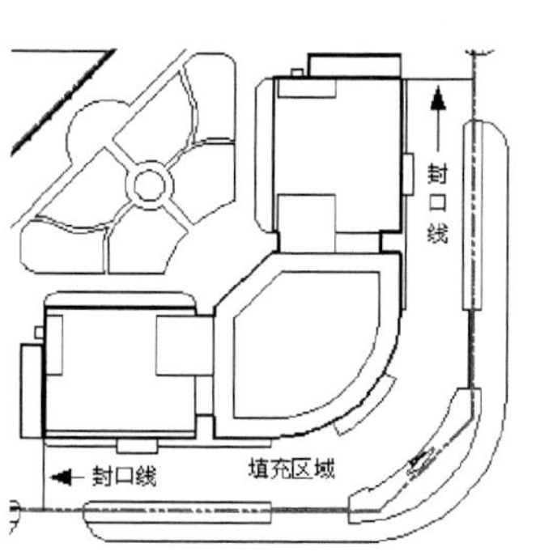


图 7-39　补全填充区域边界

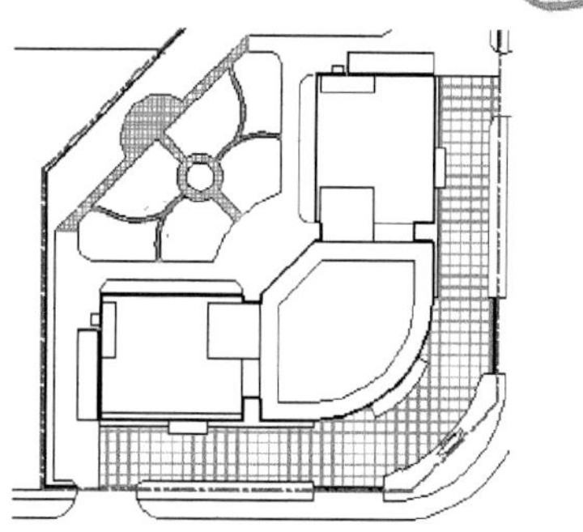

图 7-40　填充结果

❸ 水平线条的填充参数如图 7-41 所示。

❹ 竖直线条的填充参数如图 7-42 所示。

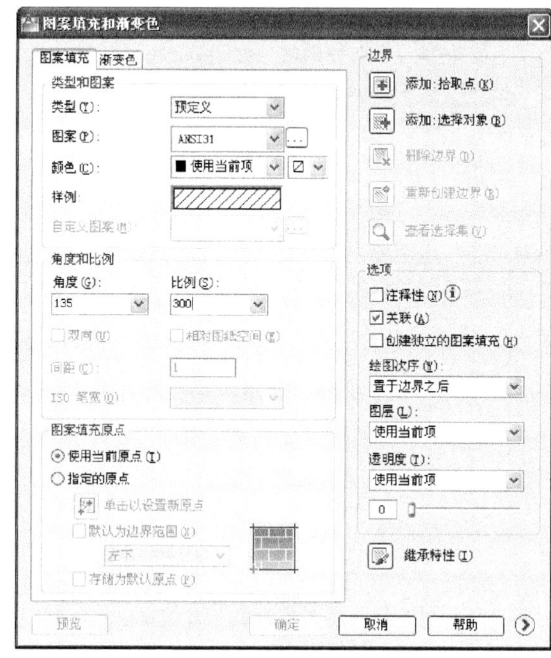


图 7-41　水平线条填充参数

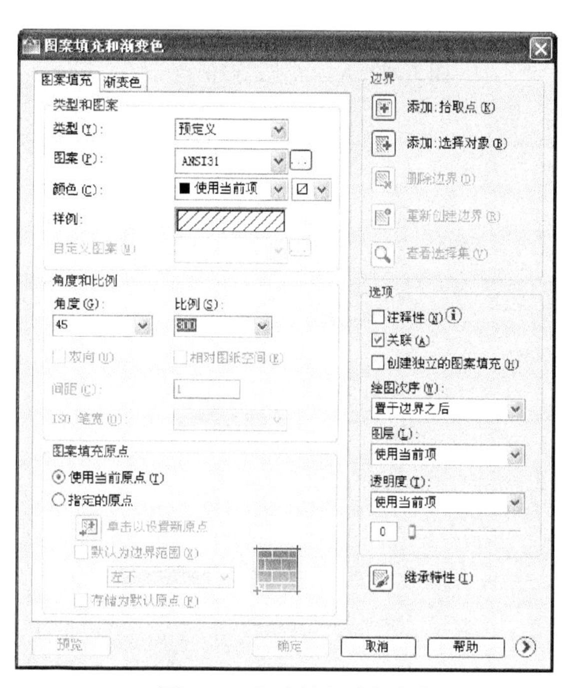


图 7 42　竖直线条填充参数

（2）人行道水泥砖铺地。

❶ 采用类似的方法填充，结果如图 7-43 所示。

❷ 填充参数如图 7-44 所示。

（3）卵石铺地。

❶ 卵石铺地，如图 7-45 所示。

❷ 填充参数如图 7-46 所示。

📖 **说明：**在绘制道路、绿地轮廓线时，尽量将线条接头处封闭，这样有利于图案填充。虽然 AutoCAD 2012 允许用户设置接头空隙（如图 7-47 所示），但是对复杂边界有时会出错，而且会增加分析时间。

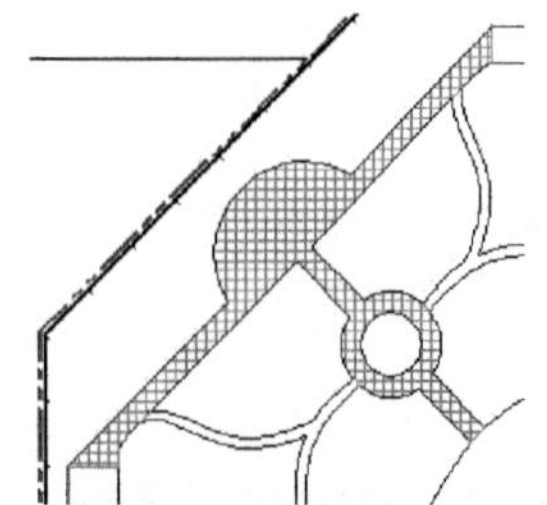

图 7-43　人行道水泥砖铺地

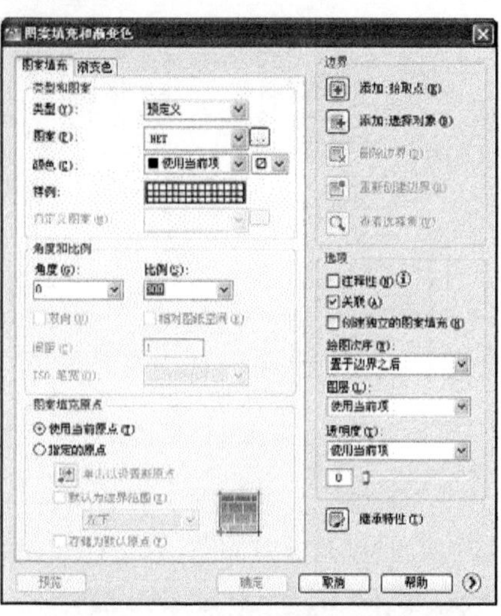


图 7-44　水泥砖铺地填充参数

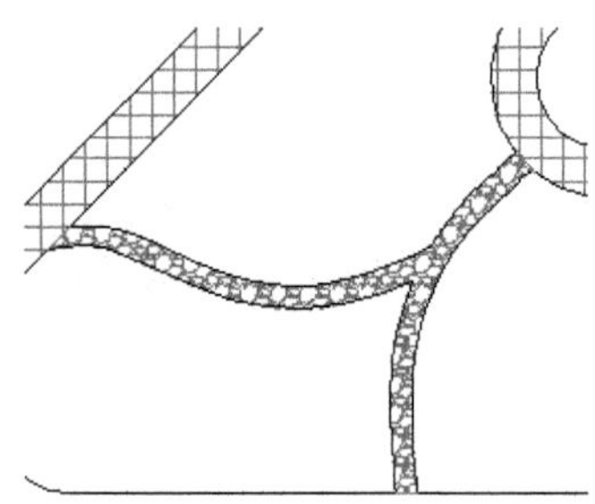

图 7-45　卵石铺地

图 7-46　卵石铺地填充参数

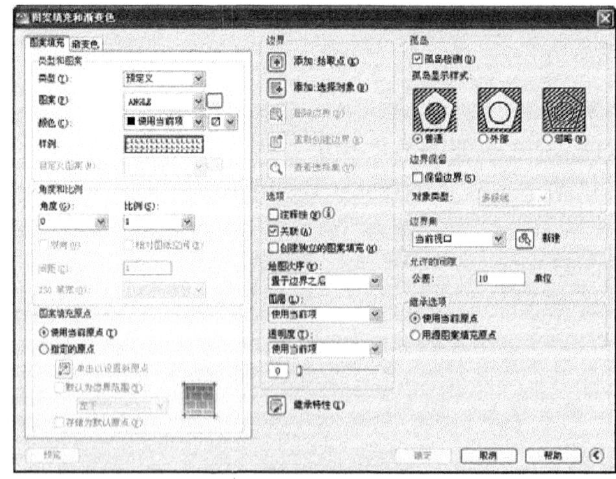


图 7-47　填充边界间隙设置

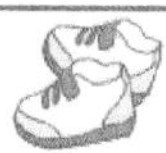

## 7.4 各种标注

总平面图的标注内容包括尺寸、标高、坐标、文字标注、技术经济指标、图例、指北针、文字说明等内容，它们是总图中不可或缺的部分。涉及的新知识点包括复杂尺寸样式设置、图例制作、表格制作等。本节仍以前面综合办公楼为例，说明相关操作方法及注意事项。标注流程图如图 7-48 所示。

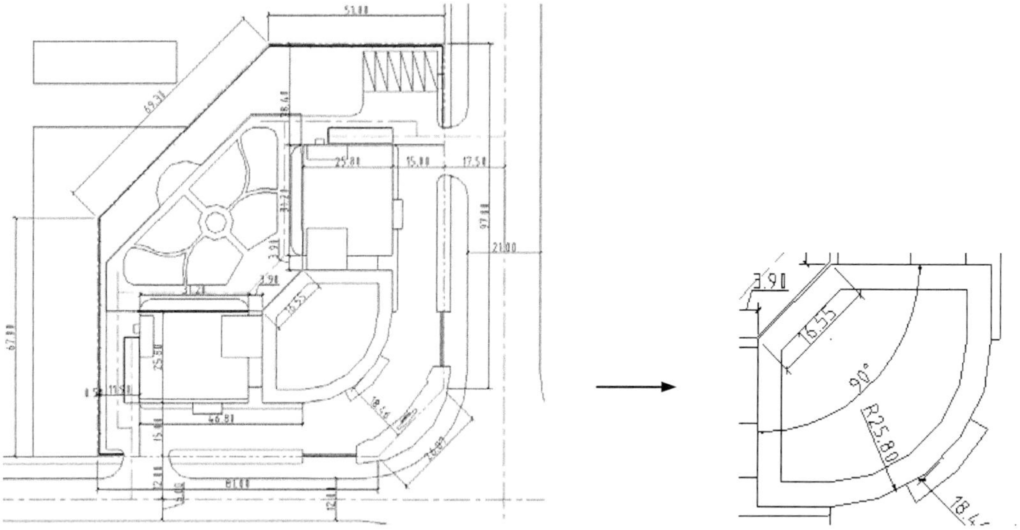

技术经济指标一览表

| 项　　目 | | 单　位 | 数　量 | 备　　注 |
|---|---|---|---|---|
| 可建设用地面积 | | 万平方米 | 2.7962 | |
| 规划总建筑面积 | | 万平方米 | 10.612 | |
| 其中 | 规划住宅建筑面积 | 万平方米 | 9.683 | |
| | 配套公建建筑面积 | 万平方米 | 0.929 | |
| 容 积 率 | | | 3.795 | |
| 总建筑密度 | | % | 29.6 | |
| 居住人口 | | 人 | 2800 | |
| 居住户数 | | 户 | 800 | |
| 人口毛密度 | | 人/公顷 | 1001.4 | |
| 平均每户建筑面积 | | 平方米/户 | 121 | |
| 绿 地 率 | | % | 45.3 | |
| 日照间距 | | | 1:1.2 | |
| 停 车 率 | | % | 0.8 | |
| 停 车 位 | | 个 | 640 | 其中地下634个 |

规划用地平衡表

| 项　目 | | 面 积（hm） | 百分比（%） | 人均面积（m²/人） |
|---|---|---|---|---|
| 规划可用地 | | 2.7962 | 100 | 9.99 |
| 其中 | 住宅用地 | 1.517 | 54.3 | 5.42 |
| | 公建用地 | 0.408 | 14.6 | 1.46 |
| | 道路用地 | 0.282 | 10.1 | 1.01 |
| | 公共绿地 | 0.5892 | 21.0 | 2.10 |

公建项目一览表

| 编号 | 项　目 | 数量（处） | 占地面积（平方米） | 建筑面积（平方米） |
|---|---|---|---|---|
| 1 | 会所及配套公建 | 1 | 1000 | 3000 |
| 2 | 底层商业 | 1 | 2100 | 6290 |
| 3 | 地下人防兼停车库 | 3 | 21000 | 21000 |

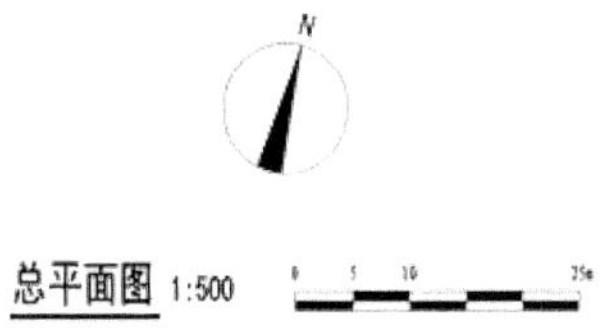

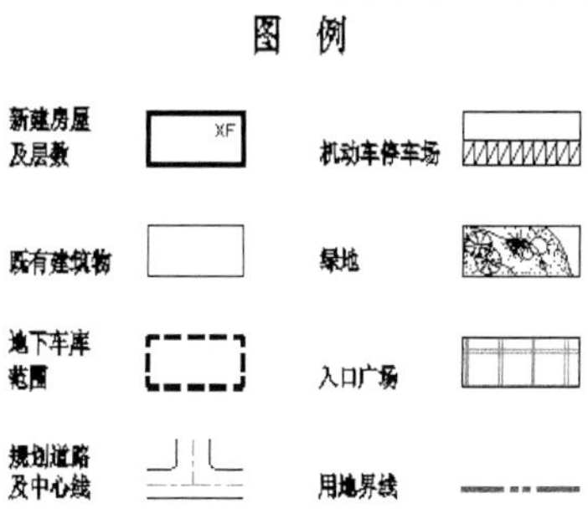

图　例

新建房屋及层数　XF
机动车停车场
既有建筑物
绿地
地下车库范围
入口广场
规划道路及中心线
用地界线

总平面图 1:500

图 7-48　添加各种标注

Note

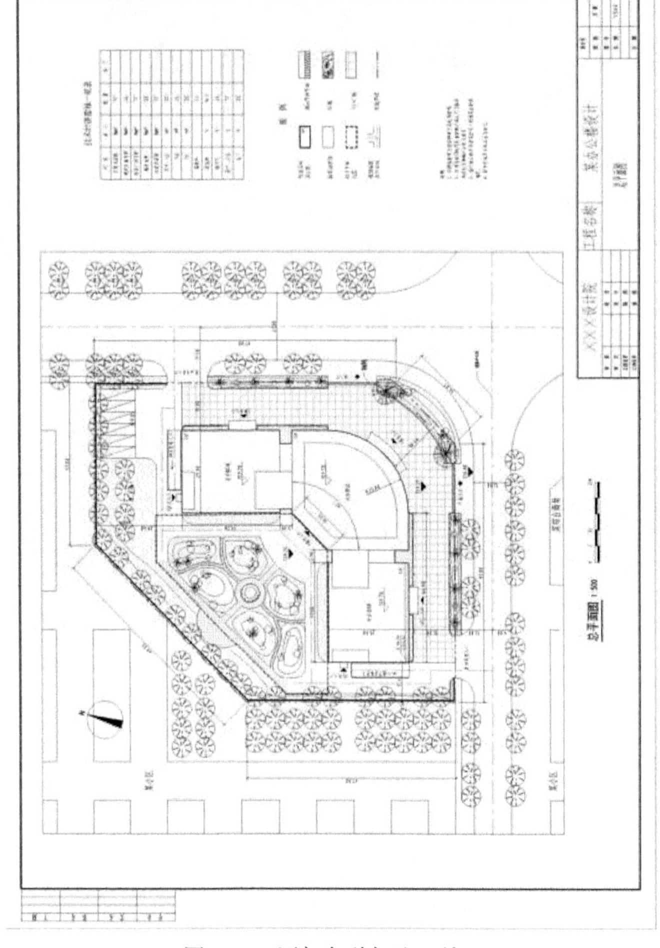

图 7-48　添加各种标注（续）

**操作步骤：（光盘\动画演示\第 7 章\各种标注.avi）**

## 7.4.1　尺寸、标高和坐标标注

总平面图上的尺寸应标注新建房屋的总长、总宽及其与周围建筑物、构筑物、道路、红线之间的间距。标高应标注室内地坪标高和室外整平标高，它们均为绝对标高。室内地坪绝对标高即建筑底层相对标高±0.000 位置。此外，初步设计及施工图设计阶段总平面图中还需要准确标注建筑物角点测量坐标或建筑坐标。总平面图上测量坐标代号宜用“X、Y”表示；建筑坐标代号宜用“A、B”表示。坐标值为负数时，应注“-”号；为正数时，“+”号可省略。总图上尺寸、标高、坐标值以米为单位，并应至少取至小数点后两位，不足时以“0”补齐。下面结合实例介绍。

1. 尺寸样式设置

对比前面第 3 章用过的尺寸样式，这里为总图设置的样式有一些不同之处：❶ 线性标注精度；❷ 测量单位比例因子；❸ 尺寸数字“消零”设置；❹ 全局比例因子；❺ 在同一样式中为尺寸、角度、半径、引线设置不同风格。下面讲解具体设置过程及内容，要特别留心与前面相关内容的不同之处。

（1）新建总图样式。如图 7-49 所示，在原有样式基础上建立新样式，注意将“用于”下拉列表

框设置为“所有标注”。

（2）修改“调整”选项卡。如图 7-50 所示，将“使用全局比例”改为 500，以适应 1:500 的出图比例。

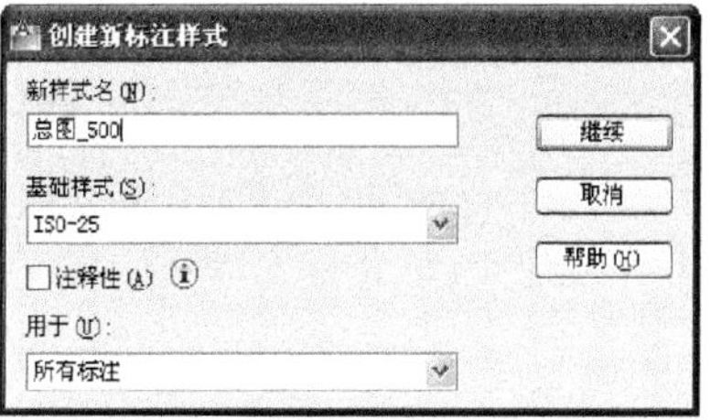


图 7-49　新建“总图_500”样式

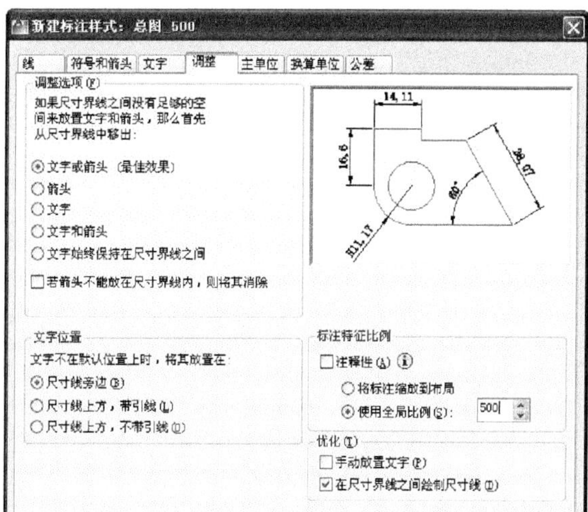


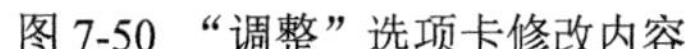

图 7-50　“调整”选项卡修改内容

（3）修改“主单位”选项卡。如图 7-51 所示，线性标注精度调整为 0.00，以满足保留尺寸两位小数的要求；“小数分隔符”调为句点“.”；“比例因子”调为 0.001，以符合尺寸单位为米的要求，因为绘制尺寸为毫米；取消选中“消零”选项组中的复选框，可以为不足的小数点位数补零。

（4）建立半径标注样式。在“标注样式管理器”对话框中，单击“新建”按钮，以“总图_500”为基础样式，注意将“用于”下拉列表框设置为“半径标注”，建立“总图_500”样式，然后单击“继续”按钮，如图 7-52 所示。

这两个选项卡修改结束后，确定回到上一级对话框。

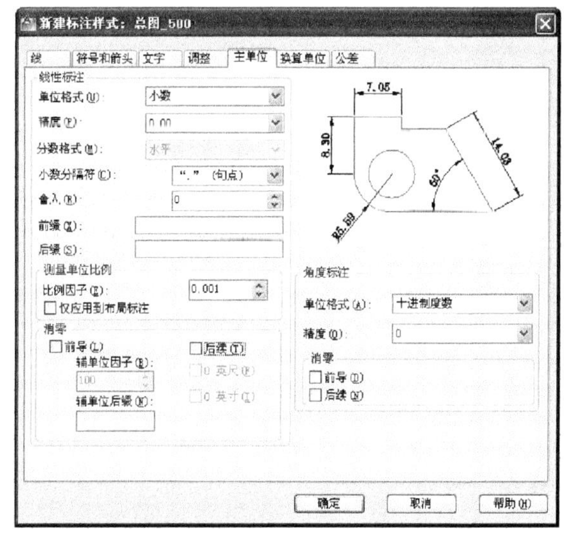


图 7-51　“主单位”选项卡修改内容

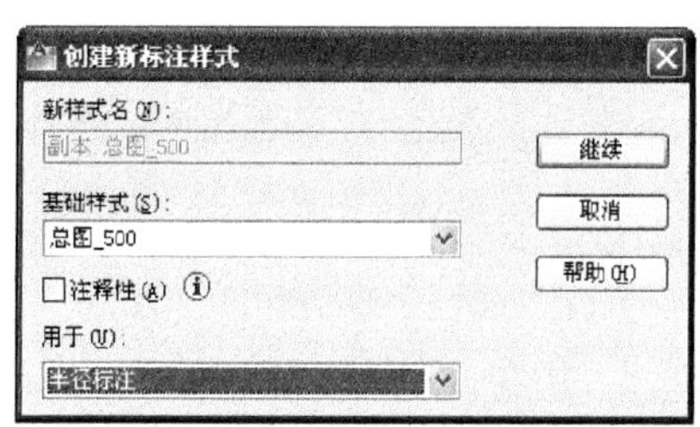


图 7-52　新建半径标注样式

Note

（5）半径标注样式设置。在“符号和箭头”选项卡中，将“第二个”箭头选为实心闭合箭头（如图 7-53 所示），确定后完成设置。

（6）角度样式设置。采用与半径样式同样的操作方法建立角度，其修改内容如图 7-54 所示。

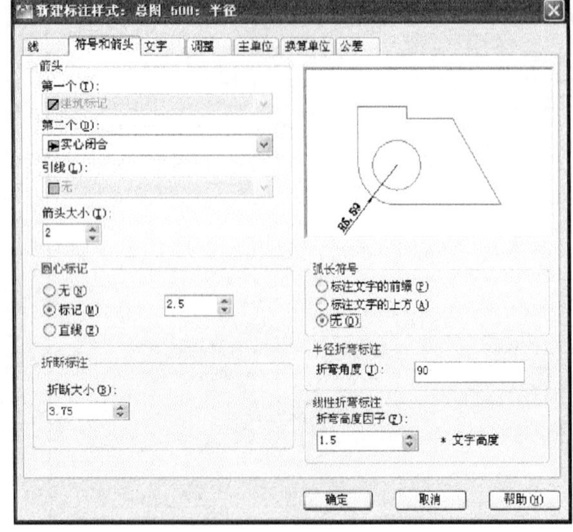


图 7-53　半径样式修改内容

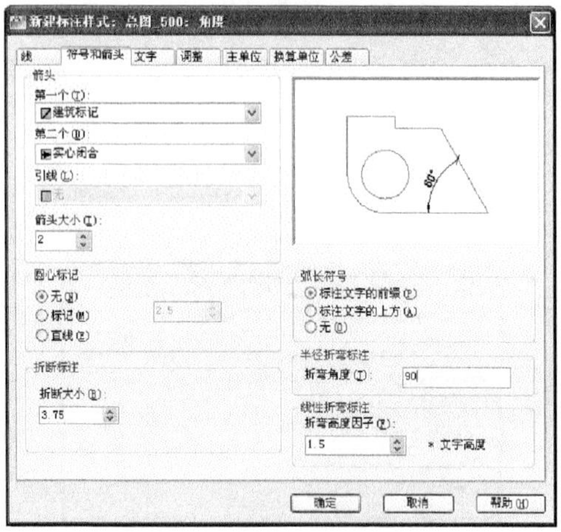

图 7-54　角度样式修改内容

（7）引线样式设置。建立引线样式，其修改内容如图 7-55 所示。

（8）完成后的“总图_500”样式如图 7-56 所示。

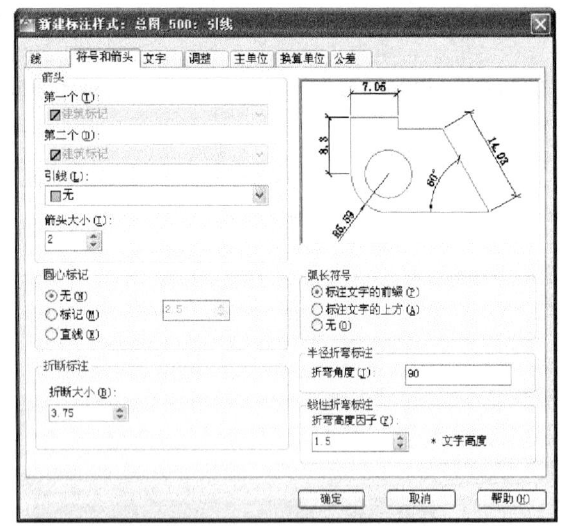


图 7-55　引线样式修改内容

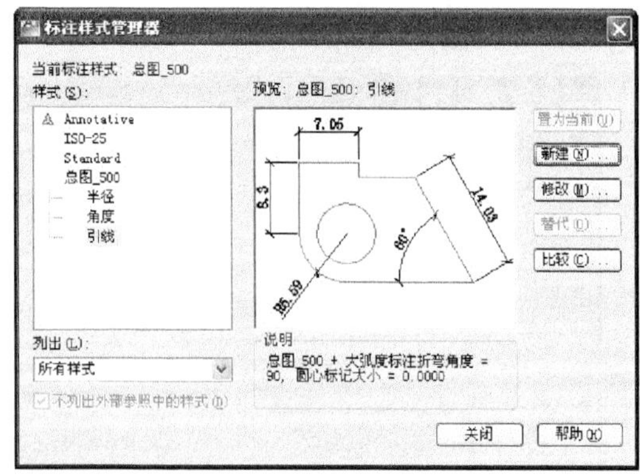


图 7-56　完成后的“总图_500”样式

2. 尺寸标注

执行“线性”或“对齐”命令，对距离尺寸进行标注，如图 7-57 所示。

3. 角度、半径标注

执行“角度”或“半径”命令，对角度、半径进行标注，如图 7-58 所示。

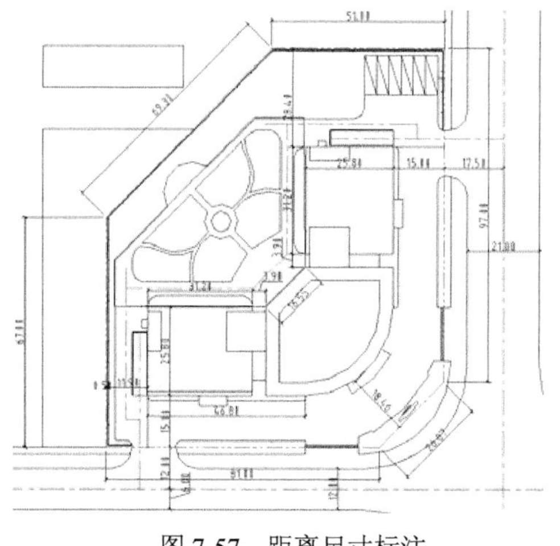

图 7-57　距离尺寸标注

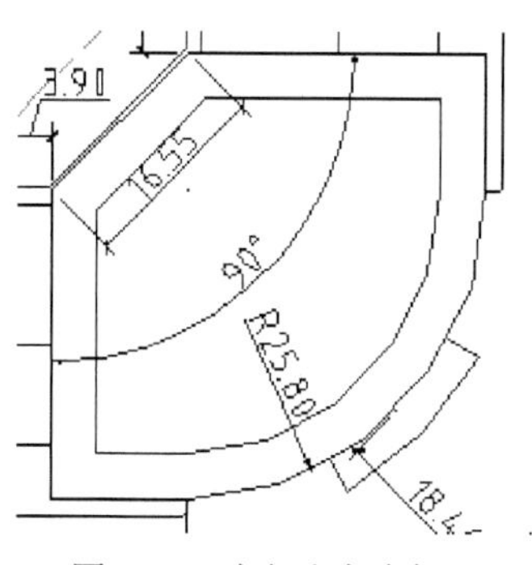


图 7-58　半径和角度标注

4. 标高标注

标高标注利用事先做好的带标高属性的图块来标注。操作步骤如下：

（1）按 Ctrl+2 键打开设计中心，找到“光盘:\图库\标高.dwg”文件，打开图块内容，找到标高符号。

（2）双击图块或通过右键快捷菜单插入标高符号，设置缩放比例为 500，在命令行输入相应的标高值，完成标高标注，如图 7-59 和图 7-60 所示。

5. 坐标标注

在本例中属方案图，可以不标注坐标。但是，下面仍然简要说明坐标标注法。

（1）执行“直线”或“多段线”命令，由轴线或外墙面交点引出指引线，如图 7-61 所示。

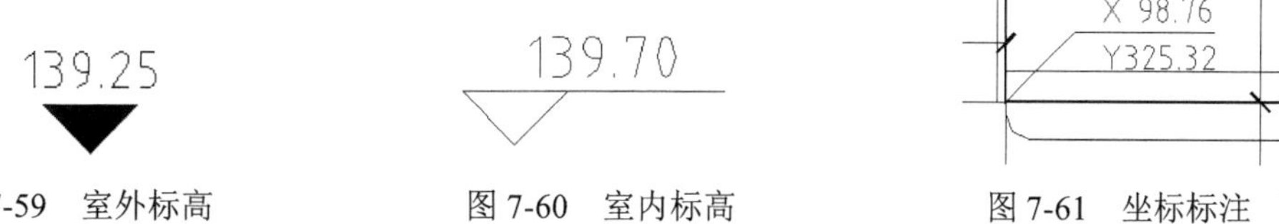


图 7-59　室外标高　　图 7-60　室内标高　　图 7-61　坐标标注

（2）执行“单行文字”命令（DT ,*DTEXT），首先在横线上方输入纵坐标，按回车键后，在下一行输入横坐标。

## 7.4.2　文字标注

总图中的文字标注包括主要建筑物名称、出入口位置、其他场地布置名称、建筑层数及文字说明等。在 AutoCAD 2012 操作中，对于单行文字用“单行文字”（ DT ,*DTEXT）注写，多行文字用“多行文字”（ MT ,*MTEXT）注写。在初设图和施工图中，字体建议使用.shx 工程字；而在方案图中，为了突出图面艺术效果，可以酌情使用其他的规范字体，如宋体、黑体或楷体等。

## 7.4.3　统计表格制作

总平面图中统计表格主要用于工程规模及各种技术经济指标的统计。例如，某住宅小区修建性规划总平面图中的“规划用地平衡表”、“技术经济指标一览表”、“公建项目一览表”等 3 个表格，如

图 7-62～图 7-64 所示。

规划用地平衡表

| 项　目 | | 面 积（ha） | 百分比（%） | 人均面积（㎡/人） |
|---|---|---|---|---|
| 规划可用地 | | 2.7962 | 100 | 9.99 |
| 其中 | 住宅用地 | 1.517 | 54.3 | 5.42 |
| | 公建用地 | 0.408 | 14.6 | 1.46 |
| | 道路用地 | 0.282 | 10.1 | 1.01 |
| | 公共绿地 | 0.5892 | 21.0 | 2.10 |

图 7-62　规划用地平衡表

技术经济指标一览表

| 项　目 | | 单 位 | 数 量 | 备　注 |
|---|---|---|---|---|
| 可建设用地面积 | | 万平方米 | 2.7962 | |
| 规划总建筑面积 | | 万平方米 | 10.612 | |
| 其中 | 规划住宅建筑面积 | 万平方米 | 9.683 | |
| | 配套公建建筑面积 | 万平方米 | 0.929 | |
| 容 积 率 | | | 3.795 | |
| 总建筑密度 | | % | 29.6 | |
| 居住人口 | | 人 | 2800 | |
| 居住户数 | | 户 | 800 | |
| 人口毛密度 | | 人/公顷 | 1001.4 | |
| 平均每户建筑面积 | | 平方米/户 | 121 | |
| 绿 地 率 | | % | 45.3 | |
| 日照间距 | | | 1:1.2 | |
| 停 车 率 | | % | 0.8 | |
| 停 车 位 | | 个 | 640 | 其中地下634个 |

图 7-63　技术经济指标一览表

公建项目一览表

| 编号 | 项　目 | 数量（处） | 占地面积（平方米） | 建筑面积（平方米） |
|---|---|---|---|---|
| 1 | 会所及配套公建 | 1 | 1000 | 3000 |
| 2 | 底层商业 | 1 | 2100 | 6290 |
| 3 | 地下人防兼停车库 | 3 | 21000 | 21000 |

图 7-64　公建项目一览表

下面介绍 3 种表格制作的方法：一是传统方法，二是 AutoCAD 的表格绘制，三是 OLE 链接方法。

### 1. 传统方法

传统方法是指用“直线”、“偏移”、“阵列”配合“修剪”、“延伸”等命令绘制好表格后填写文字的方法。该方法在绘制表格时比较繁琐，但是能够根据需要随意绘制表格形式，图 7-65～图 7-67 中的表格就是采用该方法制作的。该方法操作难度不大，读者可自行尝试。

### 2. 表格绘制

（1）执行命令。单击“绘图”工具栏中的“表格”按钮，或输入“TB,*TABLE”，弹出“插入表格”对话框，如图 7-65 所示。

（2）创建表格样式。单击“插入表格”对话框中的“表格样式”按钮，弹出“表格样式”对话框，如图 7-66 所示。

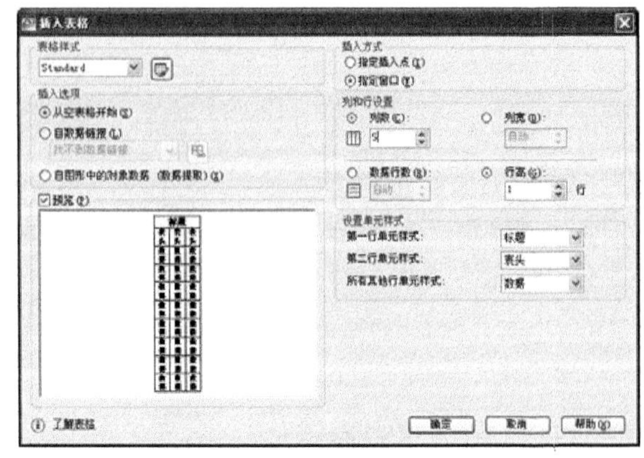



图 7-65　“插入表格”对话框

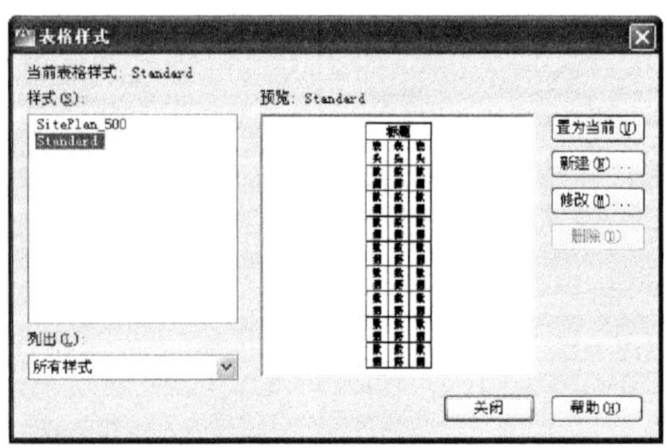



图 7-66　“表格样式”对话框

（3）单击“新建”按钮，创建“总图_500”样式，单击“继续”按钮，如图 7-67 所示。

（4）数据单元设置。数据单元设置如图 7-68 所示，关键注意“字高”、“对齐”、“单元边距”的设置。

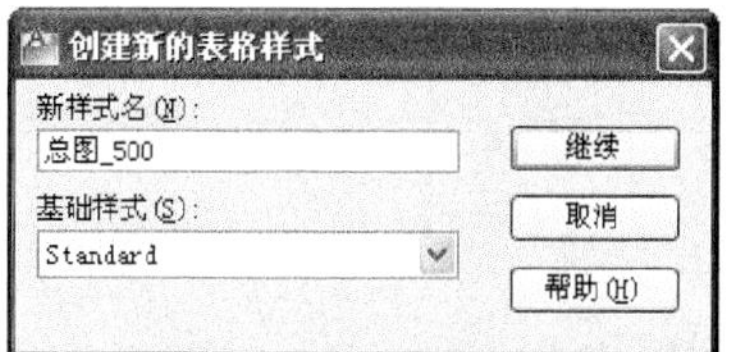



图 7-67 创建表格样式

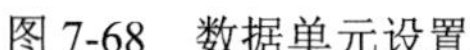

图 7-68 数据单元设置

（5）表头数据单元设置如图 7-69 所示。

（6）标题设置。一般情况下将表格书写在表格外，所以可以不用设置标题，如图 7-70 所示。

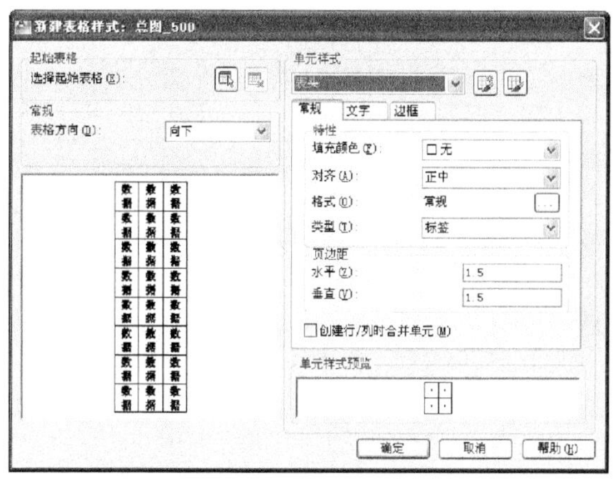

图 7-69 表头数据单元设置

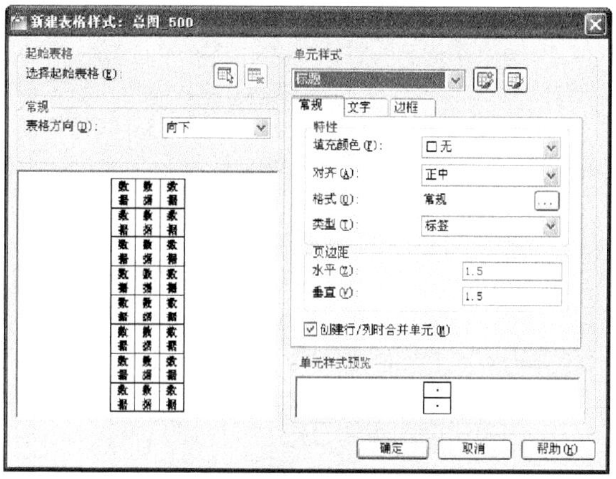

图 7-70 标题设置

（7）单击“确定”按钮回到“插入表格”对话框，设置如图 7-71 所示。插入方式为“指定窗口”则只需设置“列数”和“行高”，至于“列宽”和“数据行数”在屏幕上拖动鼠标来确定。

（8）单击“确定”按钮，在屏幕上指定插入点，托动鼠标确定表格大小后，单击鼠标左键弹出文字输入窗口，依次输入相应文字，如图 7-72 所示。输完一个单元格后，按 Tab 键可以切换到下一个单元格。

### 3. OLE 链接方法

OLE 链接方法是指在 Microsoft Word 或 Excel 中做好表格，然后通过 OLE 链接方式插入到 AutoCAD 图形文件中。需要修改表格和数据时，双击表格即可回到 Microsoft Word 或 Excel 软件中。这种方法便于表格的制作和表格数据的处理。下面介绍 OLE 链接方式插入表格的方法。

Note

方法一：插入对象

（1）选择“插入”→“OLE 对象”命令，弹出“插入对象”对话框，如图 7-73 所示。

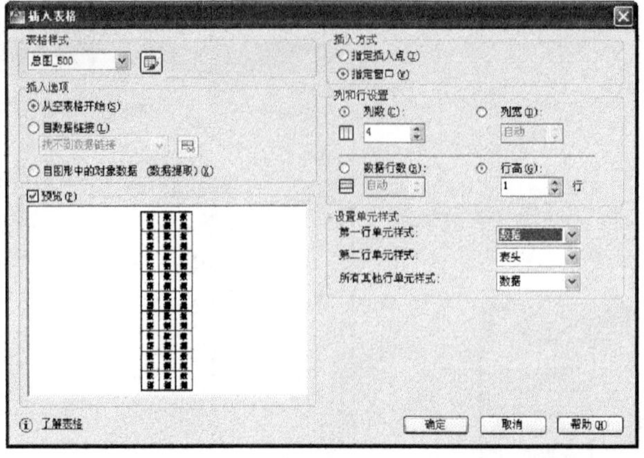


图 7-71　“插入表格”对话框设置

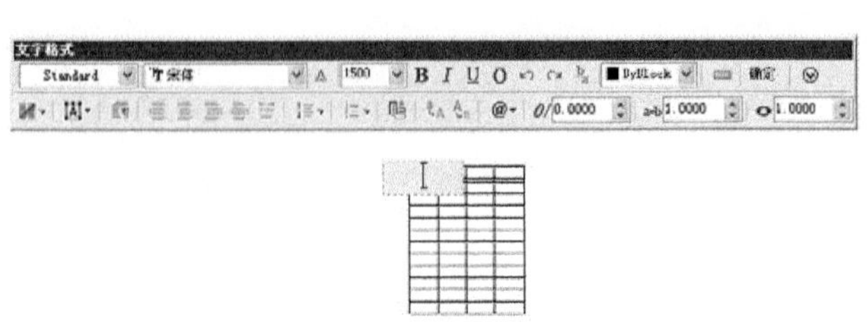


图 7-72　输入数据

图 7-73　“插入对象”对话框

（2）选择“Microsoft Word 文档”对象类型，单击“确定”按钮，打开 Microsoft Word 程序。在 Word 界面中创建所需表格，如图 7-74 所示。

（3）完成后，关闭 Word 窗口，回到 AutoCAD 界面，刚才所绘表格即显示在图形文件中，如图 7-75 所示。可以拖动四角对表格大小进行调整。

Microsoft Word

工具(T)　表格(A)　窗口(W)　帮助(H)

| 序号 | 项目 | 单位 | 数量 | 备注 |
|---|---|---|---|---|
| 1 | 总用地面积 | Hm² | | |
| 2 | 建筑用地面积 | Hm² | | |
| 3 | 道路广场面积 | Hm² | | |
| 4 | 绿地面积 | Hm² | | |
| 5 | 总建筑面积 | Hm² | | |
| 6 | A座建筑面积 | m² | | |
| 7 | B座建筑面积 | m² | | |
| 8 | C座建筑面积 | m² | | |
| 9 | 容积率 | | | |
| 10 | 绿化率 | % | | |
| 11 | 建筑密度 | % | | |
| 12 | 停车位 | 个 | | |

图 7-74　在 Word 中制作表格

| 序号 | 项 目 | 单 位 | 数 量 | 备 注 |
|---|---|---|---|---|
| 1 | 总用地面积 | hm² | 22 | |
| 2 | 建筑用地面积 | hm² | 22 | |
| 3 | 道路广场面积 | hm² | 22 | |
| 4 | 绿化面积 | hm² | 22 | |
| 5 | 总建筑面积 | hm² | 22 | |
| 6 | A座建筑面积 | m² | 22 | |
| 7 | B座建筑面积 | m² | 22 | |
| 8 | C座建筑面积 | m² | 22 | |
| 9 | 容积率 | | 3.1 | |
| 10 | 绿化率 | % | 36.3 | |
| 11 | 建筑密度 | % | 22 | |
| 12 | 停车位 | 个 | 22 | |

图 7-75　所绘表格显示在图形文件中

方法二：复制・粘贴

（1）首先在 Word 或 Excel 中作好表格，然后将表格全选中，按 Ctrl+C 键进行复制。

（2）回到 AutoCAD 中，按 Ctrl+V 键进行粘贴。其他操作同方法一。

上述各种表格制作方法各有其优缺点，读者可在实践中权衡使用。

## 7.4.4　图名、图例及布图

### 1. 图名及比例、比例尺、指北针或风向玫瑰图

（1）图名及比例、比例尺、指北针如图 7-76 所示。

（2）图名的下划线为粗线，采用“多段线”命令绘制，然后在其特性中调整全局宽度。

（3）一般标注了比例后，比例尺可以不标注。但是考虑到方案图有时不按比例打印，特别是转入到 Photoshop 等图像处理软件中套色时候，出图比例容易改变，所以，同时标上比例尺便于识别图形大小。

（4）总平面图一般按上北下南方向绘制。根据场地形状或布局，可向左或右偏转，但不宜超过 45°，用指北针或风向玫瑰图表明具体方位。

### 2. 图例

综合应用“绘图”、“文字”等命令按如图 7-77 所示将补充图例制作出来，可以借助纵横线条来帮助排布整齐，也可以将图例组织到表格中去。

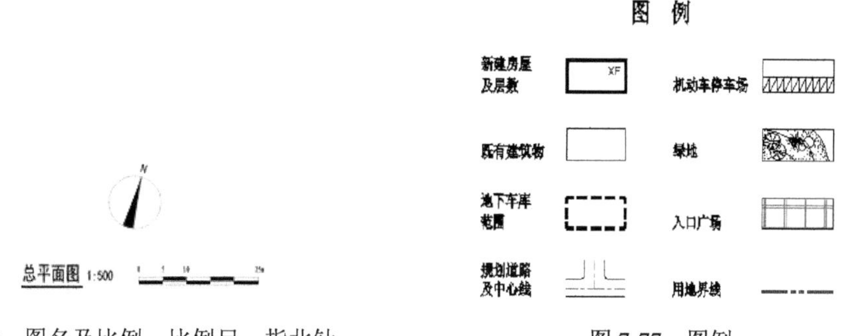


图 7-76　图名及比例、比例尺、指北针　　　图 7-77　图例

### 3. 布图及图框

（1）用一个矩形框确定场地中需要保留的范围（如图 7-78 所示），然后将周边没必要的部分修剪或删除掉。

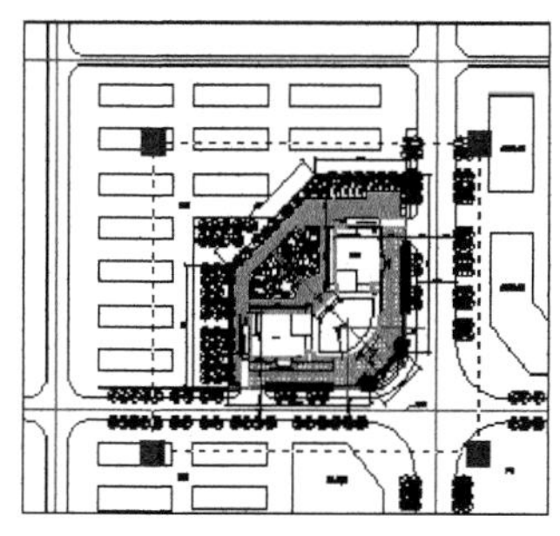

图 7-78　总平面图保留范围

Note

（2）用“距离查询”命令测量出保留下的图面大小，然后除以 500，确定所需图框大小。

（3）插入图框，将图面中各项内容编排组织到图框内，结果如图 7-79 所示。

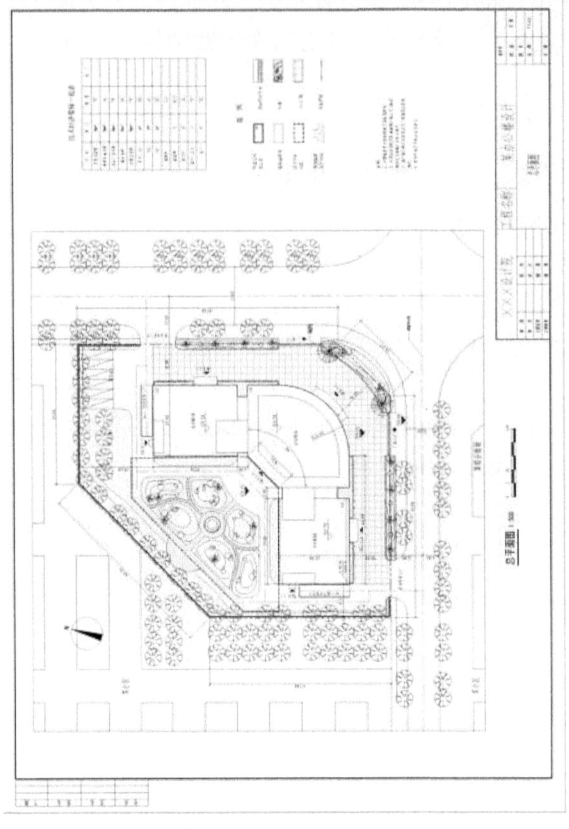

图 7-79　完成后的总平面图

# 7.5　上机操作

通过前面的学习，读者对本章知识也有了大体的了解，本节通过几个操作练习使读者进一步掌握本章知识要点。

## 7.5.1　绘制信息中心总平面图

1. 目的要求

本实验主要要求读者通过练习进一步熟悉和掌握总平面图的绘制方法，如图 7-80 所示。通过本实验，可以帮助读者学会完成总平面图绘制的全过程。

2. 操作提示

（1）绘图前准备。

（2）绘制辅助线网。

（3）绘制建筑与辅助设施。

（4）填充图案与文字说明。

（5）标注尺寸。

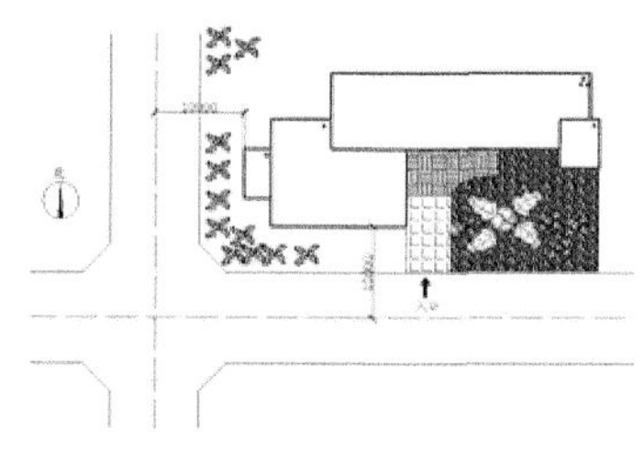

图 7-80　信息中心总平面图

## 7.5.2　绘制幼儿园总平面图

### 1. 目的要求

本实验主要要求读者通过练习进一步熟悉和掌握总平面图的绘制方法，如图 7-81 所示。通过本实验，可以帮助读者学会完成总平面图绘制的全过程。

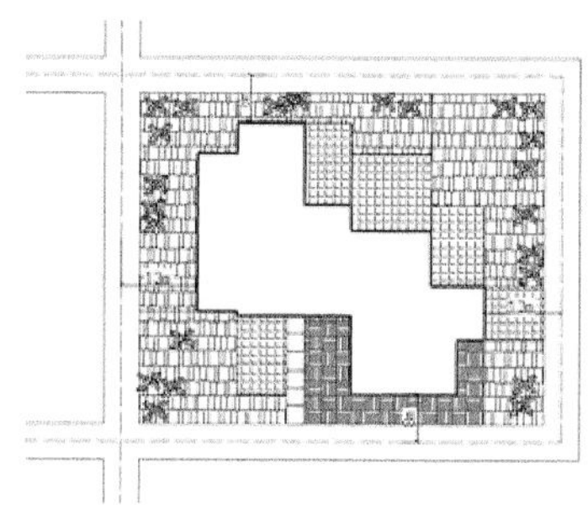

图 7-81　幼儿园总平面

### 2. 操作提示

（1）绘图前准备。

（2）绘制辅助线网。

（3）绘制建筑与辅助设施。

（4）填充图案与文字说明。

（5）标注尺寸。

# 绘制建筑平面图

建筑平面图是建筑制图中的重要组成部分，许多初学者都是从绘制平面图开始的。在前面基本图元绘制的讲解中，涉及了一点建筑平面图绘制操作的内容，但是没有展开来讲。本章将较全面地讲述在AutoCAD 2012 中绘制建筑平面图的基本方法，以便为后面拓展计算机绘图技能打下良好的基础。为了达到这一目的，并能够更好地传达建筑平面图绘制知识，我们选取比较有代表性的某别墅和宿舍楼设计图作为示例配合讲解。

☑ 建筑平面图绘制概述

☑ 某别墅平面图绘制

☑ 某宿舍楼平面图绘制

## 任务驱动&项目案例

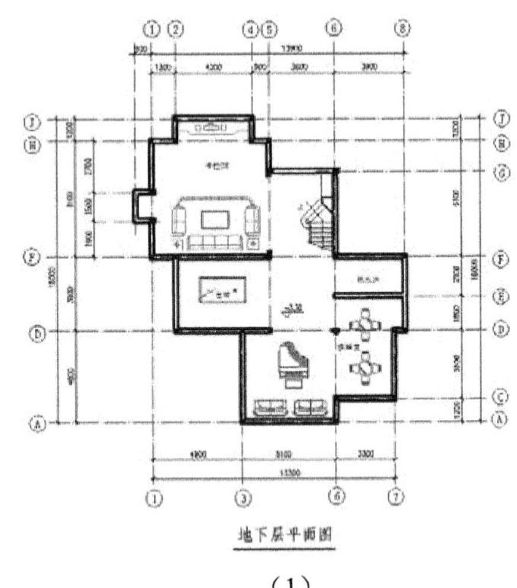


（1）

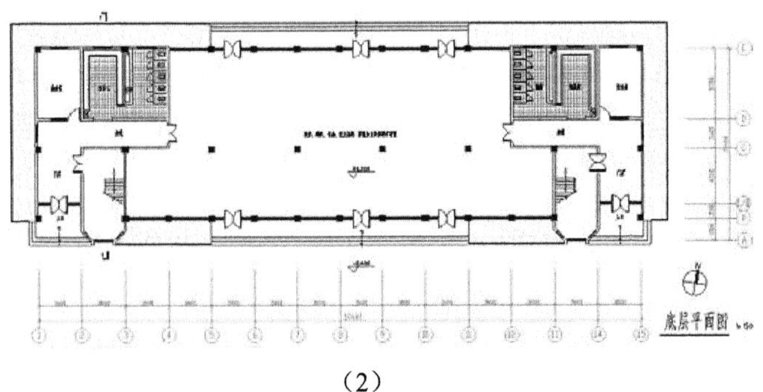


（2）

# 8.1　建筑平面图绘制概述

本节主要向读者介绍建筑平面图一般包含的内容、类型及绘制平面图的一般方法，为下面 AutoCAD 的操作作准备。

## 8.1.1　建筑平面图内容

建筑平面图是假象在门窗洞口之间用一水平剖切面将建筑物剖成两半，下半部分在水平面上（H 面）的正投影图。在平面图中图形主要包括剖切到墙、柱、门窗、楼梯，以及看到的地面、台阶、楼梯等剖切面以下的构件轮廓。因此，从平面图中，可以看到建筑的平面大小、形状、空间平面布局、内外交通及联系、建筑构配件大小及材料等内容。为了清晰准确地表达这些内容，除了按制图知识和规范绘制建筑构配件平面图形外，还需要标注尺寸及文字说明、设置图面比例等。

## 8.1.2　建筑平面图类型

1. 根据剖切位置不同分

根据剖切位置不同，建筑平面图可分为地下层平面图、底层平面图、X 层平面图、标准层平面图、屋顶平面图、夹层平面图等。

2. 按不同的设计阶段分

按不同的设计阶段分为方案平面图、初设平面图和施工平面图。不同阶段图纸表达深度不一样。

## 8.1.3　建筑平面图绘制的一般步骤

建筑平面图绘制的一般步骤如下：

（1）绘图环境设置。
（2）轴线绘制。
（3）墙线绘制。
（4）柱绘制。
（5）门窗绘制。
（6）阳台绘制。
（7）楼梯、台阶绘制。
（8）室内布置。
（9）室外周边景观（底层平面图）。
（10）尺寸、文字标注。

根据工程的复杂程度，上面的绘图顺序可能有小范围调整，但总体顺序仍然是这样的。

# 8.2　某别墅平面图绘制

别墅是练习建筑绘图的理想示例。它建筑规模不大、不复杂，易于初学者接受；而且它包含的建

Note

筑构配件是比较齐全的，所谓“麻雀虽小、五脏俱全”。本节以某别墅设计方案图作为示例（如图 8-1 所示），和读者一起体验别墅平面图绘制的过程。

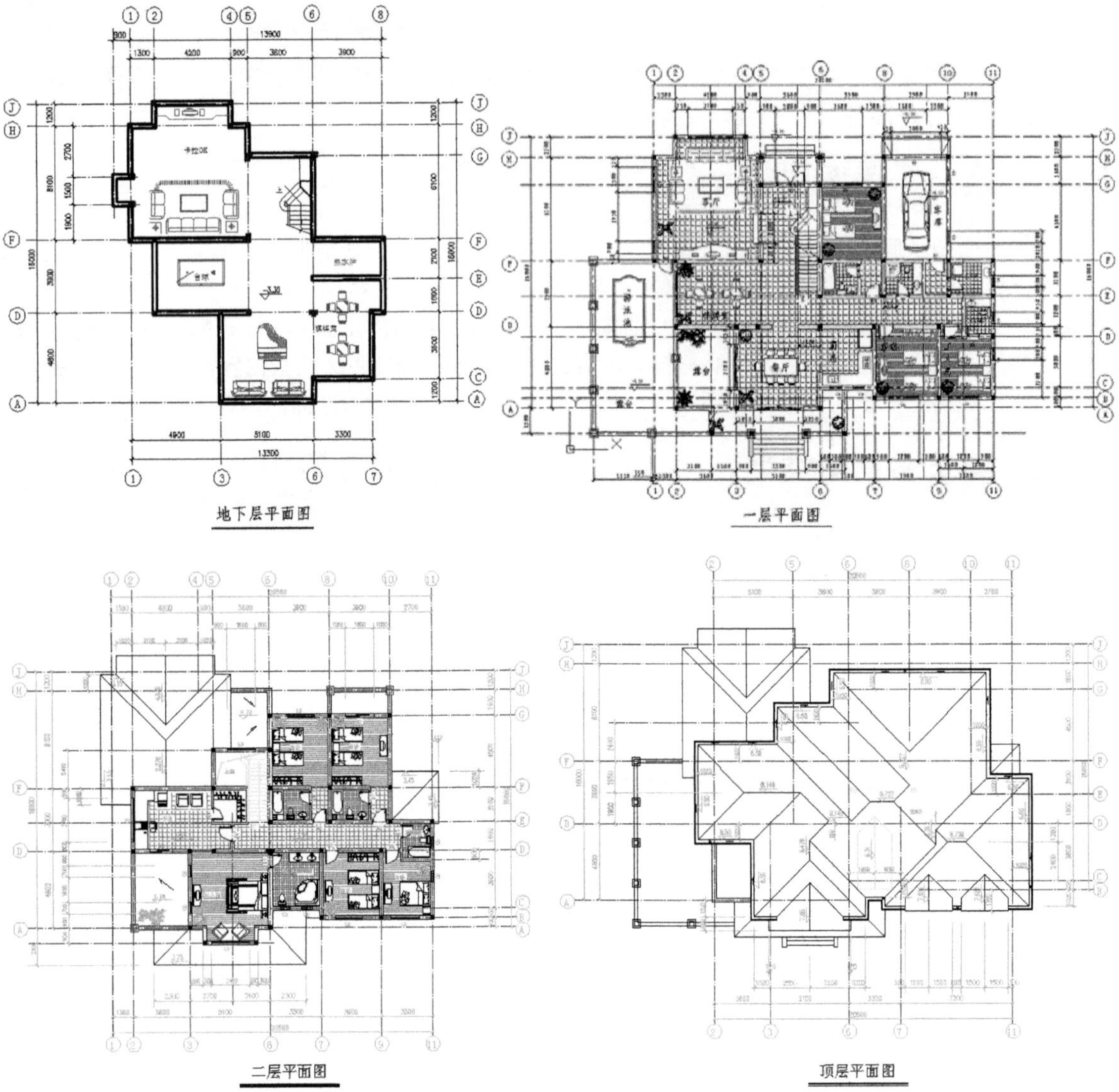

地下层平面图

一层平面图

二层平面图

顶层平面图

图 8-1　某别墅地下层、一层、二层、顶层平面图

## 8.2.1　实例简介

本例别墅是设计建造于某城市郊区的一座独院别墅，砖混结构，地下一层、地上两层，共三层。地下层主要布置活动室，一层布置客厅、卧室、餐厅、厨房、卫生间、工人房、棋牌室、洗衣房、车库、游泳池，二层布置卧室、书房、卫生间、室外观景平台。

## 8.2.2　地下层平面图

下面介绍某别墅地下层平面图设计的相关知识及其绘图方法与技巧。绘制流程图如图 8-2 所示。

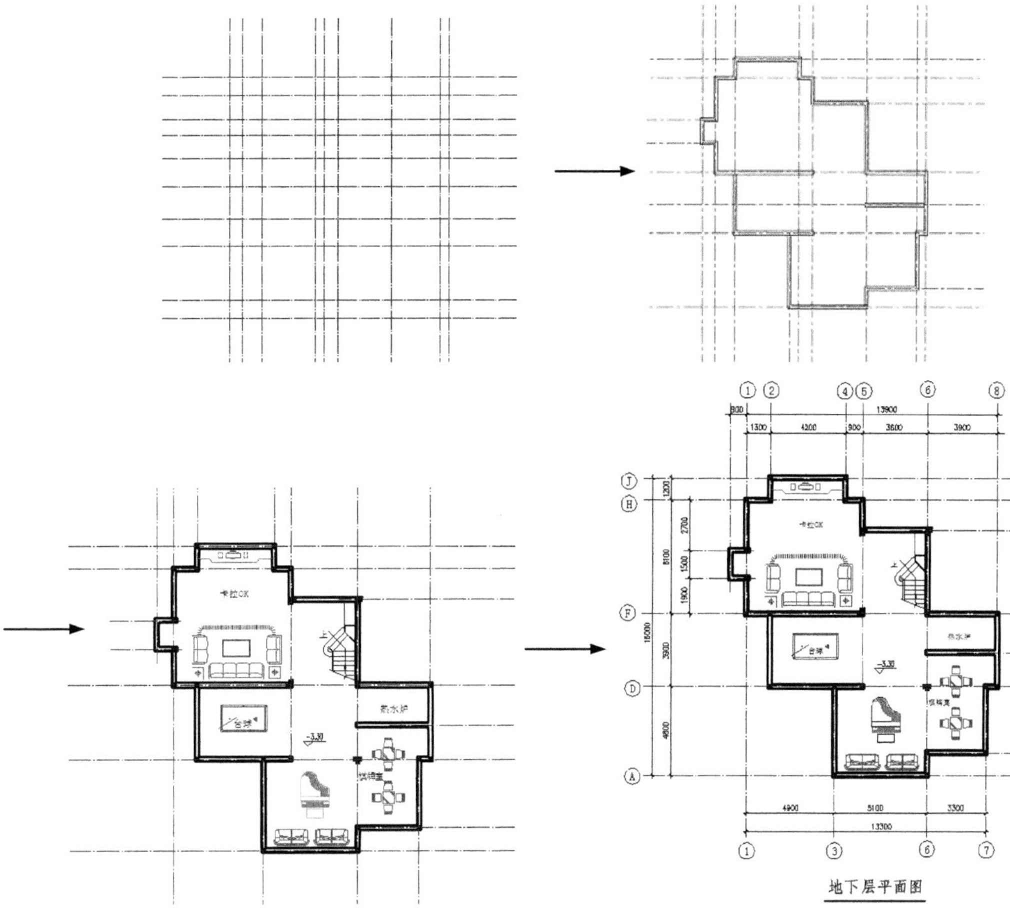

图 8-2　绘制地下层平面图

绘制步骤：（**光盘\动画演示\第 8 章\地下层平面图.avi**）

1. 设置绘图环境

选择菜单栏中的“格式”→“单位”命令，系统打开“图形单位”对话框，如图 8-3 所示。设置长度“类型”为“小数”、“精度”为 0.0000；设置角度“类型”为“十进制度数”，“精度”为 0；系统默认逆时针方向为正，插入时的缩放单位设置为“无单位”。

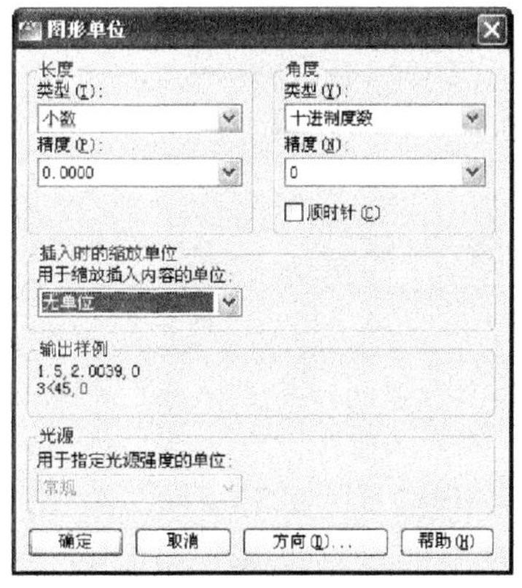


图 8-3　“图形单位”对话框

Note

2. 设置图形边界

```
命令：LIMITS↙
重新设置模型空间界限：
指定左下角点或 [开(ON)/关(OFF)]<0.0000,0.0000>：↙
指定右上角点 <12.0000,9.0000>：420000,297000↙
```

3. 设置图层

单击“图层”工具栏中的“图层特性管理器”按钮，弹出“图层特性管理器”对话框，单击“新建图层”按钮，创建“标注”、“混凝土柱”、“楼梯”等图层，然后修改各图层的颜色、线型和线宽等属性，结果如图 8-4 所示。

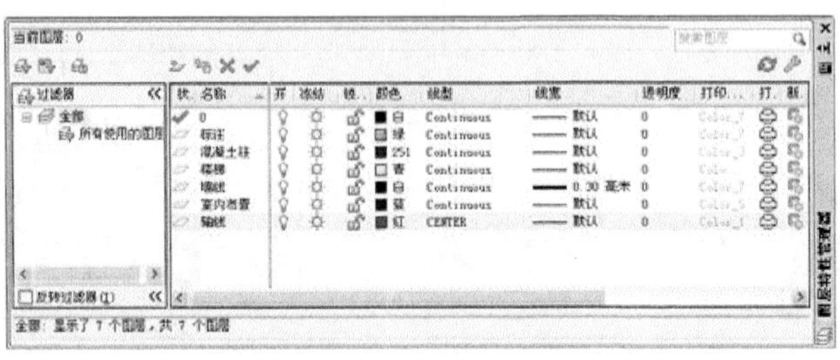

图 8-4 设置图层

4. 绘制轴线网

（1）单击“图层特性管理器”下拉按钮，将“轴线”图层设为当前图层。

（2）单击“绘图”工具栏中的“构造线”按钮，绘制一条水平构造线和一条竖直构造线，组成“十”字构造线，如图 8-5 所示。

（3）单击“修改”工具栏中的“偏移”按钮，将水平构造线连续分别向上偏移，偏移后相邻直线间的距离分别为 1200、3600、1800、2100、1900、1500、1100、1600 和 1200，得到水平方向的辅助线；将竖直构造线连续分别向右偏移，偏移后相邻直线间的距离分别为 900、1300、3600、600、900、3600、3300 和 600，得到竖直方向的辅助线。

（4）单击“绘图”工具栏中的“矩形”按钮和“修改”工具栏中的“修剪”按钮，将轴线修剪，如图 8-6 所示。

图 8-5 绘制“十”字构造线　　图 8-6 绘制轴线网

5. 绘制墙体

（1）单击“图层特性管理器”下拉按钮，将“墙线”图层设为当前图层。

（2）选择菜单栏中的“格式”→“多线样式”命令，弹出“多线样式”对话框，如图 8-7 所示。单击“新建”按钮，弹出“创建新的多线样式”对话框，在“新样式名”文本框中输入“240”，如图 8-8 所示。单击“继续”按钮，弹出“新建多线样式：240”对话框，将“图元”选项组中的元素偏移量设为 120 和-120，如图 8-9 所示。

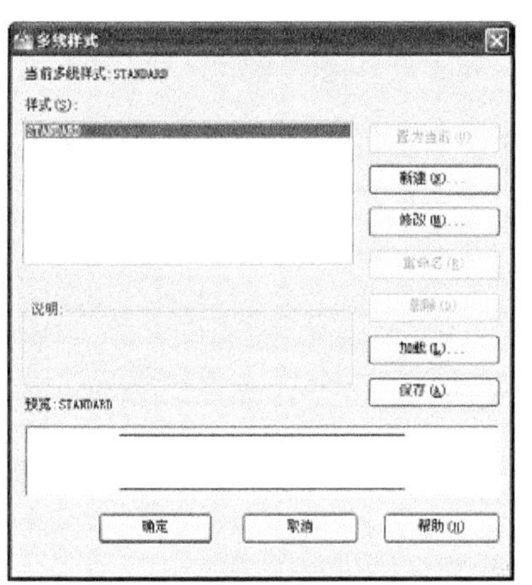

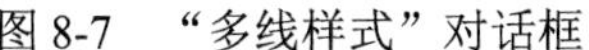

图 8-7 “多线样式”对话框

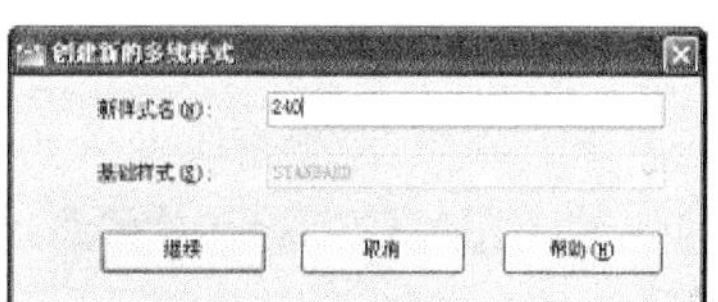

图 8-8 “创建新的多线样式”对话框

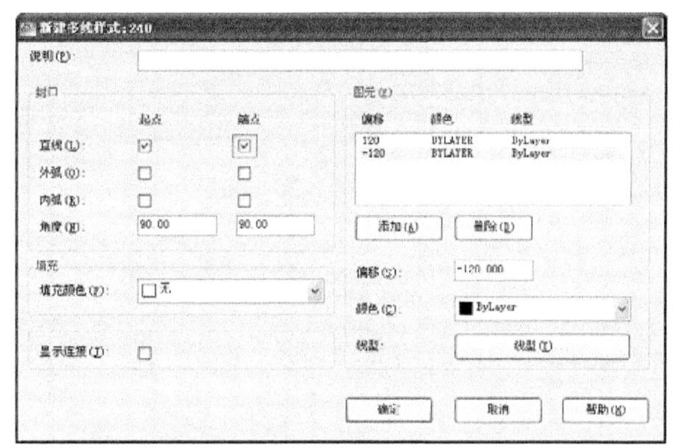

图 8-9 “新建多线样式：240”对话框

（3）单击“确定”按钮，返回“多线样式”对话框，将多线样式“240”设为当前样式，完成“240”墙体多线的设置。

（4）选择菜单栏中的“绘图”→“多线”命令，根据命令行提示把“对齐方式”设为“无”，把“多线比例”设为 1，“多线样式”设为 240，完成多线样式的调节。

（5）选择菜单栏中的“绘图”→“多线”命令，根据辅助线网格绘制墙线，如图 8-10 所示。

（6）单击“修改”工具栏中的“分解”按钮，将多线分解。单击“修改”工具栏中的“修剪”按钮和“绘图”工具栏中的“直线”按钮，对绘制的图形进行编辑，使全部墙体都是光滑连贯的，如图 8-11 所示。

（7）单击“修改”工具栏中的“修剪”按钮，对轴线进行修改。

### 6. 绘制混凝土柱和砖柱

（1）单击“图层特性管理器”下拉按钮，将“混凝土柱”图层设为当前图层。

（2）将左下角的节点放大，单击“绘图”工具栏中的“矩形”按钮，捕捉内外墙线的两个角点作为矩形对角线上的两个角点，即可绘制出柱子边框，如图 8-12 所示。

（3）单击“绘图”工具栏中的“图案填充”按钮，弹出“图案填充和渐变色”对话框，如图 8-13 所示。单击“图案”下拉列表框右侧的按钮，弹出“填充图案选项板”对话框，如图 8-14 所示，选择 SOLID 图案，然后单击“确定”按钮回到“图案填充和渐变色”对话框。单击“添加:拾取点”按钮，在柱子轮廓内单击，然后右击确认填充选区，填充 SOLID 图案，如图 8-15 所示。

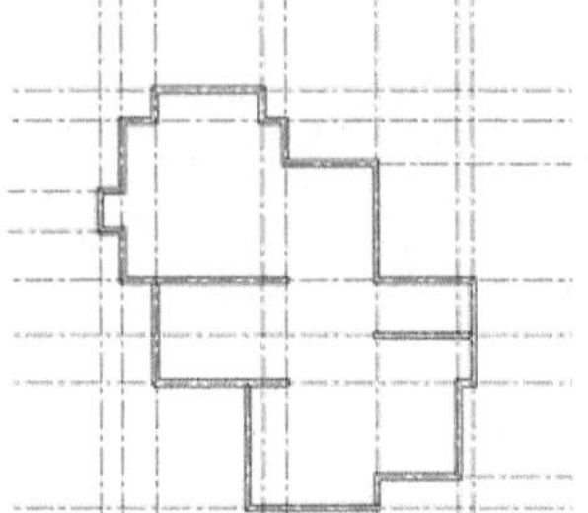

图 8-10　根据辅助线绘制墙线

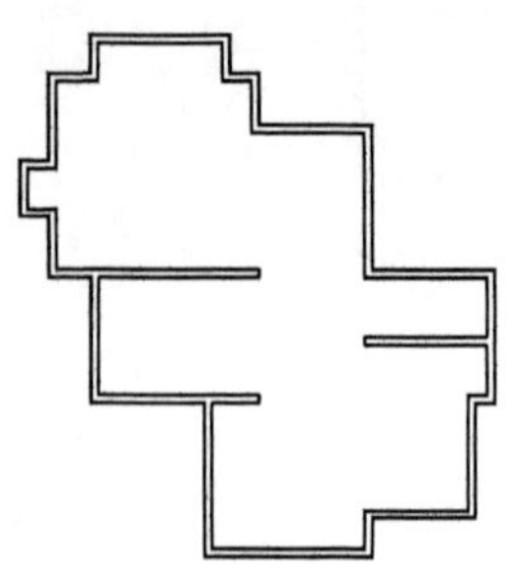

图 8-11　编辑墙线

图 8-12　绘制矩形

图 8-13　“图案填充和渐变色”对话框

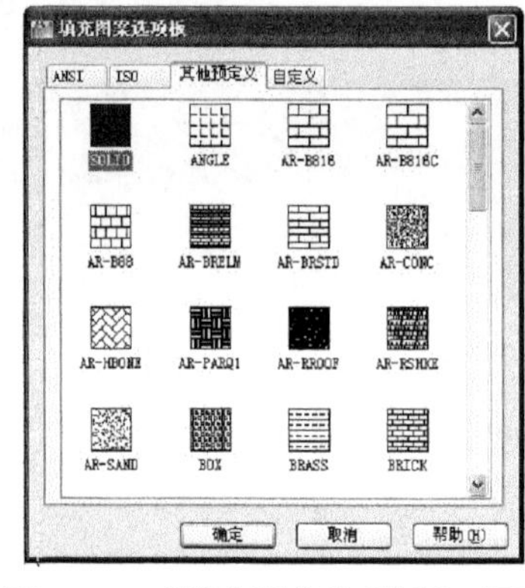


图 8-14　“填充图案选项板”对话框

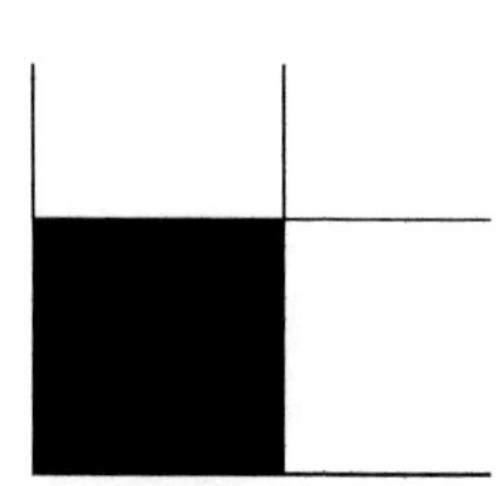

图 8-15　图案填充

（4）单击“修改”工具栏中的“复制”按钮，将柱子图案复制到相应的位置上。注意，复制时灵活应用对象捕捉功能，这样非常便于定位，如图 8-16 所示。

7. 绘制楼梯

（1）单击“图层特性管理器”下拉按钮，将“楼梯”图层设为当前图层。

（2）单击“修改”工具栏中的“偏移”按钮，将楼梯间右侧的轴线向左偏移 720，将上侧的轴线向下依次偏移，偏移后相邻直线间的距离分别为 1380、290 和 600。单击“修改”工具栏中的“修剪”按钮和“绘图”工具栏中的“直线”按钮，将偏移后的直线进行修剪和补充，结果如图 8-17 所示。

（3）将楼梯承台位置的线段颜色设置为黑色，并将其线宽改为 0.6，如图 8-18 所示。

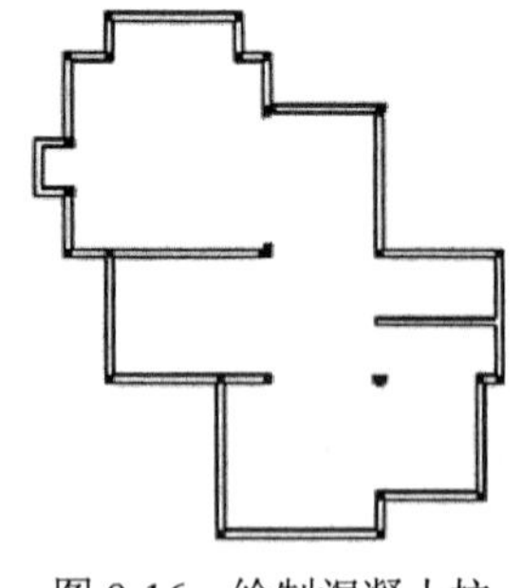

图 8-16　绘制混凝土柱

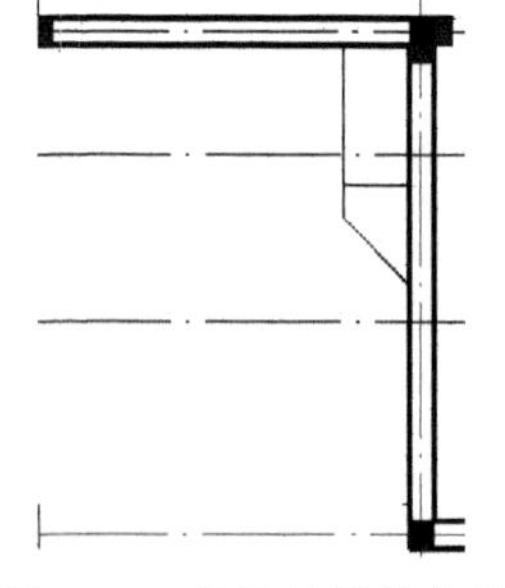

图 8-17　偏移轴线并修剪

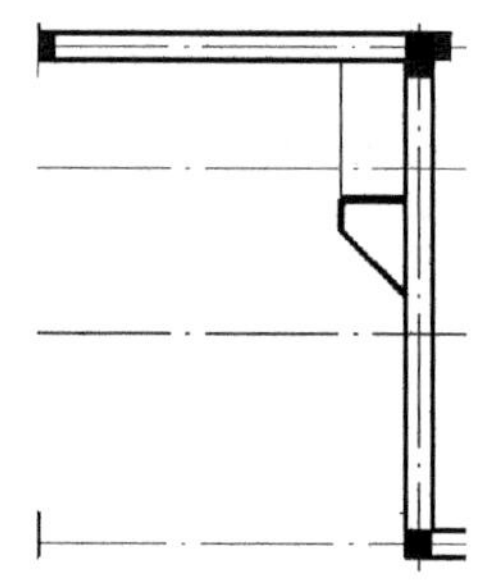

图 8-18　修改楼梯承台线段

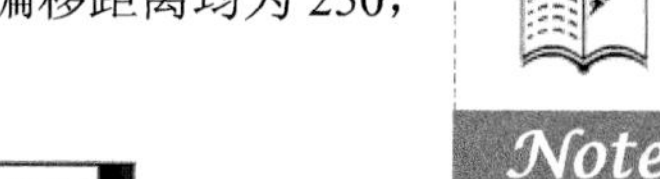

（4）单击“修改”工具栏中的“偏移”按钮，将内墙线向左偏移1200，将楼梯承台的斜边向下偏移1200，结果如图8-19所示。

（5）单击“绘图”工具栏中的“直线”按钮，绘制台阶边线，如图8-20所示。

（6）单击“修改”工具栏中的“偏移”按钮，将台阶边线分别向两侧偏移，偏移距离均为250，完成楼梯踏步的绘制，结果如图8-21所示。

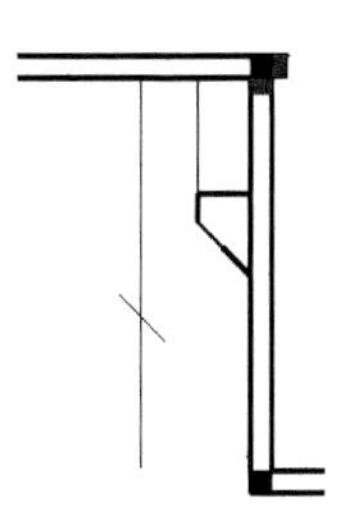

图8-19　偏移直线

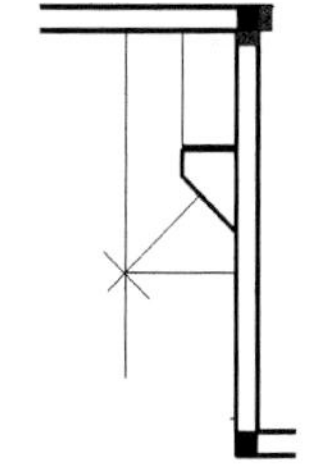

图8-20　绘制台阶边线

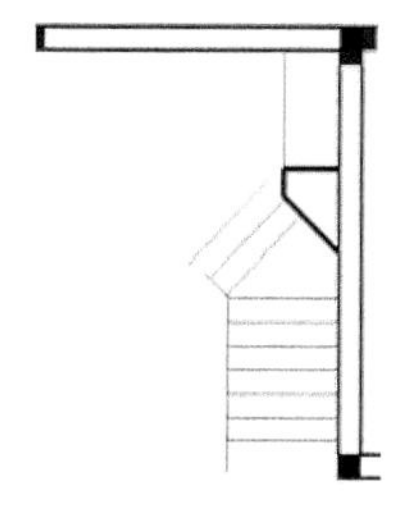

图8-21　绘制楼梯踏步

（7）单击“修改”工具栏中的“偏移”按钮，将楼梯边线向左偏移60，绘制楼梯扶手，然后单击“绘图”工具栏中的“直线”按钮和“圆弧”按钮，细化踏步和扶手，如图8-22所示。

（8）单击“绘图”工具栏中的“直线”按钮，绘制倾斜折断线，然后单击“修改”工具栏中的“修剪”按钮，修剪多余线段，如图8-23所示。

（9）单击“绘图”工具栏中的“多段线”按钮和“多行文字”按钮，绘制楼梯箭头，完成地下层楼梯的绘制，如图8-24所示。

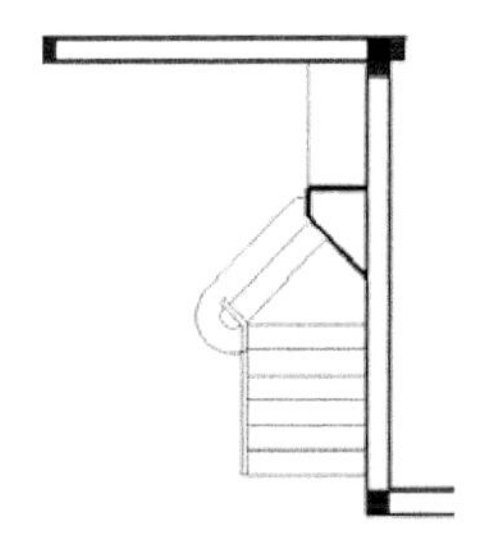

图8-22　绘制楼梯扶手

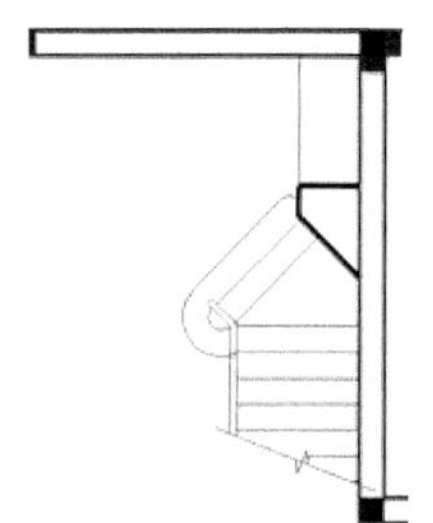

图8-23　绘制折断线

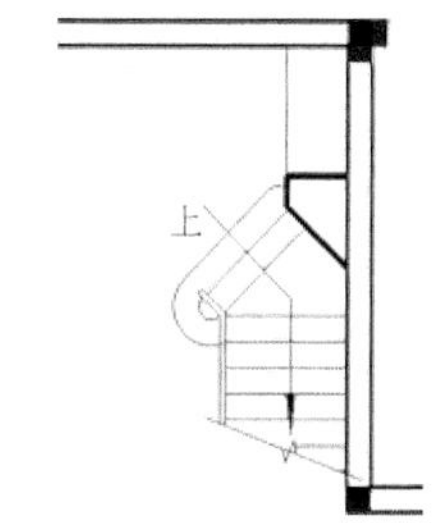


图8-24　绘制楼梯箭头

8. 室内布置

（1）单击“图层特性管理器”下拉按钮，将“室内布置”图层设为当前图层。

（2）单击“标准”工具栏中的“设计中心”按钮，弹出设计中心，在左侧的列表框中选择随书光盘中的“源文件\图库\CAD图库.dwg\块”选项，右侧的列表框中出现桌子、椅子、床、钢琴等室内布置样例，如图8-25所示，将这些样例拖到工具选项板的“室内布置”选项卡中，如图8-26所示。

（3）从工具选项板的“室内布置”选项卡中双击“钢琴”图块。命令行中的提示与操作如下：

```
命令按钮：忽略块 钢琴 - 小型卧式钢琴 的重复定义。
指定插入点或[基点(B)/比例(S)/X/Y/Z/旋转(R)]:
```

确定合适的插入点和缩放比例，将钢琴放置在室内合适的位置，如图8-27所示。

重复上述操作，将沙发、台球桌、棋牌桌等插入到合适的位置。

（4）单击“绘图”工具栏中的“插入块”按钮，弹出“插入”对话框，单击“浏览”按钮，打开随书光盘中的“源文件\图库\组合沙发.dwg”文件，将沙发插入到客厅合适的位置。重复“插入块”命令，将“音箱”图块插入到合适的位置，完成地下层平面图的室内布置，如图8-28所示。

Note

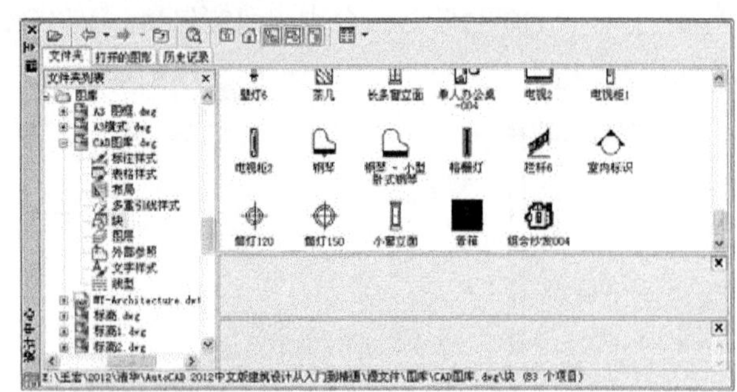
图 8-25　设计中心

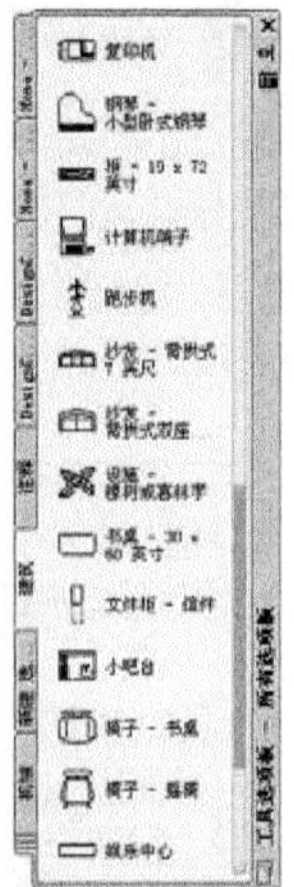
图 8-26　工具选项板

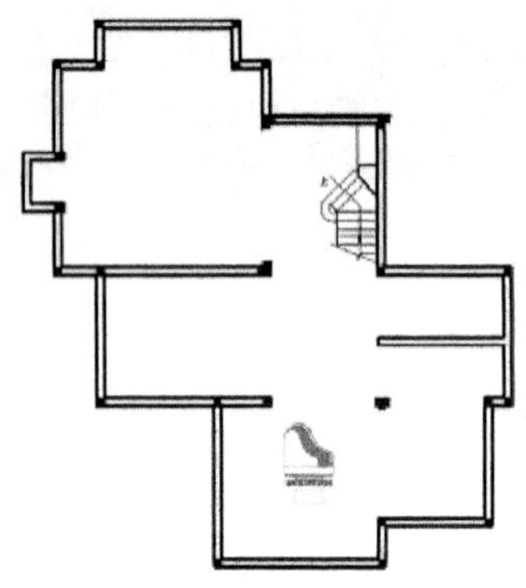
图 8-27　插入钢琴

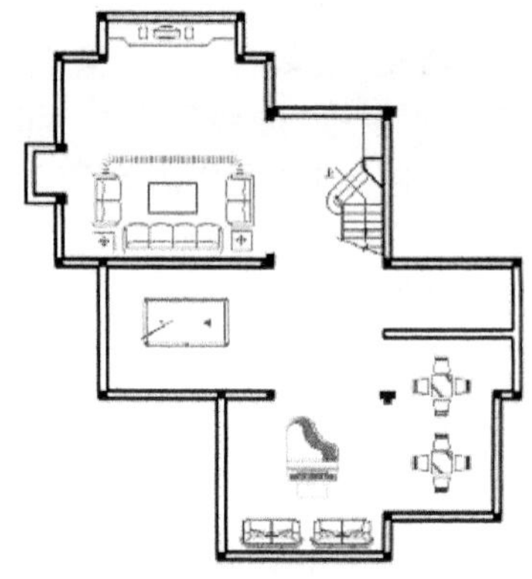
图 8-28　室内布置

9. 添加尺寸标注和文字说明

（1）单击“图层特性管理器”下拉按钮，将“标注”图层设为当前图层。

（2）单击“绘图”工具栏中的“多行文字”按钮A，进行文字说明，主要包括房间及设施的功能用途等，如图 8-29 所示。

（3）单击“绘图”工具栏中的“直线”按钮和“多行文字”按钮A，标注室内标高，如图 8-30 所示。

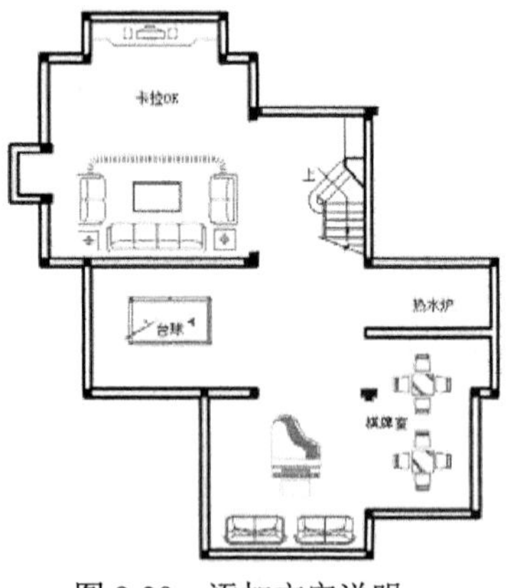

图 8-29　添加文字说明

图 8-30　标注标高

（4）打开“轴线”图层，如图 8-31 所示。

（5）选择菜单栏中的“标注”→“标注样式”命令，弹出“标注样式管理器”对话框，新建“地下层平面图”标注样式。选择“线”选项卡，设置“超出尺寸线”为 200；选择“符号和箭头”选项卡，设置箭头样式为“建筑标记”，“箭头大小”为 200；选择“文字”选项卡，设置“文字高度”为 300，“从尺寸线偏移”为 100。

（6）单击“标注”工具栏中的“线性”按钮和“连续”按钮，标注第一道尺寸，如图 8-32 所示。

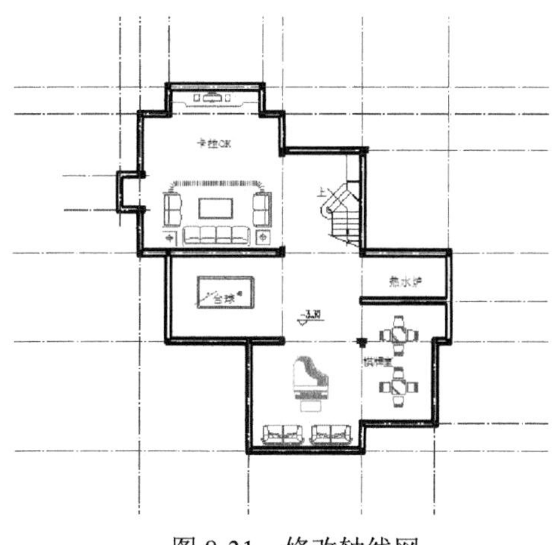

图 8-31　修改轴线网

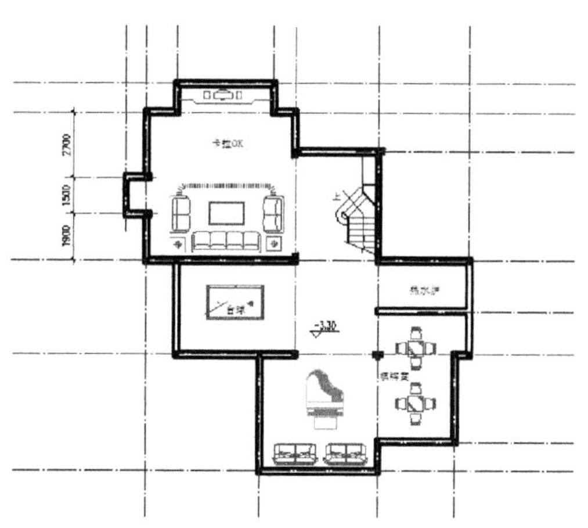

图 8-32　标注第一道尺寸

（7）重复上述操作，进行第二道尺寸和最外围尺寸的标注，结果如图 8-33 和图 8-34 所示。

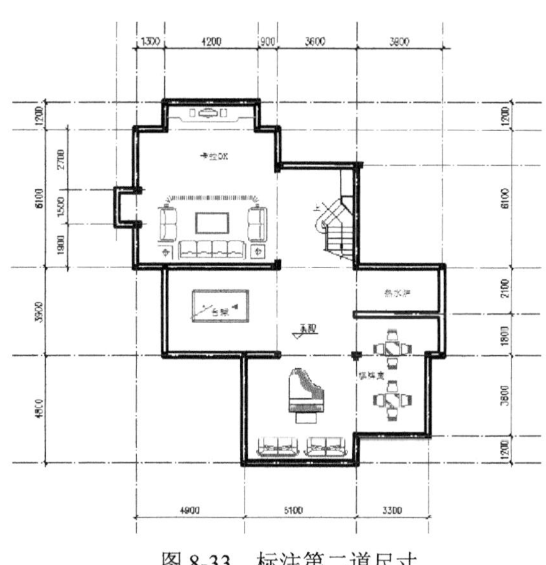

图 8-33　标注第二道尺寸

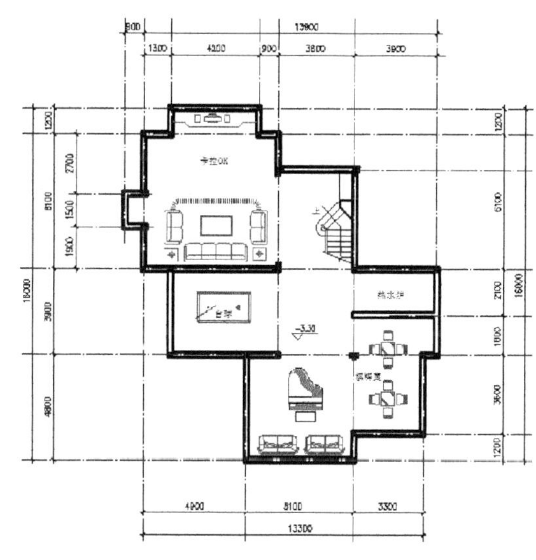

图 8-34　标注外围尺寸

（8）根据规范要求，横向轴号一般用阿拉伯数字 1、2、3……标注，纵向轴号用字母 A、B、C……标注。

❶ 单击“绘图”工具栏中的“圆”按钮，在轴线端绘制一个直径为 900 的圆。

❷ 单击“绘图”工具栏中的“多行文字”按钮，在圆的中央添加一个数字“1”，字高为 300，如图 8-35 所示。

❸ 单击“修改”工具栏中的“复制”按钮，将该轴号图例复制到其他轴线端头，并修改圆内的数字，完成轴线号的标注，如图 8-36 所示。

（9）单击“绘图”工具栏中的“多行文字”按钮A，弹出“文字格式”工具栏，设置文字高度为 700，在文本区输入“地下层平面图”，并在文字下方绘制一条直线，完成地下层平面图的绘制，如图 8-37 所示。

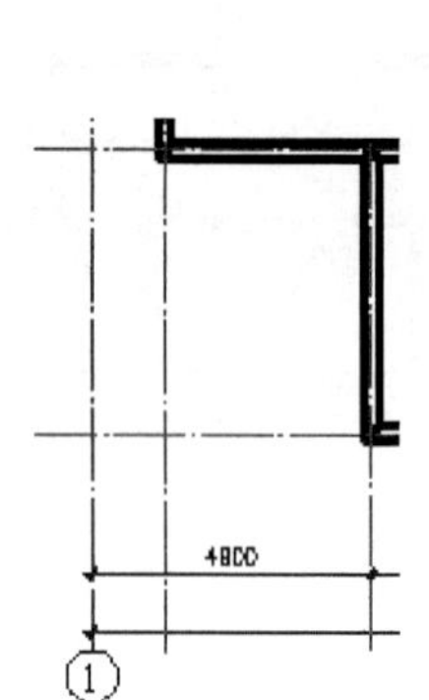


图 8-35 添加轴号 1

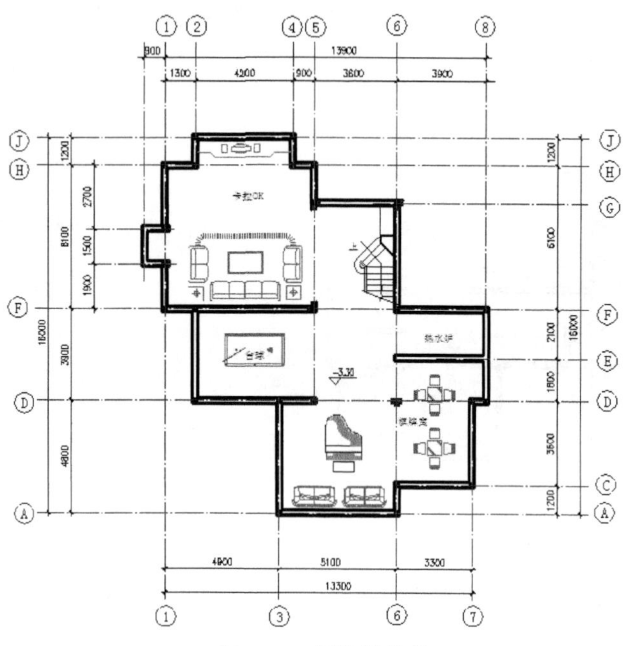


图 8-36 标注轴线号

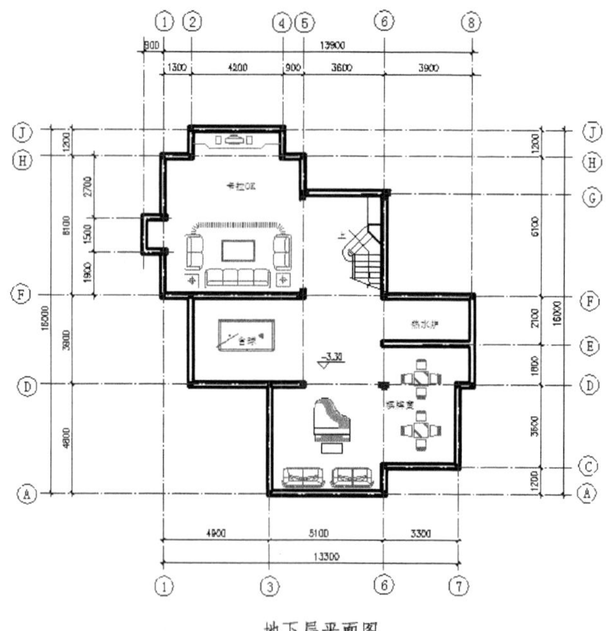


图 8-37 地下层平面图绘制

## 8.2.3　一层平面图

下面介绍某别墅一层平面图设计的相关知识及其绘图方法与技巧。绘制流程图如图 8-38 所示。

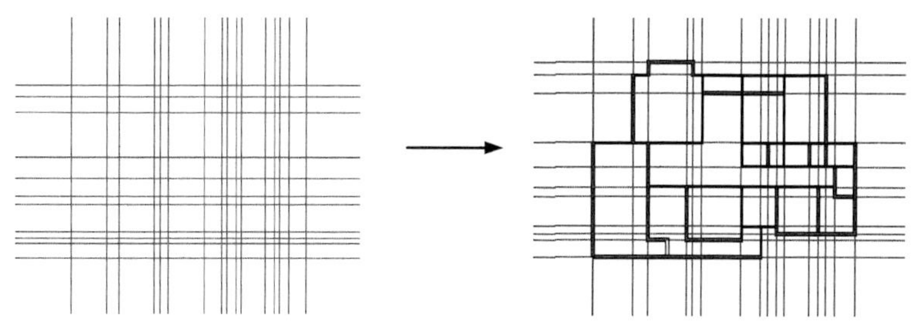

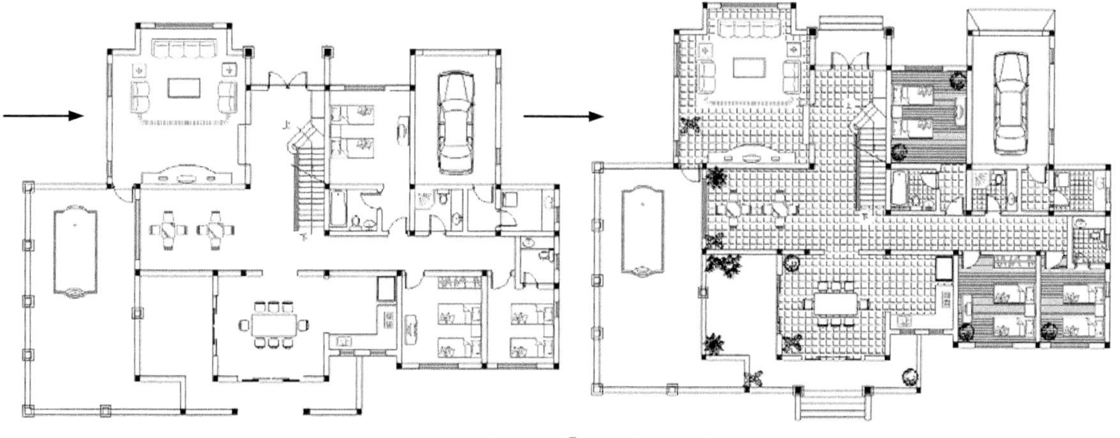

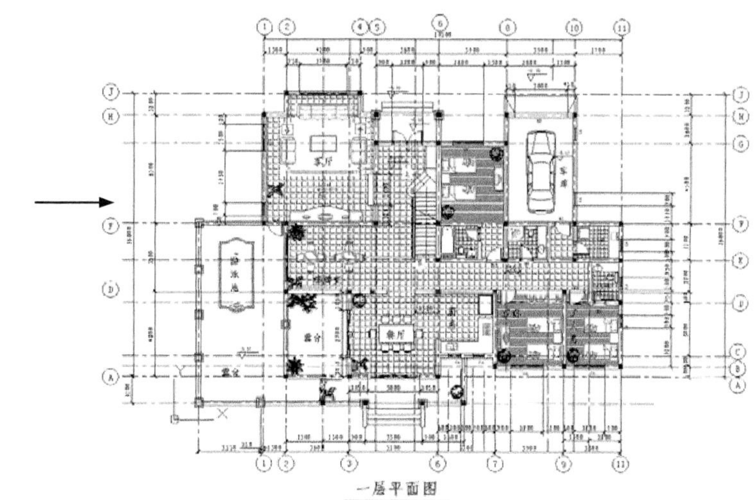


图 8-38　绘制一层平面图

绘制步骤：（**光盘\动画演示\第 8 章\一层平面图.avi**）

1. 设置绘图环境

（1）在命令行中输入“LIMITS”，设置图幅尺寸为 420000×297000。

（2）单击“图层”工具栏中的“图层特性管理器”按钮，创建“标注”、“混凝土柱”、“楼梯”等图层，如图 8-39 所示。

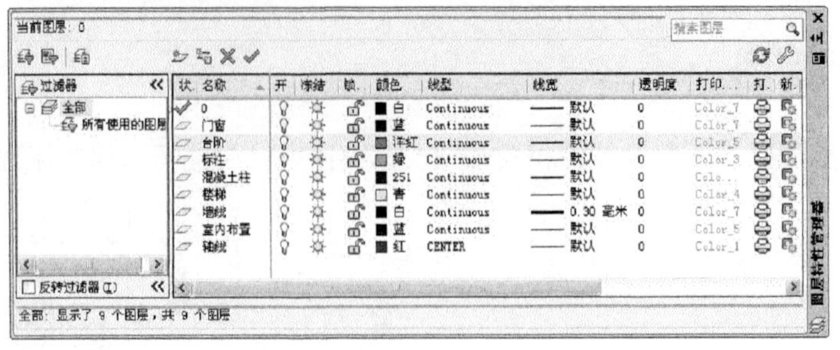


图 8-39 设置图层

## 2. 绘制轴线网

（1）单击“图层特性管理器”下拉按钮，将“轴线”图层设为当前图层。

（2）单击“绘图”工具栏中的“构造线”按钮，绘制一条水平构造线和一条竖直构造线，组成“十”字构造线，如图 8-40 所示。

（3）单击“修改”工具栏中的“偏移”按钮，将水平构造线连续向上偏移，偏移后相邻直线间的距离分别为 1500、600、600、2700、900、1800、2100、4500、1600 和 1200，得到水平方向的辅助线；将竖直构造线连续向右偏移，偏移后相邻直线间的距离分别为 3700、1300、3600、600、900、3600、1700、700、900、600、2400、900、600、900 和 1800，得到竖直方向的辅助线。

（4）单击“绘图”工具栏中的“矩形”按钮和“修改”工具栏中的“修剪”按钮，将轴线修剪，如图 8-41 所示。

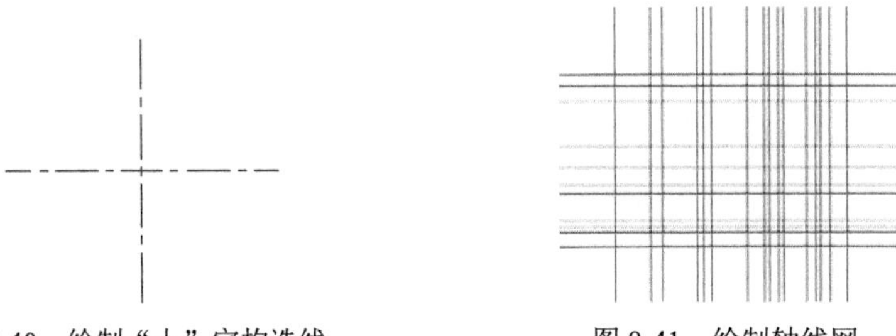

图 8-40 绘制“十”字构造线

图 8-41 绘制轴线网

## 3. 绘制墙体

（1）单击“图层特性管理器”下拉按钮，将“墙线”图层设为当前图层。

（2）选择菜单栏中的“格式”→“多线样式”命令，新建多线样式“240”，在“图元”选项组中设置元素偏移量为 120 和-120，将多线样式“240”设为当前样式，完成墙体多线的设置。

（3）选择菜单栏中的“绘图”→“多线”命令，在命令行中设置“对齐方式”为“无”，“比例”为 1，“当前多线样式”为 240。根据辅助线网格绘制外墙线，结果如图 8-42 所示。

（4）重复“多线”命令，根据辅助线网格绘制内墙墙线，如图 8-43 所示。

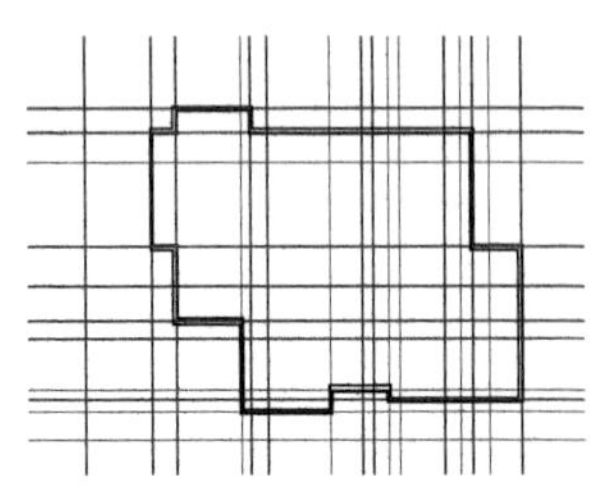

图 8-42 绘制外墙线

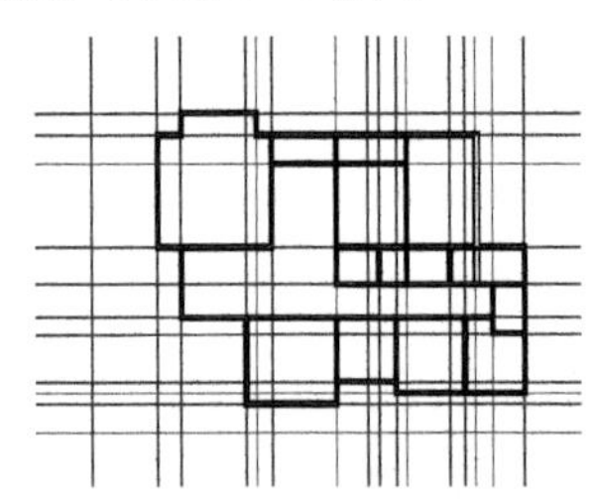

图 8-43 绘制内墙线

（5）重复“多线”命令，根据辅助线网格绘制围墙线，如图 8-44 所示。

（6）单击“修改”工具栏中的“分解”按钮，将多线分解。

（7）隐藏轴线网。单击“修改”工具栏中的“修剪”按钮，修剪多余的线段；然后单击“绘图”工具栏中的“直线”按钮，连接墙线，如图 8-45 所示。

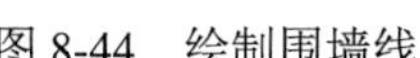

图 8-44　绘制围墙线

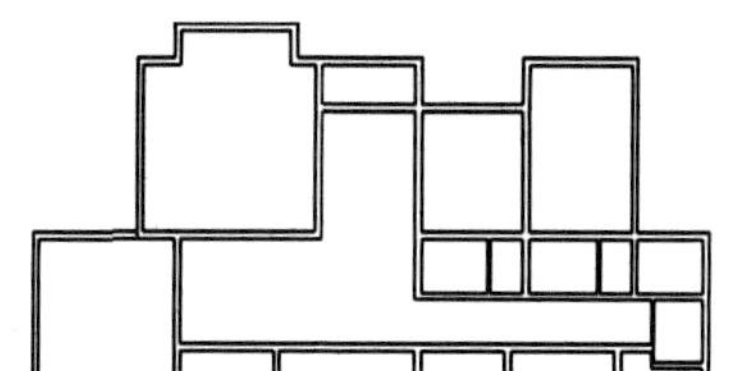

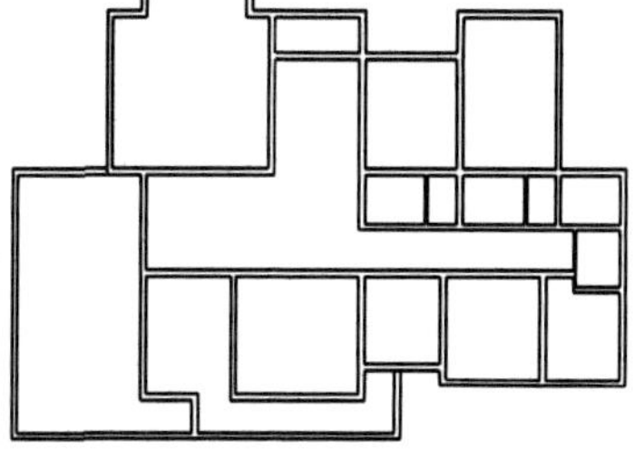

图 8-45　修改墙线

### 4. 绘制混凝土柱和砖柱

（1）单击“图层特性管理器”下拉按钮，将“混凝土柱”图层设为当前图层。

（2）单击“绘图”工具栏中的“矩形”按钮，捕捉内外墙线的两个角点作为矩形对角线上的两个角点，绘制矩形；单击“绘图”工具栏中的“图案填充”按钮，在打开的对话框中选择 SOLID 图案填充矩形，完成混凝土柱的绘制；单击“修改”工具栏中的“复制”按钮，将混凝土柱图案复制到相应的位置，如图 8-46 所示。

（3）单击“绘图”工具栏中的“矩形”按钮，捕捉左下角围墙线的角点，绘制边长为 300 的正方形；单击“修改”工具栏中的“偏移”按钮，将正方形向外侧偏移 100，完成砖柱的绘制；然后单击“修改”工具栏中的“复制”按钮，将砖柱图案复制到相应的位置，如图 8-47 所示。

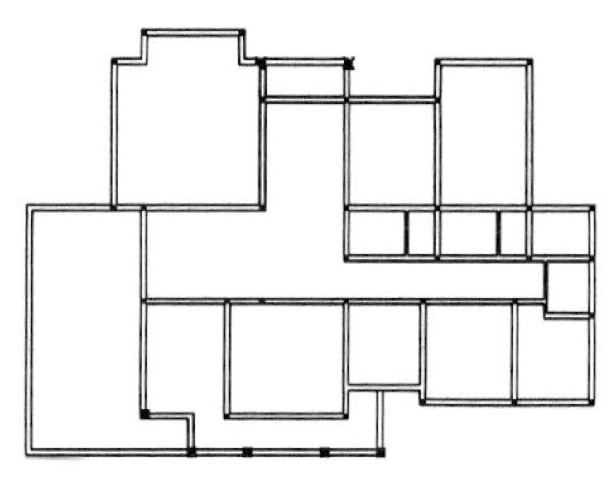

图 8-46　绘制混凝土柱

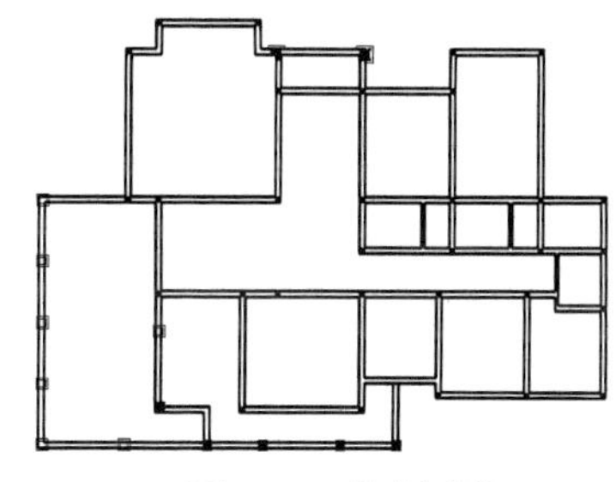

图 8-47　绘制砖柱

### 5. 绘制门窗和台阶

（1）绘制门窗洞口。

❶ 单击“图层特性管理器”下拉按钮，将“门窗”图层设为当前图层。

❷ 绘制洞口时，常以临近的墙线或轴线为参照来帮助确定洞口位置。现在以客厅北侧的窗洞为例，绘制洞口宽为 2700，位于该段墙体的中部，因此洞口两侧剩余墙体的宽度均为 750（到轴线）。打开“轴线”图层，将“墙线”图层设当前图层。单击“修改”工具栏中的“偏移”按钮，将左侧墙的轴线向右偏移 750，将右侧轴线向左偏移 750，如图 8-48 所示。

❸ 单击“修改”工具栏中的“修剪”按钮，将两根轴线间的墙线剪掉，结果如图 8-49 所示。

❹ 单击“绘图”工具栏中的“直线”按钮，将墙体剪断处封口；然后单击“修改”工具栏中的“删除”按钮，将偏移后的两条轴线删除。得到的门窗洞口如图 8-50 所示。

❺ 采用相同的方法，依照图中提供的尺寸绘制余下的门窗洞口，结果如图 8-51 所示。

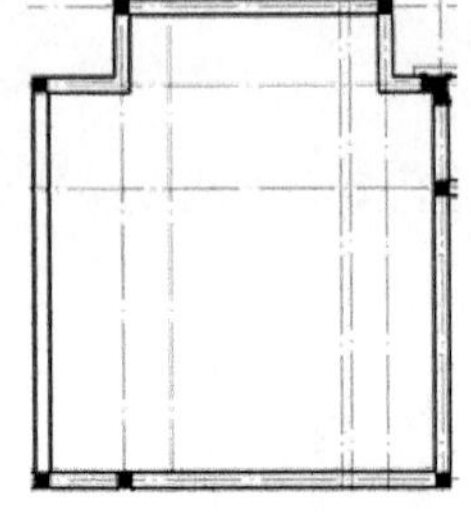
图 8-48　偏移轴线

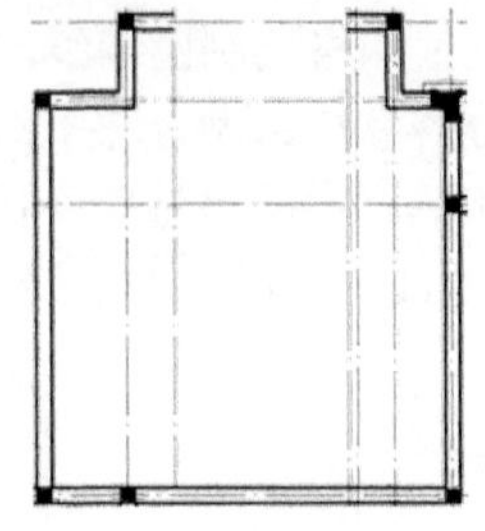
图 8-49　修剪墙线

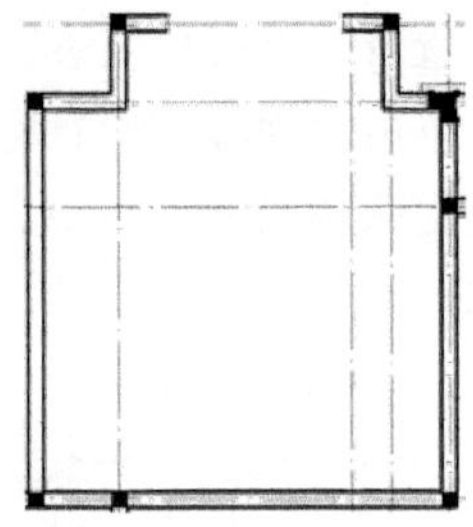
图 8-50　绘制直线

（2）绘制窗。

❶ 选择菜单栏中的“格式”→“多线样式”命令，在弹出的“多线样式”对话框中新建多线样式“窗”，多线样式设置如图 8-52 所示。将“窗”多线样式设为当前样式。

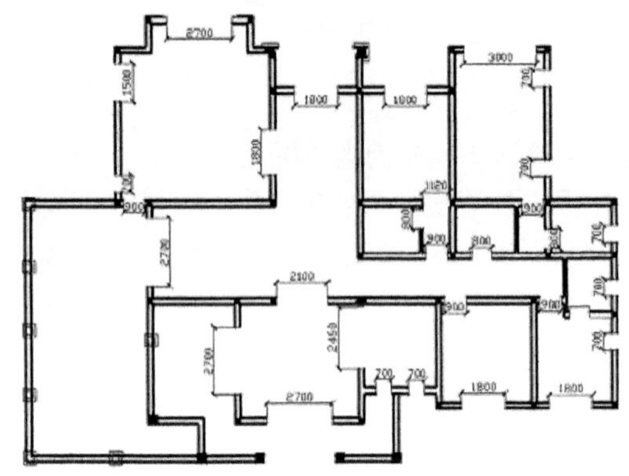
图 8-51　绘制其余门窗洞口

图 8-52　多线样式设置

❷ 选择菜单栏中的“绘图”→“多线”命令，绘制窗。命令行中的提示与操作如下：

```
命令：_mline
当前设置：对正=上，比例=2000，样式=窗
指定起点或[对正(J)/比例(S)/样式(ST)]：J↙
输入对正类型[上(T)/无(Z)/下(B)]<上>：Z↙
当前设置：对正=无，比例=1.00，样式= 窗
指定起点或[对正(J)/比例(S)/样式(ST)]：S↙
输入多线比例<20. 00>：1↙
指定起点或[对正(J)/比例(S)/样式(ST)]：（单击客厅北侧窗洞口的左端点）
指定下一点或[放弃(U)]：（单击客厅北侧窗洞口的右端点）
```

完成客厅北侧窗的绘制，结果如图 8-53 所示。

重复“多线”命令，绘制其余窗，最终完成窗的绘制，结果如图 8-54 所示。

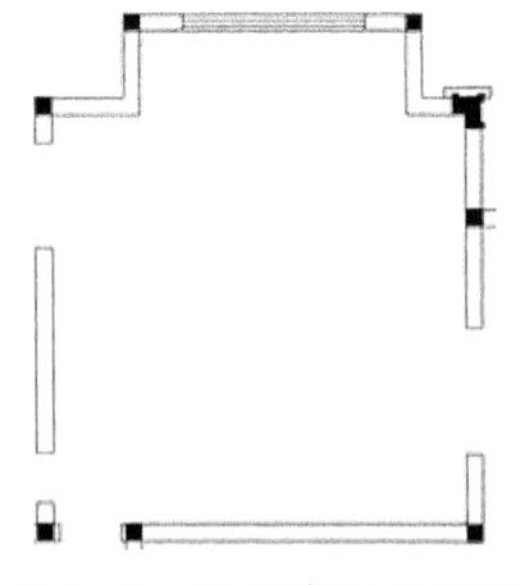
图 8-53　绘制客厅北侧窗

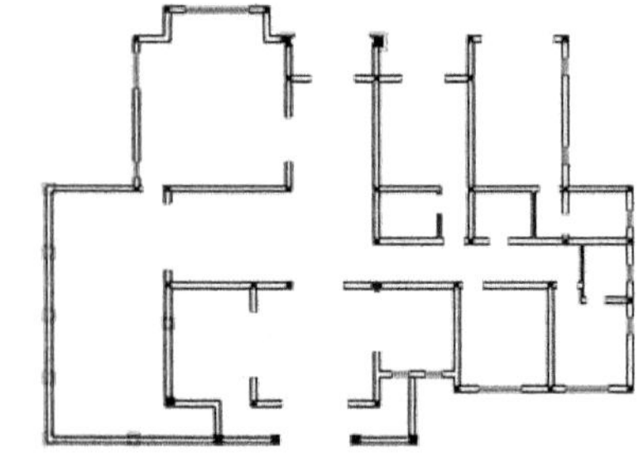
图 8-54　绘制其余窗

（3）绘制门。

❶ 单击“绘图”工具栏中的“直线”按钮、“矩形”按钮、“圆弧”按钮，以及“修改”工具栏中的“偏移”按钮和“修剪”按钮，绘制门 M3，如图 8-55 所示。

❷ 单击“修改”工具栏中的“复制”按钮和“镜像”按钮，利用 M3 创建 M1，如图 8-56 所示。

❸ 在命令行中输入“WBLOCK”，弹出“写块”对话框，如图 8-57 所示，分别以 M3 和 M1 为对象，以左下角竖直线的中点为基点，定义 M3 和 M1 图块。

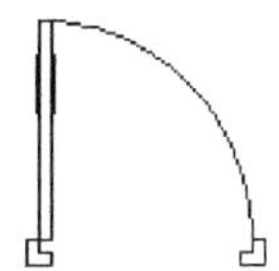

图 8-55　绘制 M3

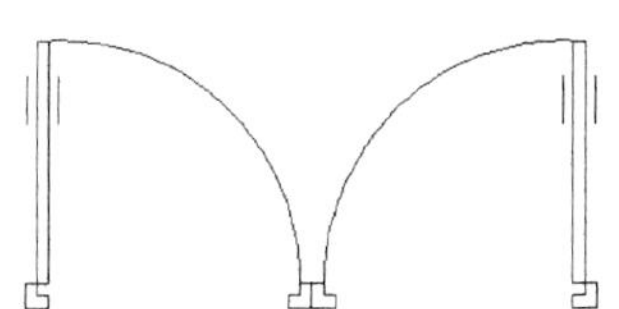

图 8-56　绘制 M1

图 8-57　“写块”对话框

❹ 单击“绘图”工具栏中的“插入块”按钮，弹出“插入”对话框（如图 8-58 所示），选择 M1 图块，将其插入到图中适当的位置。

❺ 单击“绘图”工具栏中的“直线”按钮，在门洞口绘制一条直线，结果如图 8-59 所示。

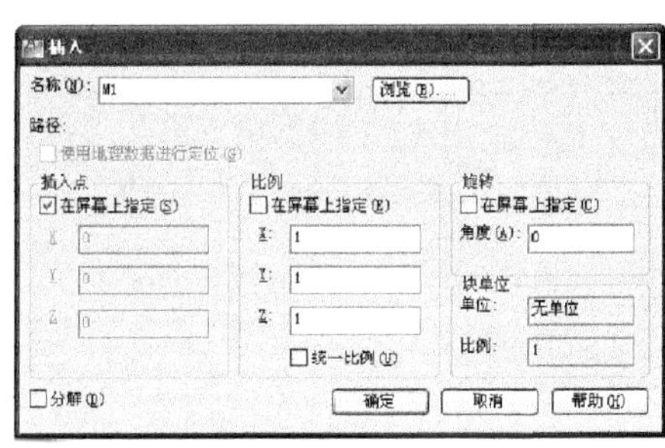


图 8-58　“插入”对话框

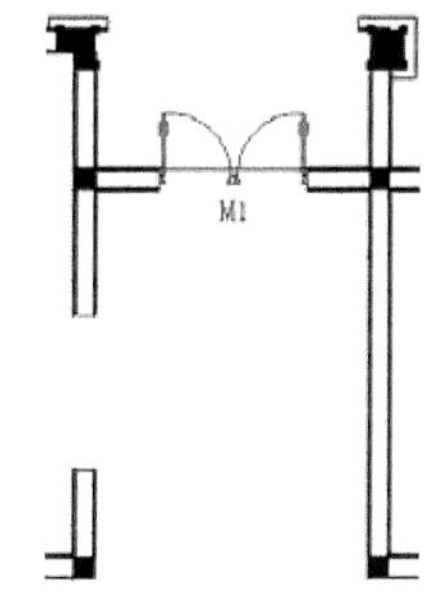


图 8-59　插入 M1 图块并绘制直线

❻ 单击“绘图”工具栏中的“直线”按钮，绘制右上角房间的门 M2，如图 8-60 所示。

❼ 单击“绘图”工具栏中的“直线”按钮，绘制 M5；然后单击“绘图”工具栏中的“创建块”按钮和“插入块”按钮，将 M5 图块插入到合适的位置，如图 8-61 所示。

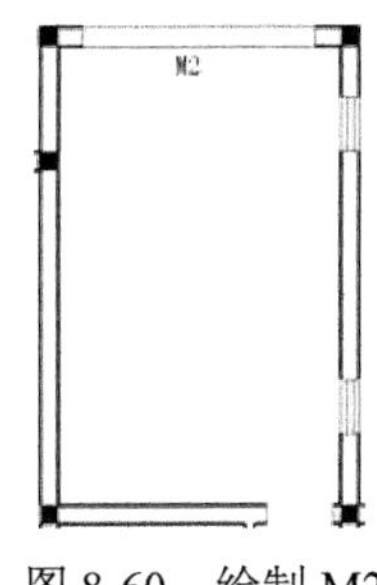


图 8-60　绘制 M2

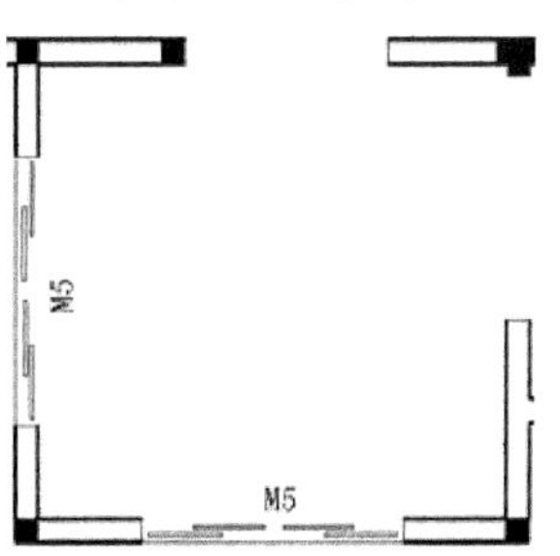


图 8-61　绘制 M5

Note

（4）采用相同的方法，绘制其他门图块，并将其插入到合适的位置，最终完成门的绘制，如图 8-62 所示。

（5）单击“绘图”工具栏中的“直线”按钮，绘制客厅的台阶，如图 8-63 所示。

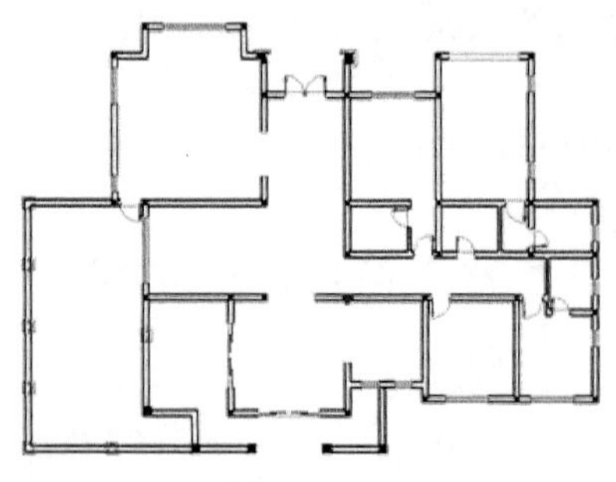
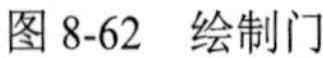
图 8-62 绘制门

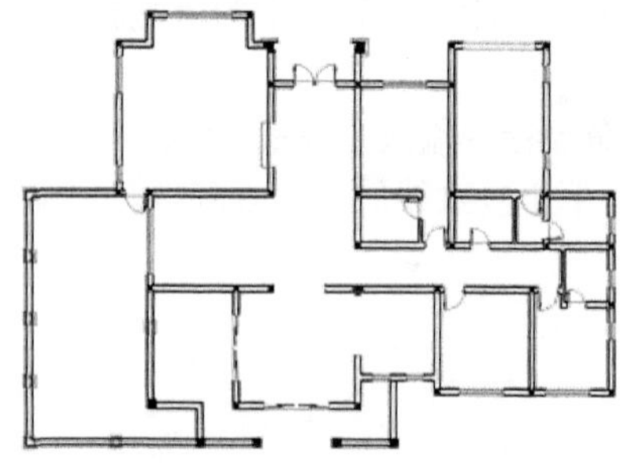
图 8-63 绘制客厅台阶

6. 绘制楼梯

（1）单击“图层特性管理器”下拉按钮，将“楼梯”图层设为当前图层。

（2）单击“修改”工具栏中的“偏移”按钮，将楼梯间右侧的轴线向左偏移 720，将上侧的轴线向下偏移，偏移后相邻直线间的距离分别为 1380、290 和 600。单击“修改”工具栏中的“修剪”按钮和“绘图”工具栏中的“直线”按钮，将偏移后的直线进行修剪和补充，如图 8-64 所示。

（3）将楼梯承台位置的线段颜色设置为黑色，并将其线宽改为 0.6，如图 8-65 所示。

（4）单击“修改”工具栏中的“偏移”按钮，将内墙线向左偏移 1200，将楼梯承台的斜边向下偏移 1200，结果如图 8-66 所示。

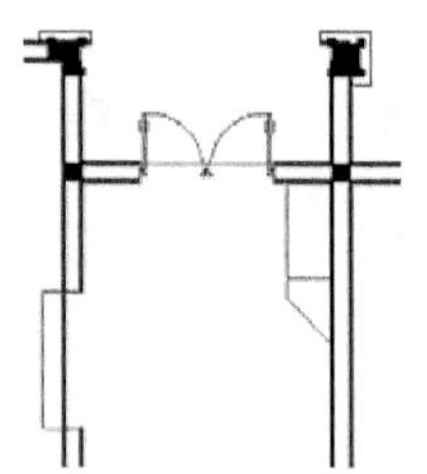
图 8-64 偏移轴线并修剪

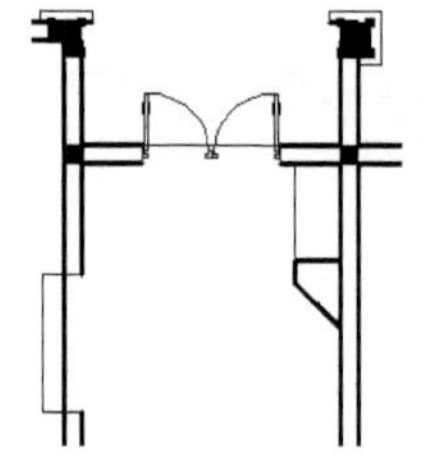
图 8-65 修改楼梯承台线段

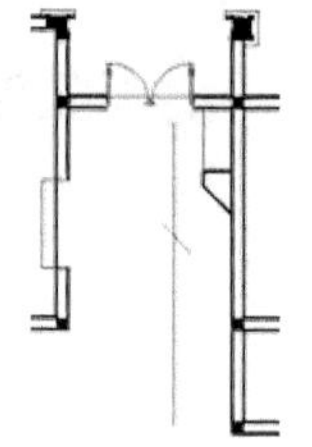
图 8-66 偏移直线

（5）单击“绘图”工具栏中的“直线”按钮，绘制台阶边线，如图 8-67 所示。

（6）单击“修改”工具栏中的“偏移”按钮，将台阶边线分别向两侧偏移，偏移距离均为 250，完成楼梯踏步的绘制，如图 8-68 所示。

（7）单击“修改”工具栏中的“偏移”按钮，将楼梯边线分别向左偏移 60、120 和 180，绘制楼梯扶手；然后单击“绘图”工具栏中的“直线”按钮和“圆弧”按钮，细化踏步和扶手，如图 8-69 所示。

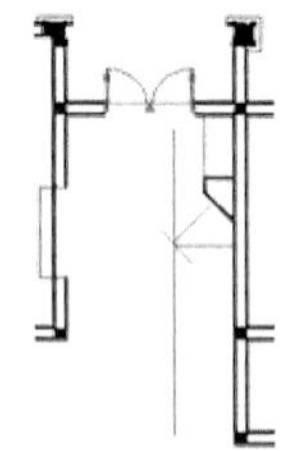
图 8-67 绘制台阶边线

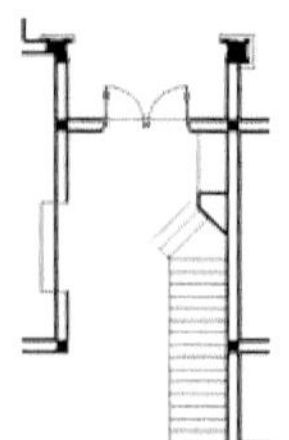
图 8-68 绘制楼梯踏步

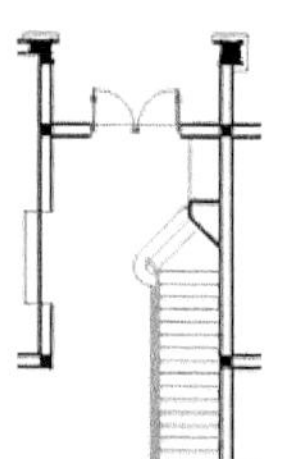
图 8-69 绘制楼梯扶手

（8）单击“绘图”工具栏中的“直线”按钮，绘制倾斜折断线，如图 8-70 所示。

（9）单击“绘图”工具栏中的“多段线”按钮和“多行文字”按钮，绘制楼梯箭头，完成一层楼梯的绘制，如图 8-71 所示。

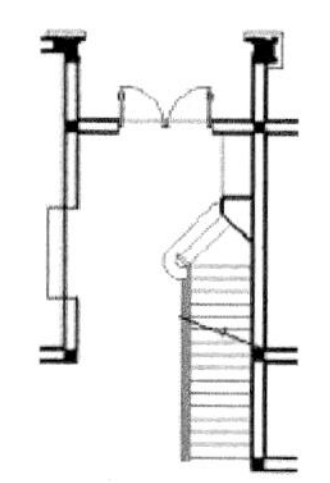

图 8-70 绘制折断线

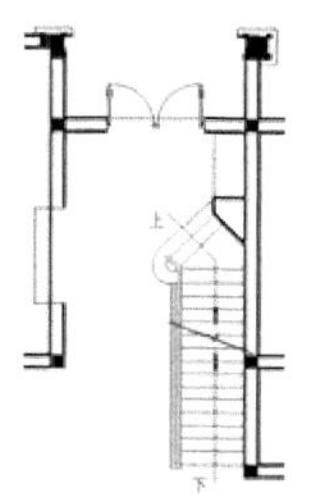

图 8-71 绘制楼梯箭头

### 7. 室内布置

（1）单击“图层特性管理器”下拉按钮，将“室内布置”图层设为当前图层。

（2）单击“绘图”工具栏中的“插入块”按钮，弹出“插入”对话框，如图 8-72 所示。单击“浏览”按钮，打开随书光盘中的“源文件\8\组合沙发.dwg”文件，将沙发插入到客厅合适的位置，如图 8-73 所示。

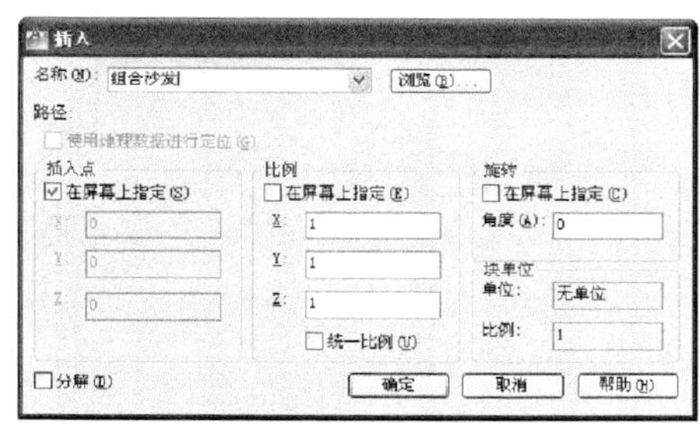


图 8-72 “插入”对话框

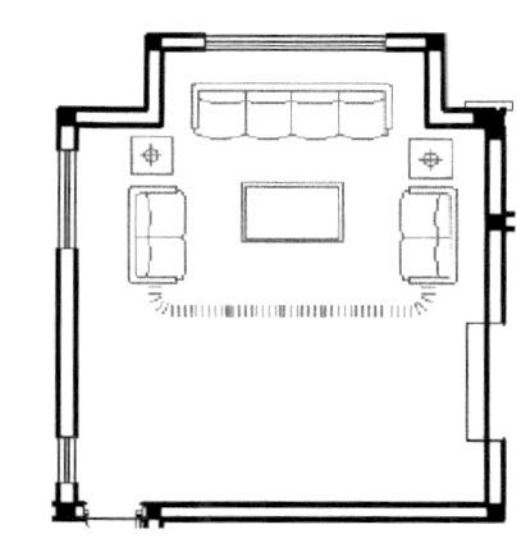

图 8-73 插入沙发图块

（3）重复“插入块”命令，将随书光盘中的“源文件\8\电视柜”文件插入到客厅合适位置，完成客厅的布置，如图 8-74 所示。

（4）其余房间的布置包括卧室、厨房、卫生间、工人房、洗衣房、车库等的布置。其基本布置方法与客厅的布置相同。单击“绘图”工具栏中的“插入块”按钮，在随书光盘的“源文件\8”文件夹中找到相应的图块，然后将其插入到合适的位置，结果如图 8-75 所示。

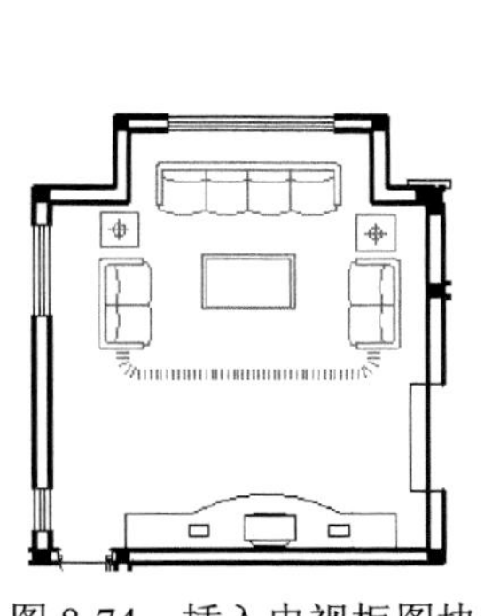

图 8-74 插入电视柜图块

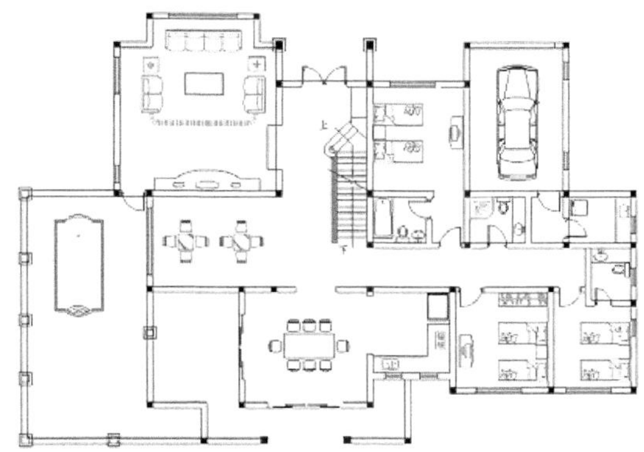

图 8-75 室内布置

Note

8. 室内铺地

地面材料是需要在室内平面图中表示的内容之一。当地面做法比较简单时，只要求用文字对材料、规格进行说明，但是很多时候则要求用材料图例在平面图上直观地表示。在本例中，在客厅、过道、棋牌室铺设600×600的黄色防滑地砖，厨房、卫生间、洗衣房铺设300×300的防滑地砖，卧室铺设150宽的强化木地板。

（1）单击“图层”工具栏中的“图层特性管理器”按钮，新建“室内铺地”图层，并将“室内铺地”图层设为当前图层。

（2）单击“绘图”工具栏中的“直线”按钮，把平面图中不同地面材料的分隔处用直线划分出来。

（3）单击“绘图”工具栏中的“图案填充”按钮，弹出“图案填充和渐变色”对话框，如图8-76所示。单击“添加:拾取点”按钮，在客厅区域单击选中该区域作为填充区域，在“角度和比例”选项组中设置合适的角度和比例，单击“确定”按钮完成客厅的室内铺地，如图8-77所示。

图8-76 “图案填充和渐变色”对话框

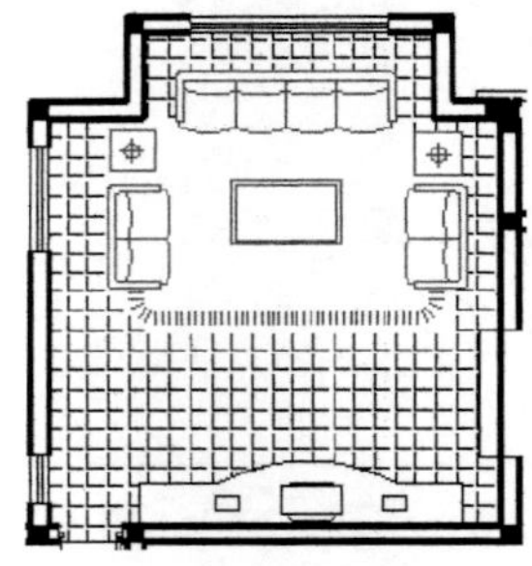

图8-77 客厅铺地

（4）重复“图案填充”命令，填充其余室内铺地，如图8-78所示。

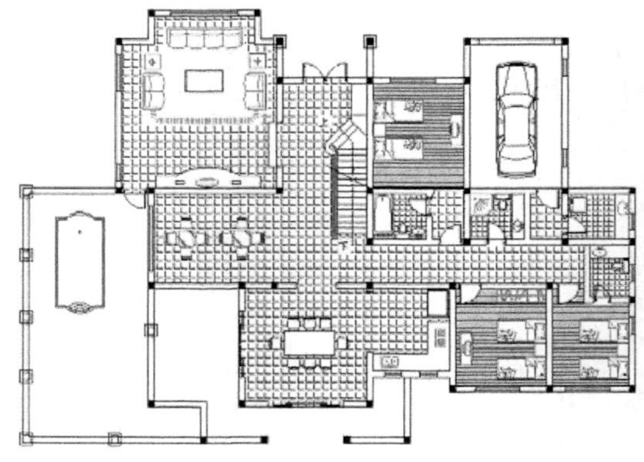

图8-78 填充其余室内铺地

9. 室内装饰

（1）单击“图层”工具栏中的“图层特性管理器”按钮，新建“室内装饰”图层，并将“室

内装饰”图层设为当前图层。

（2）单击“绘图”工具栏中的“插入块”按钮，在室内平面图中空白处的适当位置布置一些盆景植物，作为点缀装饰之用，如图 8-79 所示。

（3）将“台阶”图层设为当前图层。

（4）绘制室外台阶和坡道。单击“绘图”工具栏中的“直线”按钮，绘制室外台阶和坡道，台阶的踏步宽度为 300，如图 8-80 所示。

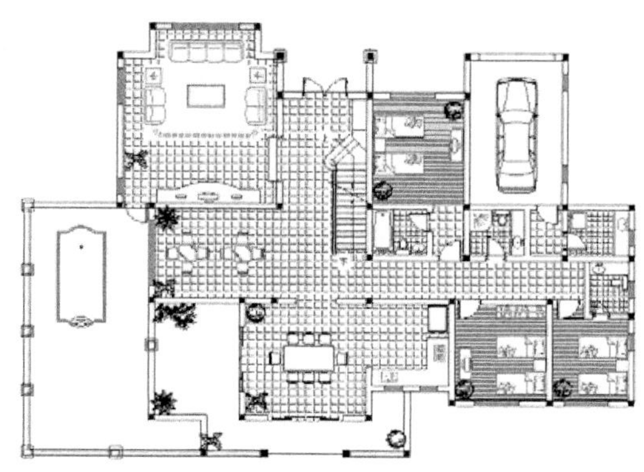

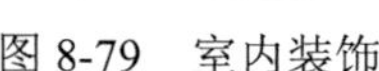

图 8-79　室内装饰

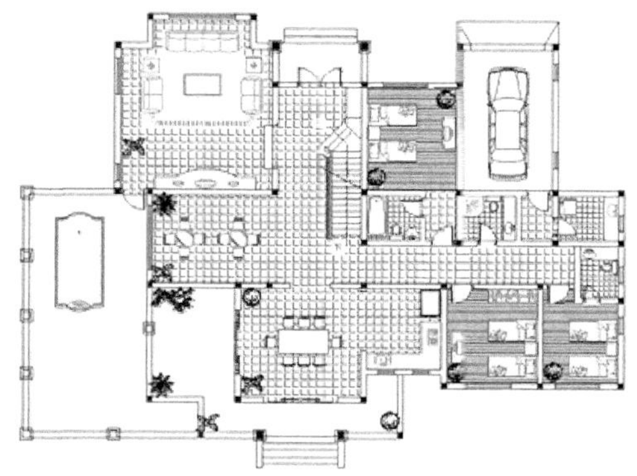

图 8-80　绘制室外台阶和坡道

10. 添加尺寸标注和文字说明

（1）单击“图层特性管理器”下拉按钮，将“标注”图层设为当前图层。

（2）单击“绘图”工具栏中的“多行文字”按钮，进行文字说明，主要包括房间及设施的功能用途等，结果如图 8-81 所示。

（3）单击“绘图”工具栏中的“直线”按钮和“多行文字”按钮，标注室内外标高，如图 8-82 所示。

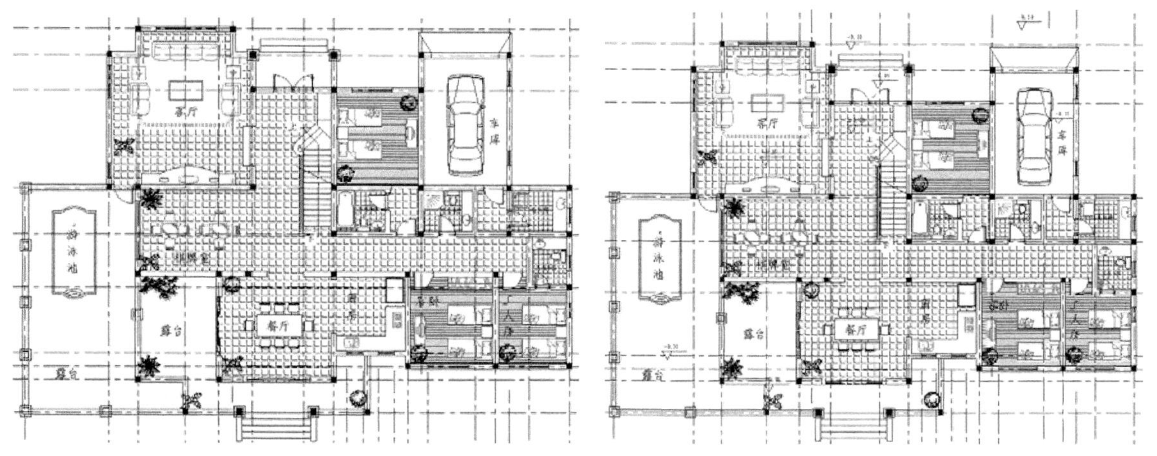

图 8-81　添加文字说明　　图 8-82　标注室内外标高

（4）单击“绘图”工具栏中的“多行文字”按钮，标注门窗，如图 8-83 所示。

（5）选择菜单栏中的“标注”→“标注样式”命令，系统弹出“标注样式管理器”对话框，新建“一层平面图”标注样式。选择“直线”选项卡，设置“超出尺寸线”为 200；选择“符号和箭头”选项卡，设置箭头样式为“建筑标记”，“箭头大小”为 200；选择“文字”选项卡，设置“文字高度”为 300，“从尺寸线偏移”为 100。

Note

（6）单击“标注”工具栏中的“线性”按钮和“连续”按钮，标注内部尺寸，如图 8-84 所示。

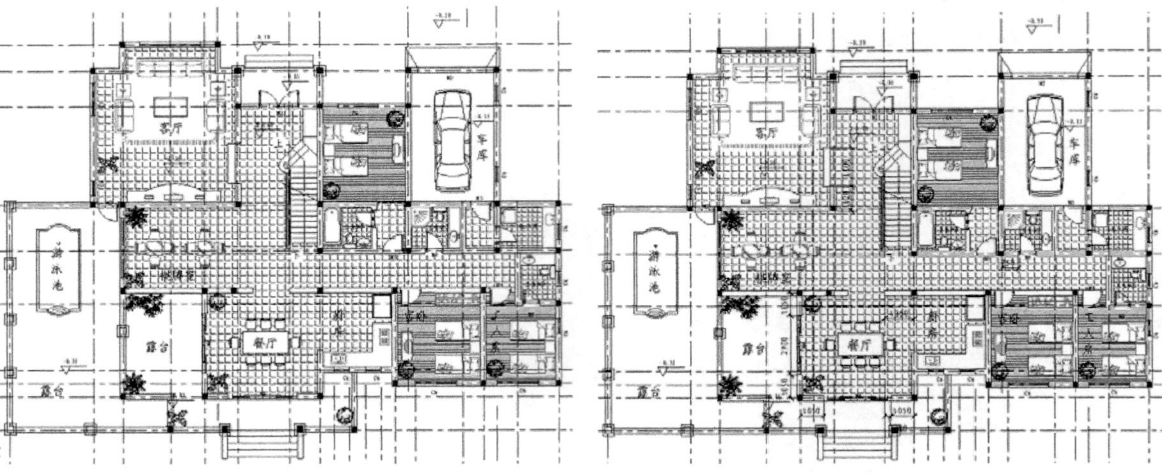

图 8-83　标注门窗　　　　图 8-84　标注内部尺寸

（7）重复上述操作，标注门窗尺寸，结果如图 8-85 所示；标注第一道轴线尺寸，如图 8-86 所示；标注第二道轴线尺寸，结果如图 8-87 所示；标注最外围轴线尺寸，如图 8-88 所示。

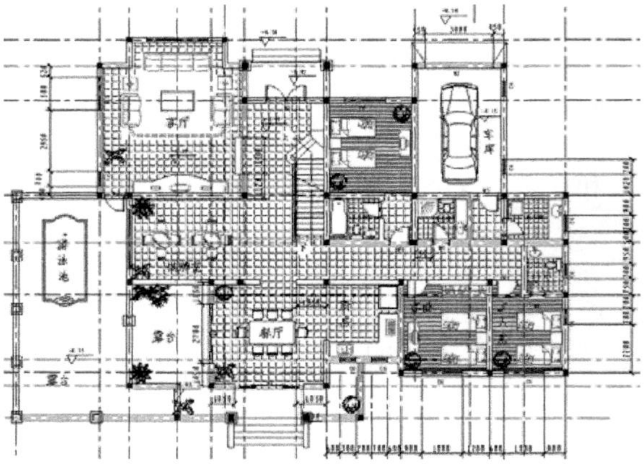

图 8-85　标注门窗尺寸

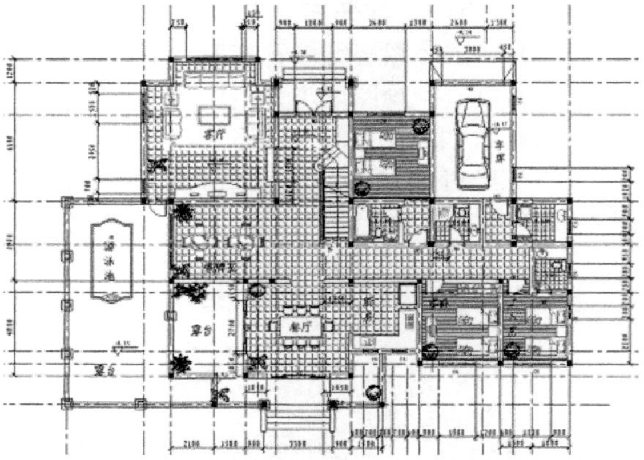

图 8-86　标注第一道轴线尺寸

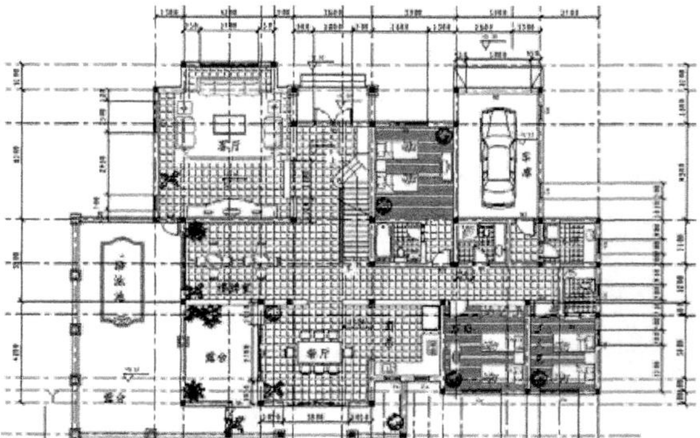

图 8-87　标注第二道轴线尺寸

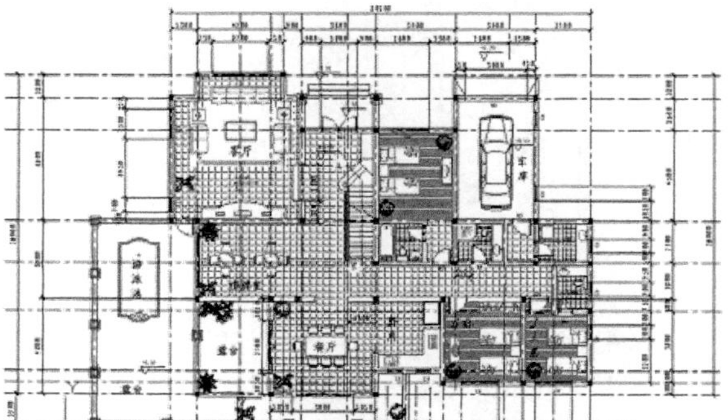

图 8-88　标注最外围轴线尺寸

（8）单击“绘图”工具栏中的“圆”按钮⊙，在轴线端绘制一个直径为 900 的圆；单击“绘图”工具栏中的“多行文字”按钮A，在圆的中央标注一个数字“1”，字高为 500；然后单击“修改”工具栏中的“复制”按钮，将该轴号图例复制到其他轴线端头，并修改圆内的数字，如图 8-89 所示。

（9）单击“绘图”工具栏中的“多行文字”按钮A，弹出“文字格式”工具栏，设置文字高度为 700，输入文字“一层平面图”，并在文字下方绘制一条直线，完成一层平面图的绘制，如图 8-90 所示。

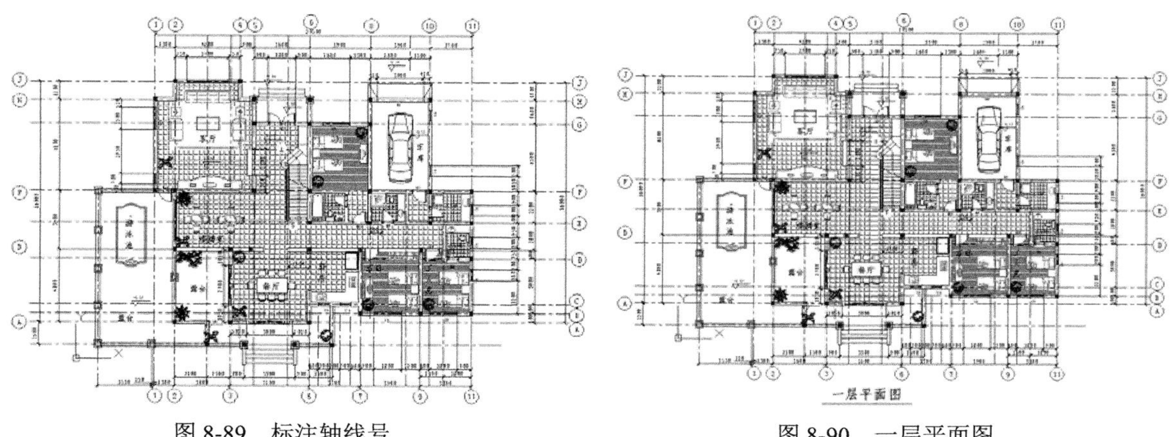

图 8-89　标注轴线号

图 8-90　一层平面图

## 8.2.4　二层平面图

下面介绍某别墅二层平面图设计的相关知识及其绘图方法与技巧。绘制流程图如图 8-91 所示。

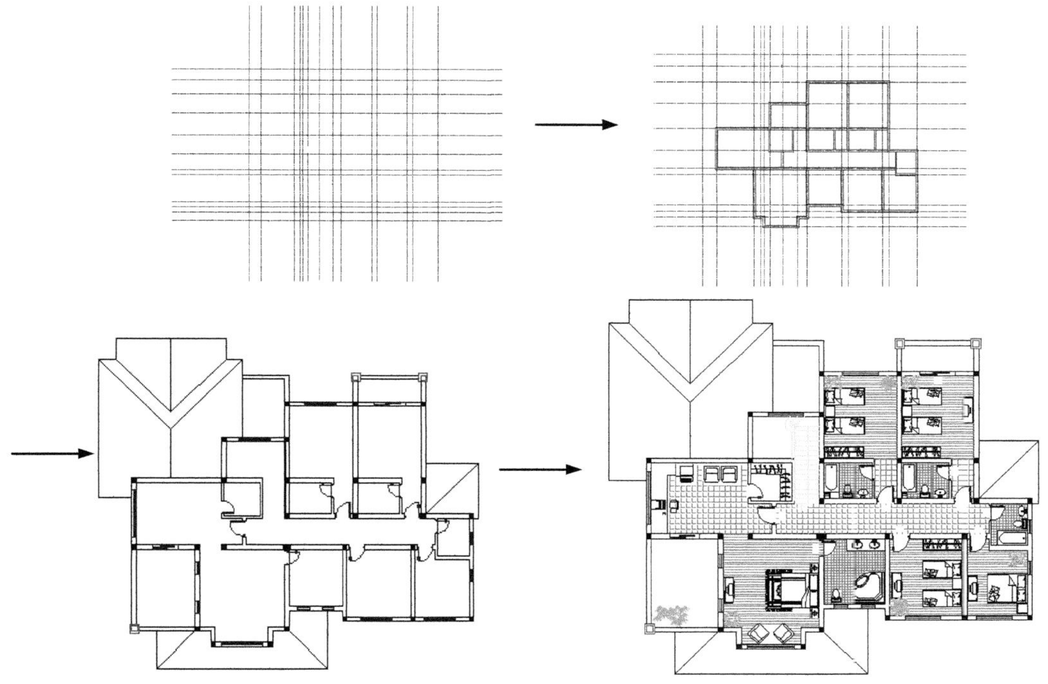

图 8-91　绘制二层平面图

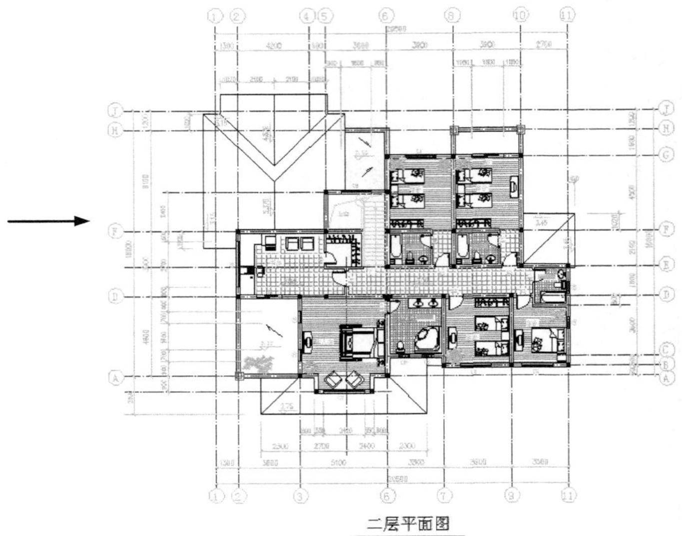


图 8-91　绘制二层平面图（续）

**绘制步骤：（光盘\动画演示\第 8 章\二层平面图.avi）**

### 1. 设置绘图环境

（1）在命令行中输入“LIMITS”，设置图幅尺寸为 420000×297000。

（2）单击“图层”工具栏中的“图层特性管理器”按钮，创建“标注”、“混凝土柱”、“楼梯”等图层，结果如图 8-92 所示。

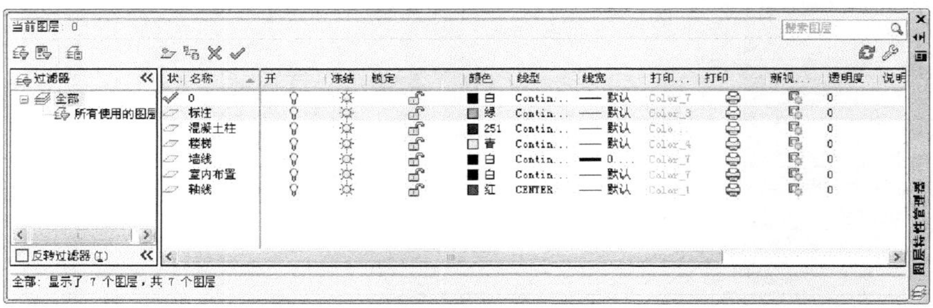


图 8-92　设置图层

### 2. 绘制轴线网

（1）单击“图层特性管理器”下拉按钮，将“轴线”图层设为当前图层。

（2）单击“绘图”工具栏中的“构造线”按钮，绘制一条水平构造线和一条竖直构造线，组成“十”字构造线，如图 8-93 所示。

（3）单击“修改”工具栏中的“偏移”按钮，将水平构造线连续向上偏移，偏移后相邻直线间的距离分别为 900、600、600、3000、600、1800、2100、2400、2100、1600 和 1200，得到水平方向的辅助线；将竖直构造线连续向右偏移，偏移后相邻直线间的距离分别为 1300、3600、600、320、580、1200、1480、920、3300、600、3300、600 和 2700，得到竖直方向的辅助线。

（4）单击“绘图”工具栏中的“矩形”按钮和“修改”工具栏中的“修剪”按钮，将轴线修剪，如图 8-94 所示。

图 8-93　绘制“十”字构造线　　　　图 8-94　绘制轴线网

### 3. 绘制墙体

（1）单击“图层特性管理器”下拉按钮，将“墙线”图层设为当前图层。

（2）选择菜单栏中的“格式”→“多线样式”命令，新建多线样式“240”，在“图元”选项组中设置元素偏移量分别为 120 和−120，将多线样式“240”设为当前样式，完成墙体多线的设置。

（3）选择菜单栏中的“绘图”→“多线”命令，在命令行中设置“对齐方式”为“无”，“比例”为 1，根据辅助线网格绘制外墙线，如图 8-95 所示。重复“多线”命令，根据辅助线网格绘制内墙线，如图 8-96 所示。

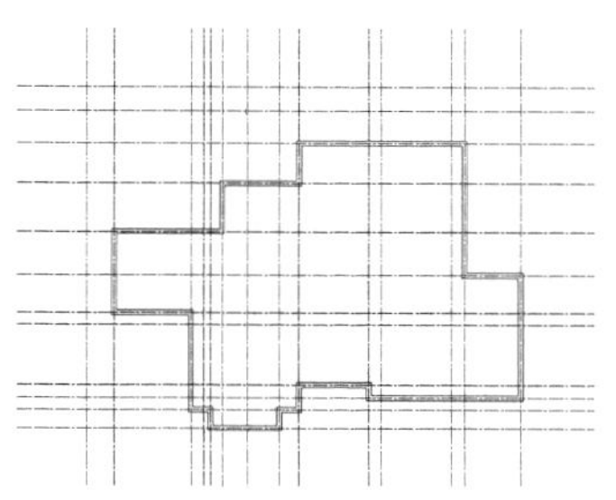

图 8-95　绘制外墙线

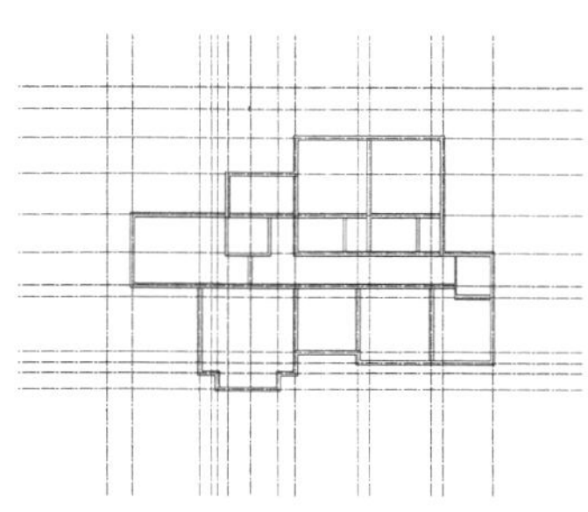

图 8-96　绘制内墙线

（4）单击“修改”工具栏中的“分解”按钮，将多线分解；然后单击“修改”工具栏中的“修剪”按钮和“绘图”工具栏中的“直线”按钮，修改墙线，如图 8-97 所示。

（5）选择菜单栏中的“绘图”→“多线”命令，根据辅助线网格绘制栏杆，如图 8-98 所示。

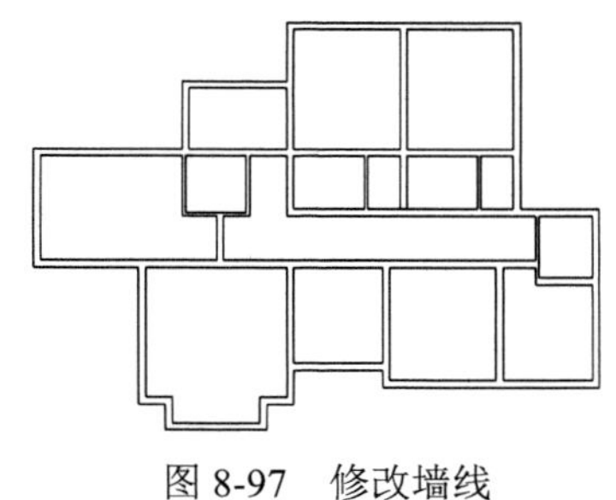

图 8-97　修改墙线

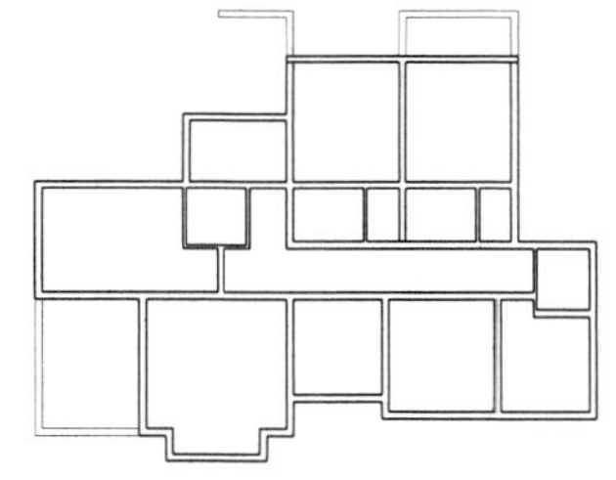

图 8-98　绘制栏杆

### 4. 绘制混凝土柱和砖柱

（1）单击“图层特性管理器”下拉按钮，将“混凝土柱”图层设为当前图层。

（2）单击“绘图”工具栏中的“矩形”按钮，捕捉内外墙线的两个角点作为矩形对角线上的两个角点，绘制矩形；单击“绘图”工具栏中的“图案填充”按钮，在弹出的对话框中选择 SOLID 图案填充矩形，完成混凝土柱的绘制；然后单击“修改”工具栏中的“复制”按钮，将混凝土柱图案复制到相应的位置，如图 8-99 所示。

（3）单击“绘图”工具栏中的“矩形”按钮□，捕捉左下角围墙线的角点，绘制边长为 300 的正方形；单击“修改”工具栏中的“偏移”按钮，将正方形向外侧偏移 100，完成砖柱的绘制；然后单击“修改”工具栏中的“复制”按钮，将砖柱图案复制到相应的位置，如图 8-100 所示。

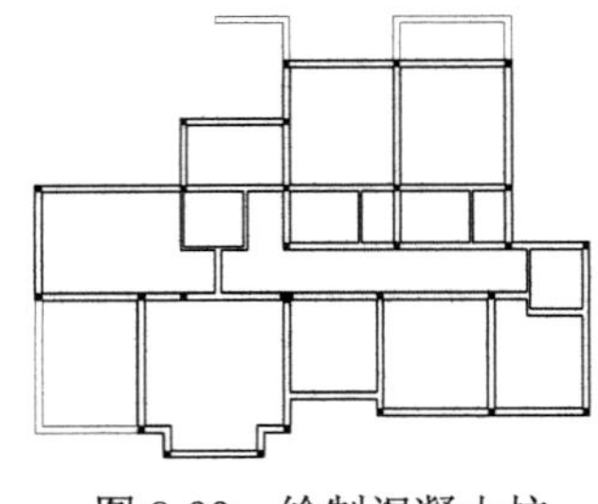

图 8-99　绘制混凝土柱

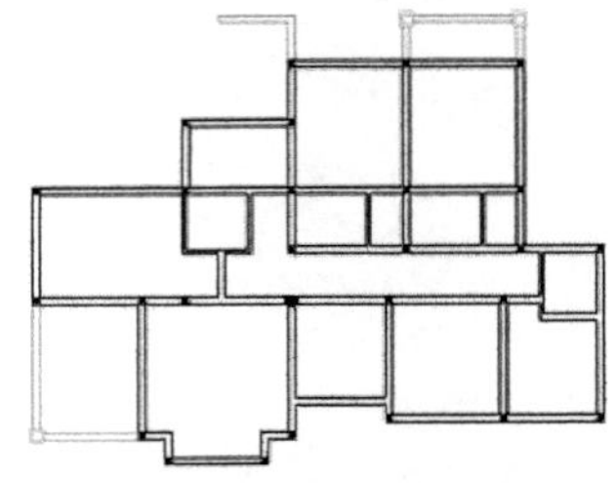

图 8-100　绘制砖柱

5. 绘制门窗洞口

（1）单击“图层”工具栏中的“图层特性管理器”按钮，新建“门窗”图层，并将“门窗”图层设为当前图层。

（2）以临近的墙线或轴线作为距离参照，单击“修改”工具栏中的“偏移”按钮、“修剪”按钮和“绘图”工具栏中的“直线”按钮，依照图中提供的尺寸绘制门窗洞口，如图 8-101 所示。

（3）选择菜单栏中的“格式”→“多线样式”命令，在弹出的“新建多线样式”对话框中新建多线样式“窗”，如图 8-102 所示，并将“窗”多线样式置为当前。

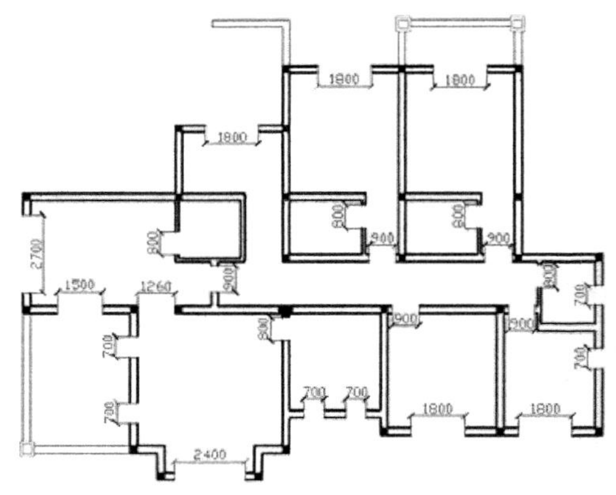


图 8-101　绘制门窗洞口

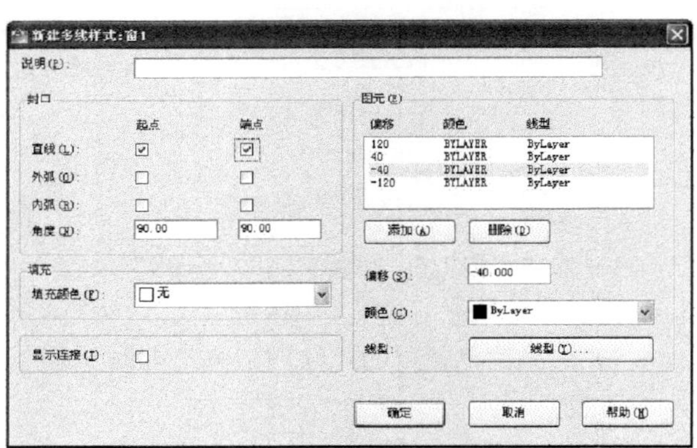


图 8-102　“新建多线样式”对话框

（4）选择菜单栏中的“绘图”→“多线”命令，绘制如图 8-103 所示的窗。

（5）单击“绘图”工具栏中的“直线”按钮以及“修改”工具栏中的“偏移”按钮和“修剪”按钮，绘制门 M7，如图 8-104 所示。

（6）在命令行中输入“WBLOCK”，以门的左下角点为基点，定义 M7 图块。

（7）单击“绘图”工具栏中的“插入块”按钮，将 M7 图块插入到东北角房间的门洞口位置，如图 8-105 所示。

（8）重复 WBLOCK 命令，绘制 M3、M4、M8、M9，并定义图块，将其插入到合适的位置，如图 8-106 所示。

6. 绘制一层屋顶面

（1）单击“图层”工具栏中的“图层特性管理器”按钮，新建“屋顶面”图层，并将“屋顶面”图层设为当前图层。

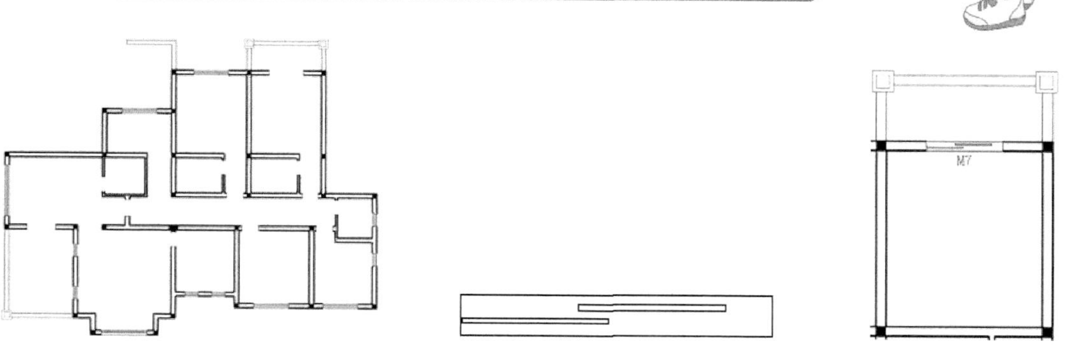


图 8-103　绘制窗　　图 8-104　绘制 M7　　图 8-105　插入 M7 图块

（2）打开“轴线”图层，单击“修改”工具栏中的“偏移”按钮、“修剪”按钮和“绘图”工具栏中的“直线”按钮，绘制一层屋顶面，如图 8-107 所示。

7．绘制楼梯

（1）单击“图层特性管理器”下拉按钮，将“楼梯”图层设为当前图层。

（2）单击“修改”工具栏中的“偏移”按钮，将楼梯间右侧的墙线向左偏移 1200，并将偏移后的直线移至“楼梯”图层；然后单击“绘图”工具栏中的“直线”按钮，在与一层平面图相对应的位置绘制休息平台的边线，如图 8-108 所示。

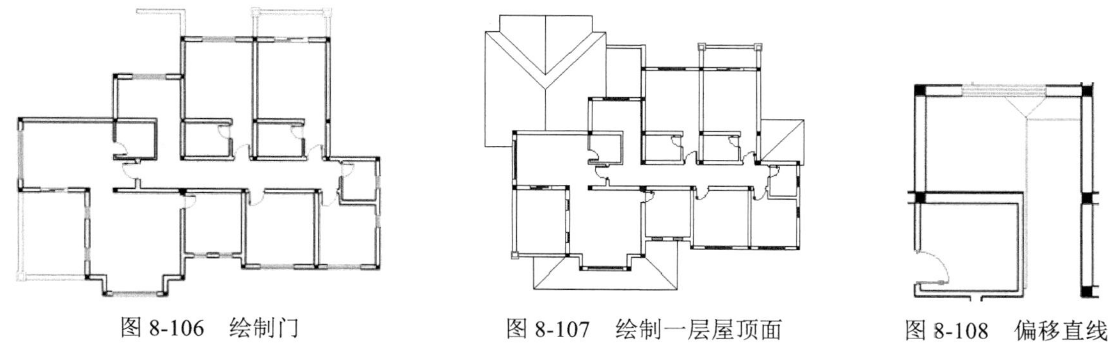

图 8-106　绘制门　　图 8-107　绘制一层屋顶面　　图 8-108　偏移直线

（3）单击“修改”工具栏中的“偏移”按钮，将台阶边线分别向两侧偏移，偏移距离均为 250，然后对图形进行修剪，完成楼梯踏步的绘制，如图 8-109 所示。

（4）单击“修改”工具栏中的“偏移”按钮，将楼梯边线依次向左偏移 60、120 和 180，绘制楼梯扶手；然后单击“绘图”工具栏中的“直线”按钮、“圆弧”按钮和“修改”工具栏中的“修剪”按钮，细化踏步和扶手，如图 8-110 所示。

（5）单击“绘图”工具栏中的“多段线”按钮和“多行文字”按钮，绘制楼梯箭头，完成一层楼梯的绘制，如图 8-111 所示。

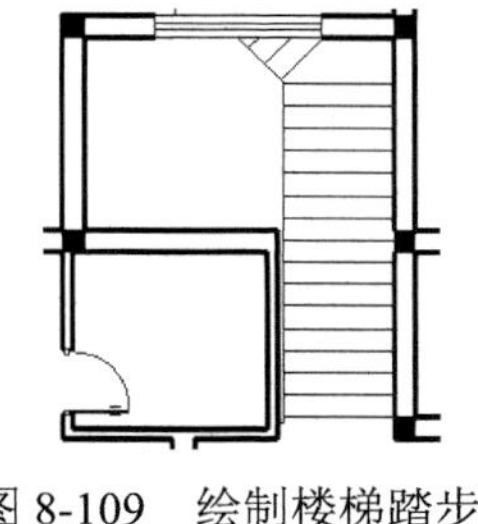
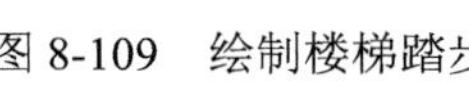

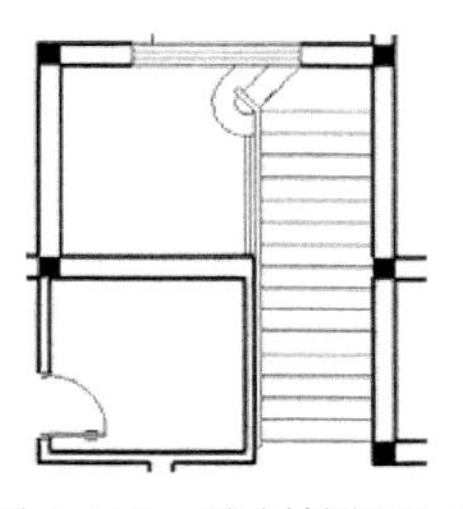

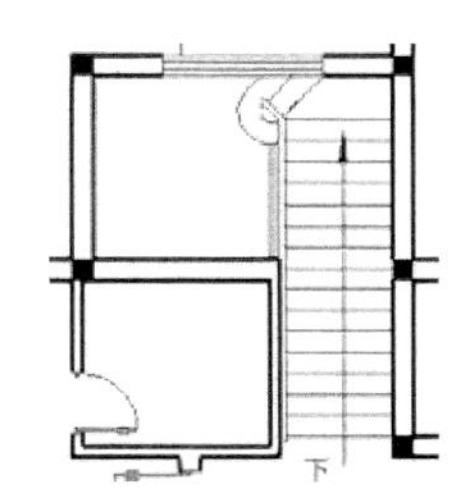

图 8-109　绘制楼梯踏步　　图 8-110　绘制楼梯扶手　　图 8-111　绘制楼梯箭头

Note

8. 室内布置

（1）单击“图层特性管理器”下拉按钮，将“室内布置”图层设为当前图层。

（2）单击“绘图”工具栏中的“插入块”按钮，利用与一层室内布置相同的方法布置二层平面图，如图8-112所示。

9. 室内铺地

在书房、过道铺设600×600的黄色防滑地砖，在卫生间铺设300×300的防滑地砖，在卧室铺设宽为150的强化木地板。

（1）单击“图层”工具栏中的“图层特性管理器”按钮，新建“室内铺地”图层，并将该图层设为当前图层。

（2）单击“绘图”工具栏中的“直线”按钮，把平面图中不同地面材料分隔处用直线划分出来。

（3）单击“绘图”工具栏中的“图案填充”按钮，填充室内铺地，如图8-113所示。

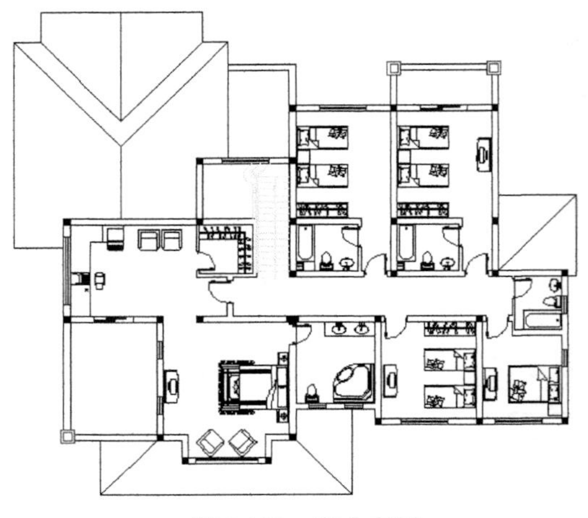
图8-112　室内布置

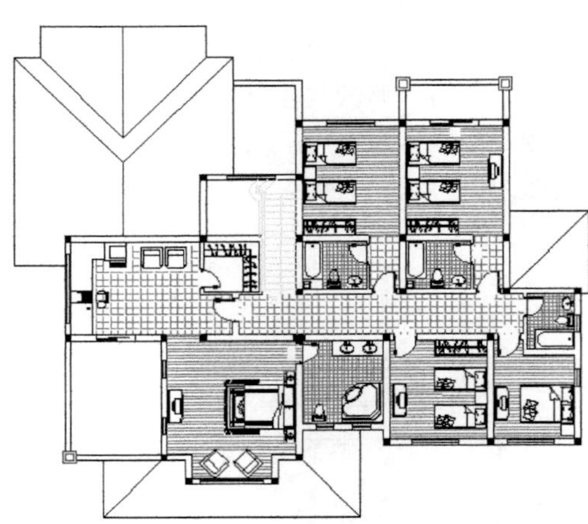
图8-113　室内铺地

10. 室内装饰

（1）单击“图层”工具栏中的“图层特性管理器”按钮，新建“室内装饰”图层，并将该图层设为当前图层。

（2）单击“绘图”工具栏中的“插入块”按钮，在室内平面图中空白处的适当位置布置一些盆景植物，作为点缀装饰，如图8-114所示。

11. 添加尺寸标注和文字说明

（1）单击“图层”工具栏中的“图层特性管理器”按钮，将“标注”图层设为当前图层。

（2）单击“绘图”工具栏中的“多行文字”按钮A，添加文字说明，主要包括房间及设施的功能用途等，如图8-115所示。

（3）单击“绘图”工具栏中的“直线”按钮和“多行文字”按钮A，标注室内标高，如图8-116所示。

（4）单击“绘图”工具栏中的“多行文字”按钮A，标注门窗，如图8-117所示。

（5）单击“绘图”工具栏中的“直线”按钮，标注一层屋顶斜面箭头，如图8-118所示。

（6）选择菜单栏中的“标注”→“标注样式”命令，系统弹出“标注样式管理器”对话框，新建“二层平面图”标注样式。选择“线”选项卡，设置“超出尺寸线”为200；选择“符号和箭头”

选项卡，设置“箭头方式”为“建筑标记”，“箭头大小”为 200；选择“文字”选项卡，设置“文字高度”为 300，“从尺寸线偏移”为 100。

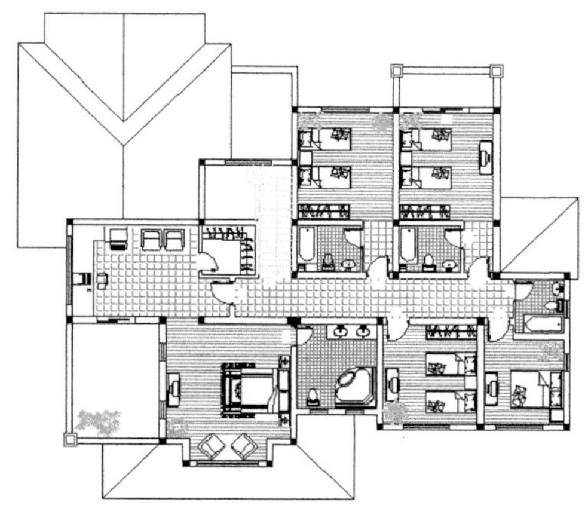

图 8-114　室内装饰

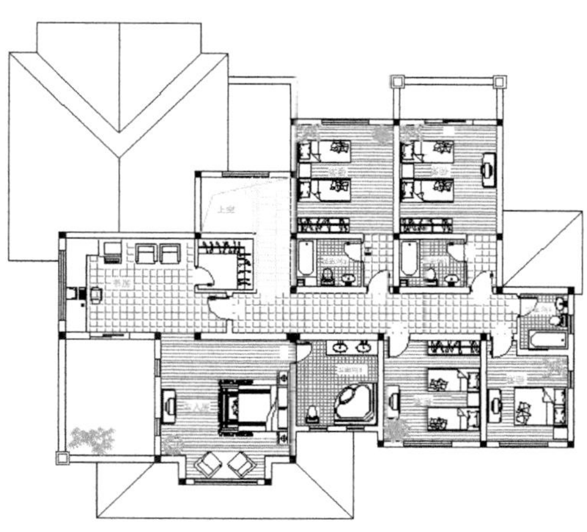

图 8-115　添加文字说明

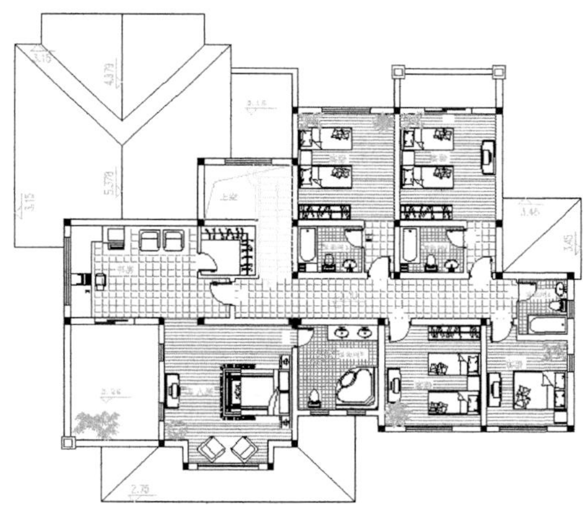

图 8-116　标注室内标高

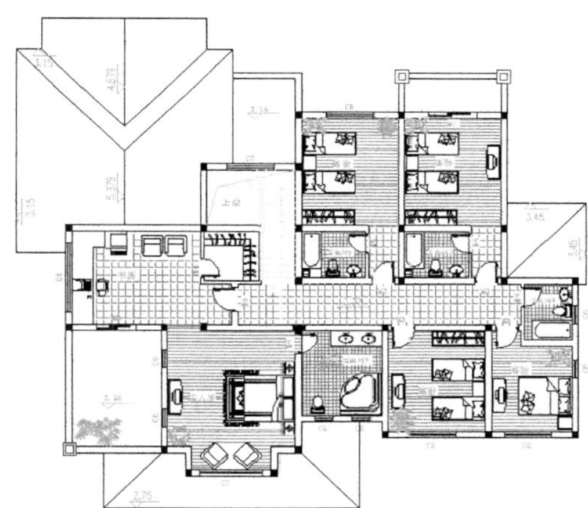

图 8-117　标注门窗

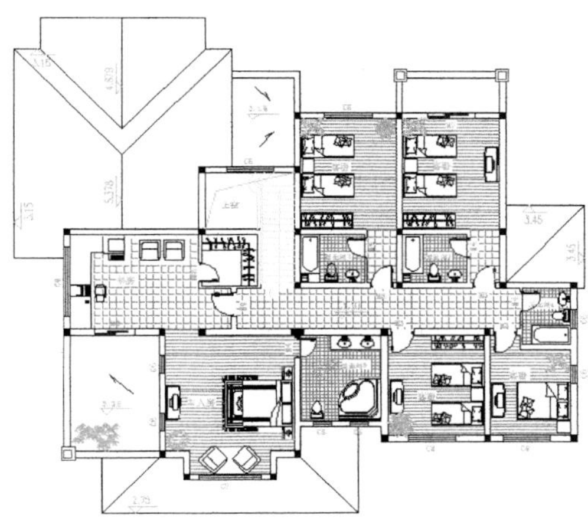

图 8-118　标注一层屋顶斜面箭头

（7）单击“标注”工具栏中的“线性”按钮和“连续”按钮，标注细部尺寸，如图 8-119 所示。

（8）标注第一道轴线尺寸，结果如图 8-120 所示；标注第二道轴线尺寸，结果如图 8-121 所示；标注最外围轴线尺寸，结果如图 8-122 所示。

Note

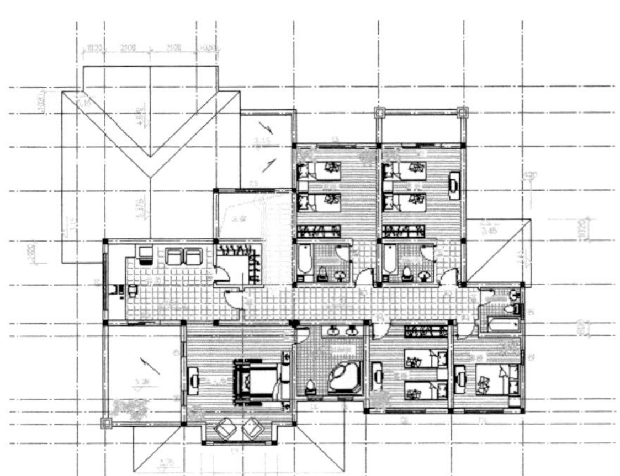

图 8-119　标注细部尺寸

图 8-120　标注第一道轴线尺寸

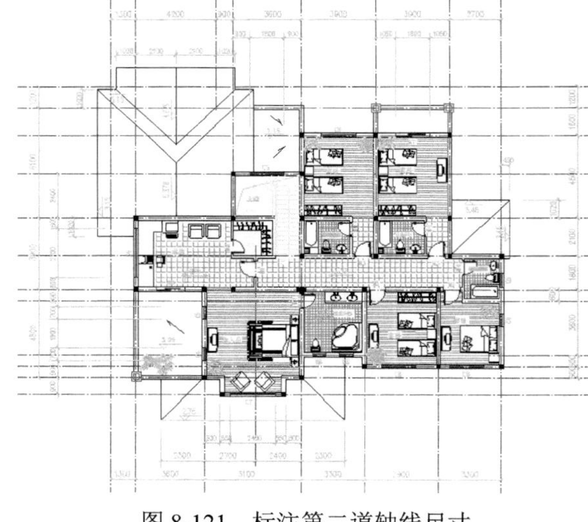

图 8-121　标注第二道轴线尺寸

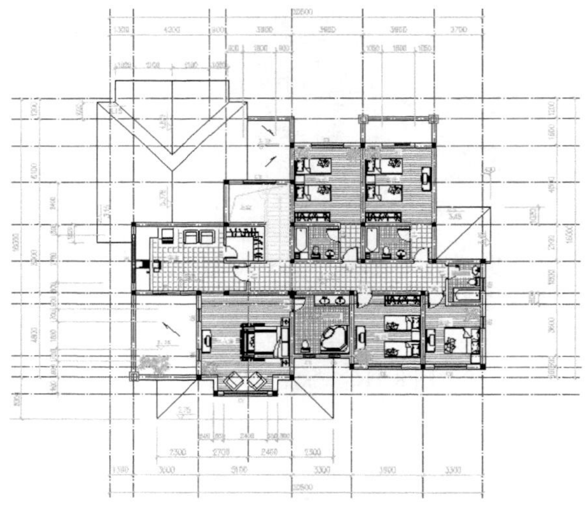

图 8-122　标注最外围轴线尺寸

（9）单击“绘图”工具栏中的“圆”按钮，在轴线端绘制一个直径为 900 的圆；单击“绘图”工具栏中的“多行文字”按钮，在圆的中央标注一个数字“1”，字高为 500；然后单击“修改”工具栏中的“复制”按钮，将该轴号图例复制到其他轴线端头，并修改圆内的数字，结果如图 8-123 所示。

（10）单击“绘图”工具栏中的“多行文字”按钮，弹出“文字格式”对话框，设置文字高度为 700，输入文字“二层平面图”，并在文字下方绘制一条直线，最终完成二层平面图的绘制，结果如图 8-124 所示。

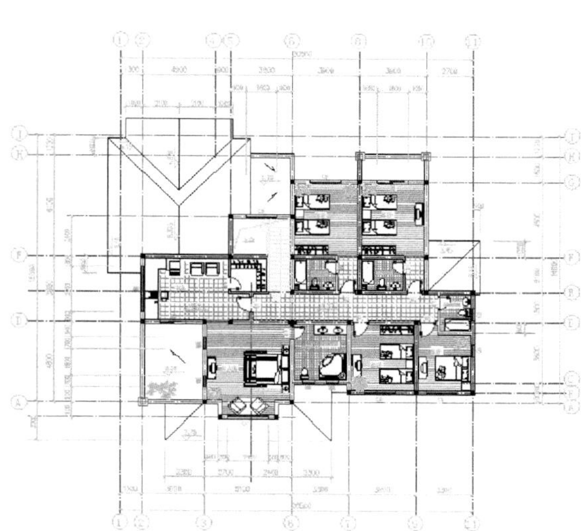

图 8-123 标注轴线号

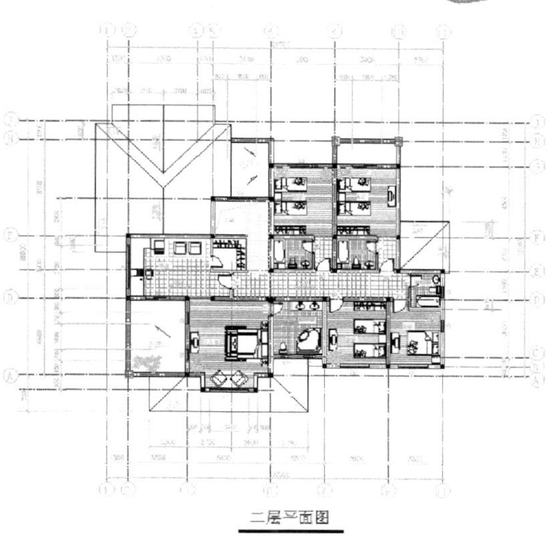


图 8-124 二层平面图绘制

Note

## 8.2.5 顶层平面图

下面介绍某别墅顶层平面图设计的相关知识及其绘图方法与技巧。绘制流程图如图 8-125 所示。

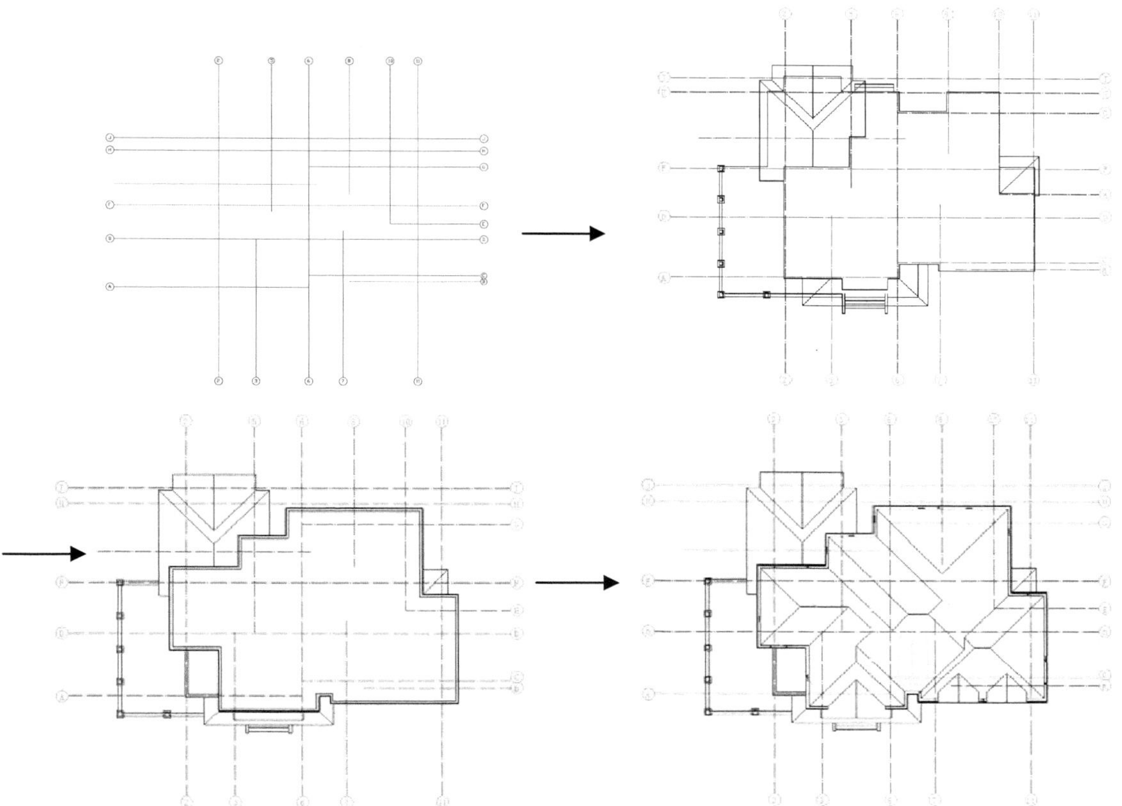

图 8-125 绘制顶层平面图

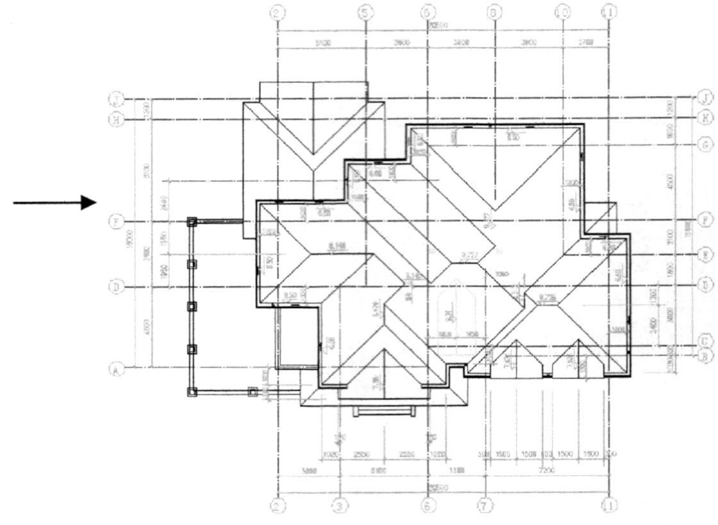


图 8-125　绘制顶层平面图（续）

绘制步骤：（**光盘\动画演示\第 8 章\顶层平面图.avi**）

1. 设置绘图环境

（1）在命令行中输入“LIMITS”，设置图幅尺寸为 420000×297000。

（2）单击“图层”工具栏中的“图层特性管理器”按钮，新建图层如图 8-126 所示，并将“屋顶”图层设置为当前图层。

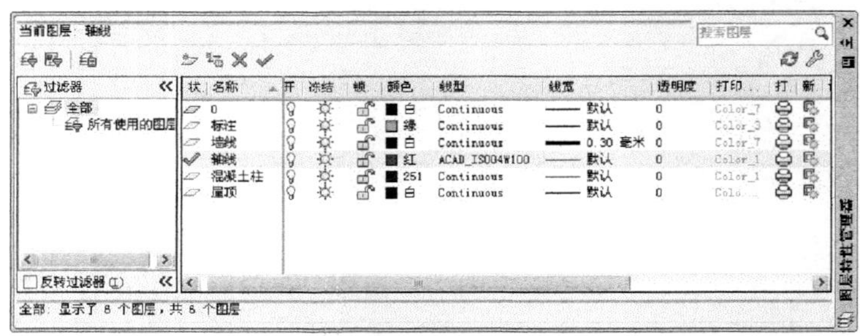


图 8-126　图层设置

2. 绘制轴线网

打开前面绘制的“二层平面图. dwg”，利用“复制”和“粘贴”命令，复制二层平面图的轴线到顶层平面图中，并单击“修改”工具栏中的“修剪”按钮进行修改，如图 8-127 所示。

3. 绘制屋顶平面

（1）同理复制一层平面图的外围轮廓线（包括围墙和台阶），如图 8-128 所示。

（2）同理复制二层平面图的外围轮廓线（包括围墙和台阶），如图 8-129 所示。

（3）单击“绘图”工具栏中的“直线”按钮和“修改”工具栏中的“偏移”按钮、“修剪”按钮，修改轮廓线，如图 8-130 所示。

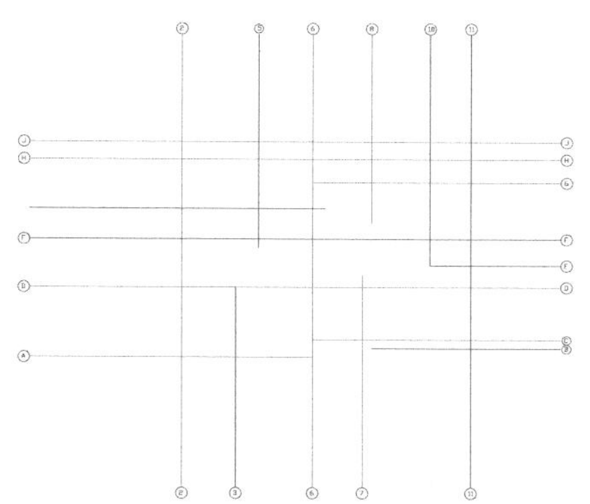

图 8-127　复制二层平面图轴线并修改

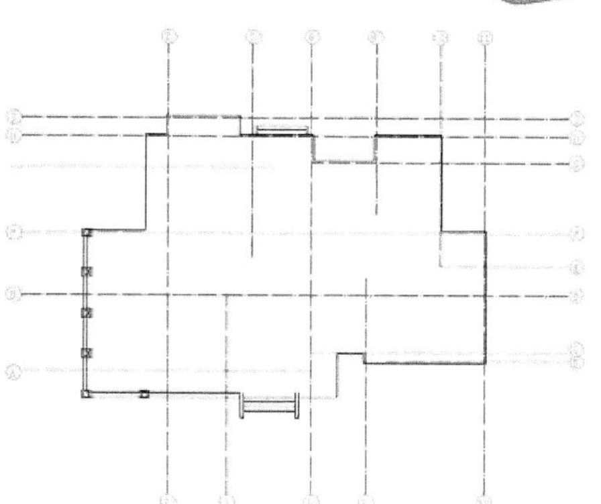

图 8-128　复制一层平面图外围轮廓线

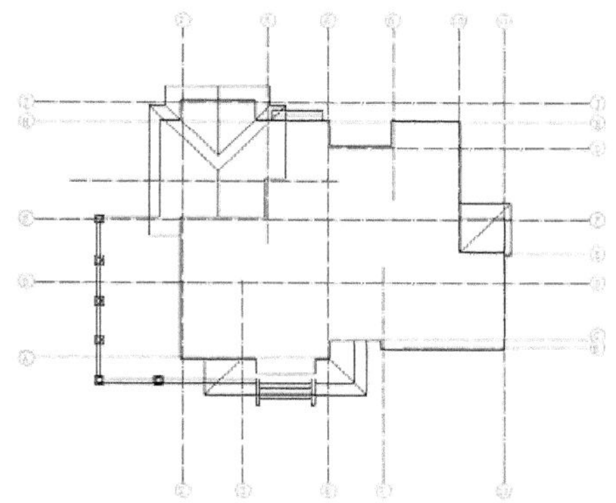

图 8-129　复制二层平面图外围轮廓线

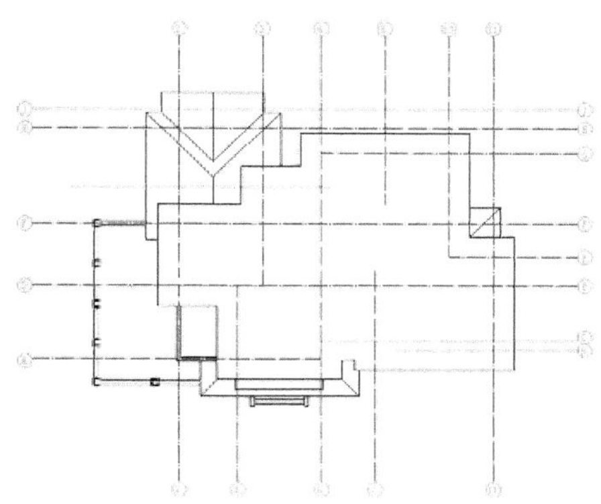

图 8-130　修改轮廓线

（4）单击“修改”工具栏中的“偏移”按钮，将修改后的屋顶轮廓线向外偏移 190 和 250；然后单击“绘图”工具栏中的“直线”按钮和“修改”工具栏中的“修剪”按钮，修改屋顶轮廓线，再修改轴线号颜色，如图 8-131 所示。

（5）单击“绘图”工具栏中的“圆”按钮、“直线”按钮和“修改”工具栏中的“偏移”按钮，绘制泛水，如图 8-132 所示。

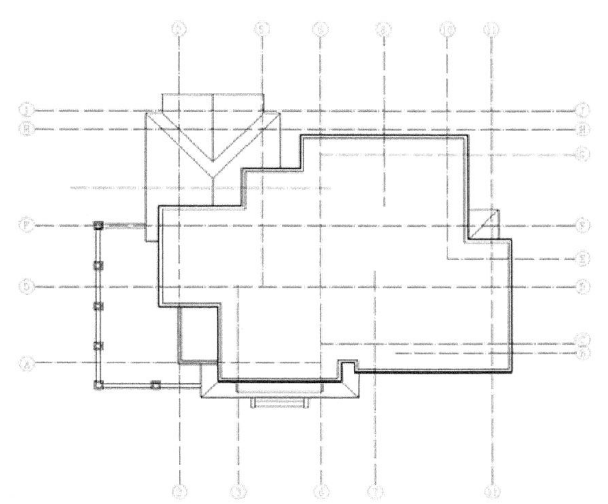

图 8-131　偏移并修改屋顶轮廓线

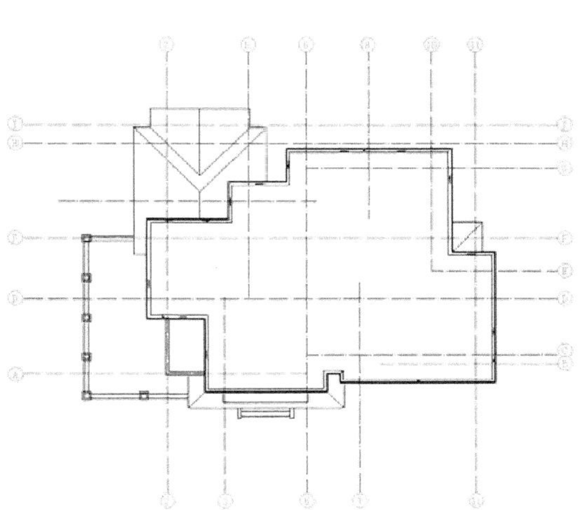

图 8-132　绘制泛水

Note

（6）单击“绘图”工具栏中的“直线”按钮，绘制屋脊线，如图 8-133 所示。

（7）单击“绘图”工具栏中的“直线”按钮，绘制天窗，如图 8-134 所示。

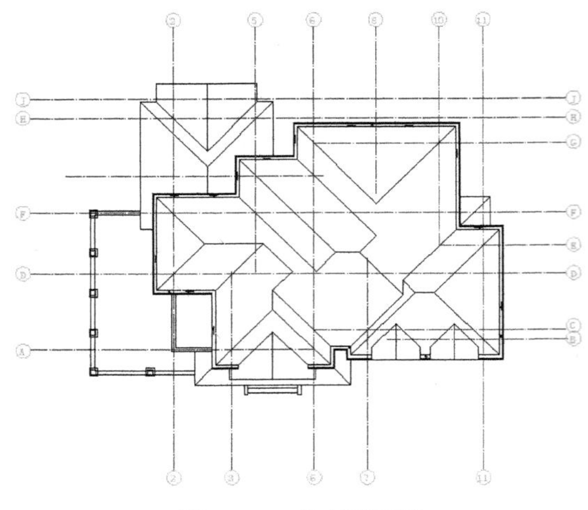

图 8-133　绘制屋脊线

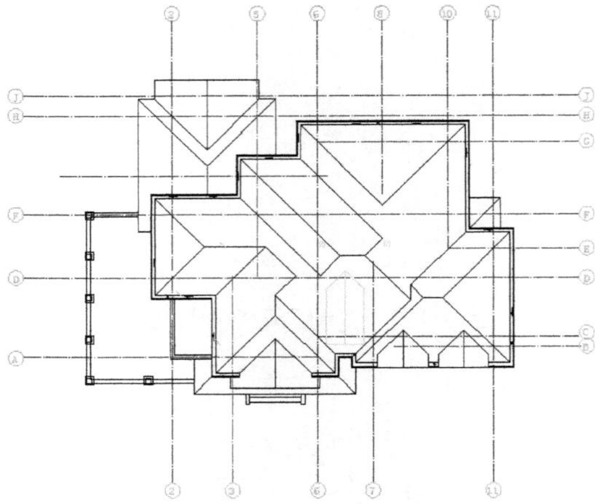

图 8-134　绘制天窗

4. 添加尺寸标注和文字说明

（1）单击“图层特性管理器”下拉按钮，将“标注”图层设为当前图层。

（2）单击“绘图”工具栏中的“直线”按钮和“多行文字”按钮，标注屋顶标高，如图 8-135 所示。

（3）单击“标注”工具栏中的“线性”按钮和“连续”按钮，标注细部尺寸，结果如图 8-136 所示；标注第一道轴线尺寸，结果如图 8-137 所示；标注最外围轴线尺寸，结果如图 8-138 所示。

（4）单击“绘图”工具栏中的“多行文字”按钮，弹出“文字格式”对话框，设置文字高度为 700，输入文字“顶面平面图”，并在文字下方绘制直线，完成顶层平面图的绘制，结果如图 8-139 所示。

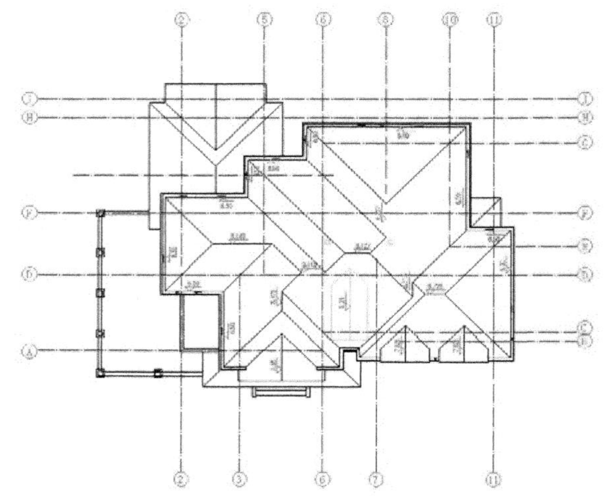

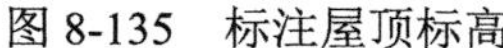

图 8-135　标注屋顶标高

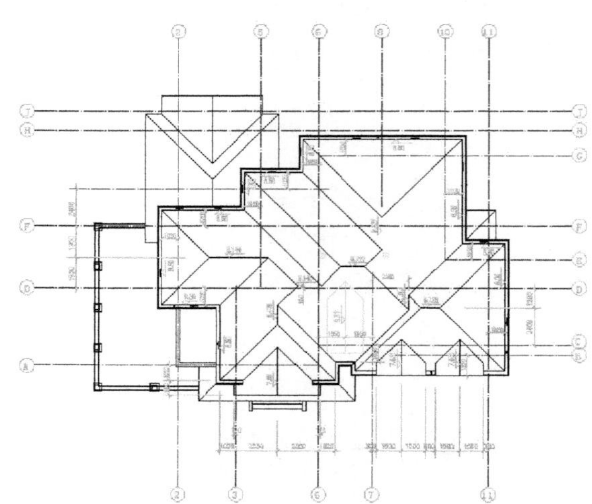

图 8-136　标注细部尺寸

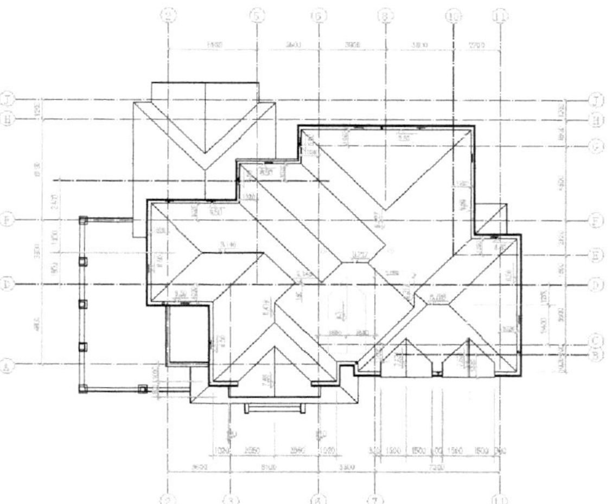

图 8-137 标注第一道轴线尺寸

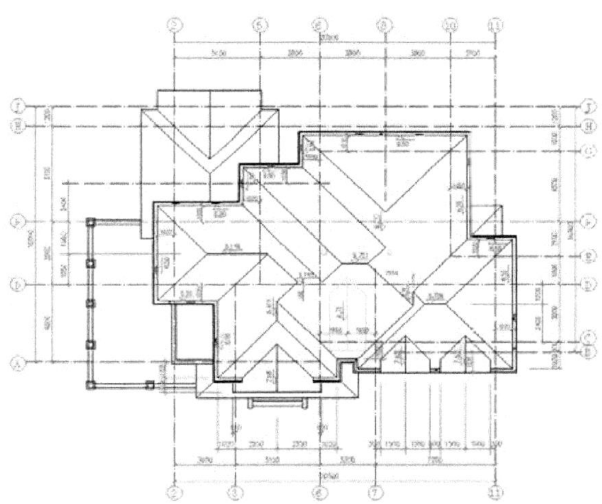

图 8-138 标注最外围轴线尺寸

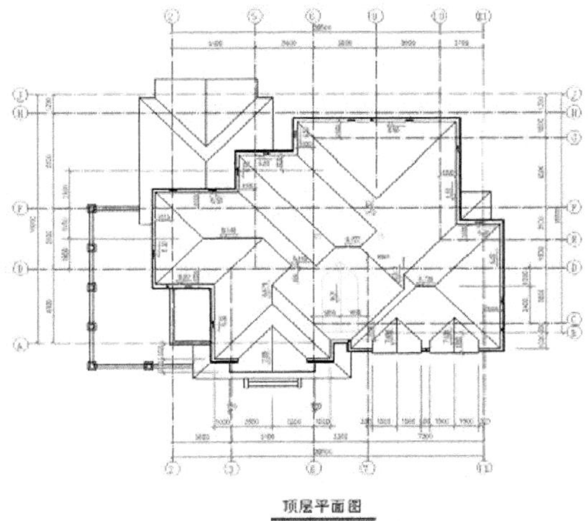


图 8-139 顶层平面图

Note

# 8.3　某宿舍楼平面图绘制

8.2 节以别墅为例介绍建筑平面图的绘制，毕竟不是十分全面，尚存在一些常见图形内容、常用绘制方法需要补充。因此，本节以某宿舍楼建筑平面图为例，让读者加强这部分绘图知识的掌握。本节介绍 3 个平面图（底层、标准层、屋面）的绘制（如图 8-140 所示），其中重点强调阵列、镜像等命令在平面布置组合中的应用。与前面重复的内容将被省略。

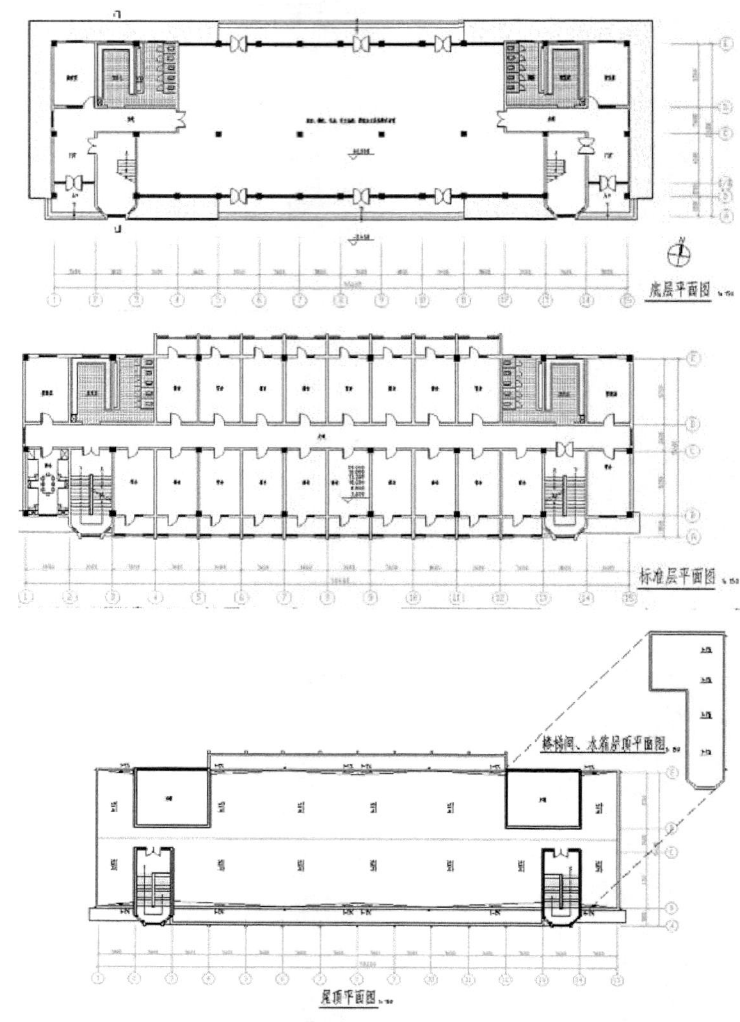


图 8-140　某宿舍楼底层、标准层、屋顶平面

## 8.3.1　实例简介

本实例为南方某高校内的通廊式学生宿舍楼，共七层，底层布置超市、餐饮、书店、理发店等服务设施，层高 3.6m；二至七层为宿舍，层高 3.2m；屋顶平面图。宿舍设两个入口、两组楼梯、两组

厕所及盥洗室，如图 8-140 所示。宿舍开间为 3.6m，进深为 5.7m，宿舍外设阳台。由于每间宿舍的结构及布置都是相同的，所以可以利用阵列、镜像等方法来快速绘制。

## 8.3.2　底层平面图

下面介绍某宿舍楼底层平面图设计的相关知识及其绘图方法与技巧。绘制流程图如图 8-141 所示。

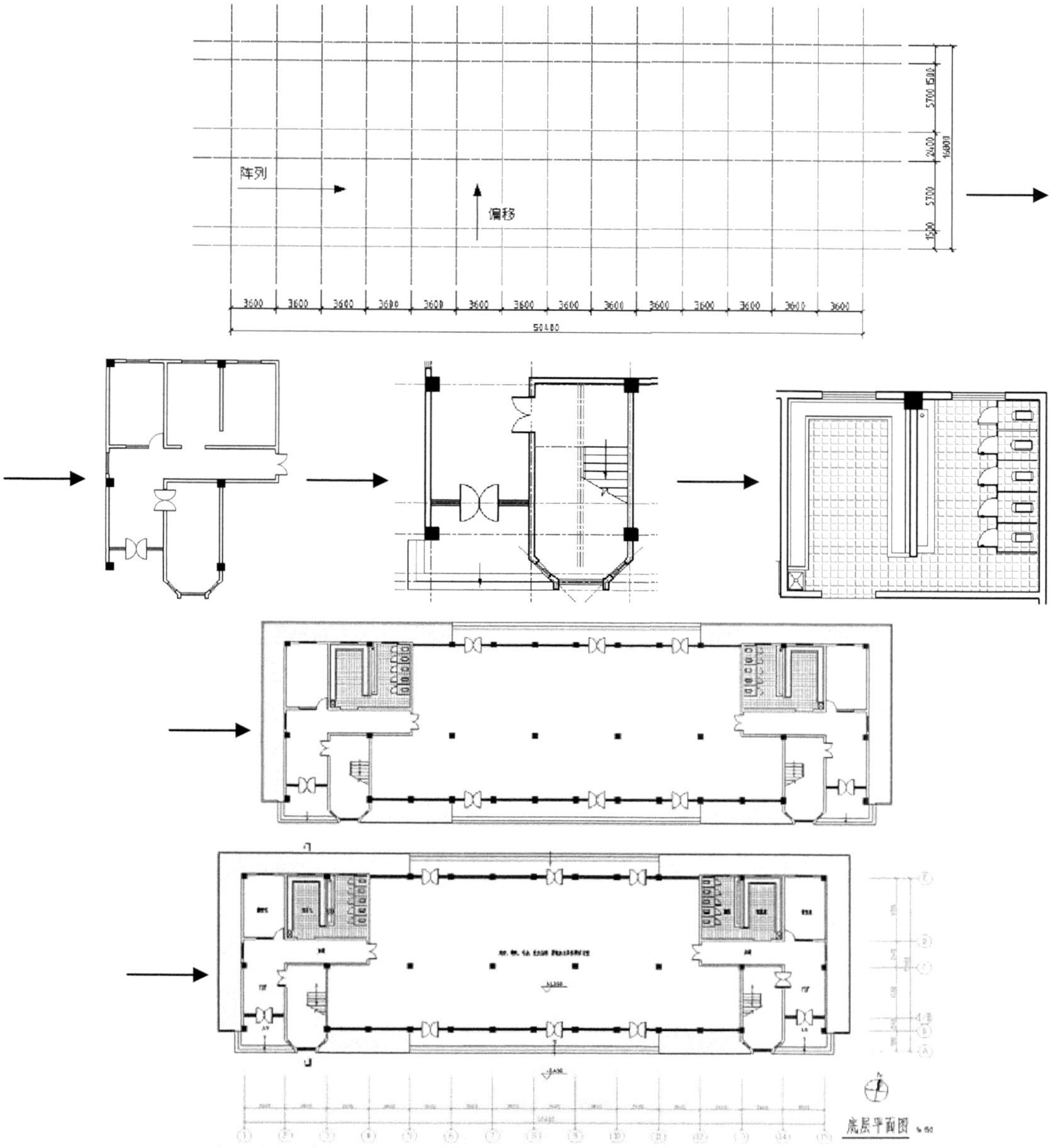

图 8-141　绘制底层平面图

**绘制步骤：（光盘\动画演示\第 8 章\底层平面图.avi）**

在底层平面图中，重点完成楼梯间、厕所、盥洗室、柱网的排布，然后对周边景观作简单的绘制。

Note

1. 绘图准备

打开 8.2 节的别墅平面图文件，将它另存为“底层平面图.dwg”，这样可以省去图层设置、尺寸样式设置、常用图块插入等步骤，比调用样板文件更方便。当然，别墅图中明显用不着的内容尽量删除，避免占用大量的存储空间。

2. 轴线绘制

由于该平面图定位轴线排布规律性很大，所以对于水平轴线，用“偏移”命令来完成，而对于竖向轴线，则用“阵列”命令一次即可绘制完成，如图 8-142 所示。

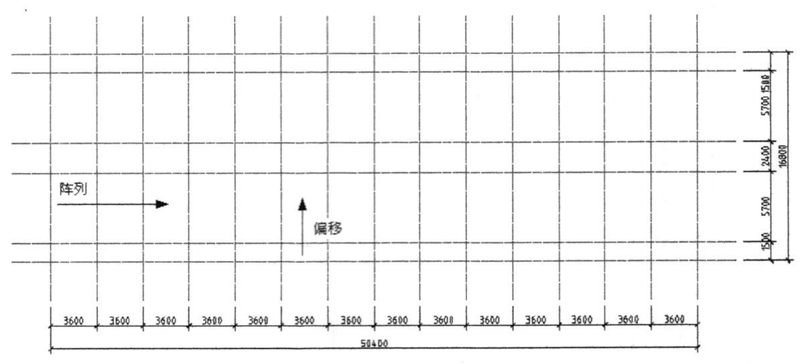


图 8-142　轴线绘制

说明：轴线两端应伸出一定距离，便于进行尺寸标注。本例中伸出值约为图面尺寸的 3cm 左右。

3. 柱布置

本例结构形式为现浇钢筋混凝土框架结构，因此，布置钢筋混凝土柱后，再布置墙体。

（1）建立柱图块。设置“柱”图层为当前层。由于暂不能明确确定柱截面的大小，故根据经验取 500×500。绘制 500×500 的矩形，填充涂黑，建立图块，注意借助辅助线以矩形的中心点作为插入基点，如图 8-143 所示。

（2）柱布置。首先完成第一列布置，如图 8-144 所示。

（3）将这一列向右阵列，单击“修改”工具栏中的“矩形阵列”按钮，阵列对象为上述布置的 3 个柱，设置“行数”为 1、“列数”为 8、“列间距”为 7200，如图 8-145 所示。

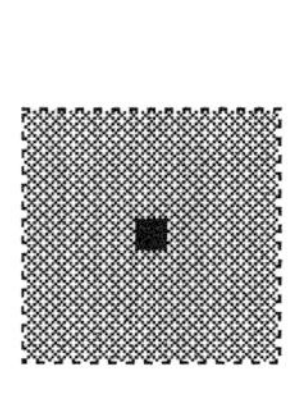

图 8-143　柱图块

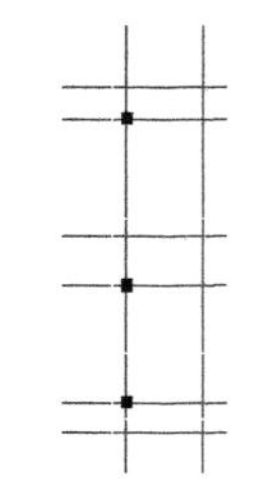

图 8-144　第一列柱

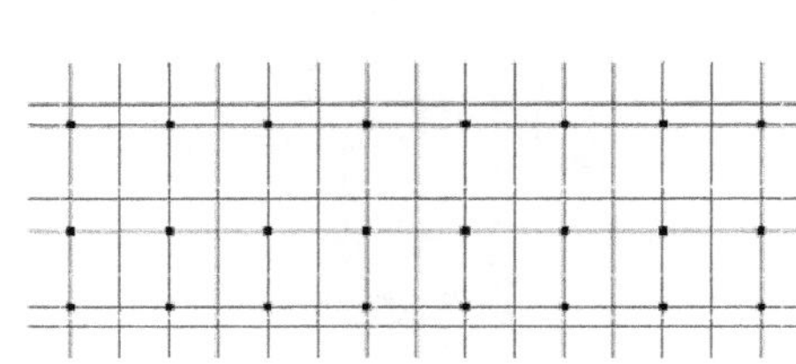

图 8-145　完成柱布置

4. 墙布置

在底层平面图中，墙体布置的重点是入口、门厅、管理室、楼梯间、盥洗室、厕所，都集中在两端，只要做好一端，另一端通过“镜像”命令来复制。下面叙述绘制要点。

（1）轴线补充。按如图 8-146 所示补充细部轴线，以便墙体定位。

（2）墙体绘制。执行“多线”命令，设置比例为 200，按如图 8-147 所示进行绘制。

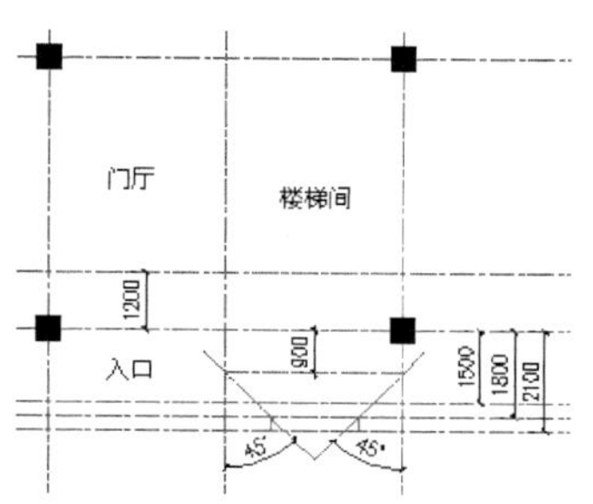


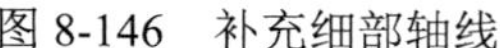

图 8-146　补充细部轴线

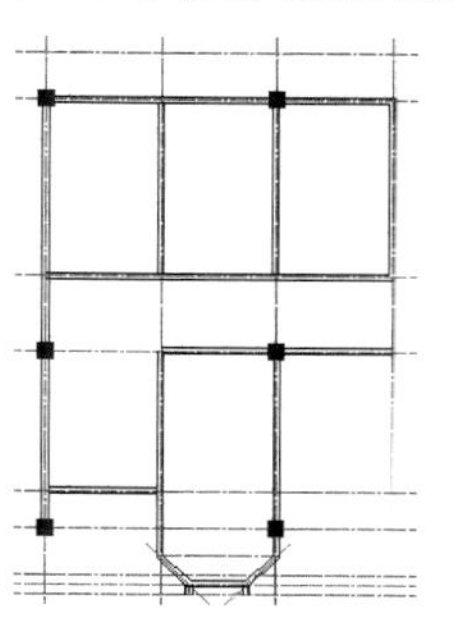

图 8-147　绘制轮廓线

（3）墙体修整。与前面的别墅不同，本办公楼墙体为填充墙，不参与结构承重，主要起分隔空间的作用，其中心线位置不一定与定位轴线重合，有时出现偏移一定距离的情况。本办公楼中外墙和走道两侧的隔墙厚度为 200，均打算向外偏移 150，使得墙外边缘与柱外边缘平齐，以获得较大的室内空间。实现这个效果的方法应该是多样的，比较简单的方法就是直接使用“移动”命令对中绘制的墙线。

首先移动外墙和走道两侧的隔墙，然后修整线头，使连通正确，结果如图 8-148 所示。

5．门窗布置

（1）如图 8-149 所示借助辅助线确定门窗洞口位置，然后将洞口处的墙线修剪掉，并将墙线封口。封口线设置到“墙线”图层。

（2）将“门窗”图层设为当前层，按如图 8-150 所示绘制门窗，绘制方法同前面相关内容。

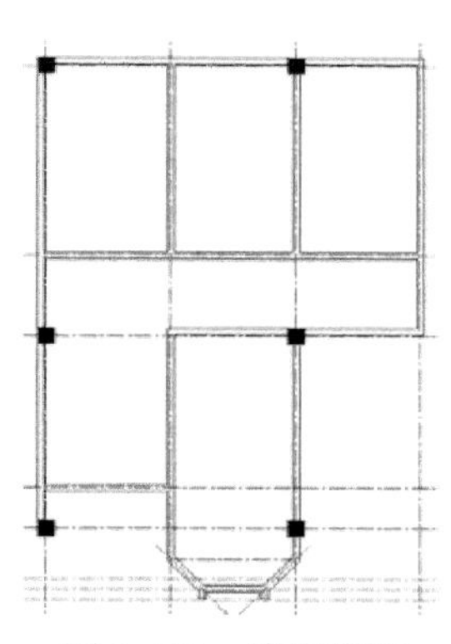

图 8-148　墙线修整

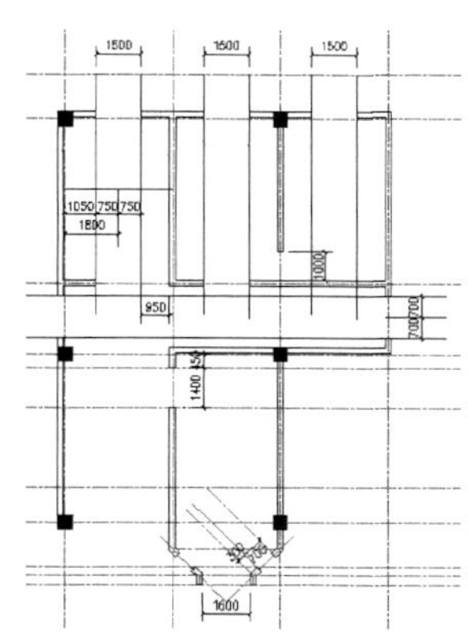


图 8-149　绘制门窗洞口

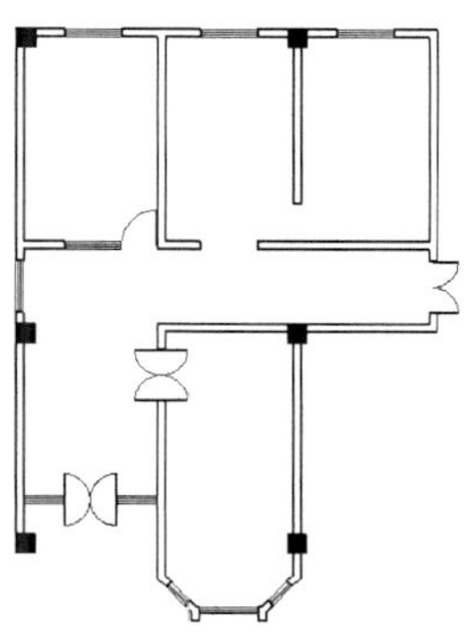

图 8-150　门窗绘制

6．楼梯及台阶绘制

底层层高 3.6m，踏步高设计为 150mm，宽为 300mm，因此需要 24 级；此外，该楼梯设计为双跑（等跑）楼梯，因此梯段长度为 11×300=3300mm；再者，楼梯间净宽为 3400mm，因此不妨设计梯段宽度为 1600mm，休息平台宽度需要大于等于 1600mm。

据此楼梯尺寸，首先绘制出楼梯梯段的定位辅助线，如图 8-151 所示。然后，按如图 8-152 所示绘制出底层楼梯和入口台阶。

7．盥洗室和厕所布置

（1）盥洗室

❶ 如图 8-153 所示，首先用“多段线”命令沿盥洗室周边绘制一条多段线，并向内依次偏移 100、

400、100 复制出排水槽和盥洗台边缘。

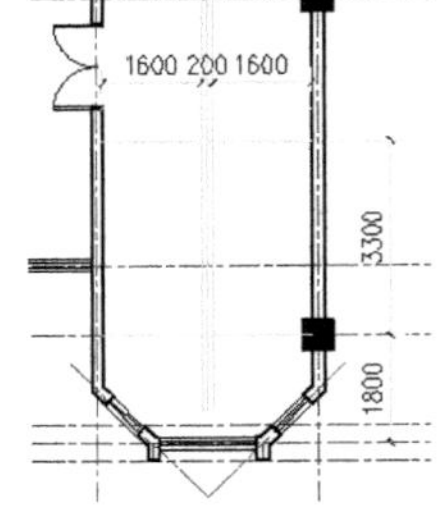


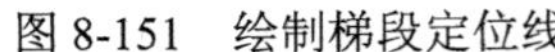
图 8-151　绘制梯段定位线

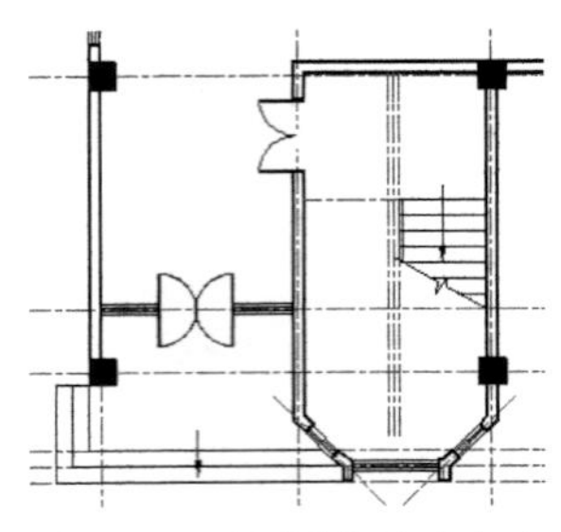
图 8-152　绘制梯段及台阶

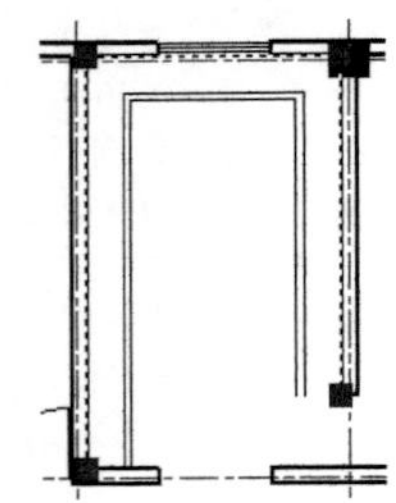
图 8-153　盥洗室绘制步骤一

❷ 在盥洗台端部绘制 500×600 的洗涤池，洗涤池边厚 50，并把盥洗台端部封口，如图 8-154 所示。

（2）厕所

❶ 打开设计中心，找到“建筑图库.dwg”中的“厕所”图块，双击，输入旋转角度“-90”。如图 8-155 所示插入蹲位图形。

❷ 绘制出小便槽，如图 8-156 所示。

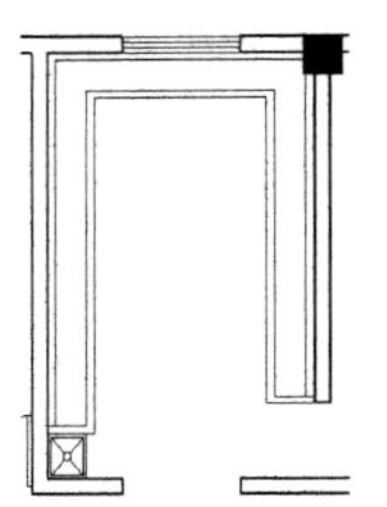
图 8-154　盥洗室绘制步骤二

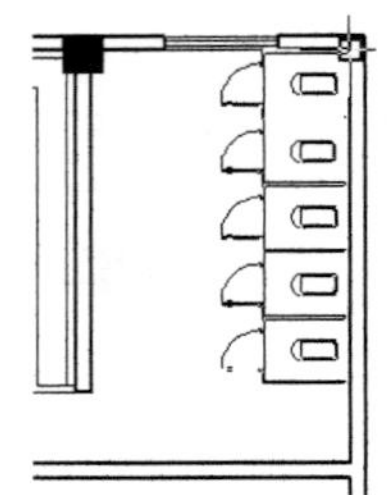
图 8-155　插入图块

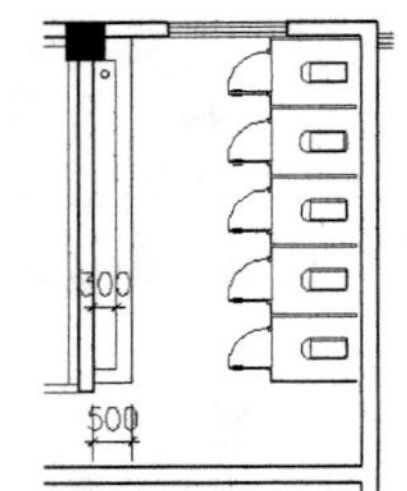

图 8-156　小便槽绘制

（3）填充地面图案，如图 8-157 所示。

8. 完成底层平面

（1）镜像复制。将绘制好的一端镜像复制到另一端，如图 8-158 所示。

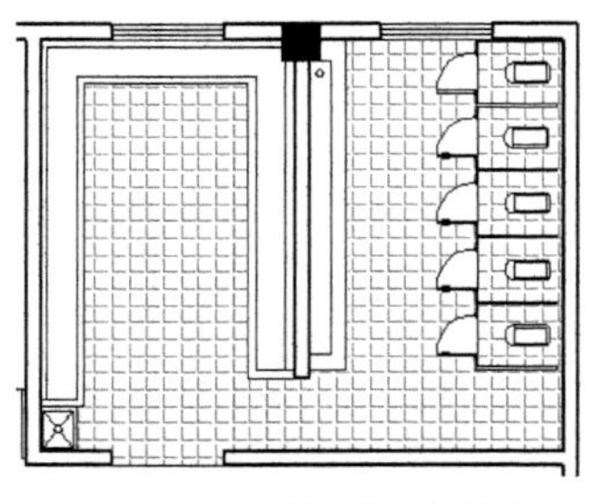
图 8-157　地面图案填充

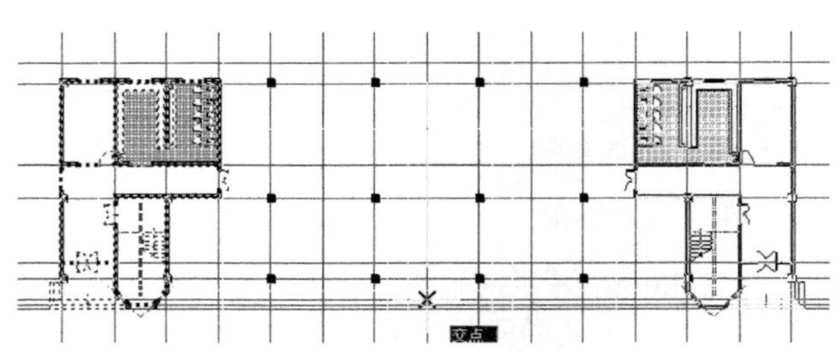

图 8-158　镜像复制

（2）补充柱布置。在没有布置边柱的轴线交点上布置边柱。

（3）门窗绘制。考虑底层的商业用途，现在剩余部分前后两侧拉通布置玻璃窗，并在适当的位置上布置玻璃门。

（4）台阶及草地。按如图 8-159 所示布置台阶和草地，最终完成底层平面图的基本绘制。

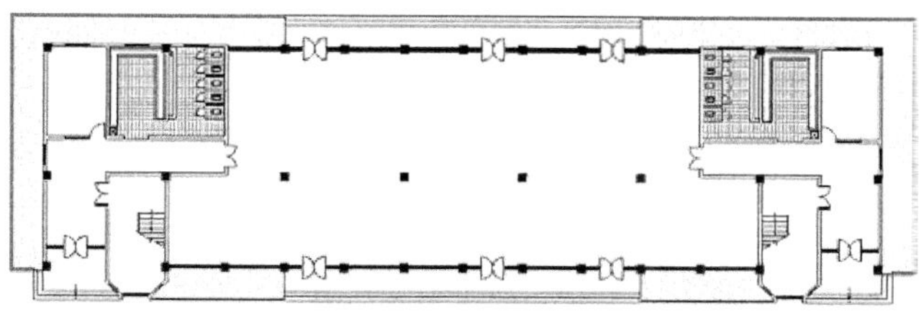

图 8-159 完成底层平面图绘制

9. 文字、尺寸标注

考虑到本平面图的大小，现选取 1:150 的出图比例，故需要更改尺寸样式中的“全局比例”为 150。此外，图中文字字高也需要在原有基础（相对于 1:100 的比例）上扩大 1.5 倍。结果如图 8-160 所示。

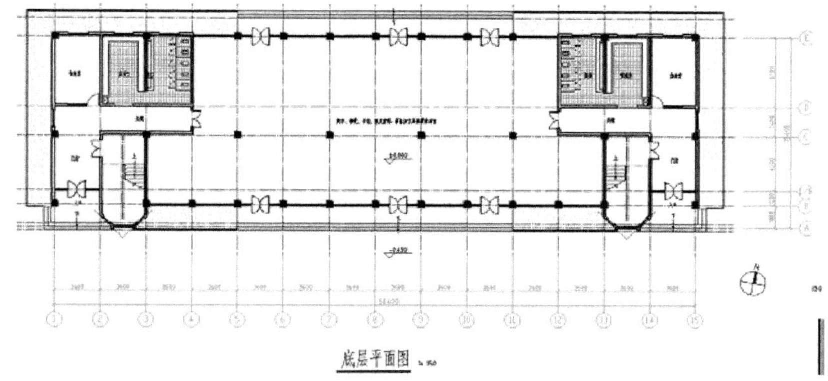


图 8-160 底层平面图

## 8.3.3 标准层平面图

下面介绍某宿舍楼标准层平面图设计的相关知识及其绘图方法与技巧。绘制流程图如图 8-161 所示。

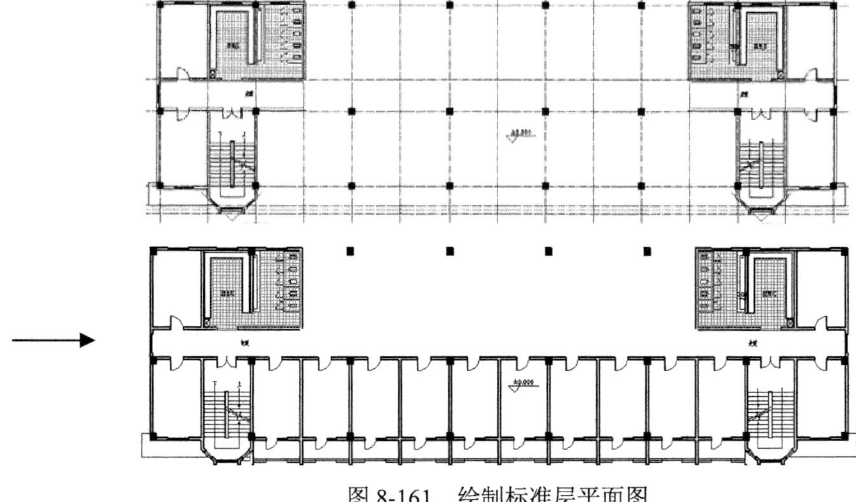

图 8-161 绘制标准层平面图

Note

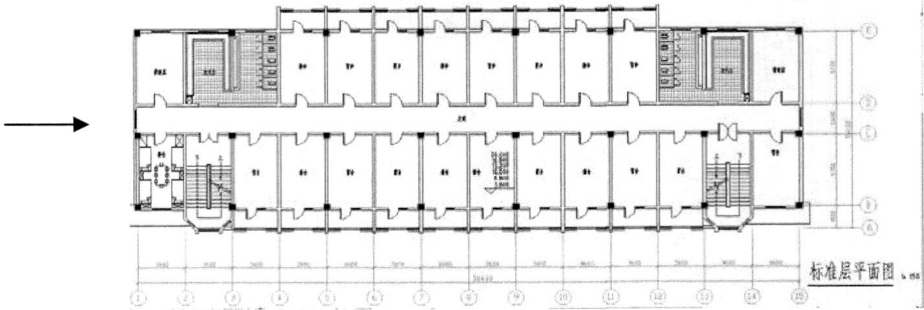

图 8-161　绘制标准层平面图（续）

绘制步骤：（光盘\动画演示\第 8 章\标准平面图.avi）

二至七层均为学生宿舍，布置相同，因此绘制一个标准层平面图。在布置标准层平面图时，由于每个宿舍的规格相同，因此只要绘制好一个，其他宿舍通过“阵列”和“镜像”复制完成，非常便捷。

1. 复制并整理底层平面图

复制底层平面图到其正上方，并进行修改整理，结果如图 8-162 所示。

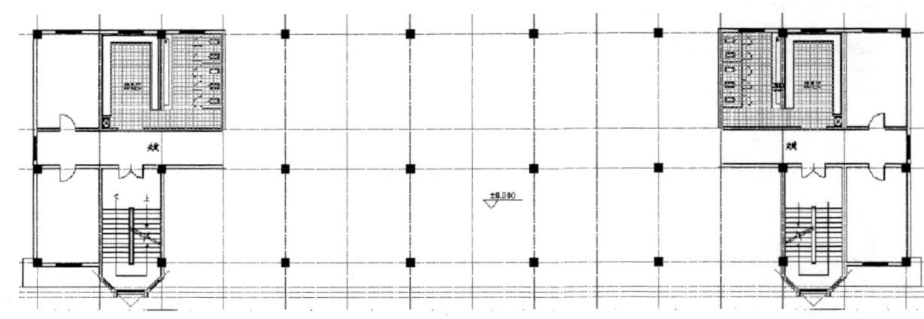

图 8-162　复制并整理底层平面图

2. 宿舍绘制

（1）墙线及门窗。通过复制楼梯间左侧的房间墙线和门窗来简化宿舍的绘制。

❶ 打断墙线。单击“修改”工具栏中的“打断于点”按钮，如图 8-163 所示将墙线于 A 点打断。

❷ 复制墙线及门窗。如图 8-164 所示，以 A 点为基点，B 点为第二点，复制墙线及门窗。

❸ 修改墙线及门窗。如图 8-165 所示，修改墙线及门窗，将右侧墙体延伸到阳台栏杆外 300（如图 8-166 所示）；窗改为门带窗，通向阳台的门洞宽为 800，窗宽为 700。右侧墙线端部绘出一半是为了“阵列”复制的方便。

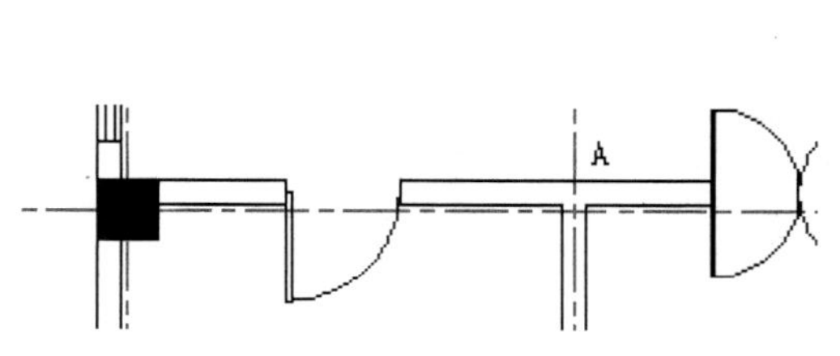


图 8-163　将墙线于 A 点打断

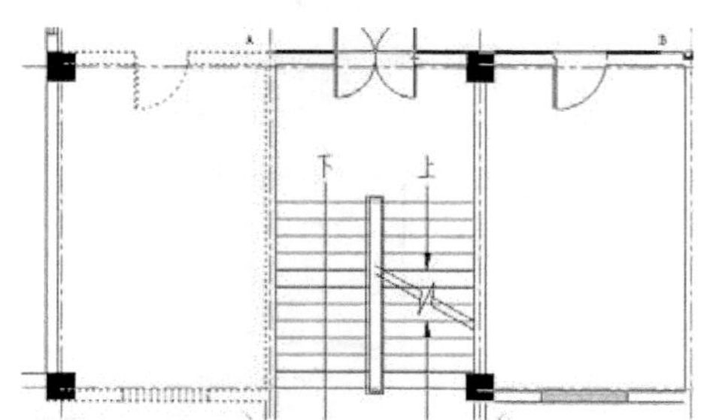


图 8-164　复制墙线及门窗

（2）阳台。阳台进深为 1500mm（至阳台结构底板外边缘），每个阳台栏杆分三段，两边为金属

栏杆，中间部分为实心栏板。首先，从门窗位置向下引出定位辅助线，然后绘制出阳台栏杆、栏板，如图 8-166 所示。

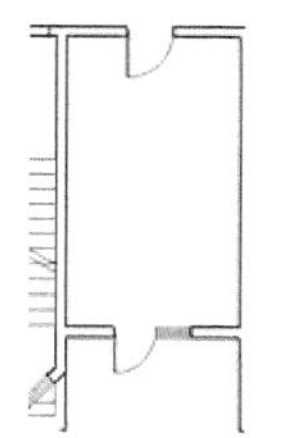

图 8-165　修改墙线及门窗

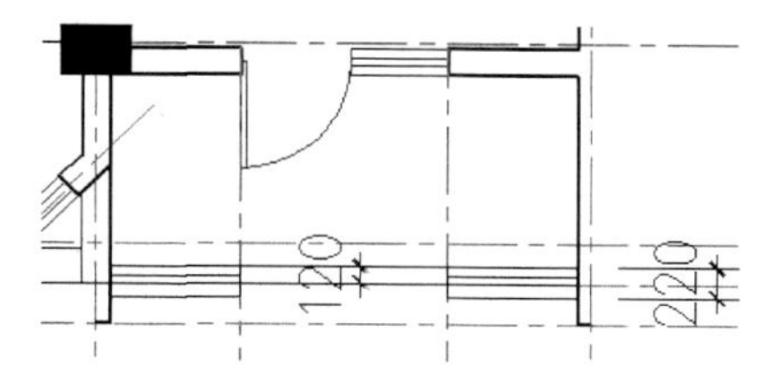


图 8-166　阳台

（3）复制房间。南侧房间通过“阵列”实现，北侧房间通过“镜像”完成。

❶ 南侧房间。如图 8-167 所示，选中房间图线，单击“修改”工具栏中的“矩形阵列”按钮，设置“行数”为 1、“列数”为 10、“列间距”为 3600，完成南面的宿舍布置，结果如图 8-168 所示。

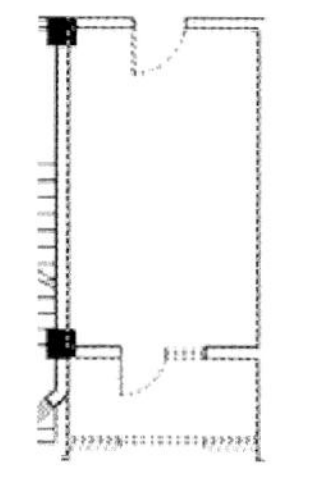

图 8-167　选中房间图线

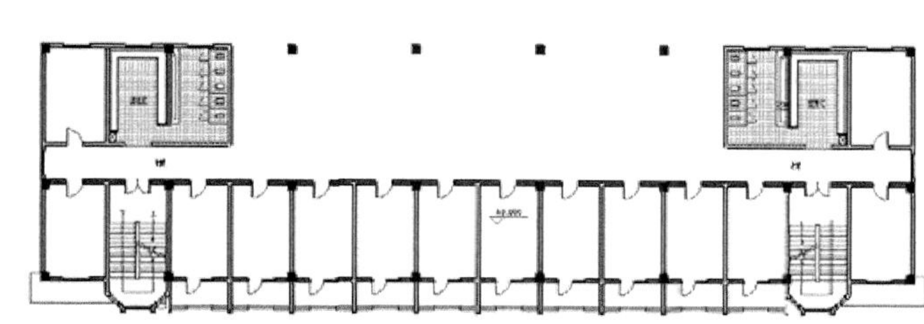

图 8-168　阵列结果

❷ 北侧房间。将南侧房间镜像到北侧，如图 8-169 所示。为了方便阵列，可以把“柱”关闭。另外，阵列时，注意选择好镜像线。

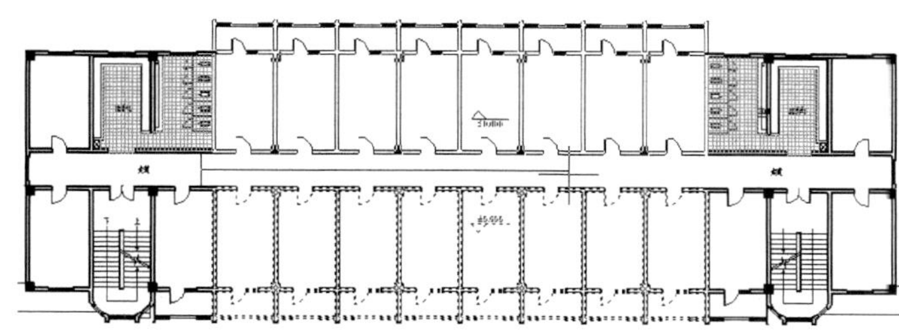

图 8-169　镜像房间

❸ 调整房间。由于南侧房间净深比北侧大 100，因此需要对镜像复制过去的房间进行修改。执行“拉伸”命令，如图 8-170 所示，选择房间图线，输入相对坐标“@0,-150”，确定完成。

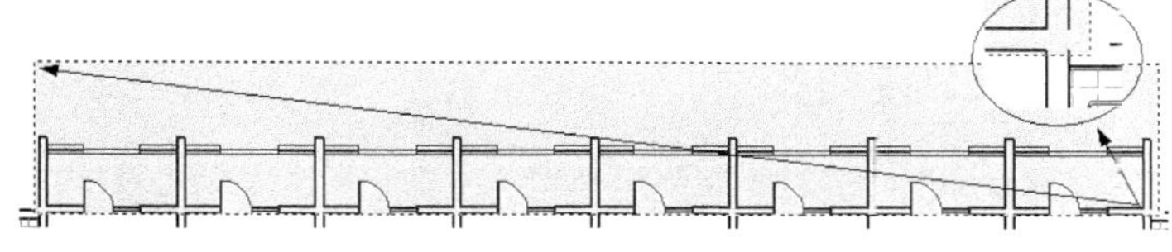

图 8-170　选择房间图线示意图

❹ 南侧与楼梯间相接的阳台处修改如图 8-171 所示。其他交接不当之处也作相应修改。

（4）室内布置。室内布置内容包括 4 张双层床、2 个壁柜、4 个书架、1 张书桌。

❶ 确定定位辅助线。首先用“距离查询”命令查出宿舍室内净深为5800，然后扣除两张床的长度4000，剩余1800分别用于书架和壁柜。

说明：没必要每间宿舍都进行室内布置，只要代表性地布置一间即可，其他的用文字说明。

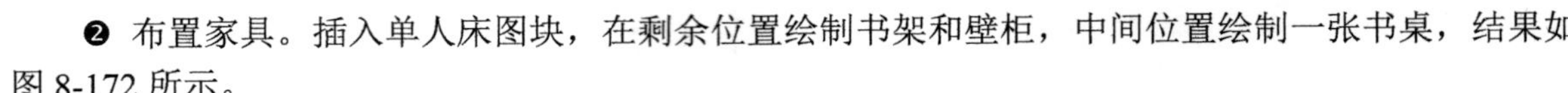

❷ 布置家具。插入单人床图块，在剩余位置绘制书架和壁柜，中间位置绘制一张书桌，结果如图8-172所示。

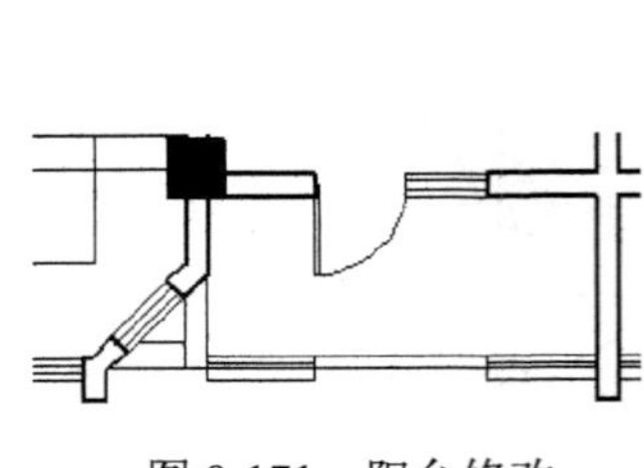

图8-171　阳台修改

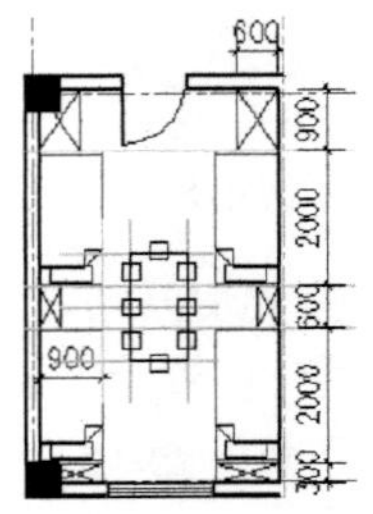


图8-172　室内布置

3. 文字尺寸标注

在底层的基础上调整文字、尺寸标注。房间名称的书写也可以用“阵列”命令来完成。另外，需要注意的是，标准层标高的标注方法是把各层的标高按上下顺序累加在一起，结果如图8-173所示。

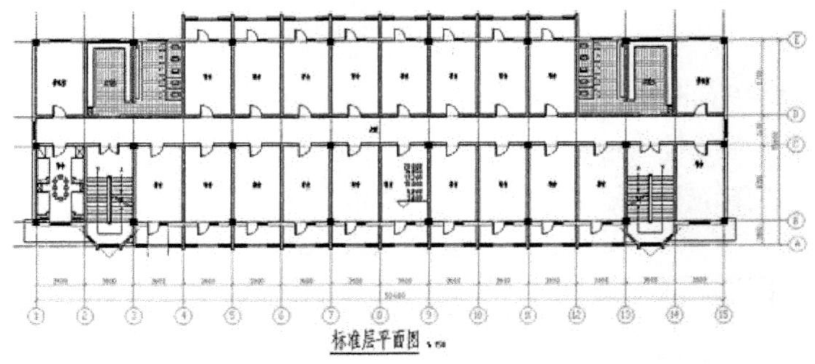


图8-173　文字、尺寸标注

说明：在进行墙线阵列之前，一定要把墙线整理好，尽量避免阵列后仍要作大量修改的情况。

## 8.3.4　屋顶平面图

下面介绍某宿舍楼屋顶平面图设计的相关知识及其绘图方法与技巧。绘制流程图如图8-174所示。

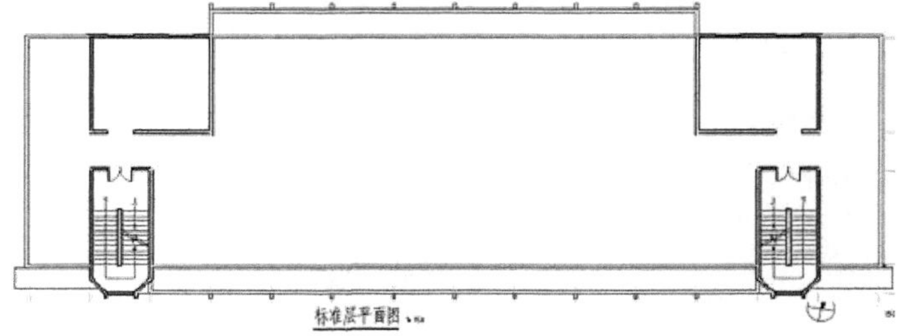


图8-174　绘制屋顶平面图

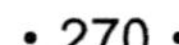

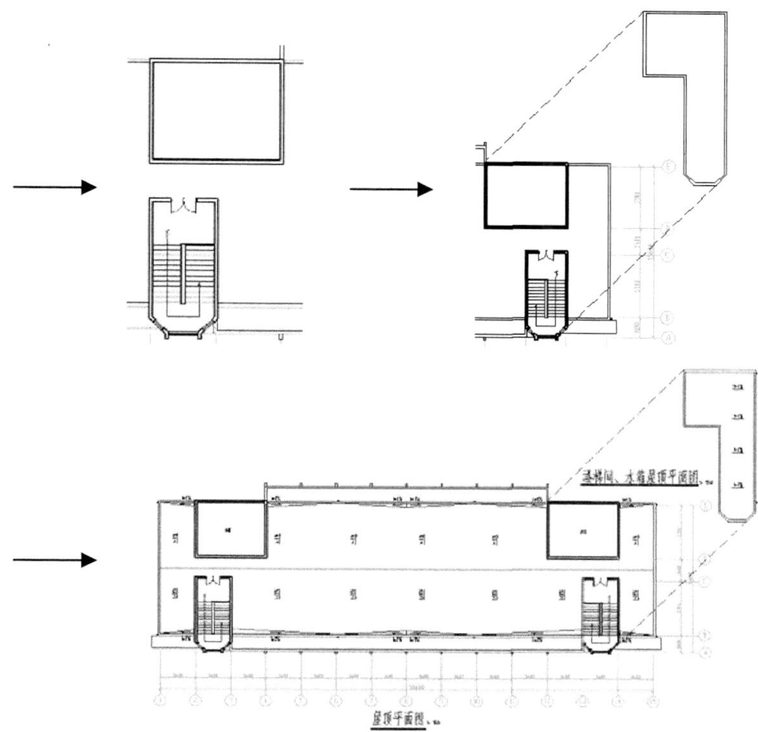

图 8-174　绘制屋顶平面图（续）

**绘制步骤：（光盘\动画演示\第 8 章\屋顶平面图.avi）**

本实例屋顶绘制内容包括宿舍楼屋顶和楼梯间、水箱屋顶两个部分。宿舍楼屋顶可上人。两个楼梯均出屋面；水箱设置在盥洗室、厕所上方。另外，宿舍楼屋顶和楼梯间、水箱屋顶均采用有组织外排水形式。对于每一部分屋顶，其绘制内容又包括屋顶的形式和排水形式两个部分。下面分别叙述其绘制要点。

1. 屋面形式绘制

宿舍楼屋顶平面图的水平剖切位置设在出屋面楼梯间的中部，因此，除了楼梯间、水箱需要表现被剖切墙线、门窗等平面图内容外，其余的屋面形式和出屋面楼梯平面图形均为看线。楼梯间、水箱屋顶平面图亦均为看线。

（1）宿舍楼屋面绘制

❶ 将标准层平面图复制到其正上方，在“屋面”图层中沿房屋周边绘制出女儿墙、阳台雨篷等看线内容。然后，将楼梯间、盥洗室、厕所部分保留下来，其他标准层图线内容删去。结果如图 8-175 所示。

❷ 将残破楼梯间、水箱墙线进行修整，如图 8-176 所示。

（2）楼梯间、水箱屋面绘制

在宿舍楼屋顶平面图的基础上，分别由楼梯间、水箱的两个相对角点引出 45°虚线，在斜上方适当位置绘制楼梯间、水箱屋面。具体操作是，沿楼梯间、水箱墙线绘制出屋面女儿墙，然后将它斜向 45°移动到适当位置，如图 8-177 所示。

2. 排水形式绘制

本着屋面流水线路短捷、檐沟流水畅通、雨水口负荷适中的原则，宿舍楼屋面采用双坡有组织外

排水形式，共设置 8 个落水口，屋面排水坡度为 3%，檐沟纵向排水坡度为 1%。楼梯间、水箱屋面采用单坡有组织排水，排水坡度为 1%。在绘制时，首先确定落水管位置，然后绘制屋面及檐沟分水线，最后绘制坡度符号及标注。屋顶平面图结果如图 8-178 所示。

Note

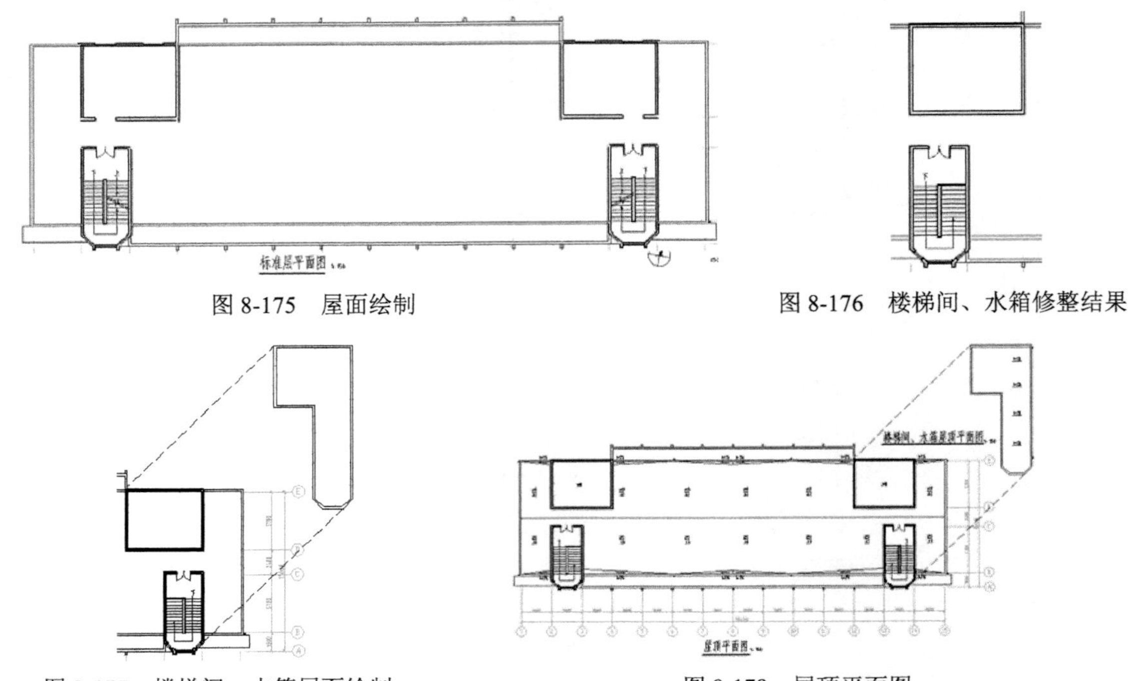

图 8-175　屋面绘制

图 8-176　楼梯间、水箱修整结果

图 8-177　楼梯间、水箱屋面绘制

图 8-178　屋顶平面图

## 8.4　线型、线宽设置

本节结合别墅设计图实例来向读者展示建筑平面图中线型、线宽的设置。至于宿舍楼的线型、线宽可以参照执行。

在讲解线型、线宽设置时，笔者将它分为两个部分：一是全局性设置；二是局部性设置。全局性设置是指对某一线型、线宽参数设置后，对其所涉及的所有图形都起到控制作用。局部性设置是指某一特别图形的线型、线宽特性在全局设置条件下尚不能满足要求，因而将它选中进行特别设置，如图 8-179 所示。

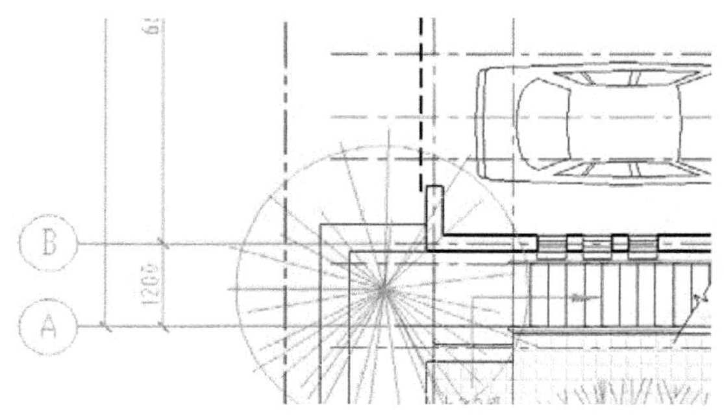


图 8-179　线型、线宽设置示例

### 8.4.1　全局性设置

#### 1. 线型、线宽设置

线型、线宽全局性设置的途径之一是通过图层来设置（另一途径是通过颜色来控制，在打印样式中设置）。前面曾经介绍过常用的线宽组，可以根据图面情况选用。别墅实例图面较小，图线较密集，所以选择较小的线宽组：0.35（粗），0.18（中粗），0.09（细）。

对于线型，在建筑平面图中定位轴线为点划线，其他线条为实线。局部存在的虚线或其他线型作个别处理，不在图层中设置。

对于线宽，建筑平面图中墙线、柱轮廓为粗线（图名下划线、图框线、剖切位置符号、红线等亦为粗线，但可以将它的宽度作局部性处理，不在图层中控制），其他图线均为细线。

设置操作是，打开“图层管理管理器”对话框，按住 Ctrl 键，同时选择“墙线”、“柱”图层，将它们的线宽设置为 0.35mm。然后，单击鼠标右键，在弹出的快捷菜单中选择“反转选择”命令，选中其他图层，设置线宽为 0.09mm。单独选择“轴线”图层，将线型设为 CENTER。结果如图 8-180 所示。

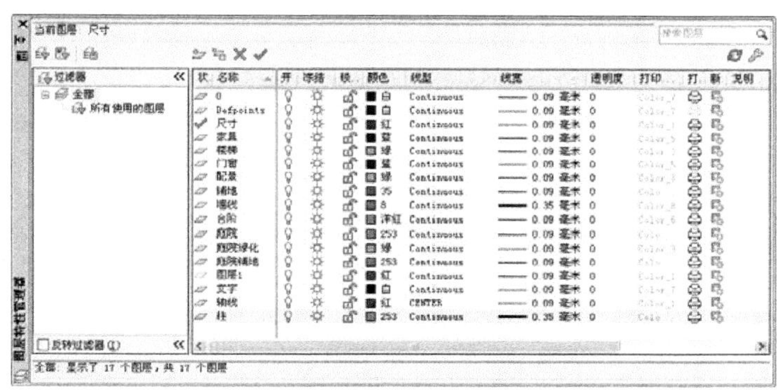

图 8-180　线型、线宽设置

#### 2. 线型比例设置

读者可能发现，有时设置好了线型，但是却不能显示出来。这是因为线型比例不恰当造成的。只要上下调整线型比例，就可以获得理想的效果。例如，在别墅图中，轴线的 CENTER 线型没显示出来，可以选择“格式”→“线型”命令，打开“线型管理器”对话框（如图 8-119 所示），单击“显示细节”按钮，将“详细信息”部分显示出来，“全局比例因子”调整到 500，就能达到图 8-181 所示的效果。

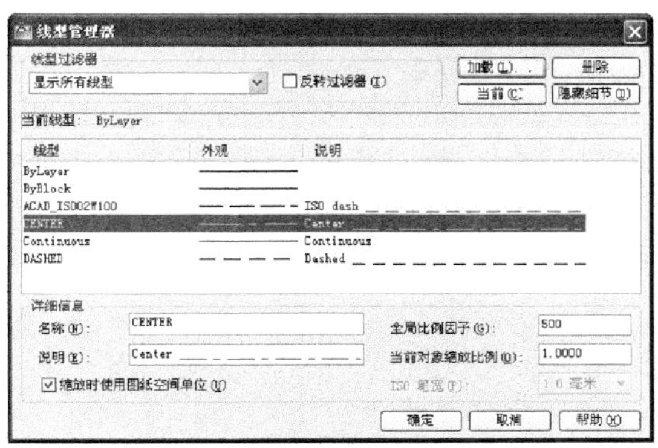


图 8-181　线型比例设置

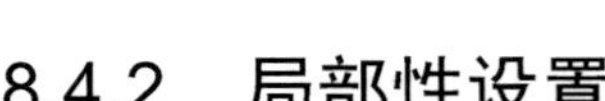

## 8.4.2 局部性设置

Note

对个别线条指定线型、线宽的方法，前面已经讲过，这里不再赘述。需要特别说明的是，当设置了全局比例因子后，有时会出现一部分线型比例能满足要求，而另外一些线型比例不太理想的情况。前面曾提到过，这时可以在特性窗口中单独调整该线条的线型比例，但是，并没有说调整的依据是什么。在这里，结合别墅图实例简要说明一下。

如图 8-182 所示，在全局比例因子为 500 的条件下，双点划线比例较小，希望放大一些。现将其特性中的线型比例调整为 2（如图 8-183 所示），结果线型在原基础上放大了一倍。也就是说，“特性”窗口中的线型比例值是基于全局比例因子的线型比例倍数。当全局比例因子变动时，相同的比例值下线条效果也跟随变动。因此，设置全局比例因子时，尽量一次性满足较多线型要求，个别线条在特性中调整。

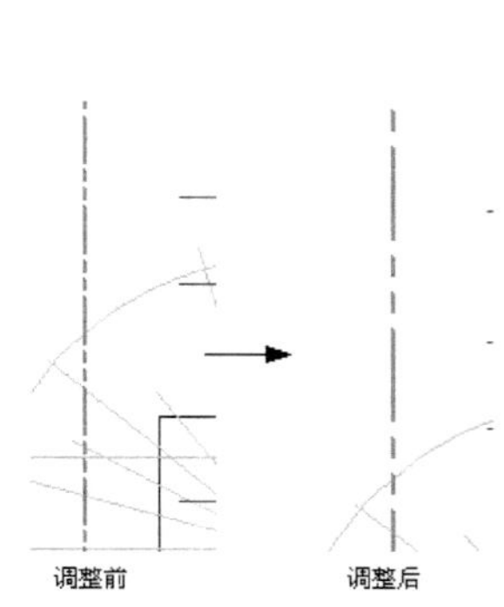


图 8-182　线型比例调整效果对比

图 8-183　“特性”中的线型比例

# 8.5 上机操作

通过前面的学习，读者对本章知识也有了大体的了解。本节通过几个操作练习使读者进一步掌握本章知识要点。

## 8.5.1 绘制别墅的首层平面图

### 1. 目的要求

本实验主要要求读者通过练习进一步熟悉和掌握平面图的绘制方法，如图 8-184 所示。通过本实验，可以帮助读者学会完成整个平面图绘制的全过程。

### 2. 操作提示

（1）绘图前准备。

（2）绘制定位辅助线。

（3）绘制墙线、柱子。

（4）绘制门窗、楼梯及台阶。

（5）绘制家具。

（6）标注尺寸、文字、轴号及标高。

（7）绘制指北针及剖切符号。

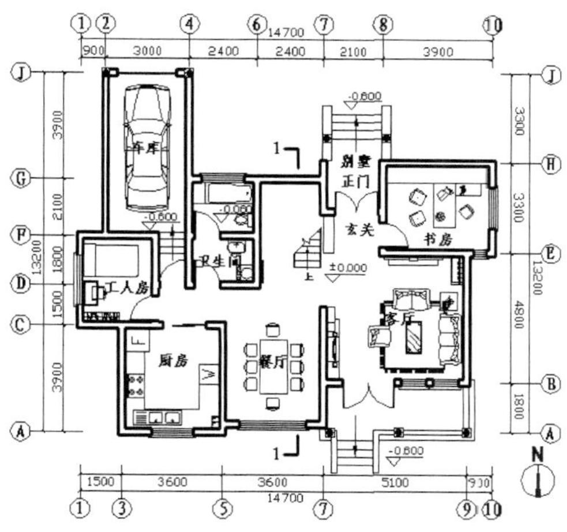

图 8-184　别墅的首层平面图

## 8.5.2　绘制别墅二层平面图

1. 目的要求

本实验主要要求读者通过练习进一步熟悉和掌握平面图的绘制方法，如图 8-185 所示。通过本实验，可以帮助读者学会完成整个平面图绘制的全过程。

2. 操作提示

（1）绘图前准备。

（2）绘制定位辅助线。

（3）绘制墙线、柱子、门窗。

（4）绘制楼梯、阳台、露台及雨篷。

（5）绘制家具。

（6）标注尺寸、文字、轴号及标高。

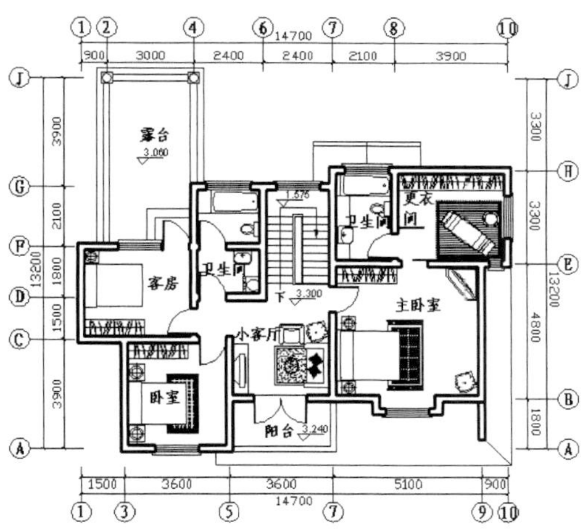

图 8-185　别墅二层平面图

Note

## 8.5.3 绘制屋顶平面图

### 1. 目的要求

本实验主要要求读者通过练习进一步熟悉和掌握平面图的绘制方法，如图 8-186 所示。通过本实验，可以帮助读者学会完成整个平面图绘制的全过程。

### 2. 操作提示

（1）绘图前准备。

（2）绘制定位辅助线。

（3）绘制屋顶平面。

（4）标注尺寸、文字、轴号及标高。

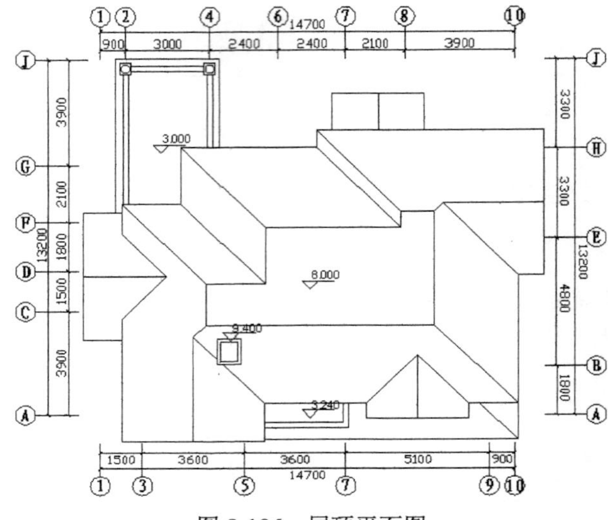


图 8-186 屋顶平面图

# 绘制建筑立面图

在第 8 章讲述建筑平面图绘制的基础上，本章讲解在 AutoCAD 2012 中绘制建筑立面图的知识和方法。首先，在 9.1 节中向读者归纳建筑立面图的图示内容、命名方式、绘制步骤等基本知识。其次，在 9.2、9.3 节中分别以别墅和学生宿舍楼为例讲解立面图绘制的操作方法。别墅实例讲解中注重基本方法；宿舍楼讲解中注重快速绘制方法。

☑ 建筑立面图绘制概述

☑ 某别墅立面图绘制

☑ 某宿舍楼立面图绘制

## 任务驱动&项目案例

（1）

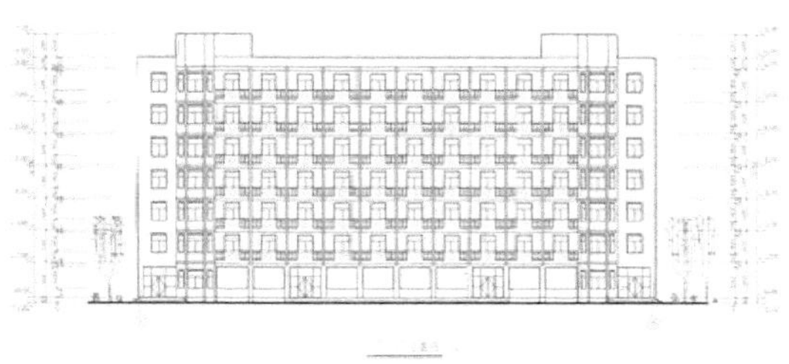

（2）

# 9.1 建筑立面图绘制概述

Note

本节向读者简要归纳建筑立面图的概念及图示内容、命名方式和一般绘制步骤，为下一步结合实例讲解 AutoCAD 操作作准备。

## 9.1.1 建筑立面图概念及图示内容

立面图是用直接正投影法将建筑各个墙面进行投影所得到的正投影图。一般地，立面图上的图示内容有墙体外轮廓及内部凹凸轮廓、门窗（幕墙）、入口台阶及坡道、雨篷、窗台、窗楣、壁柱、檐口、栏杆、外露楼梯、各种线脚等。从理论上讲，立面图上所有建筑构配件的正投影图均要反映在立面图上。实际上，一些比例较小的细部可以简化或用图例来代替。例如门窗的立面，可以在具有代表性的位置仔细绘制出窗扇、门扇等细节，而同类门窗则用其轮廓表示即可。在施工图中，如果门窗不是引用有关门窗图集，则其细部构造需要绘制大样图来表示，这样就弥补了立面上的不足。

此外，当立面转折、曲折较复杂时，可以绘制展开立面图。圆形或多边形平面的建筑物，可分段展开绘制立面图。为了图示明确，在图名上均应注明“展开”二字，在转角处应准确表明轴线号。

## 9.1.2 建筑立面图的命名方式

建筑立面图命名的目的在于能够一目了然地识别其立面的位置。因此，各种命名方式都是围绕“明确位置”这一主题来实施。至于采取哪种方式，则因具体情况而定。

1. 以相对主入口的位置特征命名

以相对主入口的位置特征命名，则建筑立面图称为正立面图、背立面图、侧立面图。这种方式一般适应于建筑平面图方正、简单，入口位置明确的情况。

2. 以相对地理方位的特征命名

以相对地理方位的特征命名，建筑立面图常称为南立面图、北立面图、东立面图、西立面图。这种方式一般适应于建筑平面图规整、简单，而且朝向相对正南正北偏转不大的情况。

3. 以轴线编号来命名

以轴线编号来命名是指用立面起止定位轴线来命名，如①-⑥立面图、Ⓔ-Ⓐ立面图等。这种方式命名准确，便于查对，特别适应于平面较复杂的情况。

根据国家标准 GB/T 50104，有定位轴线的建筑物，宜根据两端定位轴线号编注立面图名称。无定位轴线的建筑物可按平面图各面的朝向确定名称。

## 9.1.3 建筑立面图绘制的一般步骤

从总体上来说，立面图是在平面图的基础上引出定位辅助线确定立面图样的水平位置及大小。然后，根据高度方向的设计尺寸确定立面图样的竖向位置及尺寸，从而绘制出一个个图样。因此，立面图绘制的一般步骤如下：

（1）绘图环境设置

（2）确定定位辅助线。包括墙、柱定位轴线、楼层水平定位辅助线及其他立面图样的辅助线。

（3）立面图样绘制。包括墙体外轮廓及内部凹凸轮廓、门窗（幕墙）、入口台阶及坡道、雨篷、窗台、窗楣、壁柱、檐口、栏杆、外露楼梯、各种线脚等内容。

（4）配景。包括植物、车辆、人物等。

（5）尺寸、文字标注。

（6）线型、线宽设置。

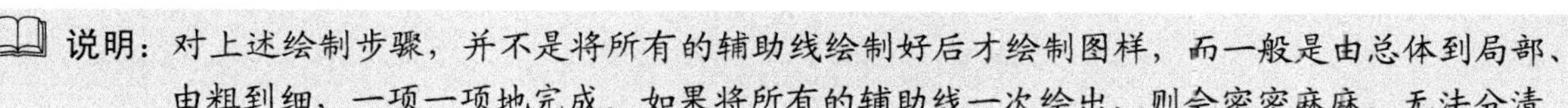
说明：对上述绘制步骤，并不是将所有的辅助线绘制好后才绘制图样，而一般是由总体到局部、由粗到细，一项一项地完成。如果将所有的辅助线一次绘出，则会密密麻麻，无法分清。

# 9.2 某别墅立面图绘制

本节在第 8 章别墅平面图的基础上讲述立面图的绘制。重点讲解两个立面图，即南立面图和西立面图，如图 9-1 所示。其他立面图可以参照完成。本节重点知识包括由平面引出立面定位辅助线、立面门窗、楼梯、台阶、屋顶、栏杆的绘制，以及标注、线型等，注重基本方法的应用。

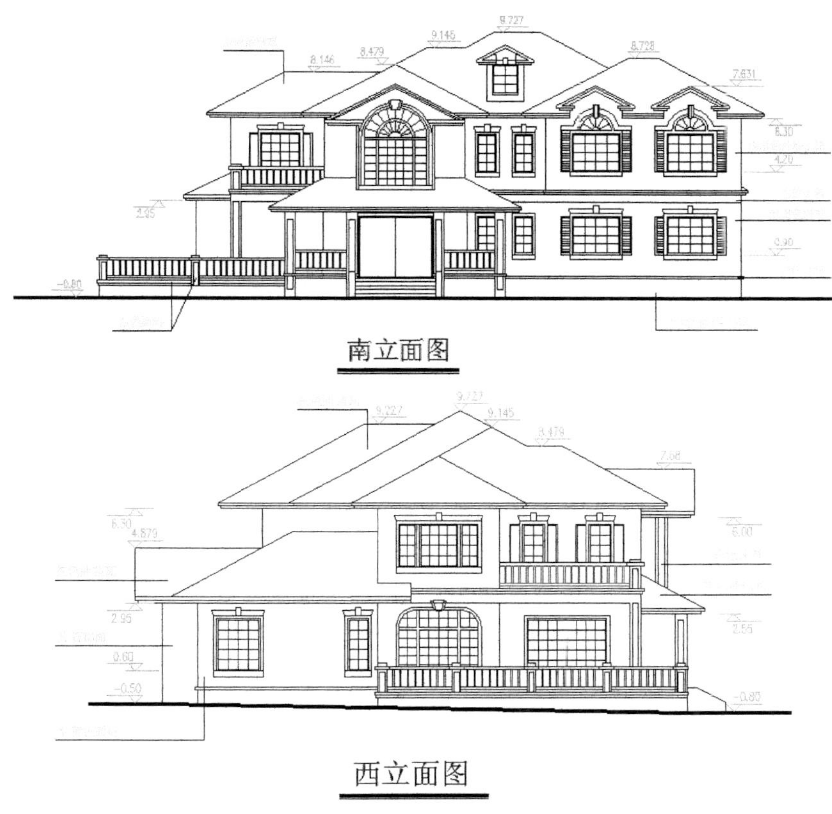


图 9-1 某别墅立面图

## 9.2.1 绘图环境

立面图可以在平面图所在的图形文件中绘制，也可以在另一个图形文件中绘制。当图形文件较大

时，可选择后者。立面图绘图环境的基本设置（单位、图形界限等）与平面图相同。文字样式、尺寸样式则根据出图比例的大小来决定。若比例与平面图相同则不必再设置新的样式。

至于立面图中图层设置的问题，目前没有一个统一标准。不同的绘图习惯，可能采用不同的图层设置。现介绍笔者的设置方法，供读者参考。至少设置 3 个图层，即立面图样、粗线、中线（或者立面图样、立面轮廓、构件轮廓。图层名可自拟，以便于识别为度）。轴线、尺寸、文字等图层与平面图相同。立面图样图层用于放置所有立面细实线图样。如果立面图较复杂，还需要细分的话，可以增加诸如“立面门窗”、“立面阳台”等图层。粗线图层用来放置立面轮廓。中线图层用来放置突出立面的构配件轮廓，如门窗、台阶、壁柱轮廓等。在下面的实例讲解中，就按这种方法进行。

## 9.2.2 南立面图

下面介绍某别墅南立面图设计的相关知识及其绘图方法与技巧。绘制流程图如图 9-2 所示。

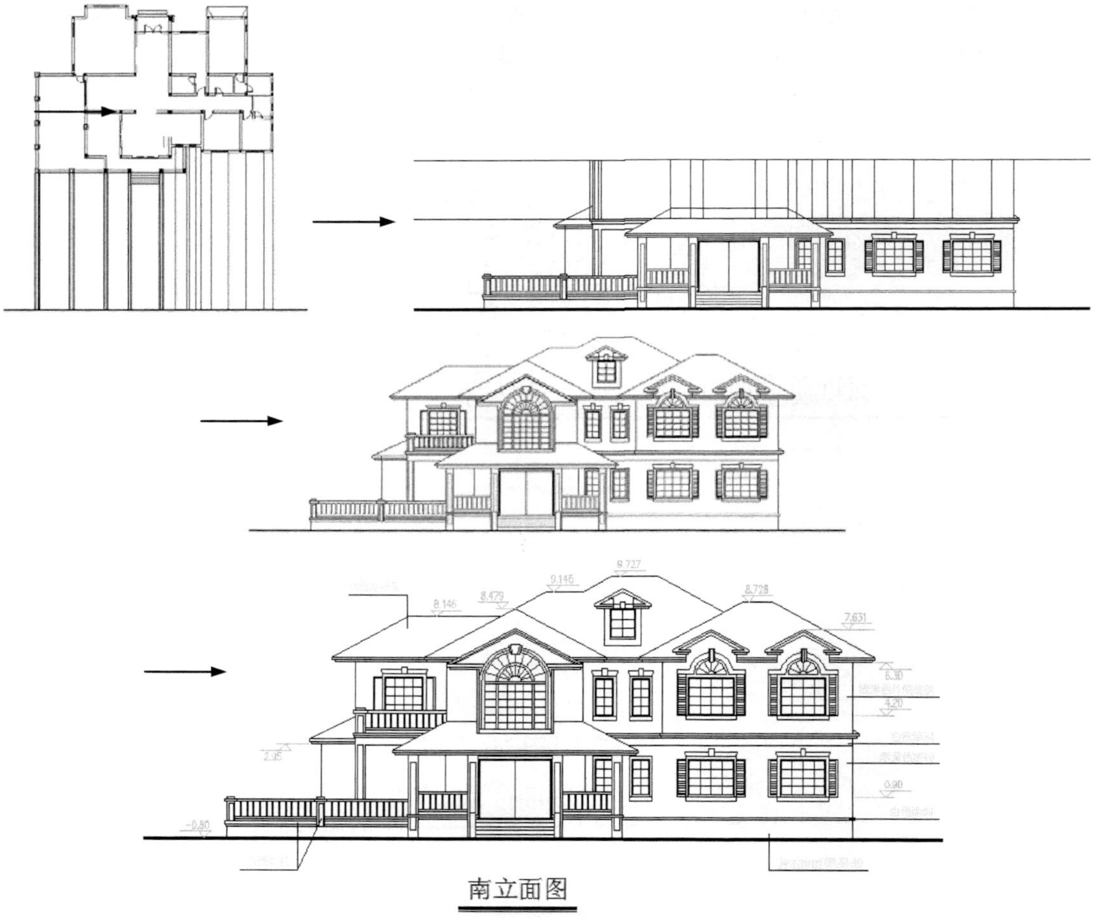

南立面图

图 9-2 绘制南立面图

绘制步骤：（**光盘\动画演示\第 9 章\南立面图.avi**）

1. 设置绘图环境

（1）在命令行中输入“LIMITS”，设置图幅尺寸为 42000×29700。

（2）单击“图层”工具栏中的“图层特性管理器”按钮，创建“立面”图层，图层参数采用默认设置。

2. 定位辅助线绘制

（1）单击 “图层特性管理器”下拉按钮，将“立面”图层设为当前图层。

（2）复制随书光盘“源文件\8\一层平面图.dwg”文件中的图形，并将暂时不用的图层关闭。单击“绘图”工具栏中的“直线”按钮，在一层平面图下方绘制一条地平线，地平线上方需留出足够的绘图空间。

（3）单击“绘图”工具栏中的“直线”按钮，由一层平面图向下引出定位辅助线，包括墙体外墙轮廓、墙体转折处，以及柱轮廓线等，如图 9-3 所示。

（4）单击“修改”工具栏中的“偏移”按钮，根据室内外高差、各层层高、屋面标高等确定楼层定位辅助线，如图 9-4 所示。

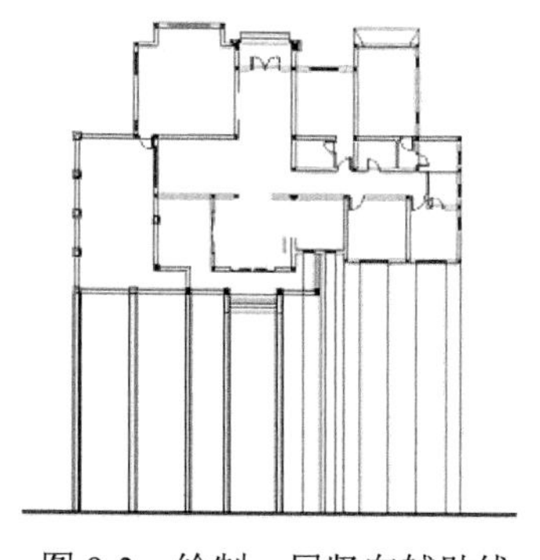

图 9-3　绘制一层竖向辅助线

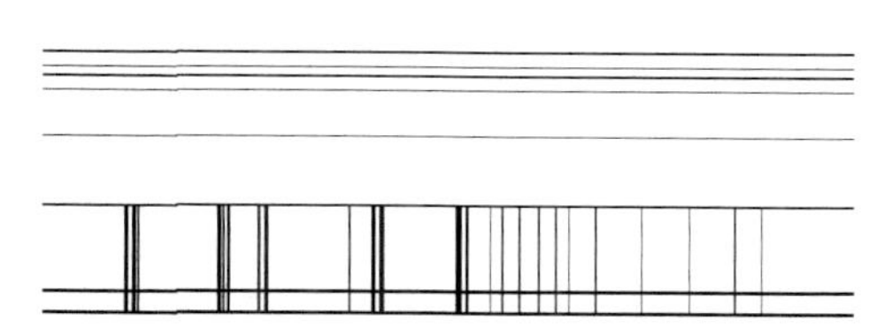

图 9-4　绘制楼层定位辅助线

（5）复制随书光盘“源文件\8\二层平面图”文件中的图形，单击“绘图”工具栏中的“直线”按钮，绘制二层竖向定位辅助线，如图 9-5 所示。

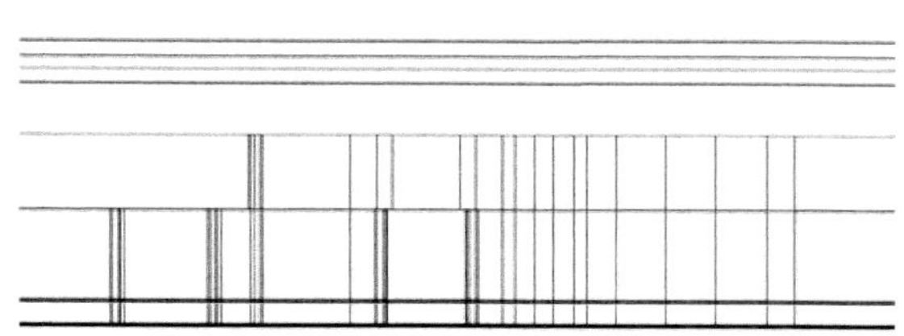

图 9-5　绘制二层竖向定位辅助线

3. 绘制一层立面图

（1）绘制台阶和门柱。

❶ 单击“绘图”工具栏中的“直线”按钮和“修改”工具栏中的“偏移”按钮，绘制台阶，台阶的踏步高度为 150，如图 9-6 所示。

❷ 根据门柱的定位辅助线，单击“绘图”工具栏中的“直线”按钮和“修改”工具栏中的“修剪”按钮，绘制门柱，如图 9-7 所示。

（2）绘制大门。

❶ 单击“修改”工具栏中的“偏移”按钮，由二层室内楼面定位线分别向下偏移 500 和 950，确定门的水平定位直线，如图 9-8 所示。

Note

❷ 单击“绘图”工具栏中的“直线”按钮和“修改”工具栏中的“修剪”按钮，绘制门框和门扇，如图 9-9 所示。

图 9-6　绘制台阶

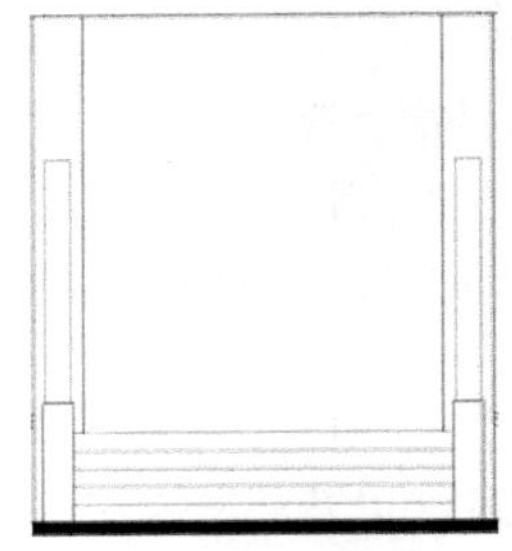

图 9-7　绘制门柱

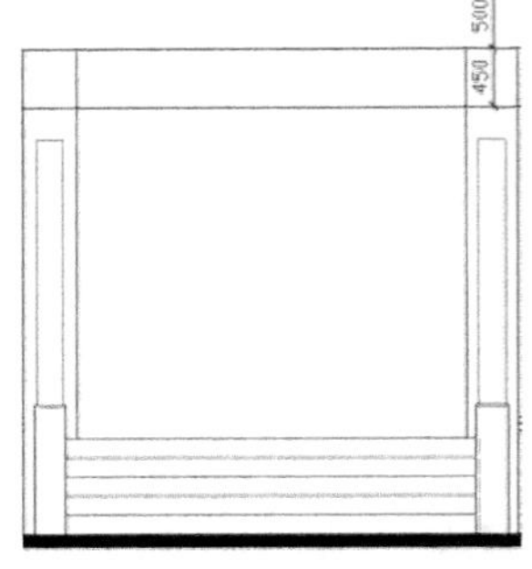


图 9-8　绘制水平定位直线

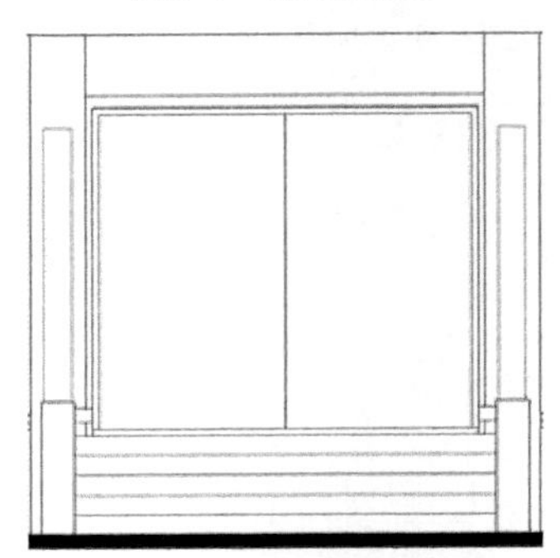

图 9-9　绘制门框和门扇

❸ 单击“修改”工具栏中的“修剪”按钮，修剪坎墙的定位辅助线，完成坎墙的绘制，如图 9-10 所示。

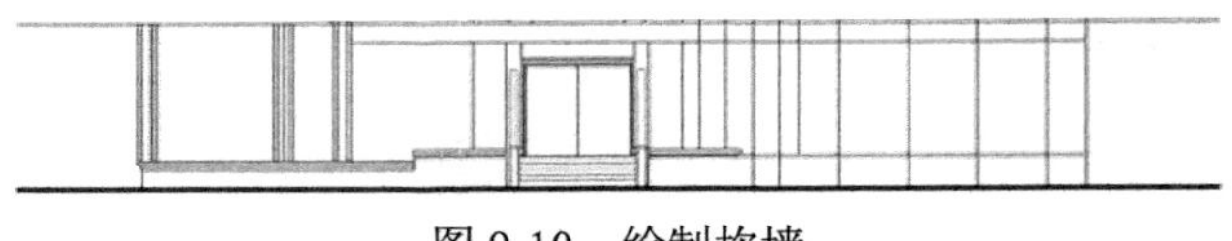

图 9-10　绘制坎墙

❹ 单击“修改”工具栏中的“修剪”按钮和“偏移”按钮，根据砖柱的定位辅助线绘制砖柱，如图 9-11 所示。

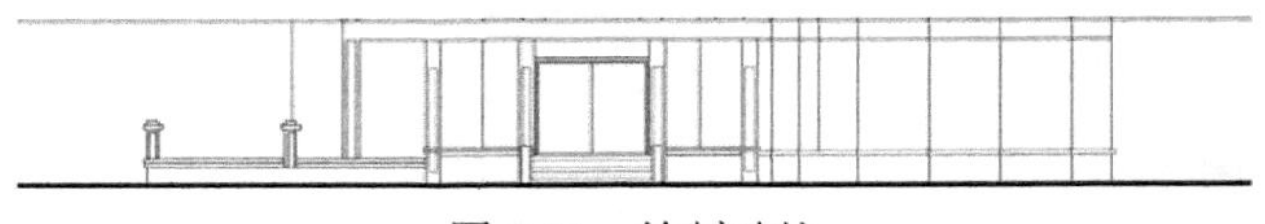

图 9-11　绘制砖柱

❺ 单击“修改”工具栏中的“偏移”按钮，将坎墙线依次向上偏移 100、100、600 和 100，然后单击“绘图”工具栏中的“直线”按钮，绘制两条竖直线，并单击“修改”工具栏中的“矩形阵列”按钮，将竖直线阵列，完成栏杆的绘制，结果如图 9-12 所示。

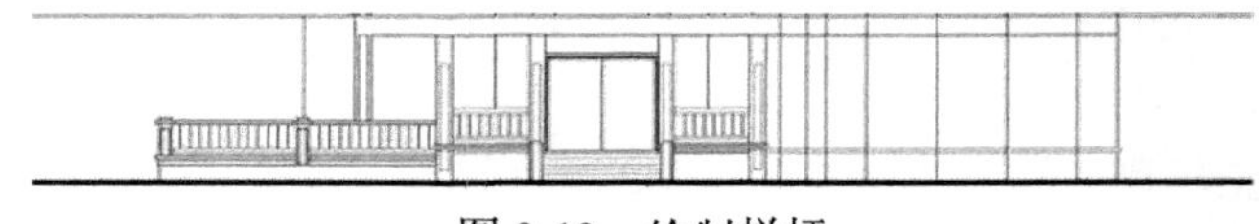

图 9-12　绘制栏杆

Note

❻ 单击“绘图”工具栏中的“直线”按钮以及“修改”二具栏中的“偏移”按钮和“修剪”按钮，绘制窗户，结果如图 9-13 所示。进一步细化窗户，绘制窗户的外围装饰，如图 9-14 所示。

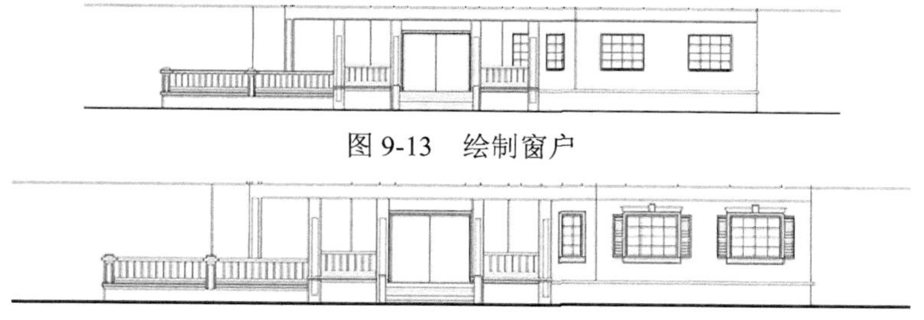

图 9-13　绘制窗户

图 9-14　细化窗户

❼ 根据定位辅助直线，单击“绘图”工具栏中的“直线”按钮以及“修改”工具栏中的“偏移”按钮和“修剪”按钮，绘制一层屋檐，完成一层立面图的绘制，如图 9-15 所示。

图 9-15　一层立面图

4. 绘制二层立面图

（1）单击“修改”工具栏中的“修剪”按钮和“偏移”按钮，根据砖柱的定位辅助线绘制砖柱，如图 9-16 所示。

（2）单击“修改”工具栏中的“复制”按钮，将一层立面图中的栏杆复制到二层立面图中并修改，如图 9-17 所示。

图 9-16　绘制砖柱

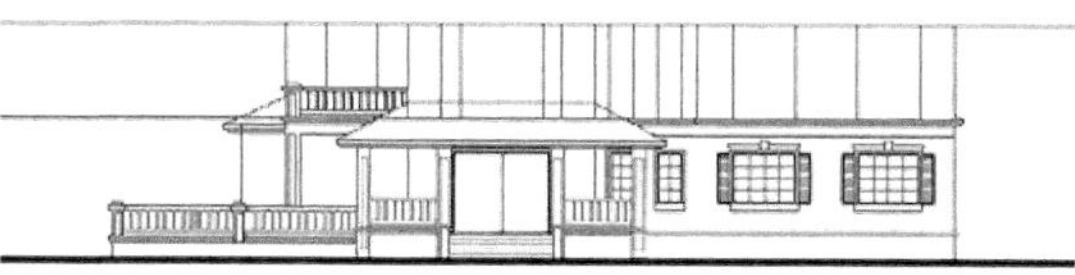

图 9-17　绘制栏杆

（3）单击“修改”工具栏中的“复制”按钮，将一层立面图中大门右侧的 4 个窗户复制到二层立面图中；单击“绘图”工具栏中的“直线”按钮，绘制左侧的窗户，如图 9-18 所示。

（4）单击“绘图”工具栏中的“直线”按钮、“圆弧”按钮及“修改”工具栏中的“偏移”按钮等，细化二层窗户，如图 9-19 所示。

图 9-18　绘制窗户

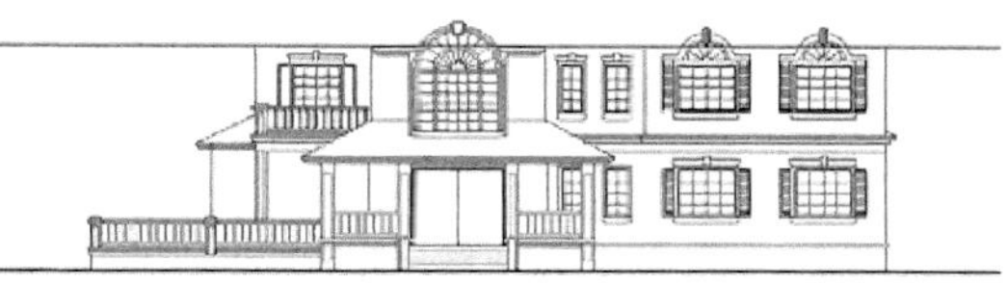

图 9-19　细化窗户二层立面图

（5）根据定位辅助直线，单击“绘图”工具栏中的“直线”按钮以及“修改”工具栏中的“偏移”按钮和“修剪”按钮，绘制二层屋檐，如图 9-20 所示。

Note

图 9-20　绘制二层屋檐

5. 绘制屋顶

（1）复制随书光盘“源文件\8\顶层平面图”文件中的图形，单击“绘图”工具栏中的“直线”按钮，绘制顶层竖向定位辅助线，如图 9-21 所示。

（2）根据定位辅助直线，单击“绘图”工具栏中的“直线”按钮以及“修改”工具栏中的“偏移”按钮和“修剪”按钮等绘制屋顶轮廓线，结果如图 9-22 所示。

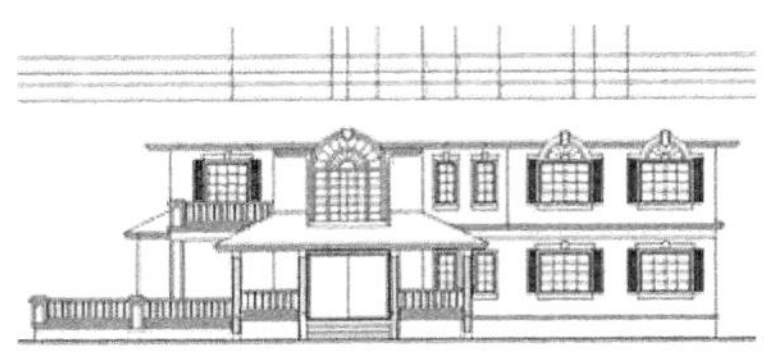

图 9-21　绘制顶层竖向定位辅助线

图 9-22　绘制屋顶轮廓线

6. 绘制老虎窗

根据定位辅助直线，单击“绘图”工具栏中的“直线”按钮以及“修改”工具栏中的“偏移”按钮和“修剪”按钮等绘制屋顶老虎窗，结果如图 9-23 所示。

图 9-23　绘制屋顶老虎窗

7. 添加文字说明和标注

单击“绘图”工具栏中的“直线”按钮和“多行文字”按钮，进行标高标注并添加文字说明，完成南立面图的绘制，结果如图 9-24 所示。

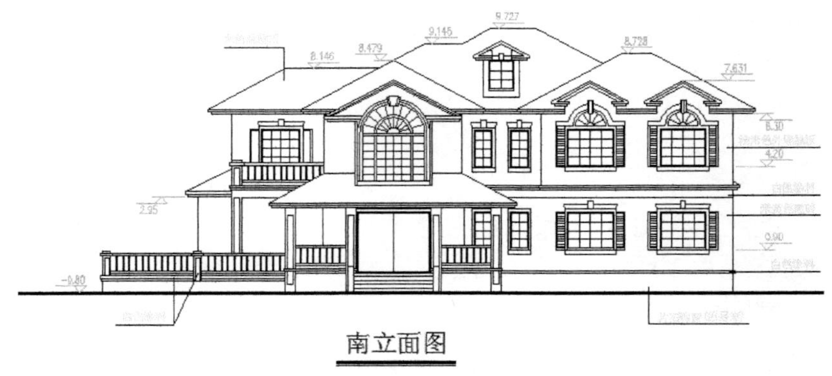


图 9-24　南立面图

## 9.2.3　西立面图

西立面图绘制的基本方法与南立面图相似，但仍然存在不同的地方。下面重点说明绘制原则和操作要点。绘制流程图如图 9-25 所示。

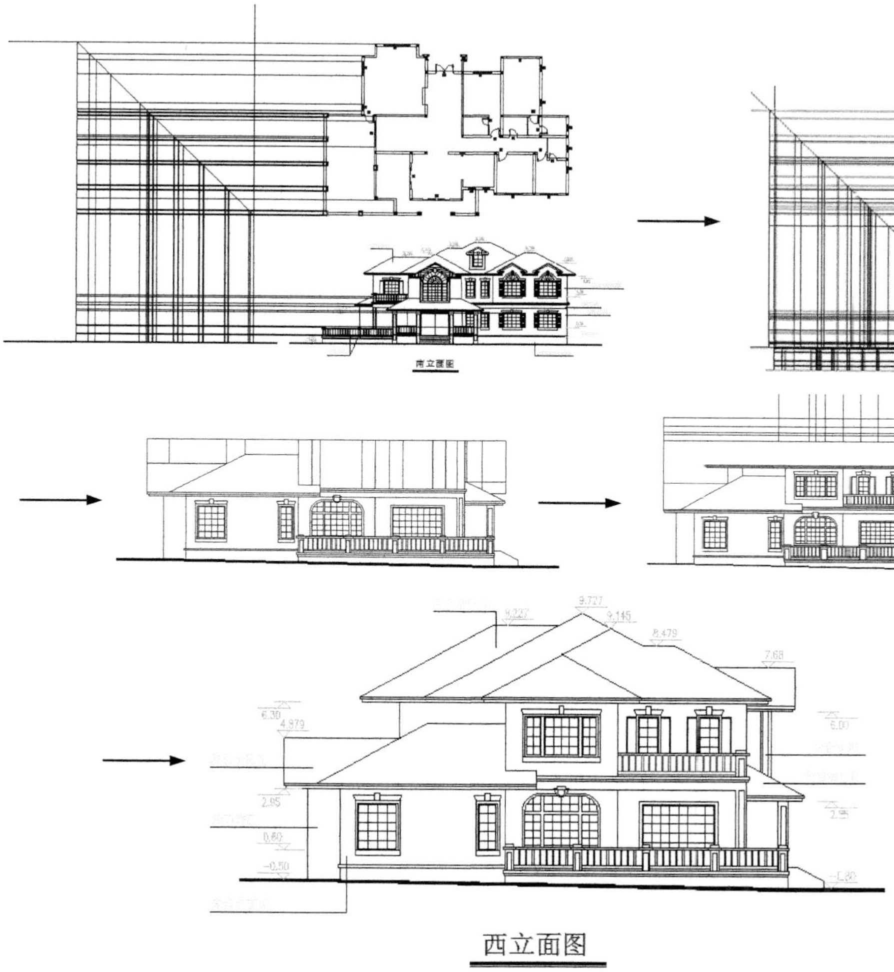

西立面图

图 9-25　绘制西立面图

**绘制步骤：（光盘\动画演示\第 9 章\西立面图.avi）**

1. 绘制原则

前面已经完成了各层平面图和南立面图，于是在绘制西立面图时，尽量利用已有图形的便利条件，达到快速绘图、节省精力的目的。可利用的条件有：一是水平、竖直两个方向的尺寸限定，二是相同或相似的建筑构配件图样，三是相同或相似的尺寸、文字、配景等内容。读者事先可以结合工程情况作一个简单分析，就会得出下一步的绘制程序，从而有的放矢，事半功倍。

2. 设置绘图环境

（1）在命令行中输入“LIMITS”，设置图幅尺寸为 420000×297000。

（2）单击“图层”工具栏中的“图层特性管理器”按钮，创建“立面”图层，图层参数采用默认设置。

Note

3. 绘制定位辅助线

（1）单击“图层特性管理器”下拉按钮，将“立面”图层设为当前图层。

（2）复制随书光盘“源文件\8\一层平面图”和“源文件\9\南立面图”文件中的图形，并将暂时不用的图层关闭，然后将其粘贴到西立面图中。单击“绘图”工具栏中的“直线”按钮，在图形中引出多条横向直线，绘制图形；继续单击“绘图”工具栏中的“直线”按钮，绘制一条竖直线作为西立面图的最右边线，使用同样的方法向下引至地平线；然后在适当的位置绘制一条倾斜角度为 45°的斜线；最后确定西立面图的一层定位直线，结果如图 9-26 所示。

（3）复制随书光盘“源文件\8\二层平面图”文件中的图形，并将暂时不用的图层关闭，然后根据对应轴线关系将二层平面图粘贴到西立面图中，结果如图 9-27 所示。

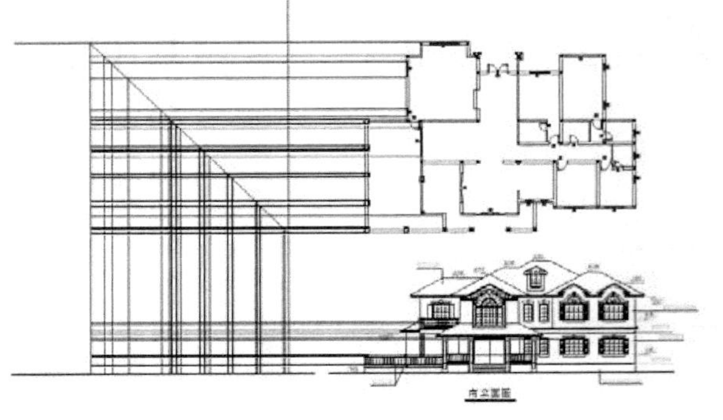

图 9-26　绘制一层定位辅助线

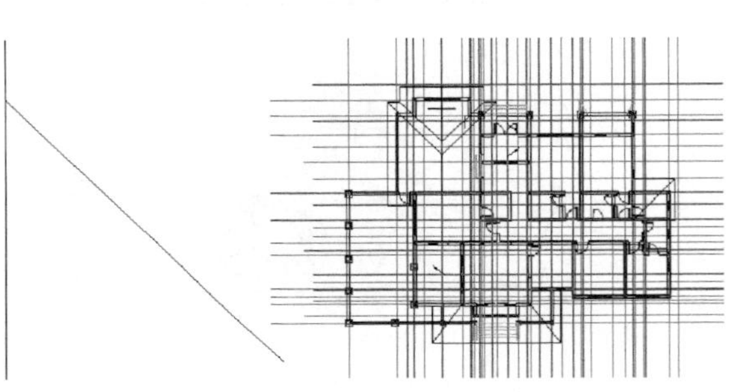

图 9-27　复制二层平面图

（4）使用与步骤（2）同样的方法，单击“绘图”工具栏中的“直线”按钮，确定西立面图二层定位辅助线，如图 9-28 所示。

（5）单击“修改”工具栏中的“修剪”按钮，修剪一、二楼层定位辅助线，将多余的图形删除，然后将修剪后的二层定位辅助线移动到图中合适的位置；最后单击“绘图”工具栏中的“直线”按钮，绘制地平线，结果如图 9-29 所示。

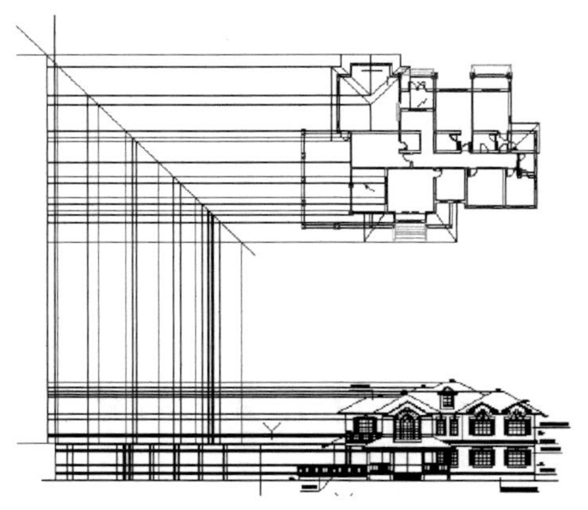

图 9-28　绘制二层定位辅助线

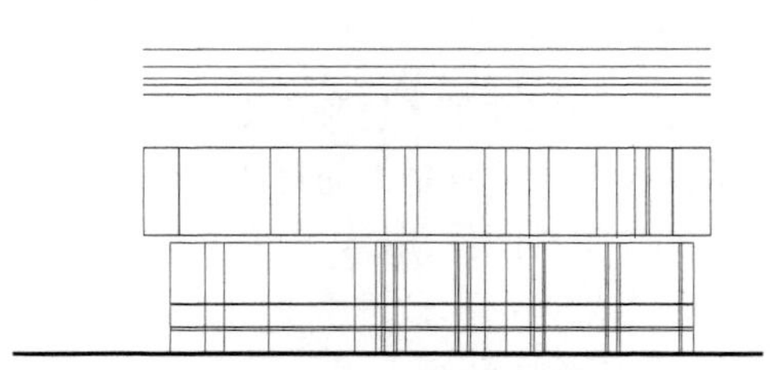

图 9-29　修剪辅助线并绘制地平线

4. 绘制一层立面图

（1）单击“绘图”工具栏中的“直线”按钮和“修改”工具栏中的“修剪”按钮，根据定位辅助线绘制坎墙和坡道，如图 9-30 所示。

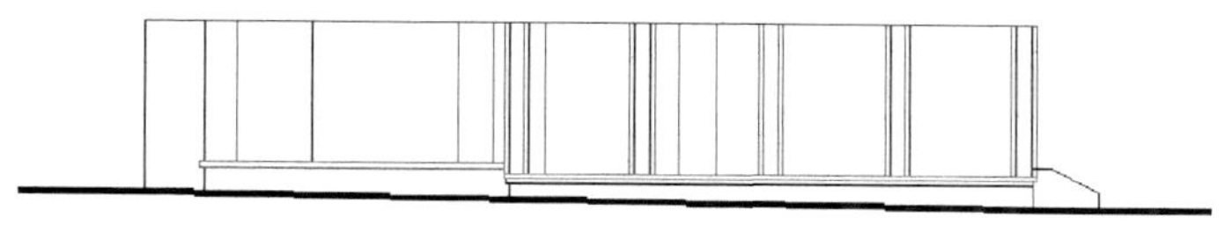

图 9-30 绘制坎墙和坡道

（2）单击“修改”工具栏中的“复制”按钮，将南立面图中的砖柱复制到西立面图中合适的位置，如图 9-31 所示。

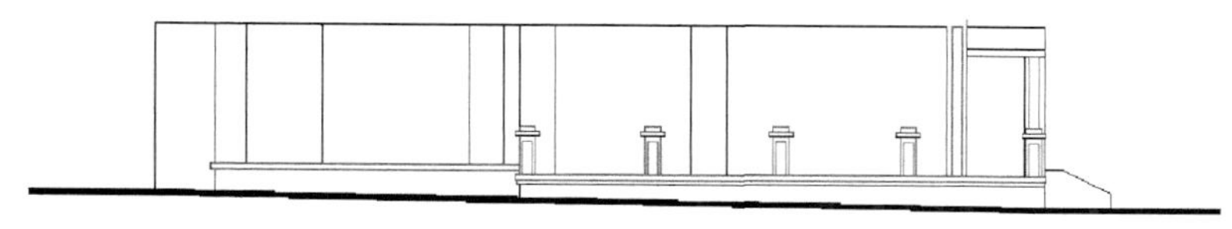

图 9-31 绘制砖柱

（3）单击“修改”工具栏中的“复制”按钮，将南立面图中的栏杆复制到西立面图中并修改，如图 9-32 所示。

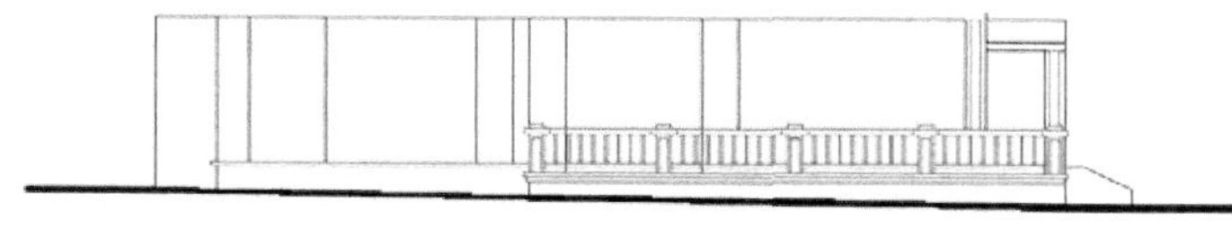

图 9-32 绘制栏杆

（4）采用与绘制南立面图相同的方法绘制门窗，如图 9-33 所示。

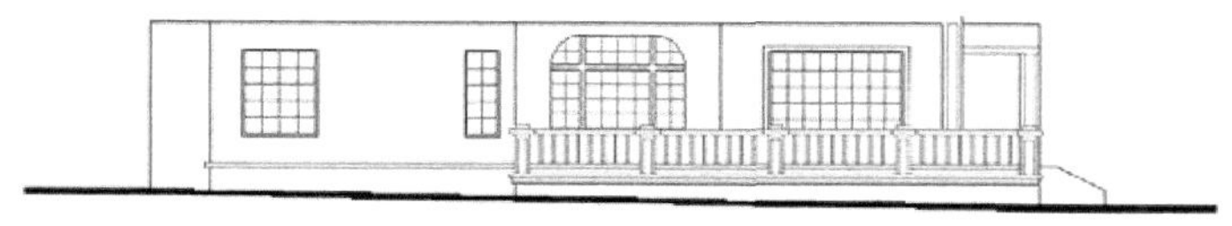

图 9-33 绘制门窗

（5）单击“修改”工具栏中的“偏移”按钮和“修剪”按钮，根据定位辅助线绘制一层屋檐，完成一层立面图的绘制，如图 9-34 所示。

图 9-34 一层立面图

5. 绘制二层立面图

（1）单击“修改”工具栏中的“复制”按钮，复制一层立面图中的砖柱到二层立面图中，如图 9-35 所示。

（2）单击“修改”工具栏中的“复制”按钮，将一层立面图中的栏杆复制到二层立面图中并

Note

修改，如图 9-36 所示。

图 9-35　绘制砖柱

图 9-36　绘制栏杆

（3）采用与一层立面图相同的方法绘制窗户，结果如图 9-37 所示；将绘制的窗户细化，结果如图 9-38 所示。

图 9-37　绘制窗户

图 9-38　细化窗户

（4）单击“绘图”工具栏中的“直线”按钮以及单击“修改”工具栏中的“偏移”按钮和“修剪”按钮，根据定位辅助直线绘制二层屋檐，如图 9-39 所示。

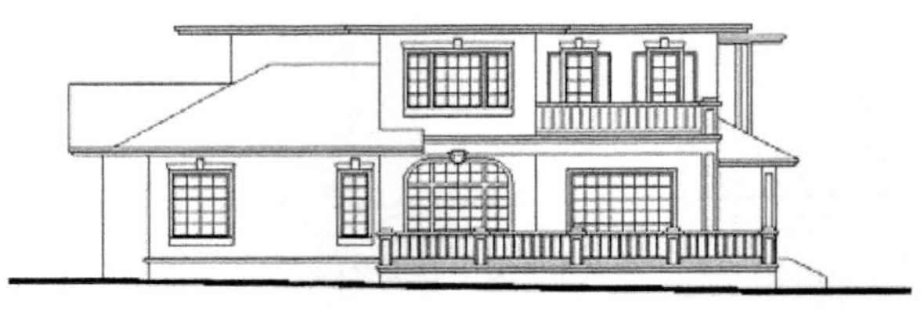

图 9-39　绘制二层屋檐

6. 绘制屋顶

复制随书光盘“源文件\8\顶层平面图”文件中的图形，单击“绘图”工具栏中的“直线”按钮，绘制顶层定位辅助线，如图 9-40 所示。

根据定位辅助直线，单击“绘图”工具栏中的“直线”按钮以及“修改”工具栏中的“偏移”按钮和“修剪”按钮等，绘制屋顶轮廓线，如图 9-41 所示。

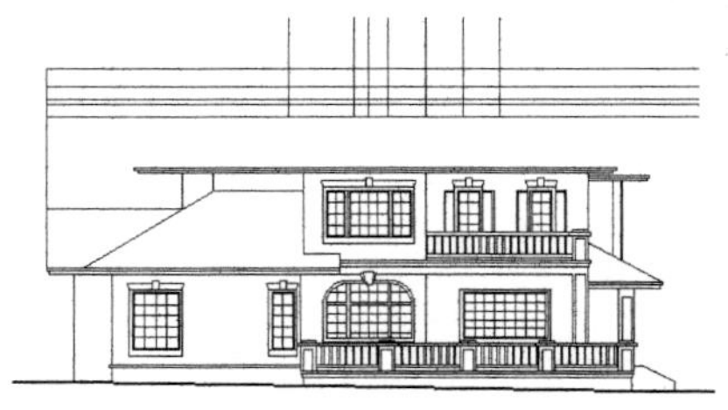

图 9-40　绘制顶层定位辅助线

图 9-41　绘制屋顶轮廓线

7. 添加文字说明和标注

单击“绘图”工具栏中的“直线”按钮和“多行文字”按钮A，进行标高标注并添加文字说明，完成西立面图的绘制，结果如图 9-42 所示。

Note

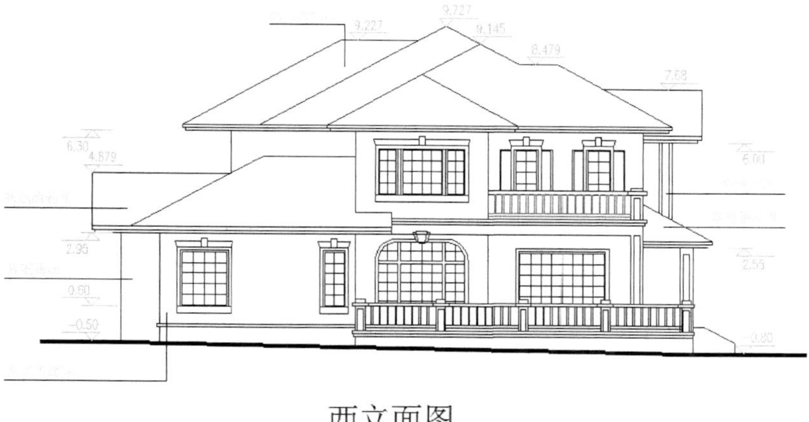


图 9-42　西立面图

## 9.3　某宿舍楼立面图绘制

9.2 节以别墅设计为例讲解立面图绘制的方法，想必读者已有一定的了解。为了更全面地介绍 AutoCAD 中立面图绘制的方法，本节再以宿舍楼设计为例强调一下立面图块制作及阵列在立面图绘制中的应用。本宿舍楼前后立面相似，均较复杂；左右立面相同，均较简单。因此，仅介绍正立面图即可。

分析发现，该立面左右对称，二至七层基本相同。因此，只要绘制出左边一半，然后镜像复制到右边。在绘制左边一半时，完全可以将重复出现的图形做成块，然后进行阵列复制。下面就沿着这个思路进行绘制。绘制流程图如图 9-43 所示。

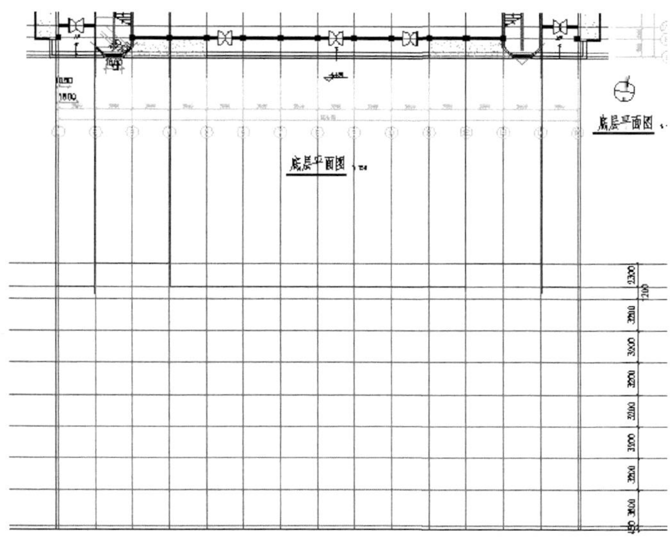


图 9-43　绘制某宿舍楼立面图

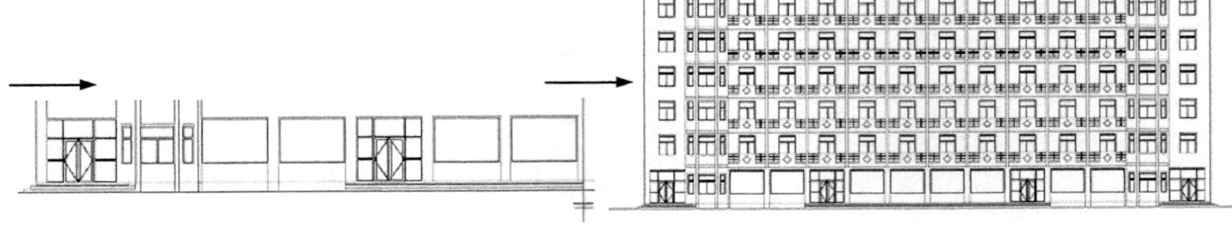

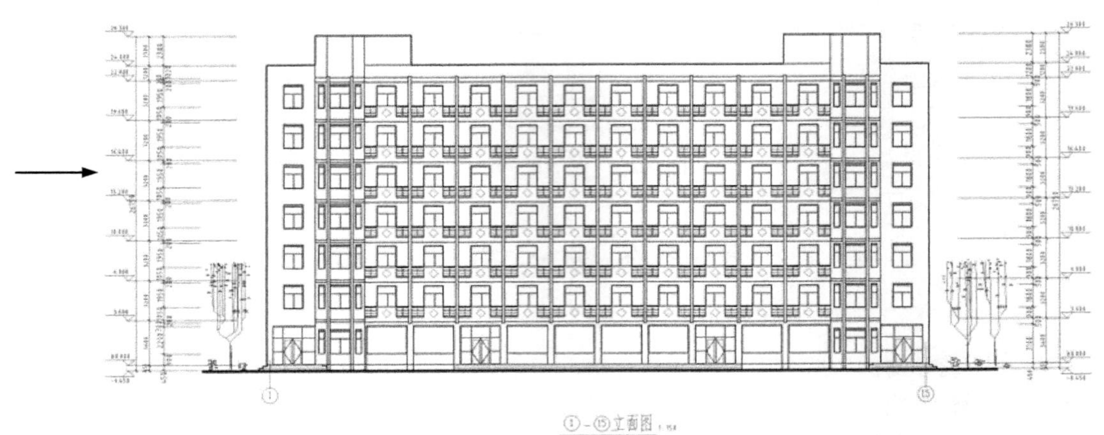


图 9-43　绘制某宿舍楼立面图（续）

绘制步骤：（**光盘\动画演示\第 9 章\某宿舍楼立面图.avi**）

## 9.3.1　前期工作

首先，按照 9.2 节讲解的立面图绘制方法绘制出整个立面的雏形。这里包括地平线、各楼层层间线、最外轮廓线、横向定位轴线，如图 9-44 所示。不作为立面图内容的定位轴线或辅助线可以放置在“辅助线”图层中。这样做的目的是为了便于下一步工作的开展。

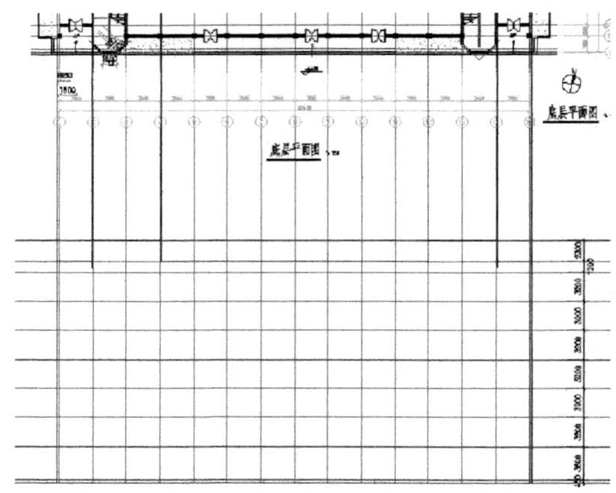

图 9-44　前期线条绘制

## 9.3.2　底层立面图绘制

底层立面图包括 3 个部分，即入口、楼梯间及台阶、商店门窗。

### 1. 入口

（1）辅助线绘制。首先，由地平线向上偏移出台阶踏步定位线；其次，由二层楼面线向下偏移 500（梁高），确定入口大小；第三，由平面图引出门柱、门洞水平尺寸定位线，为绘制入口构件作准备，如图 9-45 所示。

（2）入口门窗。为了获得较多的门厅采光，入口设玻璃门窗，如图 9-46 所示，绘制方法同前。基本图线绘制结束后，将其外轮廓线置换到“中粗线”图层中去。这样，在复制该门窗到其他位置时，就不必重复设置线型特性了。

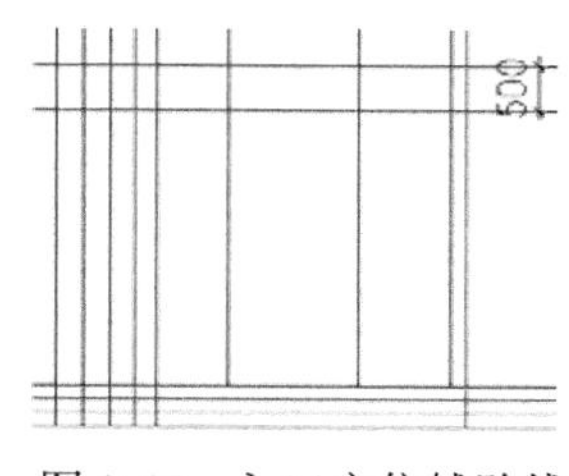


图 9-45　入口定位辅助线

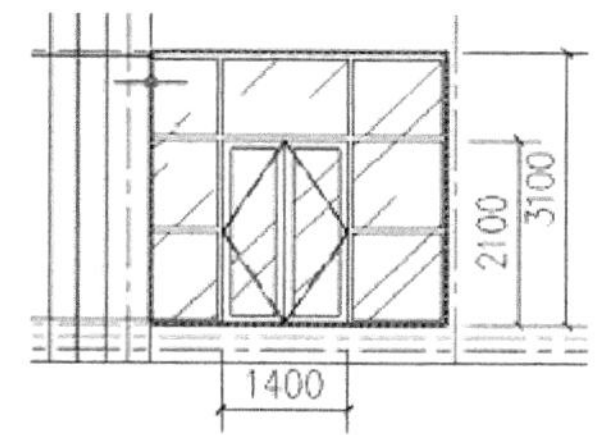


图 9-46　入口门窗

### 2. 楼梯间及台阶

首先绘制出楼梯间室外立面的定位辅助线，然后按如图 9-47 所示绘制窗户和台阶。窗户上方为 100 高的雨篷。注意将各建筑构件的轮廓线设置到“中粗线”图层。

由于各层楼梯间的窗户均相同，故可以将它做成块。

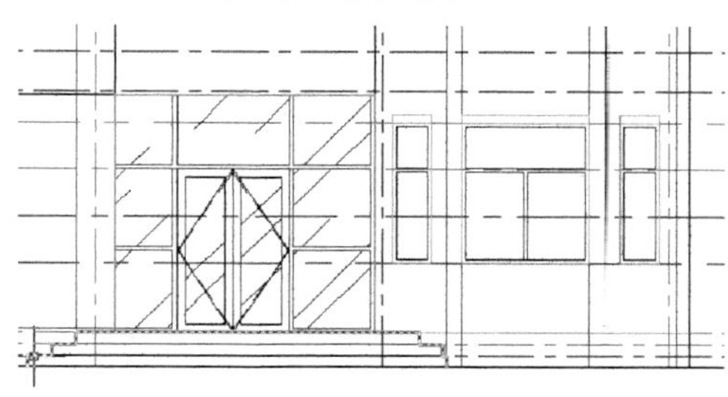

图 9-47　楼梯间及台阶

### 3. 商店门窗

底层中部布置商店、书店、理发店、简单餐饮等服务设施，所以设计全玻璃门窗，既符合建筑个性，也能够获得大面积采光。首先绘制出一个开间的门窗，将轮廓线型设置好，然后阵列复制到其余开间去，暂时布满一半立面即可。接着，在开门的位置，将窗更改为门，并绘出入口台阶，最终完成底层的绘制，如图 9-48 所示。

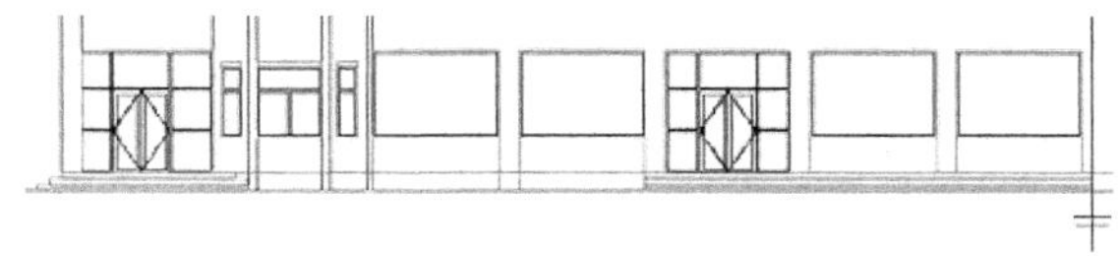

图 9-48　底层立面

Note

## 9.3.3 标准层立面图绘制

### 1. 标准层立面单元制作

（1）标准层立面单元制作包括三项内容，即左端房间窗户、楼梯间窗户和宿舍阳台及窗户。参照立面绘制方法绘出左端房间窗户，楼梯间窗户可以由底层复制得到，如图 9-49 所示。至于宿舍阳台及窗户相对复杂，需要重点处理。

（2）如图 9-50 所示，首先绘制好阳台及窗户，设置好线型。注意事先计划好阳台立面单元在阵列复制后上下、左右的接头问题，以便阵列以后一次性达到预想效果。只要紧紧抓住图形相对定位轴线的关系，也不难处理。

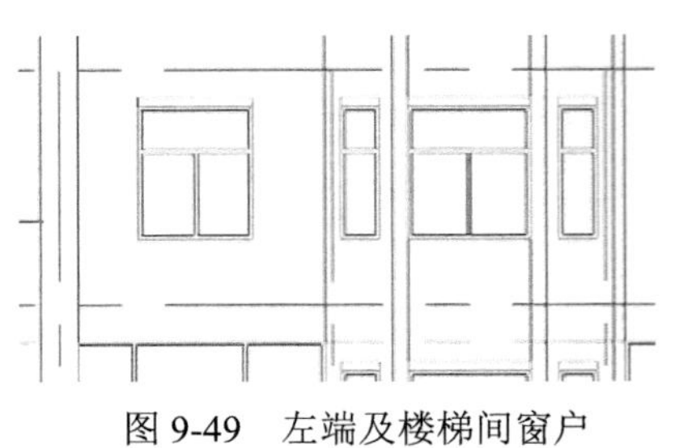
图 9-49 左端及楼梯间窗户

图 9-50 阳台立面单元

（3）将阳台立面单元做成块，并先在二层内进行阵列复制，如图 9-51 所示。

这样，就制作出了标准层的立面单元。

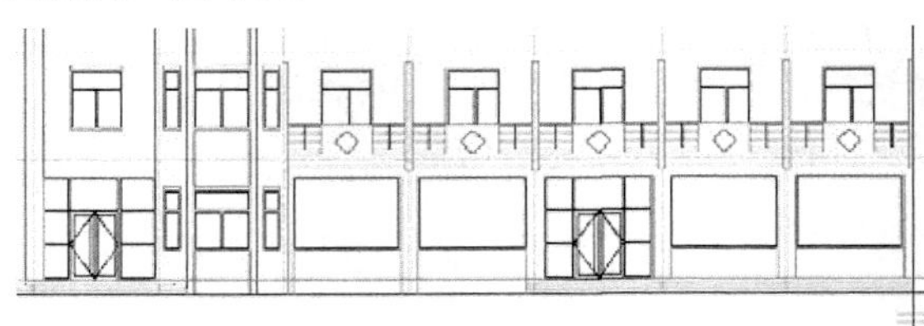
图 9-51 标准层立面单元

### 2. 阵列及镜像复制

（1）阵列复制。用“阵列”命令将标准层立面单元复制到其他楼层，如图 9-52 所示。

（2）镜像复制。首先将左边各楼层图样修改、补充完毕，然后将它们镜像复制到右侧，如图 9-53 所示。

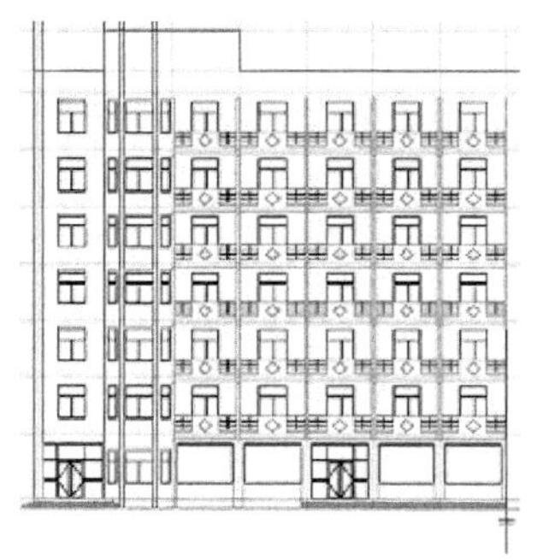
图 9-52 阵列复制

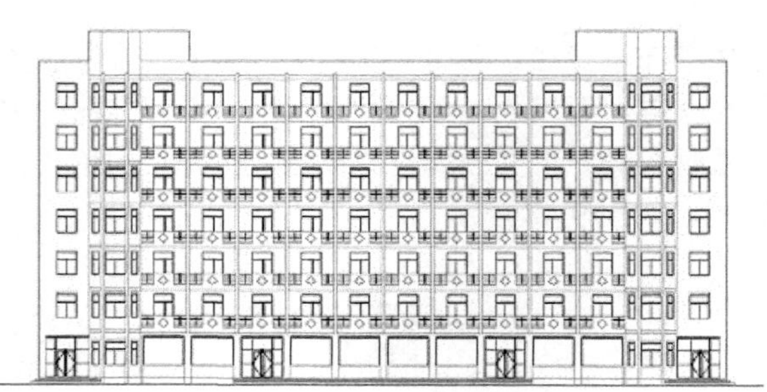
图 9-53 镜像复制

说明：如果进行“阵列”、“镜像”复制后，发现立面图块单元存在需要修改的地方，可以双击任意图块，随即打开“编辑块定义”对话框，单击“确定”按钮，进入“块编辑器”窗口进行修改，如图 9-54 和图 9-55 所示。在“块编辑器”窗口中编辑好后，单击上方的“保存块定义”按钮，然后单击“关闭块编辑器”按钮。这样，所有相同的图块都一并得到修改。这也正是创建立面图块的好处之一。

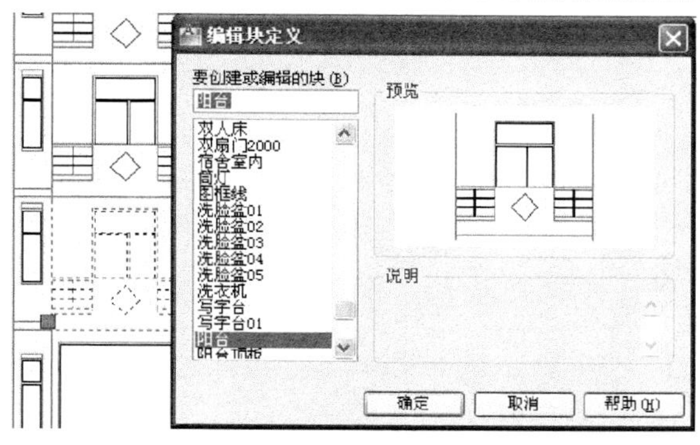


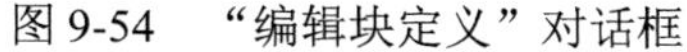

图 9-54　“编辑块定义”对话框

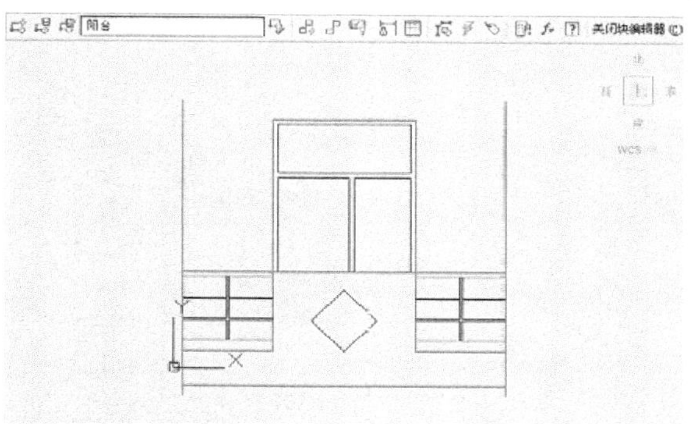


图 9-55　“块编辑器”窗口

## 9.3.4　配景、文字及尺寸标注

从“建筑图库”文件中插入配景树木，完成配景。对于尺寸标注，事先将两侧的水平定位辅助线长度适当修剪掉一些，以便“快速标注”命令的使用，结果如图 9-56 所示。

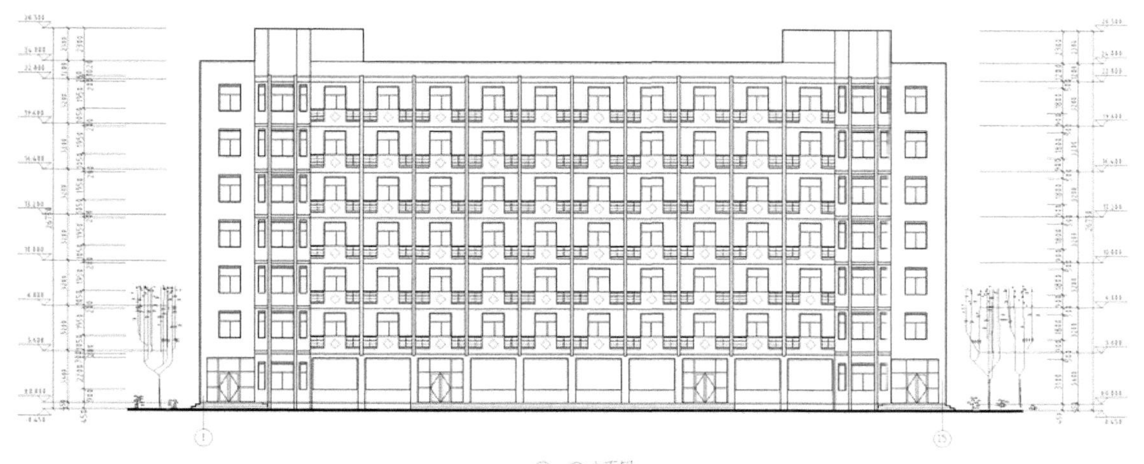

图 9-56　配景、文字及尺寸标注

# 9.4　上 机 操 作

通过前面的学习，读者对本章知识也有了大体的了解，本节通过几个操作练习使读者进一步掌握本章知识要点。

Note

## 9.4.1　绘制别墅南立面图

### 1. 目的要求

本实验主要要求读者通过练习进一步熟悉和掌握南立面图的绘制方法，如图 9-57 所示。通过本实验，可以帮助读者学会完成立面图绘制的全过程。

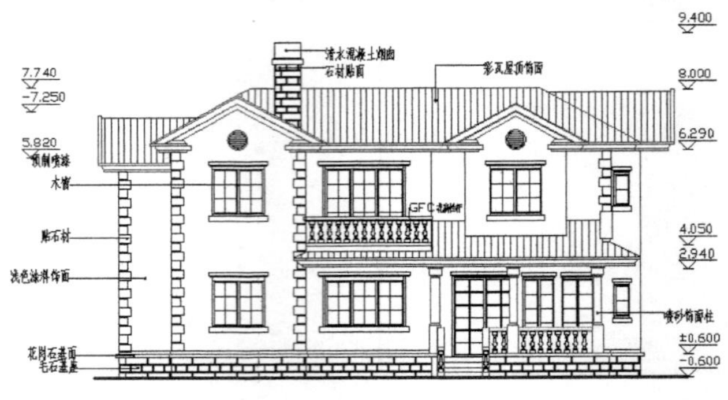


图 9-57　别墅南立面图

### 2. 操作提示

（1）绘图前准备。

（2）绘制室外地坪线、外墙定位线。

（3）绘制屋顶立面。

（4）绘制台基、台阶、立柱、栏杆、门窗。

（5）绘制其他建筑构件。

（6）标注尺寸及轴号。

（7）清理多余图形元素。

## 9.4.2　绘制别墅西立面图

### 1. 目的要求

本实验主要要求读者通过练习进一步熟悉和掌握西立面图的绘制方法，如图 9-58 所示。通过本实验，可以帮助读者学会完成西立面图绘制的全过程。

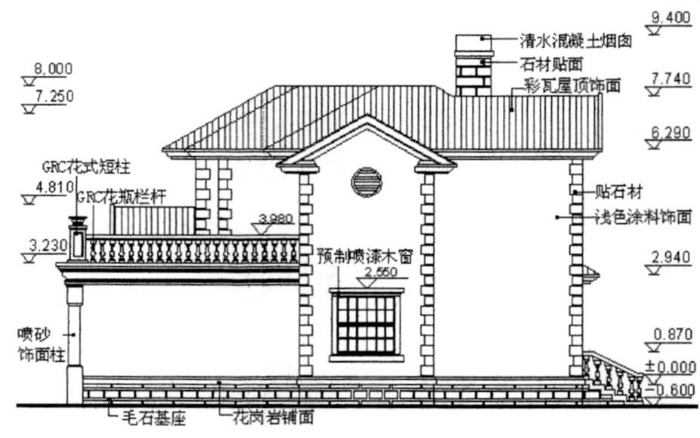


图 9-58　别墅西立面图

2. 操作提示

（1）绘图前准备。

（2）绘制地坪线、外墙、屋顶轮廓线。

（3）绘制台基、立柱、雨篷、台阶、露台、门窗。

（4）绘制其他建筑细部。

（5）立面标注。

（6）清理多余图形元素。

## 9.4.3 绘制别墅东立面图

1. 目的要求

本实验主要要求读者通过练习进一步熟悉和掌握东立面图的绘制方法，如图 9-59 所示。通过本实验，可以帮助读者学会完成东立面图绘制的全过程。

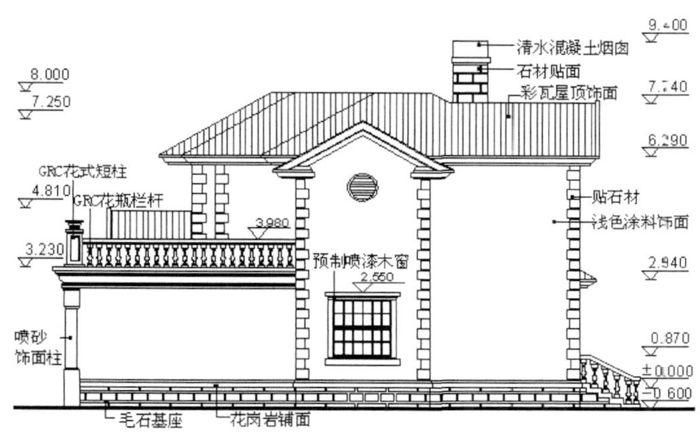


图 9-59 别墅东立面图

2. 操作提示

（1）绘图前准备。

（2）绘制地坪线、外墙、屋顶轮廓线。

（3）绘制台基、立柱、雨篷、台阶、露台、门窗。

（4）绘制其他建筑细部。

（5）立面标注。

（6）清理多余图形元素。

## 9.4.4 绘制别墅北立面图

1. 目的要求

本实验主要要求读者通过练习进一步熟悉和掌握北立面图的绘制方法，如图 9-60 所示。通过本实验，可以帮助读者学会完成北立面图绘制的全过程。

2. 操作提示

（1）绘图前准备。

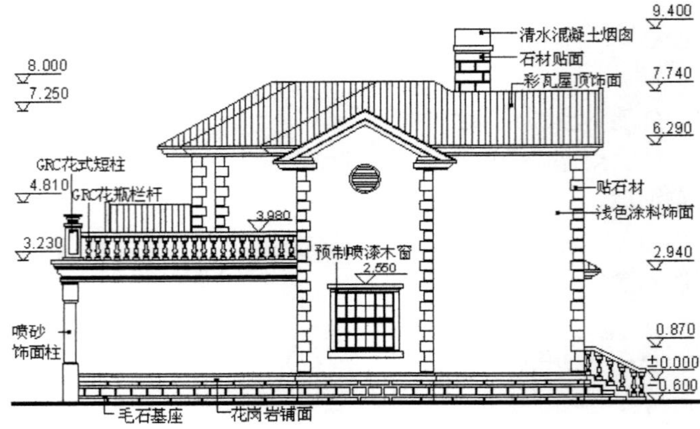


图 9-60　别墅北立面图

（2）绘制地坪线、外墙、屋顶轮廓线。

（3）绘制台基、立柱、雨篷、台阶、露台、门窗。

（4）绘制其他建筑细部。

（5）立面标注。

（6）清理多余图形元素。

# 绘制建筑剖面图

剖面图是表达建筑室内空间关系的必备图样，是建筑制图中的一个重要环节之一，其绘制方法与立面图相似，主要区别在于剖面图需要表示出被剖切构配件的截面形式及材料图案。在平面图、立面图的基础上学习剖面图绘制会方便很多。在本章中，首先在10.1节介绍建筑剖面图的图示内容、剖切位置及投射方向、绘制步骤等基本知识。其次在10.2、10.3节分别以别墅和学生宿舍楼为例讲解剖面图绘制的操作方法。与立面图讲解类似，别墅实例讲解注重基本方法，宿舍楼讲解注重快速绘制方法。

- ☑ 建筑剖面图绘制概述
- ☑ 某宿舍楼剖面图绘制
- ☑ 某别墅剖面图绘制

## 任务驱动&项目案例

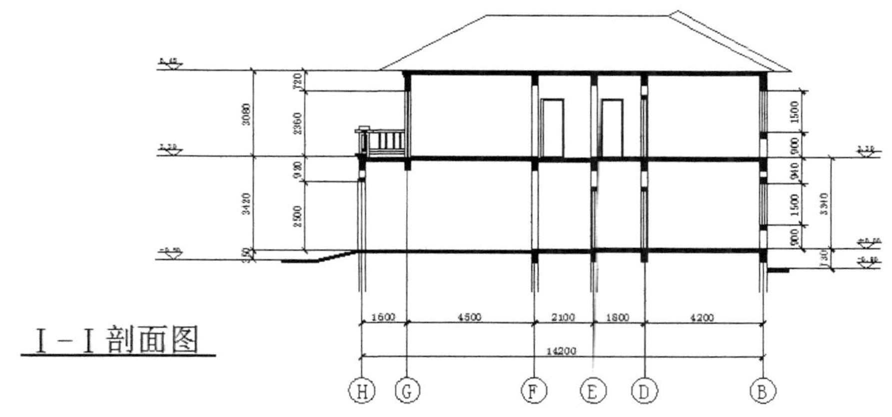


I-I剖面图

Note

# 10.1 建筑剖面图绘制概述

本节向读者简要归纳建筑剖面图的概念及图示内容、剖切位置及投射方向、一般绘制步骤等基本知识，为下一步结合实例讲解 AutoCAD 操作作准备。

## 10.1.1 建筑剖面图概念及图示内容

剖面图是指用一剖切面将建筑物的某一位置剖开，移去一侧后剩下一侧沿剖视方向的正投影图，用来表达建筑内部空间关系、结构形式、楼层情况以及门窗、楼层、墙体构造做法等。根据工程的需要，绘制一个剖面图可以选择一个剖切面、两个平行的剖切面或相交的两个剖切面（如图 10-1 所示）。对于两个相交剖切面的情形，应在图名中注明“展开”二字。剖面图与断面图的区别在于，剖面图除了表示剖切到的部位外，还应表示出投射方向看到的构配件轮廓（所谓“看线”）；而断面图只需要表示剖切到的部位。

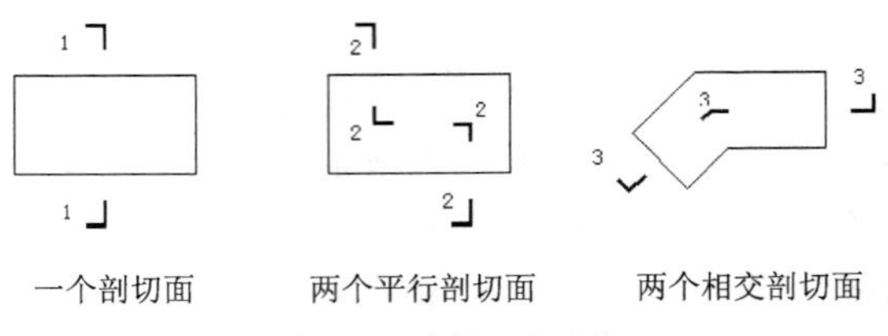


图 10-1　剖切面形式

不同的设计深度，图示内容有所不同。

方案阶段重点在于表达剖切部位的空间关系、建筑层数、高度、室内外高差等。剖面图中应注明室内外地坪标高、楼层标高、建筑总高度（室外地面至檐口）、剖面编号、比例或比例尺等。如果有建筑高度控制，还需标明最高点的标高。

初步设计阶段需要在方案图基础上增加主要内外承重墙、柱的定位轴线和编号，更加详细、清晰、准确地表达出建筑结构、构件（剖到或看到的墙、柱、门窗、楼板、地坪、楼梯、台阶、坡道、雨篷、阳台等）本身及相互关系。

施工图阶段在优化、调整、丰富初设图的基础上，图示内容最为详细。一方面是剖到和看到的构配件图样准确、详尽、到位，另一方面是标注详细。除了标注室内外地坪、楼层、屋面突出物、各构配件的标高外，还要标注竖向尺寸和水平尺寸。竖向尺寸包括外部三道尺寸（与立面图类似）和内部地坑、隔断、吊顶、门窗等部位的尺寸；水平尺寸包括两端和内部剖到的墙、柱定位轴线间尺寸及轴线编号。

## 10.1.2 剖切位置及投射方向的选择

根据规范规定，剖面图的剖切部位应根据图纸的用途或设计深度，在平面图上选择空间复杂、能反映全貌、构造特征以及有代表性的部位剖切。

投射方向一般宜向左、向上，当然也要根据工程情况而定。剖切符号标在底层平面图中，短线指向为投射方向。剖面图编号标在投射方向一侧，剖切线若有转折，应在转角的外侧加注与该符号相同的编号，如图 10-1 所示。

### 10.1.3 剖面图绘制的一般步骤

建筑剖面图一般在平面图、立面图的基础上，并参照平、立面图绘制。其一般绘制步骤如下：

（1）绘图环境设置。

（2）确定剖切位置和投射方向。

（3）绘制定位辅助线。包括墙、柱定位轴线、楼层水平定位辅助线及其他剖面图样的辅助线。

（4）剖面图样及看线绘制。包括剖到和看到的墙柱、地坪、楼层、屋面、门窗（幕墙）、楼梯、台阶及坡道、雨篷、窗台、窗楣、檐口、阳台、栏杆、各种线脚等内容。

（5）配景。包括植物、车辆、人物等。

（6）尺寸、文字标注。

至于线型、线宽设置，则贯穿到绘图过程中去。

## 10.2 某别墅剖面图绘制

根据别墅方案的情况，选择I-I剖切位置，剖视方向向左。I-I剖切位置中一层剖切线经过车库、卫生间、过道和卧室，二层剖切线经过北侧卧室、卫生间、过道和南侧卧室。绘制流程图如图 10-2 所示。

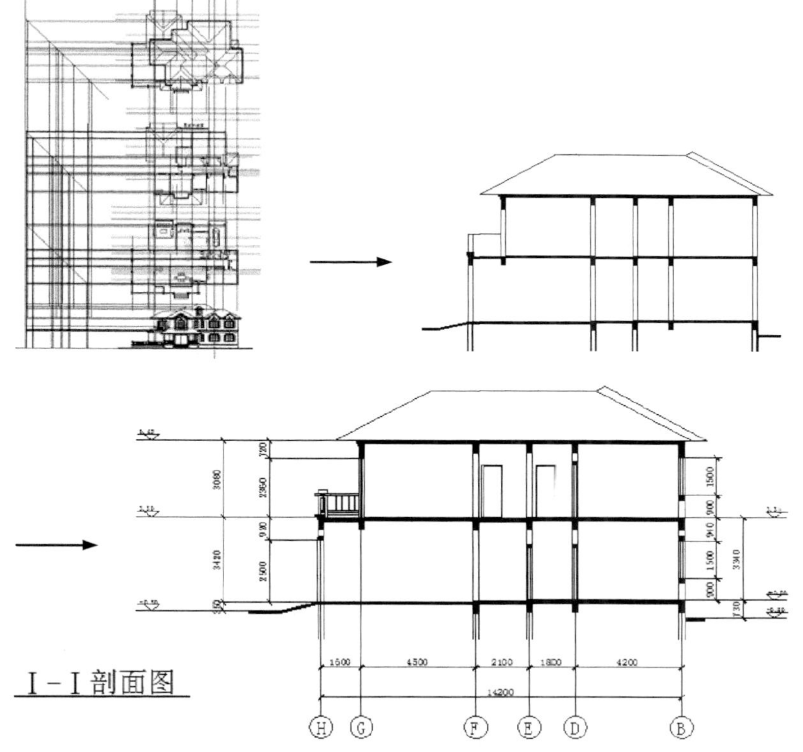


图 10-2 绘制某别墅剖面图

绘制步骤：（光盘\动画演示\第 10 章\某别墅剖面图绘制.avi）

## 10.2.1 设置绘图环境

Note

（1）在命令行中输入“LIMITS”，设置图幅尺寸为 420000×297000。

（2）单击“图层”工具栏中的“图层特性管理器”按钮，创建“剖面”图层，图层参数采用默认设置。

## 10.2.2 确定剖切位置和投射方向

根据该别墅方案的情况，剖视方向向左。

为了便于从平面图中引出定位辅助线，单击“绘图”工具栏中的“构造线”按钮在剖切位置画一条直线，如图 10-3 所示。

**说明：** 采用构造线的目的在于它可以一次贯通多个平面，当需要利用其他楼层平面图时，就不必再绘制此线。

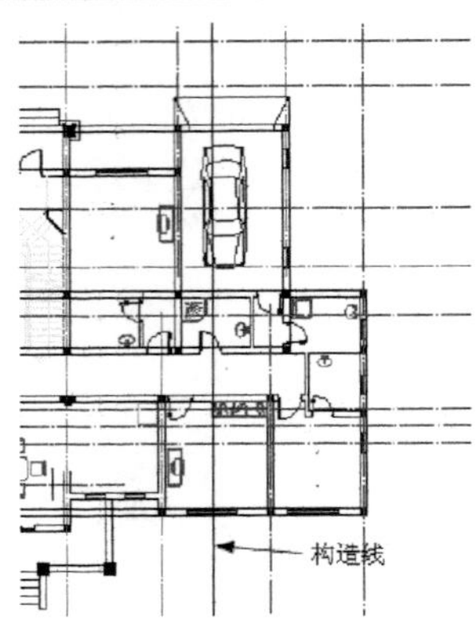


图 10-3 绘制构造线确定剖切位置

## 10.2.3 绘制定位辅助线

（1）单击“图层”工具栏中的“图层特性管理器”按钮，将“剖面”图层设为当前图层。

（2）复制随书光盘“源文件\8”文件夹中的“一层平面图”、“二层平面图”和“顶层平面图”文件以及“源文件\9\南立面图”文件，并将暂时不用的图层关闭。为便于从平面图中引出定位辅助线，单击“绘图”工具栏中的“构造线”按钮，在剖切位置绘制一条构造线。

（3）单击“绘图”工具栏中的“直线”按钮，在立面图左侧同一水平线上绘制室外地平线。然后采用绘制立面图定位辅助线的方法绘制出剖面图的定位辅助线，结果如图 10-4 所示。

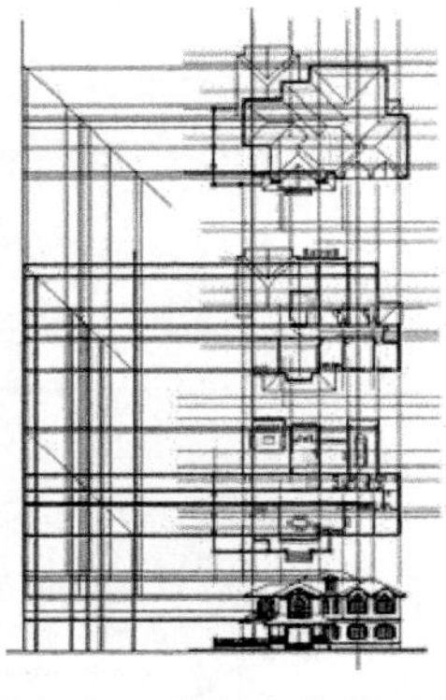

图 10-4 绘制定位辅助线

## 10.2.4 绘制剖面图

（1）单击“绘图”工具栏中的“直线”按钮和“修改”工具栏中的“偏移”按钮，根据平

面图中的室内外标高确定楼板层和地平线的位置，然后单击“修改”工具栏中的“修剪”按钮，将多余的线段进行修剪。

（2）单击“绘图”工具栏中的“图案填充”按钮，将室外地平线和楼板层填充为SOLID图案，如图10-5所示。

（3）绘制二层楼板、屋顶楼板以及屋顶轮廓辅助线。利用与上述相同的方法绘制二层楼板和屋顶楼板，如图10-6所示。

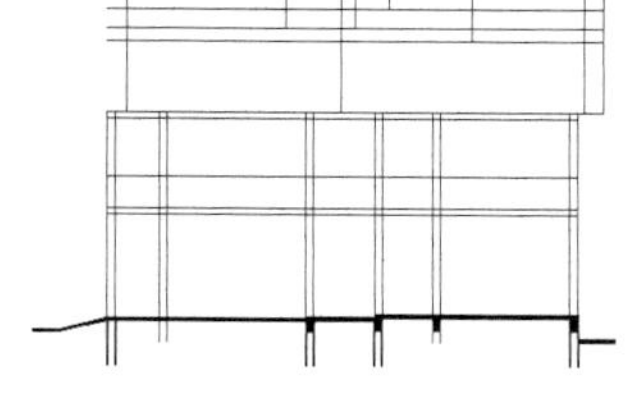

图10-5　绘制室外地平线和一层楼板

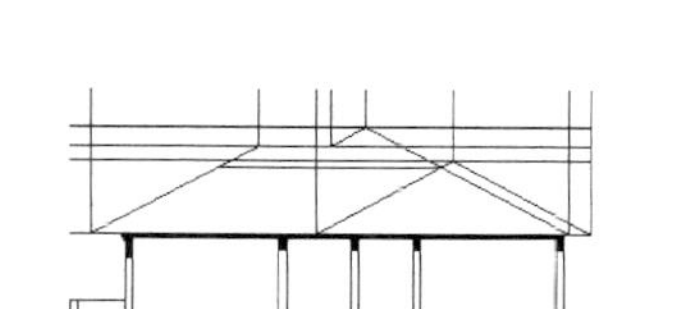

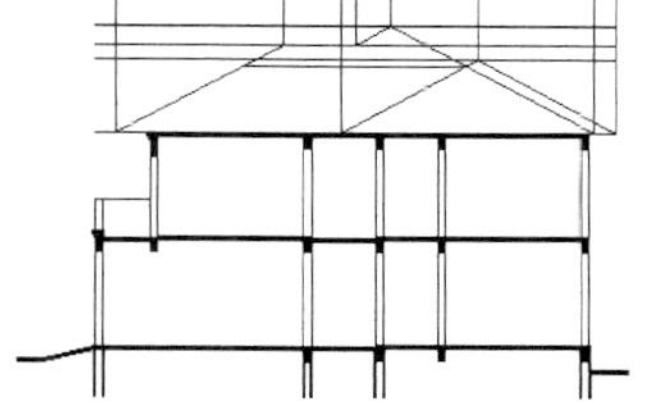

图10-6　绘制二层楼板和屋顶楼板

（4）单击“修改”工具栏中的“修剪”按钮，根据定位辅助线剪切出屋顶轮廓线，如图10-7所示。

（5）绘制墙体。单击“修改”工具栏中的“修剪”按钮，修剪墙线，然后设置修剪后的墙线线宽为0.3，形成墙体剖面线，结果如图10-8所示。

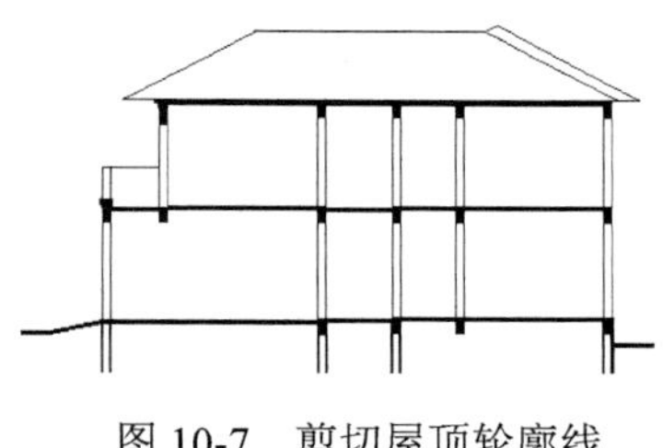

图10-7　剪切屋顶轮廓线

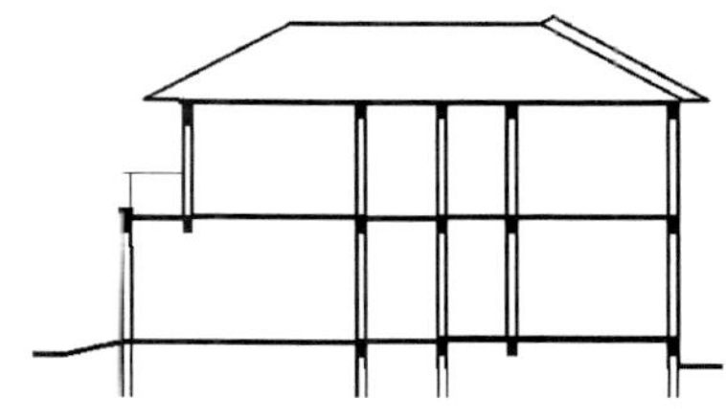

图10-8　绘制墙体

（6）绘制门窗。单击“修改”工具栏中的“修剪”按钮，绘制门窗洞口；然后选择菜单栏中的“绘图”→“多线”命令，绘制门窗，绘制方法与平面图和立面图中绘制门窗的方法相同，结果如图10-9所示。

（7）绘制砖柱。单击“修改”工具栏中的“复制”按钮，将南立面图中的砖柱复制到剖面图中进行修改，结果如图10-10所示。

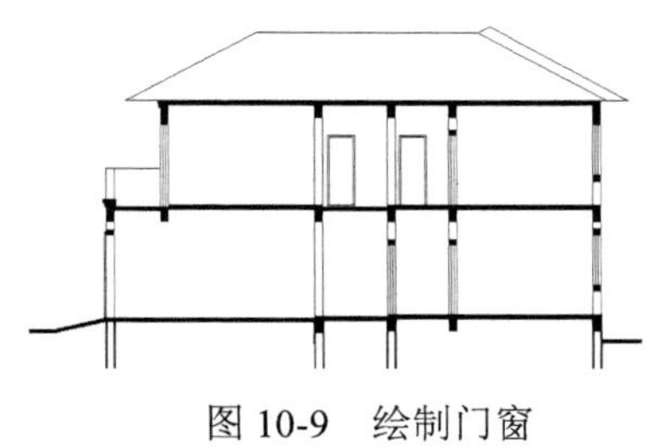

图10-9　绘制门窗

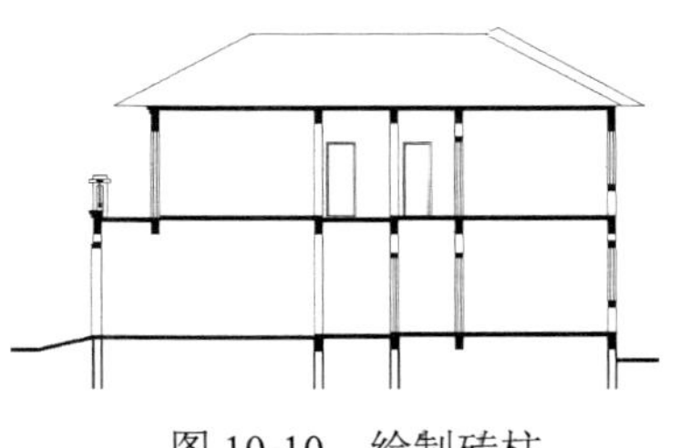

图10-10　绘制砖柱

（8）绘制栏杆。单击“修改”工具栏中的“复制”按钮，将南立面图中的栏杆复制到剖面图中进行修改，结果如图10-11所示。

Note

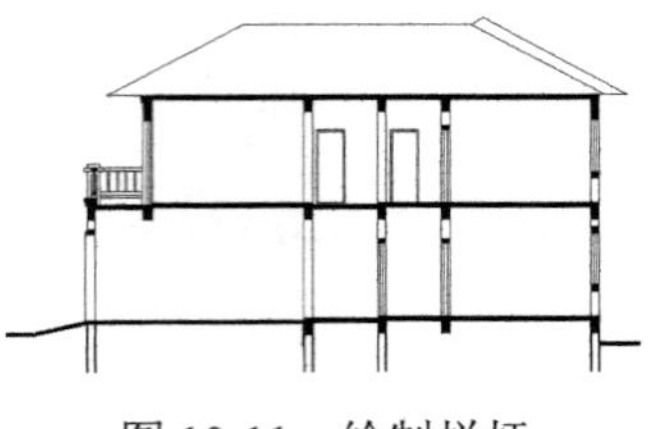

图 10-11　绘制栏杆

### 10.2.5　添加文字说明和标注

（1）单击“绘图”工具栏中的“直线”按钮和“多行文字”按钮，进行标高标注，如图 10-12 所示。

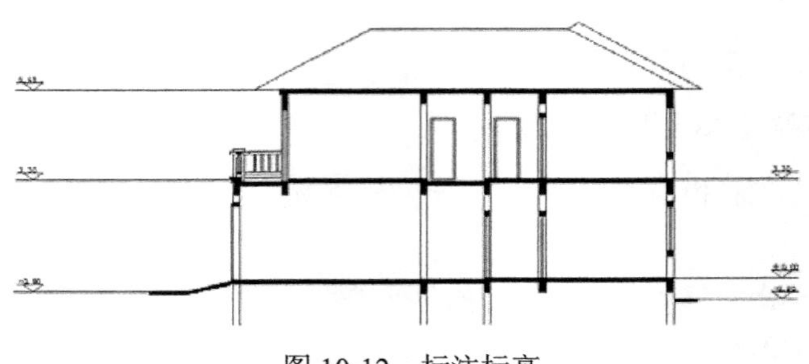

图 10-12　标注标高

（2）单击“标注”工具栏中的“线性”按钮和“连续”按钮，标注门窗洞口尺寸、层高尺寸、轴线尺寸和总体长度尺寸，如图 10-13 所示。

（3）单击“绘图”工具栏中的“圆”按钮、“多行文字”按钮和“修改”工具栏中的“复制”按钮，标注轴线号和文字说明，完成 I-I 剖面图的绘制，结果如图 10-14 所示。

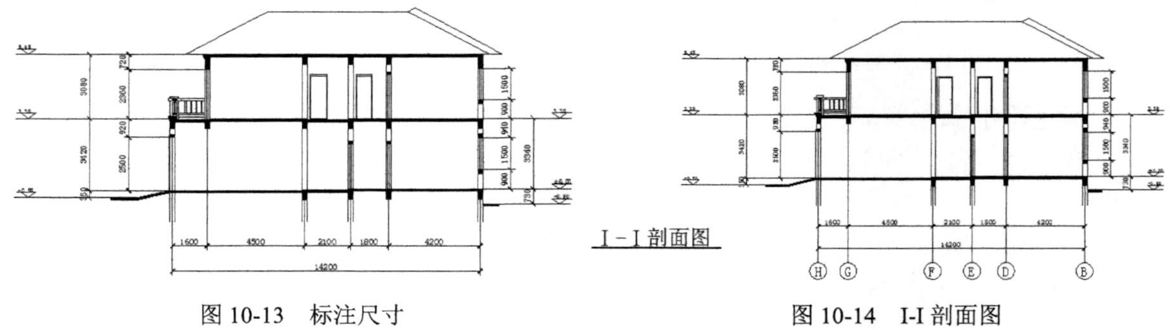


图 10-13　标注尺寸　　图 10-14　I-I 剖面图

## 10.3　某宿舍楼剖面图绘制

在别墅剖面图绘制的学习中，读者对在 AutoCAD 中绘制剖面图已有一定的了解。本节以宿舍楼剖面图为例，进一步讲解剖面图绘制的方法，以期为读者强化剖面图绘制的技能。

宿舍楼剖面图绘制的难点是双跑楼梯剖面，它涉及楼梯构造的相关知识。因此，本节重点讲解的内容是楼梯剖面图，其余简单内容将简而述之。进一步分析发现，该剖面图底层和顶层存在差异，其

余各层均相同。于是，只要分别绘制好底层、标准层、顶层剖面，该剖面图即可顺利完成。绘制流程图如图 10-15 所示。

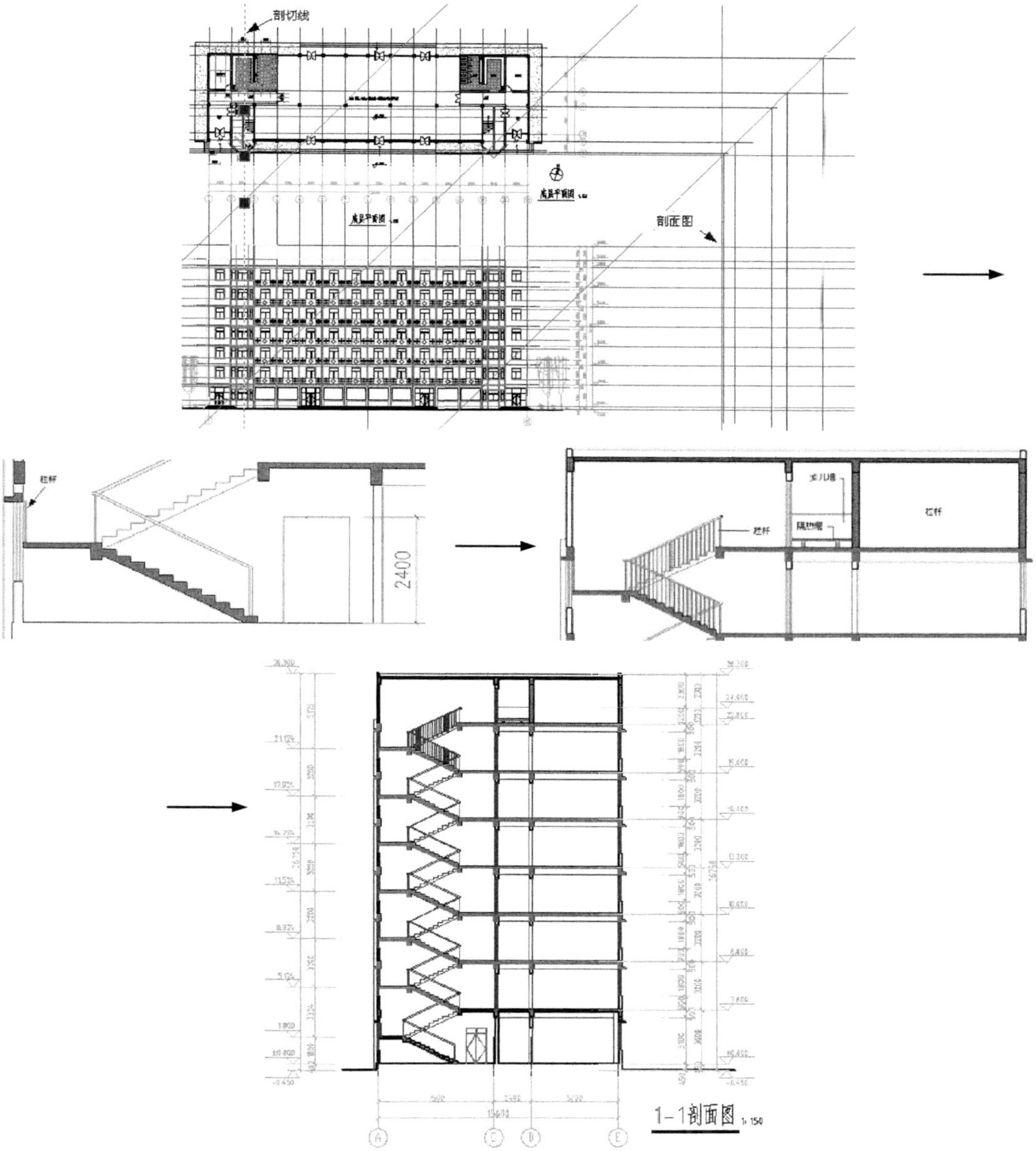

图 10-15　绘制某宿舍楼剖面图

绘制步骤：（**光盘\动画演示\第 10 章\某宿舍楼剖面图.avi**）

## 10.3.1　前期工作

在立面图同一地平线位置上绘制 1-1 剖面图，采用前面提到的侧面正投影绘制的方法，引出水平方向的墙、柱定位轴线和竖直方向上的楼层、屋顶定位辅助线，并绘制出剖切线，为下面逐项绘制作准备，如图 10-16 所示。

Note

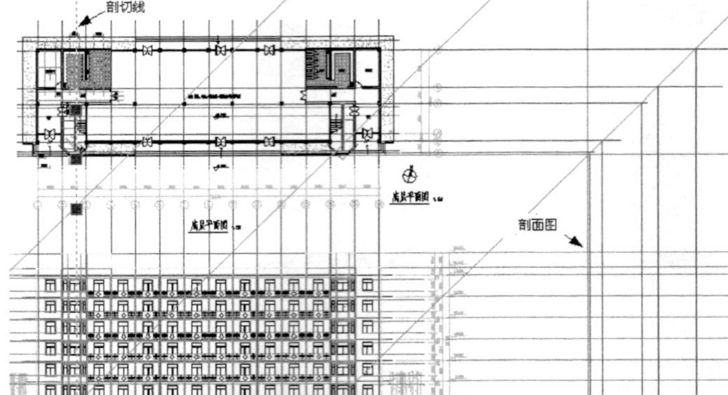


图 10-16　前期线条绘制

## 10.3.2　底层剖面图绘制

底层剖面图绘制分两个步骤进行：一是墙柱、门窗、楼板，二是楼梯间。

### 1. 墙柱、门窗、楼板

借助辅助线绘制出剖面墙柱、门窗、楼板图形，如图 10-17 所示。

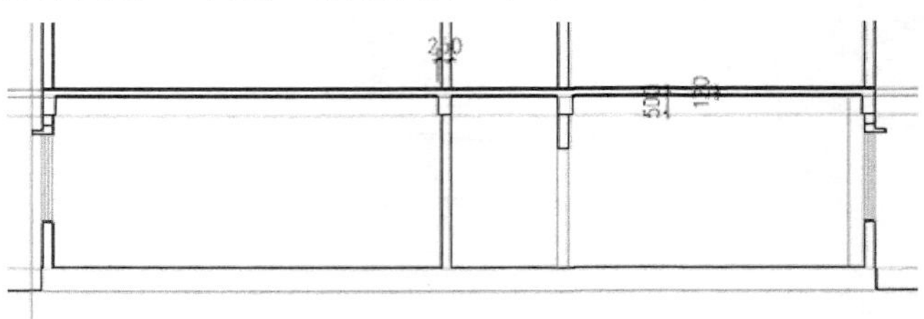

图 10-17　墙柱、门窗、楼板

### 2. 楼梯间

底层层高 3.6m，设 24 级，踏步高 150mm、宽 300mm，为等跑楼梯。

首先绘制出平台、梯段、踏步的定位辅助线，然后绘制平台、平台梁、梯段、踏步，最后绘制栏杆。

（1）辅助线绘制。根据楼梯平台宽度、梯段长度绘制出梯段定位辅助线 1、2，并绘制出平台板竖向定位辅助线 3，如图 10-18 所示。

（2）在此基础上绘制出踏步定位网格，如图 10-19 所示。

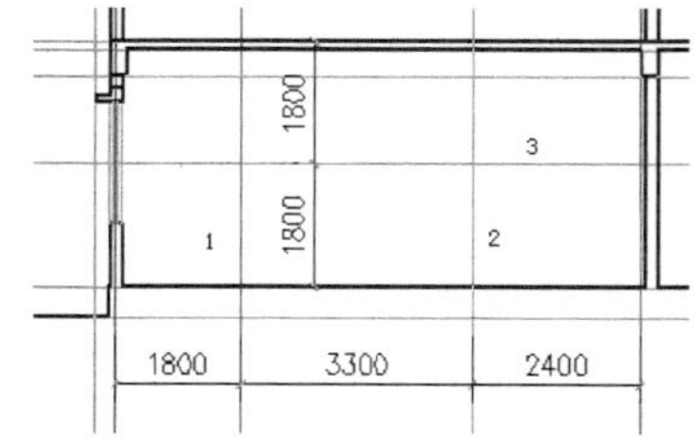


图 10-18　辅助线 1、2、3

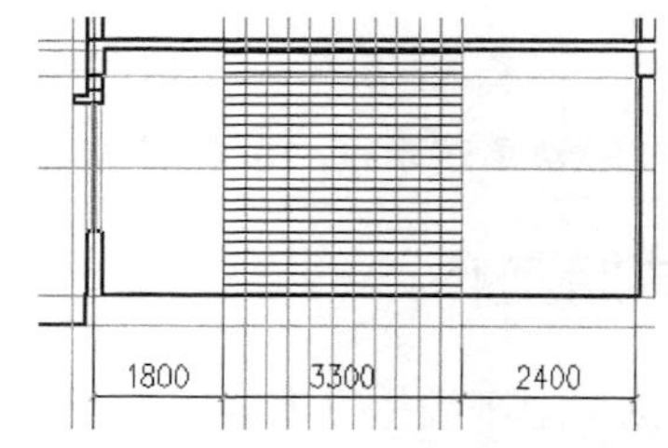


图 10-19　楼梯踏步定位网格

（3）平台板及平台梁绘制。如图 10-20 所示，绘制出上下两个位置的平台板及平台梁。

（4）梯段绘制。用“多段线”命令（如图 10-21 所示）绘制出梯段。注意下面梯段为断面图，上面梯段为投射可见的轮廓。

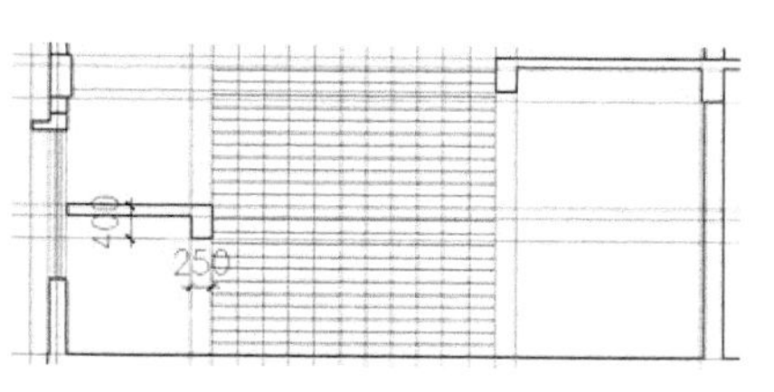


图 10-20　平台板及平台梁

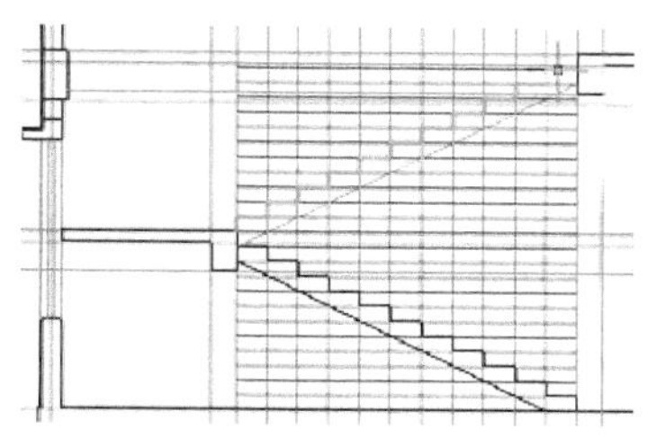

图 10-21　梯段

（5）栏杆绘制。栏杆高度为 1050mm，应从踏步中心点量至扶手顶面。首先，可以借助 1050mm 高的短线确定栏杆的高度，然后用“构造线”命令绘制出栏杆扶手上轮廓，如图 10-22 所示。

（6）用“偏移”命令绘制出栏杆下轮廓，并初步绘制出栏杆立杆和扶手转角轮廓，如图 10-23 所示。

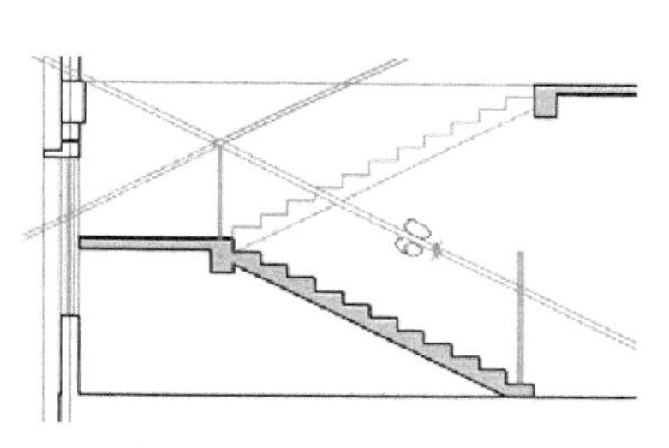


图 10-22　栏杆扶手上轮廓

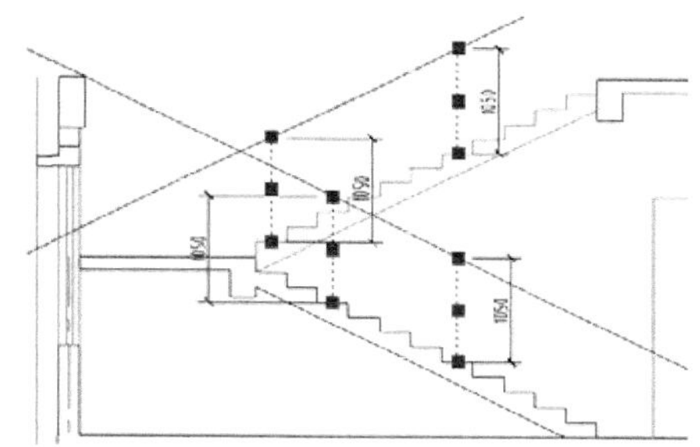


图 10-23　扶手及立杆初绘

（7）进行修剪，完成栏杆绘制，如图 10-24 所示。这只是栏杆整体轮廓，到顶层时，再详细绘制出栏杆细部。

（8）完成底层绘制。由于楼梯平台处为窗户，所以需要在窗内设置防护栏杆。该楼梯间为封闭楼梯间，入口处设乙级防火门。最后，将钢筋混凝土断面涂黑，完成底层绘制，如图 10-24 所示。

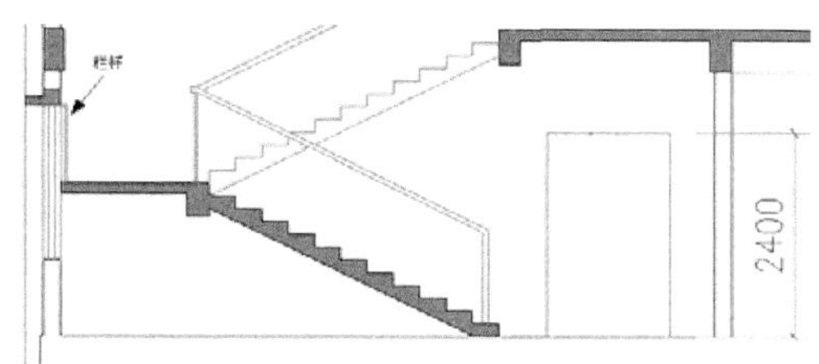


图 10-24　完成底层绘制

## 10.3.3　标准层剖面图绘制

标准层剖面图绘制分 3 个步骤进行：一是墙柱、门窗、楼板，二是楼梯，三是楼层组装。

### 1. 墙柱、门窗、楼板

复制底层墙柱、门窗、楼板到二层，并作适当修改，如图 10-25 所示。

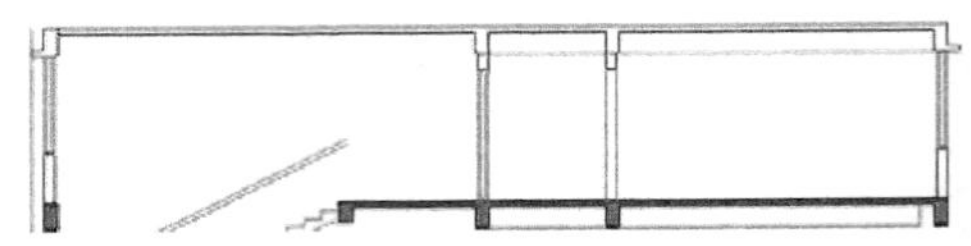

图 10-25　标准层墙柱、门窗、楼板

Note

2. 楼梯间

标准层层高 3.2m，设 21 级，踏步高 152mm、宽 300mm，第一跑设 10 级，第二跑设 11 级。

（1）辅助线绘制。如图 10-26 所示，绘制出梯段定位网格。

（2）梯段绘制。首先，从第一级踏步开始绘制第一跑楼梯，到第 10 级时拉平绘制出平台；然后，绘制出第二跑楼梯轮廓，如图 10-27 所示。

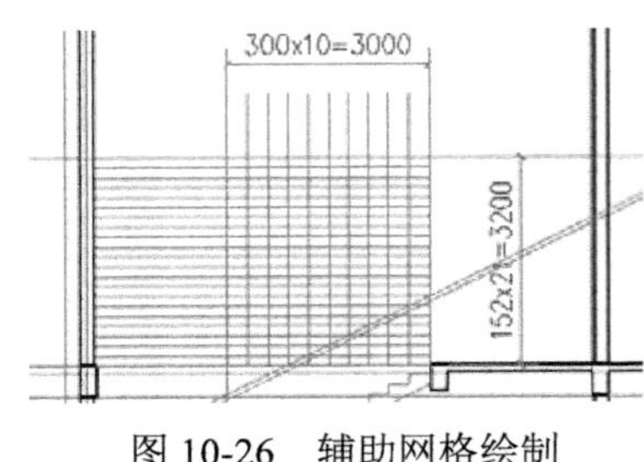


图 10-26　辅助网格绘制

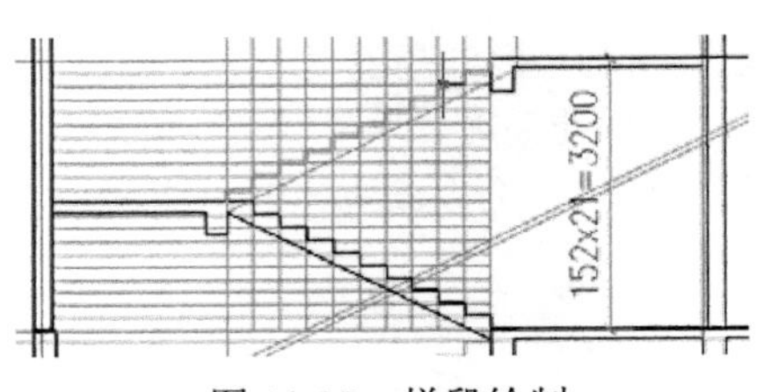


图 10-27　梯段绘制

（3）完成底层绘制。绘制出栏杆，涂黑钢筋混凝土断面，结果如图 10-28 所示。

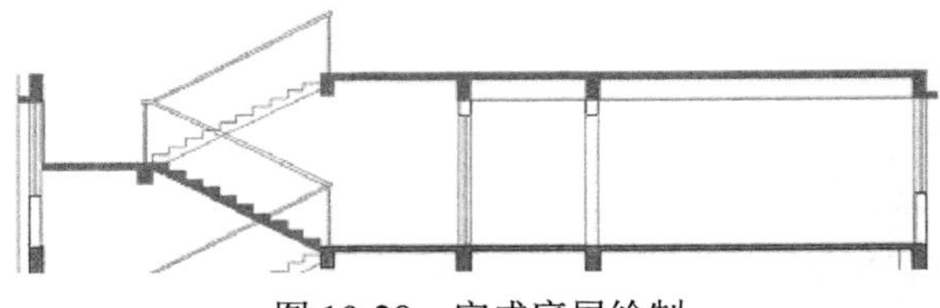

图 10-28　完成底层绘制

3. 楼层组装

将标准层剖面做成图块，并向上阵列复制 7 个，结果如图 10-29 所示。

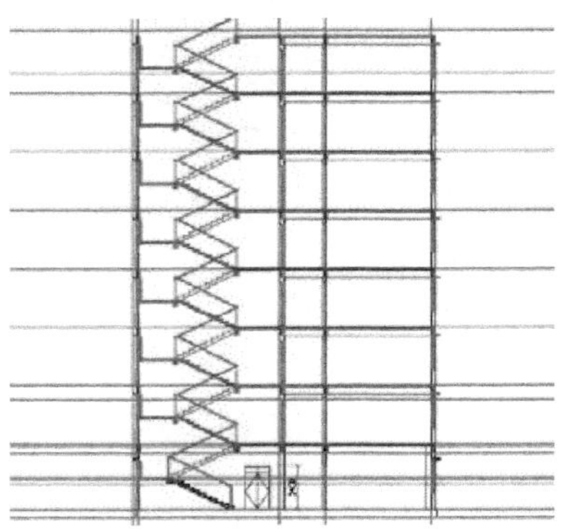

图 10-29　标准层阵列复制

## 10.3.4　顶层剖面图绘制

将刚才复制的第七个楼层图块分解开，按出屋面楼梯间、屋面女儿墙、隔热层以及水箱的要求进

行修改，并在倒数第二层现有楼梯栏杆的基础上补充绘制出横杆和立杆，以表示所有楼梯栏杆的形式，结果如图 10-30 所示。

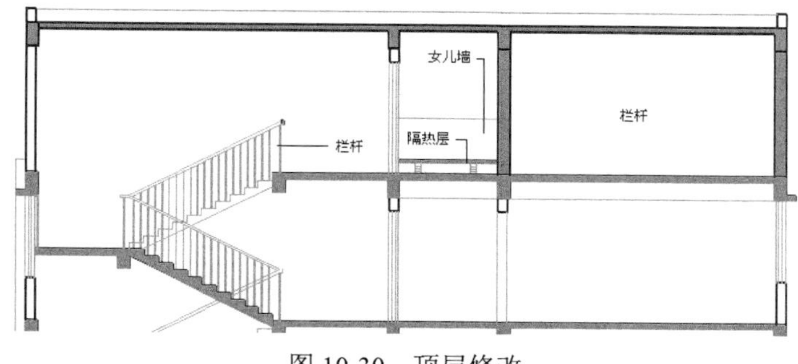


图 10-30　顶层修改

## 10.3.5　文字及尺寸标注

完成配景、文字及尺寸标注，结果如图 10-31 所示。

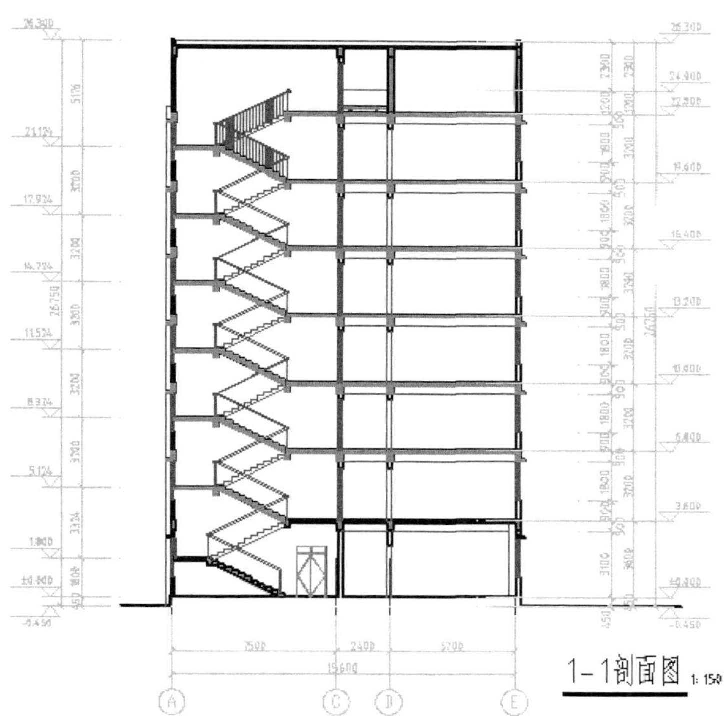


图 10-31　文字及尺寸标注

# 10.4　上 机 操 作

通过前面的学习，读者对本章知识也有了大体的了解，本节通过几个操作练习使读者进一步掌握本章知识要点。

Note

## 绘制别墅 1-1 剖面图

1. 目的要求

本实验主要要求读者通过练习进一步熟悉和掌握剖面图的绘制方法，如图 10-32 所示。通过本实验，可以帮助读者学会完成整个剖面图绘制的全过程。

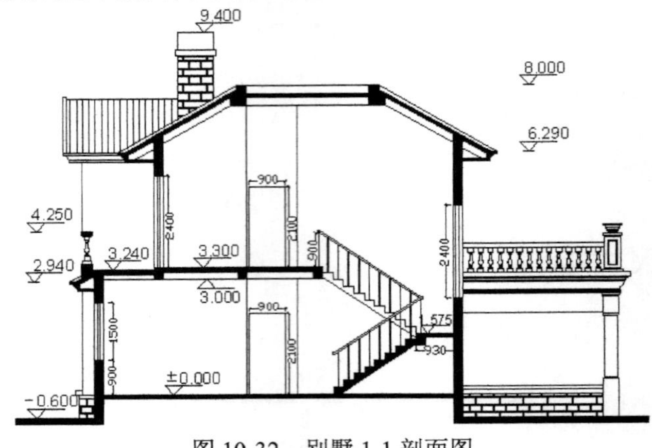


图 10-32　别墅 1-1 剖面图

2. 操作提示

（1）修改图形。

（2）绘制折线及剖面。

（3）标注标高。

（4）标注尺寸及文字。

# 绘制建筑详图

建筑详图是建筑施工图绘制中的一项重要内容，与建筑构造设计息息相关。本章首先简要介绍建筑详图的基本知识，然后结合实例讲解在AutoCAD中详图绘制的方法和技巧。本章中涉及的实例有外墙身详图、楼梯间详图、卫生间放大图和门窗详图。

- ☑ 建筑详图绘制概述
- ☑ 外墙身详图绘制
- ☑ 楼梯间详图绘制
- ☑ 卫生间放大图的制作
- ☑ 门窗详图的制作

## 任务驱动&项目案例

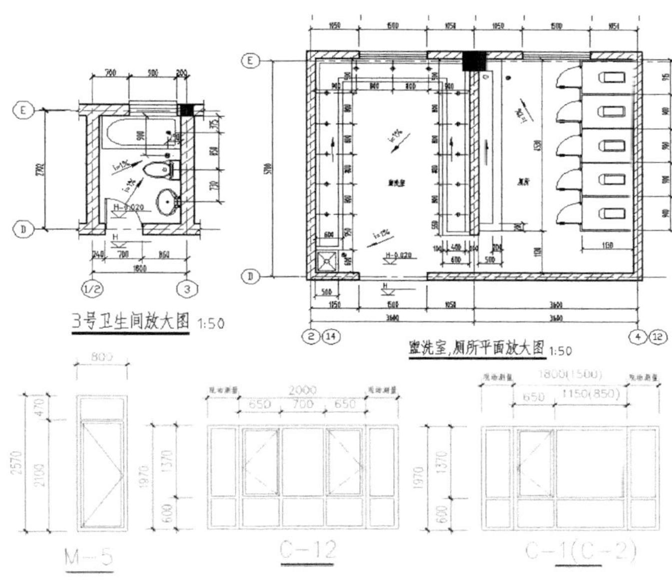

# 11.1 建筑详图绘制概述

Note

在正式讲述 AutoCAD 建筑详图绘制之前，本节简要归纳详图绘制的基本知识和绘制步骤。

## 11.1.1 建筑详图的概念及图示内容

前面介绍的平、立、剖面图均是全局性的图纸，由于比例的限制，不可能将一些复杂的细部或局部做法表示清楚，因此需要将这些细部、局部的构造、材料及相互关系采用较大的比例详细绘制出来，以指导施工。这样的建筑图形称为详图，也称大样图。对于局部平面（如厨房、卫生间）放大绘制的图形，习惯叫做放大图。需要绘制详图的位置一般有室内外墙节点、楼梯、电梯、厨房、卫生间、门窗、室内外装饰等构造详图或局部平面放大图。

内外墙节点一般用平面和剖面表示，常用比例为 1:20。平面节点详图表示出墙、柱或构造柱的材料和构造关系。剖面节点详图即常说的墙身详图，需要表示出墙体与室内外地坪、楼面、屋面的关系，以及相关的门窗洞口、梁或圈梁、雨篷、阳台、女儿墙、檐口、散水、防潮层、屋面防水、地下室防水等构造做法。墙身详图可以从室内外地坪、防潮层处开始一路画到女儿墙压顶。为了节省图纸，在门窗洞口处可以断开，也可以重点绘制地坪、中间层、屋面处的几个节点，而将中间层重复使用的节点集中到一个详图中表示。节点编号一般由上到下编。

楼梯详图包括平面、剖面及节点 3 部分。平面、剖面常用 1:50 的比例绘制，楼梯中的节点详图可以根据对象大小酌情采用 1:5、1:10、1:20 等比例。楼梯平面图与建筑平面图不同的是，它只需绘制出楼梯及四面相接的墙体；而且，楼梯平面图需要准确地表示出楼梯间净空、梯段长度、梯段宽度、踏步宽度和级数、栏杆（栏板）的大小及位置，以及楼面、平台处的标高等。楼梯间剖面图只需绘制出楼梯相关的部分，相邻部分可用折断线断开。选择在底层第一跑并能够剖到门窗的位置剖切，向底层另一跑梯段方向投射。尺寸需要标注层高、平台、梯段、门窗洞口、栏杆高度等竖向尺寸，并应标注出室内外地坪、平台、平台梁底面的标高。水平方向需要标注定位轴线及编号、轴线尺寸、平台、梯段尺寸等。梯段尺寸一般用“踏步宽（高）×级数=梯段宽（高）”的形式表示。此外，楼梯剖面上还应注明栏杆构造节点详图的索引编号。

电梯详图一般包括电梯间平面图、机房平面图和电梯间剖面图 3 个部分，常用 1:50 的比例绘制。平面图需要表示出电梯井、电梯厅、前室相对定位轴线的尺寸及自身的净空尺寸，表示出电梯图例及配重位置、电梯编号、门洞大小及开取形式、地坪标高等。机房平面需表示出设备平台位置及平面尺寸、顶面标高、楼面标高以及通往平台的梯子形式等内容。剖面图需要剖在电梯井、门洞处，表示出地坪、楼层、地坑、机房平台的竖向尺寸和高度，标注出门洞高度。为了节约图纸，中间相同部分可以折断绘制。

厨房、卫生间放大图根据其大小可酌情采用 1:30、1:40、1:50 的比例绘制。需要详细表示出各种设备的形状、大小和位置及地面设计标高、地面排水方向及坡度等，对于需要进一步说明的构造节点，须标明详图索引符号，或绘制节点详图，或引用图集。

门窗详图包括立面图、断面图、节点详图等内容。立面图常用 1:20 的比例绘制，断面图常用 1:5 的比例绘制，节点图常用 1:10 的比例绘制。标准化的门窗可以引用有关标准图集，说明其门窗图集编号和所在位置。根据《建筑工程设计文件编制深度规定》（2003 年版），非标准的门窗、幕墙需绘制详图。如委托加工，需绘制出立面分格图，标明开取扇、开取方向，说明材料、颜色及与主体结构

的连接方式等。

就图形而言，详图兼有平、立、剖面的特征，它综合了平、立、剖面绘制的基本操作方法，并具有自己的特点，只要掌握一定的绘图程序，难度应不大。真正的难度在于对建筑构造、建筑材料、建筑规范等相关知识的掌握。

## 11.1.2 详图绘制的一般步骤

详图绘制的一般步骤如下：

（1）图形轮廓绘制。包括断面轮廓和看线。

（2）材料图例填充。包括各种材料图例选用和填充。

（3）图形布置。包括建筑物、道路、广场、停车场、绿地、场地出入口布置等内容。

（4）符号、尺寸、文字等标注。包括设计深度要求的轴线及编号、标高、索引、折断符号和尺寸、说明文字等。

# 11.2 外墙身详图绘制

本节以前面绘制的宿舍楼外墙身构造详图为例，为读者介绍详图绘制的方法。根据宿舍楼的具体情况，绘制上中下 3 个节点。第一个节点包括屋面防水、隔热层的做法和女儿墙压顶的做法；第二个节点包括楼面、阳台构造做法；第三个节点包括室内外地坪、防潮层、勒脚、踢脚等做法。绘制流程图如图 11-1 所示。

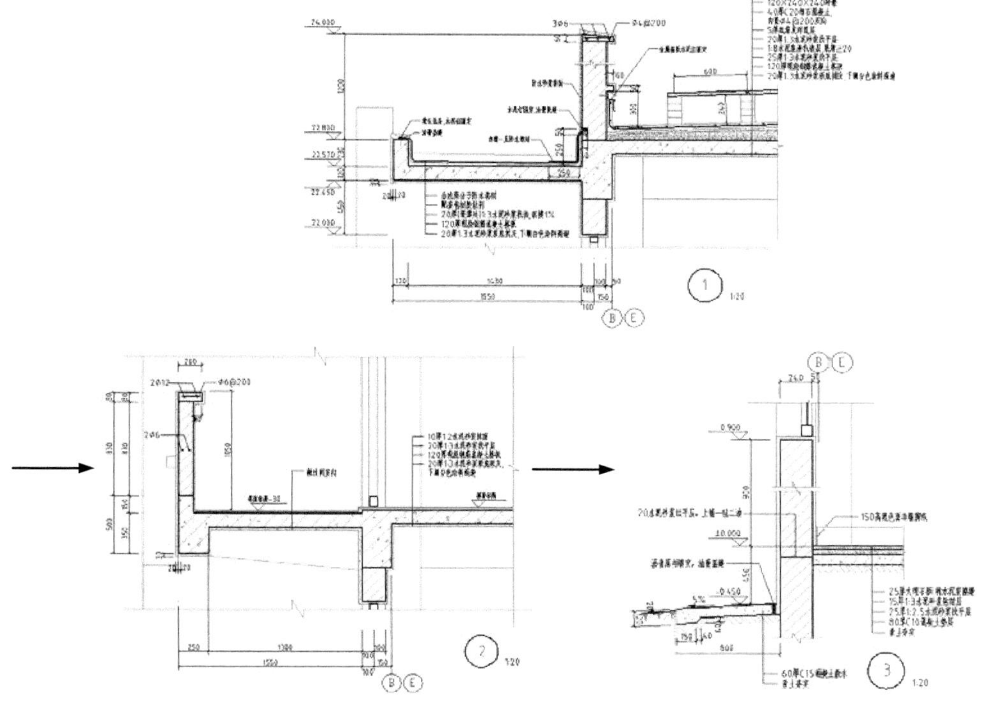

图 11-1 绘制外墙身详图

绘制步骤：（**光盘\动画演示\第 11 章\外墙身详图.avi**）

## 11.2.1　墙身节点①

如图 11-1 所示，在墙身节点①中，屋面防水采用刚性防水层，宿舍区屋顶雨水通过两侧挑檐（阳台上方）处的雨水管排走。隔热层为混凝土平板架空隔热层，架空高度为 240。绘制总体思路是，首先从剖面图中复制该节点部分图形，为详图绘制作准备，然后在此图形的基础上作补充、修改、图案填充，最后完成各种标注。

1. 准备工作

（1）事先准备了宿舍楼的 2-2 剖面图（如图 11-2 所示），剖切位置阳台、宿舍门窗处，上面标有详图索引编号。

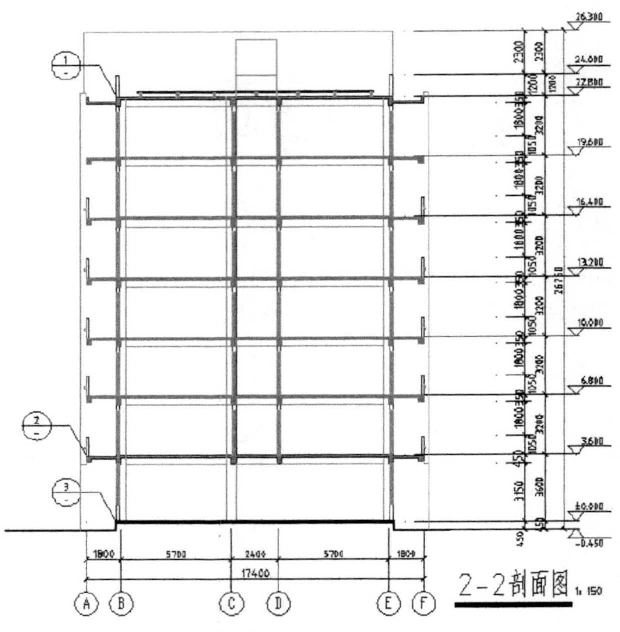


图 11-2　某宿舍 2-2 剖面图

（2）将墙身节点①处的图形（包括定位轴线）复制到绘制详图的地方，如图 11-3 所示。

（3）借助辅助界线，将外围不需要的图线修剪掉，结果如图 11-4 所示。

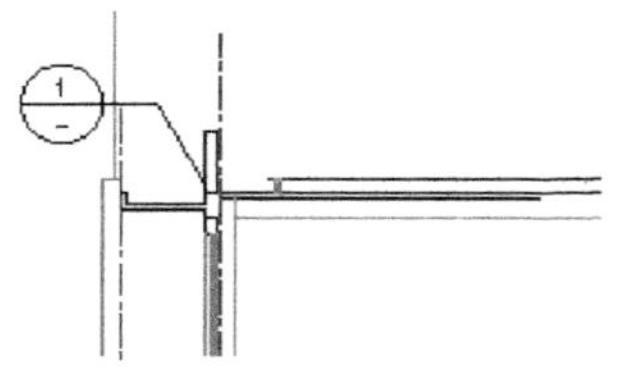

图 11-3　复制节点部分图形

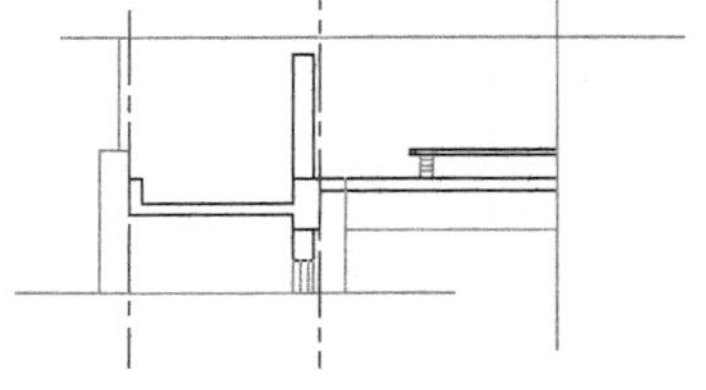

图 11-4　修剪节点部分图形

2. 图形轮廓绘制

（1）屋面防水层绘制。根据屋面各层构造厚度来绘制。

❶ 由楼板下轮廓线向下偏移 20 绘制出板底抹灰层；由上轮廓线依次向上偏移 25、20、20、45

绘制出防水各层，如图 11-5 所示。

❷ 单击“旋转”按钮，以图 11-6 所示的点为基点将上面三根线逆时针旋转 1.7°，以满足屋面横向找坡 3%的要求。

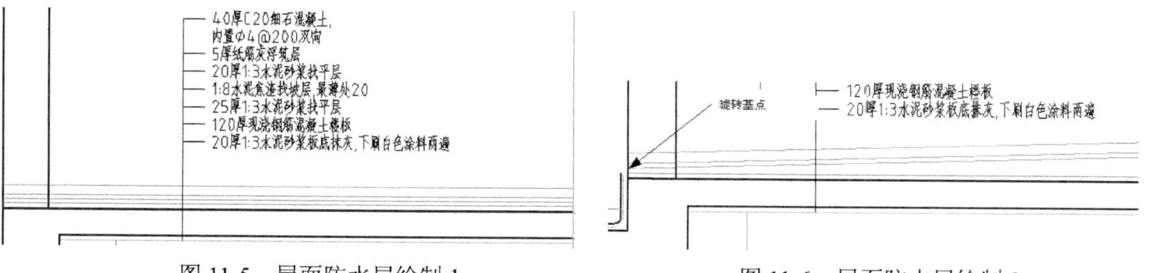


图 11-5　屋面防水层绘制 1　　　　图 11-6　屋面防水层绘制 2

（2）挑檐防水层绘制。采用高分子卷材防水，亦采用上述类似方法绘制，结果如图 11-7 所示。

**说明：端部抹灰层绘成斜面，水泥砂浆找平层、防水卷材转角处作圆角处理。**

（3）挑檐外边缘收头。挑檐外边缘采用水泥钉通长压条压住，然后用油膏和砂浆盖缝，如图 11-8 所示。

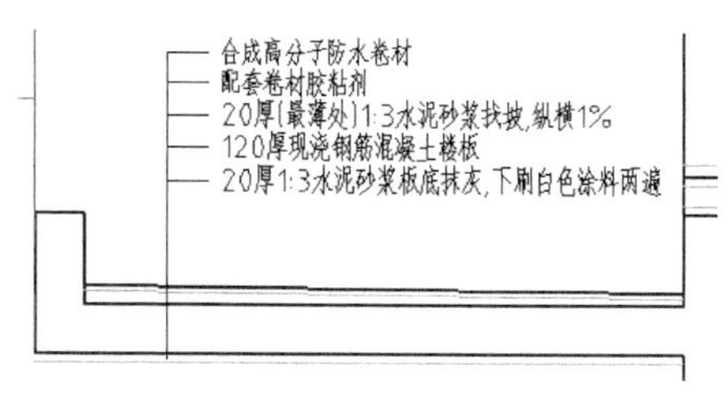


图 11-7　挑檐防水层绘制

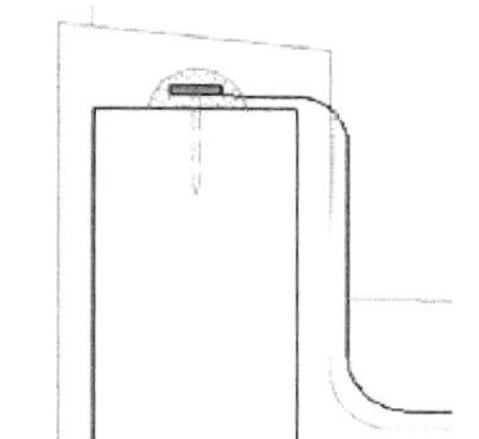

图 11-8　挑檐外边缘收头

（4）屋面泛水绘制。该详图刚性防水层延伸至泛水，泛水高 300。泛水处防水层与女儿墙面间作沥青麻丝嵌缝，外盖金属板。绘制方法是，首先根据泛水高度和挑出的砖头大小绘制出辅助线，然后再逐步细化、修剪、圆角，结果如图 11-9 所示。

（5）挑檐内侧泛水绘制。如图 11-9 所示，首先借助辅助线绘制出女儿墙上的凹槽，然后完善防水卷材的收头。注意在转角处加铺一层防水卷材。

（6）女儿墙压顶。如图 11-10 所示，首先绘制出压顶的断面轮廓，然后绘制钢筋符号。注意抹灰层的形式，以便排水和滴水。

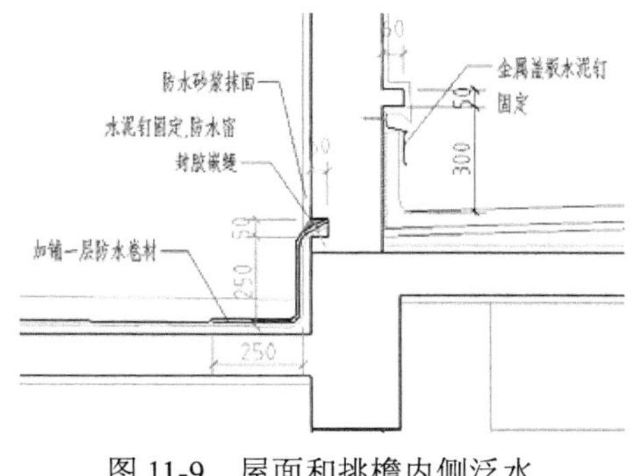


图 11-9　屋面和挑檐内侧泛水

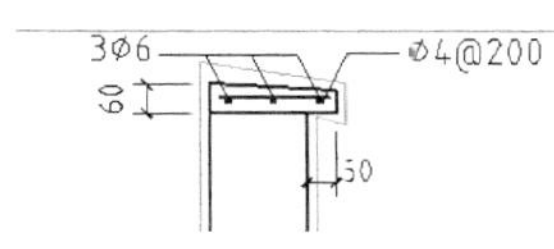


图 11-10　女儿墙压顶

（7）隔热层绘制。该架空隔热间层净空高度为 240，采用 120×240×240 的砖墩支撑，上铺 30 厚 600×600 大小的 C15 混凝土板。架空层周边与女儿墙的间距为 500，以便空气流通。绘制方法是，首先由防水层轮廓线向上偏移绘制出 30 厚的混凝土板，然后移动已有的砖墩到板下，用“阵列”命令作 600 间距的排布，最后将它们旋转 1.7° 以适应坡度，并划分出混凝土板，结果如图 11-11 所示。

（8）完善轮廓线绘制。

❶ 将墙、板各段抹灰层作交接处理，注意挑檐下端采用利于滴水的抹灰形式（滴水线）。

❷ 将周边多余的图线修剪掉，用“拉伸”命令将女儿墙缩短，并绘制出折断线。

❸ 由刚性防水层上轮廓向下偏移 25 绘制出钢筋图形，然后复制钢筋截面的涂黑圆点排布于其上（首先沿水平方向阵列，然后再整体旋转）。

❹ 参照剖面图线型设置标准完善图线线型的设置。

❺ 节点①详图轮廓线基本绘制完毕，如图 11-12 所示。下面进行图案填充。

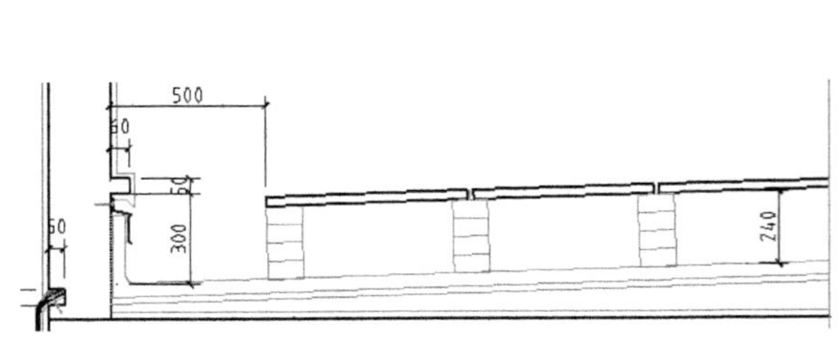


图 11-11　架空隔热间层

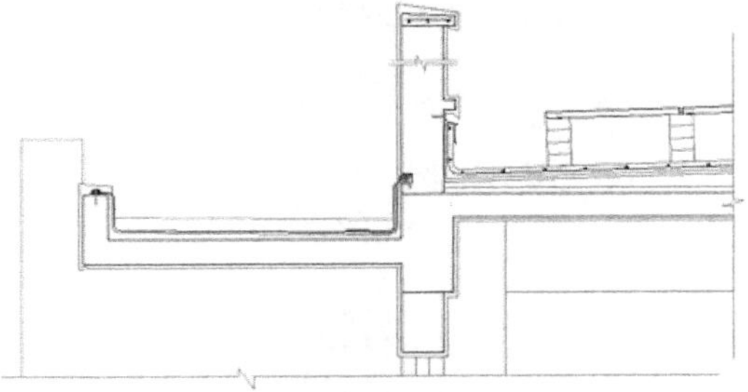

图 11-12　完成详图轮廓线

### 3. 图案填充

采用“图案填充”命令，依次填充如各种材料图例，现将各种材料图例的填充参数罗列如下。

☑ 砖墙：采用图 11-13 所示图案进行填充。

☑ 钢筋混凝土：采用图 11-13 和图 11-14 所示的素混凝土两个图案叠加。

图 11-13　砖墙图例

图 11-14　素混凝土图例

☑ 砂浆抹灰：采用图 11-15 所示图案进行填充。

☑ 水泥焦渣找坡层：AutoCAD 2012 自带的图案中没有完全与水泥焦渣对应的图例，不妨采用图 11-15 和图 11-16 所示的两个图案叠加，也可手动绘制。

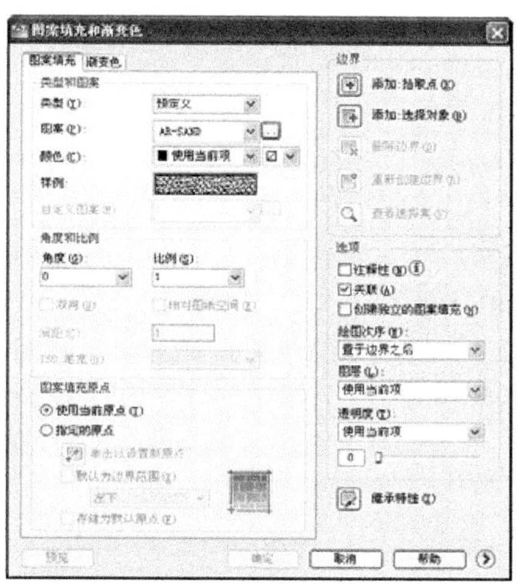

图 11-15 砂、灰土图例

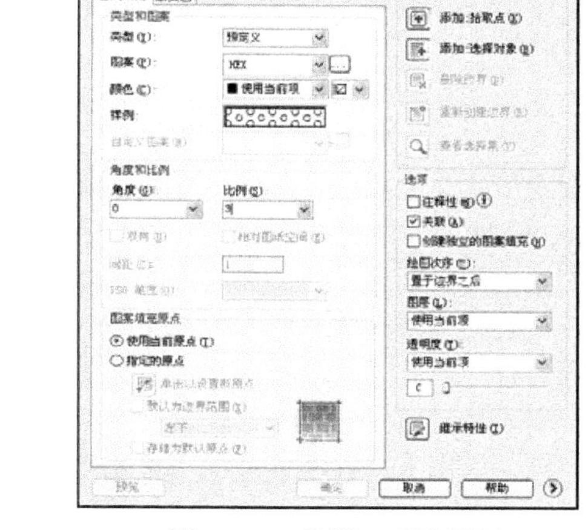

图 11-16 焦渣、矿渣图例

☑ 防水卷材：可以采用粗线表示，结果如图 11-17 所示。

4. 文字、尺寸及符号标注

☑ 文字：包括屋面和挑檐的多层次构造、泛水做法、挑檐收头做法、压顶做法说明。由于出图比例采用 1:20，所以将文字的高度设为 60（实际高度为 3mm）。

☑ 尺寸：包括女儿墙尺寸、窗洞位置、挑檐尺寸、架空隔热间尺寸、泛水尺寸、加铺卷材尺寸、墙体相对轴线的尺寸等。

☑ 符号：包括轴线及轴线标号、详图标号及比例、屋面、窗洞上口、挑檐、女儿墙顶等标高，结果如图 11-18 所示。

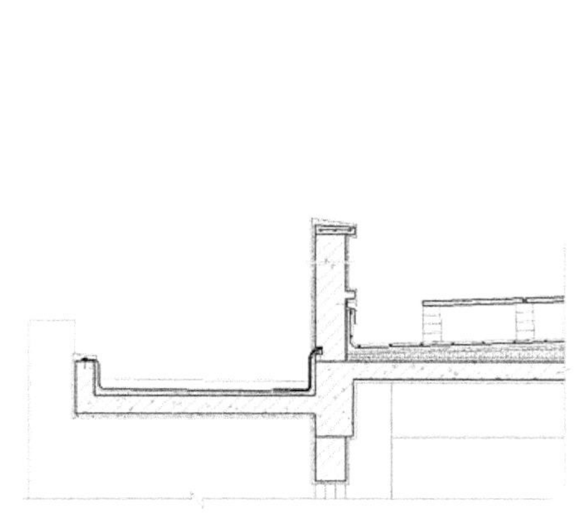

图 11-17 完成图案填充

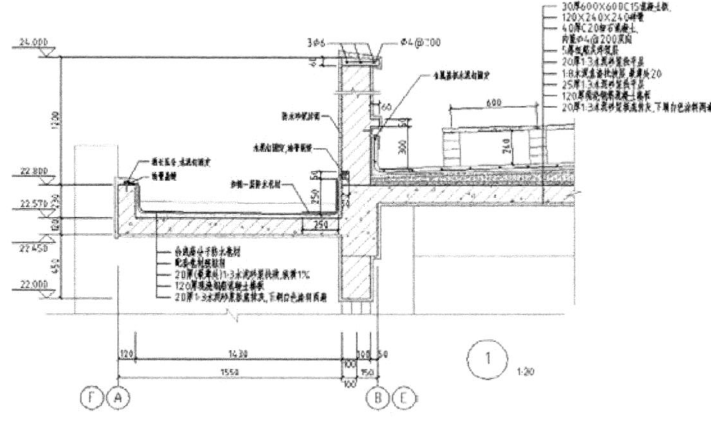

图 11-18 完成各种标注

操作要点说明如下：

（1）新建全局比例为 20 的尺寸样式，用于详图标注。

（2）单根引出线用命令 QLEADER 标注。

（3）对于多层构造引出线，可以用“直线”命令绘出第一层，并标注出文字，再由该层阵列出其他层，修改相应的文字。

（4）详图编号圆圈直径为 14mm，用粗线表示。详图与被索引图样在同一张图纸时，圆圈中注明阿拉伯数字的编号；如不在同一张图纸，则在圆圈中部画一条水平线，线上标注详图编号，线下标注被索引图纸的编号。

## 11.2.2 墙身节点②

墙身节点②主要包括墙体、门窗与楼板的关系、楼面做法、阳台地面做法、阳台栏杆做法等内容，如图 11-19 所示。本例室内及阳台地面做法相同，构造层次由下至上依次是：20 厚 1:3 水泥砂浆抹灰，表面刷白色涂料两遍；120 厚现浇钢筋混凝土楼板；20 厚 1:3 水泥砂浆找平层；10 厚 1:2 水泥砂浆抹面。阳台板面标高比楼面低 30（一般低 30～50），防止雨水泛入室内。阳台栏杆（栏板）需要与阳台板牢固连接，具有足够的抗倾覆力，其做法是多种多样的，有许多标准图集可参照。为了绘图示例，笔者选取一个较简单的做法，供读者参考。

节点②的图形内容不复杂，可参照墙身节点①的绘制方法来完成，具体过程不再赘述。

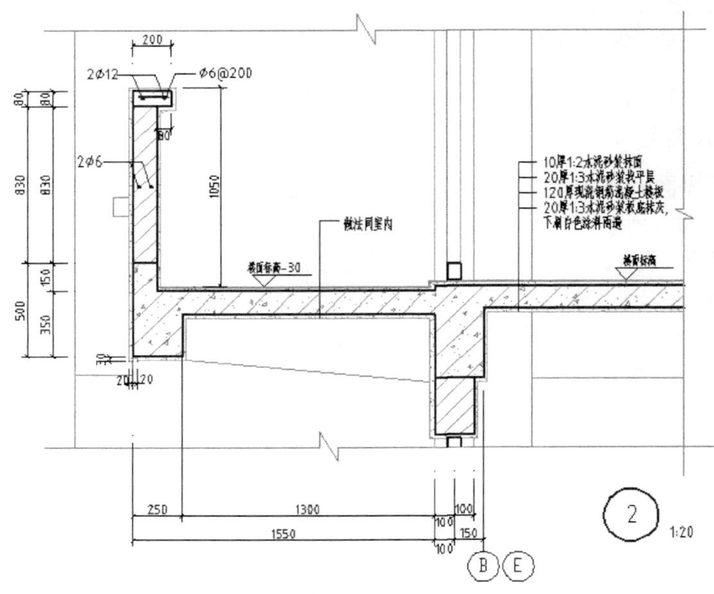


图 11-19 墙身节点②

## 11.2.3 墙身节点③

墙身节点③主要包括墙体与室内外地坪的关系、室内地坪的做法、散水做法、防潮层做法、内外墙装修等内容，如图 11-20 所示。本例室内外高差为 450，墙体为 240 厚粘土砖墙，墙下基础做法详见结构图。室内地坪构造层次由下至上依次是：素土夯实；80 厚 C10 混凝土垫层；25 厚 1:2.5 水泥砂浆找平层；15 厚 1:3 水泥砂浆粘结层；25 厚大理石板，细水泥浆擦缝。散水为 80 厚 C15 混凝土提浆抹面，置于夯实的素土上，排水坡度为 5%，与墙面接头处缝隙用沥青麻丝填实，然后用油膏盖缝。水平防潮层一般设置在标高为-0.06 的位置处。本例地面采用混凝土垫层，为密实材料，防潮层设在垫层范围内。室外勒脚采用 1:2 水泥砂浆抹面，室内踢脚线采用 150 高黑色面砖拼贴。

绘制要点提示：

（1）轮廓线绘制。室内地坪各层构造以及墙体抹灰用“偏移”命令绘制。室外散水需要形成 5% 的坡度，可以先水平绘制，然后再作旋转。

（2）图案填充。在本节点详图中，有 3 个新的材料图例需要说明。

❶ 大理石材。可以采用图 11-21 所示的图案进行填充。

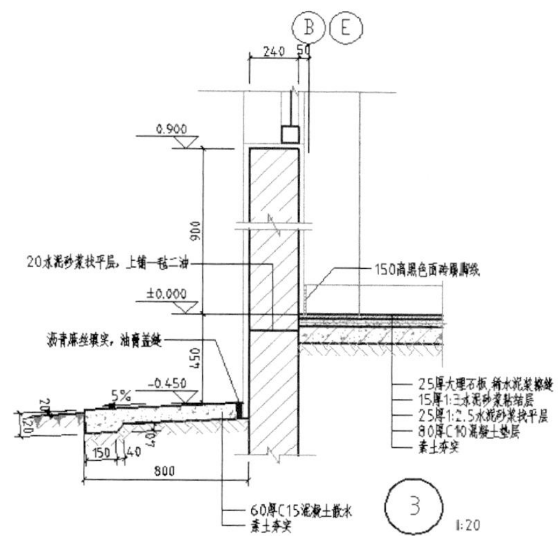


图 11-20　墙身节点③

❷ 夯实土壤。可以采用图 11-22 所示的图案进行填充。

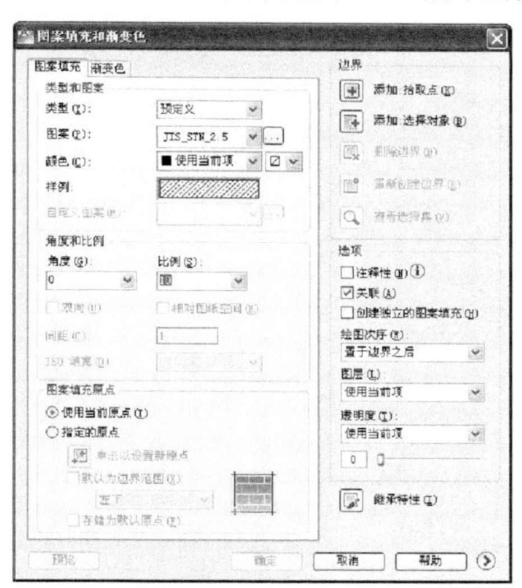

图 11-21　石材图案

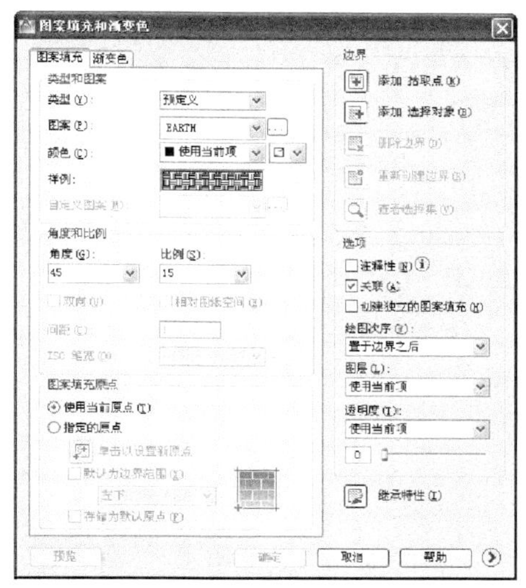

图 11-22　夯实土壤图案

❸ 事先需要用“偏移”命令绘制出图例下边缘，以形成封闭的填充区域。完成填充后，再将下边缘删除，如图 11-23 所示。

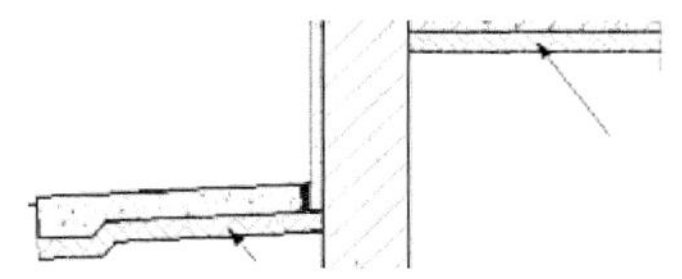

图 11-23　夯实土壤图案填充操作示意

❹ 自然土壤。其中的斜线可以用“图案填充”命令完成，其余图案手动绘制。

# 11.3 楼梯间详图绘制

Note

本节以宿舍楼楼梯详图为例讲述其绘制过程及方法。楼梯详图包括3部分，即平面图、楼面图和节点详图。但一般情况下，栏杆、扶手、踏步、防滑条等节点可选用标准图集中的做法，从而省去这部分的绘制。因此，下面重点介绍平面图和剖面图的制作。总体绘制思路是，复制已完成的平、剖面图中的楼梯部分，然后再进一步调整、细化，达到详图的深度。绘制流程图如图11-24所示。

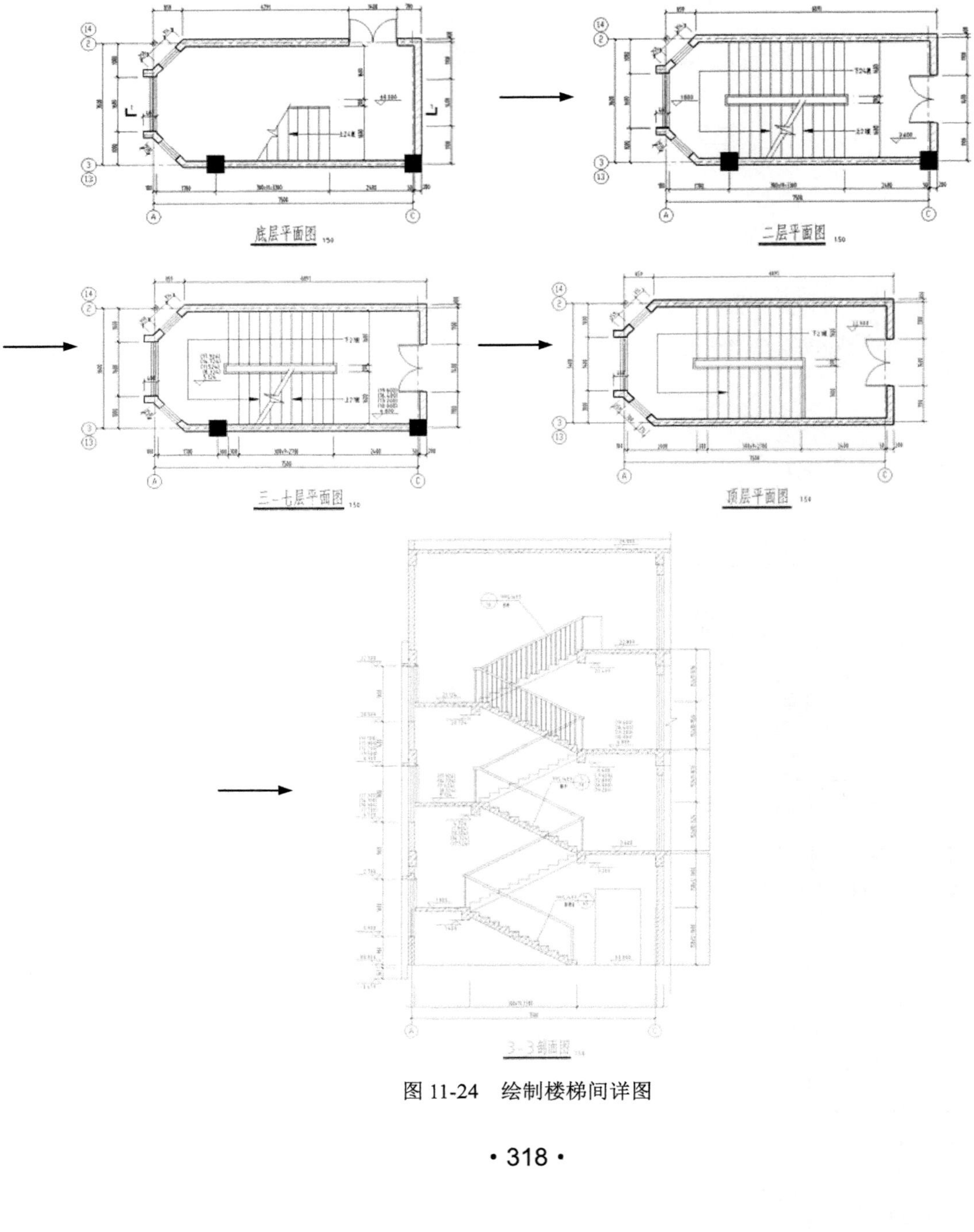

底层平面图

二层平面图

三~七层平面图

顶层平面图

3-3剖面图

图11-24 绘制楼梯间详图

绘制步骤：（**光盘\动画演示\第 11 章\楼梯间详图.avi**）

## 11.3.1　前期工作

（1）从已绘图纸中复制出底层、中间层、顶层的楼梯平面图和剖面图，如图 11-25 所示。

（2）将 3 个楼梯平面旋转 90°，并将顶层剖面移至二层上面，正确连接，如图 11-26 所示。

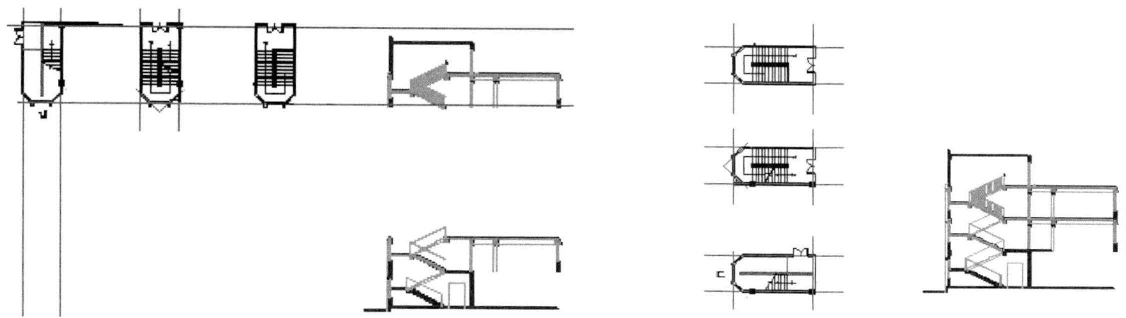

图 11-25　复制楼梯平、剖面图　　图 11-26　初步调整平、剖面图

## 11.3.2　平面图制作

1. 图形修改

检查复制过来的平面图中墙体、梯段、踏步、级数、栏杆等构配件的尺寸、形状、位置是否符合详图设计深度的要求。如果存在不正确的地方，将它修改过来。就本例而言，主要修改级数，另外，二层与三-七层平面有差异，需要增加一个平面。墙体填充后如图 11-27 所示。

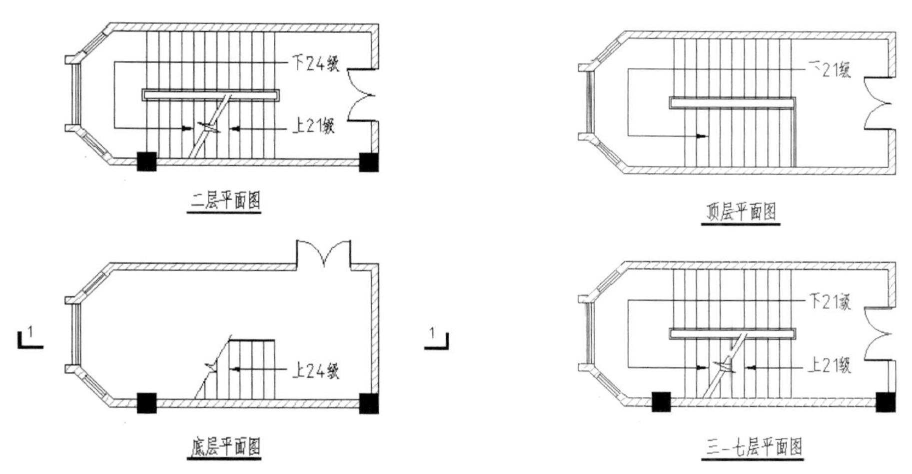


图 11-27　复制楼梯平、剖面图

2. 尺寸、符号及文字标注

楼梯平面图标注尺寸包括定位轴线尺寸及编号、墙柱尺寸、门窗洞口尺寸、梯段长和宽、平台尺寸等。符号、文字包括地面、楼面、平台标高、楼梯上下指引线及踏步级数、图名、比例等，结果如图 11-28～图 11-31 所示。

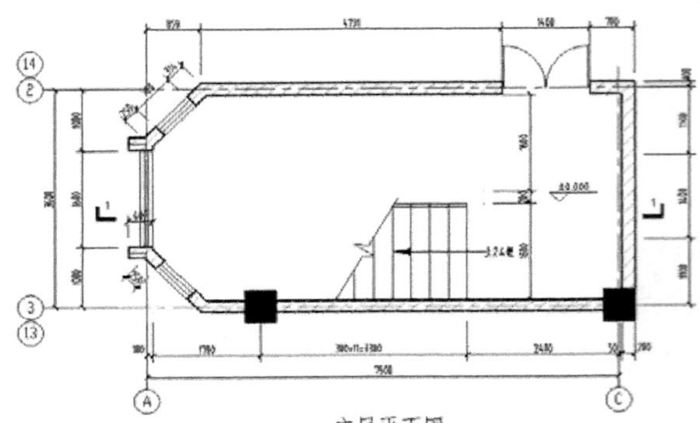


图 11-28　底层楼梯平面图

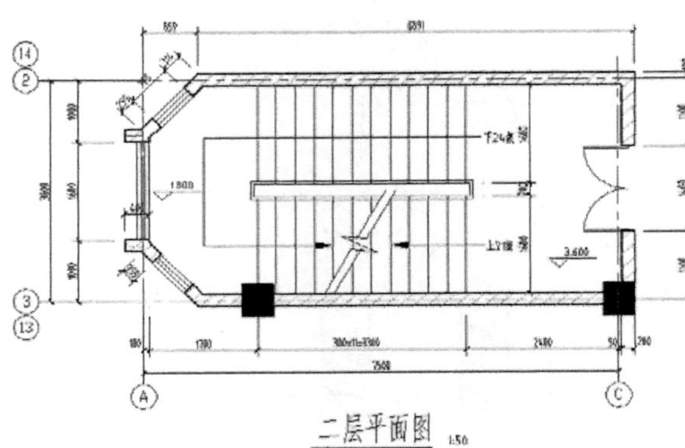


图 11-29　二层楼梯平面图

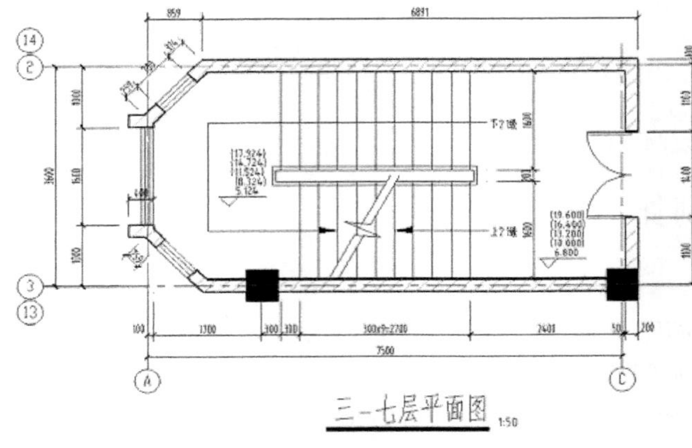


图 11-30　三-七层楼梯平面图

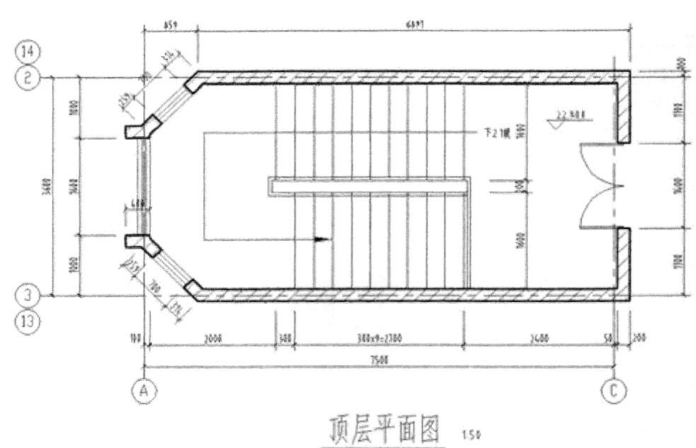


图 11-31　顶层楼梯平面图

操作要点提示：

（1）由于出图比例为 1:50，注意采用相应的尺寸样式和字高。

（2）只要标注出一个平面图，其余通过复制后修改。

（3）梯段长度“踏步宽×级数=梯段长”的数字标注可以通过这样的方式实现：先将梯段长度尺寸标注出来，再将尺寸分解开，然后单独修改上面的文字，结果如图 11-32 所示。

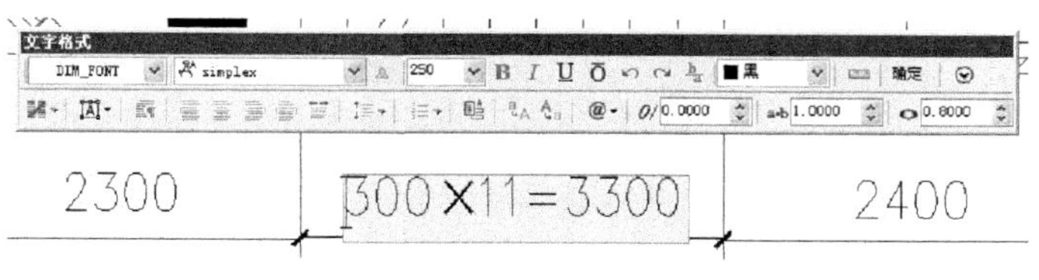


图 11-32 梯段长度尺寸修改

（4）注意图 11-30 中三-七层标高合并标注的方式。

（5）注意轴线编号合并标注的方式。

（6）注意底层剖切线的标注。

（7）楼梯平面图基本制作完毕。

## 11.3.3 剖面图制作

### 1. 图形修改

同样地，事先检查复制过来的楼梯剖面各部分是否符合施工图深度要求，然后再作修改、补充。就本例而言，修改操作如下：

（1）双击复制出来的二层楼梯剖面图块，进入块编辑器，单击上方的“将块另存为”按钮，将图块另存一个图块名，再作修改，如图 11-33 所示。如果直接修改，那么原来 1-1 剖面图上的内容也被随之修改。

（2）在块编辑器中将标准层楼梯剖面图修改完毕（如图 11-34 所示），然后保存退出。

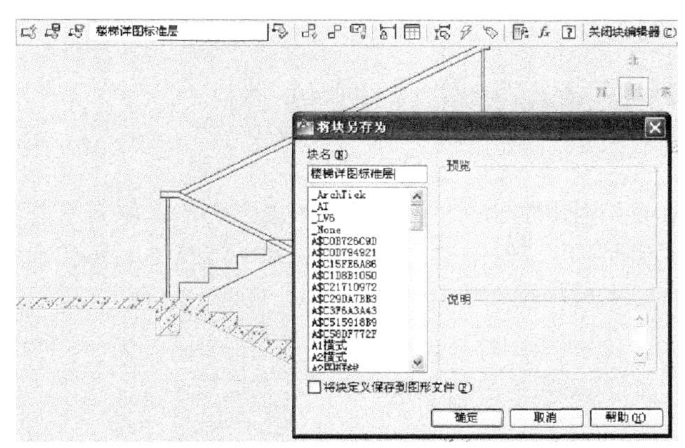


图 11-33 另存为“楼梯详图标准层”图块

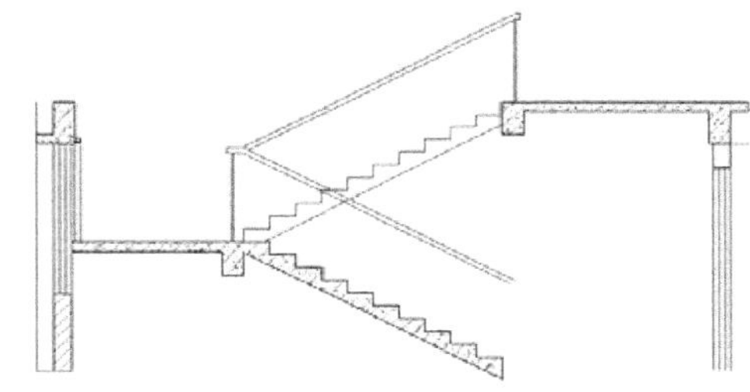

图 11-34 修改完毕的“楼梯详图标准层”图块

（3）删除楼梯剖面图中原来的标准层图块，插入修改后的图块，并组装到相应的位置。

（4）调整、修改底层、顶层图线，并完成剩余部分的图案填充，结果如图 11-35 所示。

### 2. 尺寸、符号及文字标注

竖向尺寸包括各梯段高度、室内外地坪、门窗洞口高度、栏杆高度等。水平尺寸包括平台宽度、梯段长度、轴线距离等。标高位置包括室内外地坪、楼面、平台、平台梁底面、门窗洞上下口等。其他文字符号包括图名、比例、断面符号、楼梯细部构造索引符号和必要的文字说明等。本例标注结果如图 11-36 所示。

到此，楼梯间详图基本制作完毕。

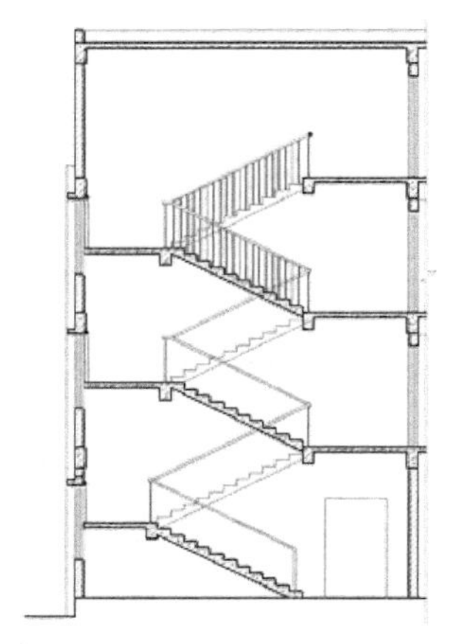

图 11-35 修改完毕楼梯剖面图形

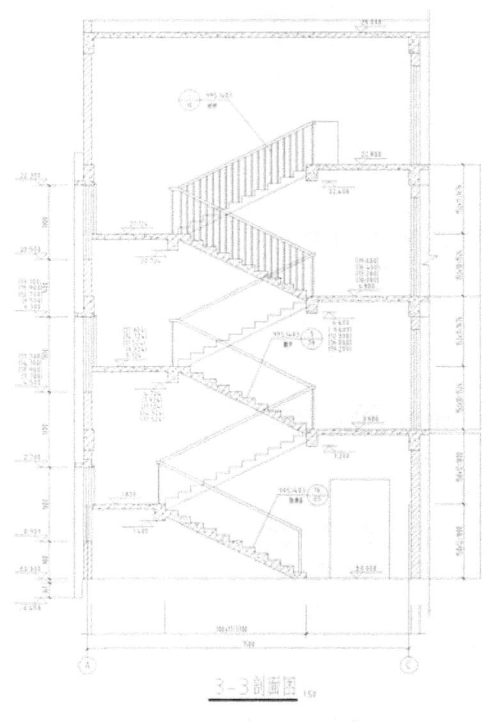

图 11-36 楼梯剖面图标注结果

# 11.4 卫生间放大图和门窗详图绘制

本节介绍用 AutoCAD 制作卫生间放大图和门窗详图的方法。制作的基本思路仍然是尽量考虑复制已有图形进行修改、添加、深入，达到施工详图的深度，但也有自身特点。本节涉及的实例有别墅卫生间、宿舍楼厕所、盥洗室、门窗立面图、玻璃幕墙详图。绘制流程图如图 11-37 所示。

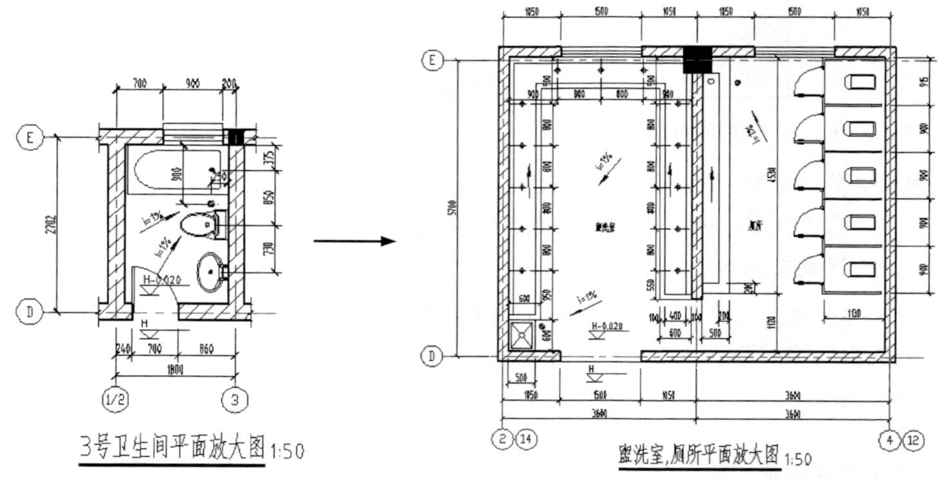


图 11-37 绘制卫生间放大图和门窗详图

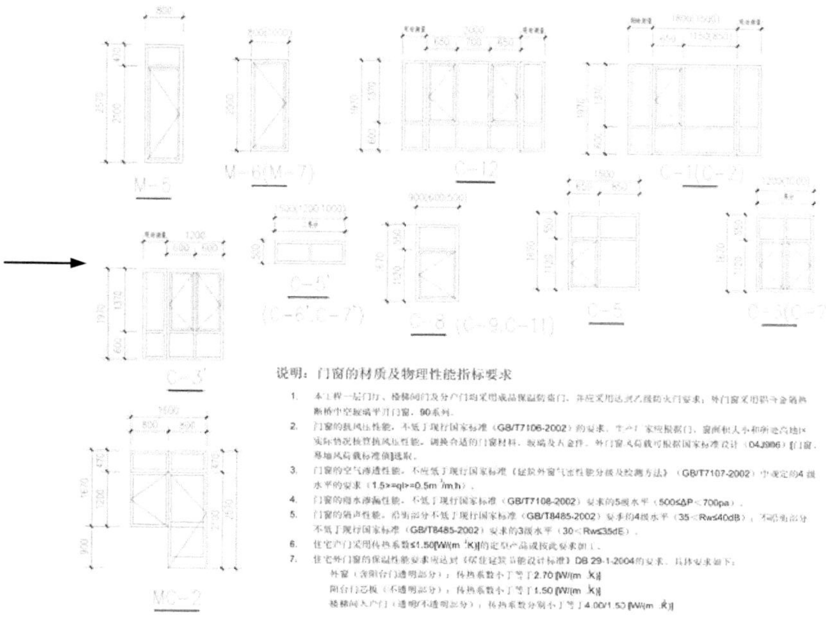


图 11-37 绘制卫生间放大图和门窗详图（续）

**绘制步骤：（光盘\动画演示\第 11 章\卫生间放大图和门窗详图.avi）**

## 11.4.1 卫生间放大图

为了识别、管理平面放大图，建立起放大图与放大位置的对应关系，制作之前应给放大对象编号，如“x 号卫生间”、“x 号厨房”、“x 号楼楼梯”等。

### 1. 复制并修整平面

（1）别墅卫生间。以第 8 章别墅主卧室卫生间（3 号）放大图制作为例，首先将卫生间图样连同轴线复制出来；然后，检查平面墙体、门窗位置及尺寸的正确性，调整内部洗脸盆、坐便器、浴缸等设备，使它们的位置、形状与设计意图和规范要求相符。接着，确定地面排水方向和地漏位置，完成墙体材料图案填充，如图 11-38 所示。

（2）宿舍厕所、盥洗室。采用同样的办法处理宿舍厕所、盥洗室，如图 11-39 所示。

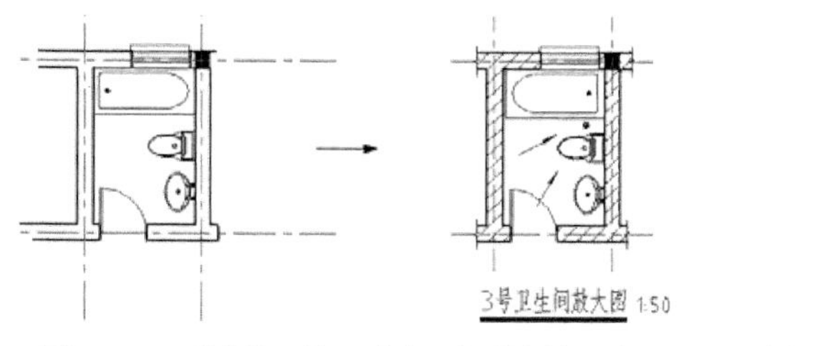


图 11-38 别墅 3 号卫生间平面修整示意

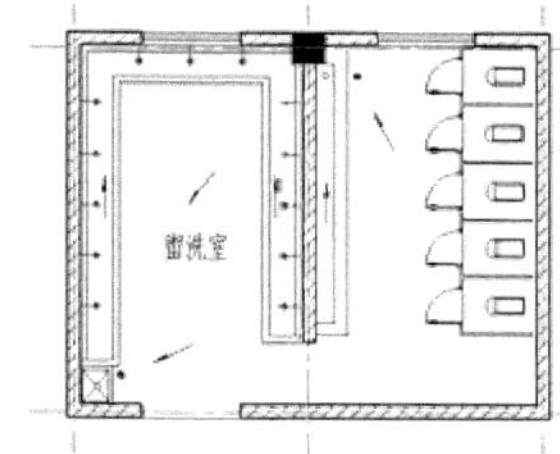


图 11-39 宿舍厕所、盥洗室平面修整结果

### 2. 各种标注

（1）别墅卫生间。标注的尺寸有轴线编号及尺寸、门窗洞口尺寸以及洗脸盆、坐便器、浴缸、地漏定位尺寸，标注符号文字有地坪标高、地面排水方向及排水坡度、图名、比例、详图索引符号等，

结果如图 11-40 所示。

（2）宿舍厕所、盥洗室。标注的尺寸有轴线编号及尺寸、门窗洞口尺寸以及厕所蹲位定位尺寸、盥洗台、洗涤池、小便槽、水龙头定位尺寸等，结果如图 11-41 所示。

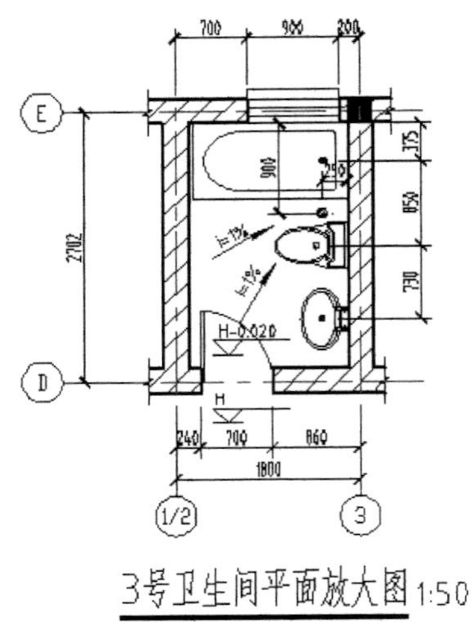


图 11-40　卫生间平面放大图

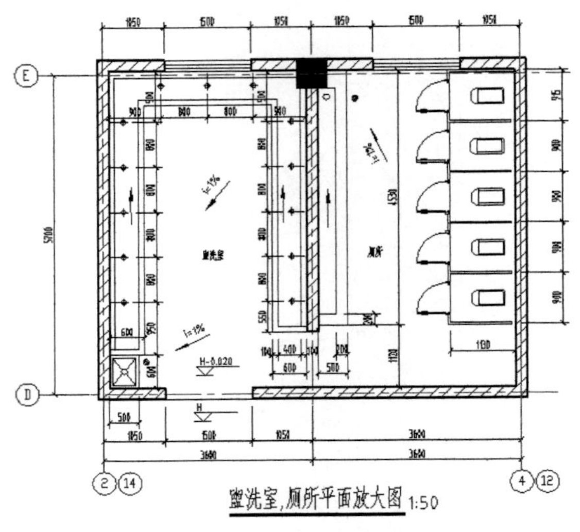


图 11-41　宿舍厕所、盥洗室平面

## 11.4.2　门窗详图

施工图设计中，门窗部分可以采用标准图集。而非标准的门窗则绘制出立面图，标明立面分格尺寸、开取扇和开取方向，说明材料、颜色及门窗性能要求，交与专门厂家进行深化设计，并生产门窗产品。门窗立面图制作如图 11-42 所示，玻璃幕墙亦可参照此法操作。

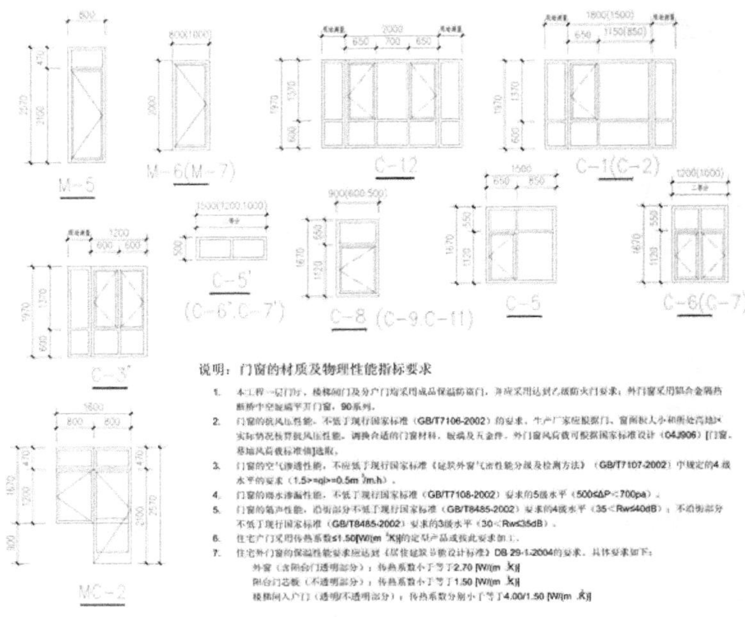


图 11-42　门窗立面图制作示例

Note

# 11.5　上机操作

通过前面的学习，读者对本章知识也有了大体的了解，本节通过几个操作练习使读者进一步掌握本章知识要点。

## 11.5.1　绘制别墅墙身节点 1

1. 目的要求

本实验主要要求读者通过练习进一步熟悉和掌握建筑详图的绘制方法，如图 11-43 所示。通过本实验，可以帮助读者学会完成整个建筑详图绘制的全过程。

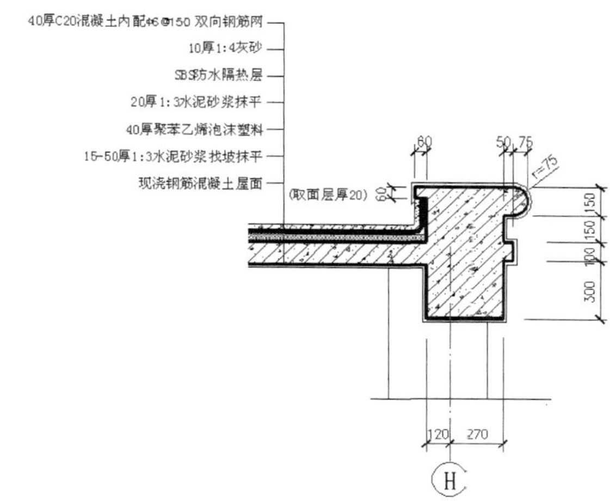


图 11-43　墙身节点 1

2. 操作提示

（1）绘制檐口轮廓。

（2）图案填充。

（3）尺寸标注和文字说明。

## 11.5.2　绘制别墅墙身节点 2

1. 目的要求

本实验主要要求读者通过练习进一步熟悉和掌握建筑详图的绘制方法，如图 11-44 所示。通过本实验，可以帮助读者学会完成整个建筑详图绘制的全过程。

2. 操作提示

（1）绘制墙体及一层楼板轮廓。

（2）绘制散水。

（3）图案填充。

（4）尺寸标注和文字说明。

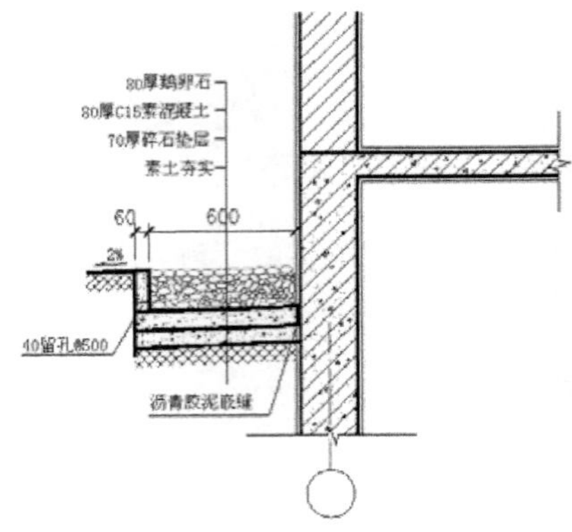


图 11-44　墙身节点 2

## 11.5.3　绘制别墅墙身节点 3

### 1. 目的要求

本实验主要要求读者通过练习进一步熟悉和掌握建筑详图的绘制方法，如图 11-45 所示。通过本实验，可以帮助读者学会完成整个建筑详图绘制的全过程。

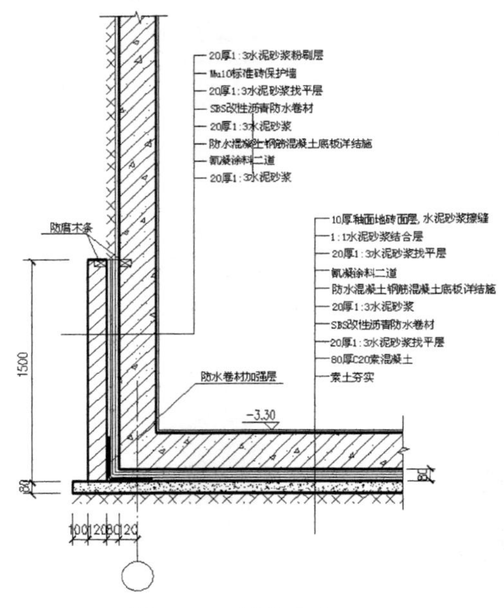


图 11-45　墙身节点 3

### 2. 操作提示

（1）绘制墙体及一层楼板轮廓。

（2）绘制散水。

（3）图案填充。

（4）尺寸标注和文字说明。

## 11.5.4 绘制卫生间 4 放大图

1. 目的要求

本实验主要要求读者通过练习进一步熟悉和掌握建筑放大图的绘制方法，如图 11-46 所示。通过本实验，可以帮助读者学会完成整个建筑放大图绘制的全过程。

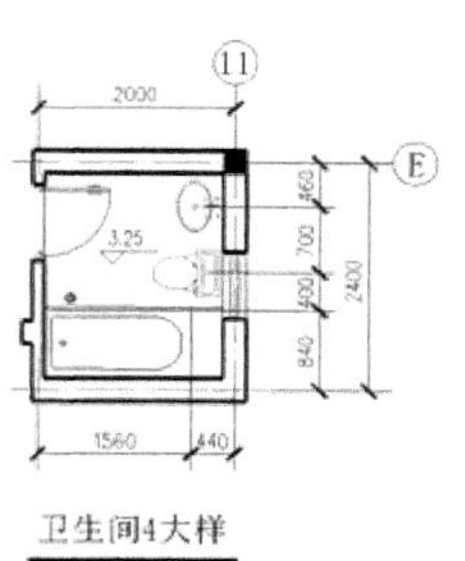


图 11-46 卫生间 4 放大图

2. 操作提示

（1）修改墙线。

（2）绘制放大图细部。

（3）尺寸标注和文字说明。

## 11.5.5 绘制卫生间 5 放大图

1. 目的要求

本实验主要要求读者通过练习进一步熟悉和掌握建筑放大图的绘制方法，如图 11-47 所示。通过本实验，可以帮助读者学会完成整个建筑放大图绘制的全过程。

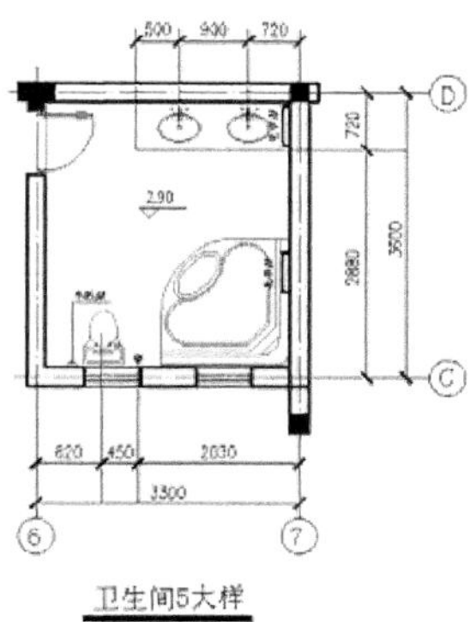


图 11-47 卫生间 5 放大图

2. 操作提示

（1）修改墙线。

（2）绘制放大图细部。

（3）尺寸标注和文字说明。

# ▶▶第 3 篇

# 综合篇

本篇将通过商住楼和高层住宅两个综合实例，完整地介绍建筑设计施工图的绘制过程。通过本篇的学习，读者将会掌握 AutoCAD 制图技巧和建筑设计思路。

☑ 了解施工图的设计思路

☑ 掌握 AutoCAD 绘图技巧

# 第12章 商住楼的绘制

在前面章节中分别介绍了各种图形的绘制方法。本章以商住楼为例，系统介绍各种图形的绘制过程，进一步深入讲解各种图形的绘制方法和技巧。

- ☑ 商住楼总平面图
- ☑ 商住楼立面图
- ☑ 商住楼平面图
- ☑ 商住楼剖面图

## 任务驱动&项目案例

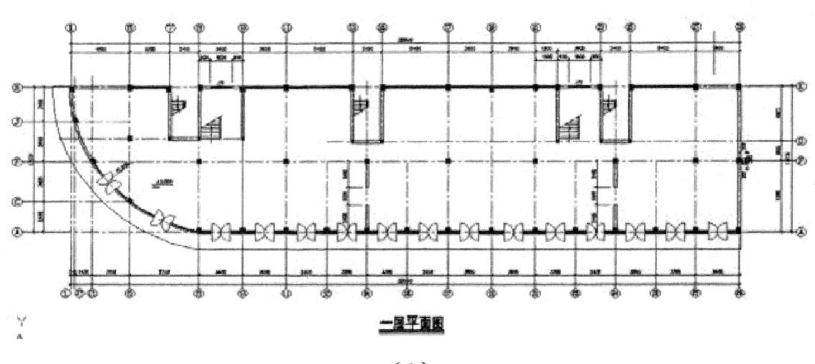


（1）

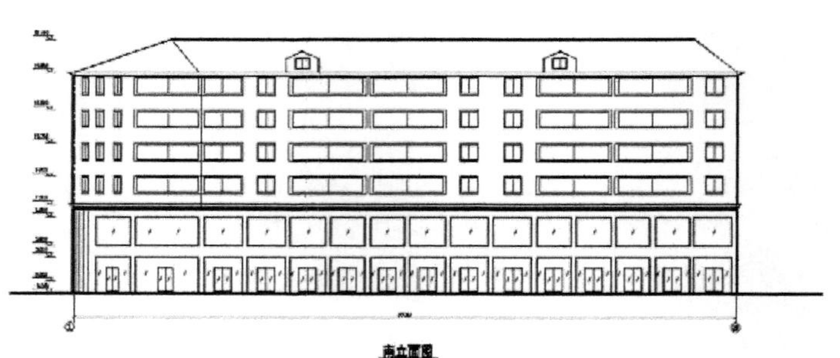


（2）

# 12.1　商住楼总平面图

本节以图 12-1 所示的商住楼的总平面图为例，介绍总平面图的绘制方法。

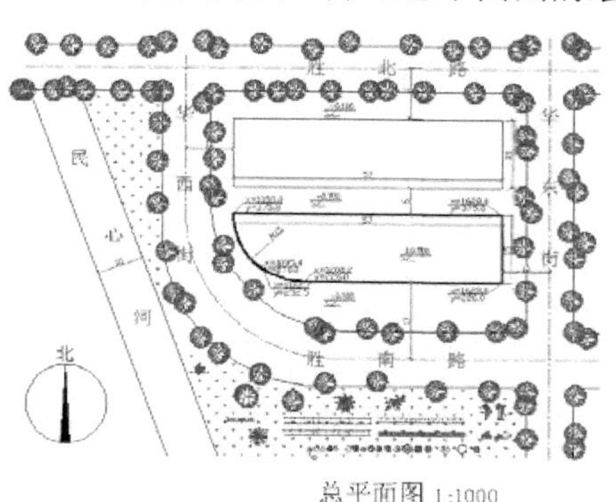


图 12-1　总平面图

## 12.1.1　设置绘图参数

### 1. 设置单位

在总平面图中一般以 m 为单位进行尺寸标注，但在绘图时仍以 mm 为单位进行绘图。

### 2. 设置图形边界

将模型空间设置为 420000×297000。

### 3. 设置图层

根据图样内容，按照不同图样划分到不同的图层中去的原则，设置不同的图层。其中包括设置图层名、图层颜色、线型、线宽等。设置时要考虑到线型、颜色的搭配和协调。商住楼图层的设置如图 12-2 所示。

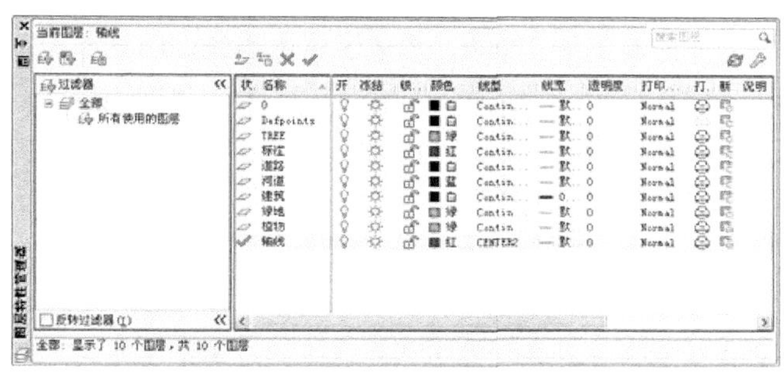


图 12-2　图层的设置

## 12.1.2　建筑物布置

### 1. 绘制建筑物轮廓

（1）绘制轮廓线。将“建筑”图层设置为当前图层。单击“绘图”工具栏中的“多段线”按钮，

绘制建筑物周边的可见轮廓线。

（2）轮廓线加粗。选中多段线，按 Ctrl+1 键，打开“多段线”特性窗口，如图 12-3 所示。

（3）可以在“几何图形”选项中调整“全局宽度”，也可以在“常规”选项中调整“线宽”，将轮廓线加粗，结果如图 12-4 所示。

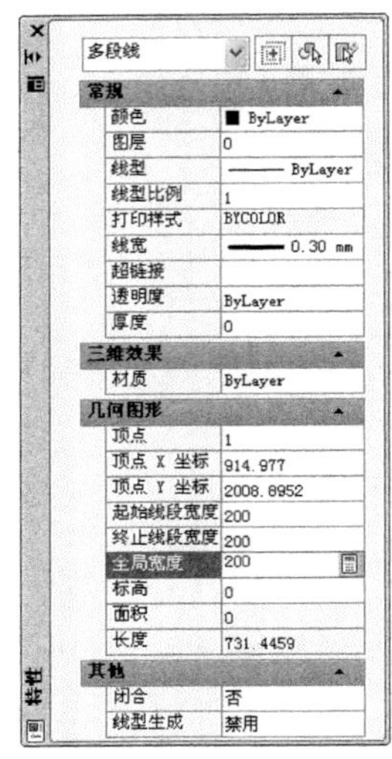


图 12-3 “多段线”特性窗口

图 12-4 绘制轮廓线

### 2. 建筑物定位

可以根据坐标来定位，即根据国家大地坐标系或测量坐标系引出定位坐标。对于建筑定位，一般至少应给出 3 个角点坐标。这种方式精度高，但比较复杂。

也可以根据相对距离来进行建筑物定位，即参照现有的建筑物和构筑物、场地边界、围墙、道路中心等的边缘位置，以相对距离来确定新建筑的设计位置。这种方式比较简单，但精度低。本商住楼临街外墙与街道平行，以外墙定位轴线为定位基准，采用相对距离定位比较方便。

（1）绘制辅助线。将“轴线”图层设置为当前图层。单击“绘图”工具栏中的“直线”按钮，绘制一条水平线和一条竖直中心线，然后单击“修改”工具栏中的“偏移”按钮，将水平中心线向上偏移 64000，将竖直中心线向右偏移 77000，形成道路中心线，结果如图 12-5 所示。

（2）建筑定位。单击“修改”工具栏中的“偏移”按钮，将下侧的水平中心线向上偏移 17000 距离，将右侧的竖直中心线向左偏移 10000 距离。然后单击“修改”工具栏中的“移动”按钮，移动建筑物轮廓线，结果如图 12-6 所示。

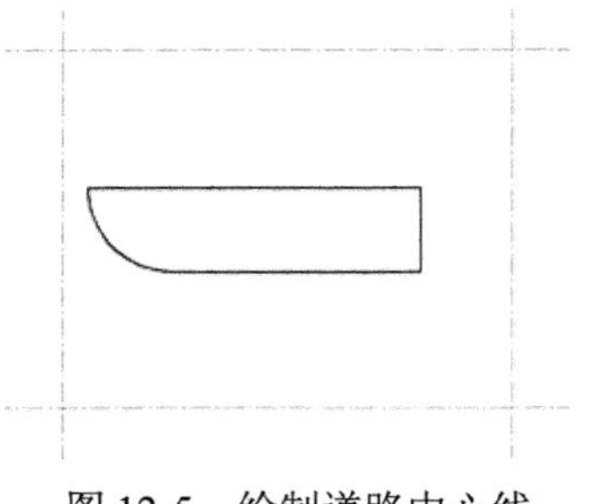

图 12-5 绘制道路中心线

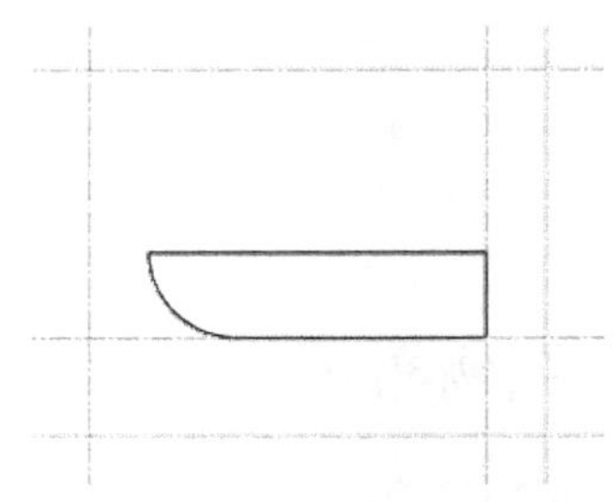

图 12-6 建筑定位

## 12.1.3　场地道路、绿地等布置

### 1. 绘制道路

（1）打开“图层”工具栏，将“道路”图层设置为当前图层。

（2）单击“修改”工具栏中的“偏移”按钮，将最下侧的水平中心线分别向两侧偏移 6000，将其余的中心线分别向两侧偏移 5000，选择所有偏移后的直线，设置为“道路”图层，得到主要的道路。然后单击“修改”工具栏中的“修剪”按钮，修剪掉道路多余的线条，使得道路整体连贯，结果如图 12-7 所示。

（3）单击“修改”工具栏中的“圆角”按钮，将道路进行圆角处理，左下角的圆角半径分别为 30000、32000 和 34000，其余圆角半径为 2000，结果如图 12-8 所示。

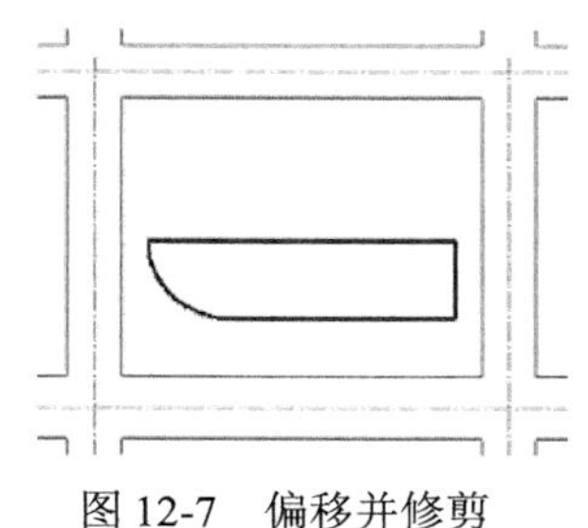

图 12-7　偏移并修剪

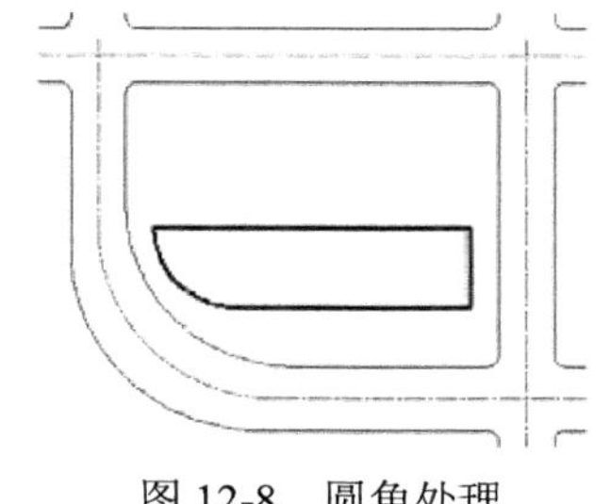

图 12-8　圆角处理

### 2. 绘制河道

单击“绘图”工具栏中的“直线”按钮，绘制河道，结果如图 12-9 所示。

### 3. 绘制街头花园

沿街面空地与河道之间设置为街头花园。

（1）单击“标准”工具栏中的“工具选项板”按钮，在工具选项板中选择合适的乔木、灌木图例，然后调用“缩放”命令，把图例放大到合适尺寸。

（2）单击“修改”工具栏中的“复制”按钮，将相同的图标复制到合适的位置，完成乔木、灌木等图例的绘制。

（3）单击“绘图”工具栏中的“图案填充”按钮，绘制草坪。完成街头花园的绘制，结果如图 12-10 所示。

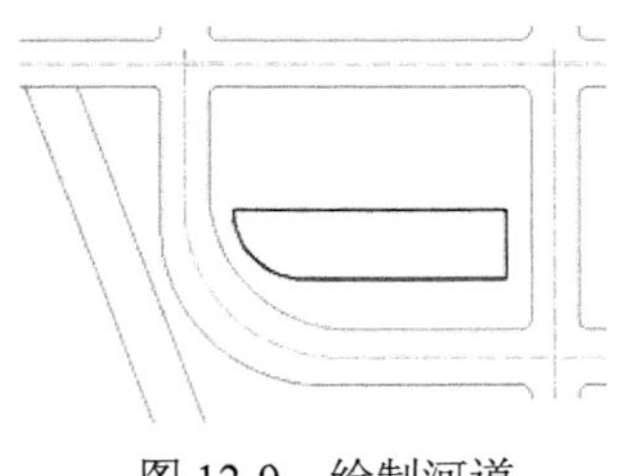

图 12-9　绘制河道

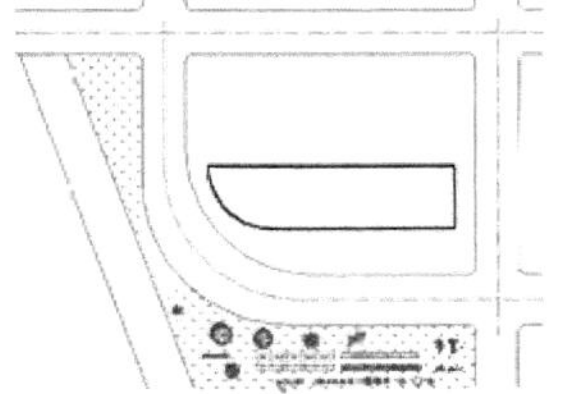

图 12-10　绘制街头花园

### 4. 绘制已有建筑

新建建筑后面为已有的旧建筑。单击“绘图”工具栏中的“直线”按钮和“修改”工具栏中的“偏移”按钮，绘制已有建筑，结果如图 12-11 所示。

Note

5. 布置绿化

在道路两侧布置绿化。从设计中心找到相应的绿化图块，利用“插入块”命令，插入绿化图块。然后单击“修改”工具栏中的“复制”按钮，将绿化图块复制到合适的位置，结果如图 12-12 所示。

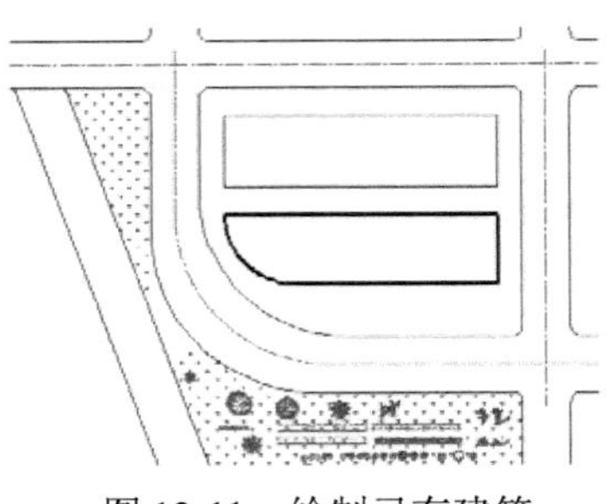

图 12-11　绘制已有建筑

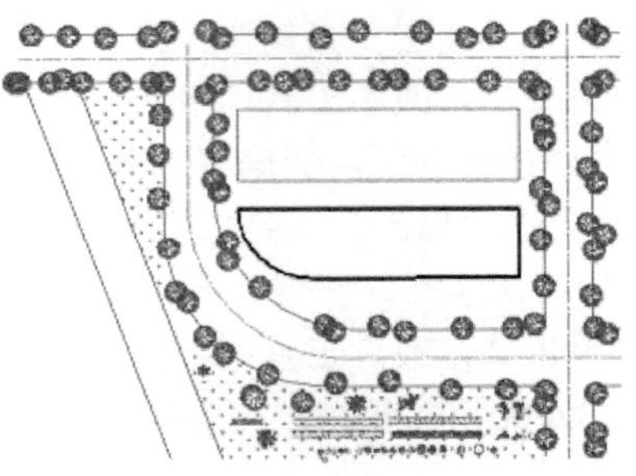

图 12-12　布置绿化

## 12.1.4 各种标注

1. 尺寸、标高和坐标标注

在总平面图上标注新建建筑房屋的总长、总宽及与周围建筑物、构筑物、道路、红线之间的距离。标高标注应标注室内地平标高和室外整平标高，两者均为绝对值。初步设计及施工设计图设计阶段的总图中还需要准确标注建筑物角点测量坐标或建筑坐标。总平面图上测量坐标代号用“X、Y”来表示，建筑坐标代号用“A、B”来表示。

（1）尺寸样式设置

选择菜单栏中的“标注”→“标注样式”命令，设置尺寸样式标注。在“直线”选项卡中，设置“尺寸界限”列表框中的“超出尺寸线”为 400。在“符号和箭头”选项卡中，设置“引线”为“建筑标记”，“箭头大小”为 400。在“文字”选项卡中，设置“文字高度”为 1200。在“主单位”选项卡中，设置以米为单位进行标注，“比例因子”设为 0.001。在进行“半径标注”设置时，在“符号和箭头”选项卡中，将“第二个”箭头设为实心闭合箭头。

（2）标注尺寸

单击“标注”工具栏中的“线性”按钮，在总平面图中，标注建筑物的尺寸和新建建筑到道路中心线的相对距离，如图 12-13 所示。

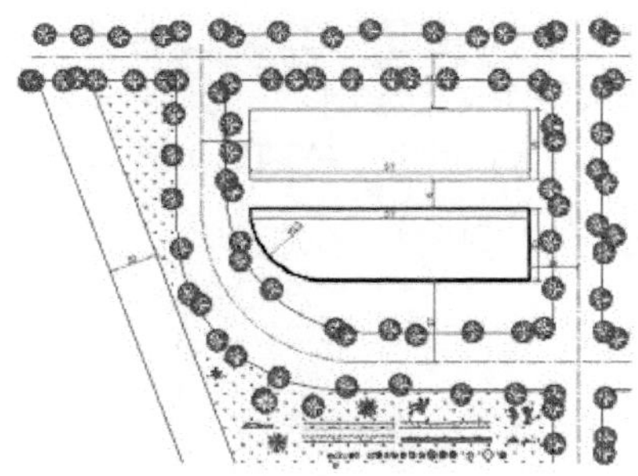

图 12-13　标注尺寸

2. 标高标注

单击“绘图”工具栏中的“插入块”按钮，将“标高”图块插入到总平面图中，再单击“绘图”工具栏中的“多行文字”按钮，输入相应的标高值，如图 12-14 所示。

3. 坐标标注

（1）绘制指引线。单击“绘图”工具栏中的“直线”按钮，由轴线或外墙面交点引出指引线。

（2）定义属性。选择菜单栏中的“绘图”→“块”→“定义属性”命令，弹出“属性定义”对话框，如图 12-15 所示。在该对话框中进行对应的属性设置，在“属性”选项组的“标记”文本框中输入“x=”，在“提示”文本框中输入“输入 x 坐标值”，“文字高度”为 1200。单击“确定”按钮，

在屏幕上指定标记位置。

（3）重复上述命令，在“属性”选项组的“标记”文本框中输入“y=”，在“提示”文本框中输入“输入 y 坐标值”，完成属性定义，结果如图 12-16 所示。

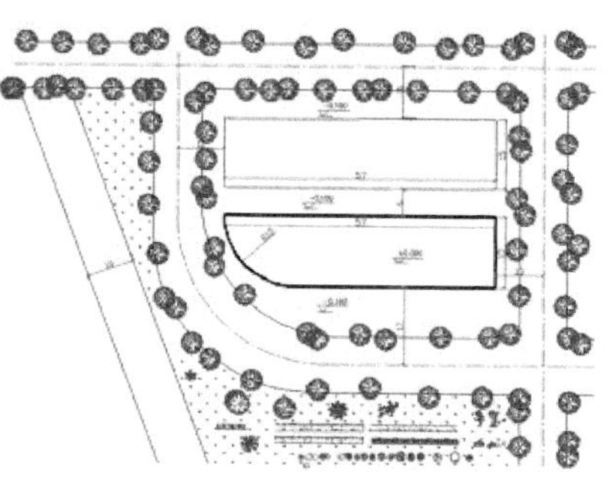

图 12-14　标高标注

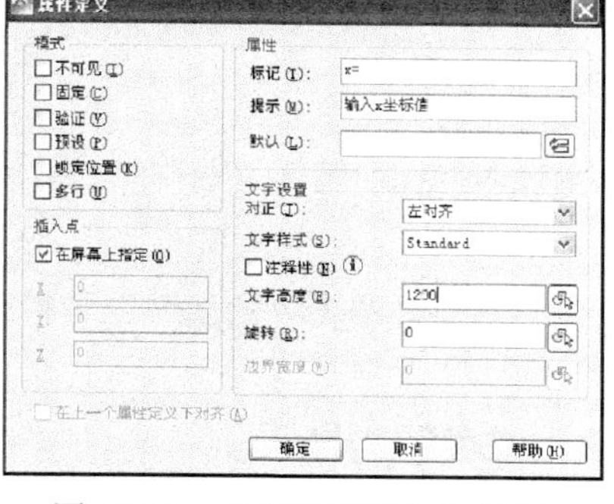


图 12-15　“属性定义”对话框

图 12-15　定义属性

（4）定义块。单击“绘图”工具栏中的“创建块”按钮，弹出“块定义”对话框，如图 12-17 所示，定义“坐标”块。

（5）单击“确定”按钮，弹出“编辑属性”对话框，如图 12-18 所示。

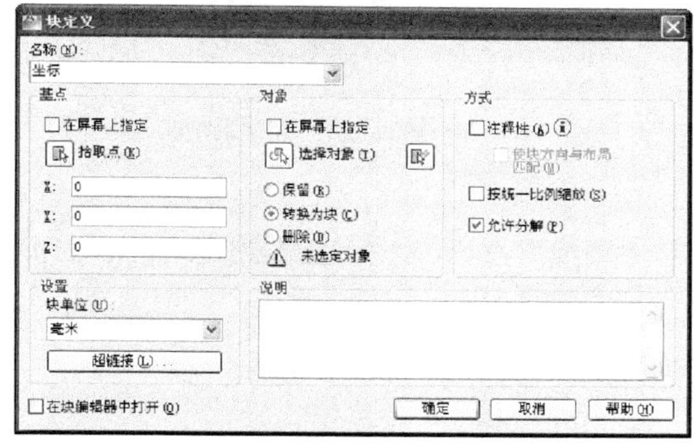


图 12-17　“块定义”对话框

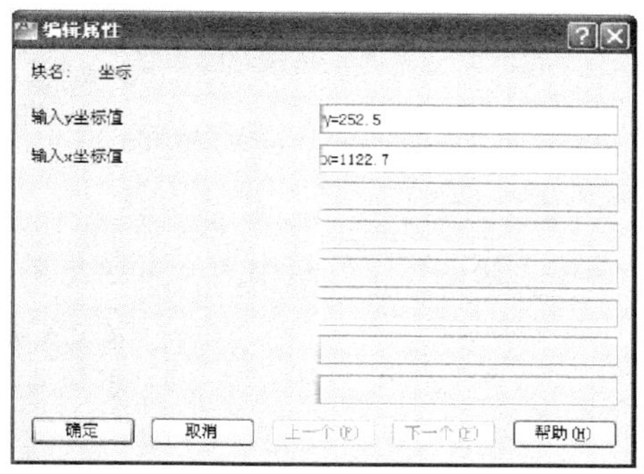


图 12-18　“编辑属性”对话框

（6）在“输入 x 坐标值”和“输入 y 坐标值”文本框中分别输入 x、y 坐标值，结果如图 12-19 所示。

（7）调用“插入块”命令，弹出“插入”对话框，如图 12-20 所示。

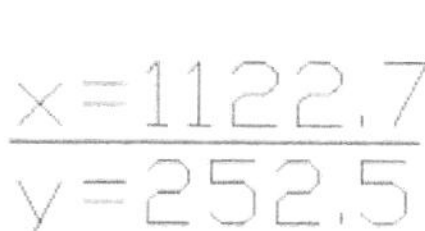


图 12-19　填写坐标值

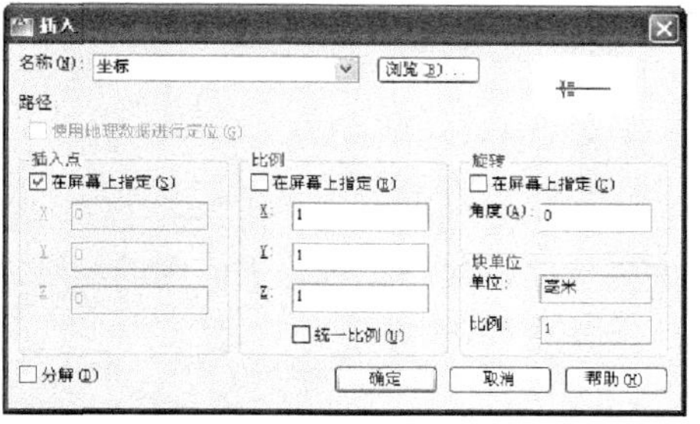


图 12-20　“插入块”对话框

（8）单击“确定”按钮，命令行中的提示与操作如下：

```
命令: _insert↙
指定插入点或 [基点(B)/比例(S)/X/Y/Z/旋转(R)]: ↙
输入 X 比例因子，指定对角点，或 [角点(C)/XYZ(XYZ)] <1>:↙
输入 Y 比例因子或 <使用 X 比例因子>:↙
输入属性值
输入 y 坐标值: y=226.0↙
输入 x 坐标值: x=1208.3↙
```

重复上述步骤，完成坐标的标注，结果如图 12-21 所示。

4．文字标注

将“标注”图层设置为当前层。单击“绘图”工具栏中的“多行文字”按钮A，标注入口、道路等，如图 12-22 所示。

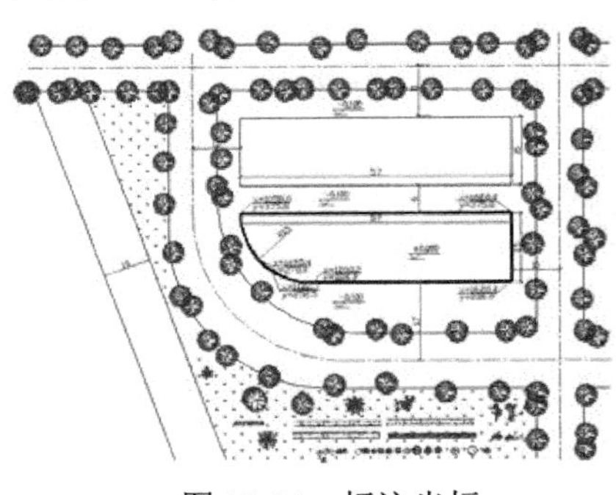

图 12-21　标注坐标

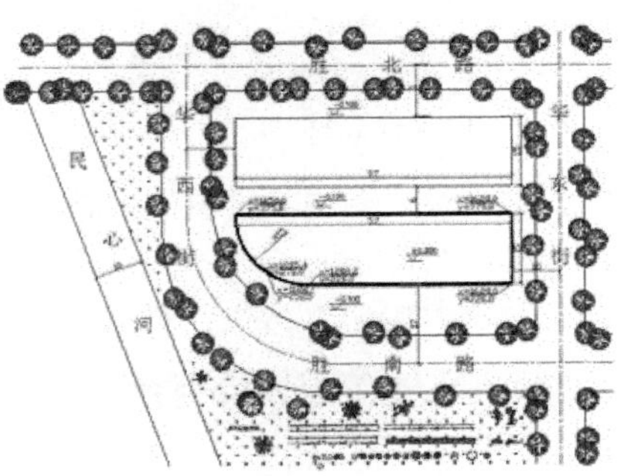


图 12-22　文字标注

5．图名标注

单击“绘图”工具栏中的“多行文字”按钮A和“直线”按钮，标注图名，如图 12-23 所示。

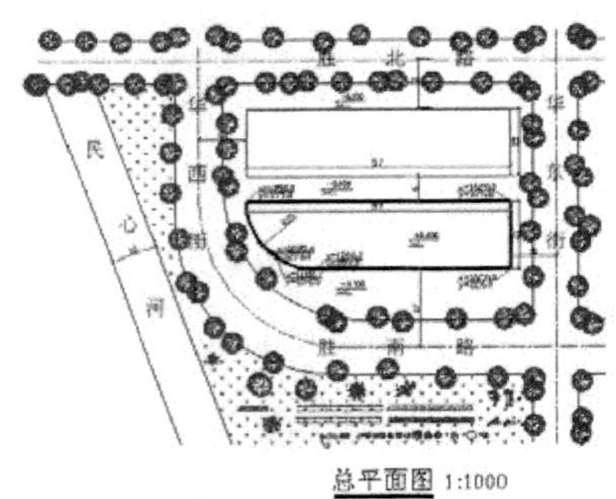


图 12-23　图名标注

6．绘制指北针

单击“绘图”工具栏中的“圆”按钮，绘制一个圆，然后单击“绘图”工具栏中的“直线”按钮，绘制指北针，最终完成总平面图的绘制。

## 12.2　商住楼平面图

本节以商住楼平面图绘制过程为例继续讲解平面图的一般绘制方法与技巧。本实例为某城市商住

楼，共 6 层，一、二层为大开间商场，一层层高为 3.6m，二层层高为 3.9m，三层以上为住宅，层高为 2.8m。本实例主要通过讲解如图 12-24 所示的某商住楼一层平面图的绘制方法来主要讲述轴线、墙线，以及图形的标注方法。

## 12.2.1　绘制一层平面图

下面介绍商住楼一层平面图设计的相关知识及其绘图方法与技巧。绘制流程图如图 12-24 所示。

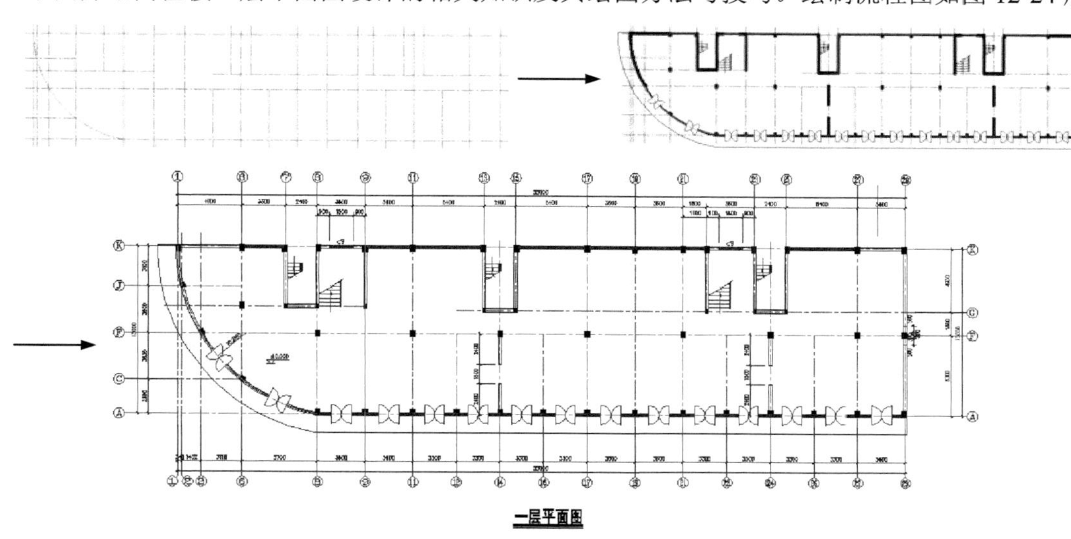


图 12-24　绘制一层平面图

绘制步骤：（**光盘\动画演示\第 12 章\一层平面图.avi**）

### 1. 设置绘图环境

用 LIMITS 命令设置图幅为 420000×297000。调用 LAYER 命令创建“轴线”、“墙线”、“柱”、“标注”、“楼梯”等图层，如图 12-25 所示。

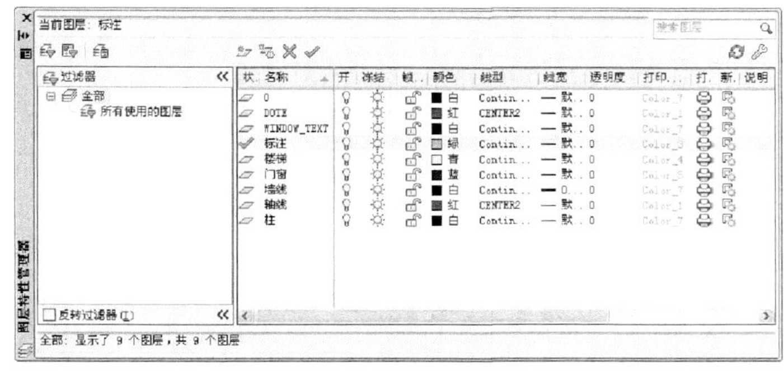


图 12-25　设置图层

### 2. 绘制轴线网

（1）单击“图层”工具栏中的“图层特性管理器”按钮，将“轴线”图层设置为当前图层。

（2）单击“绘图”工具栏中的“构造线”按钮，绘制一条水平构造线和一条竖直构造线，组成“十”字构造线。单击“修改”工具栏中的“偏移”按钮，让水平构造线连续分别向上偏移 2665、

Note

3635、1800、300、1500 和 3100，得到水平方向的辅助线。让竖直构造线连续分别向右偏移 349、1432、3119、3300、2400、3600、3600、3300、2100、1200、1200、2100、3300、3600、3600、1800、1500、2100、1200、1200、2100、3300 和 3600，得到竖直方向的辅助线。它们和水平辅助线一起构成正交的辅助线网。然后将轴线网进行修改，得到一层辅助线网格如图 12-26 所示。

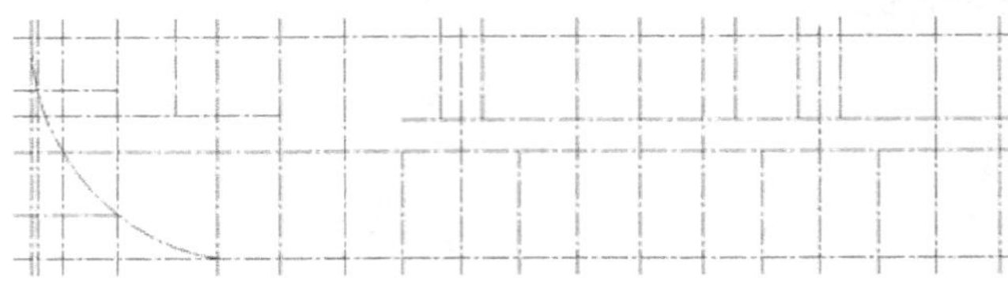

图 12-26　一层建筑轴线网格

3. 绘制柱

（1）单击“图层”工具栏中的“图层特性管理器”按钮，将“柱”图层设置为当前图层。

（2）建立柱图块。单击“绘图”工具栏中的“矩形”按钮，绘制 500×400 的矩形，单击“绘图”工具栏中的“图案填充”按钮，在弹出的对话框中选择 SOLID 图样选项填充矩形，完成混凝土柱的绘制。单击“绘图”工具栏中的“创建块”按钮，建立“柱”图块，并以矩形的中点作为插入基点。

（3）柱布置。单击“绘图”工具栏中的“插入块”按钮和“修改”工具栏中的“移动”按钮，将混凝土柱图案插入到相应的位置上，结果如图 12-27 所示。

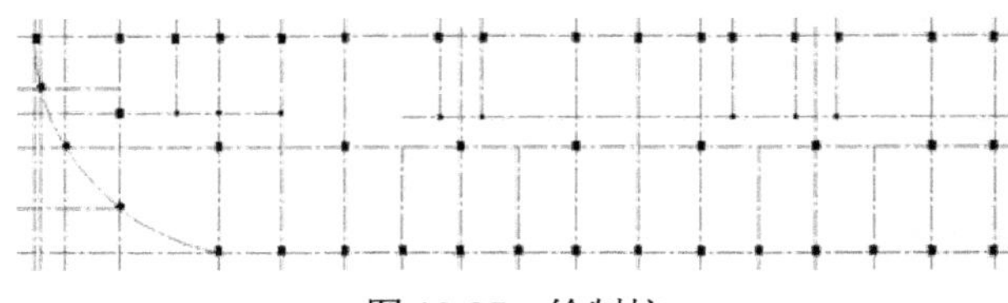

图 12-27　绘制柱

4. 绘制墙线

（1）单击“图层”工具栏中的“图层特性管理器”按钮，系统弹出“图层特性管理器”对话框，将“墙线”图层设置为当前图层。

（2）墙体绘制。选择菜单栏中“格式”→“多线样式”命令，新建多线样式“240”，将“图元”中的元素偏移量设为 120 和-120，将多线样式“240”置为当前层，完成“240”墙体多线的设置。选择菜单栏中的“绘图”→“多线”命令，“对齐方式”设为“无”，多线比例设为 1，绘制墙线。

（3）墙体修整。本商住楼墙体为填充墙，不参与结构承重，主要起分隔空间的作用，其中心线位置不一定与定位轴线重合，因此有时会出现偏移一定距离的情况。修整结果如图 12-28 所示。

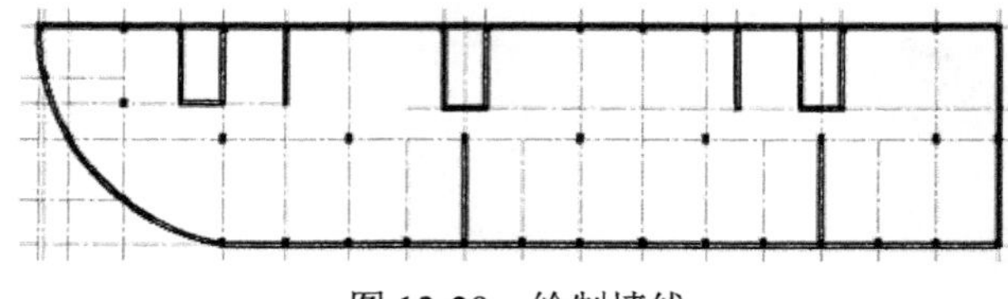

图 12-28　绘制墙线

5. 绘制门窗

（1）单击“图层”工具栏中的“图层特性管理器”按钮，系统弹出“图层特性管理器”对话

框，将“门窗”图层设置为当前图层。

（2）绘制门窗洞口。借助辅助线确定门窗洞口的位置，然后将洞口处的墙线修剪掉，并将墙线封口，结果如图 12-29 所示。

（3）绘制门窗。采用别墅平面图中门窗的绘制方法来绘制商住楼的门窗，如图 12-30 所示。

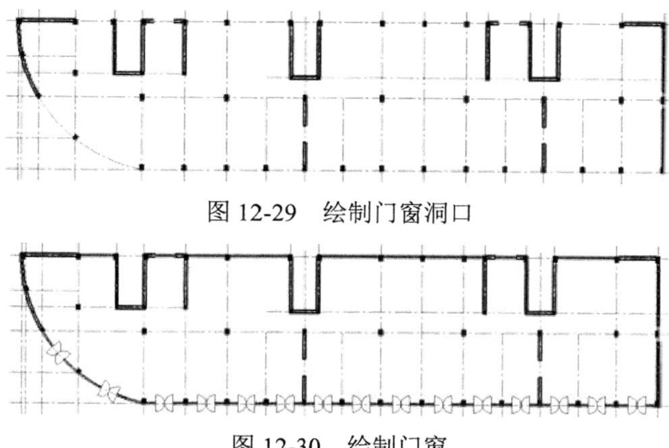

图 12-29　绘制门窗洞口

图 12-30　绘制门窗

6. 绘制楼梯

一层楼梯分为商场用楼梯和住宅用楼梯，商场用楼梯间宽度为 3.6m，梯段长度为 1.6m，楼梯设计为双跑（等跑）楼梯，踏步高度为 163.6mm，宽为 300mm，需要 22 级。住宅用楼梯间宽度为 2.4m，梯段长度为 1m，设计楼梯踏步高度为 167mm，宽为 260mm。

（1）单击“图层”工具栏中的“图层特性管理器”按钮，系统弹出“图层特忙管理器”对话框，将“楼梯”图层设置为当前图层。

（2）根据楼梯尺寸，首先绘制出楼梯梯段的定位辅助线，然后绘制出底层楼梯，结果如图 12-31 所示。

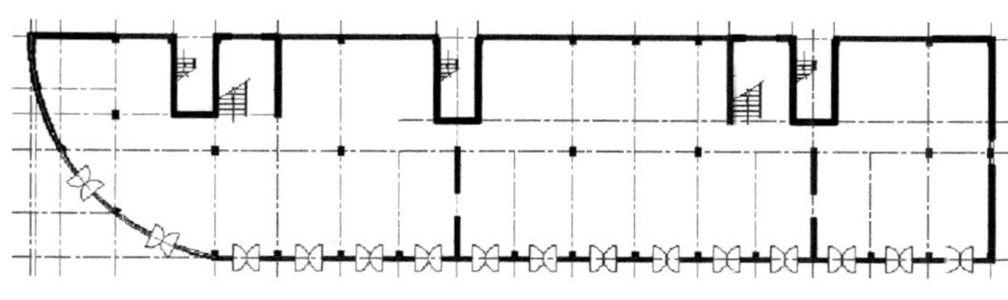

图 12-31　绘制楼梯

7. 绘制散水

单击“修改”工具栏中的“偏移”按钮，将最下侧轴线和圆弧轴线向外偏移 1500 距离，然后单击“绘图”工具栏中的“直线”按钮，补全散水，结果如图 12-32 所示。

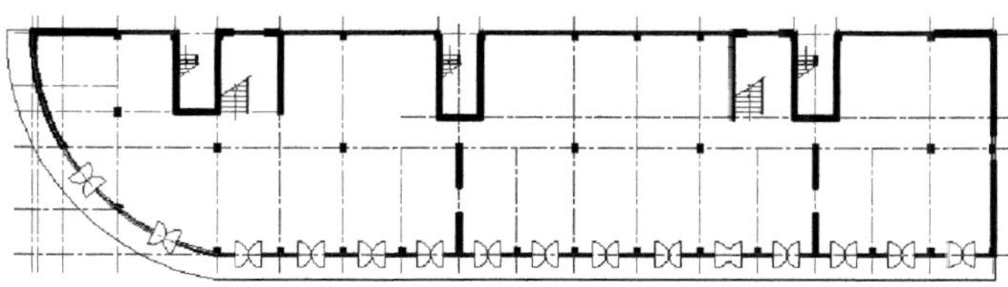

图 12-32　绘制散水

8. 尺寸标注和文字说明

（1）单击“图层”工具栏中的“图层特性管理器”按钮，系统弹出“图层特性管理器”对话框，将“标注”图层设置为当前图层。

（2）调用“线性”命令、“连续”命令和“多行文字”命令，进行尺寸标注和文字说明，完成一层平面图的绘制。

### 12.2.2 绘制二层平面图

本实例以商住楼二层平面图绘制过程为例继续讲解平面图的一般绘制方法与技巧。绘制流程图如图 12-33 所示。

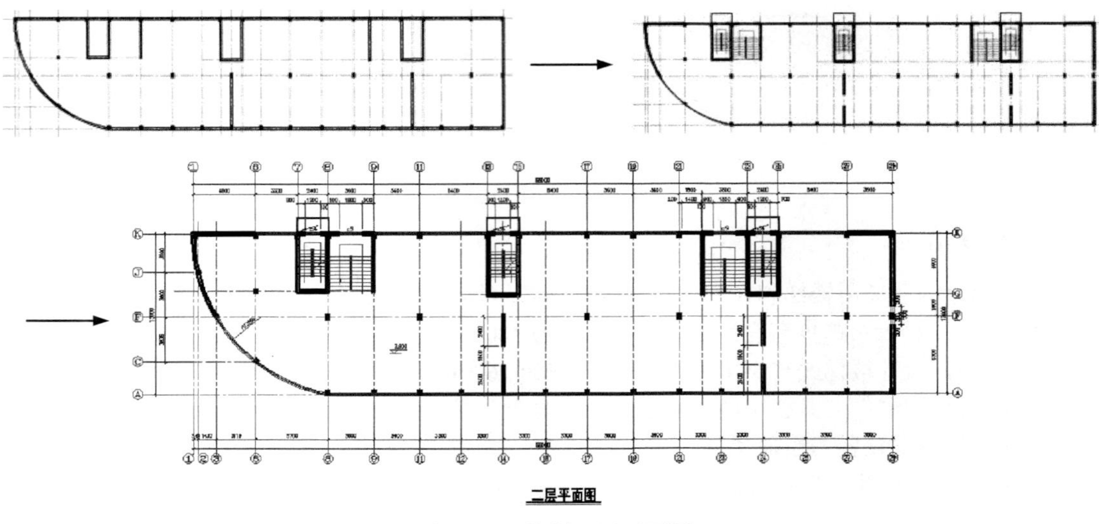


图 12-33 绘制二层平面图

绘制步骤：（**光盘\动画演示\第 12 章\二层平面图.avi**）

1. 设置绘图环境

用 LIMITS 命令设置图幅为 420000×297000。调用 LAYER 命令创建“轴线”、“墙线”、“柱”、“标高”、“楼梯”等图层，如图 12-34 所示。

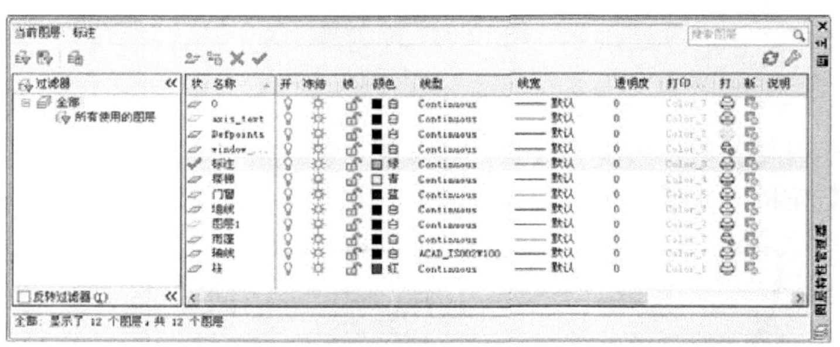


图 12-34 设置图层

2. 复制并整理一层平面图

单击“修改”工具栏中的“复制”按钮，复制“一层平面图”的“绘制墙线”图形并修改，得

到二层平面图的轴线网格、柱和墙线图形，如图 12-35 所示。

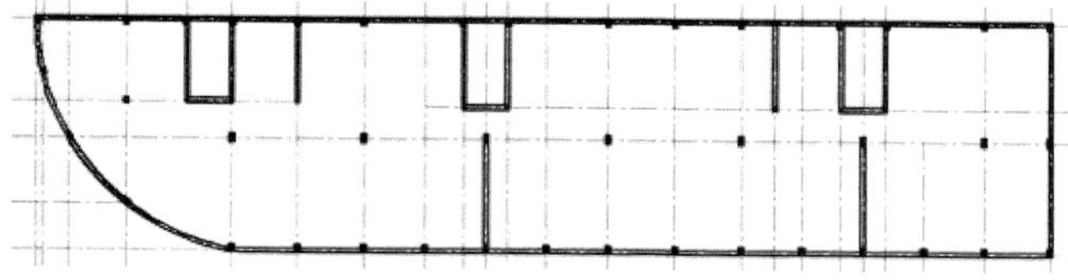

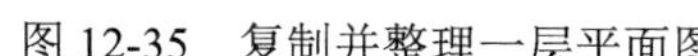

图 12-35　复制并整理一层平面图

3. 绘制窗

（1）单击“图层”工具栏中的“图层特性管理器”按钮，系统弹出“图层特性管理器”对话框，将“门窗”图层设置为当前图层。

（2）绘制窗。采用一层平面图中门窗的绘制方法来绘制商住楼的二层窗，如图 12-36 所示。

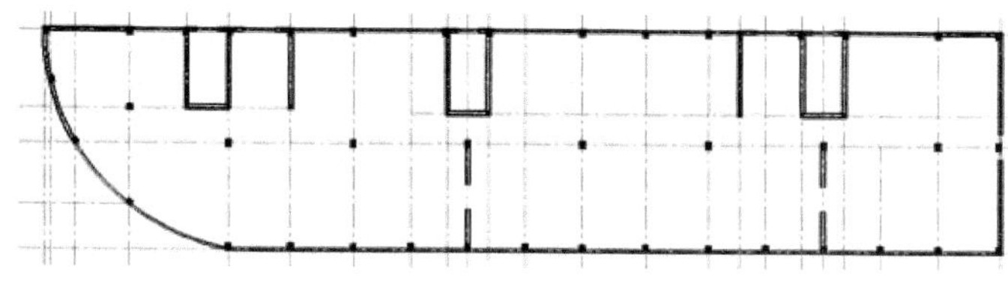

图 12-36　绘制窗

4. 绘制雨篷

（1）单击“图层”工具栏中的“图层特性管理器”按钮，系统弹出“图层特性管理器”对话框，将“雨篷”图层设置为当前图层。

（2）单击“修改”工具栏中的“偏移”按钮，将最上侧的轴线向上偏移 1320，将楼梯间的轴线向外侧偏移 120。单击“修改”工具栏中的“修剪”按钮，将偏移后的直线进行修剪，然后将修剪后的直线向内侧偏移 60，并将这些直线设置为“雨篷”图层，完成雨篷的绘制，结果如图 12-37 所示。

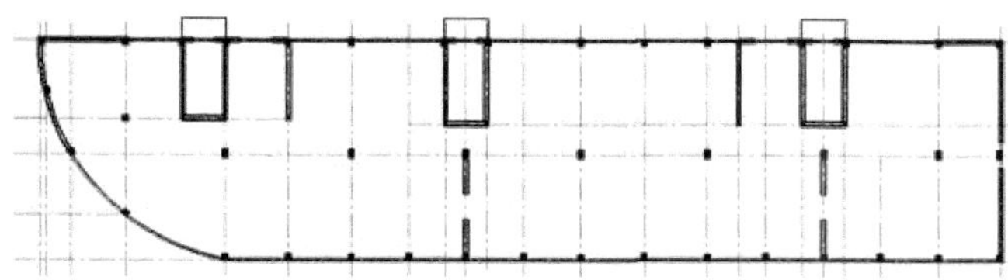

图 12-37　绘制雨篷

5. 绘制楼梯

（1）单击“图层”工具栏中的“图层特性管理器”按钮，系统弹出“图层特性管理器”对话框，将“楼梯”图层设置为当前图层。

（2）根据楼梯尺寸，首先绘制出楼梯梯段的定位辅助线，然后绘制出二层楼梯，结果如图 12-38 所示。

6. 尺寸标注和文字说明

（1）单击“图层”工具栏中的“图层特性管理器”按钮，系统弹出“图层特性管理器”对话框，将“标注”图层设置为当前图层。

（2）调用“线性”命令、“连续”命令和“多行文字”命令，标注标高和细部尺寸，如图 12-39

Note

所示。

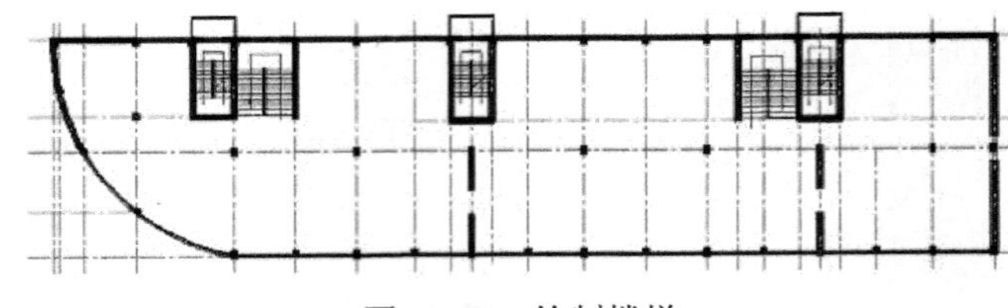

图 12-38　绘制楼梯

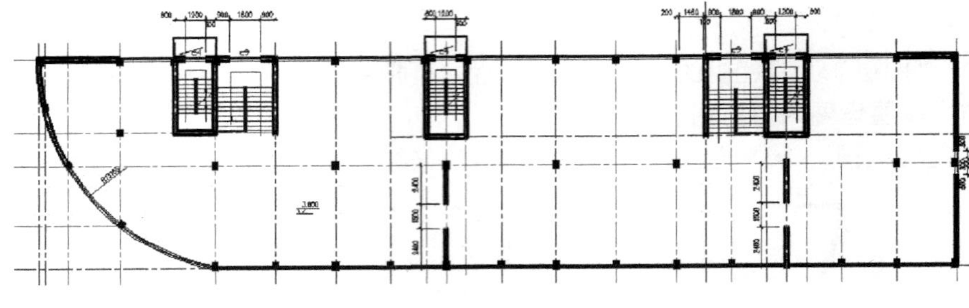

图 12-39　细部标注

## 12.2.3　绘制标准层平面图

本实例主要通过讲解商住楼标准层平面图的绘制方法来讲述轴线、墙线、柱、标高、楼梯等的绘制方法。绘制流程图如图 12-40 所示。

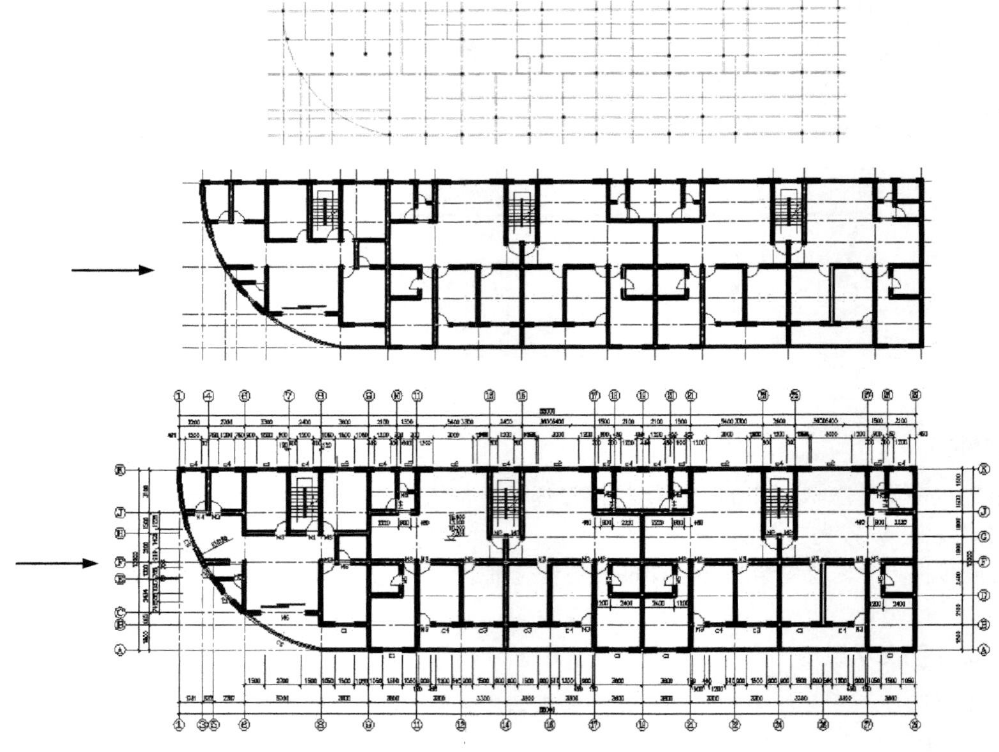

图 12-40　绘制标准层平面图

绘制步骤：（光盘\动画演示\第 12 章\标准层平面图.avi）

1．设置绘图环境

用 LIMITS 命令设置图幅为 420000×297000。调用 LAYER 命令创建“轴线”、“墙线”、“柱”、“标注”、“楼梯”等图层，如图 12-41 所示。

2．复制并整理一层平面图

单击“修改”工具栏中的“复制”按钮，复制“一层平面图”的“绘制柱”图形并修改，得到标准层平面图的轴线网格和柱图形，如图 12-42 所示。

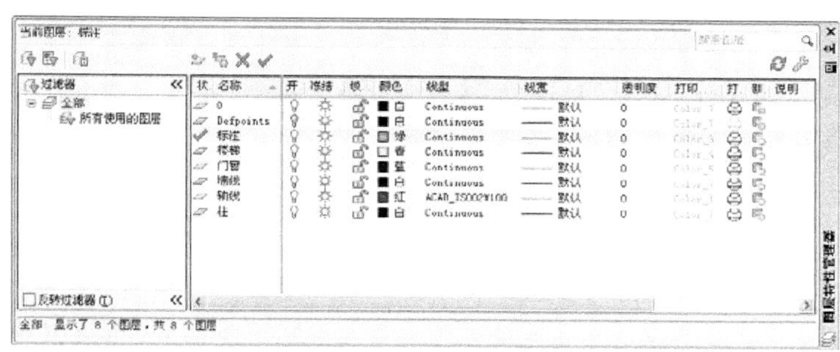


图 12-41　设置图层

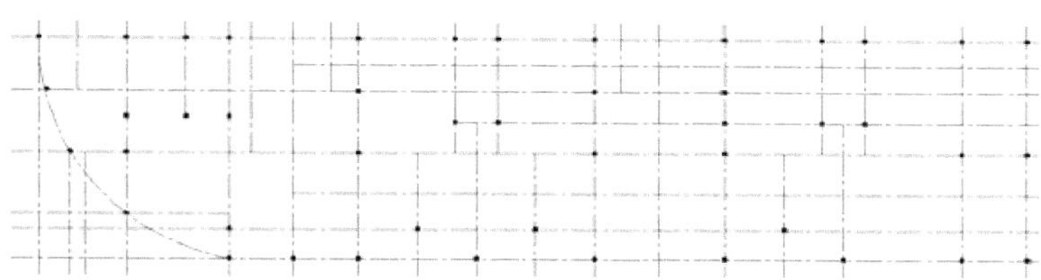

图 12-42　复制并整理一层平面图

3．绘制墙线

（1）单击“图层”工具栏中的“图层特性管理器”按钮，系统弹出“图层特性管理器”对话框，将“墙线”图层设置为当前图层。

（2）墙体绘制。选择菜单栏中的“格式”→“多线样式”命令，新建多线样式“240”和“120”，然后选择菜单栏中的“绘图”→“多线”命令，绘制墙线，结果如图 12-43 所示。

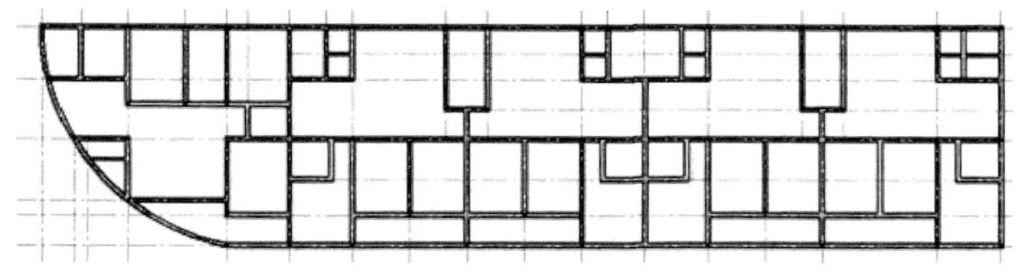

图 12-43　绘制墙线

4．绘制门窗

（1）单击“图层”工具栏中的“图层特性管理器”按钮，系统弹出“图层特性管理器”对话框，将“门窗”图层设置为当前图层。

（2）绘制门窗洞口。调用“偏移”命令、“修剪”命令和“直线”命令，绘制门窗洞口，如图 12-44 所示。

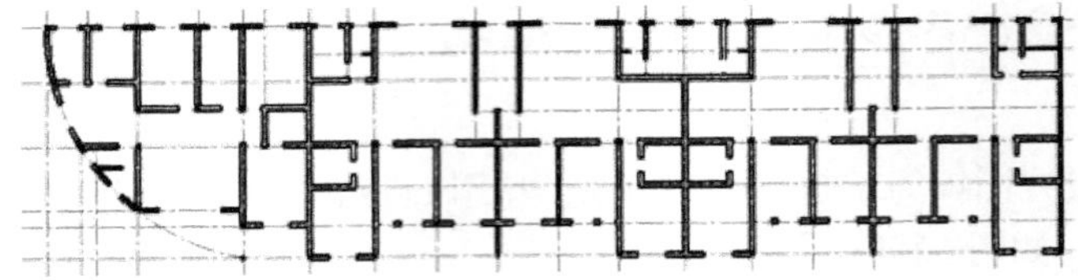

图 12-44　绘制门窗洞口

Note

（3）绘制门窗。选择菜单栏中的“格式”→“多线样式”命令，在弹出的“多线样式”对话框中，新建多线“窗”，并将“门窗”多线样式置为当前层。选择菜单栏中的“绘图”→“多线”命令，绘制窗。然后单击“绘图”工具栏中的“直线”按钮和“圆弧”按钮，绘制门，如图 12-45 所示。

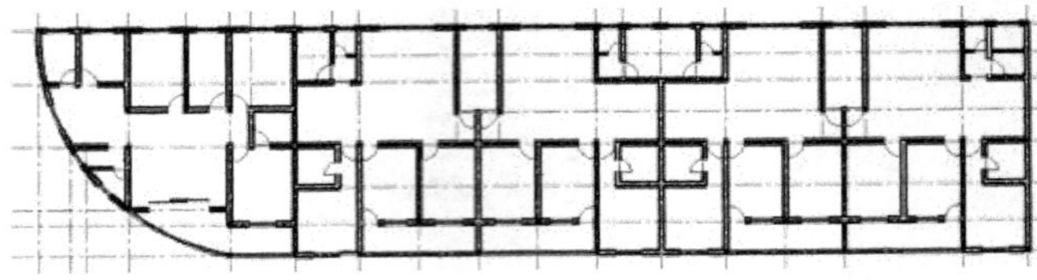

图 12-45　绘制门窗

5. 绘制楼梯

（1）单击“图层”工具栏中的“图层特性管理器”按钮，系统弹出“图层特性管理器”对话框，将“楼梯”图层设置为当前图层。

（2）根据楼梯尺寸，绘制出标准层楼梯，结果如图 12-46 所示。

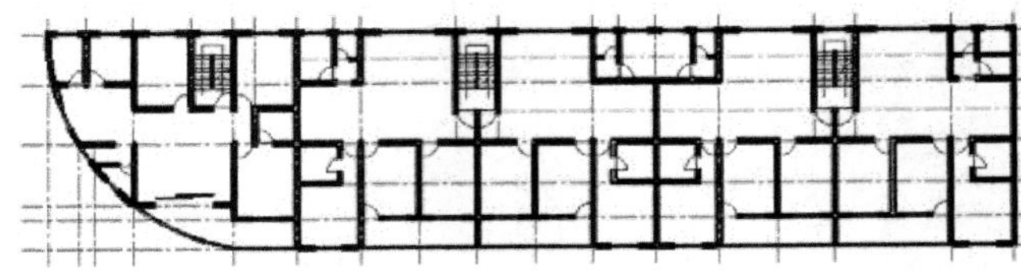

图 12-46　绘制楼梯

6. 尺寸标注和文字说明

（1）单击“图层”工具栏中的“图层特性管理器”按钮，系统弹出“图层特性管理器”对话框，将“标注”图层设置为当前图层。

（2）调用“线性”命令、“连续”命令和“多行文字”命令，标注门窗，如图 12-47 所示。

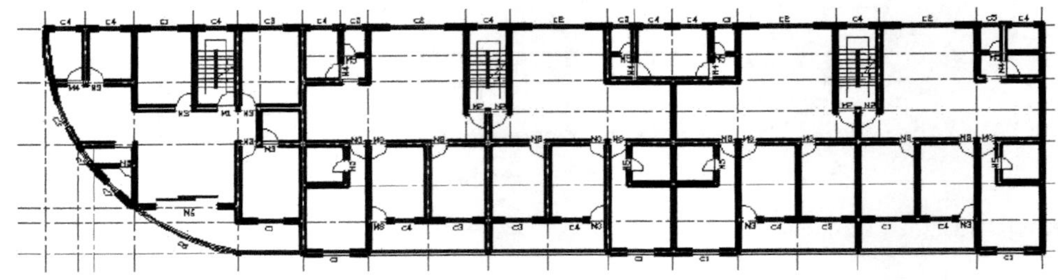

图 12-47　标注门窗

（3）调用“线性”命令、“连续”命令和“多行文字”命令，标注标高和细部尺寸，如图 12-48 所示。

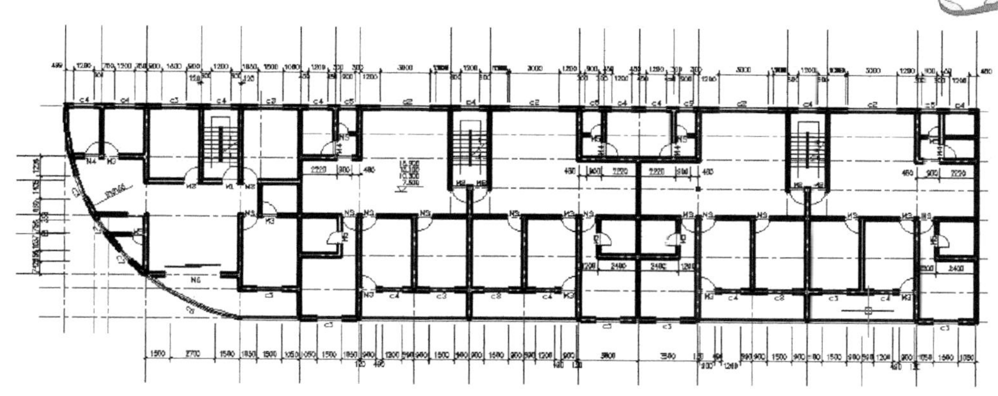

图 12-48　细部标注

（4）利用同样方法，标注轴线尺寸和说明，最终完成标准层平面图的绘制。

## 12.2.4　绘制隔热层平面图

隔热层平面图的绘制方法与上相同。绘制流程图如图 12-49 所示。

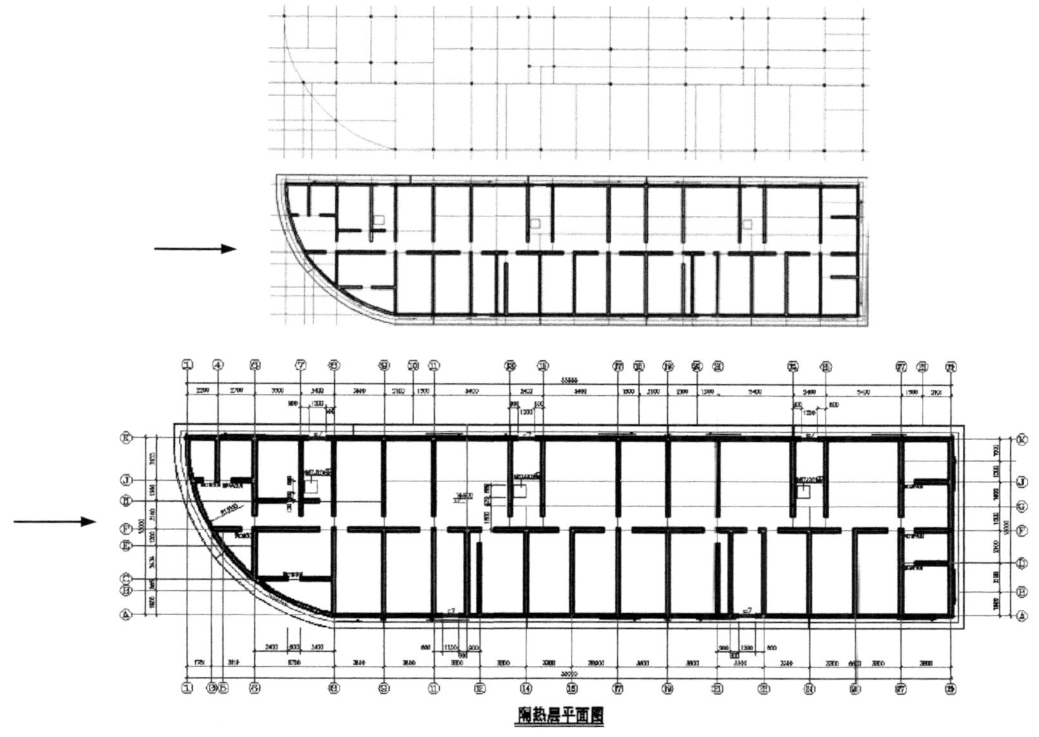


图 12-49　绘制隔热层平面图

绘制步骤：（**光盘\动画演示\第 12 章\隔热层平面图.avi**）

1．设置绘图环境

用 LIMITS 命令设置图幅为 420000×297000。调用 LAYER 命令创建“轴线”、“墙线”、“柱”、“泛水”、“门窗”等图层，如图 12-50 所示。

Note

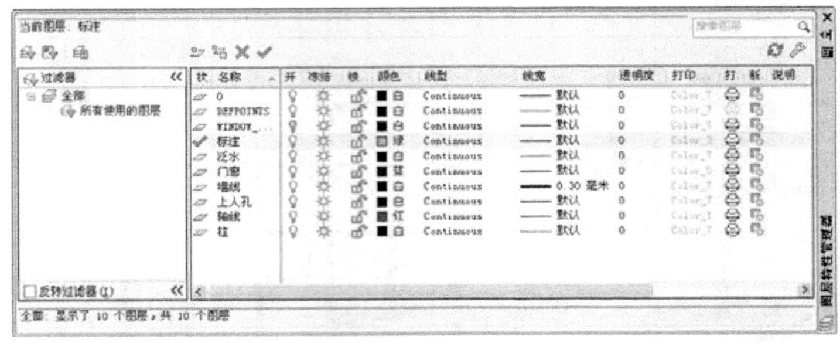


图 12-50　设置图层

2. 复制并整理标准层平面图

单击“修改”工具栏中的“复制”按钮，复制“标准层平面图”的“绘制柱”图形并修改，得到标准层平面图的轴线网格和柱图形，如图 12-51 所示。

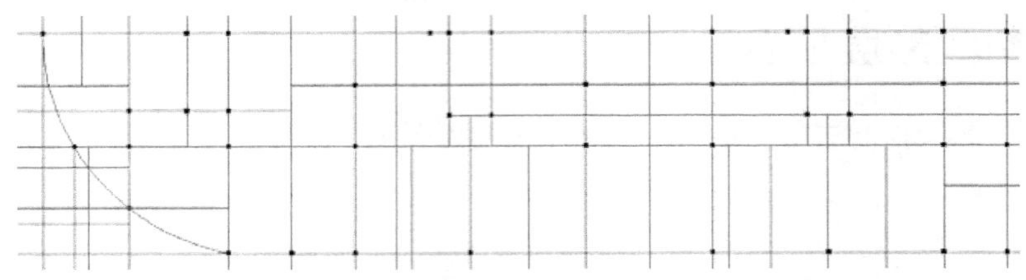

图 12-51　复制并整理标准层平面图

3. 绘制墙线

（1）单击“图层”工具栏中的“图层特性管理器”按钮，系统弹出“图层特性管理器”对话框，将“墙线”图层设置为当前图层。

（2）墙体绘制。选择菜单栏中的“格式”→“多线样式”命令，新建多线样式“240”，然后调用“多线”命令，绘制墙线，结果如图 12-52 所示。

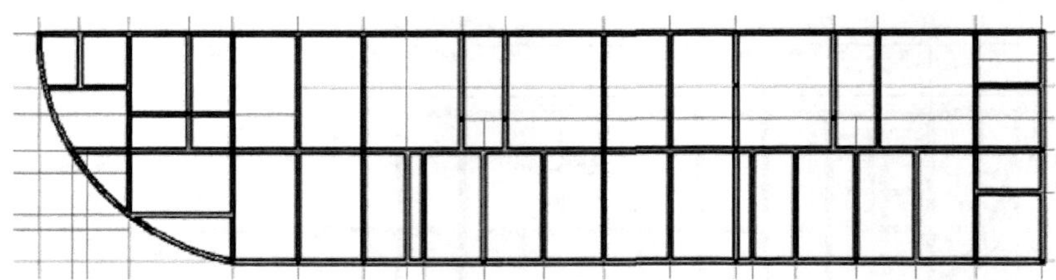

图 12-52　绘制墙线

4. 绘制门窗

（1）单击“图层”工具栏中的“图层特性管理器”按钮，系统弹出“图层特性管理器”对话框，将“门窗”图层设置为当前图层。

（2）绘制门窗洞口。调用“偏移”命令、“修剪”命令和“直线”命令，绘制门窗洞口，如图 12-53 所示。

（3）绘制窗。选择菜单栏中的“格式”→“多线样式”命令，在弹出的“多线样式”对话框中新建多线“窗”，并将“门窗”多线样式置为当前层。选择菜单栏中的“绘图”→“多线”命令，绘制窗，结果如图 12-54 所示。

图 12-53　绘制门窗洞口

图 12-54　绘制窗

### 5. 绘制泛水

（1）单击“图层”工具栏中的“图层特性管理器”按钮，系统弹出“图层特性管理器”对话框，将“泛水”图层设置为当前图层。

（2）单击“修改”工具栏中的“偏移”按钮，将轴线向外侧依次偏移 500、940 和 1000 并修改，然后调用“直线”命令、“圆”命令和“多段线”命令，绘制雨水管和箭头，完成泛水的绘制，结果如图 12-55 所示。

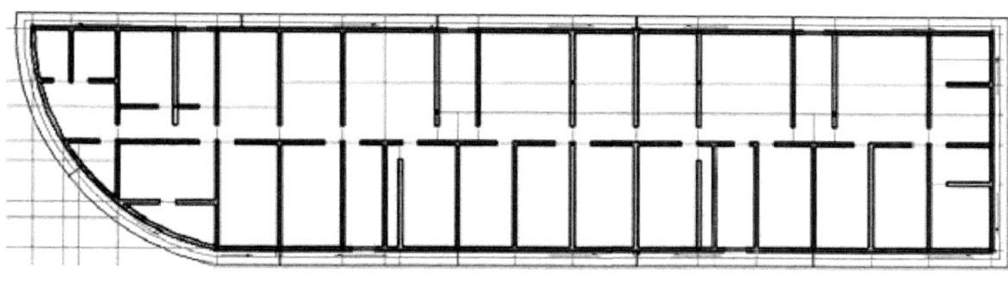

图 12-55　绘制泛水

### 6. 绘制上人孔

（1）单击“图层”工具栏中的“图层特性管理器”按钮，系统弹出“图层特性管理器”对话框，将“上人孔”图层设置为当前图层。

（2）单击“绘图”工具栏中的“矩形”按钮，绘制上人孔，如图 12-56 所示。

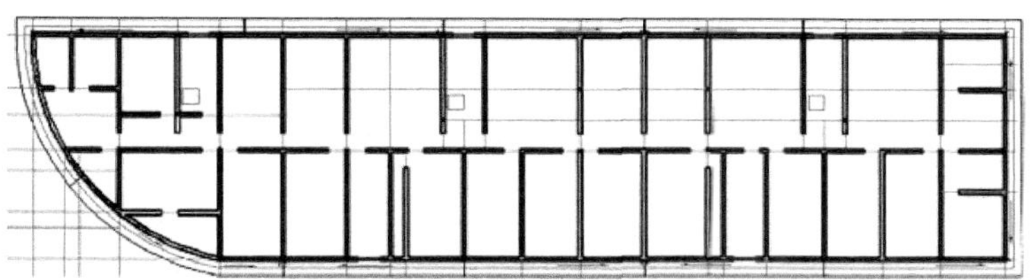

图 12-56　绘制上人孔

### 7. 尺寸标注和文字说明

（1）单击“图层”工具栏中的“图层特性管理器”按钮，系统弹出“图层特性管理器”对话框，将“标注”图层设置为当前图层。

Note

Note

（2）调用“线性”命令、“连续”命令和“多行文字”命令，进行细部标注，如图 12-57 所示。

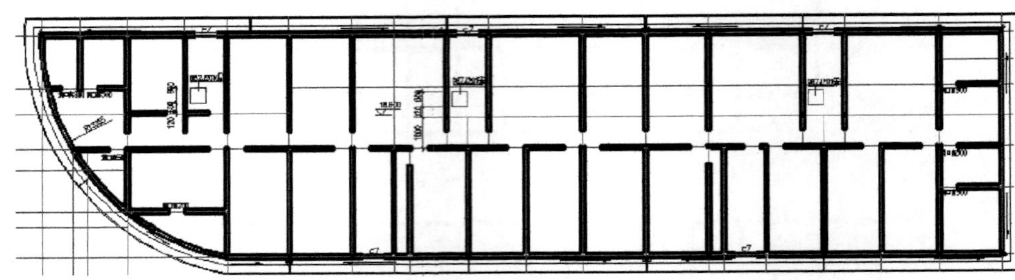

图 12-57　细部标注

（3）利用同样的方法标注轴线尺寸和说明，最终完成隔热层平面图的绘制。

## 12.2.5　绘制屋顶平面图

本实例主要讲解屋顶平面图的绘制方法。绘制流程图如图 12-58 所示。

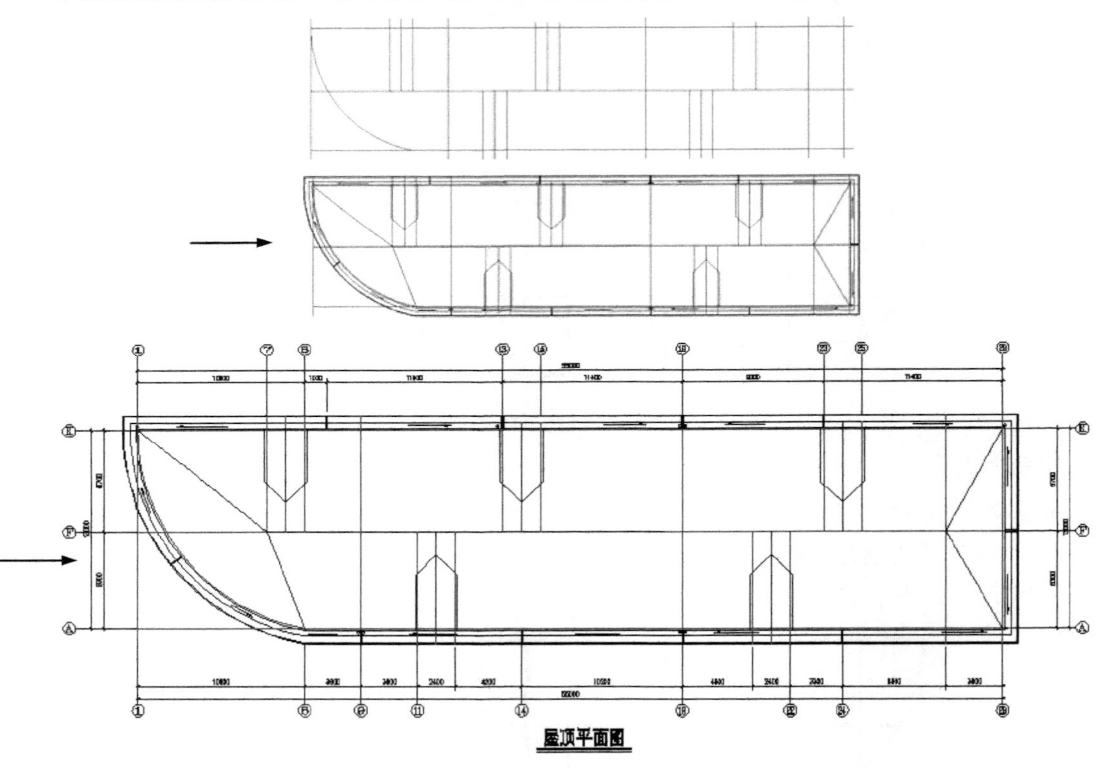


图 12-58　绘制屋顶平面图

绘制步骤：（**光盘\动画演示\第 12 章\屋顶平面图.avi**）

1．设置绘图环境

用 LIMITS 命令设置图幅为 420000×297000。调用 LAYER 命令创建“轴线”、“屋脊线”、“标注”、“泛水”、“老虎窗”等图层，如图 12-59 所示。

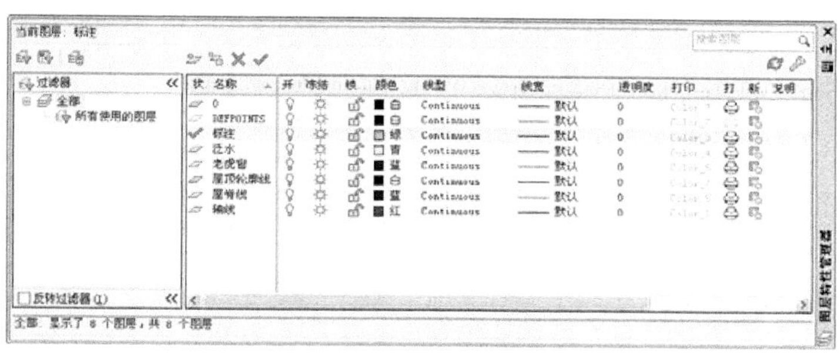


图 12-59　设置图层

Note

2．绘制轴线网

（1）单击“图层”工具栏中的“图层特性管理器”按钮，系统弹出“图层特性管理器”对话框，将“轴线”图层设置为当前图层。

（2）单击“绘图”工具栏中的“直线”按钮和“修改”工具栏中的“偏移”按钮，绘制轴线网，如图 12-60 所示。

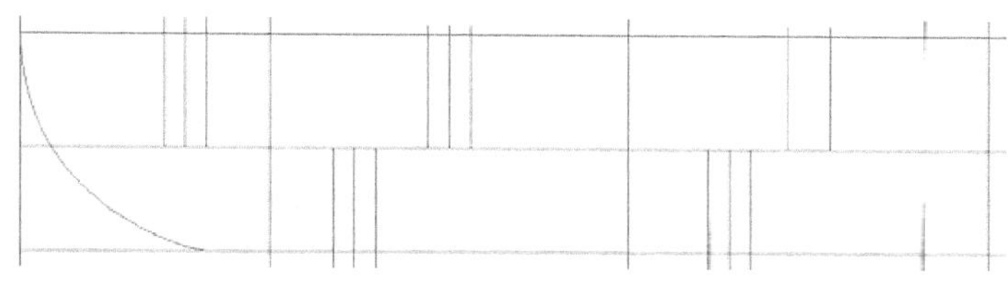

图 12-60　绘制轴线网

3．绘制屋顶轮廓线

（1）单击“图层”工具栏中的“图层特性管理器”按钮，系统弹出“图层特性管理器”对话框，将“屋顶轮廓线”图层设置为当前图层。

（2）单击“修改”工具栏中的“偏移”按钮，偏移轴线，并将偏移后的轴线设置为“屋顶轮廓线”图层，如图 12-61 所示。

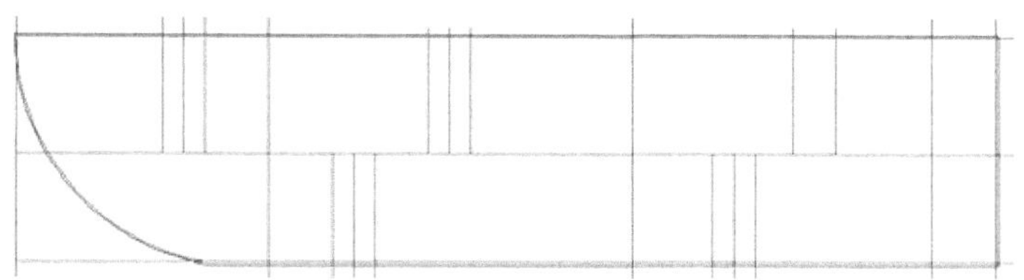

图 12-61　绘制屋顶轮廓线

4．绘制泛水

（1）单击“图层”工具栏中的“图层特性管理器”按钮，系统弹出“图层特性管理器”对话框，将“泛水”图层设置为当前图层。

（2）采用与“隔热层平面图”中相同的方法绘制泛水，如图 12-62 所示。

5．绘制老虎窗

（1）单击“图层”工具栏中的“图层特性管理器”按钮，系统弹出“图层特性管理器”对话框，将“老虎窗”图层设置为当前图层。

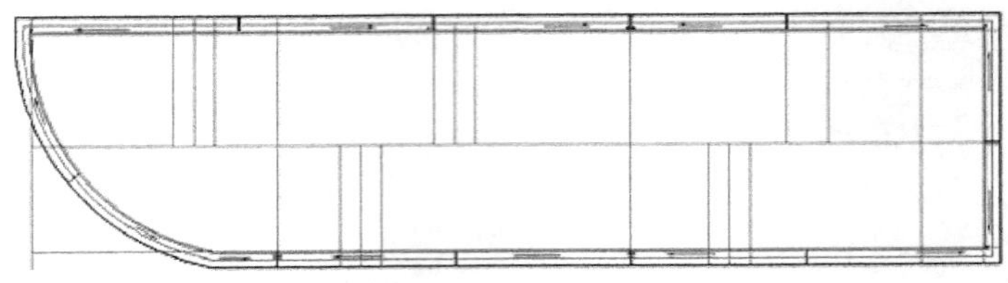

图 12-62　绘制泛水

（2）单击“绘图”工具栏中的“直线”按钮，绘制老虎窗，如图 12-63 所示。

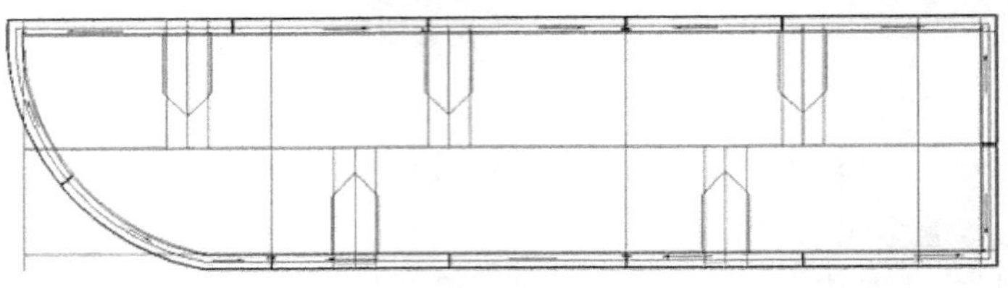

图 12-63　绘制老虎窗

6. 绘制屋脊线

（1）单击“图层”工具栏中的“图层特性管理器”按钮，系统弹出“图层特性管理器”对话框，将“屋脊线”图层设置为当前图层。

（2）单击“绘图”工具栏中的“直线”按钮，绘制屋脊线，如图 12-64 所示。

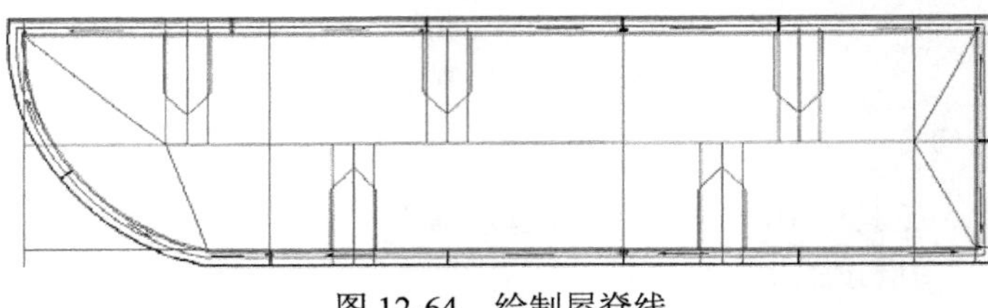

图 12-64　绘制屋脊线

7. 尺寸标注和文字说明

（1）单击“图层”工具栏中的“图层特性管理器”按钮，系统弹出“图层特性管理器”对话框，将“标注”图层设置为当前图层。

（2）调用“线性”命令、“连续”命令和“多行文字”命令，进行尺寸标注和文字说明，最终完成屋顶平面图的绘制。

# 12.3　商住楼立面图

下面以商住楼立面图绘制过程为例继续讲述立面图的绘制方法和技巧。

## 12.3.1　南立面图绘制

本例绘制商住楼南立面图。首先绘制定位辅助线，然后绘制一层立面图，再绘制二至六层立面图，最后进行尺寸和文字标注。绘制流程图如图 12-65 所示。

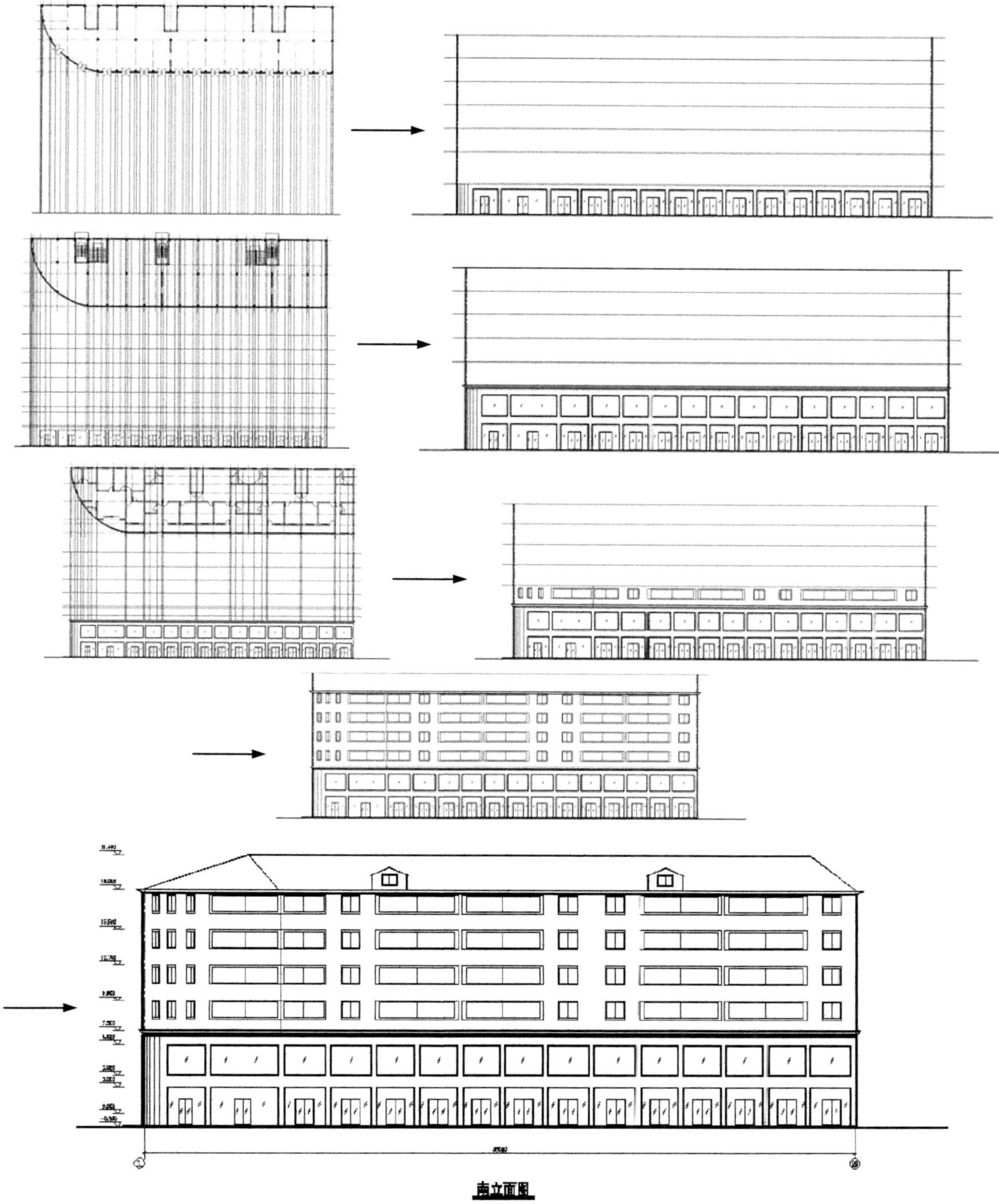

Note

南立面图

图 12-65　绘制南立面图

绘制步骤：（**光盘\动画演示\第 12 章\南立面图.avi**）

1. 设置绘图环境

用 LIMITS 命令设置图幅为 42000×29700。调用 LAYER 命令创建“立面”图层。

Note

2. 绘制定位辅助线

（1）单击“图层”工具栏中的“图层特性管理器”按钮，将“立面”图层设置为当前图层。

（2）复制一层平面图，并将暂时不用的图层关闭。单击“绘图”工具栏中的“直线”按钮，在一层平面图下方绘制一条地平线，地平线上方需留出足够的绘图空间。

（3）单击“绘图”工具栏中的“直线”按钮，由一层平面图向下引出定位辅助线，如图 12-66 所示。

（4）单击“修改”工具栏中的“偏移”按钮，根据室内外高差、各层层高、屋面标高等确定楼层定位辅助线，结果如图 12-67 所示。

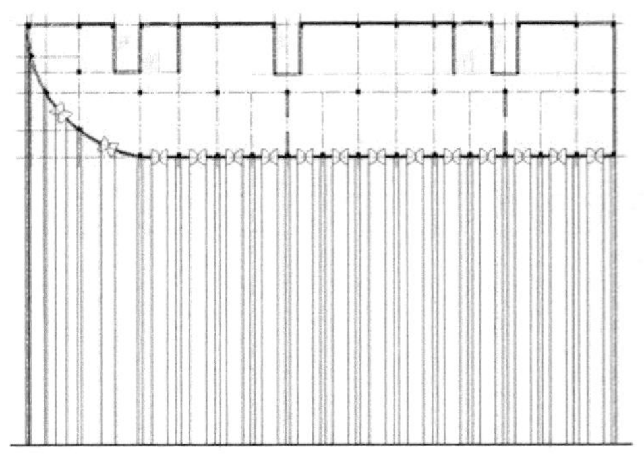

图 12-66　绘制一层竖向辅助线

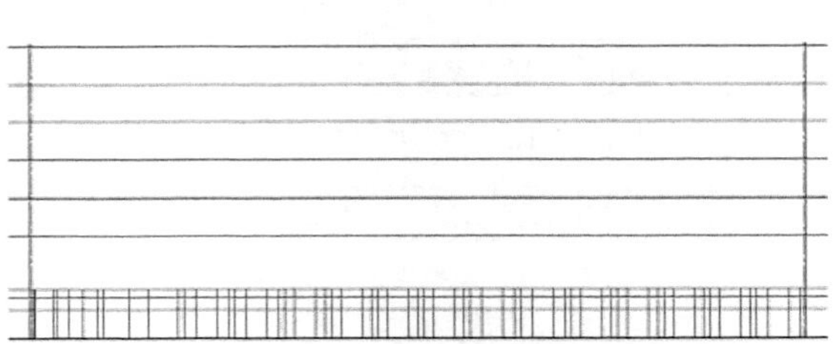

图 12-67　绘制楼层定位辅助线

3. 绘制一层立面图

（1）绘制室内外地平线。单击“绘图”工具栏中的“直线”按钮和“修改”工具栏中的“偏移”按钮，绘制室内外地平线，室内外高差为 100，结果如图 12-68 所示。

（2）绘制一层窗户。一、二层为大开间商场，所以设计全玻璃门窗，既符合建筑个性，也能够获得大面积采光。单击“绘图”工具栏中的“直线”按钮，根据定位辅助线绘制一层窗户，结果如图 12-69 所示。

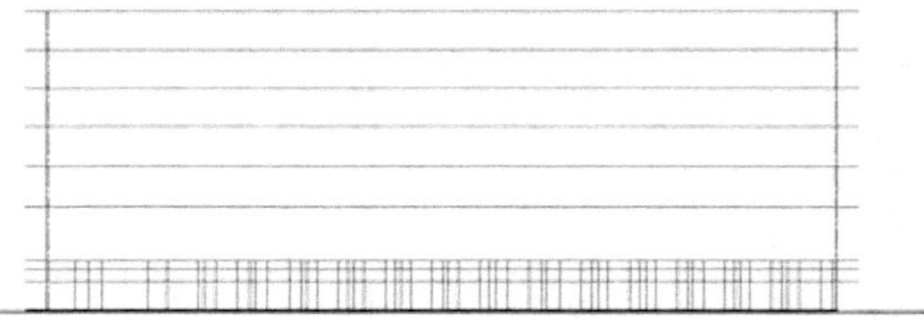

图 12-68　绘制室内外地平线

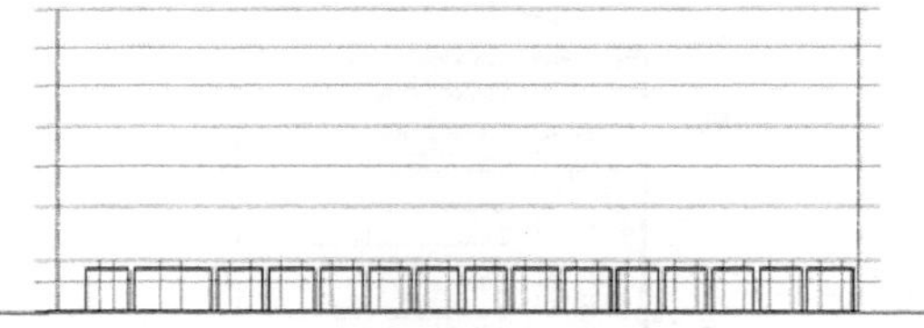

图 12-69　绘制一层窗户

（3）绘制一层门。单击“绘图”工具栏中的“直线”按钮，根据定位辅助线绘制一层门，如图 12-70 所示。

（4）细化一层立面图。单击“绘图”工具栏中的“直线”按钮和“修改”工具栏中的“偏移”按钮，细化一层立面图，如图 12-71 所示。

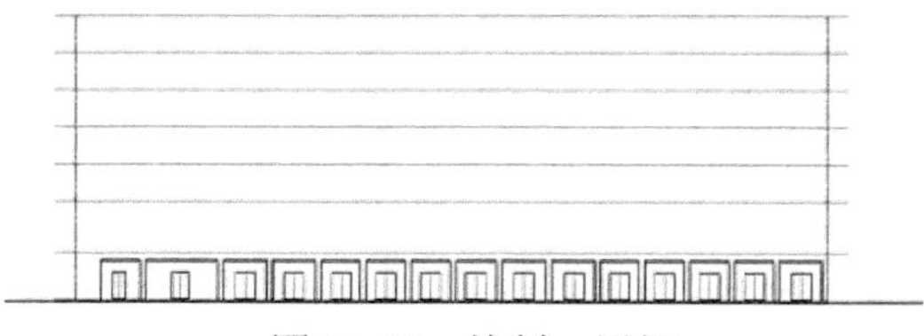

图 12-70　绘制一层门

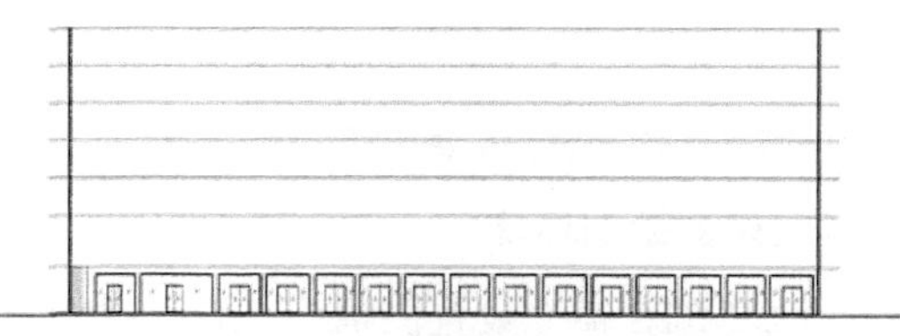

图 12-71　细化一层立面图

4. 绘制二层立面图

（1）绘制二层定位辅助线。复制二层平面图，然后单击“绘图”工具栏中的“直线”按钮，由二层平面图向下引出竖向定位辅助线，再单击“修改”工具栏中的“偏移”按钮，绘制横向定位辅助线，结果如图 12-72 所示。

（2）绘制二层窗户。单击“绘图”工具栏中的“直线”按钮，根据定位辅助线绘制二层窗户，如图 12-73 所示。

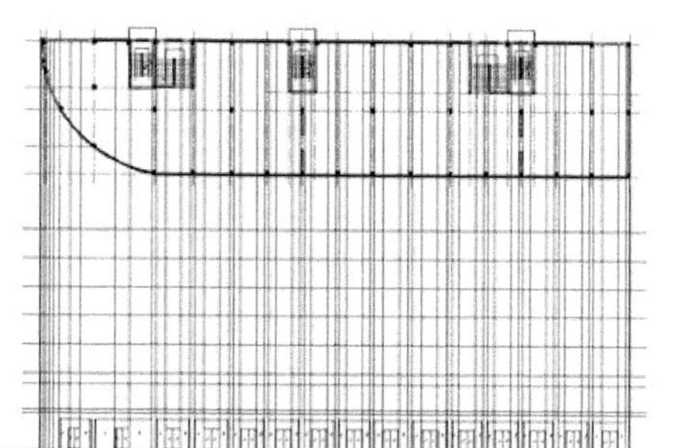

图 12-72　绘制二层定位辅助线

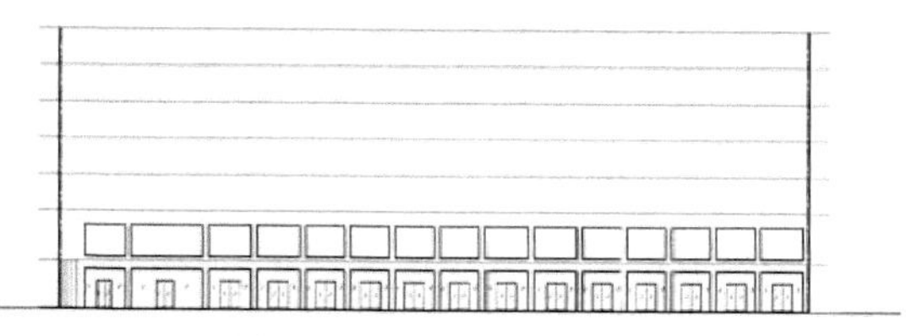

图 12-73　绘制二层窗户

（3）细化二层立面图。单击“绘图”工具栏中的“直线”按钮和“修改”工具栏中的“偏移”按钮，细化二层立面图，如图 12-74 所示。

（4）绘制二层屋檐。根据定位辅助直线，调用“直线”命令、“偏移”命令和“修剪”命令，绘制二层屋檐，如图 12-75 所示。

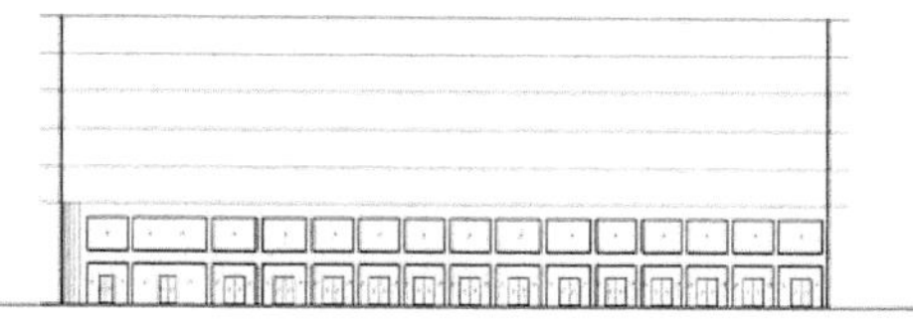

图 12-74　细化二层立面图

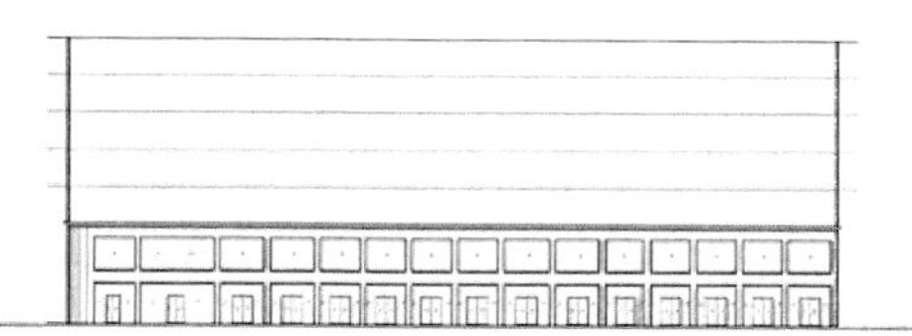

图 12-75　绘制二层屋檐

5. 绘制三层立面图

（1）绘制三层定位辅助线。复制三层平面图，然后单击“绘图”工具栏中的“直线”按钮，由二层平面图向下引出竖向定位辅助线，再单击“修改”工具栏中的“偏移”按钮，绘制横向定位辅助线，结果如图 12-76 所示。

（2）绘制三层窗户。单击“绘图”工具栏中的“直线”按钮，根据定位辅助线绘制三层窗户，如图 12-77 所示。

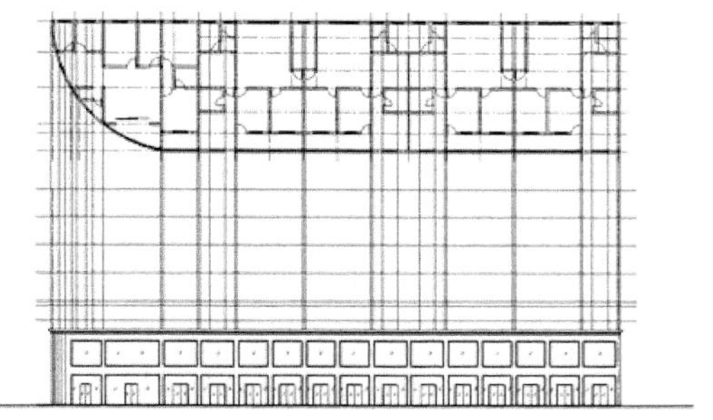

图 12-76　绘制三层定位辅助线

图 12-77　绘制三层窗户

Note

6. 绘制四至六层立面图

（1）绘制窗户。单击"修改"工具栏中的"复制"按钮，将三层窗户复制到四至六层，如图 12-78 所示。

（2）绘制六层屋檐。单击"修改"工具栏中的"复制"按钮，将二层屋檐复制到六层，如图 12-79 所示。

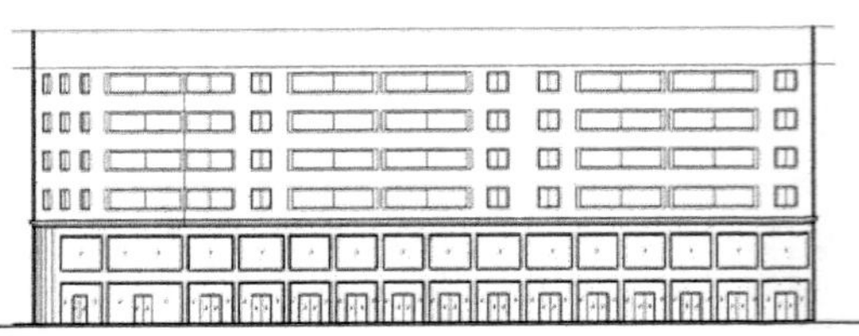

图 12-78　绘制四至六层窗户

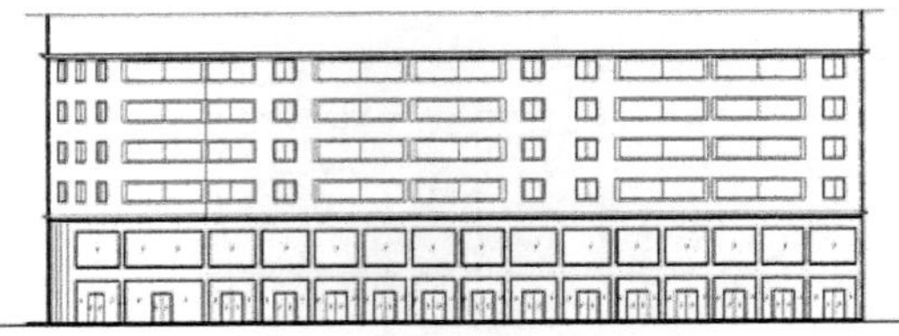

图 12-79　绘制六层屋檐

7. 绘制隔热层和屋顶

（1）绘制隔热层和屋顶轮廓线。单击"绘图"工具栏中的"直线"按钮，根据定位辅助线绘制隔热层和屋顶轮廓线，如图 12-80 所示。

（2）绘制老虎窗。单击"绘图"工具栏中的"直线"按钮和"矩形"按钮，绘制老虎窗，如图 12-81 所示。

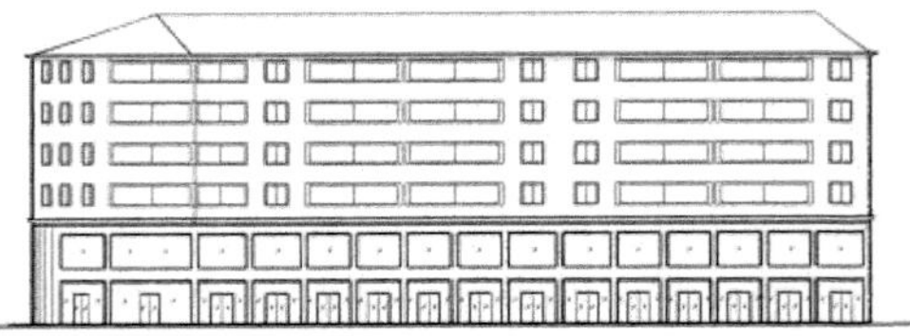

图 12-80　绘制隔热层和屋顶轮廓线

图 12-81　绘制老虎窗

8. 文字说明和标注

单击"绘图"工具栏中的"直线"按钮和"多行文字"按钮A，进行标高标注和文字说明，最终完成南立面图的绘制。

## 12.3.2　北立面图绘制

本节绘制商住楼北立面图。首先绘制定位辅助线，然后绘制一层立面图，再绘制二至六层立面图，最后进行尺寸和文字标注。绘制流程图如图 12-82 所示。

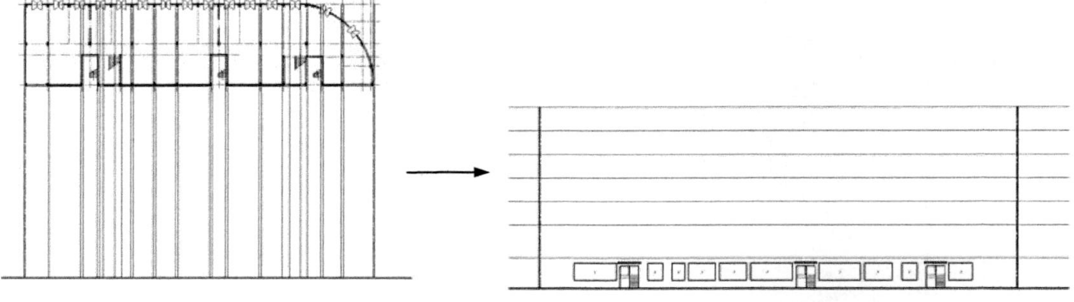

图 12-82　绘制北立面图

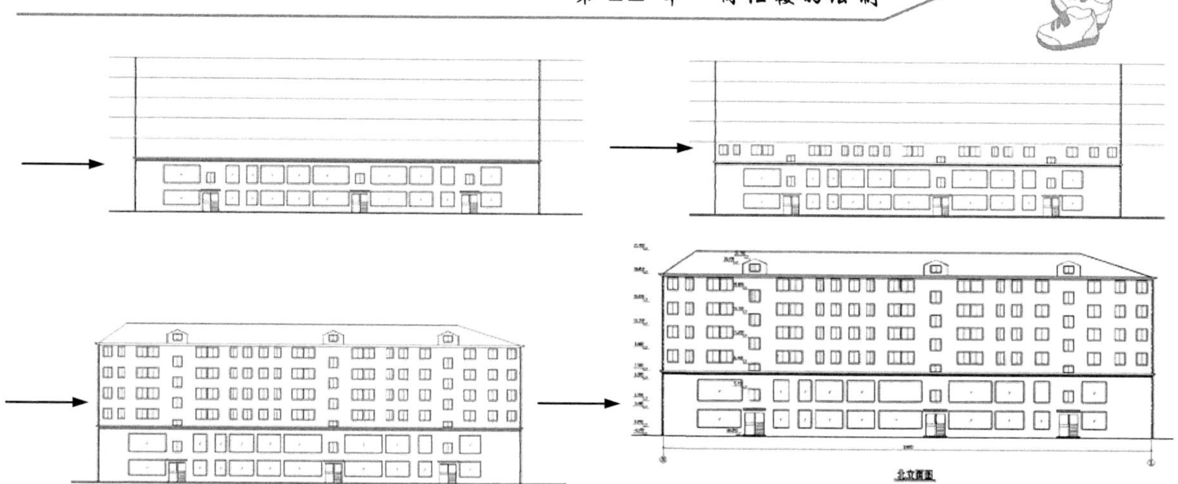

图 12-82 绘制北立面图（续）

绘制步骤：（光盘\动画演示\第 12 章\北立面图.avi）

1. 设置绘图环境

用 LIMITS 命令设置图幅为 42000×29700。调用 LAYER 命令创建“立面”图层。

2. 绘制定位辅助线

（1）单击“图层”工具栏中的“图层特性管理器”按钮，将“立面”图层设置为当前图层。

（2）复制一层平面图，并将暂时不用的图层关闭。单击“修改”工具栏中的“旋转”按钮，将一层平面图旋转 180°，单击“绘图”工具栏中的“直线”按钮，在一层平面图下方绘制一条地平线，地平线上方需留出足够的绘图空间。

（3）单击“绘图”工具栏中的“直线”按钮，由一层平面图向下引出定位辅助线，如图 12-83 所示。

（4）单击“修改”工具栏中的“偏移”按钮，根据室内外高差、各层层高、屋面标高等确定楼层定位辅助线，结果如图 12-84 所示。

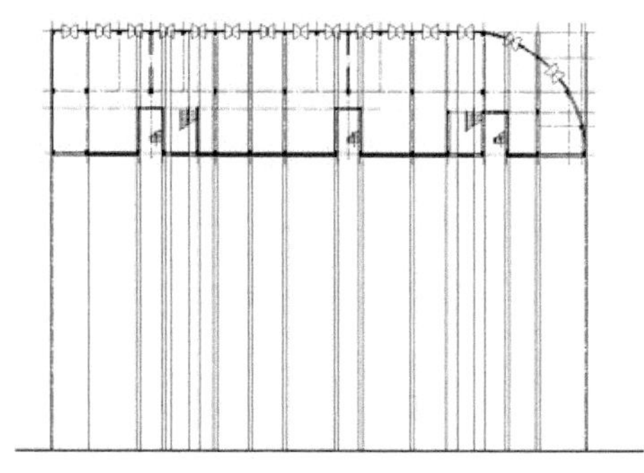

图 12-83 绘制一层竖向辅助线

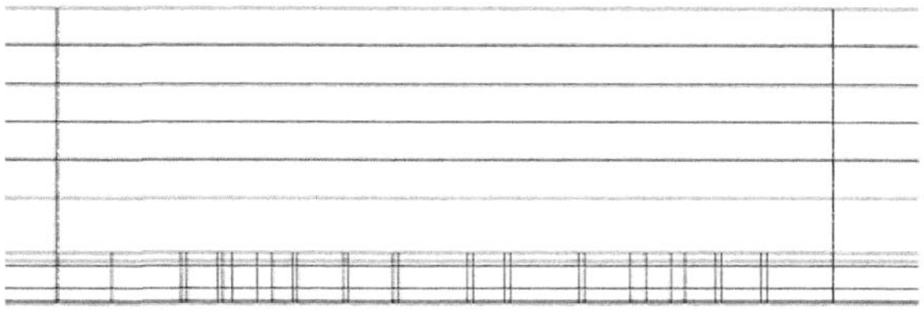

图 12-84 绘制楼层定位辅助线

3. 绘制一层立面图

（1）绘制室内外地平线。单击“绘图”工具栏中的“直线”按钮和“修改”工具栏中的“偏移”按钮，绘制室内外地平线，室内外高差为 100，结果如图 12-85 所示。

（2）绘制一层门。单击“绘图”工具栏中的“直线”按钮，根据定位辅助线绘制一层门，如

图 12-86 所示。

图 12-85　绘制室内外地平线

图 12-86　绘制一层门

（3）绘制雨篷。单击“绘图”工具栏中的“直线”按钮，绘制雨篷，如图 12-87 所示。

（4）绘制一层窗户。单击“绘图”工具栏中的“直线”按钮，根据定位辅助线绘制一层窗户，如图 12-88 所示。

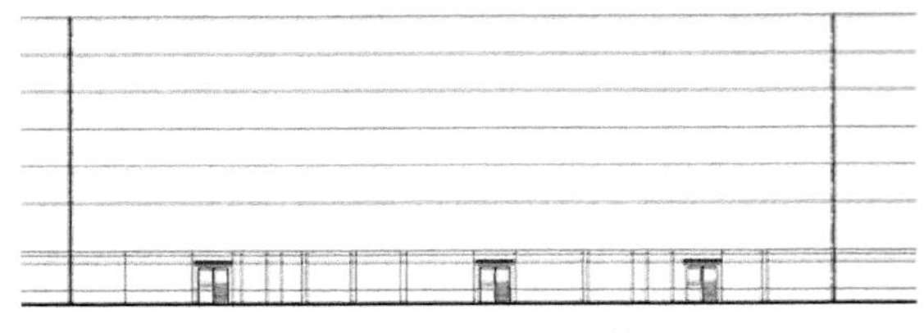

图 12-87　绘制雨篷

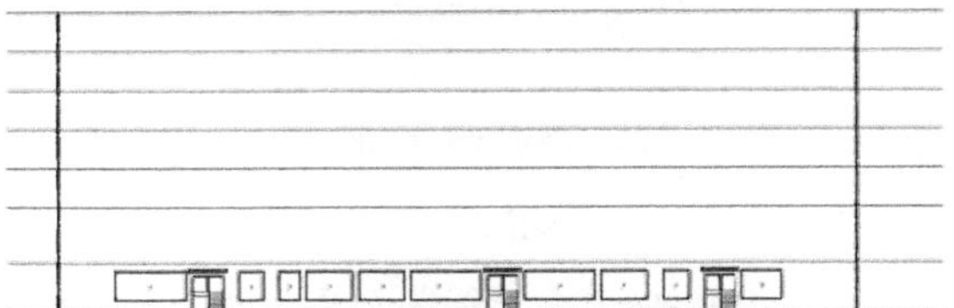

图 12-88　绘制一层窗户

4. 绘制二层立面图

（1）绘制二层窗户。单击“修改”工具栏中的“复制”按钮，将一层门窗复制到二层位置，并将门位置修改为窗户，结果如图 12-89 所示。

（2）绘制二层屋檐。根据定位辅助直线，单击“绘图”工具栏中的“直线”按钮以及“修改”工具栏中的“偏移”按钮和“修剪”按钮，绘制二层屋檐，结果如图 12-90 所示。

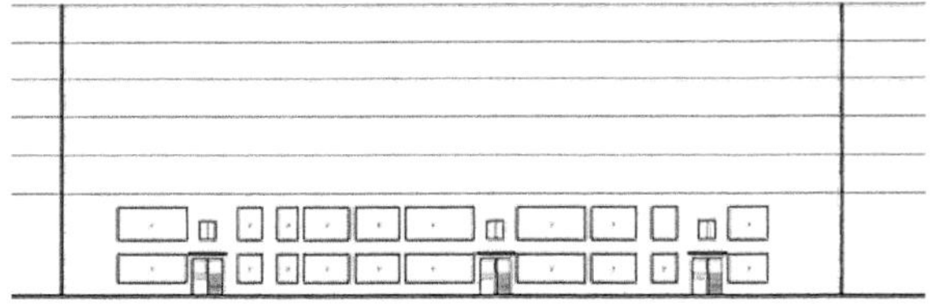

图 12-89　绘制二层窗户

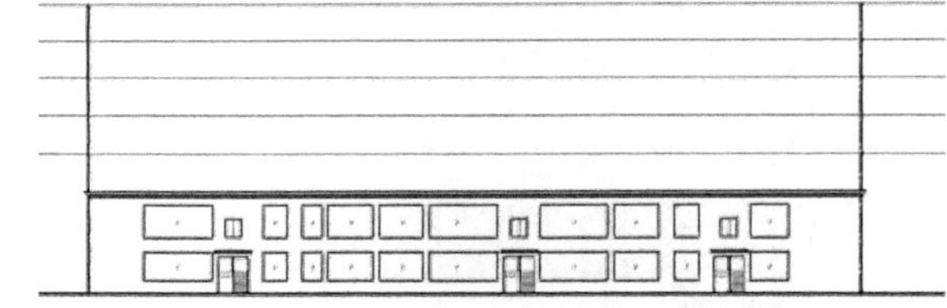

图 12-90　绘制二层屋檐

5. 绘制三层立面图

（1）绘制三层定位辅助线。根据一、二层绘制定位辅助线的方法，绘制三层定位辅助线，如图 12-91 所示。

（2）绘制三层窗户。单击“绘图”工具栏中的“直线”按钮，根据定位辅助线绘制三层窗户，如图 12-92 所示。

6. 绘制四至六层立面图

（1）绘制窗户。单击“修改”工具栏中的“复制”按钮，将三层窗户复制到四至六层，如图 12-93 所示。

（2）绘制六层屋檐。单击“修改”工具栏中的“复制”按钮，将二层屋檐复制到六层，如图 12-94 所示。

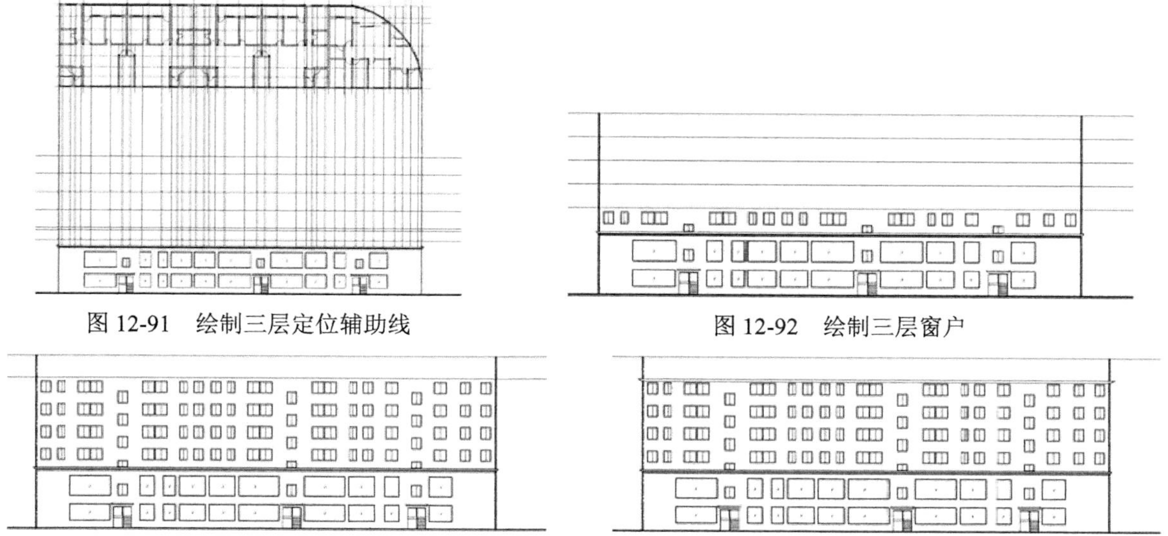

图 12-91　绘制三层定位辅助线

图 12-92　绘制三层窗户

图 12-93　绘制四至六层窗户

图 12-94　绘制六层屋檐

7．绘制隔热层和屋顶

（1）绘制隔热层和屋顶轮廓线。单击“绘图”工具栏中的“直线”按钮，根据定位辅助线绘制隔热层和屋顶轮廓线，如图 12-95 所示。

（2）绘制老虎窗。单击“绘图”工具栏中的“直线”按钮和“矩形”按钮，绘制老虎窗，如图 12-96 所示。

图 12-95　绘制隔热层和屋顶轮廓线

图 12-96　绘制老虎窗

8．文字说明和标注

单击“绘图”工具栏中的“直线”按钮和“多行文字”按钮，进行标高标注和文字说明，最终完成北立面图的绘制。

## 12.3.3　西立面图绘制

本节讲述西立面图绘制方法。绘制流程图如图 12-97 所示。

绘制步骤：（**光盘\动画演示\第 12 章\西立面图.avi**）

1．设置绘图环境

用 LIMITS 命令设置图幅为 42000×29700。调用 LAYER 命令创建“立面”图层。

2．绘制定位辅助线

（1）单击“图层”工具栏中的“图层特性管理器”按钮，将“立面”图层设置为当前图层。

Note

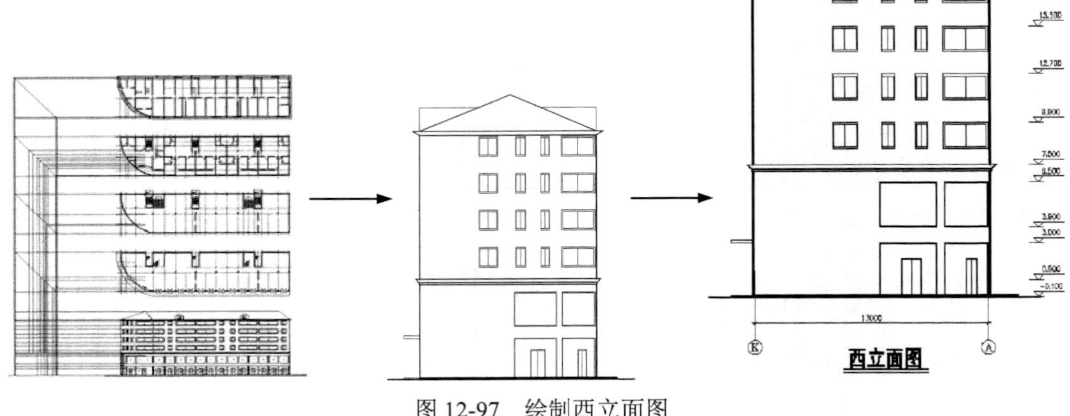


图 12-97　绘制西立面图

（2）采用与别墅西立面图定位辅助线相同的绘制方法，绘制商住楼西立面图的定位辅助线，如图 12-98 所示。

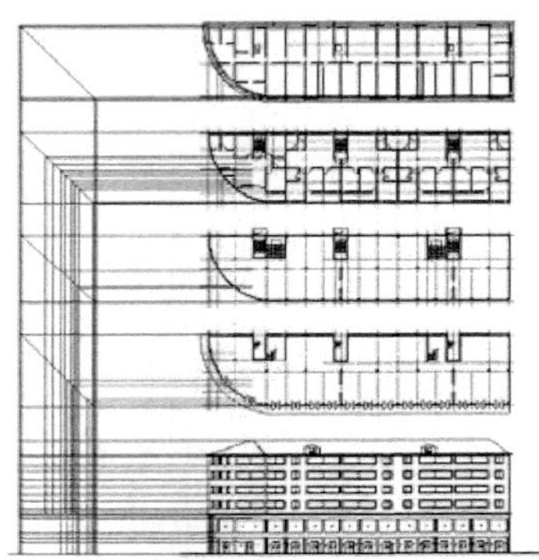

图 12-98　绘制西立面图定位辅助线

3. 绘制一层立面图

（1）绘制室内外地平线。单击“绘图”工具栏中的“直线”按钮和“修改”工具栏中的“偏移”按钮，绘制室内外地平线，室内外高差为 100，然后单击“修改”工具栏中的“修剪”按钮，修改定位辅助线，如图 12-99 所示。

（2）绘制一层门。单击“绘图”工具栏中的“直线”按钮，根据定位辅助线绘制一层门，如图 12-100 所示。

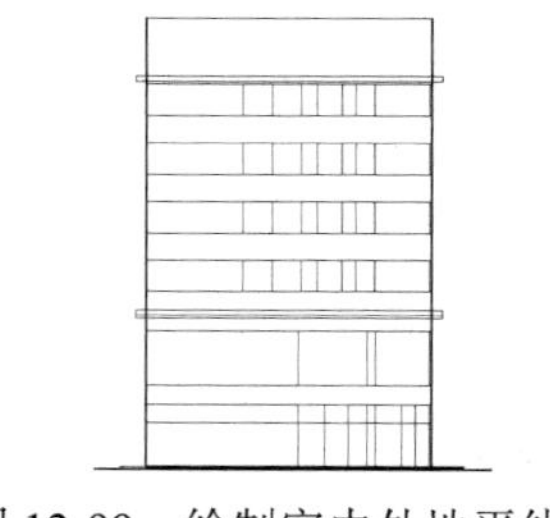

图 12-99　绘制室内外地平线

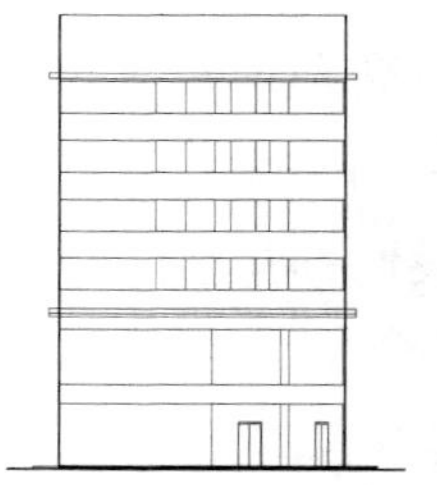

图 12-100　绘制一层门

（3）绘制一层窗户。单击“绘图”工具栏中的“直线”按钮，根据定位辅助线绘制一层窗户，如图 12-101 所示。

（4）绘制雨篷。单击“绘图”工具栏中的“直线”按钮，绘制雨篷，如图 12-102 所示。

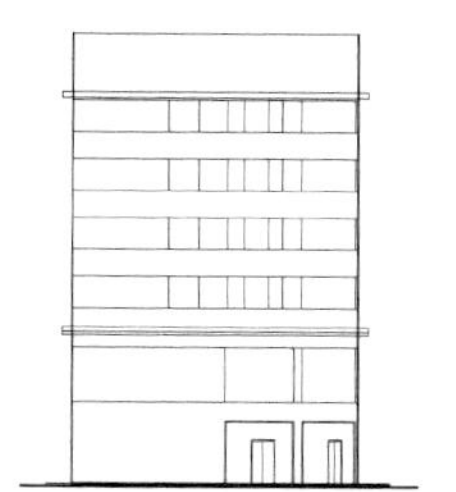

图 12-101　绘制一层窗户

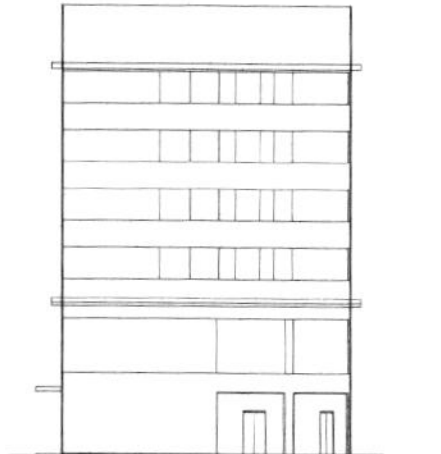

图 12-102　绘制雨篷

4. 绘制二层立面图

（1）绘制二层窗户。单击“绘图”工具栏中的“直线”按钮，根据定位辅助线绘制一层窗户，如图 12-103 所示。

（2）绘制二层屋檐。根据定位辅助直线，调用“直线”命令、“偏移”命令和“修剪”命令，绘制二层屋檐，如图 12-104 所示。

图 12-103　绘制二层窗户

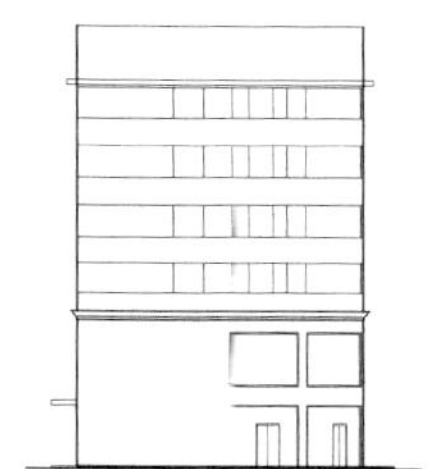

图 12-104　绘制二层屋檐

5. 绘制三层立面图

单击“绘图”工具栏中的“直线”按钮，根据定位辅助线绘制三层窗户，如图 12-105 所示。

6. 绘制四至六层立面图

（1）绘制四至六层窗户。单击“修改”工具栏中的“复制”按钮，将三层窗户复制到四至六层，如图 12-106 所示。

（2）绘制六层屋檐。单击“修改”工具栏中的“复制”按钮，将二层屋檐复制到六层，如图 12-107 所示。

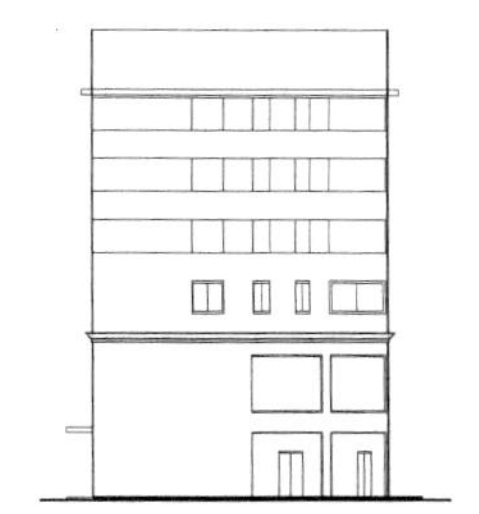

图 12-105　绘制三层窗户

图 12-106　绘制四至六层窗户

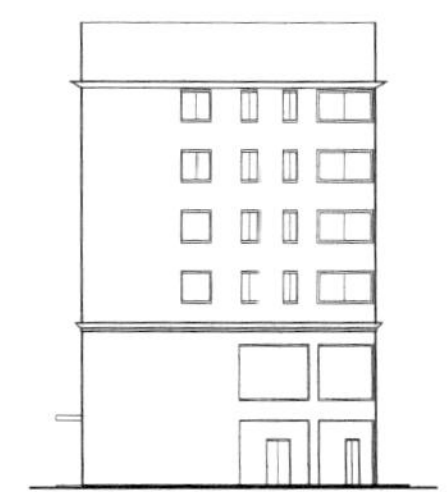

图 12-107　绘制六层屋檐

7. 绘制隔热层和屋顶

单击“绘图”工具栏中的“直线”按钮，根据定位辅助线绘制隔热层和屋顶轮廓线，如图 12-108 所示。

8. 文字说明和标注

单击“绘图”工具栏中的“直线”按钮和“多行文字”按钮A，进行标高标注和文字说明，最终完成西立面图的绘制，结果如图 12-109 所示。

图 12-108　绘制隔热层和屋顶

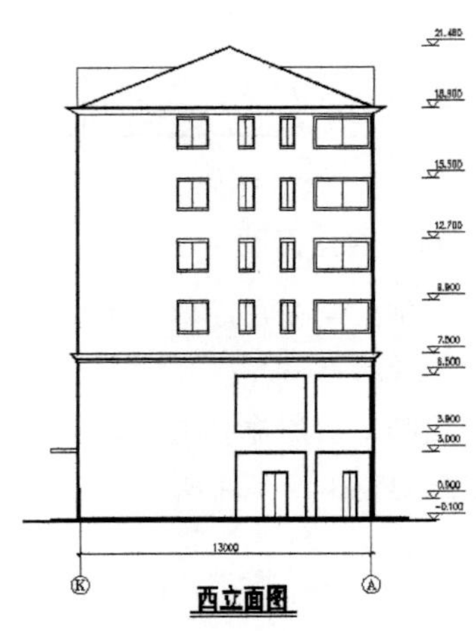


图 12-109　西立面图

# 12.4　商住楼剖面图

本节继续以商住楼剖面图绘制为例进一步深入讲解剖面图的绘制方法与技巧。根据商住楼方案的情况，选择 1-1 和 2-2 剖切位置。1-1 剖切位置为住宅楼楼梯间。2-2 剖切位置为商场楼梯间。

## 12.4.1　1-1 剖面图绘制

根据商住楼方案的情况，选择 1-1 位置。1-1 剖切位置中一层剖切线经过车库、卫生间、过道和卧室，二层剖切线经过北侧卧室、卫生间、过道和南侧卧室。绘制流程图如图 12-110 所示。

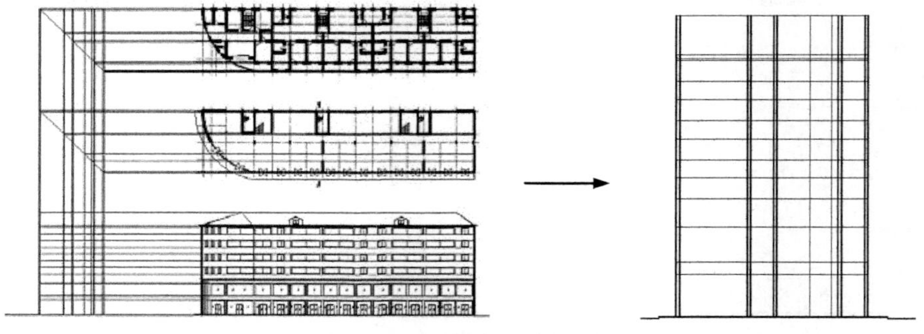

图 12-110　绘制 1-1 剖面图

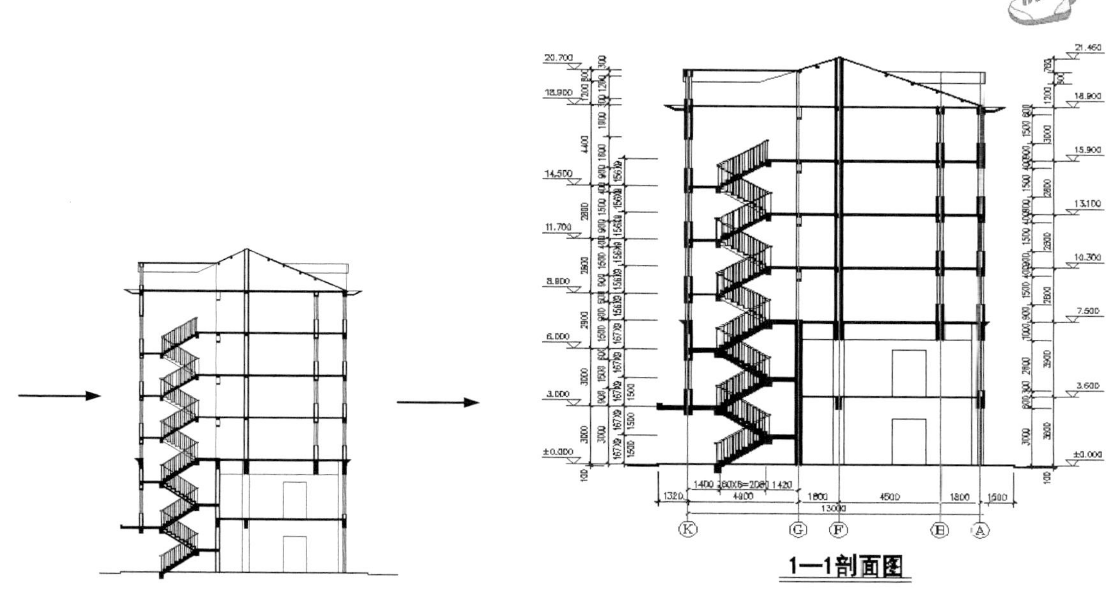


图 12-110　绘制 1-1 剖面图（续）

绘制步骤：（**光盘\动画演示\第 12 章\1-1 剖面图.avi**）

1. 设置绘图环境

用 LIMITS 命令设置图幅为 42000×29700。调用 LAYER 命令创建“剖面”图层。

2. 绘制定位辅助线

（1）单击“图层”工具栏中的“图层特性管理器”按钮，将“剖面”图层设置为当前图层。

（2）复制一层平面图、三层平面图和南立面图，单击“绘图”工具栏中的“直线”按钮，在立面图左侧同一水平线上绘制室外地平线位置。然后采用绘制立面图定位辅助线的方法绘制出剖面图的定位辅助线，如图 12-111 所示。

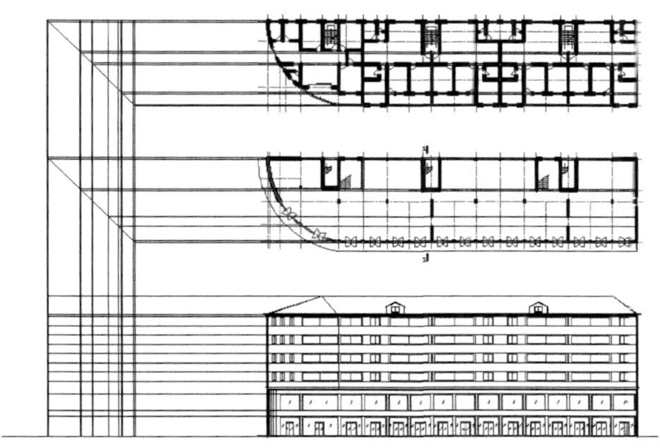

图 12-111　绘制定位辅助线

3. 绘制室外地平线

单击“绘图”工具栏中的“直线”按钮和“修改”工具栏中的“偏移”按钮，根据平面图中的室内外标高确定室内外地平线的位置，室内外高差为 100，然后将直线设置为粗实线，如图 12-112 所示。

4. 绘制墙线

单击“绘图”工具栏中的“直线”按钮，根据定位直线绘制墙线，并将墙线线宽设置为 0.3，如图 12-113 所示。

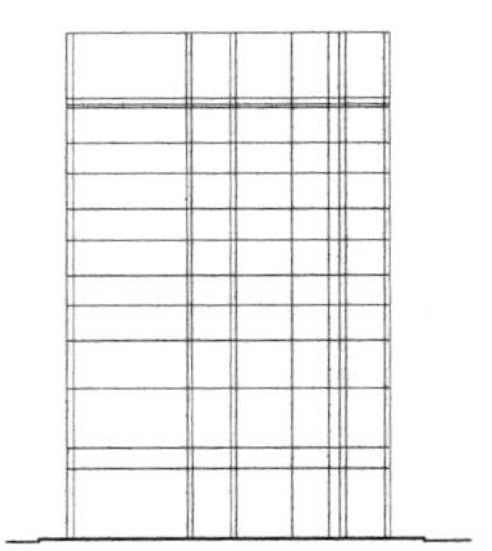

图 12-112　绘制室外地平线

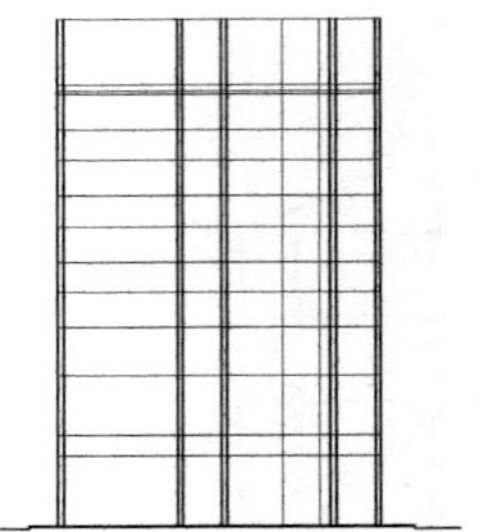

图 12-113　绘制墙线

5. 绘制一层楼板

（1）单击“修改”工具栏中的“偏移”按钮，根据楼层层高，将室内地平线向上偏移 3600，得到一层楼板的顶面，然后将偏移后的直线依次向下偏移 100 和 600。

（2）单击“修改”工具栏中的“修剪”按钮，将偏移后的直线进行修剪，得到一层楼板的轮廓。

（3）单击“绘图”工具栏中的“图案填充”按钮，将楼板层填充为 SOLID 图案，如图 12-114 所示。

6. 绘制二层楼板和屋檐

重复上述方法，绘制二层楼板，并利用“直线”命令、“修剪”命令和“图案填充”命令绘制屋檐，结果如图 12-115 所示。

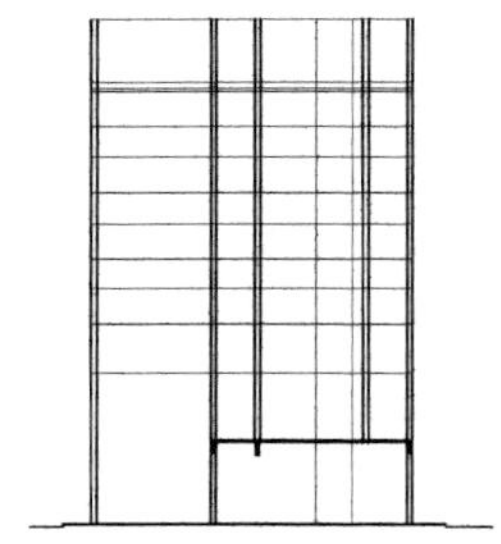

图 12-114　绘制一层楼板

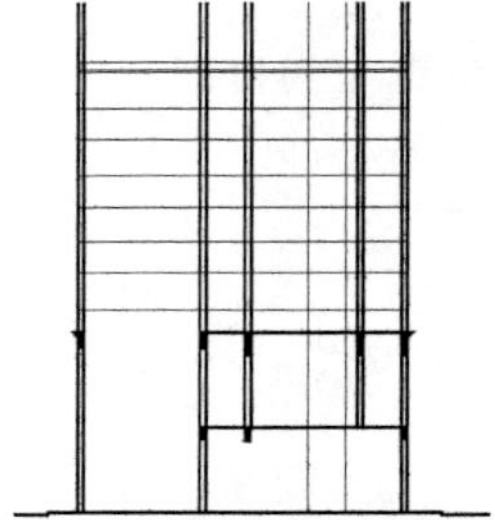

图 12-115　绘制二层楼板和屋檐

7. 绘制一、二层门窗

调用“直线”命令、“修剪”命令和“多线”命令，绘制一、二层门窗，结果如图 12-116 和图 11-117 所示。

8. 绘制一、二层楼梯

一层层高 3.6m，二层层高 3.9m，将一、二层楼梯分为五段，每段楼梯设 9 级台阶，踏步高度为 167mm，宽度为 260mm。

（1）绘制定位直线。单击“修改”工具栏中的“偏移”按钮，将楼梯间左侧的内墙线向右分别偏移 1080 和 1280，将楼梯间右侧的内墙线向左分别偏移 1100 和 1300。将室内地平线在高度方向

上连续偏移 5 次，距离为 1500，并将偏移后的直线设置为细线，结果如图 12-118 所示。

（2）绘制定位网格线。单击“绘图”工具栏中的“直线”按钮，根据楼梯踏步高度和宽度将楼梯定位直线等分，绘制出踏步定位网格，结果如图 12-119 所示。

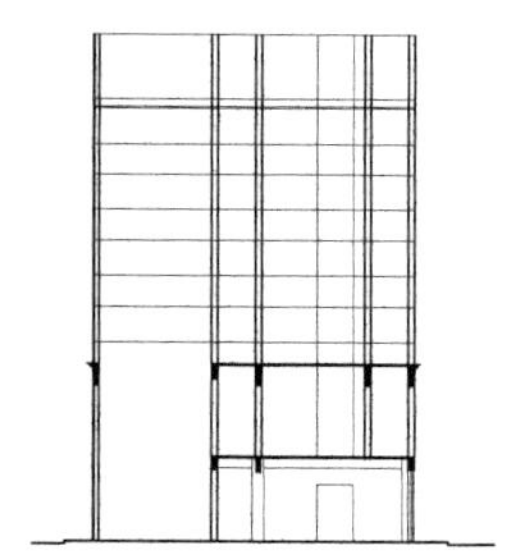

图 12-116　绘制一层门窗

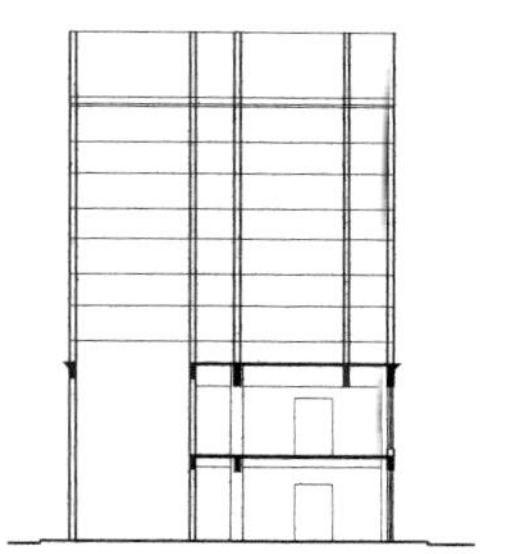

图 12-117　绘制二层门窗

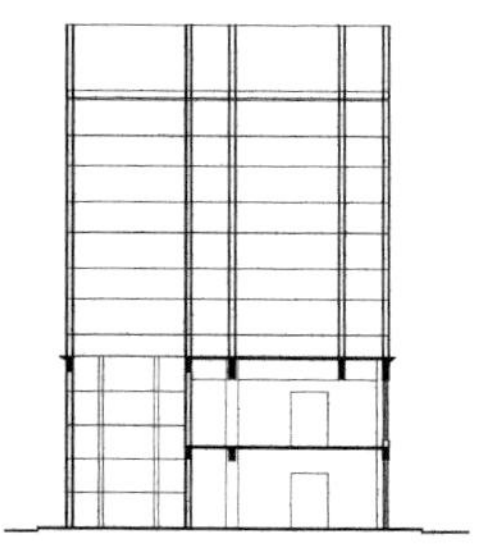

图 12-118　绘制定位直线

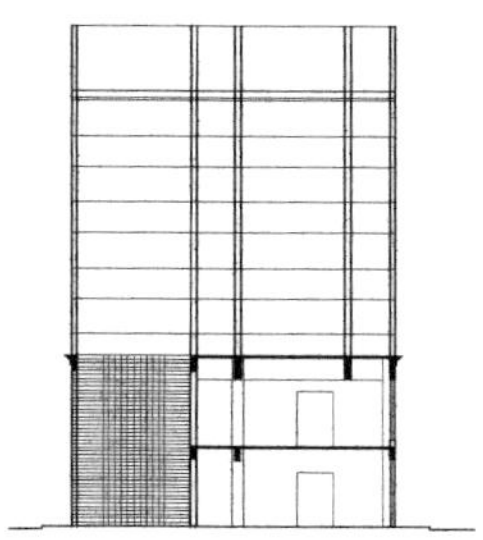

图 12-119　绘制定位网格线

（3）绘制平台板和平台梁。单击“绘图”工具栏中的“直线”按钮和“矩形”按钮，根据定位网格线绘制出平台板及平台梁，平台板高 100mm，平台梁高 400mm、宽 200mm，结果如图 12-120 所示。

（4）绘制梯段。单击“绘图”工具栏中的“直线”按钮和“多段线”按钮，根据定位网格线绘制出楼梯梯段，结果如图 12-121 所示。

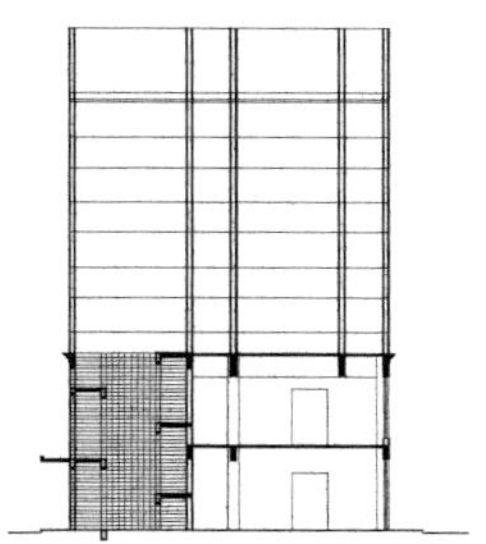

图 12-120　绘制平台板和平台梁

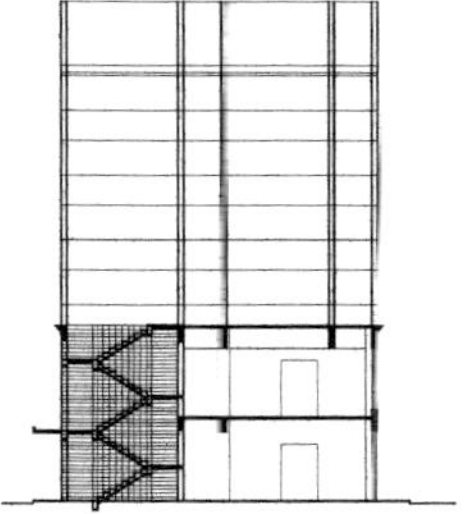

图 12-121　绘制楼梯梯段

（5）图案填充。单击“修改”工具栏中的“删除”按钮，删除定位网格线，单击“绘图”工具栏中的“图案填充”按钮，将剖切到的梯段层填充为 SOLID 图案，结果如图 12-122 所示。

（6）绘制楼梯扶手。扶手高度为 1100mm，单击“绘图”工具栏中的“直线”按钮，从踏步中心绘制两条高度为 1100mm 的直线，确定栏杆的高度，然后单击“绘图”工具栏中的“构造线”按钮，绘制出栏杆扶手的上轮廓。单击“修改”工具栏中的“偏移”按钮，将构造线向下偏移 50，单击“修改”工具栏中的“修剪”按钮和“绘图”工具栏中的“直线”按钮，绘制楼梯扶手转角，结果图 12-123 所示。

（7）绘制栏杆。单击“绘图”工具栏中的“矩形”按钮，绘制出栏杆下轮廓，单击“绘图”工具栏中的“直线”按钮，绘制栏杆的立杆，然后单击“修改”工具栏中的“复制”按钮，复制绘制好的栏杆到合适位置，完成栏杆的绘制，结果如图 12-124 所示。

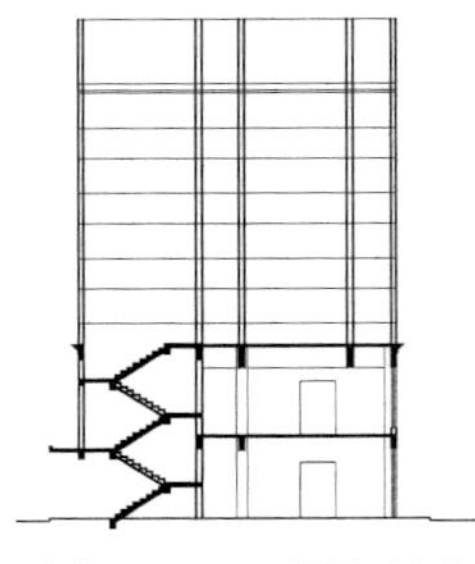

图 12-122　图案填充

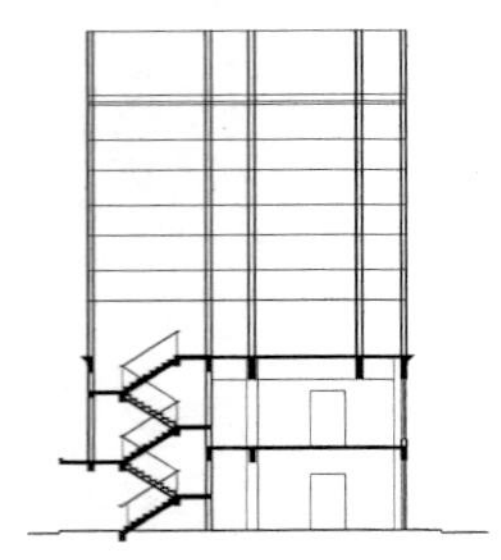

图 12-123　绘制楼梯扶手

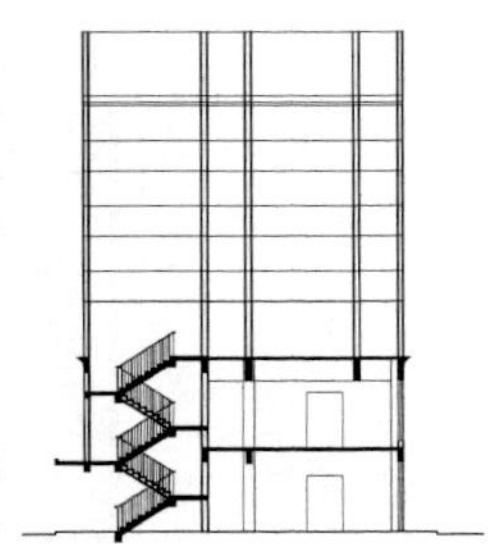

图 12-124　绘制栏杆

9. 绘制二层楼梯间窗户

调用“多线”命令和“修剪”命令，绘制二层楼梯间窗户，如图 12-125 所示。

10. 绘制三层楼板

（1）单击“修改”工具栏中的“偏移”按钮，根据楼层层高，将二层楼板向上偏移 2800，得到三层楼板，然后将楼板底面线依次向下偏移 120 和 300。

（2）单击“修改”工具栏中的“修剪”按钮，将偏移后的直线进行修剪，得到三层楼板轮廓。

（3）单击“绘图”工具栏中的“图案填充”按钮，将楼板层填充为 SOLID 图案，如图 12-126 所示。

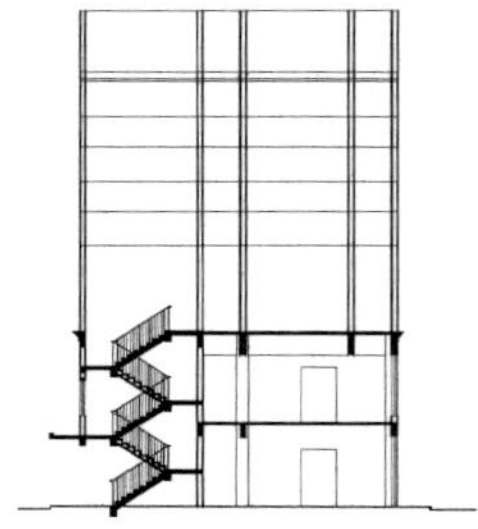

图 12-125　绘制二层楼梯间窗户

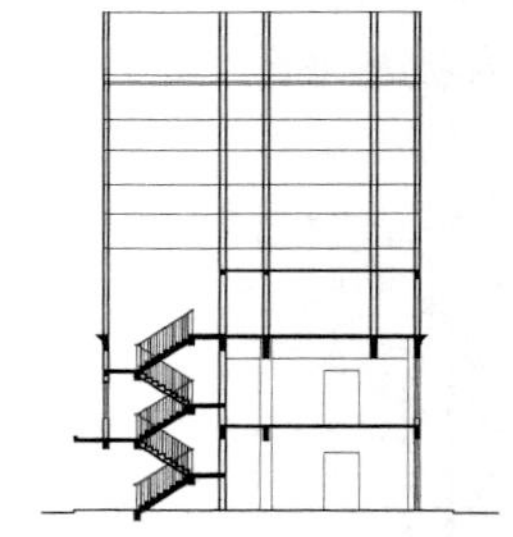

图 12-126　绘制三层楼板

11. 绘制三层门窗

单击“修改”工具栏中的“修剪”按钮，绘制门窗洞口，然后调用“多线”命令绘制门窗，绘制方法与平面图和立面图中绘制门窗的方法相同，结果如图 12-127 所示。

12. 绘制四至六层楼板和门窗

单击“修改”工具栏中的“复制”按钮，将三层楼板和门窗复制到四至六层，并作相应的修改，结果如图 12-128 所示。

13. 绘制四至六层楼梯

四至六层层高为 2.8m，各层楼梯设为两段等跑，每段楼梯设 9 级台阶，踏步高度为 156mm，宽度为 260mm。

（1）绘制定位网格线。单击“修改”工具栏中的“偏移”按钮和“绘图”工具栏中的“直线”

按钮，绘制出踏步定位网格，如图 12-129 所示。

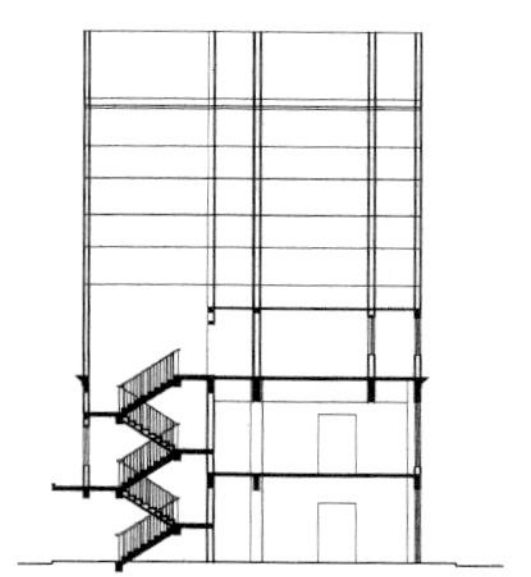

图 12-127　绘制三层门窗

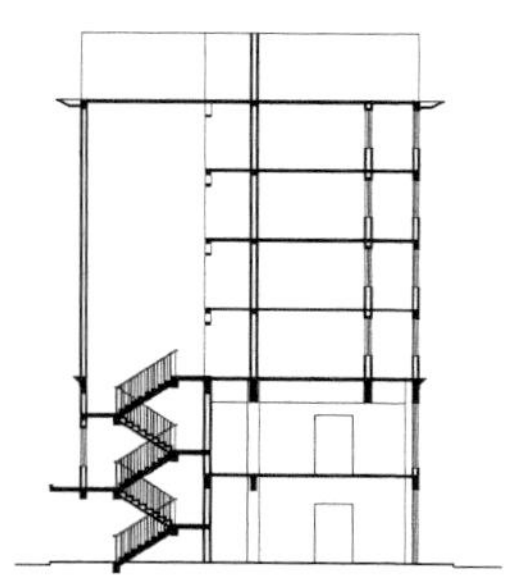

图 12-128　绘制四至六层楼板和门窗

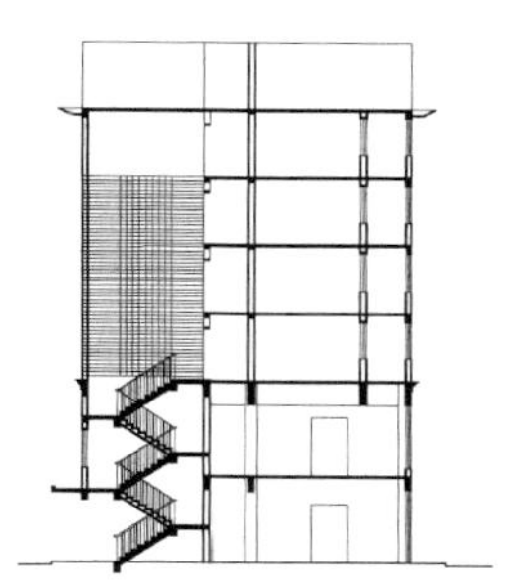

图 12-129　绘制定位网格线

（2）绘制平台板和平台梁。单击“绘图”工具栏中的“直线”按钮和“矩形”按钮，根据定位网格线绘制出平台板及平台梁，如图 12-130 所示。

（3）绘制梯段。单击“绘图”工具栏中的“直线”按钮和“多段线”按钮，根据定位网格线，绘制出楼梯梯段，结果如图 12-131 所示。

（4）图案填充。单击“修改”工具栏中的“删除”按钮，删除定位网格线，单击“绘图”工具栏中的“图案填充”按钮，将剖切到的梯段层填充为 SOLID 图案，结果如图 12-132 所示。

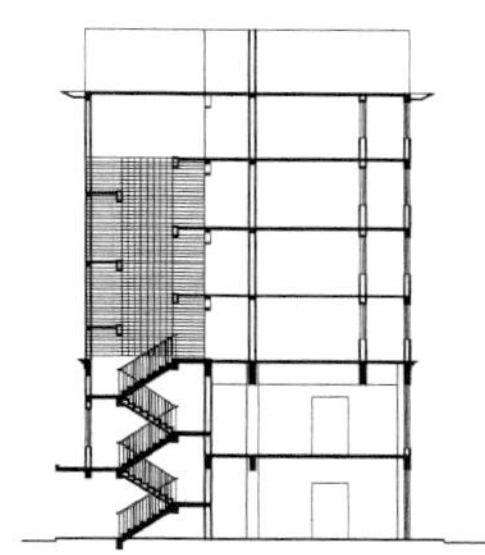

图 12-130　绘制平台板和平台梁

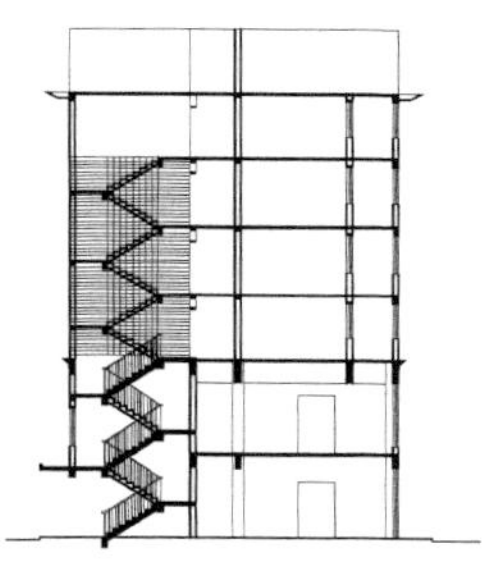

图 12-131　绘制梯段

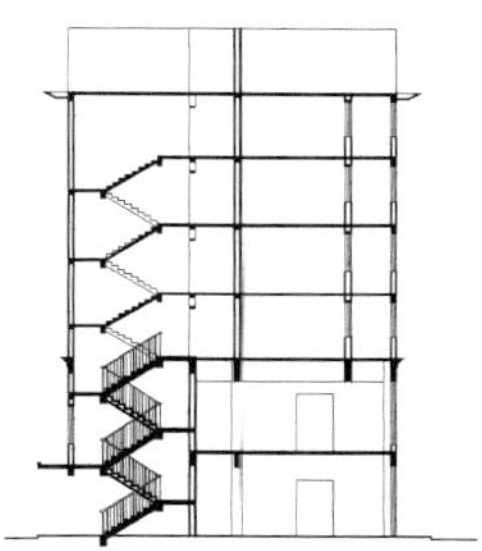

图 12-132　图案填充

（5）绘制扶手和栏杆。调用“偏移”命令、“矩形”命令和“复制”命令，绘制扶手和栏杆，如图 12-133 所示。

14. 绘制楼梯间窗户

单击“修改”工具栏中的“修剪”按钮，绘制门窗洞口，然后调用“多线”命令，绘制楼梯间窗户，结果如图 12-134 所示。

15. 绘制隔热层和屋顶

调用“直线”命令、“偏移”命令、“圆”命令和“图案填充”命令，绘制隔热层和屋顶，如图 12-135 所示。

16. 绘制隔热层窗户

调用“多线”命令，绘制隔热层窗户，如图 12-136 所示。

17. 文字说明和标注

（1）调用“线性”命令、“连续”命令和“多行文字”命令，标注楼梯尺寸，如图 12-137 所示。

（2）重复上述命令，标注门窗洞口尺寸，如图 12-138 所示。

Note

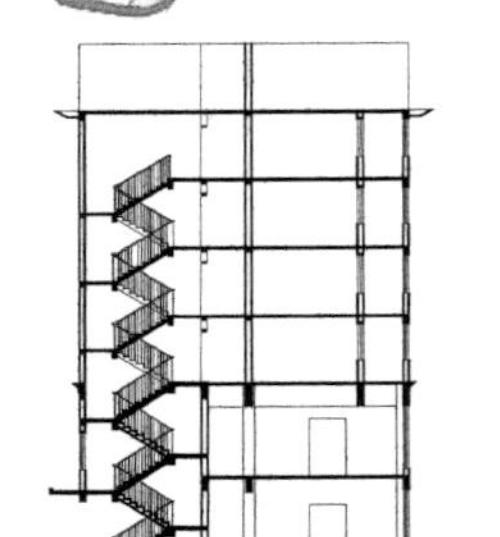

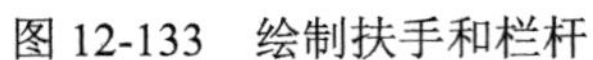

图 12-133　绘制扶手和栏杆

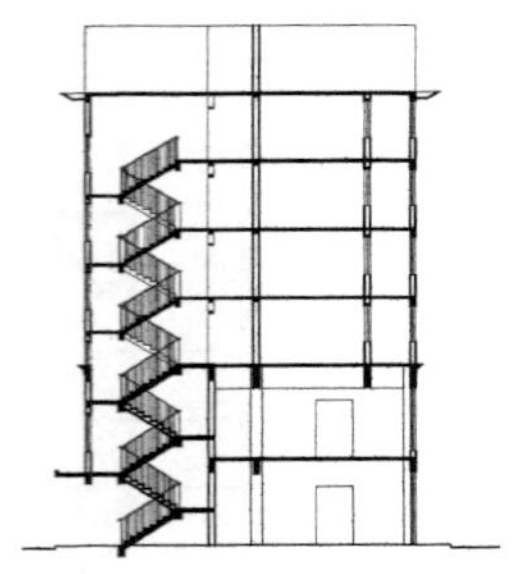

图 12-134　绘制楼梯间窗户

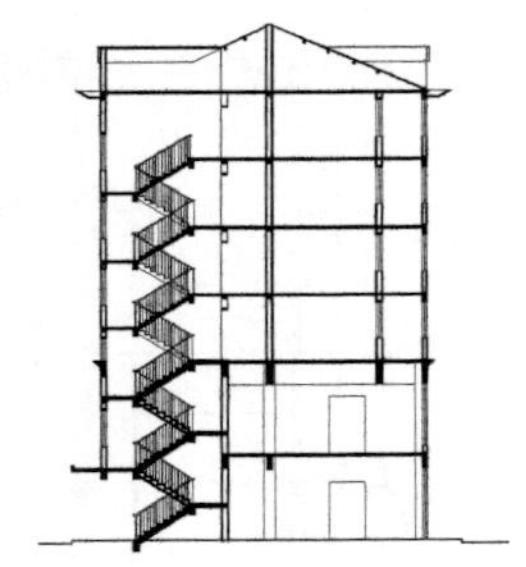

图 12-135　绘制隔热层和屋顶

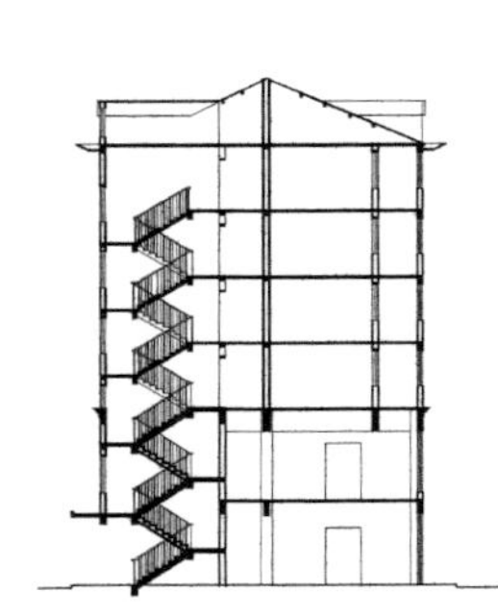

图 12-136　绘制隔热层窗户

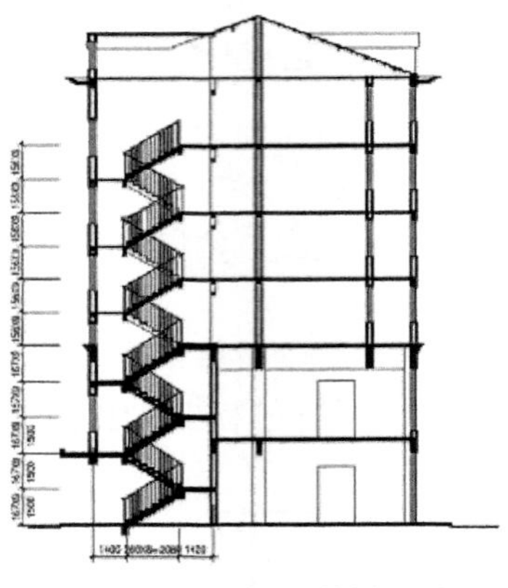

图 12-137　标注楼梯尺寸

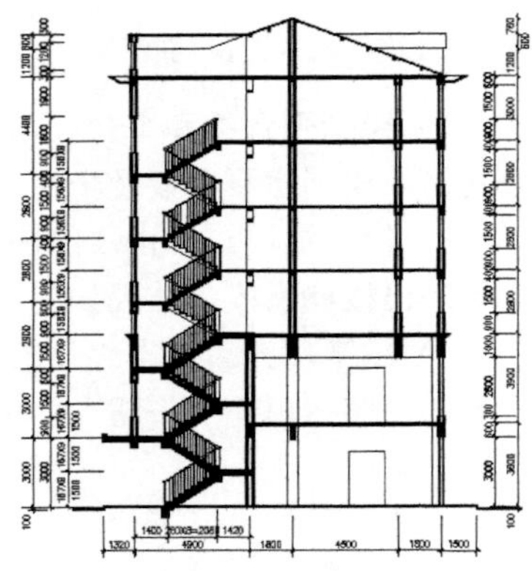

图 12-138　标注门窗洞口尺寸

（3）调用“线性”命令、“连续”命令和“多行文字”命令，标注层高尺寸、总体长度尺寸和标高，如图 12-139 所示。

（4）调用“圆”命令、“多行文字”命令和“复制”命令，标注轴线号和文字说明。最终完成 1-1 剖面图的绘制，结果如图 12-140 所示。

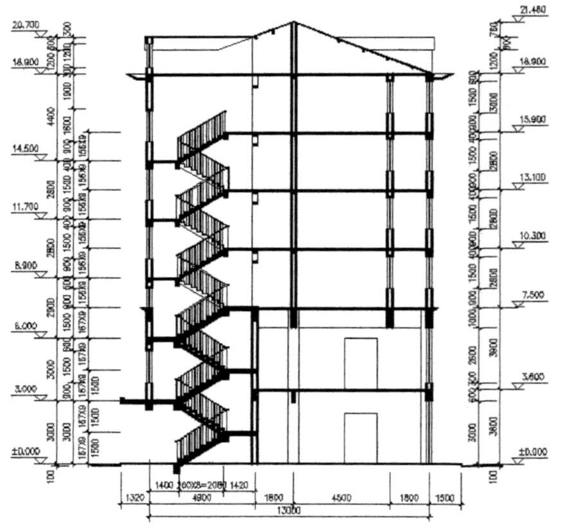

图 12-139　标注层高尺寸和标高

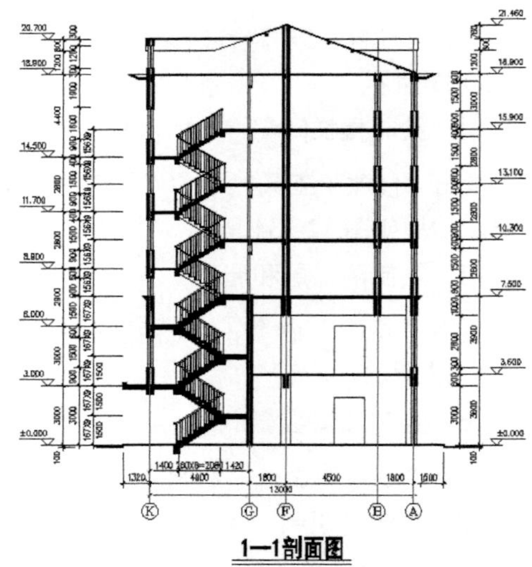


图 12-140　1-1 剖面图

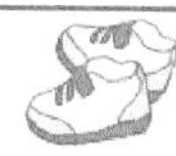

Note

## 12.4.2　2-2 剖面图绘制

本节绘制商住楼 2-2 的剖面图。2-2 剖切位置中一层剖切线经过楼梯间、过道和客厅，二层剖切线经过楼梯间、过道和主人房。剖视方向向左。绘制流程图如图 12-141 所示。

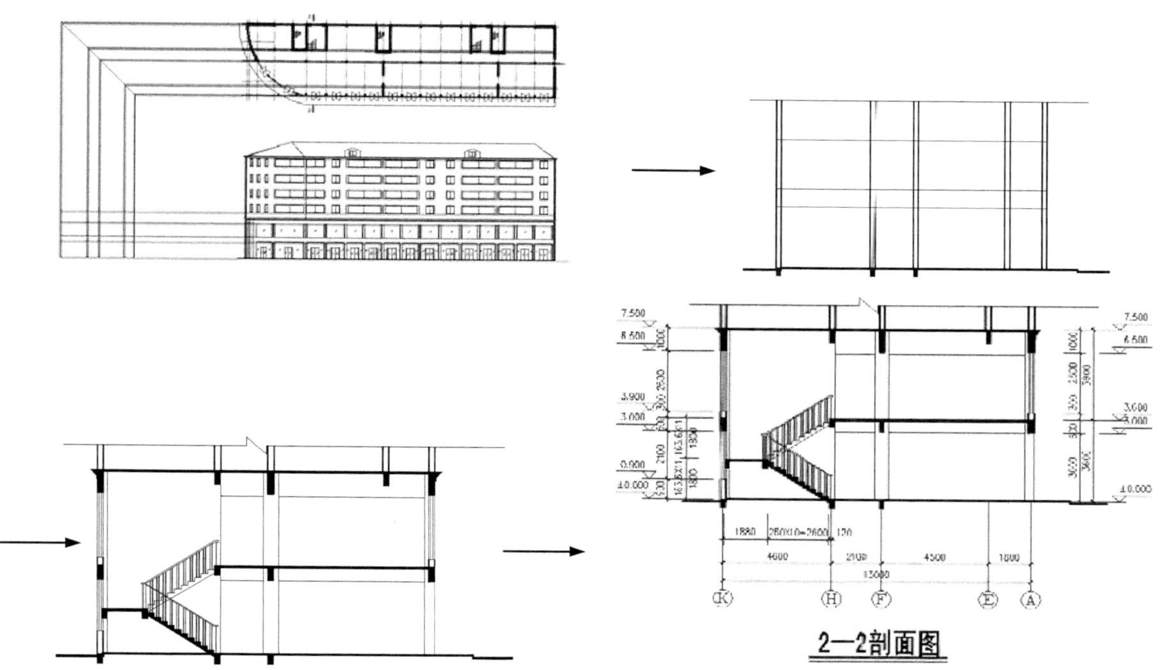


图 12-141　绘制 2-2 剖面图

绘制步骤：（**光盘\动画演示\第 12 章\2-2 剖面图.avi**）

1. 设置绘图环境

用 LIMITS 命令设置图幅为 42000×29700。调用 LAYER 命令创建“剖面”图层。

2. 绘制定位辅助线

（1）单击“图层”工具栏中的“图层特性管理器”按钮，将“剖面”图层设置为当前图层。

（2）复制一层平面图和南立面图，单击“绘图”工具栏中的“直线”按钮，在立面图左侧同一水平线上绘制室外地平线位置，然后采用绘制立面图定位辅助线的方法绘制出剖面图的定位辅助线，结果如图 12-142 所示。

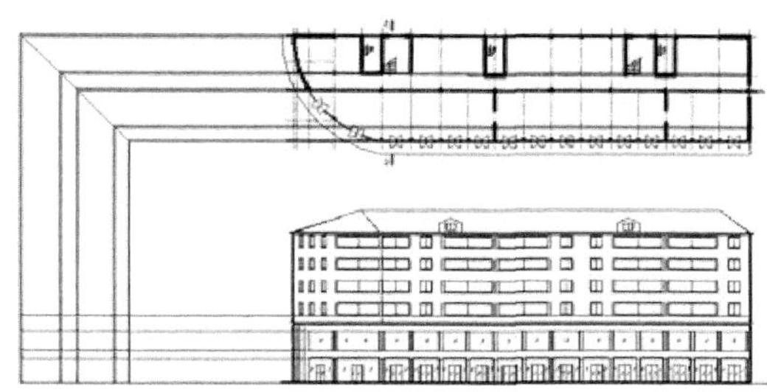

图 12-142　绘制定位辅助线

3. 绘制室外地平线

单击“绘图”工具栏中的“直线”按钮和“修改”工具栏中的“偏移”按钮，根据平面图中的室内外标高确定室内外地平线的位置，室内外高差为 100，然后将直线设置为粗实线，结果如图 12-143 所示。

4. 绘制墙线

单击“绘图”工具栏中的“直线”按钮，根据定位直线绘制墙线，并将墙线线宽设置为 0.3，结果如图 12-144 所示。

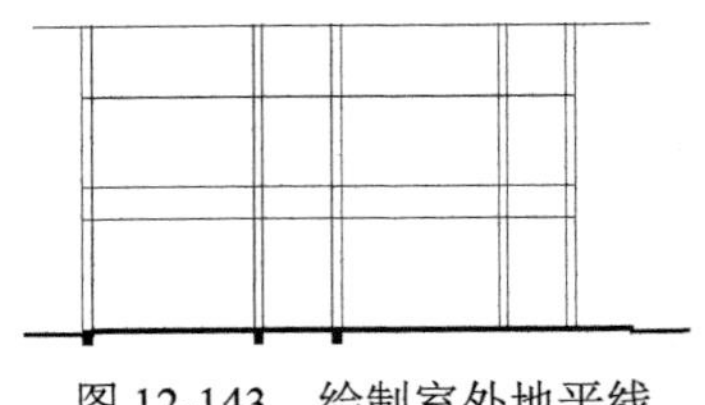

图 12-143　绘制室外地平线

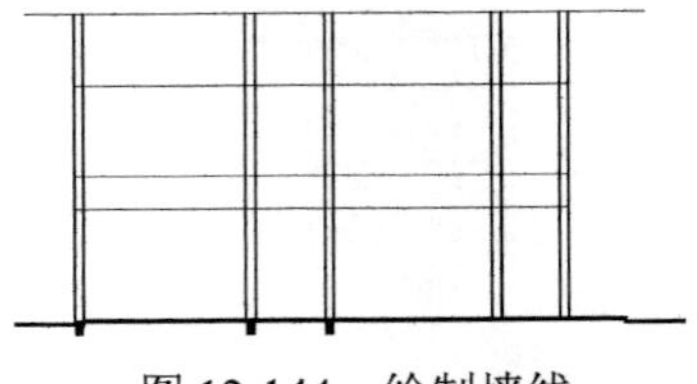

图 12-144　绘制墙线

5. 绘制一层楼板

单击“修改”工具栏中的“偏移”按钮，向上偏移室内地平线，单击“修改”工具栏中的“修剪”按钮，将偏移后的直线进行修剪，得到一层楼板轮廓。单击“绘图”工具栏中的“图案填充”按钮，将楼板层填充为 SOLID 图案，结果如图 12-145 所示。

6. 绘制一楼门窗

单击“修改”工具栏中的“修剪”按钮，修剪墙线，然后单击“绘图”工具栏中的“直线”按钮，绘制为剖切到的墙及门窗边线，结果如图 12-146 所示。

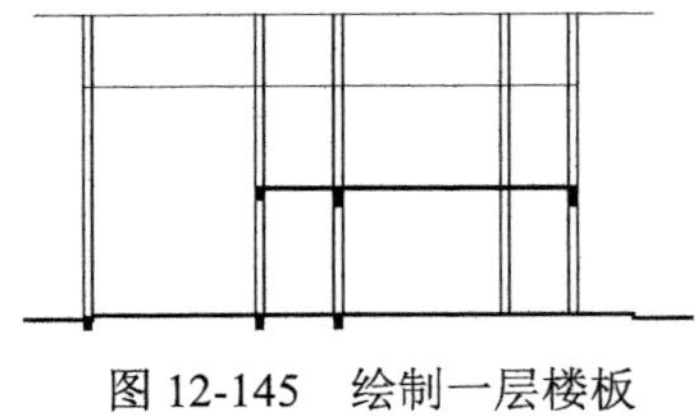

图 12-145　绘制一层楼板

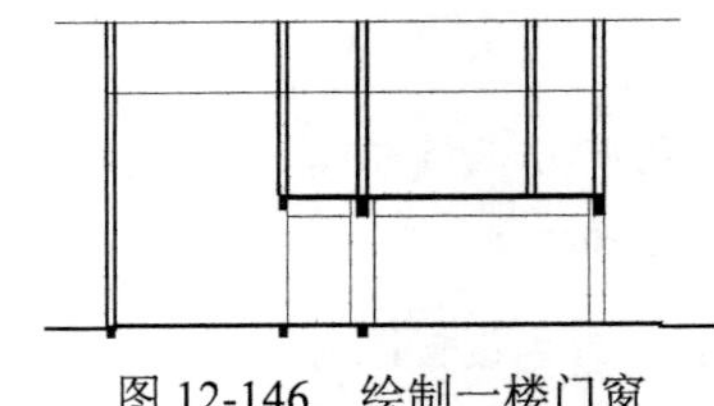

图 12-146　绘制一楼门窗

7. 绘制二层楼板

重复一层楼板的绘制方法，绘制二层楼板，并利用“直线”命令、“修剪”命令和“图案填充”命令，绘制屋檐，结果如图 12-147 所示。

8. 绘制二层门窗

调用“修剪”命令，修剪墙线，调用“直线”命令，绘制为剖切到的墙及门窗边线，然后调用“多线”命令绘制窗户，结果如图 12-148 所示。

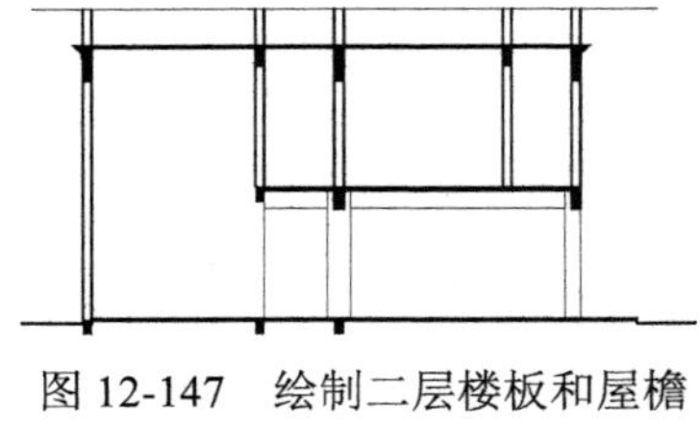

图 12-147　绘制二层楼板和屋檐

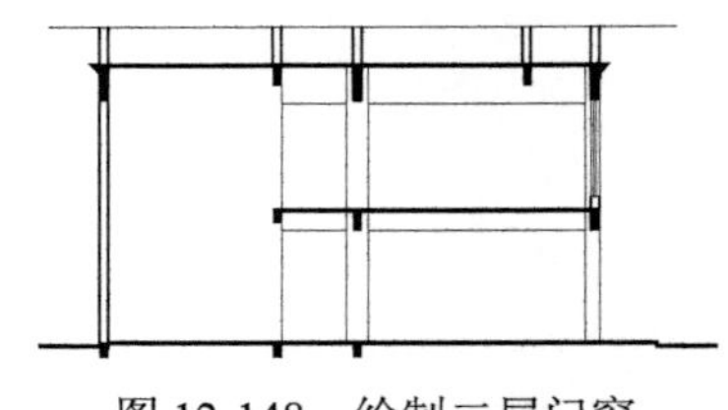

图 12-148　绘制二层门窗

9. 绘制楼梯

一层层高为3.6m，将楼梯分为两段等跑，每段楼梯设11级台阶，踏步高度为163.6mm，宽度为260mm。

（1）绘制定位网格线。单击“修改”工具栏中的“偏移”按钮，将楼梯间左侧的外墙线向右偏移2000；单击“绘图”工具栏中的“直线”按钮，根据楼梯踏步高度和宽度将楼梯定位直线等分，绘制出踏步定位网格，结果如图12-149所示。

（2）绘制平台板和平台梁。单击“绘图”工具栏中的“直线”按钮和“矩形”按钮，根据定位网格线绘制出平台板及平台梁，平台板高为100mm，左侧平台梁高为400mm、宽为200mm，其余平台梁高为400mm、宽为240mm，结果如图12-150所示。

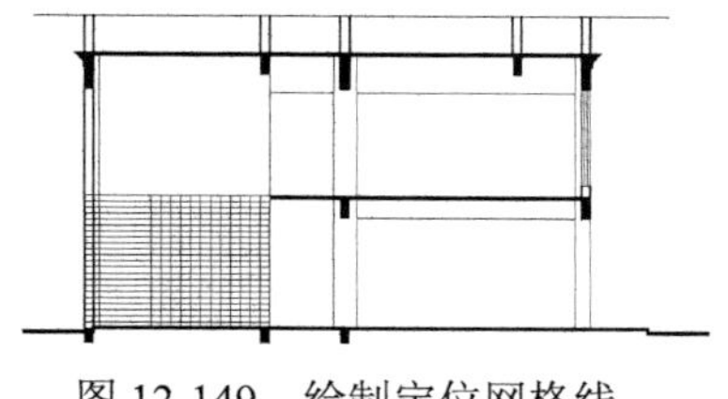

图12-149 绘制定位网格线

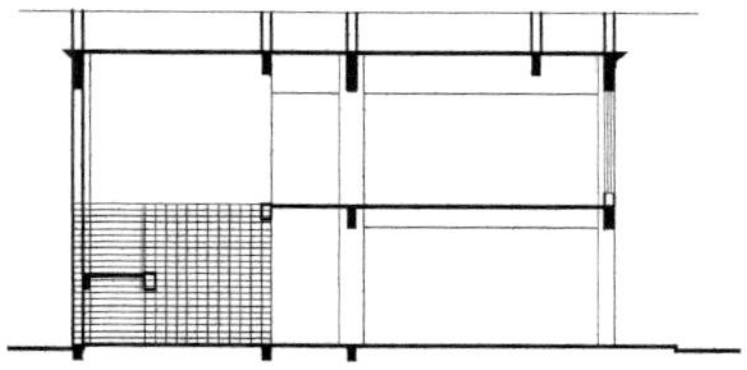

图12-150 绘制平台板和平台梁

（3）绘制楼梯梯段。单击“绘图”工具栏中的“直线”按钮和“多段线”按钮，根据定位网格线绘制出楼梯梯段，结果如图12-151所示。

（4）图案填充。单击“修改”工具栏中的“删除”按钮，删除定位网格线，单击“绘图”工具栏中的“图案填充”按钮，将剖切到的梯段层填充为SOLID图案，结果如图12-152所示。

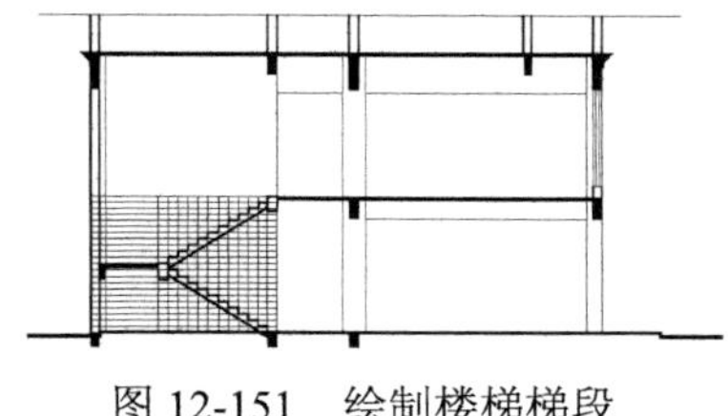

图12-151 绘制楼梯梯段

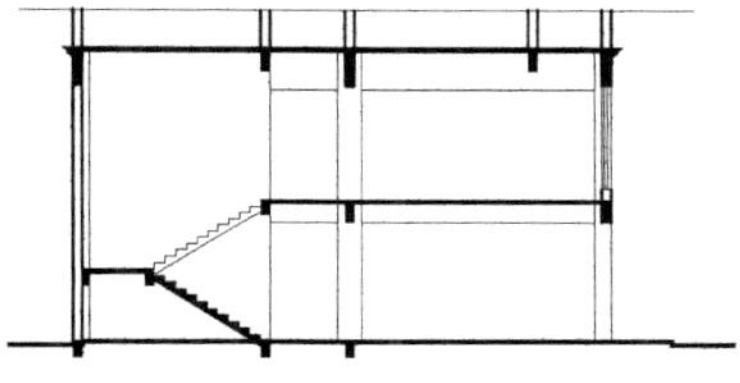

图12-152 图案填充

（5）绘制楼梯扶手。扶手高度为1000mm，单击“绘图”工具栏中的“直线”按钮，从踏步中心绘制两条高度为1000mm的直线，确定栏杆的高度，然后单击“绘图”工具栏中的“构造线”按钮，绘制出栏杆扶手的上轮廓。单击“修改”工具栏中的“偏移”按钮，将构造线向下偏移50，调用“修剪”命令和“直线”命令绘制楼梯扶手转角，结果如图12-153所示。

（6）绘制栏杆。单击“绘图”工具栏中的“矩形”按钮，绘制出栏杆下轮廓，单击“绘图”工具栏中的“直线”按钮，绘制栏杆的立杆，然后单击“修改”工具栏中的“复制”按钮，复制绘制好的栏杆到合适位置，完成栏杆的绘制，结果如图12-154所示。

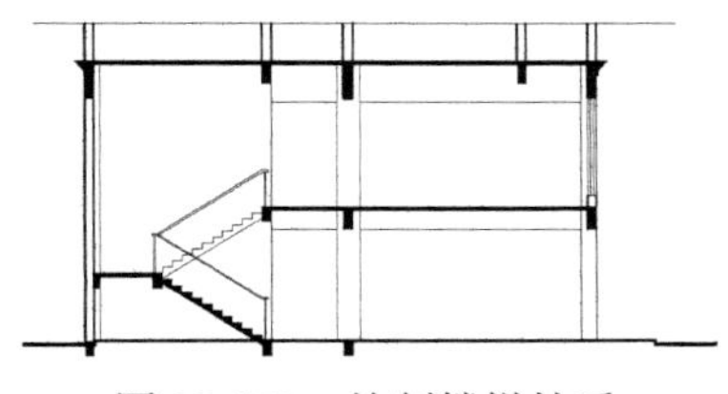

图12-153 绘制楼梯扶手

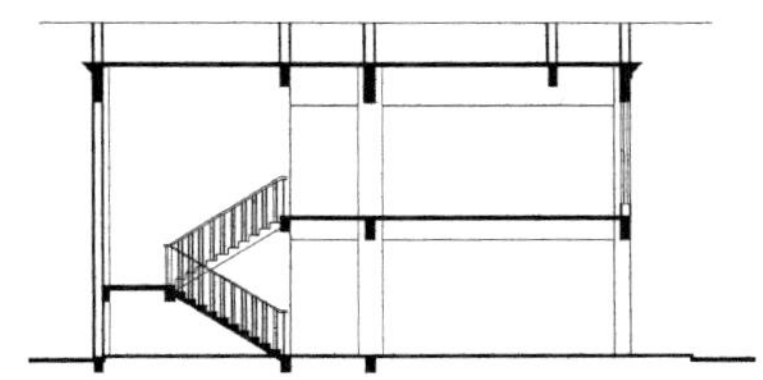

图12-154 绘制栏杆

Note

10. 绘制楼梯间窗户

调用“多线”命令和“修剪”命令，绘制楼梯间窗户，如图 12-155 所示。

11. 绘制楼层折断线

单击“绘图”工具栏中的“直线”按钮，绘制楼层折断线，如图 12-156 所示。

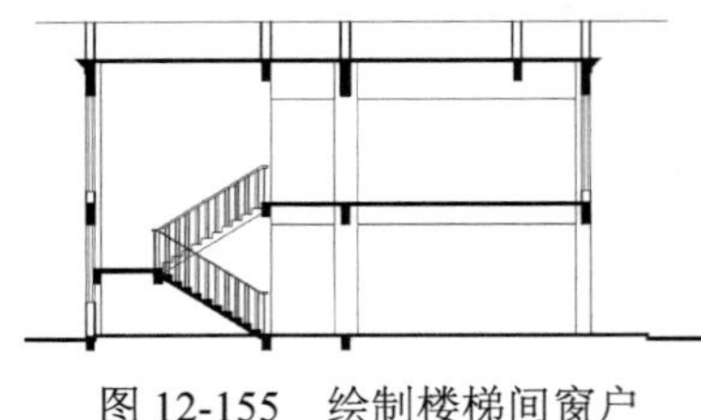

图 12-155　绘制楼梯间窗户

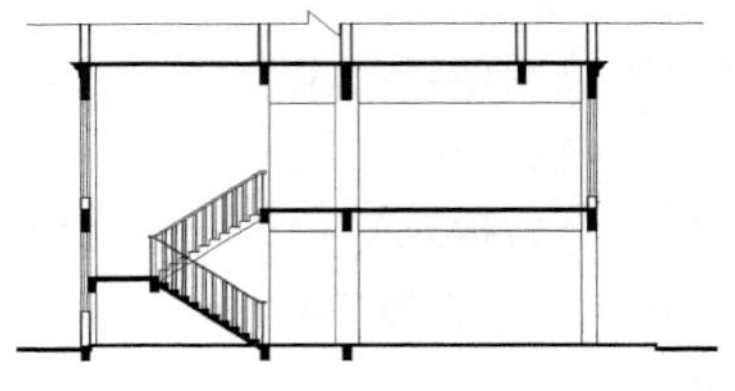

图 12-156　绘制楼层折断线

12. 文字说明和标注

（1）调用“线性”命令、“连续”命令和“多行文字”命令，标注楼梯尺寸，如图 12-157 所示。

（2）重复上述命令，标注细部尺寸，如图 12-158 所示。

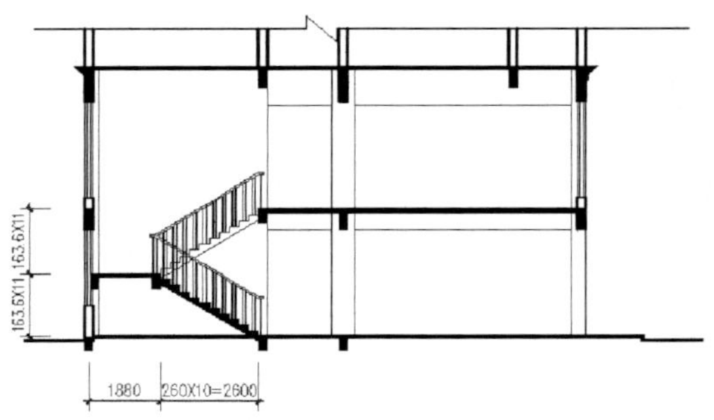


图 12-157　标注楼梯尺寸

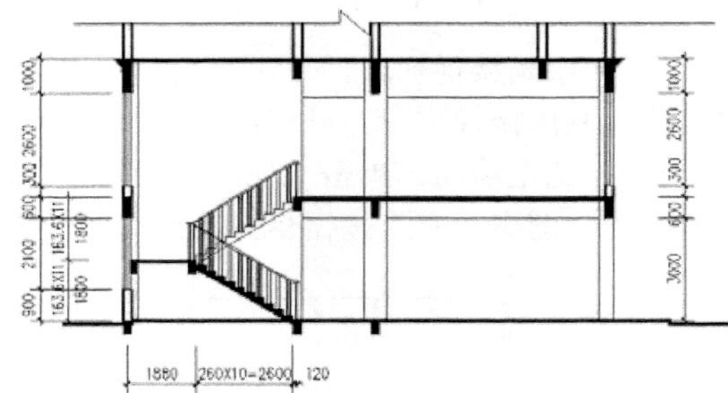


图 12-158　标注细部尺寸

（3）调用“线性”命令、“连续”命令和“多行文字”命令，标注层高尺寸及总体长度尺寸，如图 12-159 所示。

（4）调用“直线”命令、“多行文字”命令和“复制”命令标注标高，如图 12-160 所示。

（5）调用“圆”命令、“多行文字”命令和“复制”命令，标注轴线号和文字说明。最终完成 2-2 剖面图的绘制。

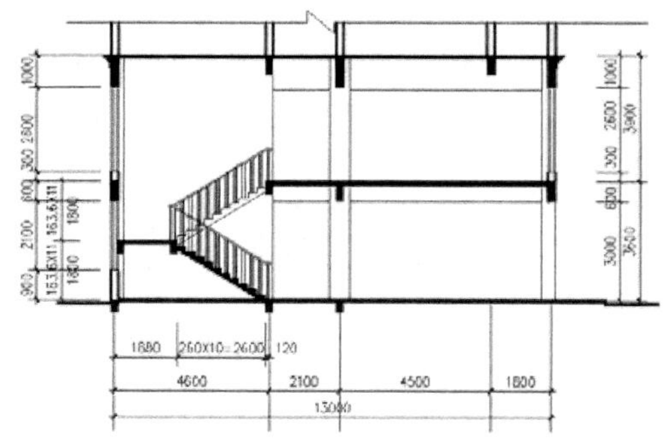


图 12-159　标注层高和总体长度尺寸

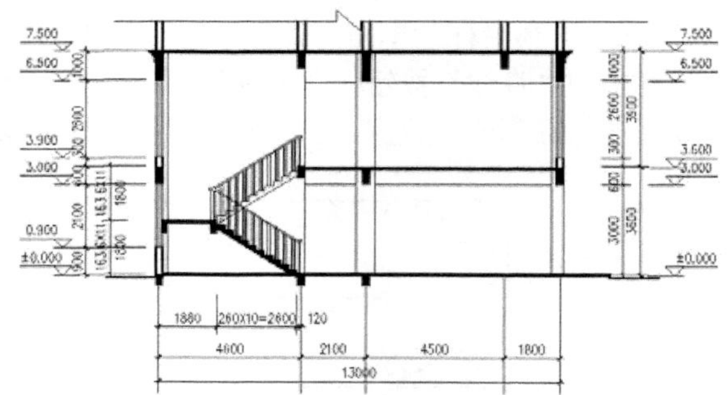


图 12-160　标注标高

# 12.5　上 机 操 作

通过前面的学习，读者对本章知识也有了大体的了解。本节通过几个上机练习使读者进一步掌握本章知识要点。

## 12.5.1　绘制会议室建筑平面图

1. 目的要求

本实验主要要求读者通过练习进一步熟悉和掌握平面图的绘制方法，如图 12-161 所示。通过本实验，可以帮助读者学会完成整个平面图绘制的全过程。

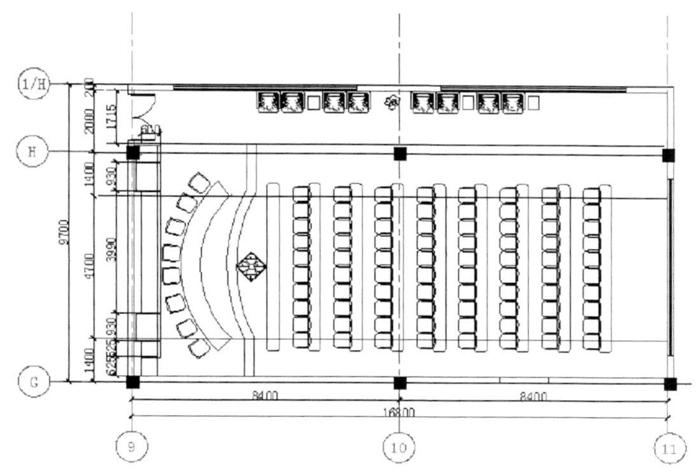


图 12-161　会议室建筑平面图

2. 操作提示

（1）绘图前准备。

（2）绘制轴线。

（3）绘制柱子、墙线、门窗。

（4）插入布置图块。

（5）标注尺寸、文字及轴号。

## 12.5.2　绘制会议室顶棚平面图

1. 目的要求

本实验主要要求读者通过练习进一步熟悉和掌握平面图的绘制方法，如图 12-162 所示。通过本实验，可以帮助读者学会完成整个平面图绘制的全过程。

2. 操作提示

（1）绘图前准备。

（2）整理平面图。

（3）绘制顶棚装饰。

（4）图案填充。

（5）插入灯具图块。

（6）标注尺寸、文字。

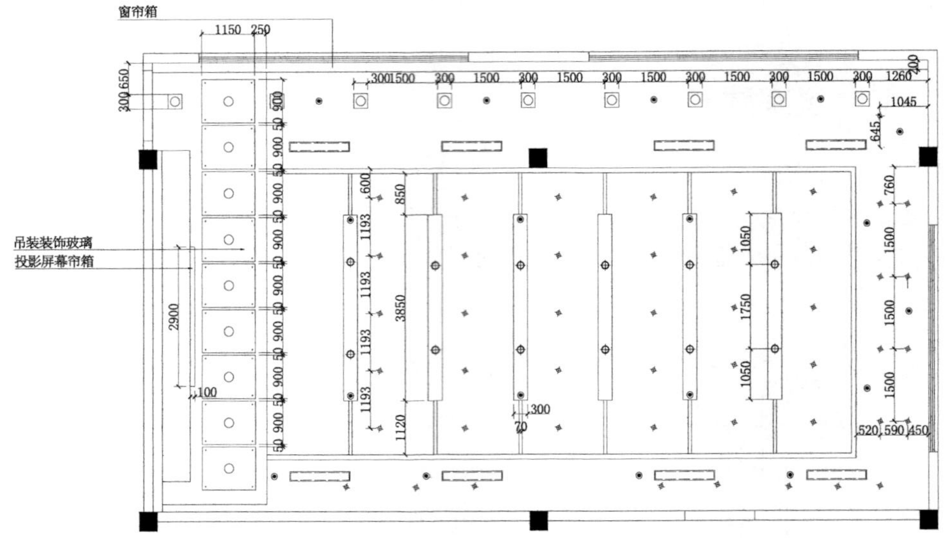

图 12-162　会议室顶棚平面图

## 12.5.3　绘制会议室 A 立面图

### 1. 目的要求

本实验主要要求读者通过练习进一步熟悉和掌握立面图的绘制方法，如图 12-163 所示。通过本实验，可以帮助读者学会完成立面图绘制的全过程。

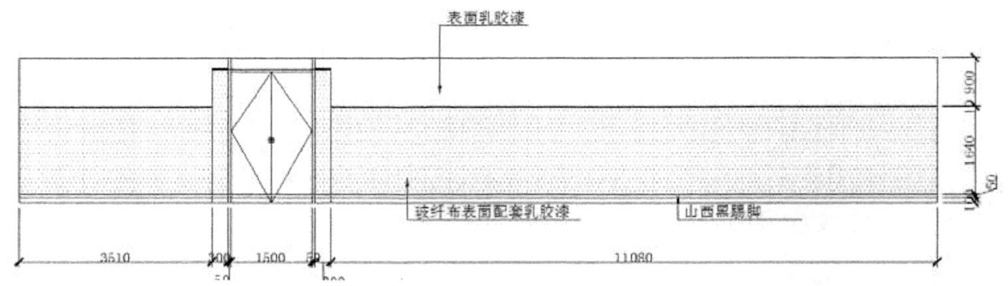

图 12-163　会议室 A 立面图

### 2. 操作提示

（1）绘图前准备。

（2）绘制外墙轮廓线。

（3）绘制立面图。

（4）图案填充。

（5）标注尺寸、文字。

## 12.5.4 绘制会议室剖面图

1. 目的要求

本实验主要要求读者通过练习进一步熟悉和掌握剖面图的绘制方法，如图 12-164 所示。通过本实验，可以帮助读者学会完成剖面图绘制的全过程。

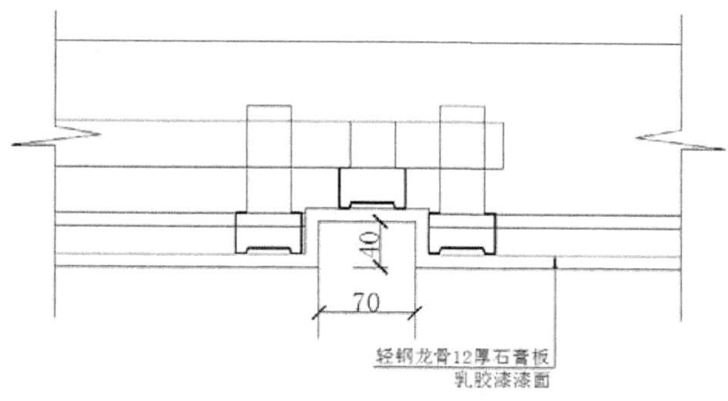


图 12-164 会议室剖面图

2. 操作提示

（1）绘图前准备。

（2）绘制轮廓线。

（3）绘制折线。

（4）绘制剖面图。

（5）标注尺寸、文字。

# 第13章 高层住宅的绘制

本章将以高层住宅为例详细介绍建筑工程图CAD的绘制方法与技巧。通过本案例的学习，综合前面有关章节的建筑图绘图方法，进一步巩固其相关的绘图知识和方法。

☑ 高层住宅建筑平面图　　☑ 高层住宅建筑剖面图
☑ 高层住宅建筑立面图　　☑ 高层住宅建筑详图

## 任务驱动&项目案例

18号楼南立面图 1：100

# 13.1 高层住宅建筑平面图

本节将以工程设计中常见的建筑平面图作为例子，详细介绍建筑平面图 CAD 的绘制方法与技巧。通过本案例的学习，综合前面有关章节的建筑平面图的绘图方法，进一步巩固其相关的绘图知识和方法，全面掌握建筑平面图的绘制方法。

本节以板式高层住宅建筑作为建筑平面图绘制范例。目前，高层住宅成为市场主流，板式高层南北通透，便于采光与通风，户型方正，各套户型的优劣差距较小，而且各功能空间尺度适宜，得房率也较高。但是，由于板式高层楼体占地面积大，在园林规划上容易产生缺憾。例如，大社区难逃兵营式、行列式的单调布局，绿地相对较少等。点式高层虽然有公摊大、密度大、通风和采光易受楼体遮挡、多户共用电梯、难以保证私密性等缺点，但其优势也十分明显，如外立面变化丰富，更适合采用角窗、弧形窗等宽视角窗户，房型和价格多样化等。另外，在小区的园林、景观方面，较之板式高层要活泼许多。板式高层和点式高层的界限正在日渐模糊。通过对居家舒适度的把握，开发商对板式高层和点式高层进行了诸多的创新，将板式高层与点式高层的优势演绎到了极致，这种结合的结果使户型更加灵活、合理。

下面介绍住宅平面空间的建筑平面图设计的相关知识及其绘图方法与技巧。绘制流程图如图 13-1 所示。

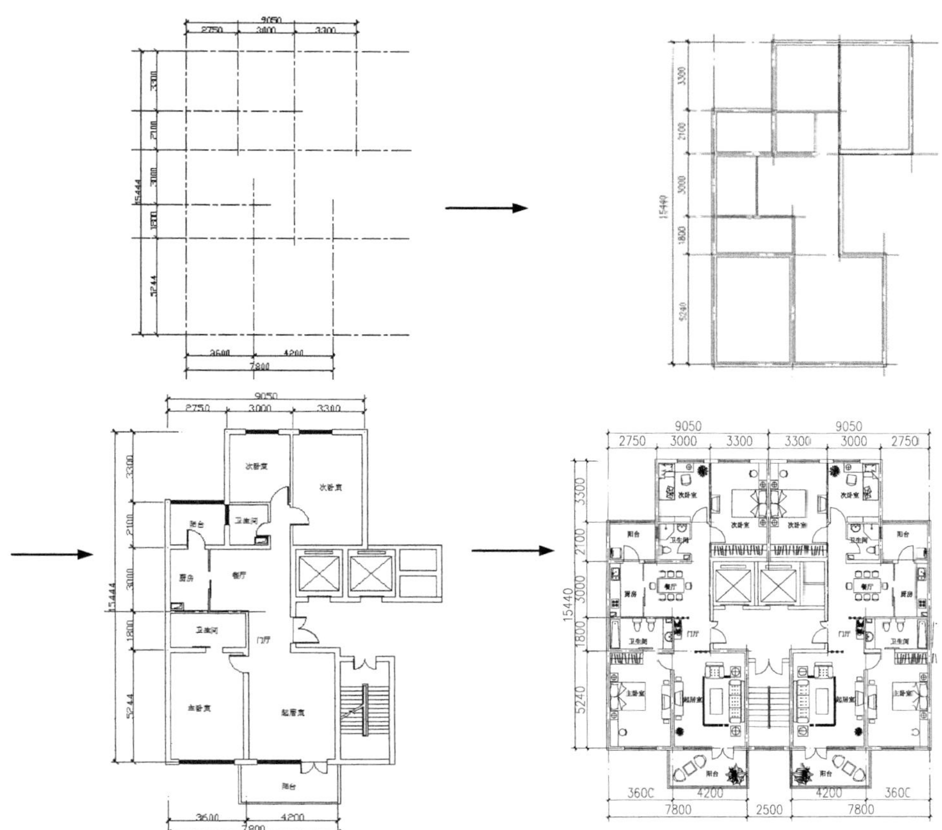

图 13-1 高层住宅建筑平面图

Note

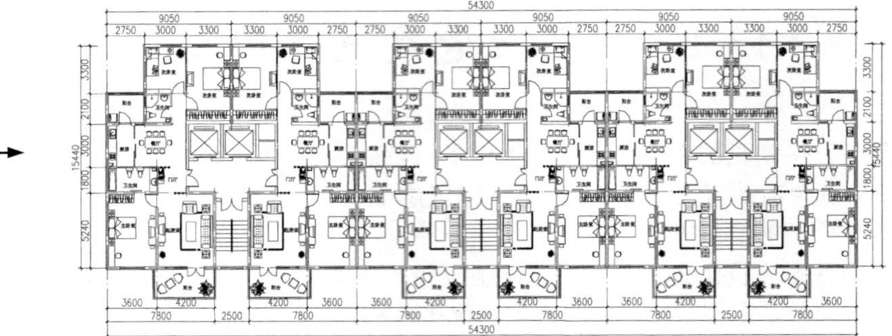

图 13-1　高层住宅建筑平面图（续）

绘制步骤：（**光盘\动画演示\第 13 章\高层住宅建筑平面图.avi**）

## 13.1.1　建筑平面图墙体绘制

### 1. 绘制轴线

（1）单击“绘图”工具栏中的“直线”按钮，绘制居室墙体的轴线，所绘制的轴线长度为 16000，宽度为 9200，如图 13-2 所示。命令行中的提示与操作如下：

```
命令: l LINE 指定第一点:
指定下一点或 [放弃(U)]: 16000
指定下一点或 [放弃(U)]:
命令: l LINE 指定第一点:
指定下一点或 [放弃(U)]: 9200
指定下一点或 [放弃(U)]:
```

（2）单击“图层特性管理器”对话框中的线型，将轴线的线型由实线线型改为点划线线型，如图 13-3 所示。

图 13-2　绘制墙体轴线　　　　图 13-3　改变轴线的线型

**注意：**改变线型为点划线的方法是，先用鼠标单击所绘的直线，然后在“对象特性”工具栏上单击“线型控制”下拉列表框的下拉按钮，选择点划线，所选择的直线将改变线型，得到建筑平面图的轴线点划线。若还未加载此种线型，则选择“其他”选项先加载此种点划线线型。

（3）单击“修改”工具栏中的“偏移”按钮，选择竖直轴线依次向右偏移，偏移距离为 2750、3000 和 3300，选择偏移后的最右边轴线向左侧进行偏移，偏移距离为 1250、4200 和 3600，完成竖直轴线的绘制。

（4）单击“修改”工具栏中的“偏移”按钮和“拉伸”按钮，根据居室开间或进深创建轴线，如图 13-4 所示。

**注意：** 若某个轴线的长短与墙体实际长度不一致，可以使用 STRETCH（拉伸功能命令）或快捷键进行调整。

（5）单击“修改”工具栏中的“偏移”按钮，选择水平轴线依次向上偏移，偏移距离为 5250、1800、3000、2100、3300。完成水平轴线的绘制，如图 13-5 所示。

图 13-4　按开间或进深创建轴线

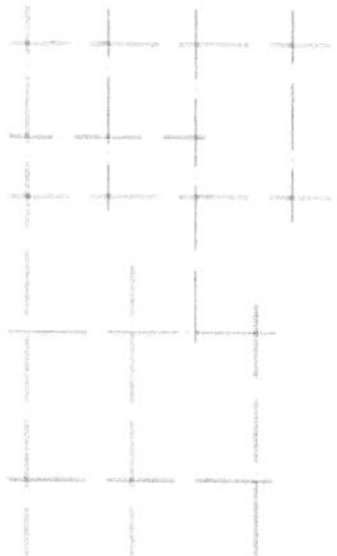

图 13-5　完成轴线绘制

（6）标注样式的设置应该与绘图比例相匹配。该平面图以实际尺寸绘制，并以 1:100 的比例输出，单击格式菜单下的标注样式，弹出“标注样式管理器”对话框，对标注样式进行如下设置，如图 13-6～图 13-11 所示。

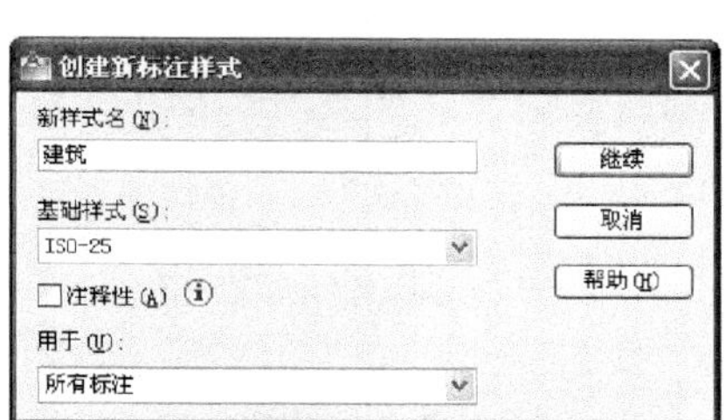


图 13-6　新建标注样式

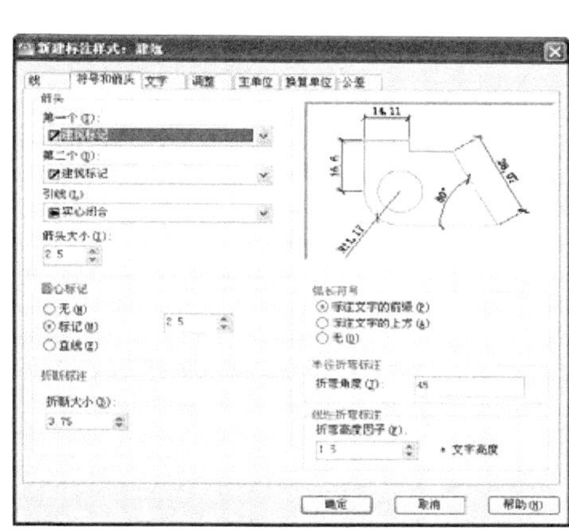


图 13-7　设置参数 1

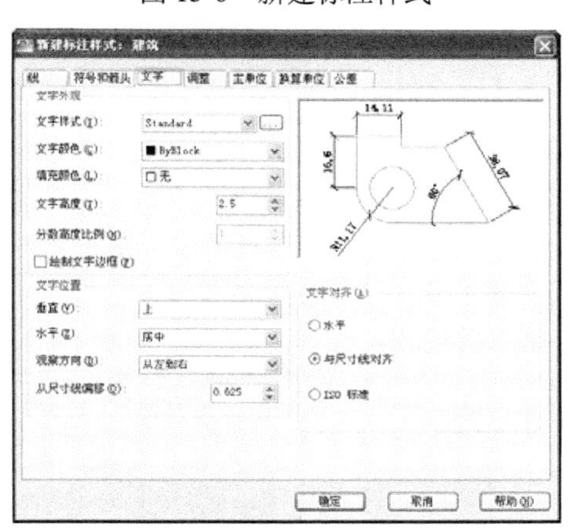


图 13-8　设置参数 2

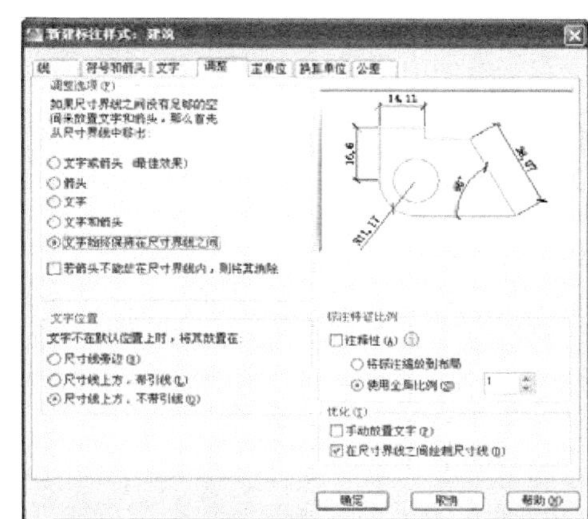


图 13-9　设置参数 3

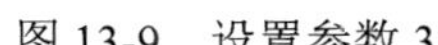

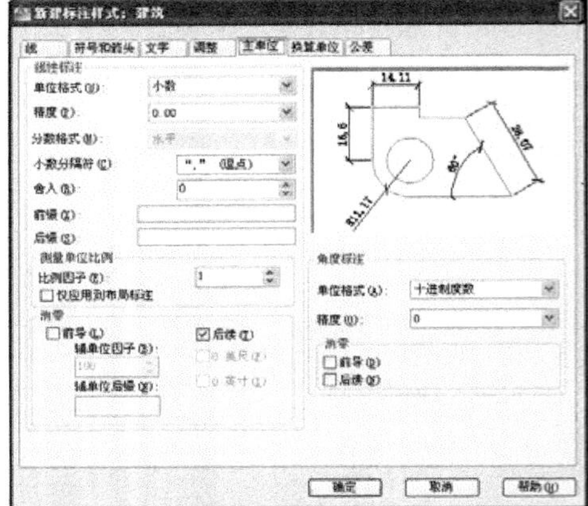

图 13-10　设置参数 4

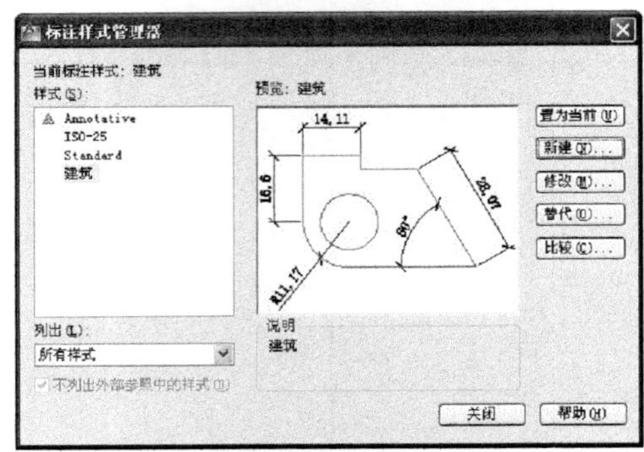

图 13-11　将“建筑”样式置为当前

（7）单击“标注”工具栏中的“线性”按钮，对轴线尺寸进行标注，如图 13-12 所示。

（8）单击“标注”工具栏中的“线性”按钮和“连续”按钮，完成住宅平面空间所有相关轴线尺寸的标注，如图 13-13 所示。

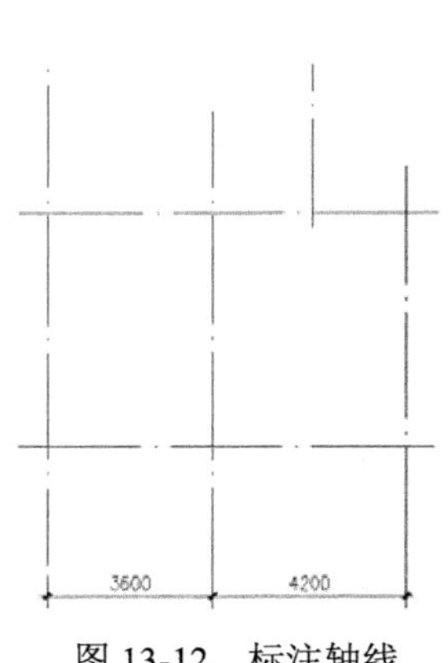


图 13-12　标注轴线

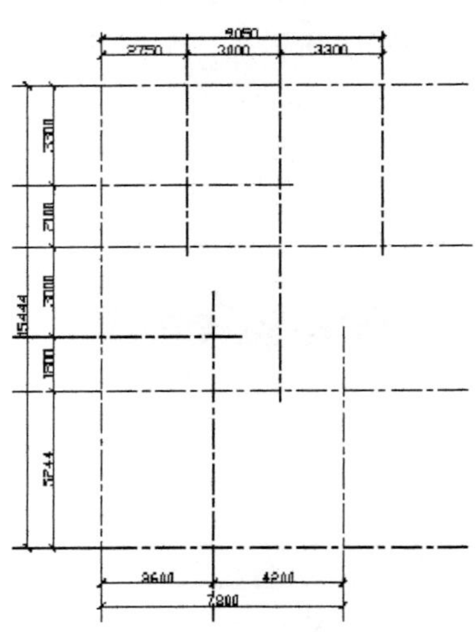

图 13-13　标注所有轴线

2. 绘制墙体

（1）选择菜单栏中的“格式”→“多线样式”命令，系统打开“多线样式”对话框，如图 13-14 所示。单击“新建”按钮，系统打开“创建新的多线样式”对话框，在“新样式名”文本框中输入“墙体线”，如图 13-15 所示。单击“继续”按钮，系统打开“新建多线样式”对话框，单击“图元”选项组中的第一个图元项，在“偏移”文本框中将其数值改为 120，采用同样的方法，将第二个图元项的偏移数值改为–120，其他选项设置如图 13-16 所示，确认后退出。

（2）选择菜单栏中的“绘图”→“多线”命令，绘制墙体。命令行中的提示与操作如下：

```
命令：MLINE↙
当前设置：对正 = 上，比例 = 20.00，样式 = STANDARD
指定起点或 [对正(J)/比例(S)/样式(ST)]： S↙
输入多线比例 <20.00>： 1↙
```

Note

```
当前设置：对正 = 上，比例 = 1.00，样式 = STANDARD
指定起点或 [对正(J)/比例(S)/样式(ST)]:  J↙
输入对正类型 [上(T)/无(Z)/下(B)] <上>:  Z↙
当前设置：对正 = 无，比例 = 1.00，样式 = STANDARD
指定起点或 [对正(J)/比例(S)/样式(ST)]:（在绘制的辅助线交点上捕捉一点）
指定下一点：（在绘制的辅助线交点上捕捉下一点）
指定下一点或 [放弃(U)]: （在绘制的辅助线交点上捕捉下一点）
指定下一点或 [闭合(C)/放弃(U)]: （在绘制的辅助线交点上捕捉下一点）
……
指定下一点或 [闭合(C)/放弃(U)]:C↙
```

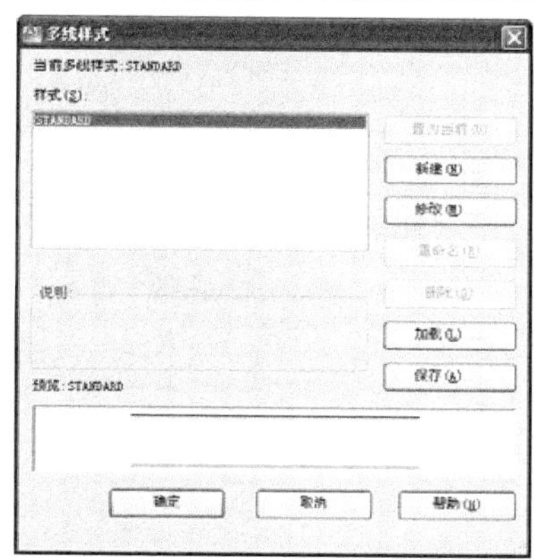


图 13-14　“多线样式”对话框

图 13-15　“创建新的多线样式”对话框

完成墙体绘制，如图 13-8 所示。

**注意：** 通常，墙体厚度设置为 200 毫米。

（3）选择菜单栏中的“绘图”→“多线”命令，绘制其他位置墙体，如图 13-17 所示。

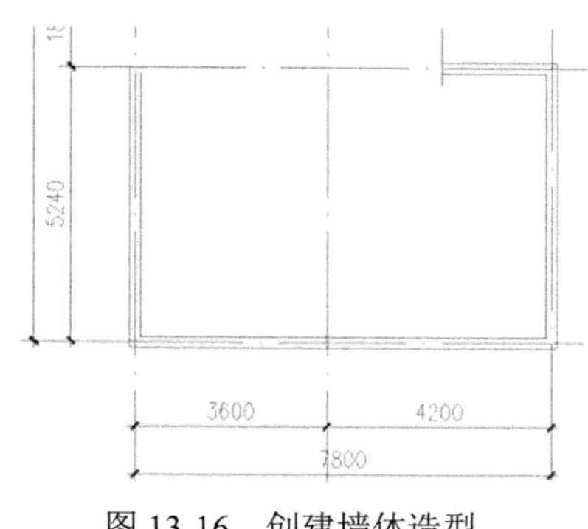


图 13-16　创建墙体造型

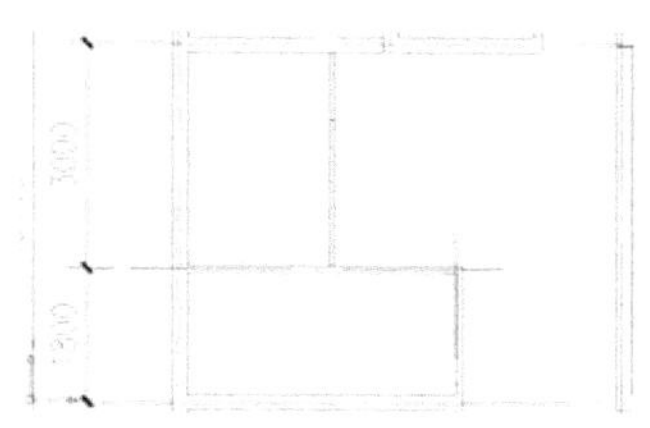

图 13-17　创建隔墙

**说明：** 对一些厚度比较薄的隔墙，如卫生间、过道等位置的墙体，通过调整多线的比例可以得到不同厚度的墙体造型。

（4）按照住宅平面空间的各个房间的开间与进深，选择菜单栏中的“绘图”→“多线”命令，继续进行其他位置墙体的创建，最后完成整个墙体造型的绘制，如图 13-18 所示。

（5）单击“绘图”工具栏中的“多行文字”按钮 A，标注房间文字，最后完成整个建筑墙体平

Note

面图，如图 13-19 所示。

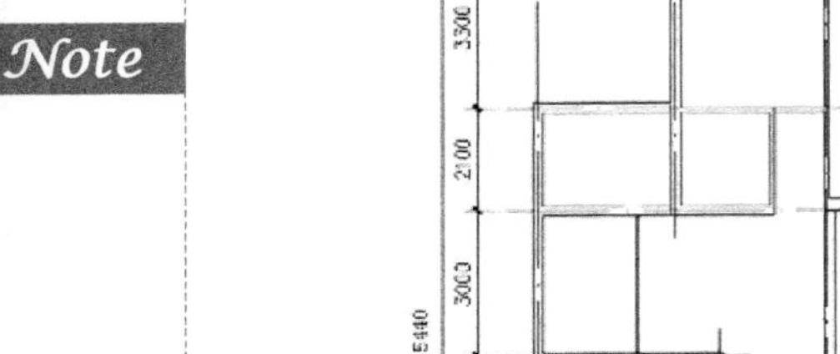

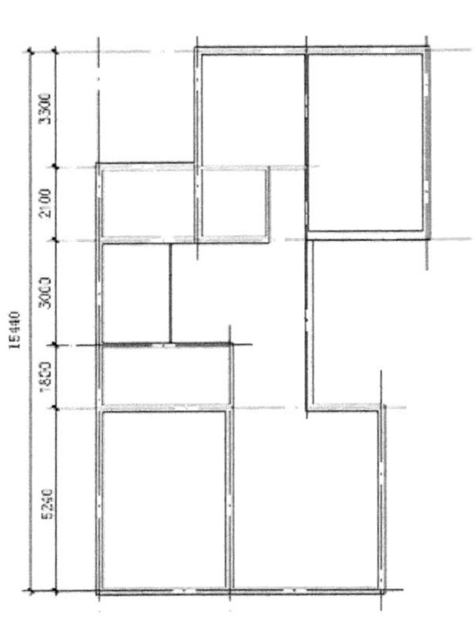


图 13-18　完成墙体绘制

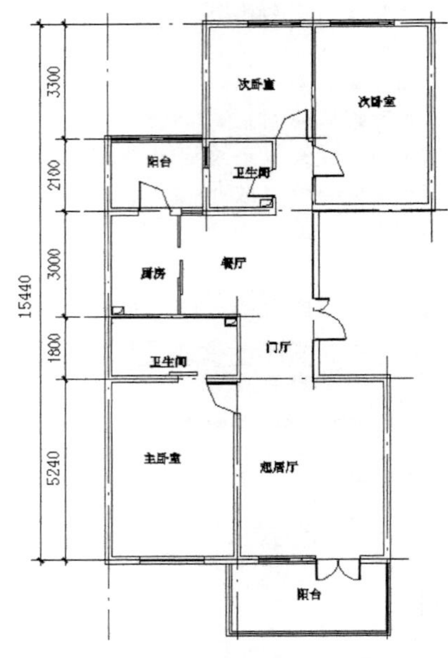


图 13-19　标准房间文字

## 13.1.2　建筑平面图门窗绘制

1. 绘制建筑平面图门

（1）单击“绘图”工具栏中的“直线”按钮和“修改”工具栏中的“偏移”按钮，创建住宅平面空间的户门造型。按户门的大小绘制两条与墙体垂直的平行线确定户门宽度，如图 13-20 所示。

（2）单击“修改”工具栏中的“修剪”按钮，对线条进行剪切得到户门的门洞，如图 13-21 所示。

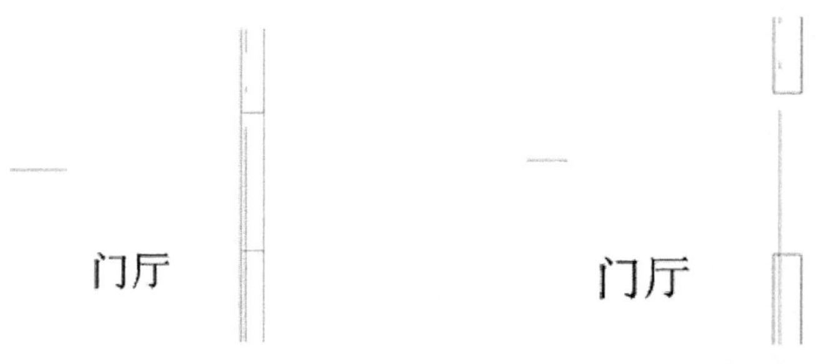


图 13-20　确定户门宽度　　图 13-21　创建户门门洞

（3）单击“绘图”工具栏中的“多段线”按钮，绘制户门的门扇造型，该门扇为一大一小的造型，如图 13-22 所示。

（4）单击“绘图”工具栏中的“圆弧”按钮，绘制两段长度不一样的弧线，得到户门的造型，如图 13-23 所示。

（5）单击“绘图”工具栏中的“直线”按钮和“修改”工具栏中的“偏移”按钮，对阳台门联窗户的造型进行绘制，如图 13-24 所示。

（6）单击“修改”工具栏中的“修剪”按钮，在门的位置剪切边界线，得到门洞，如图 13-25

所示。

图 13-22　绘制门扇　　图 13-23　绘制两段弧线

（7）单击“绘图”工具栏中的“多段线”按钮和“修改”工具栏中的“偏移”按钮，在门洞旁边绘制窗户造型，如图 13-26 所示。

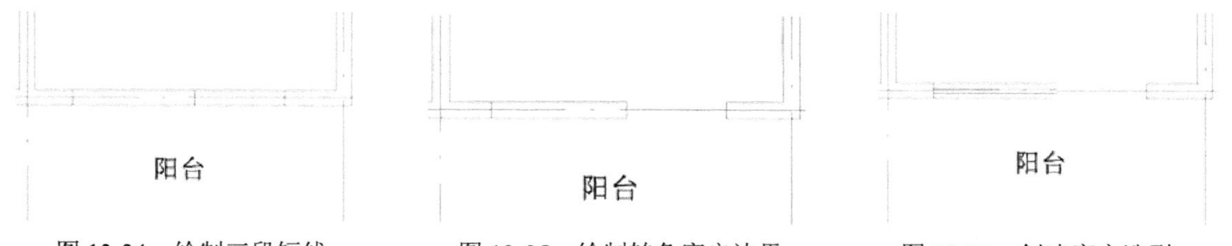


图 13-24　绘制三段短线　　图 13-25　绘制转角窗户边界　　图 13-26　创建窗户造型

2. 绘制建筑平面图对开门

（1）单击“绘图”工具栏中的“多段线”按钮，按门大小的一半绘制其中一扇门扇，如图 13-27 所示。

（2）单击“修改”工具栏中的“镜像”按钮，通过镜像得到阳台门扇造型，完成门联窗户造型的绘制，如图 13-28 所示。

图 13-27　创建门洞　　图 13-28　镜像门扇

3. 绘制建筑平面图推拉门

（1）单击“绘图”工具栏中的“直线”按钮和“修改”工具栏中的“偏移”按钮，在餐厅与厨房之间进行推拉门造型绘制，先绘制门的宽度范围，如图 13-29 所示。

（2）单击“修改”工具栏中的“修剪”按钮，剪切得到门洞形状，如图 13-30 所示。

图 13-29　绘制门宽范围　　图 13-30　剪切形成门洞

（3）单击“绘图”工具栏中的“矩形”按钮▭，在靠餐厅一侧绘制矩形推拉门，如图 13-31 所示。

（4）其他位置的门扇和窗户造型可参照上述方法进行创建，如图 13-32 所示。

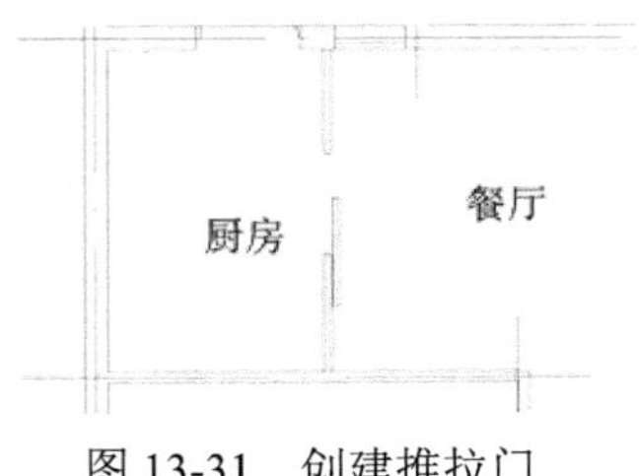


图 13-31　创建推拉门

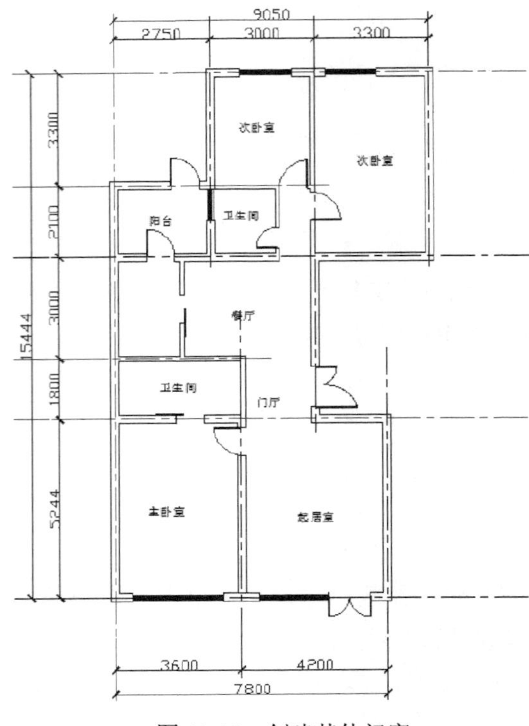


图 13-32　创建其他门窗

## 13.1.3　楼、电梯间等建筑空间平面图绘制

### 1. 绘制建筑平面图楼梯间

（1）单击“绘图”工具栏中的“直线”按钮和“圆弧”按钮，绘制楼梯间的墙体和门窗轮廓图形，如图 13-33 所示。

（2）单击“绘图”工具栏中的“直线”按钮和“修改”工具栏中的“偏移”按钮，绘制楼梯踏步平面造型，如图 13-34 所示。

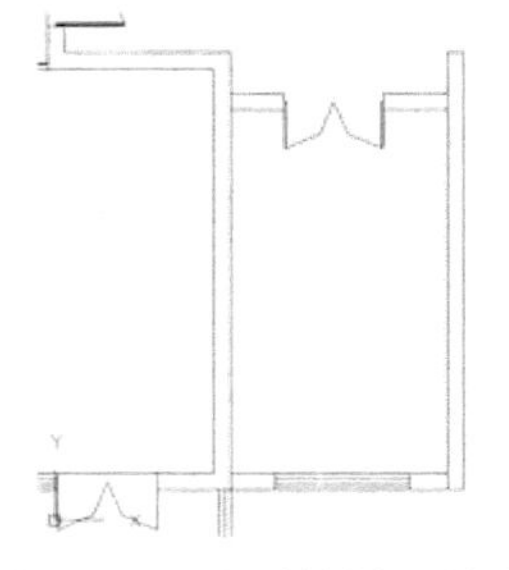

图 13-33　绘制楼梯间轮廓

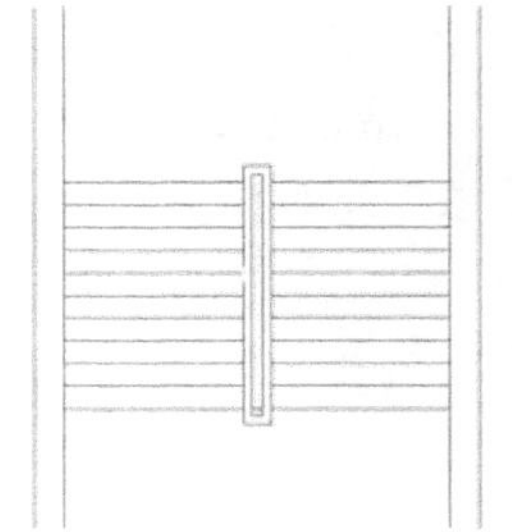

图 13-34　绘制踏步造型

（3）单击“绘图”工具栏中的“直线”按钮和“修改”工具栏中的“修剪”按钮，勾画楼梯踏步折断线造型，如图 13-35 所示。

Note

2. 绘制建筑平面图电梯间

（1）单击“绘图”工具栏中的“直线”按钮，绘制电梯井建筑墙体轮廓，如图 13-36 所示。

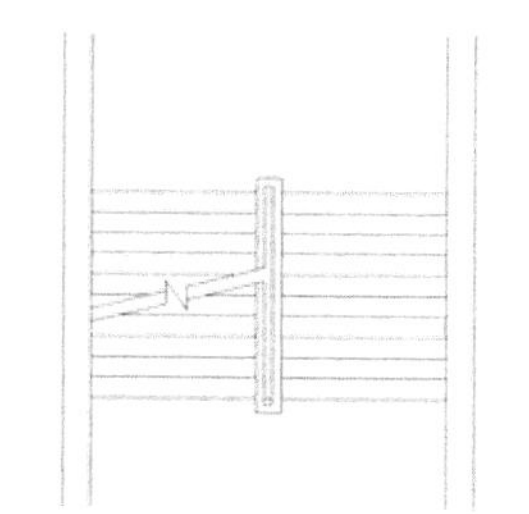

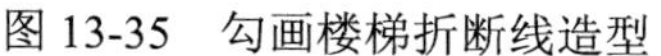

图 13-35 勾画楼梯折断线造型

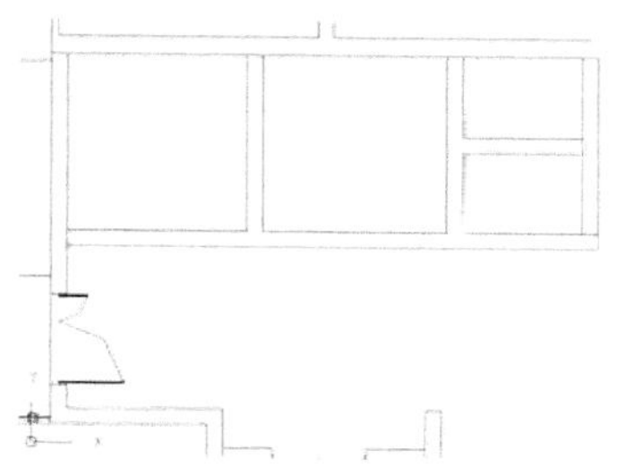

图 13-36 创建电梯井墙体

（2）单击“绘图”工具栏中的“直线”按钮和“矩形”按钮，绘制电梯平面造型，如图 13-37 所示。

（3）另外一个电梯平面按相同的方法绘制，如图 13-38 所示。

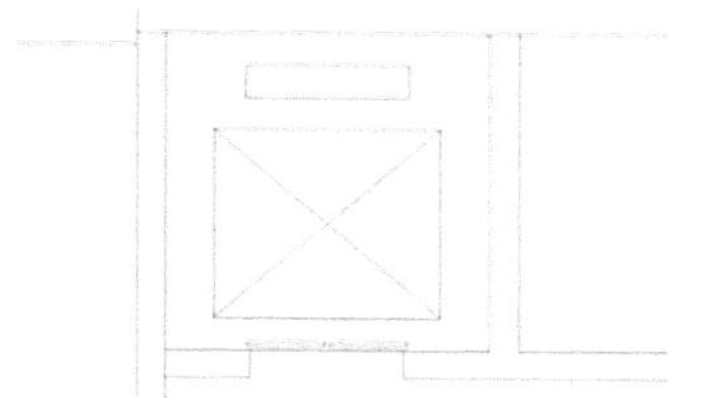

图 13-37 绘制电梯平面造型

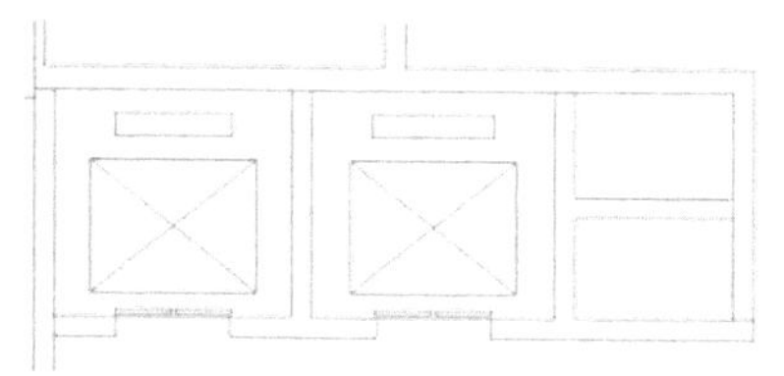

图 13-38 绘制另外一个电梯

（4）单击“绘图”工具栏中的“多段线”按钮，绘制卫生间中的矩形通风道造型，如图 13-39 所示。

（5）单击“修改”工具栏中的“偏移”按钮，得到通风道墙体造型，如图 13-40 所示。

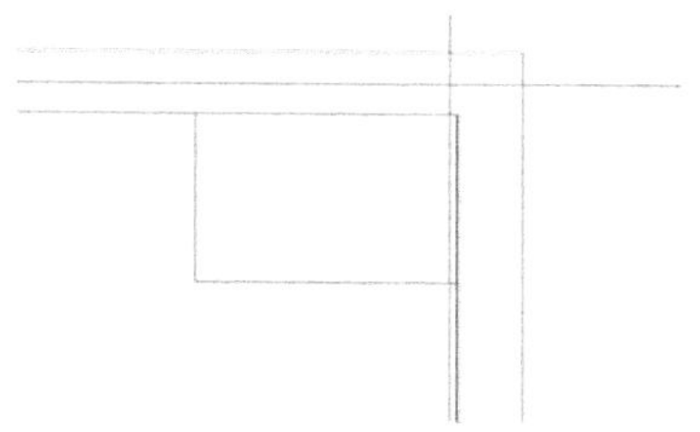

图 13-39 绘制通风道造型

图 13-40 创建道风道墙体造型

（6）单击“绘图”工具栏中的“多段线”按钮，在通风道内绘制折线造型，如图 13-41 所示。

（7）创建其他造型轮廓，如图 13-42 所示。

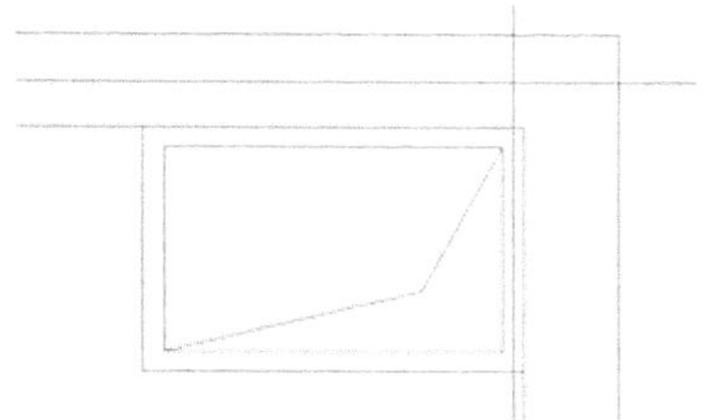

图 13-41 绘制折线造型

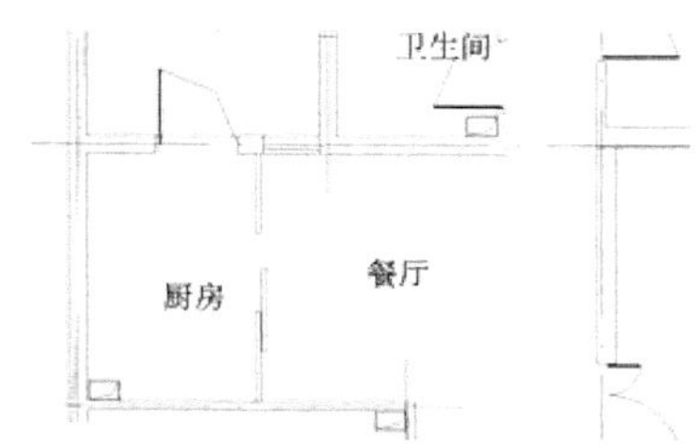


图 13-42 绘制其他管道造型

Note

说明：按上述方法可以创建其他卫生间和厨房的通风及排烟管道等造型轮廓，具体从略。

3. 绘制阳台外轮廓

（1）单击“绘图”工具栏中的“多段线”按钮，按阳台的大小尺寸绘制其外轮廓，如图 13-43 所示。

（2）单击“修改”工具栏中的“偏移”按钮，得到阳台及其栏杆造型效果，如图 13-44 所示。

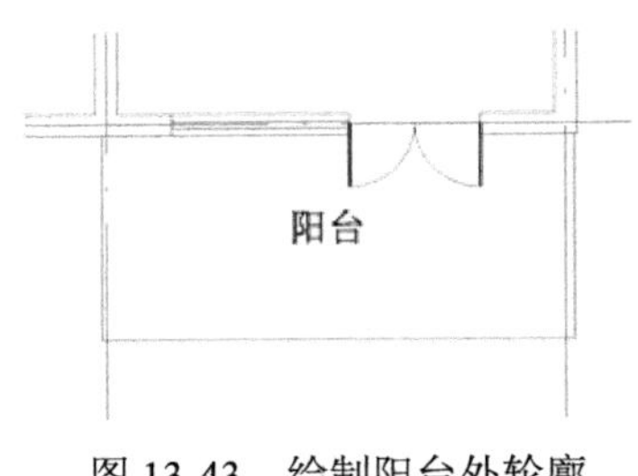


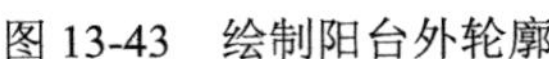
图 13-43 绘制阳台外轮廓

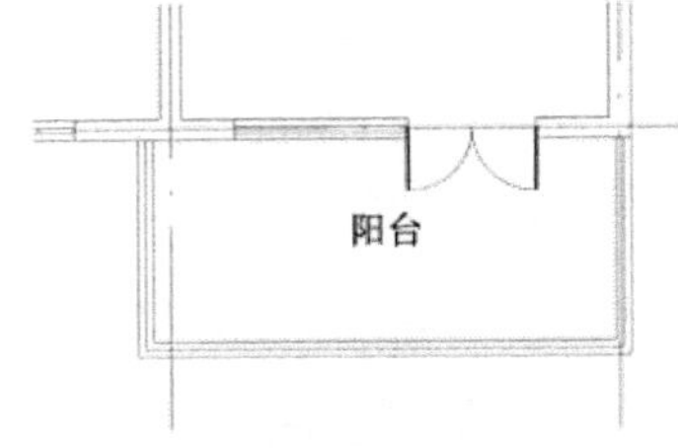


图 13-44 创建阳台栏杆造型

（3）完成建筑平面图标准单元图形的绘制，如图 13-45 所示。

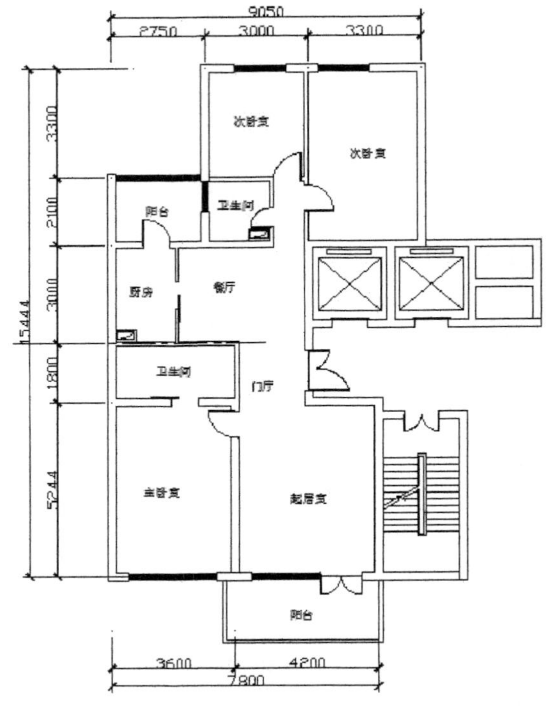


图 13-45 完成建筑墙体平面图绘制

## 13.1.4 建筑平面图家具布置

（1）利用“窗口缩放”命令，局部放大起居室（即客厅）的空间平面图，如图 13-46 所示。命令行中的提示与操作如下：

```
命令：ZOOM（局部缩放视图）
指定窗口的角点，输入比例因子 (nX 或 nXP)，或者[全部(A)/中心(C)/动态(D)/范围(E)/上一个
```

```
(P)/比例(S)/窗口(W)/对象(O)] <实时>: W
        指定第一个角点:(指定角点)
        指定对角点:(指定另一个角点)
```

（2）单击“绘图”工具栏中的“插入块”按钮，在起居室平面图上插入沙发造型等，如图 13-47 所示。

图 13-46 起居室平面图

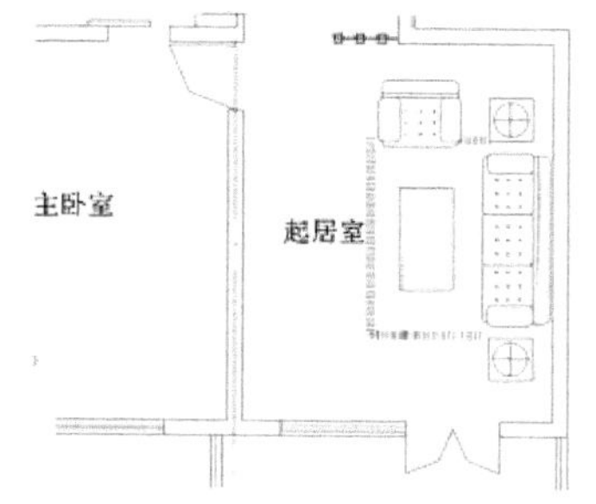


图 13-47 插入沙发

**注意：**该沙发造型包括沙发、茶几和地毯等综合造型。若沙发等家具插入的位置不合适，可以通过“移动”、“旋转”等命令对其位置进行调整。

（3）单击“绘图”工具栏中的“插入块”按钮，为客厅配置电视柜造型，如图 13-48 所示。

（4）单击“绘图”工具栏中的“插入块”按钮，在起居室布置适当的花草进行美化，如图 13-49 所示。

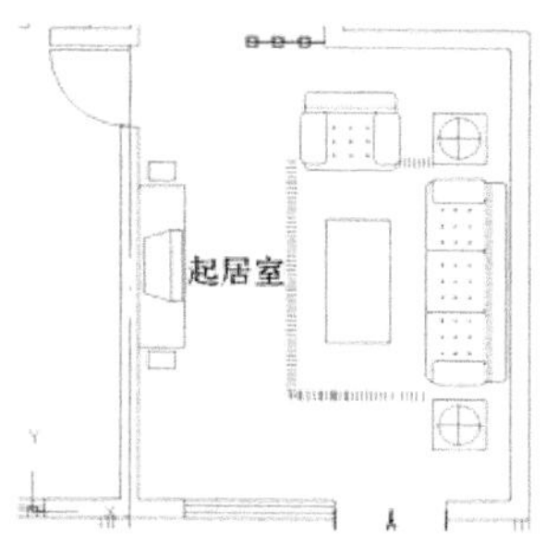


图 13-48 配置电视柜

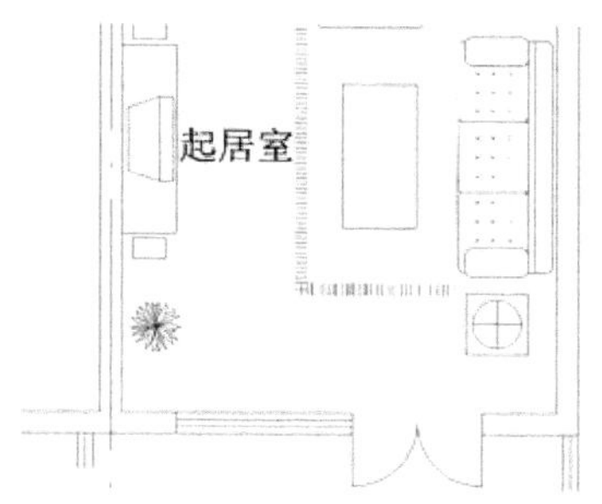


图 13-49 布置花草

（5）单击“绘图”工具栏中的“插入块”按钮，在餐厅平面图上插入餐桌，如图 13-50 所示。

（6）单击“绘图”工具栏中的“插入块”按钮，按相似的方法布置其他位置的家具。

（7）单击“绘图”工具栏中的“插入块”按钮，布置如卫生间的便器和洁身器等洁具设施，如图 13-51 所示。

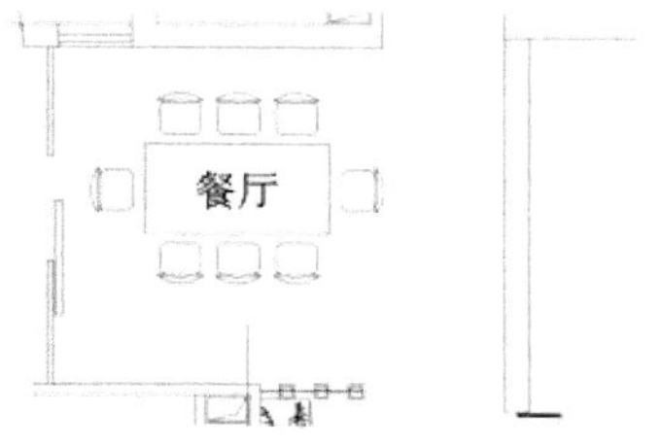


图 13-50 餐桌布置

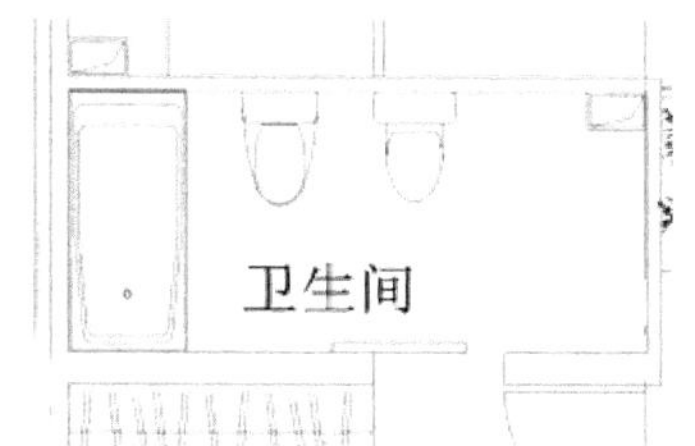


图 13-51 布置便器和洁身器等洁具设施

（8）继续进行家具布置，最终完成平面图家具的布置，如图 13-52 所示。

（9）单击“修改”工具栏中的“镜像”按钮，将布置好的家具进行镜像得到标准单元平面图，如图 13-53 所示。

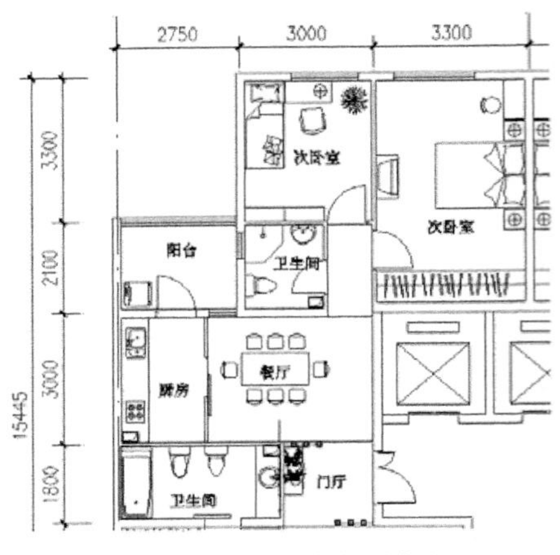


图 13-52　继续布置家具

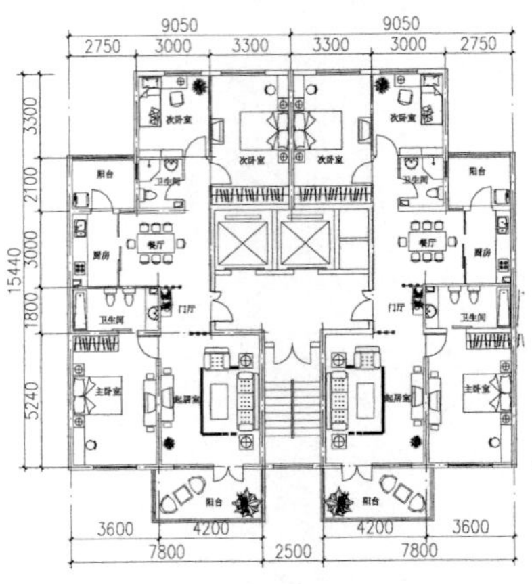


图 13-53　镜像图形

（10）单击“修改”工具栏中的“复制”按钮，将标准单元进行复制，得到整个建筑平面图，如图 13-54 所示。

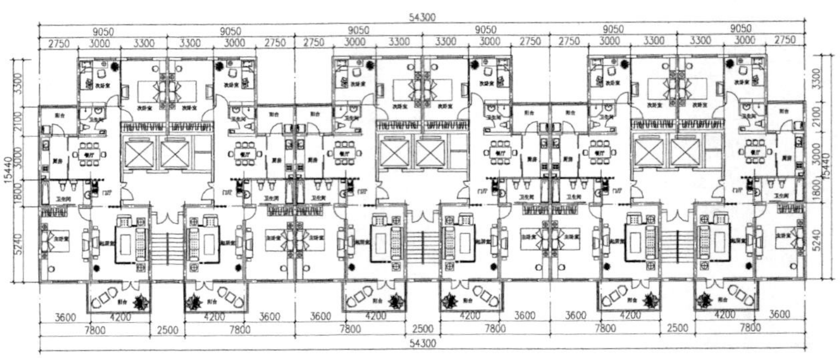


图 13-54　复制得到平面图

（11）标注轴线和图名等内容，相关方法可参阅前面有关章节介绍的方法，在此不再赘述。效果图如图 13-55 所示。

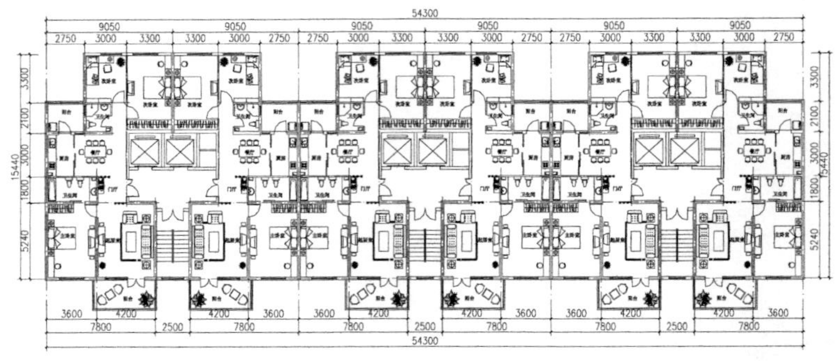


图 13-55　住宅建筑平面图

Note

# 13.2　高层住宅建筑立面图

本节将结合第 12 章所述的建筑平面图的实例，介绍住宅小区立面图的 CAD 绘制方法与技巧。建筑立面图形的主要绘制方法包括其立面主体轮廓的绘制、立面门窗造型的绘制、立面组部造型以及其他辅助立面造型的绘制，另外还包括标准层立面、整体立面图及细部立面的处理等。通过本设计案例的学习，结合前面有关章节建筑立面图的绘图方法，进一步巩固其相关绘图知识和方法，全面掌握建筑立面图的绘制方法。绘制流程图如图 13-56 所示。

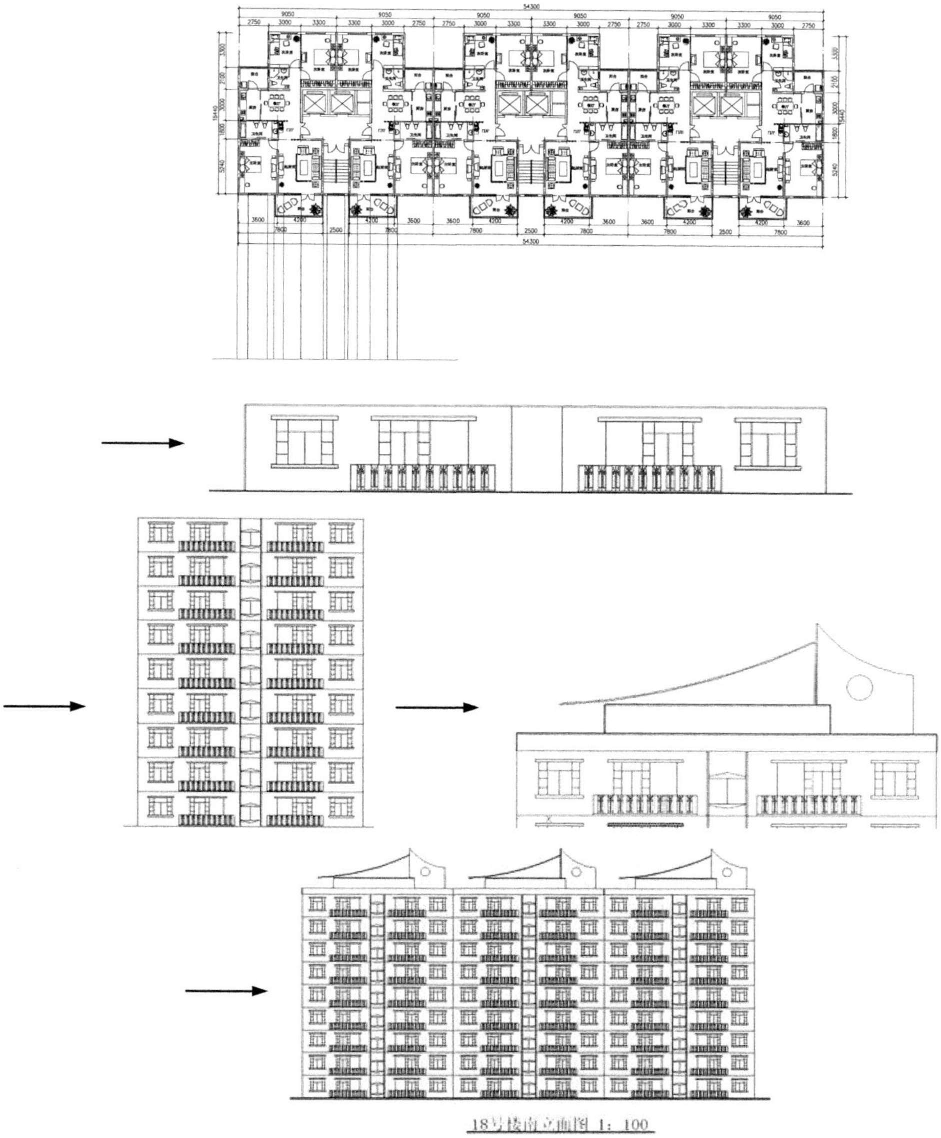

18号楼南立面图 1：100

图 13-56　绘制高层住宅建筑立面图

绘制步骤：（光盘\动画演示\第13章\高层住宅建筑立面图.avi）

## 13.2.1 建筑标准层立面图轮廓绘制

### 1. 绘制楼面线

（1）单击“绘图”工具栏中的“多段线”按钮，在标准层平面图对应的一个单元下侧绘制一条地平线，如图13-57所示。

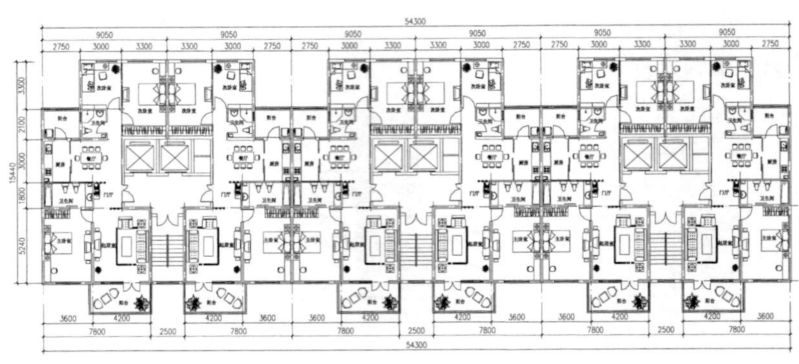

图13-57 绘制建筑地平线

（2）由建筑平面图向地平线引出立面图对应线，单击“绘图”工具栏中的“直线”按钮，绘制外墙轮廓对应线，如图13-58所示。

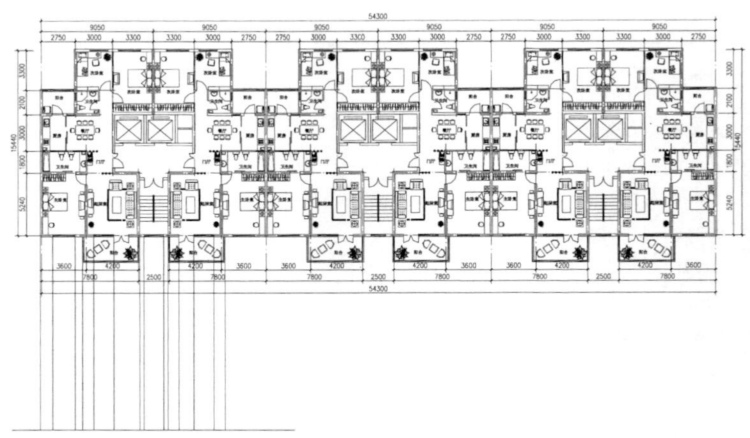

图13-58 绘制立面对应线

（3）单击“修改”工具栏中的“偏移”按钮，选择地平线向上偏移2900，偏移出二层楼面线。

（4）单击“修改”工具栏中的“修剪”按钮，将楼面线上方修剪掉，如图13-59所示。

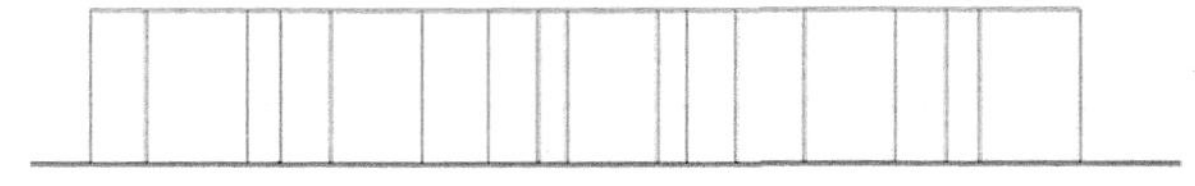

图13-59 绘制二层楼面

注意：将高层住宅楼层高度设计为 3.9m，先据此绘制与地平线平行的二层楼面线，然后对线条进行剪切，得到标准层的立面轮廓。

2. 绘制立面图门窗

（1）单击“修改”工具栏中的“偏移”按钮，选择地平线向上偏移 763、397。在与地平线平行的方向创建立面图中的门窗高度轮廓线，如图 13-60 所示。

注意：高层住宅楼层高度设计为 3.9m，先据此绘制与地平线平行的二层楼面线，然后对线条进行剪切，得到标准层的立面轮廓。

（2）单击“修改”工具栏中的“修剪”按钮，按照门窗的造型对图形进行修剪，如图 13-61 所示。

图 13-60　生成立面图门窗

图 13-61　对图形进行修剪

（3）单击“修改”工具栏中的“偏移”按钮，选择窗户下放水平底边向上偏移，偏移距离分别为 435、435、435、435。选择窗户靠左的垂直边，向右偏移距离为 435、435、435、435。根据立面图设计的整体效果，单击“修改”工具栏中的“修剪”按钮，对窗户立面图进行分隔，如图 13-62 所示。

（4）单击“绘图”工具栏中的“多段线”按钮，在门窗上下位置勾画窗台造型，如图 13-63 所示。

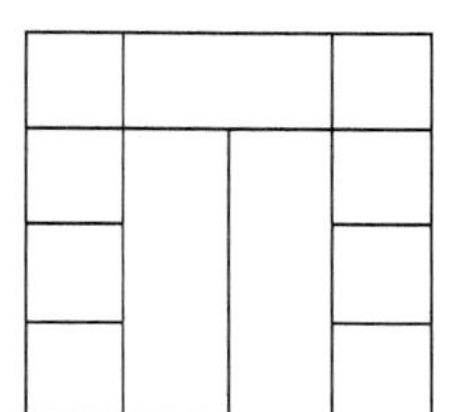

图 13-62　窗户造型绘制

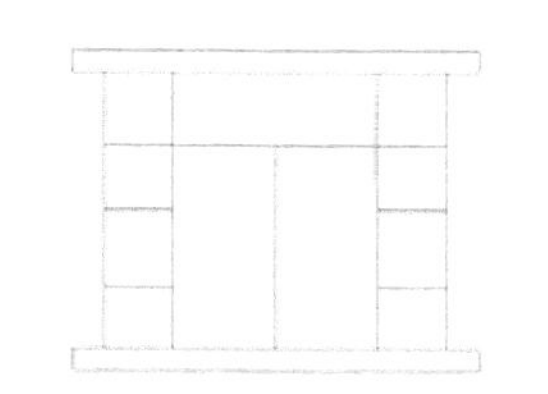

图 13-63　窗台造型设计

（5）单击“绘图”工具栏中的“直线”按钮，按上述方法，对阳台和阳台门立面进行分隔，如图 13-64 所示。

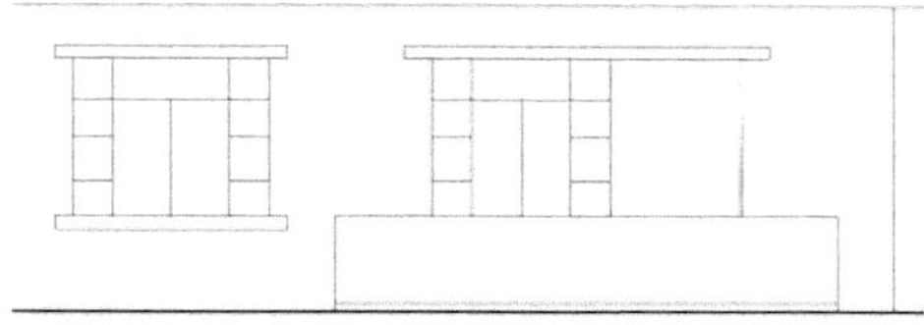

图 13-64　阳台及门造型绘制

3. 绘制立面图阳台造型

（1）单击“绘图”工具栏中的“直线”按钮，在距离阳台边线 166 处，绘制一条垂直向上的

直线。

（2）单击“修改”工具栏中的“偏移”按钮，选择步骤（1）绘制的直线输入偏移距离分别为118、23、118。绘制阳台垂直栏杆造型，如图13-65所示。

（3）单击“绘图”工具栏中的“圆弧”按钮，勾画栏杆细部造型，如图13-66所示。

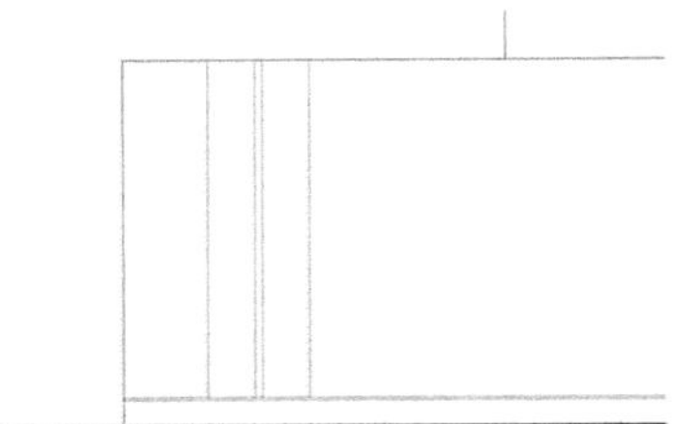

图13-65　垂直栏杆

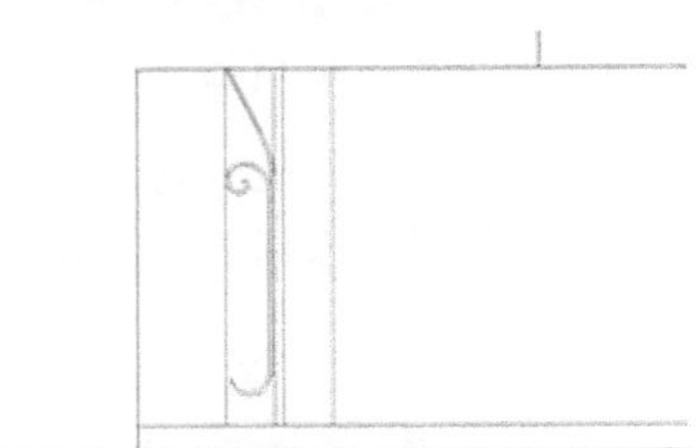

图13-66　栏杆细部设计

（4）单击“修改”工具栏中的“镜像”按钮，创建阳台栏杆细部造型，如图13-67所示。

（5）单击“修改”工具栏中的“复制”按钮，复制间距为500，创建阳台栏杆，如图13-68所示。

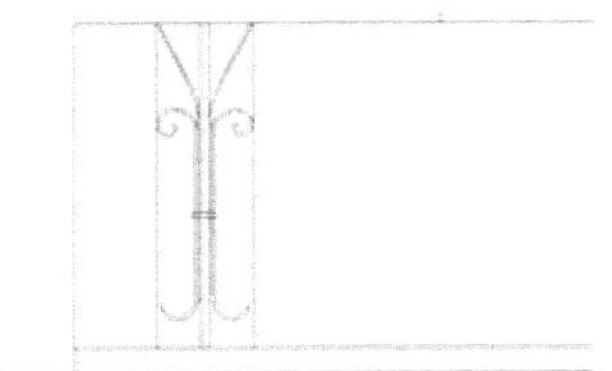

图13-67　创建栏杆细部造型

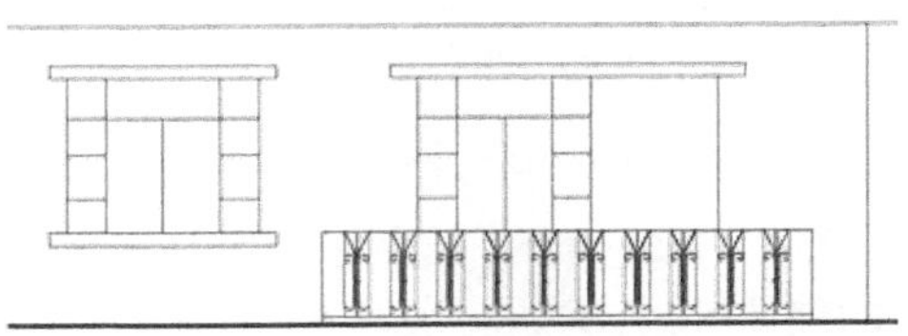

图13-68　创建阳台栏杆

（6）另外一侧的立面图按上述方法绘制，形成整个标准层的立面图，如图13-69所示。

（7）单击“修改”工具栏中的“偏移”按钮，选择对称立面图左边的垂直直线向右偏移分别为70、1620、70。选择地平线向上偏移分别为491、247、10228、247。单击“绘图”工具栏中的“直线”按钮，在绘制的直线最上方和最下方绘制对角线。单击“修改”工具栏中的“修剪”按钮，对图形进行修剪，完成电梯间窗户的绘制，如图13-70所示。

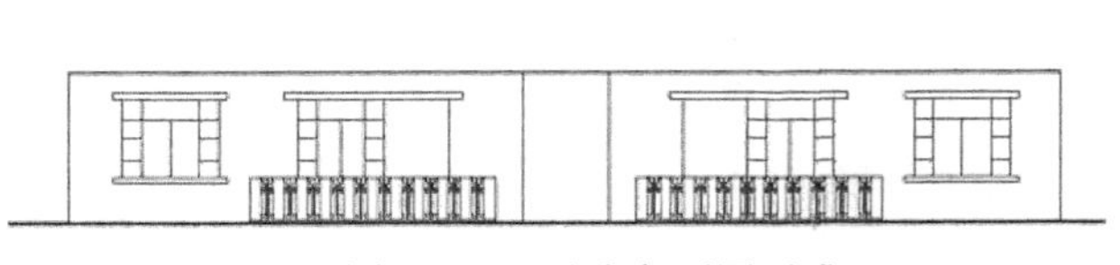

图13-69　对称立面图形成

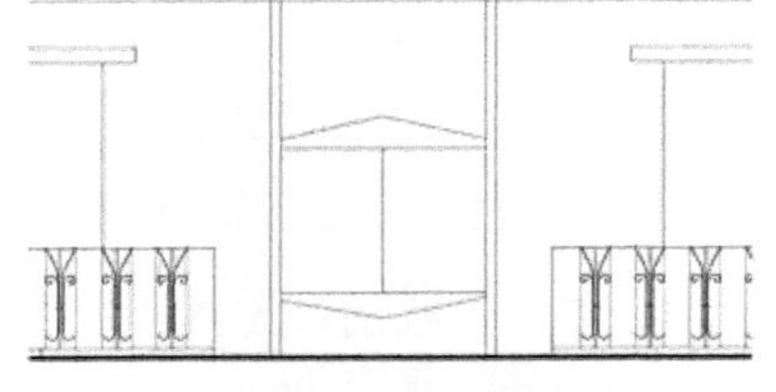

图13-70　创建电梯间窗户

（8）中间楼的窗户立面图同样按上述方式完成。

## 13.2.2　建筑整体立面图创建

（1）单击“修改”工具栏中的“复制”按钮，将楼层立面图向上复制8个，得到高层住宅建筑的主体结构形体，如图13-71所示。

（2）单击“绘图”工具栏中的“直线”按钮，在图形中适当选取一点，绘制水平距离为10000、垂直距离为1200的直线，在绘制好的水平线上方选取一点向上绘制长度分别为3337、2553的垂直直

线，完成屋顶立面图轮廓的绘制，如图 13-72 所示。

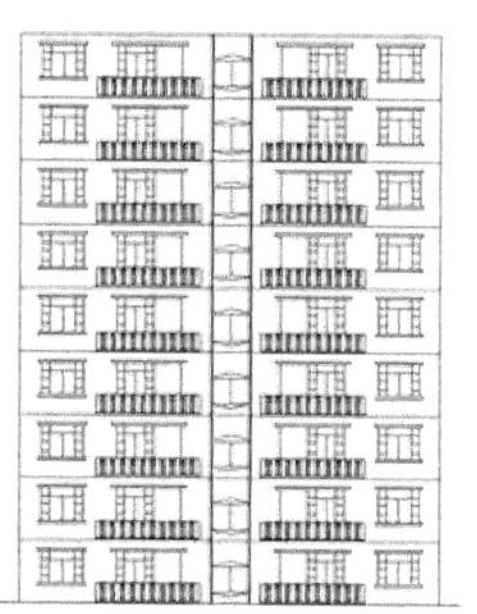

图 13-71　建立主体结构

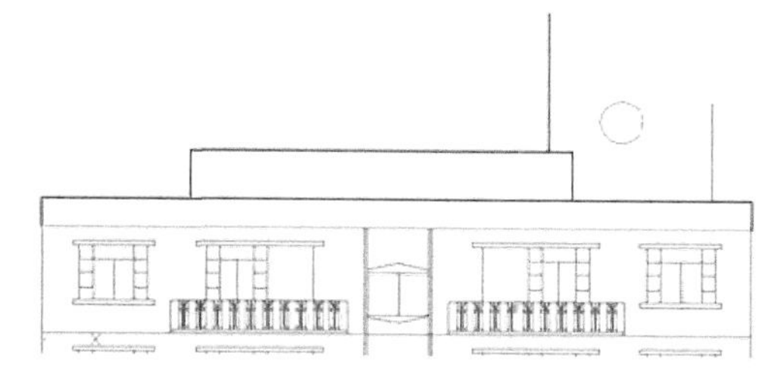

图 13-72　绘制屋顶立面图轮廓

（3）单击“绘图”工具栏中的“圆弧”按钮，在屋顶立面图中绘制弧线，形成屋顶造型，如图 13-73 所示。

（4）单击“修改”工具栏中的“复制”按钮，按单元数量进行单元立面图复制，完成整体立面图绘制，如图 13-74 所示。

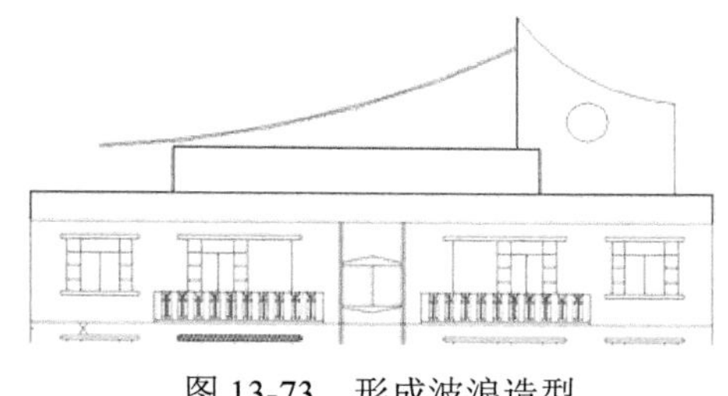

图 13-73　形成波浪造型

图 13-74　复制单元立面图

（5）单击“绘图”工具栏中的“直线”按钮和“多行文字”按钮，标注标高及文字，保存图形，如图 13-75 所示。

图 13-75　高层住宅立面图

注意：高层住宅其他方向的立面图，如东立面图、西立面图等，按照正立面图的绘制方法建立，在此不再进行详细的论述说明。

## 13.3　高层住宅建筑剖面图

本节将结合前面章节所述的建筑平面图和立面图的实例，介绍其剖面图的 AutoCAD 绘制方法与

技巧。建筑剖面图形的主要绘制方法，包括楼梯剖面的轴线、墙体、踏步和文字尺寸、标准层剖面、门窗剖面、整体剖面图，以及剖面细部等绘制方法。通过本设计案例的学习，综合前面有关章节的建筑剖面图的绘图方法，进一步巩固相关绘图知识和方法，全面掌握建筑剖面图的绘制方法。

Note

本节将讲述在如图 13-76 所示的建筑平面图位置上，绘制高层住宅建筑剖面图。绘制流程图如图 13-77 所示。

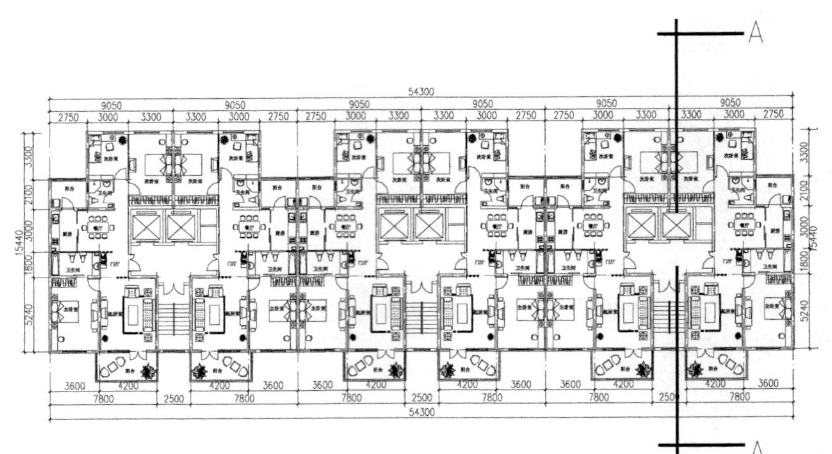

图 13-76 剖切位置

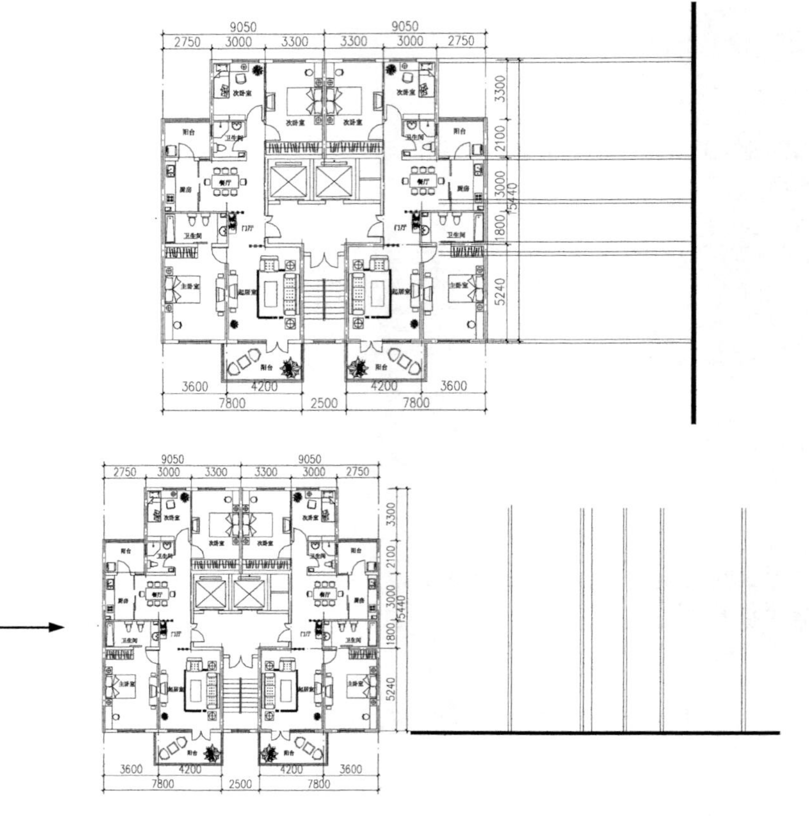

图 13-77 绘制高层住宅建筑剖面图

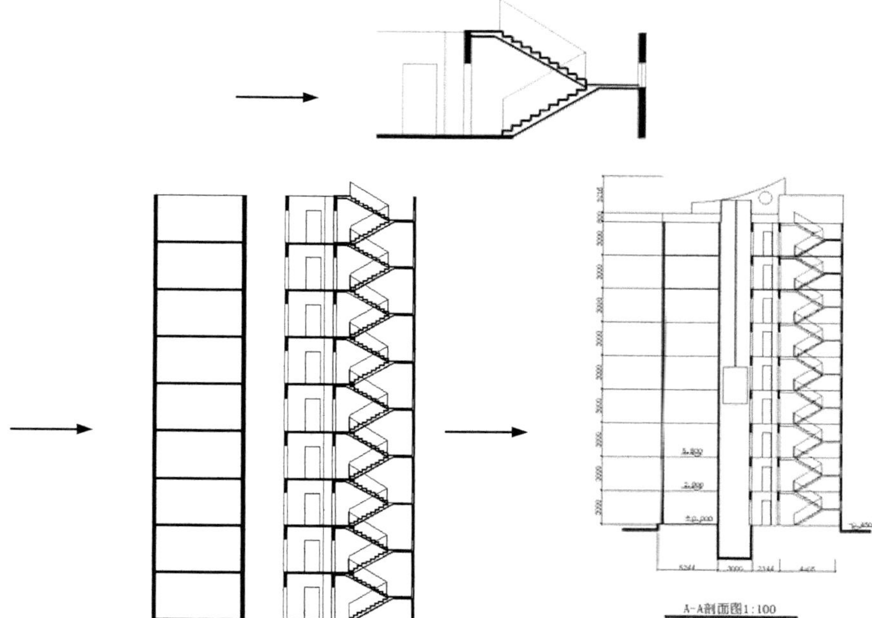

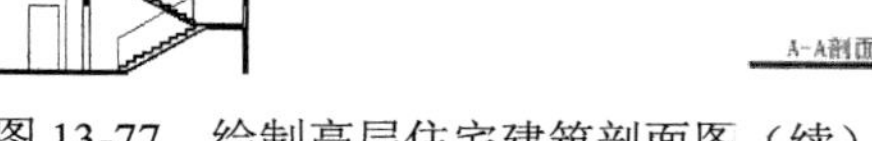



图 13-77　绘制高层住宅建筑剖面图（续）

绘制步骤：（**光盘\动画演示\第 13 章\高层住宅建筑剖面图.avi**）

## 13.3.1　剖面图建筑楼梯造型绘制

### 1. 绘制楼面线

（1）单击“绘图”工具栏中的“多段线”按钮，在平面图的右侧绘制一条长度为 42650 的多段线，如图 13-78 所示。

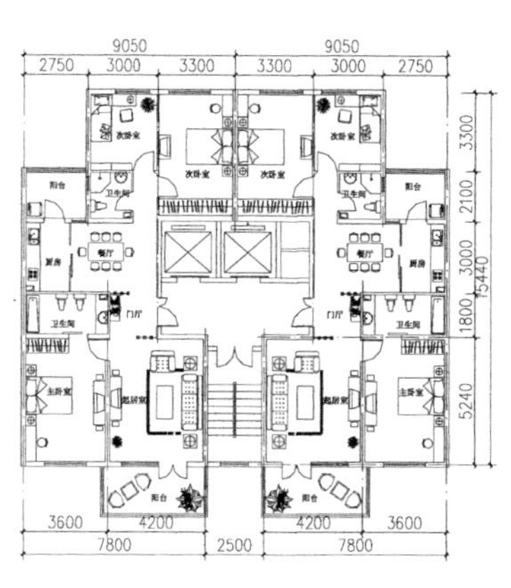



图 13-78　绘制垂直线

（2）在 A-A 剖切通过所涉及（能够看到）的墙体、门窗、楼梯等位置，利用“直线”命令根据建筑平面图向地平线绘制其相应的轮廓线，如图 13-79 所示。

Note

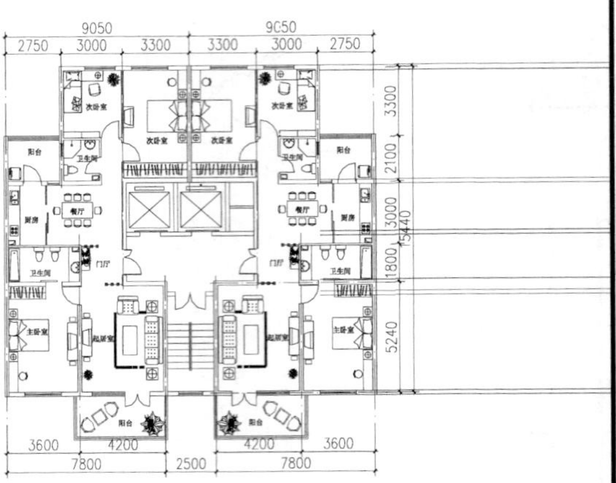


图 13-79　绘制相应线条

（3）单击“修改”工具栏中的“旋转”按钮，将所绘制的轮廓线旋转 90°，如图 13-80 所示。

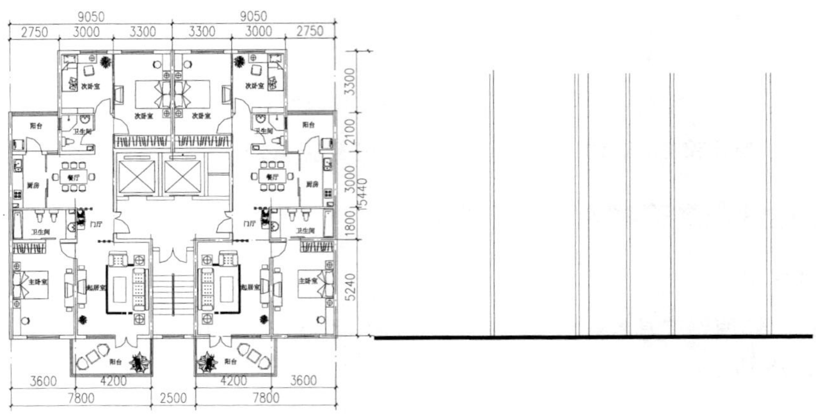


图 13-80　旋转轮廓线

（4）单击“修改”工具栏中的“偏移”按钮，多层住宅的楼层高度为 3.0m，选择地平线向上偏移 3m，因此在距地面线 3.0m 处绘制楼面轮廓线，如图 13-81 所示。

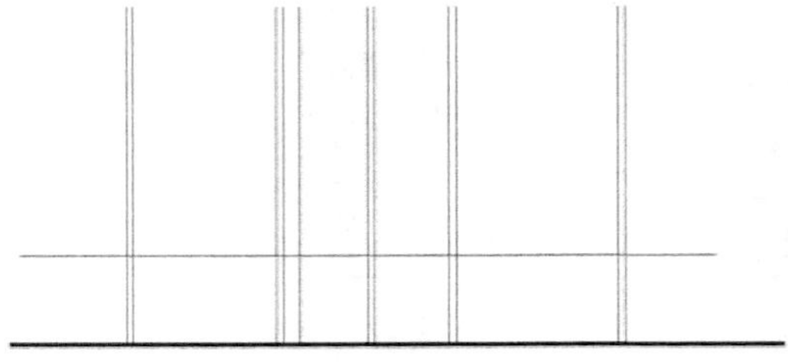

图 13-81　楼面轮廓线

（5）单击“修改”工具栏中的“修剪”按钮，对墙体和楼面轮廓线等进行修剪，如图 13-82 所示。

（6）单击“修改”工具栏中的“镜像”按钮，对墙体和楼面轮廓线等进行镜像，如图 13-83 所示。

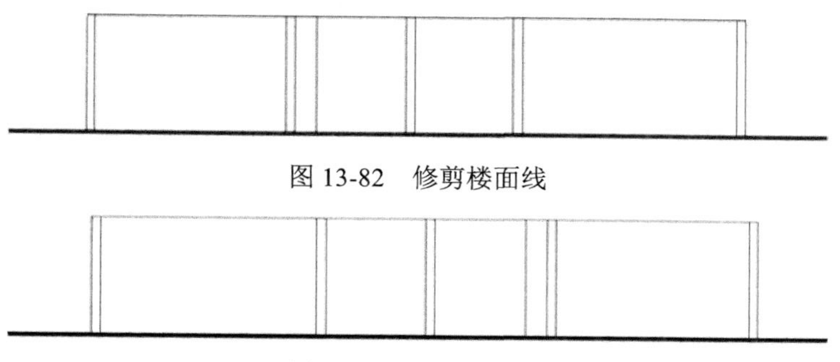

图 13-82　修剪楼面线

图 13-83　镜像楼面线

2. 绘制门窗

（1）单击“绘图”工具栏中的“直线”按钮和“修改 II”工具栏中的“编辑多段线”按钮，参照平面图、立面图中建筑门窗的位置与高度，在相应的墙体上绘制门窗轮廓线，如图 13-84 所示。

（2）单击“修改”工具栏中的“修剪”按钮，将中间部分楼的地面线条剪切，再利用“矩形”命令绘制矩形门洞轮廓，如图 13-85 所示。

图 13-84　绘制剖面门窗

图 13-85　形成电梯井

（3）单击“绘图”工具栏中的“矩形”按钮，绘制剖面图中可以看到的其他位置的门洞造型，如图 13-86 所示。

（4）单击“绘图”工具栏中的“图案填充”按钮，填充剖面图中的墙体为黑色，如图 13-87 所示。

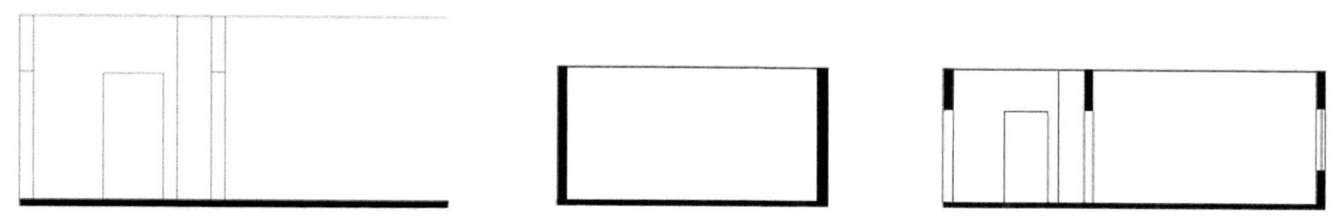

图 13-86　绘制其他位置门洞

图 13-87　填充墙体

3. 绘制楼梯踏步

（1）单击“绘图”工具栏中的“多段线”按钮，选取一点，绘制一个楼梯踏步图形，楼梯踏步为 250×145，如图 13-88 所示。

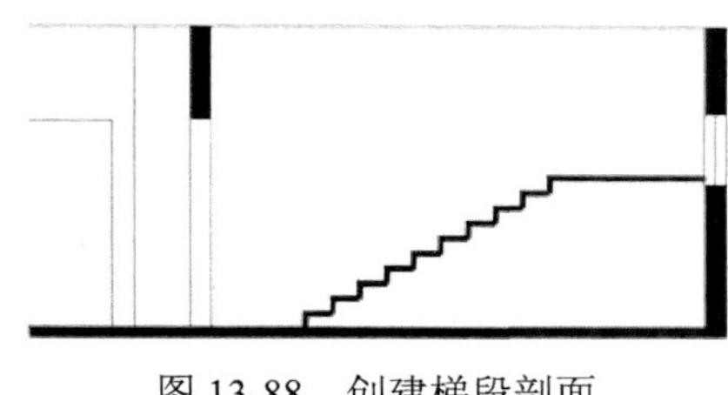

图 13-88　创建梯段剖面

Note

注意：根据楼层高度，按每步高度小于 170mm 计算楼梯踏步和梯板的尺寸，然后按所计算的尺寸绘制其中一个梯段剖面轮廓线。

（2）单击"修改"工具栏中的"镜像"按钮，对楼梯踏步进行镜像得到上梯段的楼梯剖面，如图 13-89 所示。

（3）单击"绘图"工具栏中的"多段线"按钮，在踏步下绘制楼梯板，得到完整的楼梯剖面结构图，如图 13-90 所示。

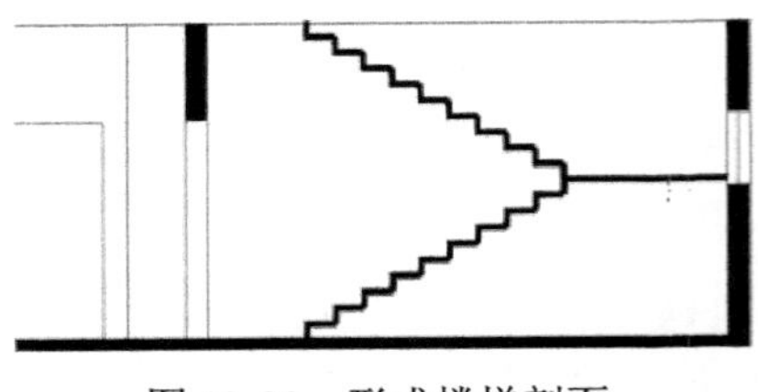

图 13-89　形成楼梯剖面

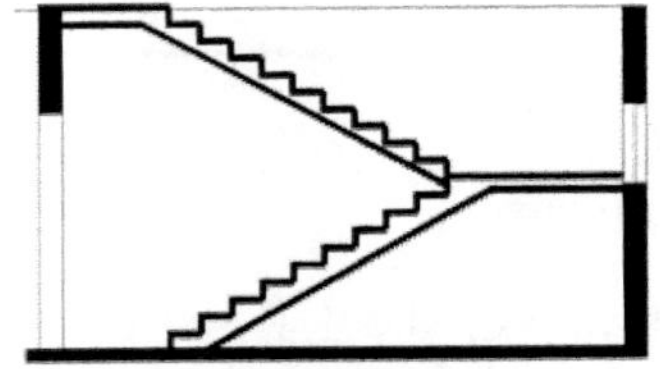

图 13-90　绘制楼梯板

（4）单击"绘图"工具栏中的"直线"按钮，绘制高为 900 的直线作为楼梯栏杆，如图 13-91 所示。

（5）单击"修改"工具栏中的"修剪"按钮，将楼梯间的部分楼板剪切，如图 13-92 所示。

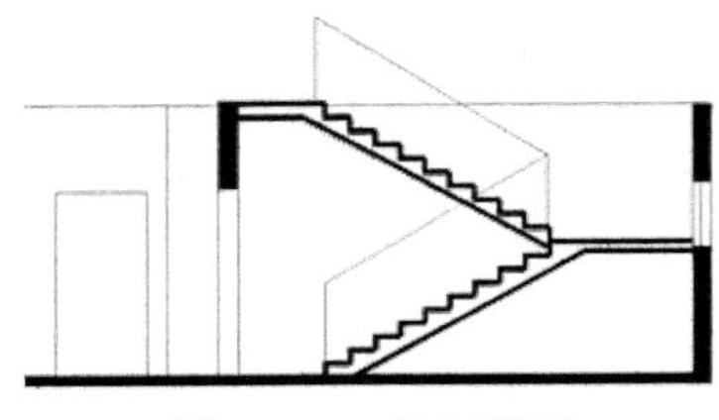

图 13-91　绘制栏杆

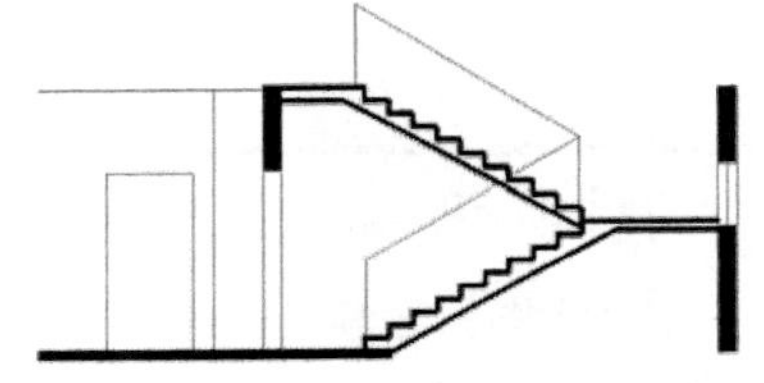

图 13-92　剪切楼板

## 13.3.2　剖面图整体楼层图形绘制

（1）单击"修改"工具栏中的"复制"按钮，按照立面图中所确定的楼层高度进行楼层复制，得到 A-A 剖面图，如图 13-93 所示。

（2）单击"绘图"工具栏中的"多段线"按钮，在剖切位置顶层楼层绘制屋面结构体，如图 13-94 所示。

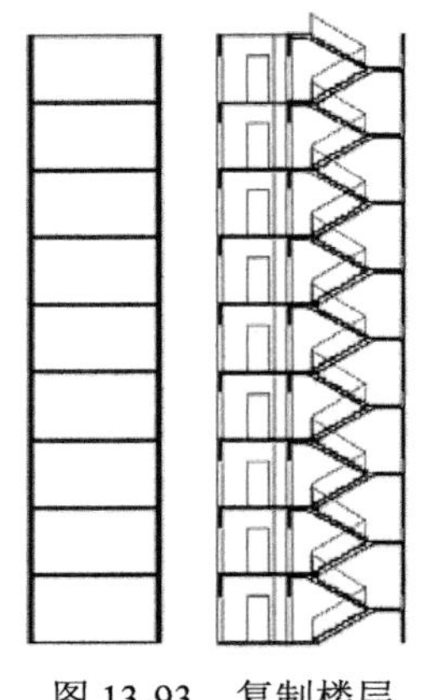

图 13-93　复制楼层

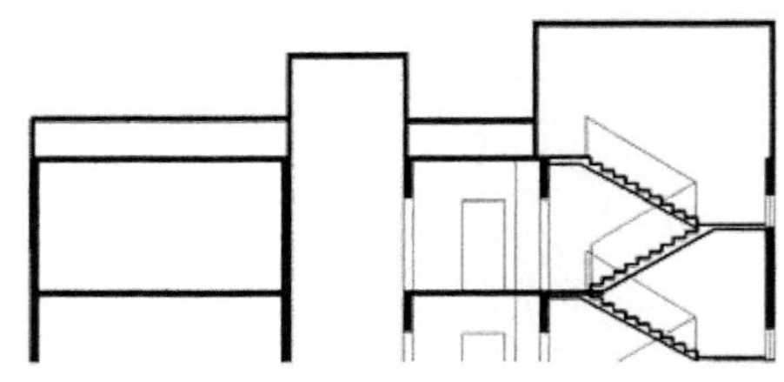

图 13-94　绘制屋面剖面图

（3）单击“绘图”工具栏中的“多段线”按钮，在剖面图底部绘制电梯底坑剖面图，如图 13-95 所示。

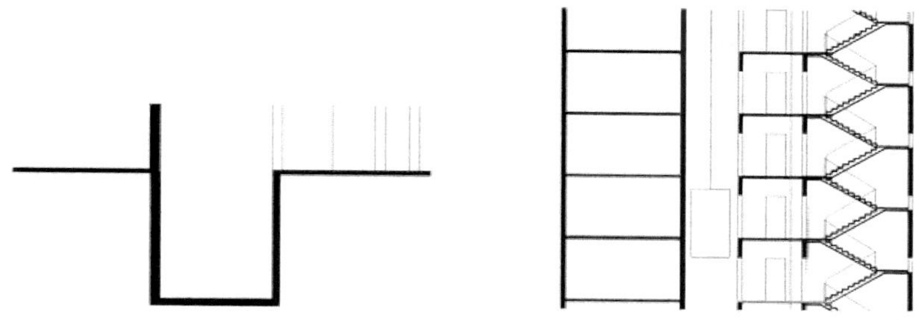

图 13-95　绘制电梯底坑剖面图

（4）单击“绘图”工具栏中的“直线”按钮、“多行文字”按钮和“标注”工具栏中的“线性”按钮，按楼层高度标注剖面图中的楼层标高，以及楼层和门窗的尺寸，如图 13-96 所示。

（5）缩放视图检查多层住宅 A-A 剖面图的绘制情况，如图 13-97 所示。

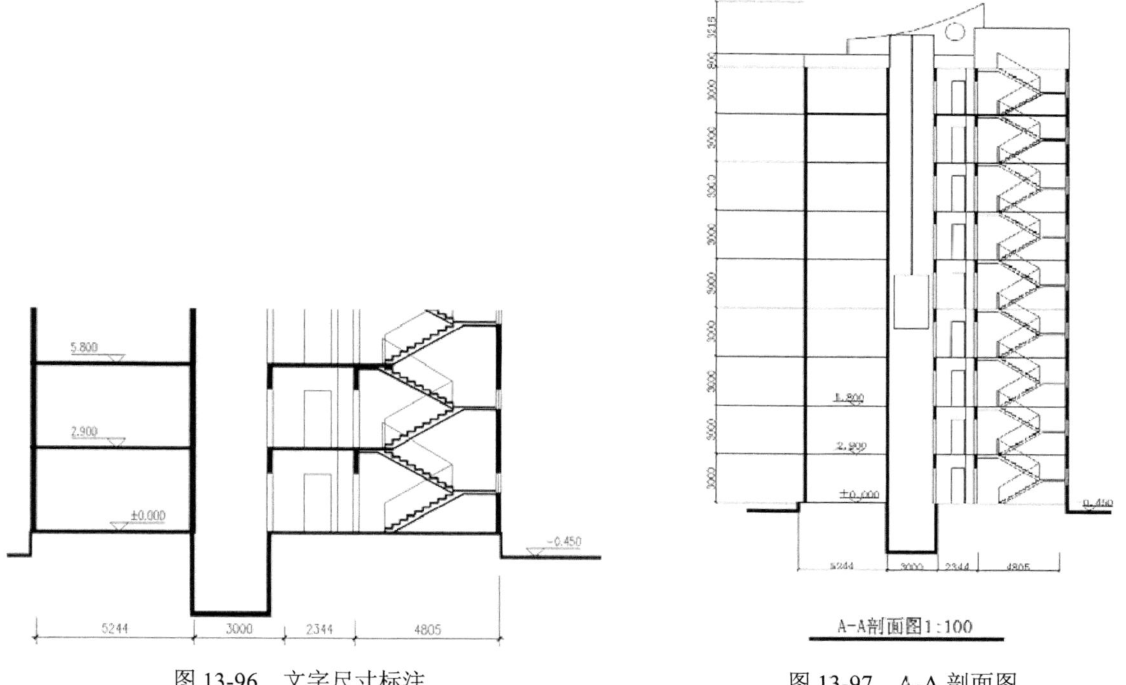


图 13-96　文字尺寸标注　　　　图 13-97　A-A 剖面图

# 13.4　高层住宅建筑详图

前面介绍的平、立、剖面图均是全局性的图纸，由于比例的限制，不可能将一些复杂的细部或局部做法表示清楚，因此需要将这些细部、局部的构造、材料及相互关系采用较大的比例详细绘制出来，以指导施工。

### 13.4.1 楼梯踏步详图绘制

本节以绘制楼梯踏步详图为例，讲述建筑详图的绘制方法。绘制流程图如图 13-98 所示。

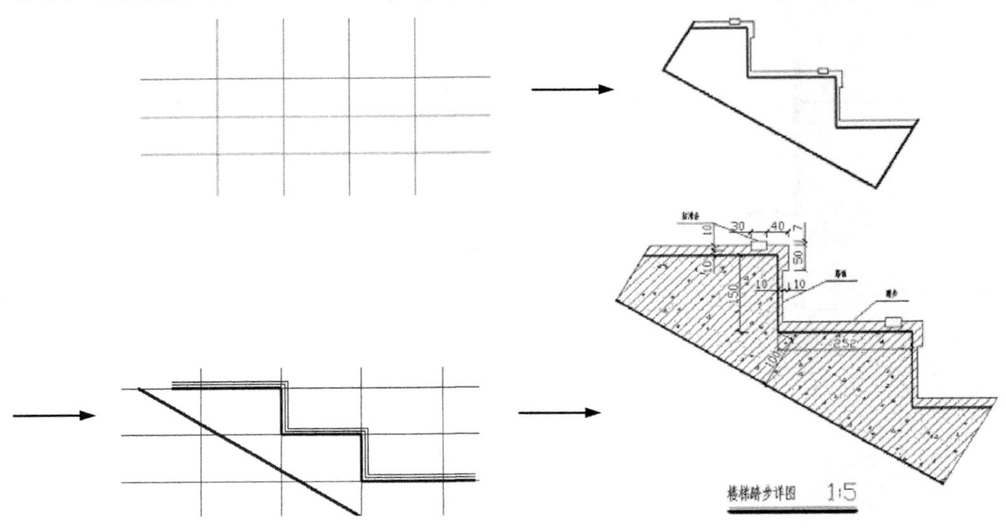


图 13-98 绘制楼梯踏步详图

**绘制步骤：（光盘\动画演示\第 13 章\楼梯踏步详图.avi）**

1. 设置绘图参数

（1）单击“图层”工具栏中的“图层特性管理器”按钮，打开“图层特性管理器”对话框，单击“新建图层”按钮，新建“辅助线”图层，指定图层颜色为洋红色。

（2）继续新建图层“剖切线”，指定颜色为红色；新建图层“楼梯细部”和“标注”，其他设置采用默认设置。

（3）选择菜单栏中的“格式”→“标注样式”命令，在系统弹出的“标注样式管理器”对话框中单击“修改”按钮，进入“修改标注样式：ISO-25”对话框。

（4）切换到“符号和箭头”选项卡，单击“箭头”选项组中的“第一个”右边的按钮，在弹出的下拉列表中选择“建筑标记”，单击“第二个”右边的按钮，在弹出的下拉列表中选择“建筑标记”，并设定“箭头大小”为 8。

（5）切换到“文字”选项卡，在“文字外观”选项组的“文字高度”右边的文本框中输入“15”，在“文字位置”选项组的“从尺寸线偏移”右边的文本框中输入“5”，这样就完成了“文字”选项卡的设置。单击“确定”按钮，返回“标注样式管理器”对话框，最后单击“关闭”按钮返回绘图区，完成标注样式的设置。

2. 绘制辅助线

（1）将“辅助线”图层置为当前图层。

（2）单击“绘图”工具栏中的“构造线”按钮，绘制一条竖直构造线和一条水平构造线，组成“十”字构造线网。

（3）单击“修改”工具栏中的“偏移”按钮，使水平构造线依次向下偏移 150，共偏移两次；竖直构造线依次向右偏移 252，共偏移 3 次。得到的辅助线网如图 13-99 所示。

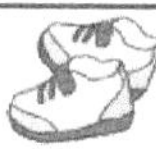

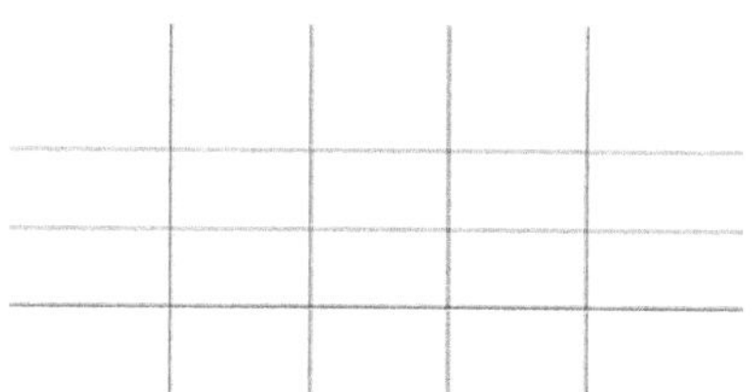

图 13-99 辅助线网

### 3. 绘制楼梯踏步

（1）将“剖切线”图层置为当前图层。

（2）单击“绘图”工具栏中的“直线”按钮，绘制出楼梯踏步线。单击“绘图”工具栏中的“构造线”按钮，绘制一条通过两个踏步头的构造线，结果如图 13-100 所示。

（3）单击“修改”工具栏中的“偏移”按钮，将构造线向下偏移 100。单击“修改”工具栏中的“删除”按钮，删除原来的构造线，结果如图 13-101 所示。

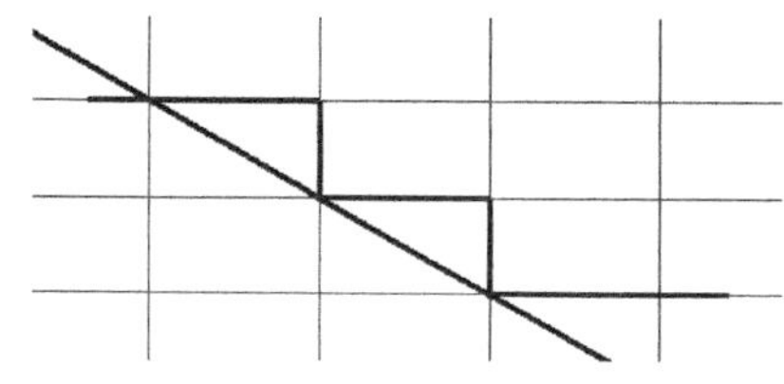

图 13-100 绘制辅助线和楼梯踏步

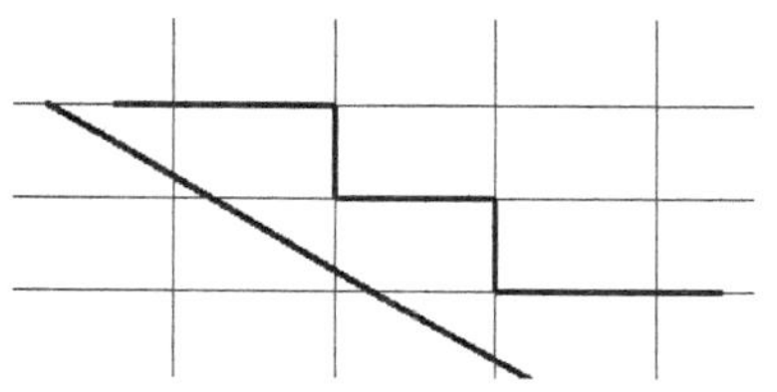

图 13-101 构造线偏移结果

（4）将“楼梯细部”图层置为当前图层。

（5）单击“绘图”工具栏中的“多段线”按钮，描出楼梯踏步。单击“修改”工具栏中的“偏移”按钮，将多段线连续向外偏移 10，共偏移两次。单击“修改”工具栏中的“分解”按钮，将多段线分解，结果如图 13-102 所示。

（6）单击“绘图”工具栏中的“直线”按钮，绘制出楼梯踏步细部。单击“修改”工具栏中的“修剪”按钮，把多余的线条修剪掉，得到踢脚和防滑条，绘制结果如图 13-103 所示。

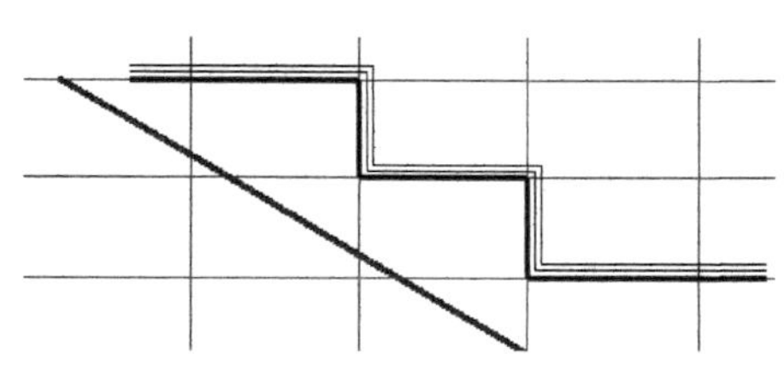

图 13-102 多段线处理结果

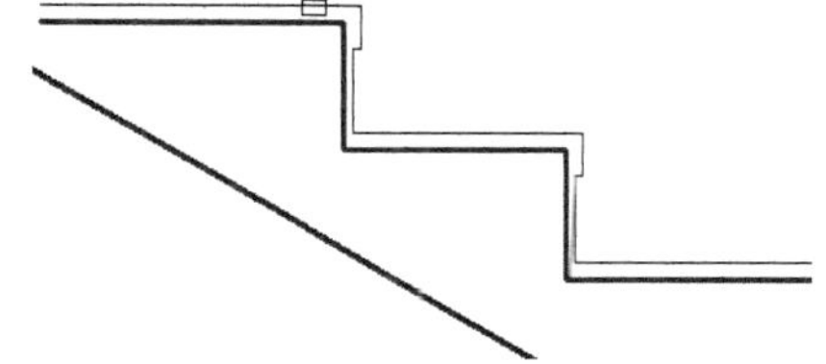

图 13-103 细化楼梯踏步

（7）单击“修改”工具栏中的“复制”按钮，将防滑条复制到下一个踏步。单击“绘图”工具栏中的“直线”按钮，绘制两条直线垂直于台阶底部线。单击“修改”工具栏中的“修剪”按钮，将多余的线条修剪掉。楼梯踏步绘制结果如图 13-104 所示。

### 4. 图案填充

（1）将“标注”图层置为当前图层。

（2）单击“绘图”工具栏中的“图案填充”按钮，在弹出的“图案填充和渐变色”对话框中选择填充图案为 AR-CONC，更改填充比例为 0.3，对楼梯踏步进行填充，填充结果如图 13-105 所示。

Note

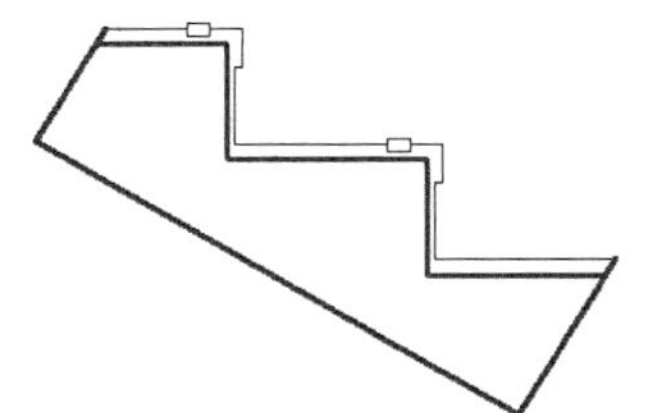

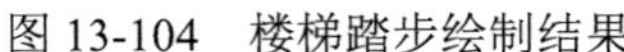

图 13-104　楼梯踏步绘制结果

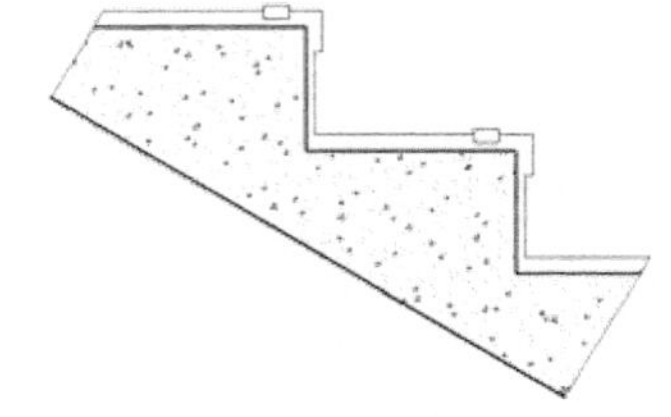

图 13-105　图案填充操作结果

（3）单击“绘图”工具栏中的“图案填充”按钮，在弹出的“图案填充和渐变色”对话框中选择填充图案为 ANSI31，更改填充比例为 4，对楼梯踏步进行填充，填充结果如图 13-106 所示。

5. 尺寸标注和文字说明

（1）单击“标注”工具栏中的“对齐”按钮，进行尺寸标注，标注结果如图 13-107 所示。

（2）单击“绘图”工具栏中的“直线”按钮，在各处绘制出折线作为引出线。单击“绘图”工具栏中的“多行文字”按钮，在引出线上标出“防滑条”、“踏步”、“踢面”等文字，指定字高为 15。在图的正下方标出“楼梯踏步详图 1:5”文字，指定字高为 30。最后单击“绘图”工具栏中的“直线”按钮，在标题下方绘制一粗一细两条直线即可。楼梯踏步详图最终绘制结果如图 13-98 所示。

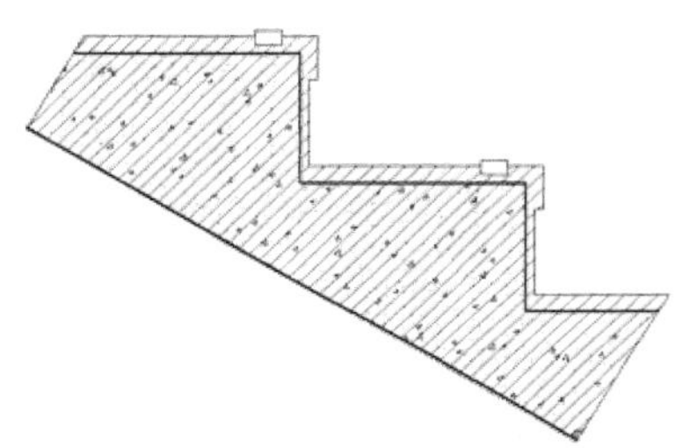

图 13-106　图案填充效果

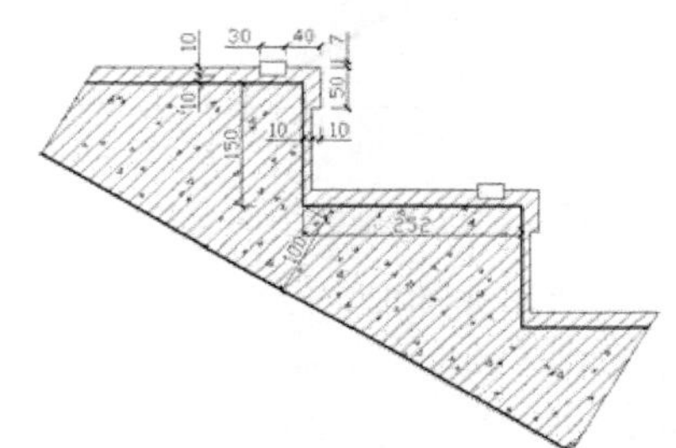


图 13-107　尺寸标注结果

## 13.4.2　建筑节点详图绘制

下面介绍建筑构造节点详图的绘制方法与相关技巧。绘制流程图如图 13-108 所示。

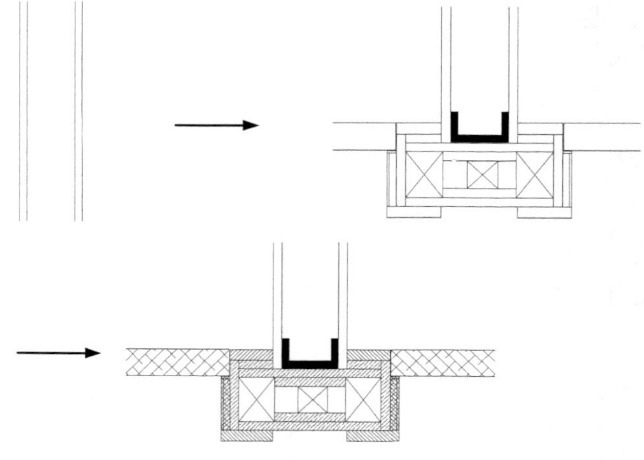

图 13-108　绘制建筑节点详图

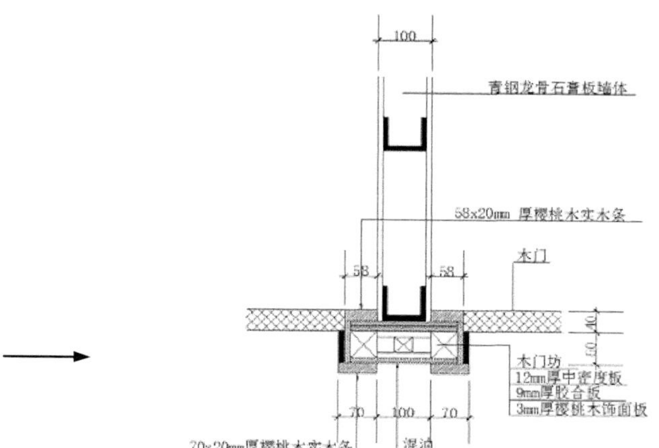


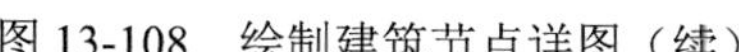

图 13-108　绘制建筑节点详图（续）

**绘制步骤：（光盘\动画演示\第 13 章\建筑节点详图.avi）**

### 1. 设置绘图参数

（1）新建 3 个图层，即“轮廓线”图层、“剖面线”图层和“标注”图层，分别指定相应的线型、线宽和颜色。

（2）选择菜单栏中的“格式”→“标注样式”命令，打开“标注样式管理器”对话框，单击“修改”按钮，进入“修改标注样式：ISO-25”对话框。

（3）在“符号和箭头”选项卡中，单击“箭头”选项组中的“第一个”右边的按钮，在弹出的下拉列表中选择“建筑标记”，单击“第二个”右边的按钮，在弹出的下拉列表中选择“建筑标记”，并设定“箭头大小”为 8。

（4）在“文字”选项卡中，在“文字外观”选项组的“文字高度”右边的文本框中输入“15”，在“文字位置”选项组的“从尺寸线偏移”右边的文本框中输入“5”，这样就完成了“文字”选项卡的设置。单击“确定”按钮，返回“标注样式管理器”对话框，最后单击“关闭”按钮返回绘图区，完成标注样式的设置。

### 2. 绘制节点轮廓

（1）将“轮廓线”图层设置为当前图层，单击“绘图”工具栏中的“直线”按钮，绘制一条长为 476 的垂直直线，单击“修改”工具栏中的“偏移”按钮，选择绘制的直线，向右偏移 10、80、10，绘制中间的墙体轮廓，如图 13-109 所示。

（2）单击“绘图”工具栏中的“直线”按钮，在墙体轮廓上选取一点，绘制竖直长度为 43、水平长度为 69 的直线，然后单击“绘图”工具栏中的“图案填充”按钮，填充图形，单击“修改”工具栏中的“复制”按钮，向上复制一个龙骨，完成龙骨轮廓造型的绘制，如图 13-110 所示。

图 13-109　绘制墙体轮廓　　图 13-110　绘制龙骨轮廓

（3）单击“绘图”工具栏中的“直线”按钮，在墙体轮廓左侧线上选取一点，向左绘制长度为58的直线，继续向下绘制长度为15的直线。单击“修改”工具栏中的“偏移”按钮，将水平直线向下偏移15。单击“绘图”工具栏中的“直线”按钮，在龙骨下方绘制长度为192的直线。单击“修改”工具栏中的“偏移”按钮，将直线向下偏移12。完成内侧细部构造做法，如图13-111所示。

Note

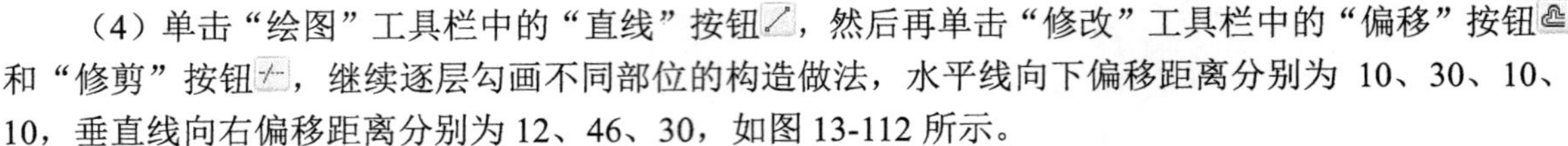

（4）单击“绘图”工具栏中的“直线”按钮，然后再单击“修改”工具栏中的“偏移”按钮和“修剪”按钮，继续逐层勾画不同部位的构造做法，水平线向下偏移距离分别为10、30、10、10，垂直线向右偏移距离分别为12、46、30，如图13-112所示。

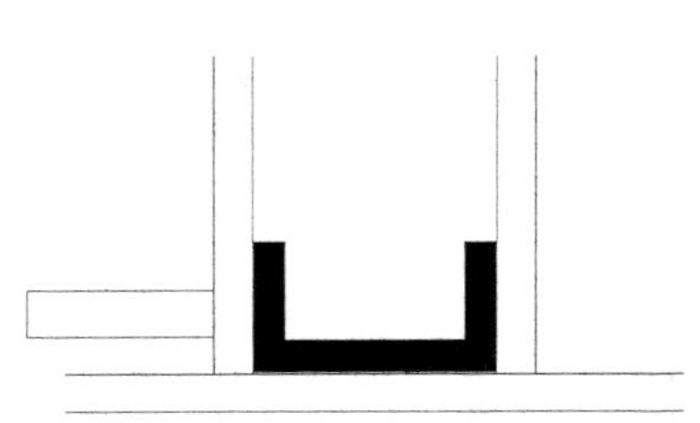

图13-111　绘制构造做法

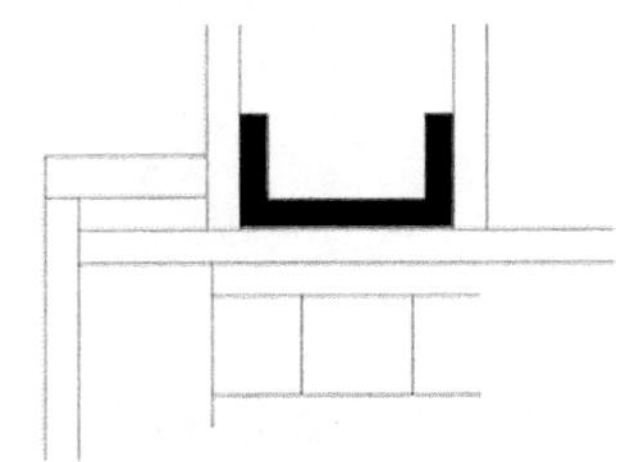

图13-112　勾画不同部位构造

（5）单击“绘图”工具栏中的“矩形”按钮，绘制一个46×50的大矩形及一个34×30的小矩形，勾画外侧表面构造做法，如图13-113所示。

（6）单击“绘图”工具栏中的“直线”按钮，绘制门扇平面造型，如图13-114所示。

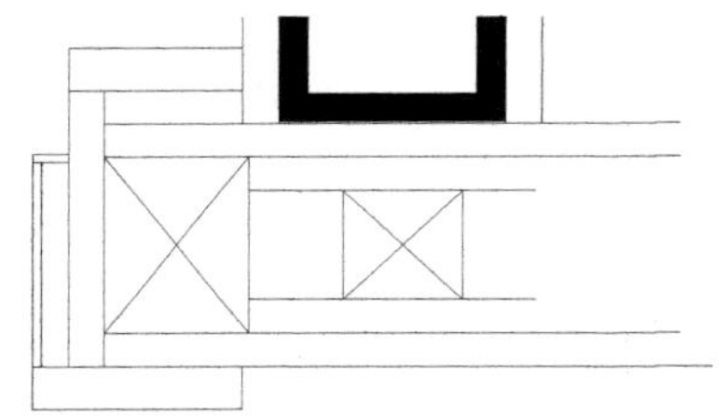

图13-113　勾画外侧构造做法

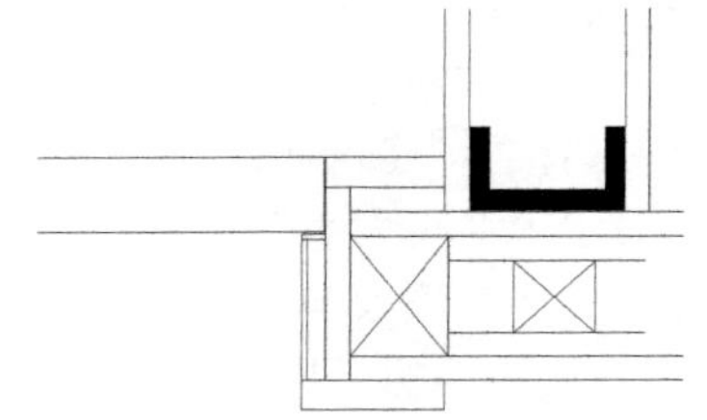

图13-114　绘制门扇造型

（7）单击“修改”工具栏中的“镜像”按钮，进行镜像得到节点A的详图，如图13-115所示。

3. 填充及标注

（1）将“剖面线”图层设置为当前图层，单击“绘图”工具栏中的“图案填充”按钮，在弹出的对话框中选择图案填充材质，如图13-116所示。

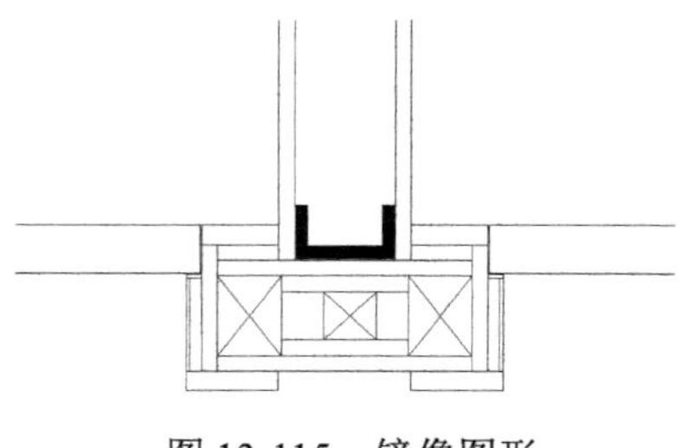

图13-115　镜像图形

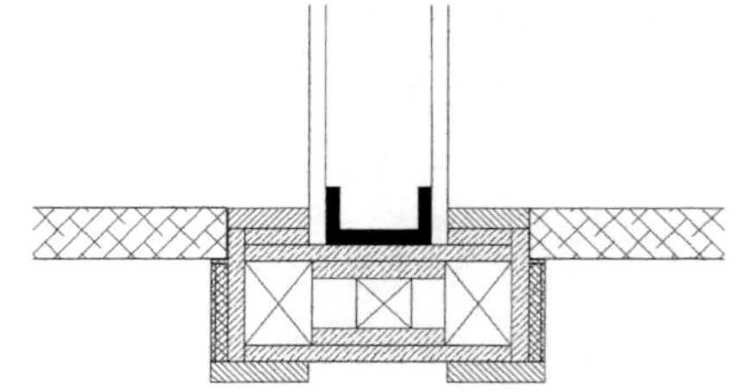

图13-116　填充材质

（2）将“标注”图层设置为当前图层，单击“标注”工具栏中的“线性”按钮，标注细部尺寸大小，如图13-117所示。

（3）单击“绘图”工具栏中的“多行文字”按钮A，标注材质说明文字，如图13-118所示。

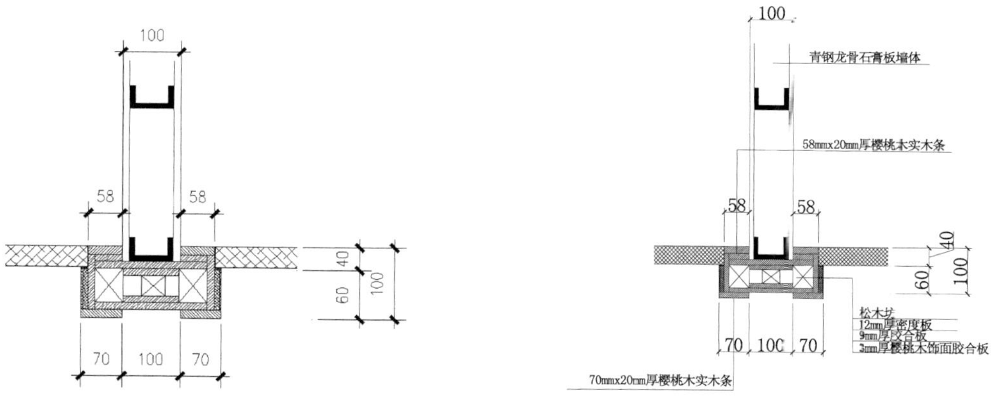


图13-117　标注尺寸　　　　图13-118　标注说明

## 13.4.3　楼梯剖面详图绘制

本节以绘制楼梯剖面详图为例，讲述建筑详图的绘制方法和技巧。绘制流程图如图13-119所示。

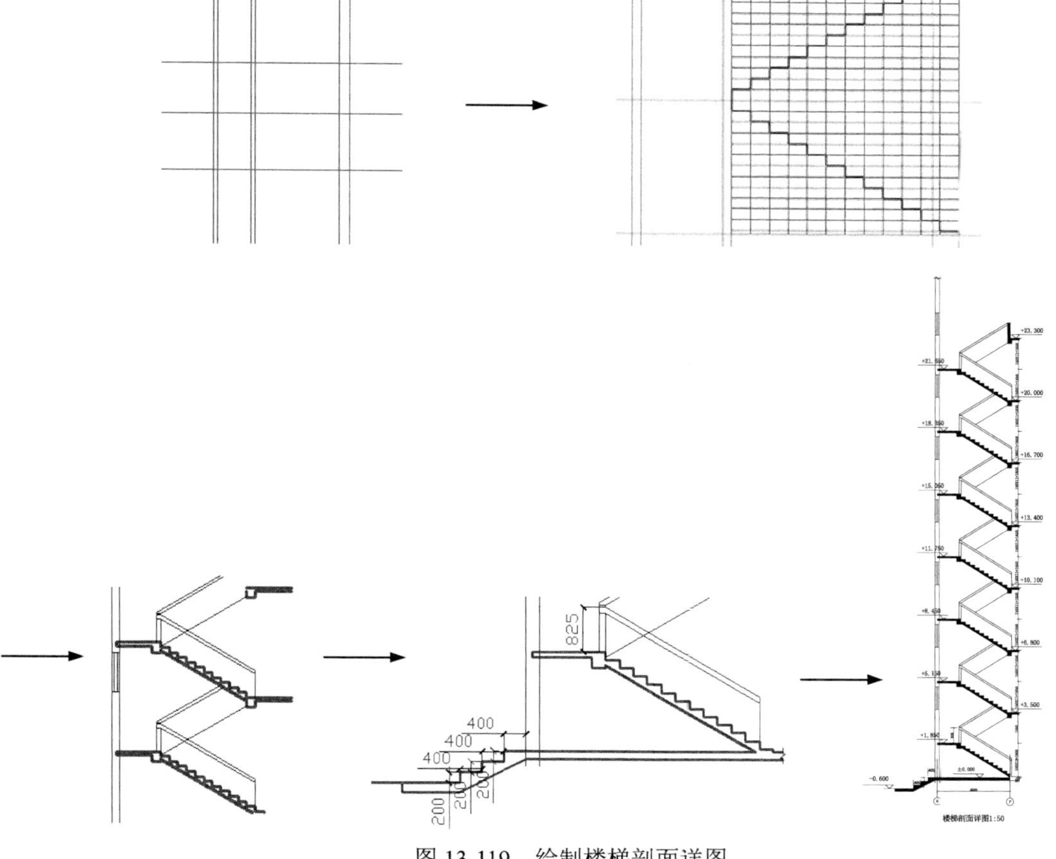


图13-119　绘制楼梯剖面详图

Note

绘制步骤：（光盘\动画演示\第13章\楼梯剖面详图.avi）

1. 绘制辅助线网

（1）单击“图层”工具栏中的“图层特性管理器”按钮，打开“图层特性管理器”对话框，单击上面的“新建图层”按钮，新建“辅助线”图层，指定图层颜色为洋红色，并将“辅助线”图层置为当前图层。

（2）单击“绘图”工具栏中的“构造线”按钮，在绘图区任意绘制一条竖直构造线和一条水平构造线，组成“十”字辅助线网格。单击“修改”工具栏中的“偏移”按钮，使得水平构造线向上偏移1850和1650；竖直构造线依次向右偏移120、1080、120、2680、120和344，得到的辅助线网如图13-120所示。

（3）绘制楼梯踏步辅助网格，网格大小为252×150。单击“绘图”工具栏中的“直线”按钮，先绘制一条水平线，然后单击“修改”工具栏中的“矩形阵列”按钮，选择水平线作为阵列对象，指定阵列行数为25、列数为1、行间距为-150，得到水平方向的辅助线。

（4）单击“绘图”工具栏中的“直线”按钮，先绘制一条竖直线，然后单击“修改”工具栏中的“矩形阵列”按钮，指定阵列列数为13、行数为1、列间距为252，选择竖直线作为阵列对象，得到竖直方向的辅助线。两次阵列的结果如图13-121所示。

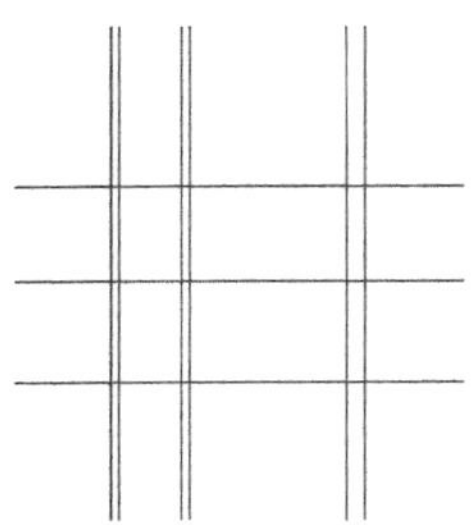

图13-120　辅助线网

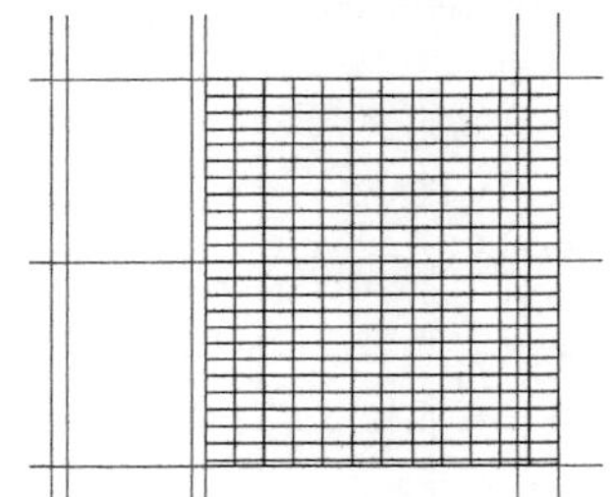

图13-121　楼梯踏步辅助线网格

2. 绘制底层楼梯

（1）将“楼梯”图层置为当前图层。

（2）单击“绘图”工具栏中的“直线”按钮，根据网格线来绘制楼梯踏步。最下层的楼梯踏步高只有50，其他的高为150。底层楼梯踏步绘制结果如图13-122所示。

（3）单击“绘图”工具栏中的“直线”按钮，绘制楼梯平台，楼梯平台厚为100。绘制结果如图13-123所示。

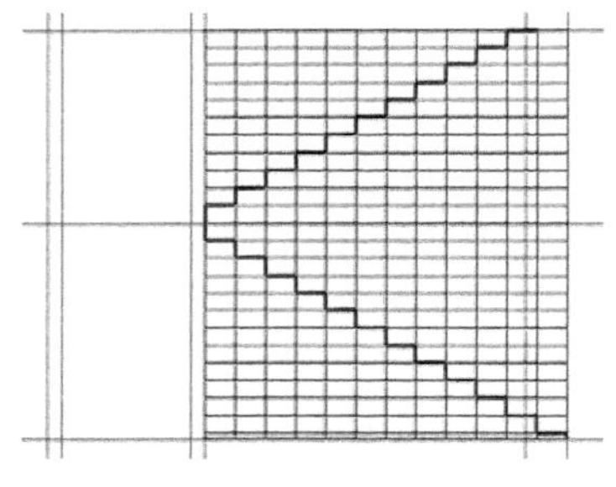

图13-122　绘制底层楼梯踏步

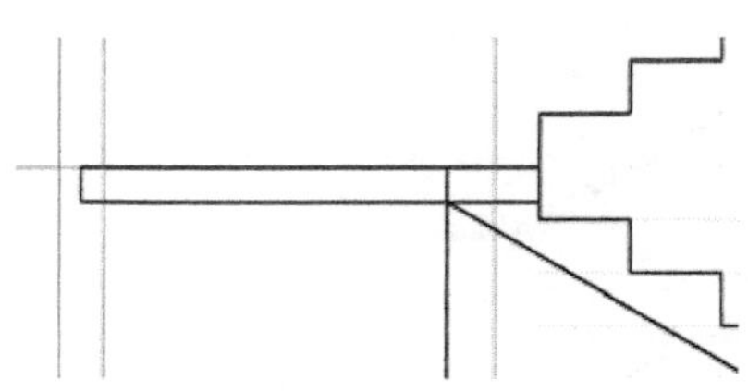

图13-123　绘制楼梯平台

（4）单击“绘图”工具栏中的“直线”按钮，绘制楼梯梁宽为240、高为300。最后单击“修

改”工具栏中的“修剪”按钮，修剪掉多余的线条即可。楼梯平台的绘制结果如图 13-124 所示。

（5）单击“绘图”工具栏中的“构造线”按钮，绘制构造线过楼梯两个踏步的相同位置，得到平行于楼梯踏步的楼梯底板线的构造线，然后单击“修改”工具栏中的“移动”按钮，将构造线向下移动即可得到楼梯踏步的楼梯底板线。最后单击“修改”工具栏中的“修剪”按钮，修剪掉多余的线条即可。底层楼梯绘制结果如图 13-125 所示。

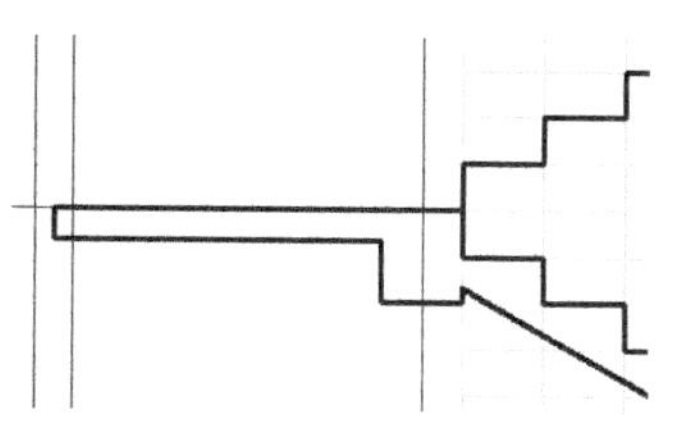

图 13-124　楼梯平台绘制结果

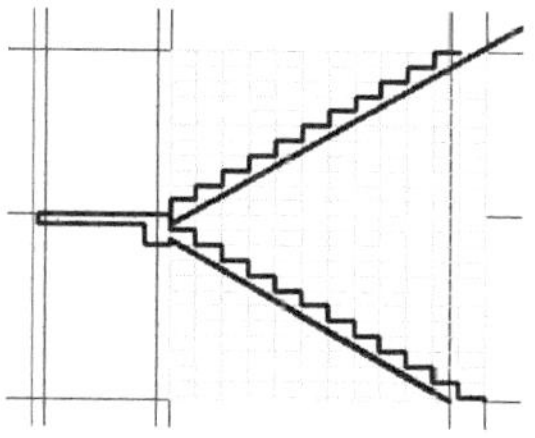

图 13-125　底层楼梯绘制结果

3. 绘制标准层楼梯

（1）单击“修改”工具栏中的“复制”按钮，将楼梯踏步和底板线进行复制，得到如图 13-126 所示的 3 段楼梯。

（2）单击“绘图”工具栏中的“直线”按钮，绘制楼梯平台处。绘制楼板和楼梯梁，结果如图 13-127 所示。最后单击“修改”工具栏中的“修剪”按钮，修剪掉多余的线条即可。

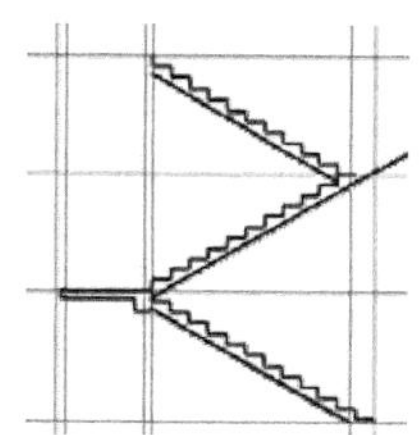

图 13-126　复制楼梯底板线和踏步

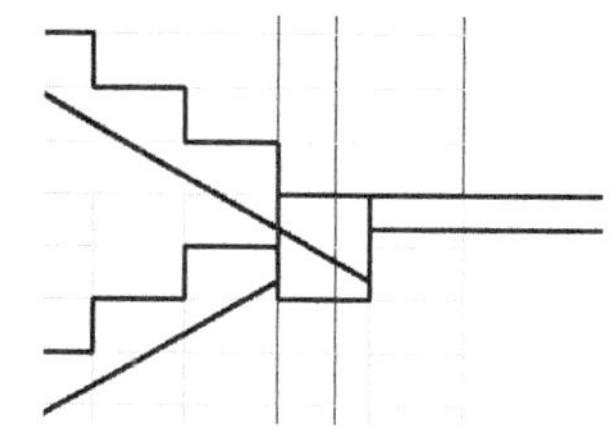

图 13-127　处理楼梯平台

（3）单击“修改”工具栏中的“复制”按钮，从底层复制一个楼梯平台到标准层，结果如图 13-128 所示。

（4）单击“修改”工具栏中的“复制”按钮，从底层复制一段带阳台的楼梯，可以得到标准层的楼梯图，如图 13-129 所示。

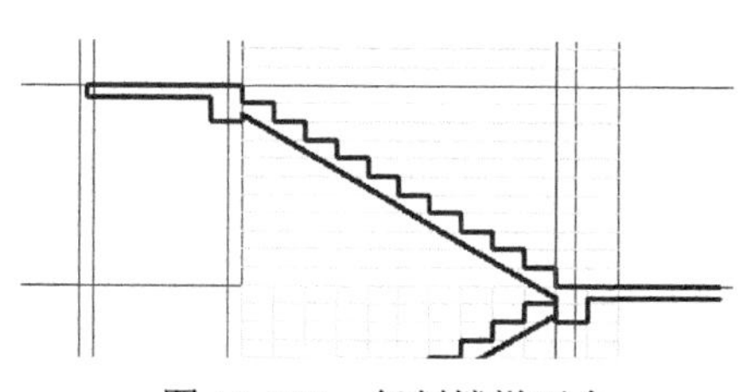

图 13-128　复制楼梯平台

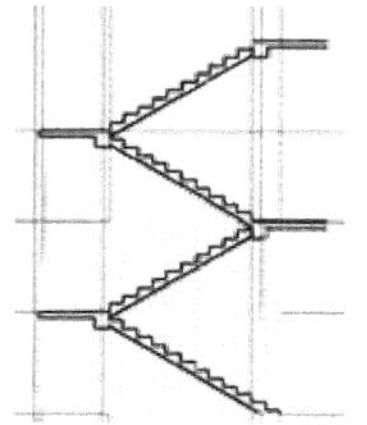

图 13-129　标准层楼梯绘制结果

4. 绘制楼梯扶手

（1）将“楼梯扶手”图层置为当前图层。

（2）单击“绘图”工具栏中的“直线”按钮，在左边按照辅助线绘制出墙体和窗户。

（3）单击“绘图”工具栏中的“直线”按钮，过台阶面绘制高为 900 的竖直线，然后利用“复制”命令，将竖直线复制到各个台阶处。利用“构造线”命令，绘制构造线过竖直线的上部端点作为楼梯扶手，楼梯扶手高为900，绘制过程如图13-130所示。

（4）单击“修改”工具栏中的“修剪”按钮，修剪掉冒头的多余线条。扶手绘制结果如图13-131所示。

（5）单击“修改”工具栏中的“矩形阵列”按钮，以标准层楼梯为阵列对象，阵列行数为7、列数为1，行偏移设定为3300，将扶手阵列，结果如图13-132所示。

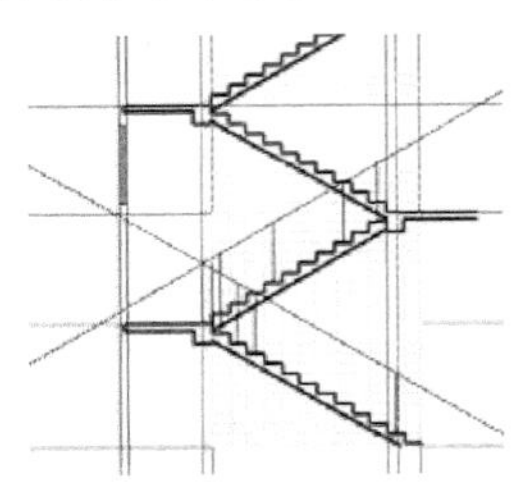

图13-130　绘制楼梯扶手

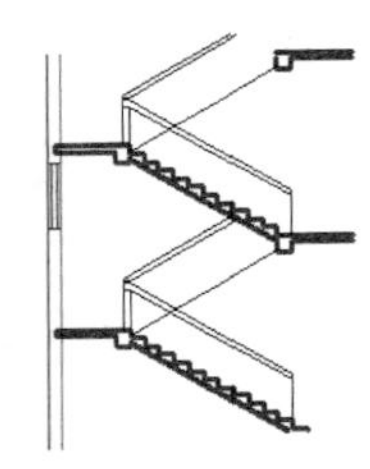

图13-131　楼梯扶手绘制结果

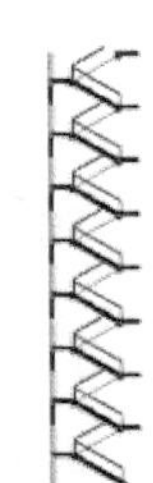

图13-132　阵列操作结果

5. 细部调整

（1）单击“修改”工具栏中的“删除”按钮，删除顶层多余的楼梯段，然后利用“直线”命令绘制顶层扶手剖面，结果如图13-133所示。

（2）单击“绘图”工具栏中的“直线”按钮，在底层绘制地面线，如图13-134所示。

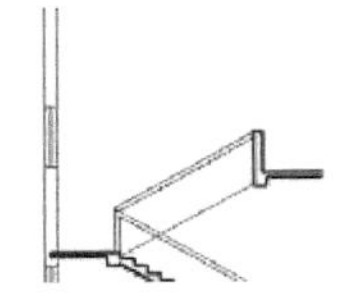

图13-133　顶层楼梯绘制结果

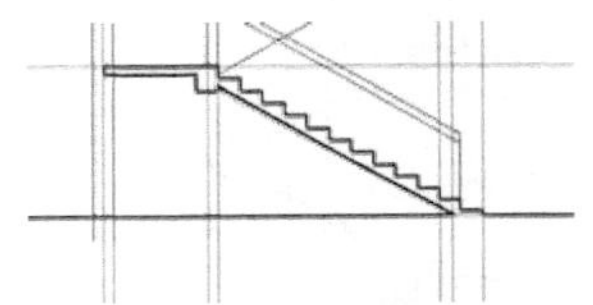

图13-134　绘制地面线

（3）单击“绘图”工具栏中的“直线”按钮，绘制入口处台阶线，如图13-135所示。

（4）单击“绘图”工具栏中的“直线”按钮，绘制墙体的隔断线符号，如图13-136所示。

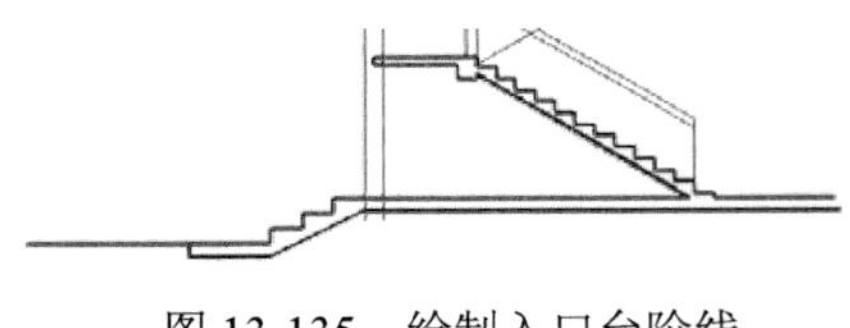

图13-135　绘制入口台阶线

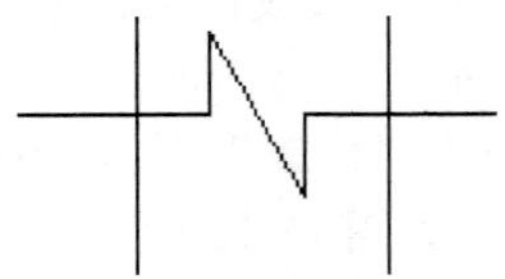

图13-136　绘制墙体隔断线

（5）单击“绘图”工具栏中的“直线”按钮，绘制楼板的隔断线符号，如图13-137所示。

（6）单击“修改”工具栏中的“复制”按钮，将这两种符号复制到所有的隔断处，部分结果如图13-138所示。

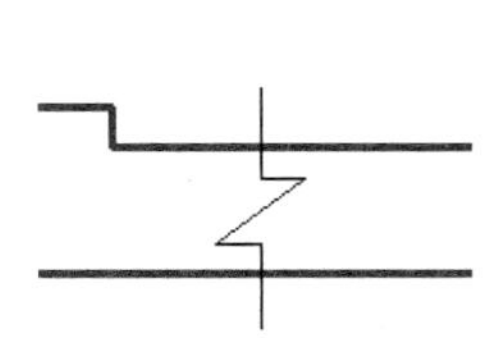

图13-137　绘制楼板隔断线

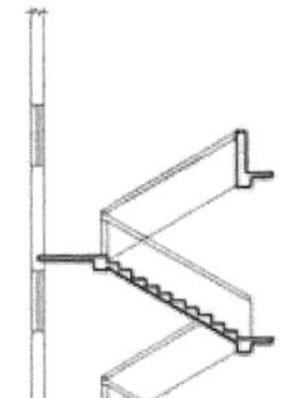

图13-138　隔断线布置结果

Note

6. 尺寸标注和文字说明

（1）单击“标注”工具栏中的“对齐”按钮，进行尺寸标注。部分尺寸标注结果如图 13-139 所示。

（2）进行各个楼梯段的标高标注。单击“绘图”工具栏中的“直线”按钮，绘制一个标高符号。单击“修改”工具栏中的“复制”按钮，将标高符号复制到各个需要处。单击“绘图”工具栏中的“多行文字”按钮，在标高符号上方标出具体高度值，然后单击“绘图”工具栏中的“圆”按钮，绘制一个小圆作为轴线编号的圆圈。再单击“绘图”工具栏中的“多行文字”按钮，在圆圈内标上文字 F，得到 F 轴的文字编号。最后单击“修改”工具栏中的“复制”按钮，复制一个轴线编号到 G 轴处，并双击其中的文字，将其中的文字改为 G，如图 13-140 所示。

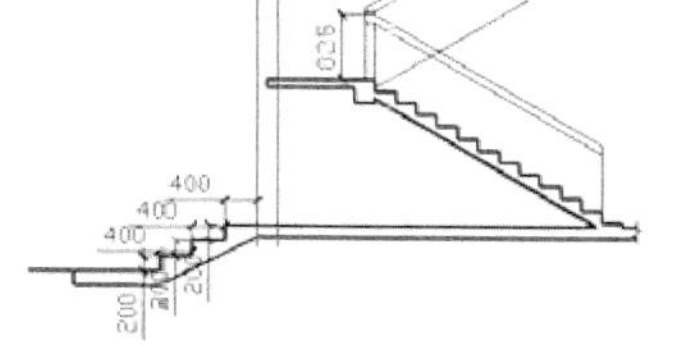


图 13-139　部分尺寸标注结果

（3）单击“绘图”工具栏中的“图案填充”按钮，分别对需要填充的各个部分进行实体填充操作，结果如图 13-141 所示。

（4）单击“绘图”工具栏中的“多行文字”按钮，在图形的正下方标注上“楼梯剖面详图 1:50”字样，完成楼梯剖面详图的绘制。

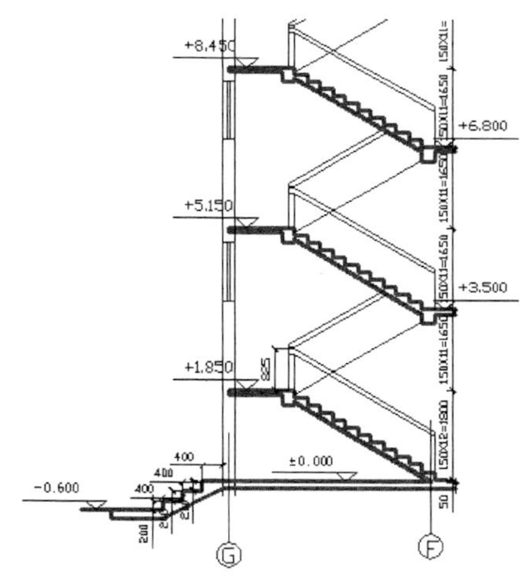


图 13-140　部分标高结果

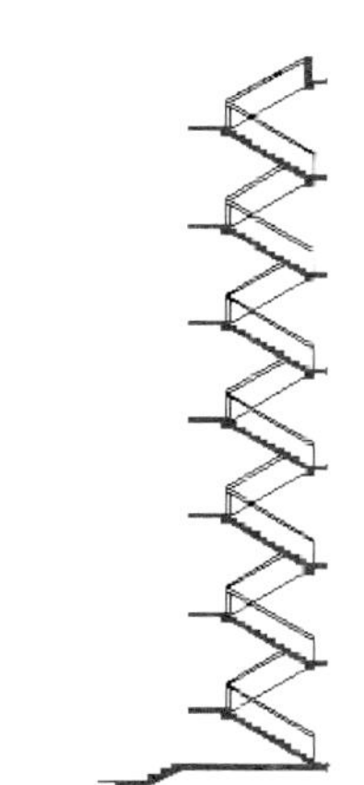

图 13-141　图案填充结果

# 13.5　上机操作

通过前面的学习，读者对本章知识也有了大体的了解。本节通过几个操作练习使读者进一步掌握本章知识要点。

## 13.5.1　绘制别墅底层平面图

1. 目的要求

本实验主要要求读者通过练习进一步熟悉和掌握平面图的绘制方法，如图 13-142 所示。通过本实验，可以帮助读者学会完成整个平面图绘制的全过程。

Note

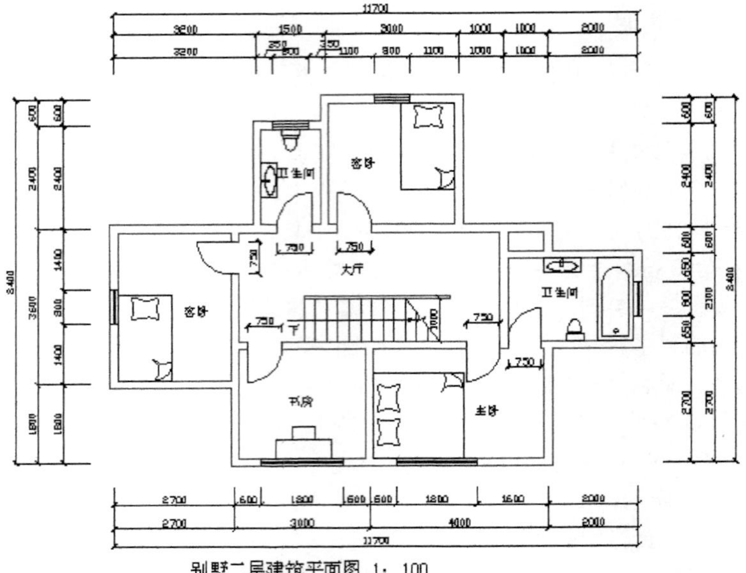


图 13-142　别墅底层平面图

2. 操作提示

（1）绘图前准备。

（2）绘制轴线。

（3）绘制墙线、门窗等。

（4）插入布置图块。

（5）标注尺寸、文字。

## 13.5.2　绘制别墅南立面图

1. 目的要求

本实验主要要求读者通过练习进一步熟悉和掌握立面图的绘制方法，如图 13-143 所示。通过本实验，可以帮助读者学会完成立面图绘制的全过程。

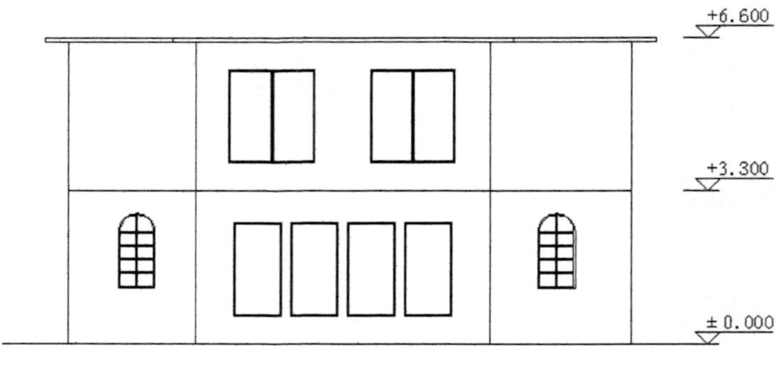


图 13-143　别墅南立面图

2. 操作提示

（1）绘制辅助线。
（2）绘制一层立面图。
（3）绘制二层立面图。
（4）整体修改。
（5）标注尺寸、文字。

## 13.5.3　绘制两室两厅户型剖面图

1. 目的要求

本实验主要要求读者通过练习进一步熟悉和掌握剖面图的绘制方法，如图 13-144 所示。通过本实验，可以帮助读者学会完成剖面图绘制的全过程。

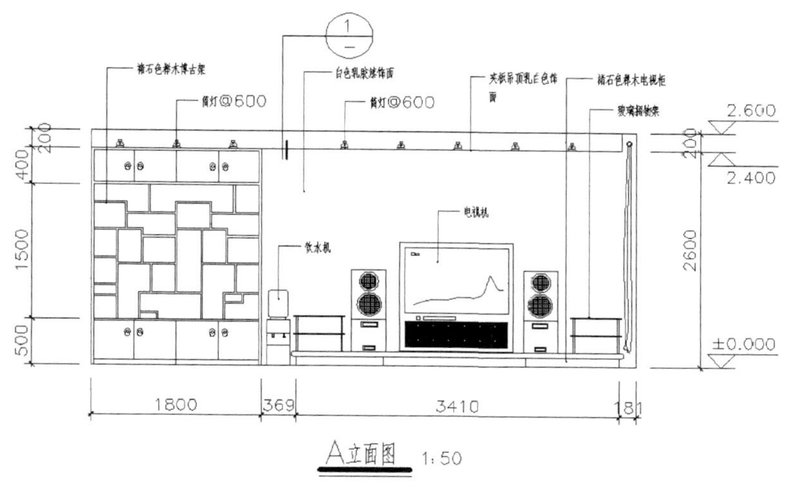


图 13-144　两室两厅户型剖面图

2. 操作提示

（1）绘制轮廓。
（2）博古架立面。
（3）电视柜立面。
（4）布置吊顶立面筒灯。
（5）窗帘绘制。
（6）图形比例调整。
（7）尺寸标注、标高、文字说明。
（8）其他符号标注。

## 13.5.4　绘制厨房家具详图

1. 目的要求

本实验主要要求读者通过练习进一步熟悉和掌握详图的绘制方法，如图 13-145 所示。通过本实

Note

验，可以帮助读者学会完成详图绘制的全过程。

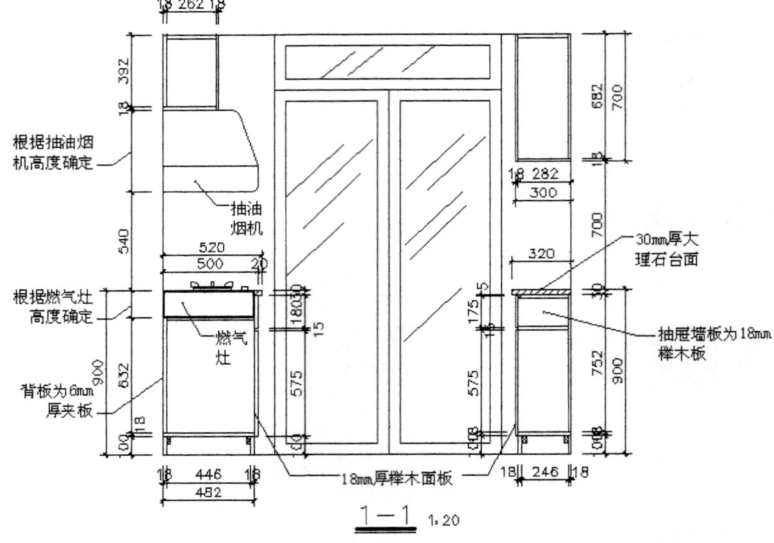


图 13-145　厨房家具详图

2. 操作提示

（1）引出尺寸控制线。
（2）完成家具详图的细部绘制。
（3）尺寸、文字及符号标注。
（4）线宽设置。